彩图4-2-1　黄刺蛾幼虫

彩图4-2-2　大袋蛾袋囊

彩图4-2-3　美国白蛾幼虫

图4-2-4　柳毒蛾成虫交尾状

图4-2-5　杨扇舟蛾卵

彩图4-2-6　丝绵木金星尺蠖成虫

彩图4-2-7　国槐尺蠖幼虫

彩图4-2-8　大叶黄杨斑蛾老熟幼虫

彩图4-2-9　竹斑蛾幼虫

彩图4-2-10　黄杨绢野螟幼虫

彩图4-2-11　霜天蛾幼虫

彩图4-2-12　斜纹夜蛾幼虫

彩图4-2-13　杨柳小卷蛾危害状

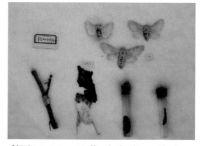

彩图4-2-14　天幕毛虫卵、幼虫、
蛹、成虫与茧

彩图4-2-15　榆蓝叶甲成虫

彩图4-2-16　蔷薇三节叶蜂的成虫与
幼虫

彩图4-2-17　短额负蝗秋冬型成虫

彩图4-2-18　柑橘凤蝶老熟幼虫

彩图4-2-19　灰巴蜗牛

彩图4-2-20　野蛞蝓

彩图4-2-21　桃蚜

彩图4-2-22　月季长管蚜

彩图4-2-23　日本龟蜡蚧

彩图4-2-24　桑白蚧

彩图4-2-25　大青叶蝉成虫

彩图4-2-26　斑衣蜡蝉的各个虫态

彩图4-2-27　温室白粉虱

彩图4-2-28　悬铃木方翅网蝽

彩图4-2-29　榕蓟马危害状

彩图4-2-30　梧桐木虱危害状

彩图4-2-31　浙江朴盾木虱

彩图4-2-32　朱砂叶螨危害蔷薇状

彩图4-2-33　杨树瘿螨危害状

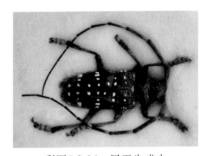

彩图4-2-34　星天牛成虫

彩图4-2-35　桑天牛成虫

彩图4-2-37 合欢吉丁虫危害状——树皮下虫道

彩图4-2-38 日本双齿长蠹危害紫荆状

彩图4-2-39 芳香木蠹蛾东方亚种老熟幼虫

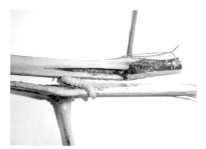

彩图4-2-40 葡萄透翅蛾幼虫

彩图4-2-36 锈色粒肩天牛成虫

彩图4-2-41 沟眶象成虫

彩图4-2-42 蔗扁蛾危害巴西木状

彩图4-2-43 蝼蛄在苗床危害形成的虚土隧道

图4-2-44 东方蝼蛄（左）与单刺蝼蛄（右）的后足茎节

图4-2-45 小青花金龟危害状

图4-2-46 铜绿丽金龟成虫

图4-2-47 沟金针虫幼虫

彩图4-3-1 凤仙花白粉病

彩图4-3-2 月季白粉病

彩图4-3-3　紫薇白粉病

彩图4-3-4　海棠-桧柏锈病形成的羊胡子

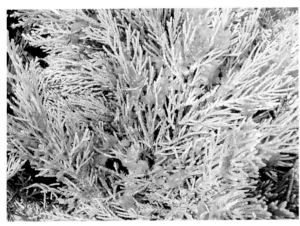
彩图4-3-5　海棠-桧柏锈病产生的冬孢子角

彩图4-3-6　菊花黑斑病

彩图4-3-7　月季黑斑病

彩图4-3-8　杜鹃角斑病

彩图4-3-9　大叶黄杨褐斑病

彩图4-3-10　兰花炭疽病

彩图4-3-11　非洲菊灰霉病

彩图4-3-12　橡皮树灰霉病

彩图4-3-13　葡萄霜霉病

彩图4-3-14　合欢枯萎病

彩图4-3-15　溃疡病危害窄冠毛白杨
初期状

彩图4-3-16　柳树溃疡病

彩图4-3-17　茉莉白绢病

彩图4-3-18　樱花根癌病

彩图4-3-19　杨树根癌病

彩图4-3-20　蝴蝶兰细菌性软腐病

彩图4-3-21　泡桐丛枝病

彩图4-3-22　枣疯病

彩图4-3-23　美人蕉花叶病

彩图4-3-25　牡丹花叶病

彩图4-3-24　百日草花叶病

彩图4-3-26　山茶花叶病

彩图4-3-27　月季花叶病

彩图4-3-28　鸢尾花叶病

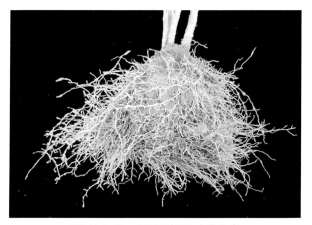

彩图4-3-29　瓜子黄杨根结线虫病

彩图4-3-30　中国菟丝子危害三叶草状

彩图4-3-31　栀子缺铁性黄化病

彩图4-3-32　除草剂引发的白皮松药害

彩图4-3-33　春季晚霜引起的桂花受害状

彩图4-3-34　冻害导致石楠叶片边缘枯焦

彩图4-3-35　低温导致蝴蝶兰叶黄

彩图4-3-36　光照过强导致蝴蝶兰叶片变黄坏死

彩图4-3-37　光照不足导致苏铁新叶徒长状

彩图4-3-38　干旱导致贴梗海棠叶片干边

彩图4-3-39　交通事故造成的化学泄漏物使得雪松中毒状

彩图4-3-40　化雪盐导致龙柏中毒死亡状

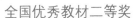

**"十四五"职业教育国家规划教材**

"十三五"职业教育国家规划教材
"十二五"职业教育国家规划教材
高等职业教育农业农村部"十三五"规划教材

# 园林植物病虫害防治

## 第二版

丁世民　李寿冰　主编

中国农业出版社

北　京

## 内容简介

　　本教材是基于园林绿地养护和花卉、苗木生产工作过程实际，在国家级精品资源共享课程——园林植物保护的基础上开发的。全书共分为 4 个模块、9 个项目、35 个工作任务，主要介绍园林植物病虫害的种类识别、调查测报、农药使用及综合防治等知识与技能。本教材以工作任务为载体，将相关知识的讲解贯穿于完成工作任务的过程中，注重实际能力的培养，强化实训环节，充分体现了教、学、做一体化的高职教育特色。本教材开发配备了含有 38 个课件、15 个视频、18 个动画、898 张图片、9 套习题组成的数字课程资源包（详见"中国农业教育在线"），同时在每个项目后附有关键词、项目小结、练习思考、信息链接等内容，便于教师授课与学生自学。本教材可作为高职高专园林、园艺专业教材，也是广大园林、园艺专业从业人员的良好参考书。

# 第二版编审人员名单

主　编　丁世民（潍坊职业学院）
　　　　李寿冰（潍坊职业学院）
副主编　张妍妍（山西林业职业技术学院）
　　　　程有普（天津农学院职业技术学院）
　　　　吴祥春（潍坊市园林环卫服务中心）
参　编　袁水霞（河南农业职业学院）
　　　　赵庆柱（山东省潍坊市农业科学院园林研究所）
　　　　赵从凯（潍坊职业学院）
　　　　郝炎辉（青州德利农林科技有限公司）
审　稿　郑方强（山东农业大学）
　　　　邱元英（青岛市园林科研中心）

# 第一版编审人员名单

**主　编**　丁世民

**副主编**　田月梅　刘永红　黄　瑛

**编　者**　（以姓氏笔画为序）

　　　　　丁世民　田月梅　刘永红

　　　　　李寿冰　吴祥春　夏　立

　　　　　黄　瑛　程有普

**审　稿**　郑方强　邱元英

# 第二版前言

《园林植物病虫害防治》第一版发行后，得到了国内兄弟院校同类专业广大师生与园林从业者的普遍好评，为促进高职教育教学改革和国内园林绿化事业的高质量发展，发挥了极为重要的作用。深入实施乡村振兴战略，坚持绿色环保新理念，这对新时代现代农林人才培养提出了新要求。与此同时，随着信息化手段在教学中的广泛应用以及园林植保新技术的不断发展，学生的学习方式和获取知识的途径发生了重大变化，因此对当前教材的内容与形态进行了更新。为此，在教育部相关专家指导下，按照高职高专教学改革的新要求，通过电话、微信、E-mail 等征集了区域代表学校的意见，结合编者的观点与实践，对第一版教材进行了修订，其特点如下：

1. 保持了教材的先进性　经过多年的探索与实践，形成了教学与社会服务"双线融合"课程改革理念。新的课程建设理念促进了园林植保新技术、新知识、新案例能够及时融入教材，实现教材内容的动态更新，使得教材内容紧贴生产实际，保持了教材的先进性。

2. 完成了新形态一体化教材的升级　针对学生学习方式的转变，配套开发了较为完善的课程资源包，主要包括课件 38 个、视频 15 个、动画 18 个、图片 898 张、习题 9 套，并在书页的相应位置添加了二维码，让学生能够对感兴趣的知识进行学习，实现了传统教材向新形态一体化教材的升级；同时为教师实施混合式教学模式提供了良好的工具资料。

3. 突出了教材的实用性　按照最新职教精神的要求，坚持"双元"育人理念，引入行业企业人员参与教材修订，注重学生职业能力和实践技能的培养，本教材按项目实施编写，脉络清晰，培养目标明确，使用方便。

本次修订坚持问题和需求导向，依据国家级教学成果《园林植物保护》"双线融合"课程改革理念，以学习者为中心，将教师科研和技术服务项目融入教学，实现教材内容动态更新；运用"互联网＋"现代教育技术，开发了配套课程资源包，实现课程资源融合，构建满足教学与服务需求的立体化、网络化学习环境，为实施"线上线下、循环递进"的混合式模式教学提供了有力支撑，有利于人才培养质量的提升。

本教材第二版由丁世民、李寿冰任主编，张妍妍、程有普、吴祥春任副主编，袁水霞、赵庆柱、赵从凯、郝炎辉任参编，再版分工如下：丁世民（课程认知、模块四项目二中的工作任务 4.2.3~4.2.4）、赵庆柱（模块一项目一）、张妍妍（模块一项目二）、李寿冰（模块二）、程有普（模块三）、赵从凯（模块四项目一）、袁水霞（模块四项目二中的工作任务 4.2.1~4.2.2）、吴祥春（模块四项目三中的工作任务 4.3.1）、郝炎辉

（模块四项目三中的工作任务 4.3.2～4.3.6），全书由丁世民、李寿冰统稿。

　　书稿汇总后，我们邀请山东农业大学郑方强教授、青岛市园林科研中心邱元英研究员对该教材进行了审稿。此外，教材修订过程中参阅、引用了有关专家、学者的专著和论文，在此一并表示感谢。

　　当前科学技术发展日新月异，教学改革力度不断加大，尽管我们做了最大努力，但因时间仓促，难免有遗漏或错误之处，敬请相关专家及广大读者指正，以便今后做得更好。

编　者

2019 年 5 月

第一版前言

　　园林花卉业是21世纪的朝阳产业，城镇园林绿地建设与花卉苗木产业的迅猛发展，亟需大批面向生产一线的懂专业、会经营的高技能应用型人才。园林植物病虫害防治是园林类专业的一门专业核心课程，也是园林花卉行业的一项核心技能技术。本教材是根据教育部《关于加强高职高专教材建设的若干意见》《关于全面提高高等职业教育教学质量的若干意见》等文件有关精神，吸收高职高专教育近年来工学结合的实践性成果，围绕园林岗位（群）职业能力要求和当地生产的需要，在国家级精品课程——园林植物保护的基础上开发完成的。

　　本教材紧密结合当前高职院校课程改革的要求，以培养技能型、应用型人才为目标，打破了原来传统的教材编写体例，按照培养学生对园林植物病虫害"初步识别——系统诊断——综合防治"能力的3个典型阶段要求，选择相关知识点、技能点并考虑未来发展的可能，构建了基于典型的工作任务为载体的教学内容，是体现"在做中教，在做中学"教学理念的配套教材。本教材具有以下特色：

　　1. 符合国家高职教育改革的要求　教材体系的构建依照职业教育的"工作过程导向"原则，打破学科的"系统性"和"完整性"。以基于职业岗位分析和具体工作过程为设计理念，以真实的工作任务或社会产品为载体，以高职教学改革的角度组织编写教材内容，使教材视角高、理念新、前瞻性强。

　　2. 瞄准就业岗位群需求，突出职业能力培养　本教材内容根据职业岗位（群）的任职要求，参照相关的职业资格标准，采用倒推法确定，即剖析职业岗位群对专业能力和技能的需求—关键能力—关键技能—围绕技能的关键基本理论。尽可能多地采集生产实际中的案例剖析问题，加强与实际工作接轨。教材反映行业中正在应用的新技术、新方法，体现实用性与先进性的结合。

　　3. 以工作任务为基础，整合教材内容　本教材以培养园林植物病虫害的识别防治能力和相关的岗位能力为基本目标，紧紧围绕典型工作任务完成的需求来选择和组织教材内容，突出工作任务和知识联系，使学生掌握独立制定计划、实施计划和独立评估计划的工作能力。以操作性强的技能部分为主线，将理论知识放在拓展或相关知识中编写，便于学生自学参考。

　　4. 创新体例，增强启发性　采用"模块、项目、工作任务"的创新体例编写，同时为了强化学生的学习效果，在每个项目的前面提出相应的知识目标与技能目标，结束时设有关键词、项目小结、练习思考、信息链接等，每个工作任务都设有任务目标、任务内容、教学资源、操作要点、注意事项以及任务考核标准等内容，有利于提高学生的学习效果与效率，也便于教师课堂总结。

5. 吸纳行业企业专家参与，注重突出教改成果　从课程标准的制订、教材内容的编写以及最终的审稿定稿，一直有行业企业专家的参与把关，从而保证了教材内容的科学性、先进性和对于岗位的适用性。充分挖掘相关院校在产学结合、工学交替实践中具有创新性的教改成果，尤其是精品课程建设方面的成功做法，并将其有机地融入教材。

本教材由丁世民（潍坊职业学院）主编，由田月梅（河北旅游职业学院）、刘永红（山西林业职业技术学院）、黄瑛（温州科技职业学院）任副主编。具体编写分工如下：丁世民编写课程认知，模块四项目二中的工作任务 4.2.3～4.2.4，模块四项目三中的工作任务 4.3.2～4.3.6，田月梅编写模块四项目一，刘永红编写模块一项目二，黄瑛编写模块一项目一，夏立（河南农业职业学院）编写模块四项目二中的工作任务 4.2.1～4.2.2，李寿冰（潍坊职业学院）编写模块二，程有普（天津农学院）编写模块三，吴祥春（潍坊市园林管理处）编写模块四项目三中的工作任务 4.3.1。本教材由丁世民、吴祥春统稿。本教材承蒙山东农业大学郑方强教授、青岛市园林管理局邱元英高级工程师审稿。教材编写过程中引用了有关专家、学者们的专著与论文，在此一并表示感谢！

由于编者水平有限，时间仓促，错漏之处在所难免，恳请各位专家同行批评指正，以便下次重印或再版时改进。

编　者

2013 年 12 月

# 目 录

# 课 程 认 知

## 一、园林植物病虫害防治在园林绿化及花木生产中的重要性

当今，我国进入高质量发展新阶段，绿水青山就是金山银山的绿色发展理念更加深入人心。因此，建设高档次的城镇园林绿地，美化、绿化、净化环境并保持环境的可持续发展已成现代园林产业发展的共识。与此同时，随着我国农业产业结构实施战略性调整，花卉苗木产业得到了迅速发展，有些地区甚至已经成了当地的支柱产业。然而园林花卉植物在生长发育过程中，常常会受到各类病虫害的侵袭，造成叶黄枝枯，发育不良，大大降低了其应有的观赏效果与商品价值。因而加大园林植物病虫害的控制力度对于当前我国园林花卉行业的健康发展至关重要。

园林植物病虫害作为一种较为常见的自然灾害，曾经给世界各国的园林花卉业造成过巨大的损失。20 世纪 20 年代，由于茎线虫的危害，使英国当时的水仙种植业几乎毁灭。榆树枯萎病最早只在荷兰、比利时及法国发生，后来随着苗木的调运，在短短的十几年里，传遍了整个欧洲。在 20 世纪 20 年代末，美国从法国输入榆树原木，将该病传入美洲大陆，很快在美国传播开来，约有 40% 的榆树被毁。20 世纪 70 年代以来，松材线虫病在日本盛行几乎席卷全国，每年损失松材达 200 万 $m^3$ 以上。我国自 1982 年在南京市中山陵首次发现该病以来，先后在江苏、浙江、山东、广东、安徽等省局部地区发现并流行成灾，1998 年发生面积已达 7.3 万 $hm^2$，因病死亡的松树近 1 500 万株，严重威胁着世界自然遗产——著名的黄山风景区。20 世纪 90 年代，泰山发现松褐天牛，为了防止其蔓延，销毁了疫区内 2 万多株松树，损失惨重。现在肆虐我国多个地区的美国白蛾，最早仅仅分布在北美地区，危害并不严重。第二次世界大战结束后，随美国军需品传到日本，后又传到韩国与朝鲜，1979 年传入与朝鲜一江之隔的辽宁丹东，以后便在我国多地泛滥成灾。20 世纪 80 年代，驰名中外的北京香山红叶——黄栌，受到白粉病的危害，叶片不能正常变红，使得香山红叶的壮美景观大为逊色。20 世纪 90 年代，香山景区尺蠖大发生，1/3 的黄栌叶片被害虫蚕食，受害严重。松突圆蚧自 20 世纪 80 年代在广东珠海市邻近澳门的松林发现以来，危害面积逐年扩大，仅 1983—1984 年的 1 年时间里，发生范围便由 9 个县（市）蔓延至 35 个县（市），发生面积达 730 000$hm^2$，受害树木连片枯死，更新砍伐约 140 000$hm^2$，给我国南方马尾松林造成极大的威胁。

菊花叶枯线虫病是菊花等花卉植物的重要病害之一，可危害菊属、草莓属、福禄考属、大丽花属、罂粟属、牡丹、翠菊等植物，近年来在我国南方各省园林花圃中发现此病，危害严重。其他如杨树腐烂病、杨（柳）树溃疡病、泡桐丛枝病、红松疱锈病、樱花根癌病、月季黑斑病、菊花褐斑病、金叶女贞炭疽病、大叶黄杨褐斑病、合欢枯萎病、悬铃木白粉病等也是当前发生普遍而且严重的病害。病毒病在花卉上发生也极普遍，我国 12 种（类）重要花卉几乎都有几种病毒病，大丽花、菊花、香石竹、一串红、山茶及月季等多种花木病毒病，亦有日益严重的趋势。仙客来病毒病在各地均有发生，发病严重的城市病株率在 65% 以上，致使品质严重退化。另外，蚜虫、蓟马、介壳虫、粉虱、叶蝉等 5 类刺吸害虫，由于

虫体小，初期症状不易发现，往往会造成严重的危害。松毛虫、黄杨绢野螟、国槐尺蠖、斜纹夜蛾、侧柏毒蛾、柳毒蛾、锈色粒肩天牛、双条杉天牛、双斑锦天牛、柏肤小蠹、日本双齿长蠹、悬铃木方翅网蝽、梧桐木虱、白蜡蚧、草履蚧、桑白蚧等也已成为城市行道树、风景林与花木基地的重要害虫，危害日趋严重。

另外，近几年来，有些地区在绿化模式上片面地追求"高、大、密、厚"，加大了园林植物的栽植密度，造成通风透光、水肥供应等要素不能满足植物生长的需要；有的为了赶工期，反季节栽植花木或园林施工不精细；有的则引进外地的各类高档花木，如北方地区引进原产南方的大桂花、大香樟、石楠及棕榈类植物，山东、河北等地引进原产东北地区的白桦、蒙古栎等，其根本不能适应当地的气候条件。凡此种种往往使得各类花木生长发育不良，生理性病害频发，同时也加剧了某些侵染性病害如溃疡病、腐烂病的发生程度。

综上所述，园林植物病虫害防治在园林绿地建设与商品花木中生产领域占居极其重要的位置。及时发现、准确诊断、弄清病虫种类、进行科学防治是保证园林花卉植物正常发挥效益的重要保证。

## 二、园林植物病虫害的发生特点

园林植物大体上可分为两大类群：一是城镇园林绿地上广泛栽培的各种乔木、灌木、藤本植物、地被植物、草坪等；二是在苗圃栽植的各类绿化苗木以及主要以保护地（日光温室或各种塑料拱棚）形式栽培的各种盆花及鲜切花。

城镇园林植物病虫害的发生特点是：

（1）城镇园林绿地与农作物大田、一般林地的不同之处在于：后者栽培面积大，种类不多甚至品种单一，一个区域内可能只有少数几种病虫害流行，能形成较大的"气候"；前者则植物种类繁多，一般栽培面积不大且分散交错种植，多数情况下危害不重，但因寄主种类多，因而病虫害的种类也相应增多。

（2）城镇园林绿地系统中，人的活动要比农田系统及一般林地系统多且复杂，各种园林植物生长周期长短不一，立地条件复杂，小环境、小气候多样化，生态系统中一些生物种群关系常被打乱。同时，城市绿地植物更易受到工业"三废"的污染，因而病虫害发生的类别要比农田系统及一般林地系统复杂得多。

（3）城镇郊区与蔬菜、果树、农作物大田相连接，除了园林植物本身特有的病虫害之外，还有许多来自蔬菜、果树、农作物上的病虫害，有的长期落户，有的则互相转主危害或越夏越冬，因而病虫害种类多，危害严重。

（4）城镇生态系统是一个特殊、多变且以人为核心的生态系统，在园林绿地的附近区域往往人口密集，因而更易遭受人为的破坏；城区栽植的园林植物，忍受着栽植密度大、土壤板结、温度不适、水分不均、肥料缺乏、环境污染等多种不良生态因子的限制，其与农田作物的生长环境有着较大的差异。

苗圃花木及保护地花卉病虫害的发生特点是：

（1）因园林花卉植物品种相对单一，种植密集，有些更是在保护地内栽培，环境湿度大，病虫害发生严重且易于流行，防治难度大。

（2）园林花卉植物不同于一般的果树、蔬菜等园艺作物，生态习性差异较大，对于温度、湿度、光照、水分、养分、pH、通风等要求极为严格，栽培管理上稍有疏忽，便会导致园林花卉植物生长不良，各种生理性病害（如黄叶、干尖、烂根、落花落蕾等）的现象随时发生，同时也加重了侵染性病害及其他病虫害的发生。

### 三、园林植物病虫害防治的内容、任务和与其他学科的关系

园林植物病虫害防治是以园林植物病害和虫害为主要防治对象，因此，园林植物病虫害防治课程的任务就是学习园林植物病虫害种类特征、发生消长规律及其防治措施，从而在今后的园林工程设计、施工、养护及花木生产过程中，能够有的放矢地采取防治措施，以避免、消除或减少病虫害对植物的危害，将病虫害控制在最低水平，保持优美的园林景观，充分发挥城镇园林的生态效益，改善城镇生态环境。

我国对园林植物病虫害的研究起步较晚，大量系统而深入的研究工作始于20世纪70年代末和80年代初。自1984年起，由我国建设部下达《全国园林植物病虫害、天敌资源普查及检疫对象研究》课题，组织了全国43个大中城市植保人员参加此项调查研究工作，于1986年基本完成并鉴定验收。通过普查，已知我国园林植物的病害共有5 500多种，虫害共8 260种，初步摸清了我国园林植物病虫害的种类、分布及危害程度、园林植物害虫天敌的种类及概况，并初步确定了我国园林植物病虫害检疫对象，为今后进一步开展主要病虫害的防治研究奠定了基础。

园林植物病虫害防治涉及许多学科。例如，要正确判断和研究其受病虫危害后的系列变化，则必须首先掌握植物形态和植物生理学的知识。同时，园林植物病虫害的发生和发展，与植物生态环境关系非常密切，而且其防治措施需要贯穿于栽培和养护管理的各个技术环节之中。因此，在研究病虫害的发展规律和防治措施时，还必须很好地应用园林植物栽培养护等有关专业知识，以及园林植物、园林植物环境等基础知识。此外，本学科还与许多其他新兴科学技术有着密切联系。例如利用黑光灯、性外激素、激光等现代科学技术诱杀害虫，或使害虫产生遗传性生理缺陷，导致雄虫不育，提高了防治害虫的水平和效果。多学科新技术的渗透应用，是提高病虫害防治技术水平的重要途径。因此，应重视和加强植物病虫害防治和其他学科的横向联系。

### 四、园林植物病虫害防治课程教学建议

我国幅员辽阔，南北气候差异较大，因而教材中有关病虫害种类的内容仅供参考，各地可根据当地园林植物病虫害的发生实际而适当增删。同时，该教材虽是体现教、学、做一体化的配套教材，但受教学条件的影响较大，因而需创造或利用各种外部条件，如校外教学基地的开拓等，满足教学的需要。另外，在具体的教学组织过程中还应做到：

**1. 以学生为中心，设计教学实施方案** 每个教学工作任务的内容要根据生产实际来组织安排，并采用引导教学法、项目教学法、案例分析法、角色扮演法等，使学生在专业实训室训练专项基本技能和综合技能，到校内实训基地检验自己知识掌握的程度，到校外实训基地（顶岗实习）拓展知识。多进行现场教学，实现"教、学、做、说（写）"合一。

**2. 以自主学习为切入点，改革教学方式** 结合实际生产中容易出现的问题，让学生分组查阅资料，进行必要的知识储备，写出诊断结果和防治方案。由小组之间对各自的方案进行评审，指出其中的优点和缺点。各小组派一名同学陈述本组防治方案设计的依据和知识点，让同学之间互相学习，增强参与意识。在方案的制订过程中，锻炼学生自主查资料，开

动脑筋，解决问题的能力，增强竞争意识和参与意识，提高学习的主动性，提高教学效果。

3. 以考核方式改革为手段，加强过程考核和实操性考核　围绕培养懂技术、会管理、高素质技术技能人才课程目标，在考核评价中依据考核主体多元化、考核地点灵活化、考核注重过程化，考核方式多样化的原则。采用阶段考核、过程考核与结果考核相结合、校内考核与校外考核相结合、理论考核与实际操作考核相结合的评价方法，对所掌握的职业能力和职业素质进行全面评价，从而提高学生的学习积极性，为今后的就业打下良好基础。

# 模块一　园林植物病虫害识别技术

## 项目一　园林植物害虫识别技术

【学习目的】以常见的园林植物害虫为代表，掌握昆虫、螨类及软体动物等害虫的外部形态、生物学特性、主要目科特征等相关内容。

【知识目标】掌握昆虫口器的构造、足和翅的类型、目科分类知识，熟悉昆虫的生殖、繁殖、发育及变态类型，了解昆虫口器、体壁、习性与防治害虫的关系。掌握螨类及软体动物等害虫的基本识别技巧。

【能力目标】能准确识别昆虫的口器、足和翅，能正确使用体视显微镜，对常见昆虫准确分类。

### 工作任务 1.1.1　昆虫外部形态特征观察识别

【任务目标】

熟悉昆虫的形态结构，掌握昆虫的基本特征，了解昆虫的外部形态特征与防治的关系。

【任务内容】

（1）根据工作任务，采取课堂、实验（训）室以及校内外实训基地（包括园林绿地、花圃、苗圃、草坪等）现场相结合的形式，通过查阅资料与网上搜集，获得相关园林植物昆虫的基本知识。

（2）通过校内外实训基地，对常发园林植物害虫进行观察、识别，了解其外部特征，同时采集标本，拍摄数码图片。

（3）实验（训）室内，采用手持放大镜、体视显微镜观察常见害虫的外部特征，能够准确地甄别出昆虫，同时仔细观察识别昆虫的三大体段以及触角、复眼、单眼、口器、足、翅、气门、外生殖器等附属器官。

（4）对任务进行详细记载，并列表描述所观察到害虫的外部特征。

【教学资源】

（1）材料与器具：蟋蟀、蝼蛄、蝶、蛾、天牛、瓢虫、蝉、蝇、蚜、螳螂、蜜蜂、蚂蚁、蜘蛛、蜈蚣、马陆、蝎子、虾、螃蟹、蚯蚓、蚂蟥、蜗牛、蛞蝓等昆虫及其他小动物的新鲜标本、干制或浸渍标本；体视显微镜、放大镜、镊子、泡沫塑料板、镊子、剪刀、昆虫针等用具。

（2）参考资料：当地气象资料、有关园林植物害虫的历史资料、害虫种类与分布情况、各类教学参考书、多媒体教学课件、害虫彩色图谱（纸质或电子版）、检索表、各相关网站相关资料等。

（3）教学场所：教室、实验（训）室以及园林植物害虫危害较重的校内外实训基地。

（4）师资配备：每 20 名学生配备 1 名指导教师。

**【操作要点】**

（1）体视显微镜台面有黑、白两种颜色，根据观察物体选择不同颜色的台面，使观察物衬托清晰。裸露标本或浸渍标本应先放在载玻片上或培养皿中，再放在载物台上观察。

（2）正确使用体视显微镜，使用 XTL-1 型实体连续变倍显微镜，放大倍数由小到大渐次增大，调至物像清晰为止，并调整目镜间距离，使之适应操作人员的双眼观察。

（3）昆虫头式、口器及触角的观察。刺吸式口器口针向头的下后方伸出，口针不易被发现。虹吸式口器昆虫口器卷曲在头下方，也不易观察，可用挑针或镊子挑出观察。触角类型很多，长短差异很大，对细小的触角应在显微镜下观察，如鳃叶状、具芒状、念珠状及环毛状触角。

（4）足和翅的观察。注意观察足的构造及各部分的差异，对各种昆虫的足进行对比观察。一些昆虫的后翅被前翅覆盖，要借助针或镊子挑拨去观察，重点观察蚊、蝇的后翅（平衡棒）、蓟马的前后翅（缨翅）、椿象的前翅（半鞘翅）。

（5）昆虫体壁的观察。注意雌雄外生殖器的区别，雌性产卵器着生位置及组成，观察各种昆虫产卵器的形状及昆虫腹部的构造。

**【注意事项】**

（1）干制标本观察时容易破坏标本，应该谨慎操作。若为针插标本，可将标本插在小的泡沫板上观察，以免破坏标本。

（2）野外幼虫观察时，应该借助镊子等工具，不要用手触摸，避免对身体造成伤害。

（3）体视显微镜使用完毕，应及时降低镜体，取下载物台面上的观察物，放入镜箱内，轻拿轻放。

（4）对疑难种类的昆虫，应该积极查阅资料并开展小组讨论，达成共识。

**【内容及操作步骤】**

**一、昆虫特征及其相似动物形态观察识别**

害虫类别不同，其外部形态、生活习性及防治措施也各有不同。危害园林植物的害虫并非都属昆虫，因而从害虫中甄别出昆虫，对于准确地指导害虫防治，至关重要。

昆虫在古代泛指各类小动物，当今人们在日常生活中常常将蝴蝶、蜻蜓、蜜蜂、天牛、金龟子、蟋蟀、蚂蚁、苍蝇、蜘蛛、蝎子、马陆、蜈蚣、蜗牛、蛞蝓、蚯蚓、蚂蟥、蚂蚱、草蛉、瓢虫、蝉等小动物称为虫子，实际它们当中有许多种类不是昆虫。那么，何为昆虫？

（一）昆虫的特征

昆虫属于动物界、节肢动物门、昆虫纲。昆虫是小型的节肢动物，身体分为头、胸、腹 3 大体段，并具有 3 对足、2 对翅。仔细观察，它具有如下特征（图 1-1-1）。

（1）头部具有 1 对触角，1 对复眼，0～3 个单眼和 1 个口器。触角具有感觉的作用，特别是能感受一些化学气味，复眼和单眼能够感光视物，口器能摄取食物。因而头部是昆虫取食与感觉的中心。

（2）胸部着生有 3 对足，2 对翅，靠翅膀飞行，靠足步行、跳跃。胸部是昆虫的运动中心。

（3）腹部包藏有大量内脏，末端着生有外生殖器和 1 对尾须。腹部是昆虫代谢和生殖的中心。

（4）昆虫的身体包有一层坚韧的几丁质的外骨骼（体壁），与高等的脊椎动物不同，因而昆虫被称为外骨骼动物。

*观察与识别：取 1 头蝗虫成虫，观察其体躯是否左右对称？体躯是否分头、胸、腹 3 大体段，各体段有何附肢？*

*观察与思考：昆虫与哺乳动物（狗、猫、牛、羊等）相比较，其头部的附属器官有何不同？昆虫没有耳朵和鼻子，其听觉与嗅觉功能由哪些器官来完成？*

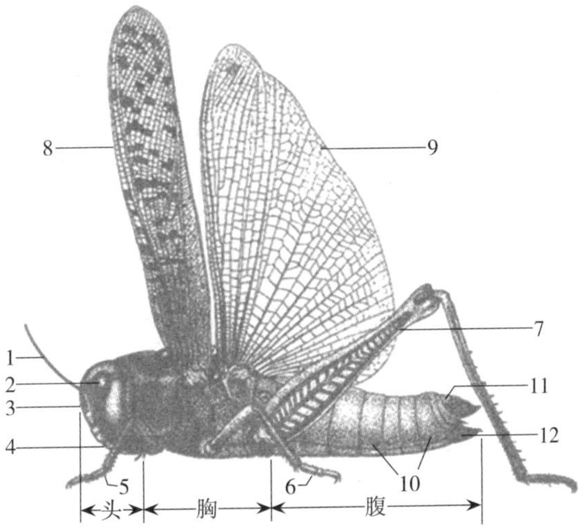

图 1-1-1　昆虫基本构造（东亚飞蝗为例）
1. 触角　2. 复眼　3. 单眼　4. 口器　5. 前足　6. 中足
7. 后足　8. 前翅　9. 后翅　10. 气门　11. 尾须　12. 产卵器

**（二）昆虫的特点及与人类的关系**

昆虫是动物界中种类最多的一个类群，有 100 多万种，约占地球动物种类的 3/4。其具有历史长、分布广、种类多、数量大以及有翅能飞、体小灵活、变态复杂、食性多样、繁殖力惊人、适应能力超强等特点，是动物界中最繁盛的类群。

昆虫与人类关系密切，有些种类为害虫，如蚊子、苍蝇是常见的卫生害虫，刺蛾、蝼蛄、蚜虫、介壳虫等，能够危害园林植物；有些种类为益虫，如草蛉、瓢虫能够捕食蚜虫，蜜蜂能够酿蜜，家蚕可以吐丝等。

*观察与思考：昆虫为什么能成为地球上最发达的动物类群？*

*观察与识别：通过观察蚂蚁的巢穴、蚜虫密集危害的嫩梢、蜜蜂的蜂巢、白粉虱危害的叶片等，进一步了解昆虫的特点。*

*调查与采集：室外调查、采集常见的苍蝇、蚊子、椿象、蜜蜂、瓢虫、草蛉、蚜虫、介壳虫等昆虫，注意区分益、害虫。*

**（三）昆虫的近缘动物**

与昆虫同属于节肢动物门的动物都是昆虫的近亲，与昆虫一样，它们都具有节肢动物的特征。主要表现在如下几个方面：

（1）体躯由许多体节组成，相邻的体节间由节间膜连接，虫体可借此自由活动。

（2）各节常着生成对的不同功能的附肢。

（3）整体被一层坚韧的体壁所包围，即"外骨骼"，其内包藏有内脏器官，并着生肌肉。

与昆虫同属于节肢动物门的主要动物有：甲壳纲（虾、蟹、潮虫）、蛛形纲（蜘蛛、螨类、蝎子）、唇足纲（蜈蚣、蚰蜒）、重足纲（马陆）（图 1-1-2）。

*观察与思考：为什么图 1-1-2 中的小动物不属于昆虫？*

## 二、昆虫的头部及其附属器官观察识别

头部是昆虫的第 1 大体段，通常着生 1 对触角，1 对复眼，0～3 个单眼和 1 个口器，是昆虫感觉和取食的中心。

### （一）昆虫的头式

昆虫由于取食方式的不同，口器的形状及着生的位置也发生了相应的变化，根据口器着生方向，可将昆虫的头式分为 3 大类（图 1-1-3）。

**1. 下口式** 口器着生在头部下方，与身体的纵轴垂直，这种头式适于取食植物性的食料。如蝗虫、天牛和蛾蝶幼虫等。

**2. 前口式** 口器着生在头部前方，与身体的纵轴呈钝角或几乎平行。这种头式，适于潜食和钻蛀、捕食猎物等。如步行甲、草蛉幼虫和有钻蛀习性的蛾类幼虫等。

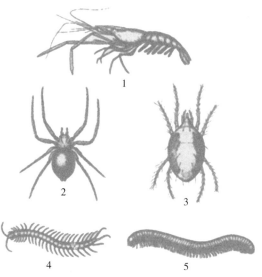

图 1-1-2 昆虫的近亲
1. 甲壳纲（虾） 2. 蛛形纲（蜘蛛） 3. 蛛形纲（螨）
4. 唇足纲（蜈蚣） 5. 重足纲（马陆）

**3. 后口式** 口器向后斜伸，贴在身体的腹面，与身体的纵轴几成锐角。这种头式适于刺吸植物或动物的汁液。如蝉、椿象、蚜虫、介壳虫等。

*观察与识别：观察一下蝗虫、椿象、步行甲、蝉等昆虫的口器，并判断其口器属于何种类型。*

### （二）触角

昆虫除少数种类外，头部都有 1 对触角。一般着生于额两侧。触角由许多环节组成。基部第 1 节称为柄节，第 2 节为梗节，其余的各小节统称为鞭节（图 1-1-4）。

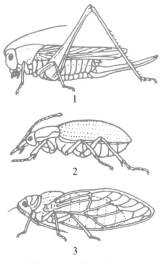

图 1-1-3 昆虫的头式
1. 下口式（螽斯） 2. 前口式（步行甲） 3. 后口式（蝉）

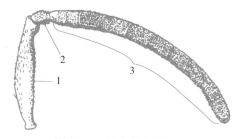

图 1-1-4 昆虫触角的构造
1. 柄节 2. 梗节 3. 鞭节

触角是昆虫重要的感觉器官，表面上有许多感觉器，具嗅觉和触觉的功能，昆虫借以觅食和寻找配偶。

昆虫触角的形状因昆虫的种类和雌雄不同而多种多样。常见的有（图 1-1-5）：

**1. 刚毛状**　触角短，柄节与梗节较粗大，其余各节细似刚毛。如蜻蜓、蝉、叶蝉的触角。

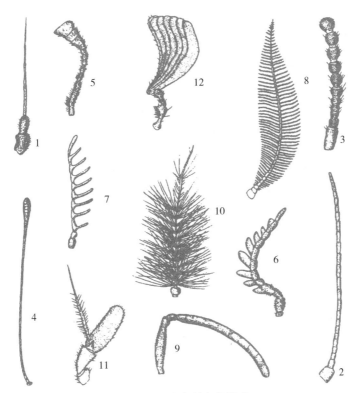

图 1-1-5　昆虫触角的类型

1. 刚毛状（蜻蜓）　2. 丝状（蝗虫）　3. 念珠状（白蚁）　4. 球杆状（菜粉蝶）

5. 锤状（瓢虫）　6. 锯齿状（锯天牛）　7. 栉齿状（豆芫菁）

8. 羽毛状（雄性小地老虎）　9. 膝状（蜜蜂）　10. 环毛状（雄蚊）

11. 具芒状（蝇类）　12. 鳃片状（金龟子）

**2. 丝状（线状）**　细长，除柄节、梗节略粗外，其余各节大小、形状相似，向端部渐细。如天牛、螽斯的触角。丝状触角是昆虫中最常见的类型。

**3. 球杆状（棒状）**　结构与线状触角相似，但近端部数节膨大如棒。如蝶类的触角。

**4. 锤状**　似球杆状，但触角较短，鞭节端部突然膨大，形状如锤。如瓢虫及一些甲虫的触角。

**5. 锯齿状**　鞭节各亚节端部呈锯齿状向一侧突出。如大多数叩头甲的触角。

**6. 栉齿状（梳状）**　鞭节各亚节端部向一侧显著突出，状如梳栉。如部分叩头甲的触角。

**7. 羽毛状（双栉齿状、箅状）**　鞭节各亚节向两侧突出，形如羽毛，或似箅子。如许多雄蛾的触角。

**8. 念珠状** 柄节长粗，梗节小，其余各节近似圆球形，相互连接形似一串念珠。如白蚁的触角。

**9. 屈膝状（肘状）** 柄节极长，梗节小，鞭节各亚节形状及大小相似，在梗节处呈肘状弯曲。如蜜蜂、蚂蚁及部分象甲的触角。

**10. 环毛状** 除柄节和梗节外，鞭节各亚节具一圈细毛。如雄蚊的触角。

**11. 具芒状** 鞭节不分亚节，较柄节和梗节粗大，侧生有刚毛状或芒状的触角芒。如蝇类的触角。

**12. 鳃片状** 鞭节端部几节扩展成片，形如鱼鳃。如金龟甲的触角。

*观察与识别：观察蝗虫、白蚁、蚕蛾、蝉、金龟子、绿豆象（♂）、叩头虫（♂）、蚊子（♂）、凤蝶、瓢虫、蜜蜂、家蝇等昆虫的触角并说明各属哪种类型？*

### （三）单眼和复眼

两者都是昆虫的视觉器官，在昆虫的取食、栖息、繁殖、避敌、决定行动方向等各种活动中起着重要作用。

昆虫具复眼 1 对，位于头的两侧，是由 1 至多个小眼集合形成，是昆虫的主要视觉器官。单眼一般有 3 个，但也有 1～2 个或者无单眼的。单眼只能分辨光线强弱和方向，不能分辨物体的形状和颜色。

*观察与识别：观察蜻蜓、蝗虫、蝉等昆虫的单眼和复眼。*

### （四）口器

口器是昆虫的取食器官。各种昆虫因食性和取食方式的不同，口器在构造上分不同类型。取食固体食物的为咀嚼式，取食液体食物的为吸收式，兼食固体和液体两种食物的为嚼吸式。吸收式口器按其取食方式又分不同的类型，即把口器刺入动、植物组织内取食的刺吸式、锉吸式、刮吸式，以及吸食暴露在物体表面的液体物质的虹吸式、舐吸式。

**1. 咀嚼式口器** 是昆虫最基本、最原始的口器类型。其他口器类型都是由咀嚼式口器演化而来。昆虫的咀嚼式口器由上唇、上颚、下颚、下唇、舌 5 个部分组成（图 1-1-6）。

（1）上唇。是悬接于唇基下缘的 1 个双层薄片，能前后活动，有固定、推进食物的作用。

（2）上颚。位于上唇之后，是 1 对坚硬的锥状构造，可以切断、撕裂和磨碎食物。

（3）下颚。位于上颚之后，左右成对，内外颚叶用于割切和抱握食物，下颚须用来感触食物。

（4）下唇。位于下颚之后，与下颚构造相似，但左右合并为一，用以盛托食物和感觉食物。

（5）舌。位于口腔中央，是一块柔软的袋状构造，用来搅拌和运送食物。舌上具有许多毛和感觉器，具有味觉作用。

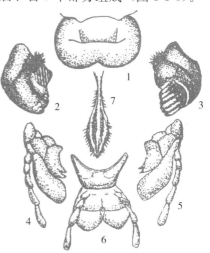

图 1-1-6 蝗虫的咀嚼式口器
1. 上唇 2～3. 上颚
4～5. 下颚 6. 下唇 7. 舌

*观察与识别：以小组为单位，取一蝗虫头部，用镊子、解剖针等工具拨动并区分口器的各部分，观察各口器附肢的相对位置，然后逐个取下各附肢放于培养皿，*

咀嚼式口器(蝗虫)

观察他们的形状和质地。

　　属于咀嚼式口器的害虫主要有直翅目昆虫的成虫、若虫，如蝼蛄、蟋蟀、蝗虫等；鞘翅目昆虫的成虫、幼虫，如天牛、金龟子、叩头甲等；鳞翅目昆虫的幼虫，如袋蛾类、刺蛾类、毒蛾类、灯蛾类、舟蛾类等；膜翅目昆虫的幼虫，如叶蜂类等。

　　咀嚼式口器危害植物的共同特点是造成各种形式的机械损伤，如食叶类害虫常将叶片咬成"开天窗"、缺刻、孔洞，严重时将叶肉吃光，仅留网状叶脉，甚至全部吃光；卷叶类害虫常常吐丝造成卷叶、缀叶，然后躲于其中危害；钻蛀类害虫常将茎秆、果实等造成隧道和孔洞等；潜叶类害虫钻入叶内潜食叶肉，形成迂回曲折的蛇形隧道；有的种类在地下危害，常咬断幼苗的根或根茎，造成幼苗萎蔫枯死。

　　防治咀嚼式口器的害虫，通常选用胃毒剂和触杀剂。胃毒剂可喷洒在植物体表面，或制成毒饵撒在这类害虫活动的地方，使其和食物一起被害虫食入消化道，引起害虫中毒死亡。

　　*观察与识别：室外现场或室内标本观察咀嚼式口器的危害状，如开天窗、缺刻、孔洞，以及卷叶、潜叶、钻蛀等。*

　　*调查与思考：防治咀嚼式口器的害虫，采用哪些类型的杀虫剂效果好？*

　　**2. 刺吸式口器**　刺吸式昆虫的口器是由咀嚼口器演化而成，其上、下颚特化成2对口针，相互嵌合2个管道，即食物道和唾液道。下唇延长成包藏和保护口针的喙，上唇则退化为三角形小片，盖在口针基部（图1-1-7）。

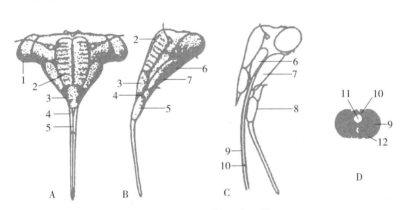

刺吸式口器(蝉)

图 1-1-7　蝉的刺吸式口器

A. 头部正面观　B. 头部侧面观　C. 口器各部分分解　D. 口针横切面

1. 复眼　2. 额　3. 唇基　4. 上唇　5. 喙管　6. 上颚骨片　7. 下颚骨片

8. 下唇　9. 上颚口针　10. 下颚口针　11. 食物道　12. 唾道

　　*观察与识别：取蝉、椿象等昆虫各1头，观察其口器的基本构造。*

　　属于刺吸式口器的害虫主要有同翅目昆虫的成虫、若虫，如蚜虫、叶蝉、介壳虫、粉虱等；半翅目昆虫的成虫、若虫，如网蝽、盲蝽等。

　　刺吸式口器的害虫对植物的危害，不仅仅是吸取植物的汁液，造成植物营养的丧失，而生长衰弱，更为严重的是它所分泌的唾液中含有毒素、生长刺激素或生长抑制素，使得植物叶绿素破坏而出现黄斑、变色，细胞分裂受到抑制而形成皱缩、卷曲，细胞增殖而出现虫瘿等。同时，蚜虫、叶蝉、木虱等还能传播植物病毒病，其传播的植物病害所造成的损失往往大于害虫本身所造成的危害。

对于刺吸式口器的害虫防治，通常选用内吸性杀虫剂、触杀剂或熏蒸剂，而使用胃毒剂是没有效果的。

观察与识别：室外现场或室内标本观察刺吸式口器的危害状，如失绿斑点、畸形、虫瘿等。

调查与思考：防治刺吸式口器的害虫，采用哪些类型的杀虫剂效果好？

**3. 虹吸式口器** 蛾、蝶类成虫所特有的口器类型。上唇和上颚退化，下唇呈片状，下唇须发达，由左右下颚的外颚叶嵌合延伸成喙管，内颚叶和下颚须不发达，喙管通常呈钟表发条状卷曲在头下面，当取食时可伸展吮吸花蜜（图1-1-8）。蛾蝶类成虫一般不会造成危害，但吸果夜蛾类喙管末端锋利，能刺破成熟果实的果皮，吮吸汁液，造成危害。

虹吸式口器的害虫只吸食暴露在植物表面的液体，因此可将胃毒剂制成液体，使其吸食中毒，如目前预测预报及防治上常用的糖酒醋诱杀液，可诱杀地老虎等成虫。

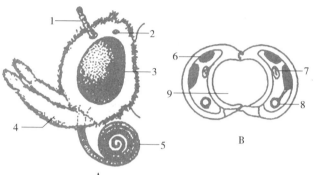

图1-1-8　蛾蝶的虹吸式口器
A. 头部侧面观　B. 喙的横切面
1. 触角　2. 单眼　3. 复眼　4. 下唇须　5. 喙　6. 肌肉
7. 神经　8. 气管　9. 食物道

此外，还有锉吸式口器，如蓟马，其危害方式与刺吸式口器相似；刮吸式口器，如牛虻；舐吸式口器，如家蝇；嚼吸式口器，如蜜蜂等。

观察与识别：分取蓟马、粉蝶、家蝇和蜜蜂各1头，观察其口器的构造特点。

虹吸式口器(蝴蝶)　舐吸式口器(苍蝇)

## 三、昆虫的胸部及其附属器官观察识别

胸部是昆虫的第2大体段，其前以膜质颈与头部相连。胸部着生有3对足和2对翅。胸部由3个体节组成，依次称为前胸、中胸和后胸。每1个胸节下方各着生1对胸足，依次为前足、中足和后足。多数昆虫在中、后胸上方各着生1对翅，依次称为前翅和后翅。足和翅都是昆虫的行动器官，所以胸部是昆虫的运动中心。

观察与识别：取1头蝗虫，观察其胸部的分节及各节的构造、附肢等。

### (一)昆虫胸足的构造和类型

**1. 胸足的构造** 胸足是胸部的附肢，着生于侧板和腹板之间。成虫的胸足，一般分为6节，由基部向端部依次称为基节、转节、腿节、胫节、跗节和前跗节（图1-1-9）。除前跗节外，各节大致都呈管状，节间由膜相连接，是各节活动的部位。

观察与识别：取1头蝗虫，观察其胸足的构造等。

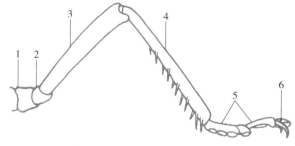

图1-1-9　昆虫胸足的基本构造
1. 基节　2. 转节　3. 腿节　4. 胫节　5. 跗节　6. 前跗节

**2. 胸足的类型**  昆虫胸足的原始功能为行动器官，由于适应不同的生活环境和生活方式的结果，特化成许多不同足的形态和功能。常见的类型有（图1-1-10）。

（1）步行足。是昆虫中最常见的一种足，各节较细长，无显著特化，适于行走。如步行甲、椿象等的足。

（2）跳跃足。一般由后足特化而成，腿节特别膨大，胫节细长，适于跳跃。如蝗虫、蟋蟀的后足。

（3）捕捉足。为前足特化而成。基节延长，腿节和胫节的相对面上具齿形成捕捉构造。如螳螂的前足。

（4）开掘足。一般由前足特化而成，胫节宽扁有齿，适于掘土。如蝼蛄的前足。

（5）游泳足。足扁平，胫节和跗节边缘缀有长毛，用以划水。龙虱、仰蝽等水生昆虫的后足。

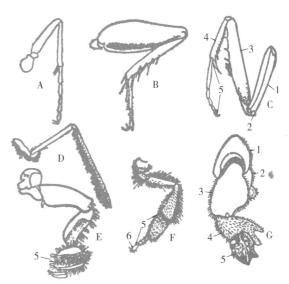

图 1-1-10  昆虫足的类型
A. 步行足  B. 跳跃足  C. 捕捉足  D. 游泳足
E. 抱握足  F. 携粉足  G. 开掘足
1. 基节  2. 转节  3. 腿节
4. 胫节  5. 跗节  6. 爪

（6）抱握足。跗节膨大成吸盘状，在交尾时用以抱握雌体。如雄性龙虱的前足。

（7）携粉足。胫节宽扁，两边有长毛，用以携带花粉，通称花粉篮。第一跗节很大，内面有10～12排横列的硬毛，用以梳刮附着在身体上的花粉。如蜜蜂的后足。

（8）攀缘足。各节较粗短，胫节端部具一指状突，跗节和前跗节弯钩状，构成一个钳状构造，能牢牢夹住人、畜毛发等。如虱类的足。

了解昆虫足的构造和类型，对于识别害虫，了解它们的生活方式，以及在害虫防治和益虫利用上都有很大的实践意义。

观察与识别：观察步行虫的足、蝗虫的后足、螳螂的前足、蝼蛄的前足、龙虱的后足、雄性龙虱的前足、蜜蜂的后足等并说明各属哪种足的类型。

（二）昆虫翅的构造与类型

昆虫是无脊椎动物中唯一有翅的动物，昆虫的翅是由胸节背板侧缘向外扩展而来。翅对昆虫的分布、传播、觅食、求配、避敌等生命活动及进化有重大的意义。

**1. 翅的基本构造**  昆虫的翅常呈三角形，有3条边和3个角。翅展开时靠近前面的一边称为前缘，后面靠近虫体的一边称为内缘或后缘，其余一边称为外缘；前缘基部的角称为肩角，前缘与外缘间的角称为顶角，外缘与后缘间的角称为臀角；翅面还有一些褶线将翅面划分成3～4个区（图1-1-11）。

观察与识别：取蝗虫的后翅，观察翅的基本构造。

**2. 翅的类型**  按翅的形状、质地和被覆物，可将昆虫的翅分为以下几种类型（图1-1-12）。

（1）膜翅。翅膜质，薄而透明，翅脉明显可见。如蜻蜓、蜜蜂的翅。

（2）覆翅。翅质地坚韧如皮革、多不透明或半透明、有翅脉。如蝗虫的前翅。

（3）鞘翅。翅质地坚硬如角质，不用于飞行，用来保护背部和后翅，如甲虫类的前翅。

（4）半鞘翅。基半部为皮革质或角质，端半部为膜质有翅脉翅。如椿象的前翅。

（5）鳞翅。翅的质地为膜质，翅上密被鳞片，外观不透明。如蛾蝶的翅。

（6）缨翅。前后翅狭长，翅脉退化，翅的质地膜质，边缘上着生细长缨毛。如蓟马的翅。

（7）平衡棒。某些昆虫的后翅退化成很小的棒状构造，飞翔时用以平衡身体。如蝇类的后翅。

*观察与识别：观察蝗虫的前翅、金龟子的前翅、椿象的前翅、蜜蜂的前后翅、蛾蝶类的前后翅、蓟马的前后翅等，并写出其翅的类型。*

昆虫翅面分布的脉纹称为翅脉。翅脉在翅上的数目和分布型式称为脉序（脉相）。不同类群的昆虫脉相有一定的差异，而同类昆虫的脉序又相对稳定和相似。所以，脉序是研究昆虫分类和系统发育的依据。为了便于比较研究，人们对现代昆虫和古代化石昆虫的翅脉加以分析比较、归纳、概括出假想模式脉相（图1-1-13），作为鉴别昆虫脉序的科学标准。

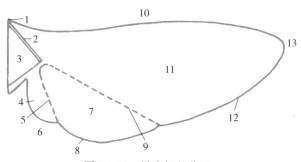

图1-1-11 昆虫翅的分区

1. 肩角 2. 基褶 3. 腋区 4. 轭区 5. 轭褶 6. 内缘 7. 臀区
8. 臀角 9. 臀褶 10. 前缘 11. 臀前区 12. 外缘 13. 顶角

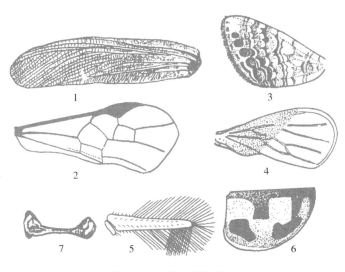

图1-1-12 昆虫翅的类型

1. 覆翅 2. 膜翅 3. 鳞翅
4. 半鞘翅 5. 缨翅 6. 鞘翅 7. 平衡棒

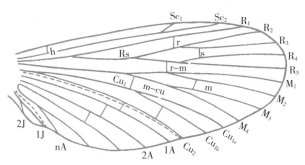

图1-1-13 昆虫的假想模式脉相

### 四、昆虫的腹部及其附属器官观察识别

腹部是昆虫的第 3 大体段，紧连于胸部之后，一般没有分节的附肢，里面包藏有各种内脏器官，端部着生有雌雄外生殖器和尾须。内脏器官在昆虫的新陈代谢中发挥着重要的作用，雌雄外生殖器主要承担了与生殖有关的交尾产卵等活动，尾须在交尾产卵过程中对外界环境进行感觉，所以说腹部是昆虫新陈代谢和生殖的中心。

（一）腹部的基本构造

昆虫成虫的腹部一般呈长筒形或椭圆形，但在各类昆虫中常有较大的变化，一般由 9～11 节组成，第 1～8 节两侧常具有 1 对气门。腹部的构造比胸部简单，各节之间以节间膜相连，并相互套叠。腹部只有背板和腹板，而没有侧板，侧板被侧膜所取代（图 1-1-14）。

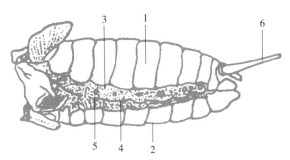

图 1-1-14 昆虫腹部的构造
1. 背板 2. 腹板 3. 侧膜
4. 背侧线 5. 气门 6. 尾须

（二）腹部的附肢

昆虫腹部的末端着生外生殖器，雌性的外生殖器称为产卵器，雄性的外生殖器称为交配器。有些种类还着生一对尾须。

**1. 雌性外生殖器（产卵器）** 产卵器一般为管状构造，着生于第 8～9 腹节上。产卵器包括：1 对腹产卵瓣，由第 8 节附肢形成；1 对内产卵瓣和 1 对背产卵瓣，均由第 9 腹节附肢形成（图 1-1-15）。一般昆虫的产卵器由其中两对产卵瓣组成（另 1 对退化），如蝗虫的产卵器由背、腹产卵瓣组成（图 1-1-16）；蝉类的产卵管由腹、内产卵瓣形成，可刺破树木枝条将卵产入植物组织，造成皮层破裂；蛾、蝶、甲虫等多种昆虫没有产卵瓣，只能将卵产在裸露处、裂缝处或凹陷处。根据产卵器的形状和构造，可以了解害虫的产卵方式和产卵习性，从而采取针对性的防治措施。

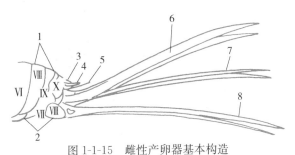

图 1-1-15 雌性产卵器基本构造
1. 背板 2. 腹板 3. 肛上片 4. 尾
5. 肛侧片 6. 背产卵瓣 7. 内产卵瓣 8. 腹产卵瓣

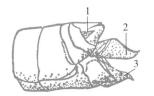

图 1-1-16 蝗虫雌性外生殖
1. 尾 2. 背产卵瓣 3. 腹产卵瓣

**2. 雄性外生殖器（交配器）** 其构造较产卵器复杂，常隐藏于体内，交配时伸出体外，主要包括将精子输入雌性的阳茎及交配时抱握雌体的抱握器。

了解昆虫的外生殖器，对分辨雌雄掌握虫情不仅必要，而且也是昆虫分类的重要依据之一。

**3. 尾须** 尾须是由末腹节附肢演化而成的须状外突物，形状变化较大，有的不分节，

呈短锥状，如蝗虫；有的细长多节呈丝状，如缨尾目、蜉蝣目；有的硬化成镊状，如革翅目。尾须上生有许多感觉毛，具有感觉作用。

*观察与识别：取1头蝗虫，观察昆虫腹部的基本构造、节数、听器、气门及附肢等。*

### 五、昆虫体壁观察识别

昆虫的体壁是包在整个昆虫体躯（包括附肢）最外层的组织，它具有皮肤和骨骼两种功能，又称为外骨骼。昆虫的外骨骼系统就是体壁构成的，并以其在适当部位的内陷形成加固体躯和着生肌肉的所谓内骨骼系统。所以昆虫的体形和外部特征都决定于体壁的构造，昆虫的体壁又是阻止水分过量蒸发和外物侵入的屏障。此外体壁还可阻止许多有毒物质的侵入，所以是十分重要的保护组织。

#### （一）体壁的构造

昆虫的体壁可分为3个主要层次（图1-1-17），由外向里为表皮层、皮细胞层和底膜。体表的分层结构对昆虫发展成为自然界中最昌盛的动物类群有重要意义。

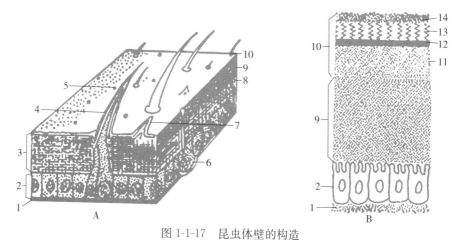

图 1-1-17　昆虫体壁的构造

1. 底膜　2. 皮细胞层　3. 表皮层　4. 刚毛　5. 皮细胞腺
6. 腺细胞　7. 非细胞突起　8. 内表皮　9. 外表皮　10. 上表皮
11. 多元酚层　12. 角质精层　13. 蜡层　14. 护蜡层

了解昆虫体壁特性的目的是为了设法打破体壁的保护性能，以提高药剂的穿透能力，达到杀灭害虫的目的。通常体壁柔软、蜡质较少的害虫较易被药剂杀灭；昆虫幼龄阶段由于体壁较薄，往往较老龄阶段抗药力弱，防治害虫掌握在3龄之前就是这个道理。油乳剂一般比可湿性粉剂杀虫效果好，其原因是油乳型的触杀剂一般属脂溶性，易于破坏疏水性的体壁蜡层而渗透入虫体，从而提高了杀虫效果。农药中的灭幼脲能抑制昆虫表皮几丁质的合成，使幼虫蜕皮时不能形成新表皮，变态受阻或造成畸形，最终导致死亡。

#### （二）体壁的衍生物

昆虫由于适应各种特殊需要，体壁常向外突出或向内凹陷而形成各种衍生物，分别称之为外延物及内陷物。外延物除体壁表面的一些微小的非细胞性突起，如刻点、脊纹、小疣、微毛等外，还有一些较大的细胞性突起，如刚毛、毒毛、感觉毛、刺、距、鳞片等（图1-1-18）。体壁的内陷物包括表皮内陷形成的各种内脊、内突和内骨，其作用是增加体壁的强度和肌肉着生的面积；一些皮细胞还可以特化成各种腺体，如唾腺、丝腺、蜡腺、毒腺和臭腺等。

观察与识别：观察蝗虫胫节上的突起，用手触摸，区别哪些是刺，哪些是距，观察蛾、蝶类成虫的翅及幼虫体表，识别单细胞外长物。

【任务考核标准】见表1-1-1。

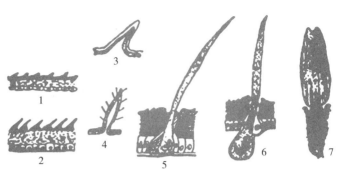

图 1-1-18　昆虫体壁的外延物

1～2. 非细胞表皮突起　3. 刺　4. 距　5. 刚毛　6. 毒毛　7. 鳞片

表 1-1-1　昆虫外部形态特征的识别任务考核参考标准

| 序号 | 考核项目 | 考核内容 | 考核标准 | 考核方法 | 标准分值 |
|------|----------|----------|----------|----------|----------|
| 1 | 基本素质 | 学习工作态度 | 态度端正，主动认真，全勤，否则将酌情扣分 | 单人考核 | 5 |
| | | 团队协作 | 服从安排，与小组其他成员配合好，否则将酌情扣分 | 单人考核 | 5 |
| 2 | 专业技能 | 昆虫特征及相似动物的观察识别 | 能够正确地掌握昆虫的特点，并根据其典型特征，准确地从日常所见小动物甄别出昆虫。特征描述与种类甄别欠准确者，酌情扣分 | 单人考核 | 10 |
| | | 昆虫的头部及其附属器官观察识别 | 能够正确地掌握昆虫头部的特征，并能指明昆虫头部附器的类型、构造与功能。所述内容不全、欠准确者，酌情扣分 | 单人考核 | 20 |
| | | 昆虫的胸部及其附器观察识别 | 能够正确地掌握昆虫胸部的特征，并能指明昆虫胸部附器的类型、构造与功能。所述内容不全、欠准确者，酌情扣分 | 单人考核 | 15 |
| | | 昆虫的腹部及其附器观察识别 | 能够正确地掌握昆虫腹部的特征，并能指明昆虫腹部附器的类型、构造与功能。所述内容不全、欠准确者，酌情扣分 | 单人考核 | 10 |
| | | 昆虫体壁观察识别 | 能够正确地掌握昆虫体壁的特征，并能指明昆虫体壁附器的类型、构造与功能。所述内容不全、欠准确者，酌情扣分 | 单人考核 | 10 |
| 3 | 职业素质 | 方法能力 | 独立分析和解决问题的能力强，能主动、准确地表达自己的想法 | 单人考核 | 5 |
| | | 工作过程 | 工作过程规范，有完整的工作任务记录，字迹工整 | 单人考核 | 10 |
| | | 自测训练与总结 | 及时准确完成自测训练，总结报告结果正确，电子文本规范，体会深刻，上交及时 | 单人考核 | 10 |
| 4 | 合计 | | | | 100 |

## 工作任务 1.1.2　昆虫变态类型及不同发育阶段虫态观察识别

【任务目标】

熟悉昆虫的变态类型，掌握各类昆虫的卵、幼虫（若虫）、蛹、成虫的特点，了解昆虫生物学习性与防治的关系。

【任务内容】

（1）根据工作任务，采取课堂、实验（训）室以及校内外实训基地（包括园林绿地、花圃、苗圃、草坪等）现场相结合的形式，通过查阅资料与网上搜集，获得相关园林植物昆虫生物学方面的基本知识。

（2）通过校内外实训基地，对常发园林植物害虫进行观察、识别，了解其昆虫生物学方面的一般知识，同时采集标本，拍摄数码图片。

（3）实验（训）室内，采用手持放大镜、体视显微镜观察常见害虫的生物学特性，同时仔细观察识别常见昆虫的变态类型以及卵、幼虫（若虫）、蛹、成虫的特点。

（4）对任务进行详细记载，并列表描述所观察到昆虫的变态类型及虫态的特点。

【教学资源】

（1）材料与器具：昆虫不同类型的卵、幼虫、蛹的新鲜标本、干制或浸渍标本，蝼蛄、蝗虫、菜粉蝶、蓑蛾、家蝇等昆虫生活史标本，体视显微镜、放大镜、镊子、泡沫塑料板、剪刀、昆虫针等用具。

（2）参考资料：当地气象资料、有关园林植物害虫的历史资料、害虫种类与分布情况、各类教学参考书、多媒体教学课件、害虫彩色图谱（纸质或电子版）、检索表、各相关网站相关资料等。

（3）教学场所：教室、实验（训）室以及园林植物害虫危害较重的校内外实训基地。

（4）师资配备：每 20 名学生配备 1 名指导教师。

【操作要点】

（1）昆虫卵的观察识别：注意观察各种不同类型昆虫卵的形态、大小、颜色及花纹；散产还是块产等；卵块的排列方式，有无保护物等。

（2）昆虫幼虫的观察识别：取具有代表性昆虫幼虫，注意观察腹足的有无、对数，区分幼虫的类型。

（3）蛹的观察识别：观察蛹的形状、大小、颜色、臀刺和斑纹，蛹外有无保护物等特征。注意观察离蛹、被蛹、围蛹的构造特点。

（4）昆虫生活史观察识别：观察昆虫生活史标本时，注意观察蓑蛾、草履蚧等昆虫的雌雄异型；白蚁的蚁王、蚁后、工蚁、兵蚁等多型现象；完全变态（如菜粉蝶）与不完全变态（如蝼蛄）的区别。

【注意事项】

（1）干制标本观察时容易破坏标本，应该谨慎操作。

（2）野外进行幼虫观察时，应该借助镊子等工具，不要用手触摸，避免对身体造成伤害。

（3）体视显微镜使用完毕，应及时降低镜体，取下载物台面上的观察物，放入镜箱内，轻拿轻放。

（4）对疑难种类的昆虫，应该积极查阅资料并开展小组讨论，达成共识。

【内容及操作步骤】

## 一、昆虫的变态类型观察识别

昆虫从卵孵化后到羽化为成虫的发育过程中，不仅体积有所增大，同时外部形态和内部构造甚至生活习性都要发生一系列的变化，这种现象称为变态。

昆虫在进化过程中，随着成虫、幼虫虫态的分化程度不同以及对生活环境的特殊适应，形成了各种不同的变态类型。常见的变态类型可分为不完全变态和完全变态两大类。

**1. 不完全变态** 昆虫个体发育过程中经过卵、若虫、成虫 3 个虫态。由卵孵化出来的若虫和成虫在外部形态和生活习性上很相似，仅个体的大小、翅及生殖器官发育程度有所不同，所以将幼虫称为若虫。常见的直翅目的蝗虫、半翅目的椿象、同翅目的蝉等昆虫都属于此类变态（图 1-1-19）。

**2. 完全变态** 昆虫个体发育过程中经过卵、幼虫、蛹和成虫 4 个虫态。由卵孵化出来的幼虫和成虫的形态、习性完全不同，这类幼虫必须经过蛹期这一特殊阶段才能转变为成虫。常见的鞘翅目的金龟子、鳞翅目的蝶蛾、膜翅目的蜂蚁等昆虫均属于完全变态（图 1-1-20）。

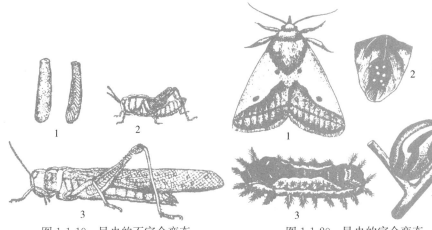

图 1-1-19 昆虫的不完全变态
1. 卵袋及其剖面 2. 若虫 3. 成虫
（张随榜.2010.园林植物保护.2 版）

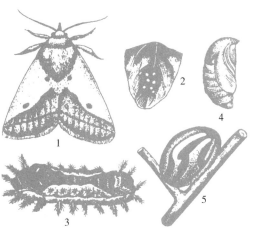

图 1-1-20 昆虫的完全变态
1. 成虫 2. 卵 3. 幼虫 4. 蛹 5. 茧
（张随榜.2010.园林植物保护.2 版）

不完全变态
（斑衣蜡蝉）

完全变态
（美国白蛾）

观察与识别：观察蝗虫、蝼蛄、凤蝶、家蝇等昆虫的生活史标本，说明各变态类型的特点。

## 二、卵的观察识别

卵是昆虫个体发育的第 1 个阶段，卵从母体产下到孵化所经过的时期称为卵期。卵期的长短因种类和环境的不同而有差异，一般只有几天，越冬卵可长达几个月。卵是一个不活动的虫态，所以许多昆虫在产卵方式和卵的构造本身都有特殊的保护性适应。

**1. 卵的构造** 昆虫的卵是一个大型细胞，最外面是一层起保护作用的坚硬卵壳，具有高度的不透性，对卵起着很好的保护作用。卵的前端有极小的受精孔，是精子进入卵内的通道。卵壳下方有一层薄膜组织，称为卵黄膜，其内包藏原生质、卵黄，卵黄是昆虫胚胎发育的营养物质。卵的中央是细胞核，是遗传物质最为集中的地方（图 1-1-21）。

**2. 卵的大小与形状**　各种昆虫卵的大小差异较大。一般昆虫的卵都比较小，大小在 0.5～2mm。较大的如某些螽斯的卵长达 10～40mm，小的如寄生蜂卵长仅 0.02～0.03mm。昆虫卵的形状也是多种多样的（图 1-1-22）。常见昆虫的卵有的是肾形的，如直翅目蝗虫、蟋蟀的卵；有的是圆形的，如鞘翅目甲虫的卵；有的是桶形的，如半翅目椿象的卵；有的是半球形的，如鳞翅目夜蛾的卵；带有丝柄的，如脉翅目草蛉的卵；瓶形的，如鳞翅目粉蝶的卵。昆虫的卵壳表面有的平滑，有的具有各种各样的脊纹，或呈放射状，或在纵脊之间还有横脊，以增加卵壳的硬度。

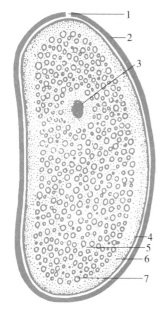

图 1-1-21　卵的构造

1. 精孔　2. 卵壳　3. 细胞核
4. 卵黄膜　5. 原生质
6. 周质　7. 卵黄

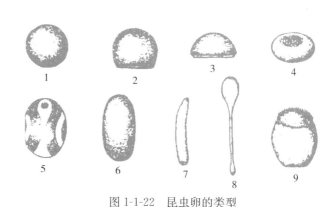

图 1-1-22　昆虫卵的类型

1. 圆形（油茶蚕）　2. 馒头形（栎掌舟蛾）　3. 半球形（杨扇舟蛾）
4. 扁圆形（花布灯蛾）　5. 近圆形（柳杉枯叶蛾）　6. 椭圆形（栗实象甲）
7. 长卵圆形（黄脊竹蝗）　8. 具柄形（板栗瘿蜂）9. 桶形（竹卵圆蝽）
（张随榜 . 2010. 园林植物保护 . 2 版）

**3. 产卵方式**　昆虫的产卵方式随种类而异。有的分散单产，如天牛、凤蝶的卵常分散单产；有的聚产形成各种形状的卵块，如螳螂、斜纹夜蛾的卵常产成卵块，有的卵块上盖有茸毛、鳞片，有的还形成特殊的卵囊、卵鞘等，保护卵块免遭外界的侵袭。

昆虫的产卵场所也各不相同，有的裸产，如松毛虫将卵产在物体表面；有的隐产，如蝉、蝗虫的卵产在隐蔽的寄主组织、土壤中。有些体内寄生蜂的卵，产在其他昆虫的卵、幼虫、蛹或成虫体内。

了解昆虫卵的形状、产卵方式，确认各种卵的类型，对鉴别种类、调查虫情和防治害虫都有特殊的实际意义。如摘除卵块，剪除产卵枝条，都是有效控制害虫的措施。

观察与识别：现场或室内观察螳螂、椿象、草蛉、斑衣腊蝉、蝗虫、天幕毛虫、叶蜂等昆虫的卵，并列表描述其卵的形状、产卵方式、产卵场所。

### 三、幼虫的观察识别

幼虫是昆虫个体发育的第 2 个阶段。幼虫从卵中破壳而出的过程称为孵化。昆虫从孵化到化蛹（完全变态）或羽化为成虫（不完全变态）之前的整个发育阶段称为幼虫期或若虫期。

幼虫期的明显特点是大量取食，积累营养，迅速增大体积，是昆虫一生中的主要取食危害阶段，也是防治的关键时期。

昆虫是外骨骼动物，其坚硬的体壁不能随着身体的增大而增长，当幼虫生长到一定阶段，表皮就限制了身体的发育，因此每隔一定时期必须把体外束缚过紧的旧表皮脱去，重新形成新表皮。幼虫脱去旧表皮的过程称为蜕皮，脱下的旧皮称为蜕。昆虫每脱 1 次皮，即增长 1 龄，每 2 次蜕皮之间的历期称为龄期，计算虫龄公式：虫龄＝蜕皮次数＋1。幼虫最后 1 次蜕皮后变成蛹，若虫则变为成虫。不同种类的昆虫，蜕皮的次数和龄期的长短各不相同，而且各龄幼虫的形体、颜色等也常有区别，但同一种昆虫的蜕皮次数和龄期是相对稳定的。如直翅目和鳞翅目幼虫一般蜕皮 4～5 次，白杨叶甲和瓢虫幼虫蜕皮 3 次，草蛉幼虫蜕皮 2 次。一般幼虫每蜕皮 1 次，体积就会增大 1 次，表皮也会增厚一些，食量也同时增大。

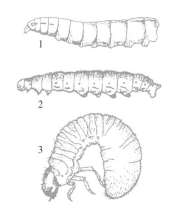

一般 3 龄后，幼虫的取食量猛增，进入暴食期，并对植物造成严重危害。幼虫刚蜕皮后，新皮尚未形成前，或刚刚孵化的幼虫和低龄幼虫，表皮较薄，抵抗力弱，有些还群集栖居，是药剂防治的最佳时期。

完全变态昆虫的幼虫由于食性、习性和生活环境十分复杂，幼虫在形态上的变化极大，根据幼虫足的数目可分为无足型、寡足型和多足型 3 种类型（图 1-1-23）。

**1. 无足型**　幼虫既无胸足也无腹足。如蚊、蝇类和象甲等的幼虫。

**2. 寡足型**　幼虫只具有 3 对胸足，没有腹足和其他附肢。如步行虫、金龟子、瓢虫、叶甲和草蛉等的幼虫。

图 1-1-23　昆虫的幼虫类型
1. 无足型（蝇类）　2. 多足型（蝶类）
3. 寡足型（蛴螬）
（张随榜 . 2010. 园林植物保护 . 2 版）

**3. 多足型**　幼虫除具有 3 对胸足外，还具有数对腹足。如鳞翅目幼虫有腹足 2～4 对，腹足末端具有趾钩，膜翅目的叶蜂类幼虫的腹足 6～8 对，腹足末端不具趾钩。

了解幼虫的形态类型，在现场调查识别和设计防治方案方面具有一定的实践意义。

观察与识别：现场或室内观察蛾蝶类、叶蜂、金龟子、天牛、蝇等昆虫的幼虫，识别其幼虫类型。

### 四、蛹的观察识别

蛹期是完全变态昆虫所特有的发育阶段，也是幼虫转变为成虫的过渡时期。完全变态昆虫的末龄幼虫脱去最后一层皮称为化蛹，从化蛹时起至成虫羽化所经历的时期称为蛹期。

蛹期不食不动，外观静止，但其内部却进行旧器官解体和新器官组建的新陈代谢活动。

因为蛹一般不能主动移动，缺乏防御和躲避敌害的能力，同时对外界不良环境条件的抵抗力也差，所以老熟幼虫在化蛹前常寻找隐蔽的化蛹场所。如在树皮裂缝中或在地下做土室；在植物组织中、卷叶内或吐丝作茧，保护蛹体免遭不良条件的侵害。了解昆虫蛹期的这些生物学特性，人为破坏其化蛹的生态环境，是防治害虫的一个途径。如对入土化蛹的害虫，可通过施行翻耕晒土，捣毁蛹室，使蛹暴晒致死，或因暴露而增加天敌捕食、寄生的机会。或实施灌水，使其大量死亡。

昆虫的蛹按照形态可分为离蛹、被蛹和围蛹3种类型（图1-1-24）。

**1. 离蛹** 又称为裸蛹。蛹的触角、足等附肢和翅不贴附于蛹体上，可以活动。如金龟甲、蜂类、草蛉的蛹。

**2. 被蛹** 触角、足、翅等紧紧地黏贴在蛹体上，表面只能隐约见其形态。如蛾类、蝶类的蛹。

**3. 围蛹** 蛹体本身为离蛹，但被幼虫最后一次蜕皮所形成的硬壳所包围。如蝇类的蛹。

*观察与识别：现场或室内观察金龟子、天牛、蛾蝶类、蝇等昆虫的蛹，识别其基本构造及所属的类型。*

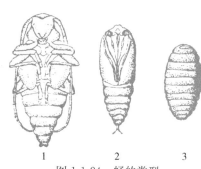

图1-1-24 蛹的类型
1. 离蛹（天牛） 2. 被蛹（蝶类）
3. 围蛹（蝇类）
（张随榜. 2010. 园林植物保护. 2版）

### 五、昆虫的性二型与多型现象观察识别

昆虫由若虫或蛹最后一次蜕皮变为成虫的过程称为羽化。从成虫羽化到死亡所经过的时期称为成虫期，是昆虫个体发育的最后一个阶段，是昆虫的生殖时期。一些昆虫在羽化后，性器官已经成熟，不需取食即可交配产卵，在完成繁殖后代的任务后很快就死去。这类昆虫口器一般退化，寿命很短，往往只有数天，甚至数小时。如金龟子、天牛、部分蛾类、蝶类昆虫等。有些昆虫的成虫，羽化后性器官尚未成熟，需要继续取食增加营养，才能达到性成熟。这种成虫期对性成熟不可缺少的营养称为补充营养。这类昆虫口器发达，寿命较长，少则数天，多则几个月。如蝗虫、蝽类、叶蝉等不完全变态的昆虫。

昆虫在成虫期，形态结构已经固定，不再发生变化，昆虫的分类和识别鉴定往往以成虫为主要依据。也有一些昆虫成虫在雌雄之间或个体之间表现出形态上的差异，出现性二型和多型现象。

**1. 性二型** 同种昆虫的雌雄个体除生殖器官第一性征不同外，在形态、色泽以及生活行为等第二性征方面也存在差异，这种现象称为性二型（图1-1-25）。如吹绵蚧的雄成虫有翅，雌成虫无翅；一些蛾类雌性触角为丝状，而雄性触角则为羽毛状。性二型对快速调查雌雄性比，估测田间卵的数量，具有实际意义。

**2. 多型现象** 昆虫在同一个种群中，

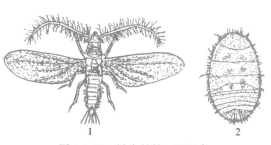

图1-1-25 昆虫的性二型现象
1. 吹绵蚧雄成虫 2. 吹绵蚧雌成虫

除了有性二型外，而且在同性个体中还有 2 种或 2 种以上的个体类型，称为多型现象（图1-1-26）。这在蜜蜂、白蚁和蚂蚁这类具有明显分工的社会性昆虫中十分常见。如蜜蜂有蜂王、雄蜂和不能生殖的工蜂；白蚁群中除有蚁后、蚁王专司生殖外，还有兵蚁和工蚁等类型。

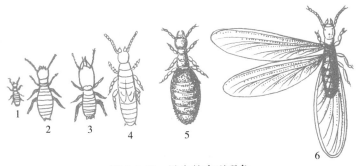

图 1-1-26　昆虫的多型现象
1. 若蚁　2. 工蚁　3. 兵蚁
4. 生殖蚁若蚁　5. 蚁后　6. 有翅蚁

部分昆虫在同一种类中，由于成虫发生期季节变化，也会在形态、构造、色泽等方面出现差异。如柑橘凤蝶有春型和夏型；梨木虱有夏型和冬型；蚜虫有有翅型和无翅型等。

多型现象可以反映种群的动态与环境变化的关系，对分析虫情及制订防治指标具有重要价值。

观察与识别：以袋蛾、白蚁等标本为代表，观察昆虫的雌雄二型和多型现象。

【任务考核标准】　　见表 1-1-2。

表 1-1-2　昆虫变态类型及不同发育阶段虫态识别任务考核参考标准

| 序号 | 考核项目 | 考核内容 | 考核标准 | 考核方法 | 标准分值 |
|---|---|---|---|---|---|
| 1 | 基本素质 | 学习工作态度 | 态度端正，主动认真，全勤，否则将酌情扣分 | 单人考核 | 5 |
| | | 团队协作 | 服从安排，与小组其他成员配合好，否则将酌情扣分 | 单人考核 | 5 |
| 2 | 专业技能 | 昆虫的变态类型观察识别 | 能够正确地举例描述昆虫完全变态与不完全变态的区别。特征描述与举例欠准确者，酌情扣分 | 单人考核 | 10 |
| | | 昆虫卵的观察识别 | 能够正确地掌握昆虫卵的特点，并能指明常见昆虫卵的大小、形状、产卵方式及产卵场所。所述内容不全、欠准确者，酌情扣分 | 单人考核 | 15 |
| | | 昆虫幼虫的观察识别 | 能够正确地掌握昆虫幼虫的特点，并能指明常见昆虫幼虫的类型。所述内容不全、欠准确者，酌情扣分 | 单人考核 | 20 |
| | | 昆虫蛹的观察识别 | 能够正确地掌握昆虫蛹的特点，并能指明常见昆虫蛹的类型。所述内容不全、欠准确者，酌情扣分 | 单人考核 | 10 |
| | | 昆虫的性二型与多型现象观察识别 | 能够正确地掌握昆虫成虫的特点，并能指明常见昆虫的性二型与多型现象的类型。所述内容不全、欠准确者，酌情扣分 | 单人考核 | 10 |

（续）

| 序号 | 考核项目 | 考核内容 | 考核标准 | 考核方法 | 标准分值 |
|---|---|---|---|---|---|
| 3 | 职业素质 | 方法能力 | 独立分析和解决问题的能力强，能主动、准确地表达自己的想法 | 单人考核 | 5 |
| | | 工作过程 | 工作过程规范，有完整的工作任务记录，字迹工整 | 单人考核 | 10 |
| | | 自测训练与总结 | 及时准确完成自测训练，总结报告结果正确，电子文本规范，体会深刻，上交及时 | 单人考核 | 10 |
| 4 | 合计 | | | | 100 |

## 工作任务 1.1.3　园林植物昆虫主要目科观察识别

【任务目标】

熟悉昆虫纲各目的形态特征，掌握各目与生产有关的主要科的特征，并认识其代表昆虫。

【任务内容】

（1）根据工作任务，采取课堂、实验（训）室以及校内外实训基地（包括园林绿地、花圃、苗圃、草坪等）现场相结合的形式，通过查阅资料与网上搜集，获得相关昆虫分类的基本知识。

（2）通过校内外实训基地，对常发的园林植物害虫进行观察、识别，判断其所属的类别，同时采集标本，拍摄数码图片。

（3）实验（训）室内，采用手持放大镜、体视显微镜观察常见害虫的外部特征，能够准确地甄别其目科，同时仔细观察各目科昆虫的典型特点。

（4）对任务进行详细记载，并列表描述所观察到害虫的目科特征。

【教学资源】

（1）材料与器具：昆虫纲各目及各主要科的分类示范标本；体视显微镜、放大镜、镊子、泡沫塑料板、剪刀、昆虫针等用具。

（2）参考资料：当地气象资料、有关园林植物害虫的历史资料、害虫种类与分布情况、各类教学参考书、多媒体教学课件、害虫彩色图谱（纸质或电子版）、检索表、各相关网站相关资料等。

（3）教学场所：教室、实验（训）室以及园林植物害虫危害较重的校内外实训基地。

（4）师资配备：每20名学生配备1名指导教师。

【操作要点】

（1）干制针插标本，体型较大的可直接使用手持放大镜观察，较小的可将标本插在小型泡沫板上用体视显微镜观察。浸渍标本，应先将标本放在载玻片上或培养皿中，再放在体视显微镜载物台上观察。玻片标本使用生物显微镜观察。

（2）各个目的特征观察，要注意比较目下各个昆虫标本的共同特征，特别要注意口器的类型、翅的类型、触角的类型以及足的类型。

（3）各个主要科的形态特征观察，要注意从形态上比较各个科之间的差异，掌握其主要特征，特别要注意一些细微特征的观察，如触角的节数和形态、单眼的有无及数量、下颚须及下唇须的形态、各胸节及小盾片的形态和发达程度、翅的形态及脉序、跗节的节数及形态、产卵器的结构及形态等。

【注意事项】

（1）干制标本观察时容易破坏标本，应该谨慎操作。若为针插标本，可将标本插在小的泡沫板上观察，以免破坏标本。

（2）野外幼虫观察时，应该借助镊子等工具，不要用手触摸，避免对身体造成伤害。

（3）体视显微镜使用完毕，应及时降低镜体，取下载物台面上的观察物，放入镜箱内，轻拿轻放。

（4）对疑难种类的昆虫，应该积极查阅资料并开展小组讨论，达成共识。

【内容及操作步骤】

自然界中昆虫的种类繁多，已定名的超过100万种，且形态千差万别。昆虫分类是认识昆虫的基础。根据昆虫的形态、生理、生态、生物学等特性、特征，通过分析、比较、归纳、综合的方法，将自然界种类繁多的昆虫分门别类。认识昆虫，了解其亲缘关系和生存发展规律，有利于益虫利用和害虫的防治。

昆虫的分类地位是动物界节肢动物门昆虫纲。昆虫纲以下分为目、科、属、种。由于有些阶元下包含的种类很多，为便于分类，在阶元下常设有"亚"级，如亚目、亚科等；有些在阶元上设有"总"级，如总科等；还有的在亚科级下还设有"族"级。每一种昆虫都有它的分类地位。

昆虫的每一个种都有一个科学的名称，即学名，采用林奈的双名法命名。学名是用拉丁文字表示的，由属名和种名组成，种名后是定名人的姓氏。书写时，属名和定名人的第1个字母大写，种名字母全部小写，定名人的姓氏用正体字书写，属名和种名在印刷上排斜体，如棉蚜 *Aphis gossypi* Glover。

我国著名的昆虫分类学家蔡邦华教授将昆虫纲分为2个亚纲、34个目。其中与花木生产、园林绿地养护关系密切的有9个目。

一、直翅目及主要目科特征观察识别

直翅目昆虫体中至大型，常见昆虫主要有蝗虫、蟋蟀、螽斯和蝼蛄等。口器咀嚼式，下口式。触角为丝状、锤状或剑状。前胸发达，前翅为覆翅革质，后翅膜质透明，静息时似扇状折叠于前翅下。后足跳跃式或前足开掘式。腹部末端具尾须1对。雌虫产卵器发达，形式多样，雄虫常有发音器。不完全变态，多数种类为植食性。本目有4个重要的科（表1-1-3，图1-1-27）。

表 1-1-3　直翅目重要科的形态特征

| 科（学名） | 形态特征 | 常见种类 |
|---|---|---|
| 蝗科（Locustidae） | 通称蝗虫，体型粗壮，触角丝状或剑状，短于身体。前胸背板发达呈马鞍形。后足为跳跃足。听器着生于腹部第1节两侧，产卵器粗短呈凿状，跗节3节或3节以下 | 短额负蝗、中华稻蝗、棉蝗 |

(续)

| 科（学名） | 形态特征 | 常见种类 |
|---|---|---|
| 螽斯科<br>（Tettigoniidae） | 体型粗壮，触角丝状细长，长过身体许多。翅有短翅型、长翅型和无翅型3种类型，有翅型雄虫能靠左右前翅摩擦发音。产卵器刀片状或剑状。听器位于前足胫节基部。跗节4节，尾须短 | 中华露螽、变棘螽 |
| 蝼蛄科<br>（Gryllotalpidae） | 触角短于体长，丝状。前足粗壮，开掘式，胫节阔扁，具4齿，跗节基部有2齿，适于掘土，胫节上的听器退化成裂缝状。后足失去跳跃功能。前翅短，后翅长伸出腹末如尾状。尾须长，产卵器退化，跗节3节 | 单刺蝼蛄、东方蝼蛄 |
| 蟋蟀科<br>（Gryllidae） | 体型粗壮，触角丝状长于身体。后足跳跃足，听器在前足胫节上。前翅在身体侧面急剧下折，雄虫靠左右前翅摩擦发音。跗节3节，尾须长，产卵器细长呈针状、长矛状或长杆状 | 大蟋蟀、油葫芦 |

观察与识别：取棉蝗、蟋蟀、蝼蛄等昆虫，观察直翅目昆虫的主要特征，掌握一些重要科的形态特征。

## 二、半翅目及主要目科特征观察识别

半翅目通称椿象，简称蝽。体小至中型，个别大型，扁平较硬。口器为刺吸式，自头的前端伸出。触角多为丝状。前胸背板发达，中胸有三角形小盾片。前翅为半鞘翅，分为基半部的革区、爪区和端半部的膜区3部分，有的种类还有楔区。腹面中、后足间多有臭腺。不完全变态，多为植食性的害虫，少数为肉食性天敌。本目主要有6个重要科（表1-1-4，图1-1-28）。

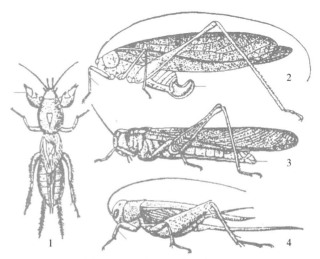

图1-1-27　直翅目常见代表科
1. 蝼蛄科　2. 螽斯科　3. 蝗科　4. 蟋蟀科
（张随榜.2010.园林植物保护.2版）

表1-1-4　半翅目重要科的形态特征

| 科（学名） | 形态特征 | 常见种类 |
|---|---|---|
| 蝽科<br>（Pentatomidae） | 体小到中型，触角5节，小盾片发达，常超过爪片的长度。前翅膜片多纵脉，且发自于一根基横脉上，臭腺发达 | 麻皮蝽、梨蝽 |
| 荔蝽科<br>（Tessaratomidae） | 体大型，小盾片特征与膜片脉序似蝽科，其主要区别在于触角仅有4节，腹部腹面生有白色蜡质絮状物 | 荔枝蝽 |
| 缘蝽科<br>（Coreidae） | 体中型，狭长，两侧缘平行。触角4节，喙4节，有单眼。前胸背板常具刺状或叶状突起，前翅膜片有多条平行脉纹而少翅室，后足腿节扁粗，具瘤或刺状突起 | 栗缘蝽、稻棘缘蝽 |
| 盲蝽科<br>（Miridae） | 体小型，触角4节，第2节长。无单眼，喙4节，第1节与头部等长或略长。前翅有楔片，膜片基部有2个封闭的翅室 | 三点盲蝽、苜蓿盲蝽 |
| 网蝽科<br>（Tingidae） | 体小型，扁平，触角4节，第3节极长，第4节膨大，呈纺锤形。喙4节，前胸背板向后延伸，盖住小盾片，两侧有叶状侧突。前胸背板及前翅遍布网状纹，前翅质地均匀，分不出革片和膜片 | 梨网蝽、悬铃木方翅网蝽 |
| 猎蝽科<br>（Reduviidae） | 体中型，多椭圆形，头部尖，在眼后收缩如颈。喙短，基部弯曲，不紧贴于腹面。前胸背板常有横沟，前翅膜区常有2个大的翅室，其端部伸出一条脉 | 黄足黑光猎蝽 |

观察与识别：取麻皮蝽、盲蝽、网蝽、猎蝽、缘蝽等昆虫，观察半翅目昆虫的主要特征，掌握重要科的形态特征。

### 三、同翅目及主要目科特征观察识别

体小型至中型。口器刺吸式，从头部腹面后端伸出。触角刚毛状或丝状。具翅种类前翅膜质或革质，静止时呈屋脊状，有的种类无翅。多数种类有分泌蜡质或介壳状覆盖物的腺体。不完全变态。植食性。其中许多种类可以传播植物病毒病（表1-1-5，图1-1-29）。

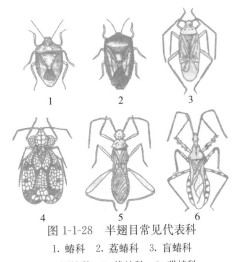

图1-1-28　半翅目常见代表科

1.蝽科　2.荔蝽科　3.盲蝽科
4.网蝽科　5.缘蝽科　6.猎蝽科

**表1-1-5　同翅目重要科的形态特征**

| 科（学名） | 形态特征 | 常见种类 |
|---|---|---|
| 蝉科<br>（Cicadidae） | 体中至大型。触角刚毛状，复眼发达，单眼3个。前足腿节膨大近似开掘足。翅膜质透明。雄蝉具有发达的发音器，雌蝉产卵器发达 | 蚱蝉 |
| 叶蝉科<br>（Cicadelidae） | 体小型，头部宽圆，触角刚毛状，着生于两复眼间。前翅革质，后翅膜质。后足胫节有两列短刺。产卵器锯状 | 大青叶蝉、柿斑叶蝉、小绿叶蝉 |
| 蜡蝉科<br>（Fulgoridae） | 体中大型，艳丽。头圆形或延伸成象鼻状，触角刚毛状，基部两节膨大，着生于复眼下方。前后翅发达，脉呈网状，臀区多横脉，前翅爪片明显。后足胫节有齿，腹部大而扁 | 斑衣蜡蝉 |
| 木虱科<br>（Psyllidae） | 体小型，状如小蝉，善跳跃。触角丝状10节，端部生有2根不等长的刚毛。单眼3个，喙3节。前翅革质，翅痣明显。后足跳跃式，若虫体扁平常被蜡质 | 梧桐木虱、柑橘木虱 |
| 粉虱科<br>（Aleyrodidae） | 体小型，体表被白色蜡粉。触角丝状7节，翅短圆，前翅仅1～2条纵脉，后翅仅有1条直脉 | 黑刺粉虱、温室白粉虱 |
| 蚜科<br>（Aphididae） | 体小而柔弱，触角丝状，3～6节，分布有圆形或椭圆形的感觉圈。末节自中部突然变细，分为基部和鞭部两个部分。翅膜质透明，前翅大，后翅小。前翅前缘外方具黑色翅痣。腹部第6节背面两侧着生腹管1对，腹末中央有1个尾片 | 桃蚜、棉蚜、月季长管蚜 |
| 绵蚧科<br>（Margarodidae） | 雌虫体大，肥胖，体节明显。触角6～11节。雄虫体也较大，红色；有单眼，复眼有或无；触角7～13节；前翅黑色，后翅退化为棒状。雌成虫产卵时分泌各种形状的蜡质丝块包住虫体腹部 | 吹绵蚧、日本松干蚧、草履蚧 |
| 粉蚧科<br>（Pseudococcidae） | 雌虫卵圆形，体被粉丝状蜡质分泌物，常延伸成侧丝或尾丝。触角5～9节，足发达，可缓慢爬行。雄虫单眼4～6个，无复眼。有翅或无翅，腹部末端有1对长蜡丝 | 橘粉蚧 |
| 蚧科<br>（Coccidae） | 雌虫卵形、长卵圆形、半球形或圆球形，体壁坚硬，体外被有蜡粉或坚硬的蜡质介壳。体节分节不明显，腹部无气门。雄虫体长形纤弱，无复眼，触角10节，交配器短，腹部末端有2条长蜡丝 | 红蜡蚧、日本龟蜡蚧 |
| 盾蚧科<br>（Diaspididae） | 雌虫身体被有1、2龄若虫的二次蜕皮，以及盾状介壳。通常圆形或长形，身体分节不明显，腹部无气门。雄虫具翅，足发达，触角10节腹末无蜡质丝，交配器狭长 | 松突圆蚧、矢尖蚧 |

观察与识别：取蝉、叶蝉、粉虱、木虱、蜡蝉、蚜虫、粉蚧、绵蚧、盾蚧等昆虫，观察同翅目昆虫的主要特征，掌握重要科的形态特征。

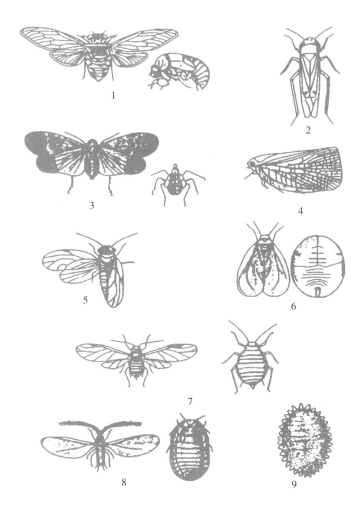

图 1-1-29　同翅目主要代表科

1. 蝉科　2. 叶蝉科　3. 蜡蝉科　4. 蛾蜡蝉科　5. 木虱科

6. 粉虱科　7. 蚜科　8. 绵蚧科　9. 粉蚧科

（张随榜．2010．园林植物保护．2 版）

### 四、缨翅目及主要目科特征观察识别

本目昆虫通称蓟马。体微小至小型，狭长，黑色或黄褐色。口器锉吸式。触角短，6～8节。翅膜质细长，翅脉稀少或退化，翅缘密生缨状缘毛。足短小而末端有泡，爪退化。雌虫腹部末端圆锥形，生有锯状的产卵器，其尖端向下弯曲。多为植食性，卵产于植物组织内或植物表面、裂缝中，少数为肉食性。常见种类有榕管蓟马、烟草蓟马和黄胸蓟马等（表 1-1-6，图 1-1-30）。

**表 1-1-6 缨翅目重要科的形态特征**

| 科（学名） | 形态特征 | 常见种类 |
|---|---|---|
| 管蓟马科<br>（Phloeothripidae） | 体黑色或暗褐色，触角 4～8 节。前翅没有翅脉或仅有 1 条短的脉纹，翅表面光滑无毛。雌虫腹部末节管状，无产卵器，卵产于裂缝中 | 榕管蓟马、中华蓟马 |
| 蓟马科<br>（Thripidae） | 体扁，触角 6～8 节，末端 1～2 节形成端刺。有翅种类的前翅翅脉上生有刚毛，翅面上有微毛。雌虫腹部末端圆锥形，生有发达的锯齿状产卵器，其尖端向下弯曲，卵产于植物组织中 | 烟草蓟马、黄胸蓟马 |

观察与识别：取几类蓟马昆虫标本，观察缨翅目昆虫的主要特征，掌握蓟马科和管蓟马科的形态特征。

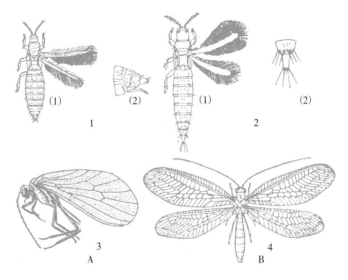

图 1-1-30 缨翅目及脉翅目的主要代表科

A. 缨翅目 B. 脉翅目

1. 蓟马科 （1）成虫 （2）腹部末端

2. 管蓟马 （1）雌成虫 （2）腹部末端

3. 粉蛉科 4. 草蛉科

（张随榜.2010.园林植物保护.2 版）

### 五、等翅目及主要目科特征观察识别

等翅目昆虫通称白蚁。体小至中型，一般较柔弱。头部前口式，口器咀嚼式，头壳坚硬，触角念珠状，复眼有或无，单眼 2 个或无。足短。

白蚁是典型的社会性巢居昆虫，在绝大多数种类中，一个种群内一般具有形态和功能均不相同的 2 大类型：生殖型和非生殖型。生殖型白蚁又称为繁殖蚁，分原始繁殖蚁和补充繁殖蚁 2 类。原始繁殖蚁是长翅型有翅成虫，分群飞出巢外进行交配时，翅始脱落。补充繁殖蚁有 2 类：短翅型和长翅型。非生殖型白蚁不能繁殖后代，形态与生殖型不同，完全无翅。

包括若蚁、工蚁和兵蚁 3 大类。工蚁白色，无翅，头圆，触角长。兵蚁类似工蚁，但头较大，上颚发达。

白蚁属不完全变态昆虫，按建巢的地点可分为木栖性白蚁、土栖性白蚁和土木栖性白蚁 3 类。主要有鼻白蚁科和白蚁科（表 1-1-7，图 1-1-31）。

表 1-1-7　等翅目重要科的形态特征

| 科（学名） | 形态特征 | 常见种类 |
|---|---|---|
| 鼻白蚁科<br>（Rhinotermitidae） | 头部有囟；兵蚁的前胸背板扁平，比头窄；有翅成虫一般有单眼；触角13～23 节；前翅鳞明显大于后翅鳞；跗节 4 节，尾须 2 节 | 家白蚁 |
| 白蚁科<br>（Termitidae） | 头部有囟；成虫一般有单眼；前翅鳞略大于后翅鳞；兵蚁的前胸背板前中部隆起；跗节 4 节，尾须 1～2 节 | 黑翅土白蚁 |

观察与识别：取黑翅土白蚁、家白蚁等昆虫，观察等翅目昆虫的主要特征，掌握白蚁科、鼻白蚁科等的形态特征。

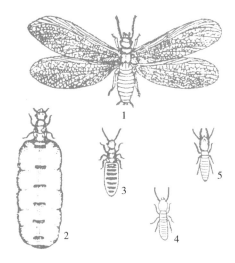

图 1-1-31　等翅目昆虫白蚁
1. 生殖蚁　2. 蚁后　3. 蚁王　4. 工蚁　5. 兵蚁
（张随榜.2010.园林植物保护.2 版）

### 六、鞘翅目及主要目科特征观察识别

本目昆虫通称甲虫，是昆虫纲中最大的一个目。体小至大型，体壁坚硬。口器咀嚼式，上颚发达。成虫触角10～11 节，形状多样。前翅角质坚硬，为鞘翅。后翅膜质，静止时折叠于前翅之下。前胸背板发达，中胸小盾片多外露。跗节 4～5 节。完全变态。幼虫头部发达、坚硬，为寡足型或无足型。蛹多数为离蛹。有植食性、肉食性、腐食性和杂食性等类型。本目主要有肉食和多食 2 个亚目（表 1-1-8，图 1-1-32，图 1-1-33）。

表 1-1-8　鞘翅目重要科的形态特征

| 亚目 | 特征 | 科（学名） | 形态特征 | 常见种类 |
|---|---|---|---|---|
| 肉食亚目 | 后足基节固着在后胸腹板上不能自由活动，基节窝将腹部第1腹板分割成左右互不相连的2个三角形板块。前胸背板与侧板间有明显的背侧缝 | 步甲科（Carabidae） | 体小至中型，黑色或褐色且具有金属光泽。头前口式，较前胸窄。触角丝状，位于上额基部与复眼间，间距大。足为步行足，跗节5节。幼虫细长，上颚发达腹末有1对尾突 | 金星步甲 |
| | | 虎甲科（Cicindelidae） | 体中型，具金属光泽和鲜艳斑纹，头下口式，较前胸宽，复眼大而突出，触角丝状，11节，位于两复眼间；上颚发达，呈弯曲的锐齿。足细长，跗节5节 | 中华虎甲、杂色虎甲 |
| 多食亚目 | 后足基节不固着在后胸腹板上，可自由活动，基节窝未将腹板分割开，前胸背板与侧板间无明显的背侧缝 | 金龟甲科（Melolnthidae） | 体中型至大型，粗壮，卵圆形或长圆形，背凸。触角鳃片状。前足开掘足，跗节5节。鞘翅不完全覆盖腹部，末节背板常外露。幼虫蛴螬型，体呈C形 | 铜绿丽金龟、白星花金龟、华北大黑鳃金龟 |
| | | 吉丁甲科（Buprestidae） | 体长形，末端尖削，大多数具有金属光泽。头较小，嵌入前胸上。触角锯齿状，11节。前胸腹板有大型的后突，嵌入中胸腹板的凹窝内，前胸与后胸紧密相连，不能自由上下活动，后胸腹板上有1条明显的横沟，跗节5节。幼虫体细长扁平，乳白色，无足，前胸宽阔 | 柑橘吉丁虫 |
| | | 叩甲科（Elateridae） | 体小至中型，狭长色暗，末端尖削。触角锯齿状。前胸与中胸结合不紧密，能上下活动。前胸背板后侧角突出，前胸腹板后缘中央有1个较大的突起，向后延伸到中胸腹板的深凹窝内，可弹跳。跗节5节。幼虫通称金针虫，体细长略扁，坚硬光滑，黄色或黄褐色 | 沟金针虫、细胸金针虫 |
| | | 天牛科（Cerambycidae） | 中型至大型甲虫。触角鞭状，等于或长于身体，着生于触角基瘤上。复眼肾形，围绕在触角基部。跗节隐5节。幼虫圆筒形，前胸扁圆，头部缩于前胸内，腹部1~6节或1~7节具有"步泡突"，适于幼虫在蛀道内移动 | 星天牛、褐天牛、桑天牛 |
| | | 叶甲科（Chrysomelidae） | 体中小型，颜色变化较大，常具艳丽金属光泽，也称为金花虫。触角丝状。复眼圆形，跗节隐5节。有些种类后足发达善跳。幼虫有胸足3对，前胸背板及头部强骨化，身体各节有瘤突和骨片 | 泡桐叶甲、黄守瓜、黄曲条跳甲 |
| | | 瓢甲科（Coccinellidae） | 中、小型甲虫，体背隆起呈半球形，体色多样，色斑各异。头小，部分隐藏在前胸背板下。触角锤状或短棒状。跗节隐4节。幼虫多为纺锤形，头小，体侧或背面多具枝刺或瘤突，有3对发达的胸足 | 七星瓢虫、大红瓢虫、茄二十八星瓢虫 |
| | | 象甲科（Cyrculionidae） | 体小至大型。头部延伸成象鼻状或鸟喙状。口器咀嚼式，位于喙的前方，触角膝状，末端3节膨大成锤状。前足基节窝封闭，跗节隐5节。鞘翅长，多盖至腹端。幼虫黄白色，无足，体柔软，肥胖而弯曲 | 竹象甲、绿鳞象甲 |
| | | 小蠹科（Scolytidae） | 体小，圆筒形，色暗。触角短而成锤状。头部被前胸背板所覆盖。鞘翅宽，两侧近平行，具刻点，周缘多具齿或突起，足短粗，前足胫节外缘具成列小齿。幼虫白色，粗短，头部发达，无足 | 落叶松小蠹、云杉小蠹 |

观察与识别：取虎甲、步甲、几种金龟子、瓢虫、叶甲、天牛、象甲、小蠹虫等昆虫，观察鞘翅目昆虫的主要特征，掌握一些重要科的形态特征。

### 七、鳞翅目及主要目科特征观察识别

本目包括各种蝶类和蛾类，是昆虫纲的第2个大目。体小至大型，成虫体表密被鳞片或毛，复眼大，单眼2个或无，口器虹吸式或退化。触角形式各异。翅膜质，覆有鳞片组成不同形状的色斑。成虫一般不再危害，有的种类根本不取食，完成交配产卵后即死亡。完全变态。幼虫多足型，体呈圆筒形、柔软，头部坚硬，口器咀嚼式。头部两侧各有6个单眼、无复眼，额为三角形，额

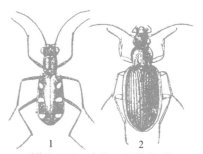

图 1-1-32　肉食亚目代表科

1. 虎甲科（中华虎甲）
2. 步甲科（皱鞘步甲）

（张随榜.2010.园林植物保护.2版）

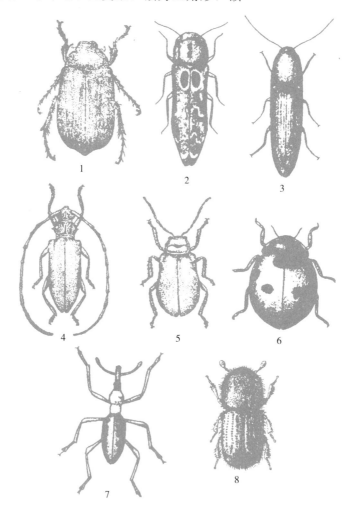

图 1-1-33　多食亚目主要代表科

1.金龟甲科　2.吉丁甲科　3.叩头甲科　4.天牛科　5.叶甲科　6.瓢甲科　7.象甲科　8.小蠹科

（张随榜.2010.园林植物保护.2版）

缝呈倒 Y 形。腹足腹面有趾钩，是区别于膜翅目幼虫的重要特征。胸部和腹部区分不明显，统称为胴部，胴部上有体线，体线的数目、色泽及毛瘤片的多少和排列方式、趾钩的排列方式等，是分类常用的特征。蛹多为被蛹。幼虫多为植食性。本目分为蝶亚目和蛾亚目。

**1. 蝶亚目**　蝶亚目的昆虫通称蝶类。触角端部膨大呈球杆状或锤状。大多白天活动。静止时两翅平行竖立在身体背面，前后翅无特殊的连锁构造，飞翔时仅以后翅肩区托在前翅下方配合飞行。重要的科有弄蝶科、粉蝶科、凤蝶科、蛱蝶科（表 1-1-9，图 1-1-34）。

表 1-1-9　鳞翅目蝶亚目重要科的形态特征

| 科（学名） | 形态特征 | 常见种类 |
| --- | --- | --- |
| 弄蝶科（Hesperiidae） | 体小至中型，体壮多毛，色暗。触角端部呈钩状。翅多为黑褐色或茶褐色，具透明斑。幼虫纺锤形，前胸瘦呈颈状。幼虫常吐丝缀叶作苞，并在苞内食叶危害 | 香蕉弄蝶 |
| 粉蝶科（Pieridae） | 体中型，白色、黄色或橙色，有黑色的缘斑。前翅三角形，后翅卵圆形。幼虫圆柱形，细长，体上密生细而短的次生毛，体色绿色或黄色，有时有纵线 | 菜粉蝶 |
| 凤蝶科（Papilionidae） | 中到大型，体色鲜艳，底色黄或绿色而有黑色斑纹，或黑色而有蓝、绿、红等的色斑，后翅外缘呈波状或有尾突。幼虫光滑无毛，后胸显著隆起，前胸背板具有 1 个可翻出的 Y 形分泌腺，发散臭气，受惊吓时翻出体外 | 柑橘凤蝶、玉带凤蝶 |
| 蛱蝶科（Nymphalidae） | 体中型至大型，多数种类颜色鲜艳。触角锤部特大。前足退化，中、后足正常，称为四足蝶。翅较宽，外缘常不整齐，翅表具各种鲜艳的色斑，有的种类具金属光泽，飞翔迅速而活泼，静息时四翅常不停地扇动。幼虫体色深，头部常有头角，腹末具臀刺，全身多棘刺 | 茶褐樟蛱蝶 |

**2. 蛾亚目**　蛾亚目的昆虫通称蛾类。体色多灰暗，触角为丝状、羽毛状或栉齿状。大多数夜出活动，少数种类日出。静息时翅多平展或呈屋脊状覆于体背，飞翔时前后翅以翅轭或翅缰相连接。危害园林植物重要的科有菜蛾科、木蠹蛾科、卷蛾科、蓑蛾科、刺蛾科、夜蛾科等（表 1-1-10，图 1-1-34）。

表 1-1-10　鳞翅目蛾亚目重要科的形态特征

| 科（学名） | 形态特征 | 常见种类 |
| --- | --- | --- |
| 菜蛾科（Plutellidae） | 体小型，触角丝状，静息时前伸，前翅披针形，后翅菜刀形，前翅有 3 枚黑色三角形纵列斑。幼虫细长，体绿色，行动敏捷，取食植物的叶肉，危害状呈天窗状 | 小菜蛾 |
| 木蠹蛾科（Cossidae） | 体中型至大型。触角栉齿状或丝状，口器短或退化。老熟幼虫蛀食树木枝干木质部，虫体肥胖，体色为白色、黄色或红色 | 咖啡木蠹蛾 |
| 卷蛾科（Tortricidae） | 体小型，多为褐色或棕色。前翅近长方形，肩区发达，前缘有一部分向翅面翻折，停息时成钟罩状。幼虫圆柱形，体色多样，腹末有臀栉 | 松褐卷蛾 |
| 蓑蛾科（Psychidae） | 体小至中型，雌雄异体。雄性触角双栉齿状，具翅，翅面被稀疏鳞毛和鳞片，少斑纹。雌虫无翅，幼虫状，触角、口器和足有不同程度退化，羽化后仍留在巢袋内交尾和产卵。幼虫胸足发达，吐丝缀叶，造袋囊隐居其中，取食时头部伸出袋外。老熟后在其内化蛹 | 茶袋蛾、大袋蛾 |
| 刺蛾科（Eucleidae） | 体小至中型，粗短多毛，色彩鲜艳。头被稠密鳞片，喙退化，雌蛾触角丝状，雄蛾栉齿状，翅短宽呈三角形，被厚鳞片。幼虫粗短，头内缩，胸足退化，腹足吸盘式。体带有毒螫毛的毛瘤或枝刺，老熟幼虫在光滑而坚硬的茧内化蛹 | 黄刺蛾、扁刺蛾 |
| 小卷蛾科（Olethreutidae） | 与卷蛾科相似，但前翅前缘无翻折部分，前缘有 1 列白色的钩状纹，后翅中室有 1 束栉状毛。幼虫蛀果实及种子，少数缀叶 | 荔枝小卷蛾 |
| 螟蛾科（Pyralidae） | 体小至中型，细长。触角丝状，下唇须相当长伸出在头前或向上弯曲。翅三角形，鳞片细密。幼虫体细长、光滑，多卷叶、缀叶或蛀茎、蛀果危害 | 黄杨绢野螟 |

（续）

| 科（学名） | 形态特征 | 常见种类 |
|---|---|---|
| 尺蛾科<br>（Geometridae） | 体小至大型，细弱。触角丝状、齿状或双栉齿状，雄性较粗。翅宽大质薄，静息时四翅平展。有的种类无翅。幼虫细长，有3对胸足，第6节和第10节各具1对腹足。行动时一曲一伸，状似拱桥，静息时用腹足固定身体，与栖枝成一角度。幼虫食叶危害 | 国槐尺蛾 |
| 天蛾科<br>（Sphingidae） | 大型粗壮，纺锤形。触角粗短，丝状、棒状或栉齿状，端部完全成钩。胸部强壮。前翅大而狭长，顶角尖，外缘斜，后翅短小，近三角形。幼虫体大而粗壮，圆柱形，体光滑每一腹节上有6～8个环纹，第8腹节背面具有1个尾角 | 霜天蛾、旋花天蛾 |
| 舟蛾科<br>（Notodontidae） | 中至大型，粗壮色暗。口器不发达。雌蛾触角丝状，雄蛾栉齿状。幼虫体形特异，多毛，臀足退化或成枝状，栖息时头举翘尾似舟状 | 杨扇舟蛾 |
| 枯叶蛾科<br>（Lasiocampidae） | 体小至大型，粗壮多毛，灰色或褐色。触角双栉齿状，喙退化。幼虫多长毛，中后胸具毒毛带 | 马尾松毛虫 |
| 夜蛾科<br>（Noctuidae） | 中大型，色暗，体粗壮多毛。触角丝状，少数种类雄性触角为栉齿状。前翅翅色灰暗，斑纹明显。幼虫体粗，色深，胸足3对，腹足5对 | 小地老虎、斜纹夜蛾 |
| 灯蛾科<br>（Arctiidae） | 与夜蛾科体形相似，但体色鲜艳，为红色或黄色，多具条纹或斑点，触角丝状或栉齿状 | 美国白蛾 |
| 毒蛾科<br>（Lymantriidae） | 体中型粗壮多毛，口器退化，无单眼，触角双栉齿状。前翅宽阔，后翅圆形。休息时多毛的前足伸出在前面，特别显著。雌性腹部末端常有毛丛。有些种类雌蛾无翅。幼虫被有长短不一的毒毛簇。第6～7腹节有翻缩腺 | 舞毒蛾 |

图1-1-34　鳞翅目主要代表科

1. 粉蝶科　2. 凤蝶科　3. 蛱蝶科　4. 夜蛾科　5. 螟蛾科　6. 木囊蛾科　7. 蓑蛾科

8. 天蛾科　9. 尺蛾科　10. 毒蛾科　11. 灯蛾科　12. 刺蛾科　13. 卷蛾科　14. 舟蛾科　15. 透翅蛾科

（张随榜.2010.园林植物保护.2版）

观察与识别：取木蠹蛾、袋蛾、毒蛾、刺蛾、螟蛾、夜蛾、尺蛾、枯叶蛾、天蛾、凤蝶、蛱蝶、粉蝶等昆虫，观察鳞翅目昆虫的主要特征，掌握蛾类、蝶类的区别特征和重要科的形态特征。

## 八、膜翅目及主要目科特征观察识别

本目昆虫包括蜂类和蚂蚁，体微小至中型。口器为咀嚼式或嚼吸式，复眼大，有单眼 3 个，触角的类型有线状、膝状或锤状。翅膜质特化形成许多闭室。食叶类害虫的幼虫有 6～8 对腹足。完全变态，裸蛹。根据成虫胸腹部连接处是否腰状缢缩，可分为广腰亚目和细腰亚目，常见的科见表 1-1-11，图 1-1-35，图 1-1-36。

表 1-1-11 膜翅目重要科的形态特征

| 亚目 | 亚目特征 | 科（学名） | 主要特征 | 常见种类 |
|---|---|---|---|---|
| 广腰亚目 | 胸腹广接，无腹柄。后翅至少有 3 个基室，幼虫多足型，有 6～8 对腹足，无趾钩。植食性 | 三节叶蜂科（Argidae） | 体粗壮，触角 3 节且第 3 节最长。前足胫节有 2 个端距。幼虫食叶，具 6～8 对腹足 | 蔷薇叶蜂 |
| | | 叶蜂科（Tenthredinidae） | 体中小型，粗短。触角丝状或棒状。翅室多有明显的翅痣。前足胫节有 2 个端距。产卵器扁平、锯状。幼虫有 6～8 对腹足，无趾钩，食叶危害 | 樟叶蜂 |
| 细腰亚目 | 胸腹连接处明显缢缩，有腹柄，后翅基室 2 个或更少。多为捕食性或寄生性益虫 | 姬蜂科（Ichneumonidae） | 体小至中型，细长。触角丝状，多节。前翅翅痣下方常有 1 个四角形或五角形的小室，有 2 条回脉。腹部细长，其长度为胸部的 2～3 倍。雌虫腹部末节纵裂，产卵从末节前伸出，卵多产在寄主体内。多寄生在幼虫和蛹体内 | 松毛虫、黑点瘤姬蜂 |
| | | 茧蜂科（Braconidae） | 体小至中型，触角丝状。前翅只有 1 条回脉，无小室。翅面常有斑纹。腹部卵形或圆柱形。在幼虫体内寄生或外寄生，老熟幼虫常在寄主体外结茧化蛹 | 螟蛉绒茧蜂 |
| | | 小蜂科（Chalcididae） | 体微小至小型，多为黑色或褐色。触角膝状。翅膜质透明，翅脉退化，仅有 1～2 条。胸部膨大 | 广大腿小蜂 |
| | | 赤眼蜂科（Trichogrammatidae） | 后足腿节粗大，胫节向内弯曲。体极微小，黑褐色或黄色。触角膝状，端半部膨大。复眼红色。前翅翅面有纵行排列的微毛，后翅狭刀状。成虫将卵产于各种昆虫卵内 | 松毛虫、赤眼蜂 |

观察与识别：取蔷薇叶蜂、樟叶蜂、松毛虫赤眼蜂、广大腿小蜂、螟蛉绒茧蜂、松毛虫黑点瘤姬蜂等昆虫，观察膜翅目昆虫的主要特征。

## 九、双翅目及主要目科特征观察识别

本目包括蚊、蝇、虻等昆虫。体中小型，仅有 1 对膜质透明的前翅，后翅退化成平衡棒。口器刺吸式或舐吸式，复眼发达，单眼 3 个或无单眼。触角变化大，有丝状、念珠状和具芒状。完全变态。幼虫蛆式，无足型。蛹多为围蛹。幼虫植食性、肉食性或腐食性。根据触角长短和构造，可分为长角亚目、短角亚目和芒角亚目。常见的科表 1-1-12，图 1-1-37，图 1-1-38。

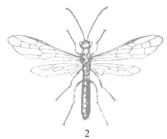

图 1-1-35　广腰亚目主要代表科

1. 叶蜂科　2. 茎蜂科

（张随榜 .2010. 园林植物保护 .2 版）

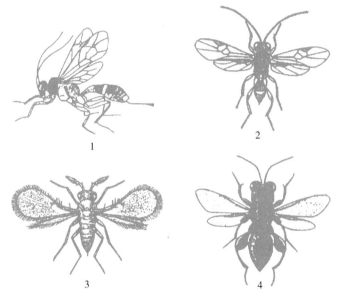

图 1-1-36　细腰亚目主要代表科

1. 姬蜂科　2. 茧蜂科　3. 赤眼蜂科　4. 小蜂科

（张随榜 .2010. 园林植物保护 .2 版）

**表 1-1-12　双翅目重要科的形态特征**

| 亚目 | 亚目特征 | 科（学名） | 主要特征 | 常见种类 |
|---|---|---|---|---|
| 长角亚目 | 常称为蚊类。成虫触角细长，6 节以上，各节环生细毛。幼虫为全头型具有骨化的头壳 | 瘿蚊科（Cecidomyiidae） | 体小，触角念珠状，细长，雄性触角常呈哑铃状，着生环毛。足细长，翅脉简单，只有 3～5 条纵脉。幼虫纺锤形，头退化。前胸腹板上具剑骨片 | 柑橘花蕾蛆 |
| 短角亚目 | 通称为虻类。触角短，一般为 3 节，第 3 节长，具端刺。幼虫为伴头式，头壳背面半骨化，水生或陆生 | 食虫虻科（Asilidae） | 又称为盗虻科。体中至大型，粗壮多毛，口器粗大，适于吸食猎物。幼虫长筒形，多生活于土中或腐质植物中 | 中华盗虻 |

（续）

| 亚目 | 亚目特征 | 科（学名） | 主要特征 | 常见种类 |
|---|---|---|---|---|
| 芒角亚目 | 通称为蝇类。成虫体小到中型，触角短，具触角芒。幼虫无头型，头部不骨化 | 花蝇科（Anthomyiidae） | 体小中型，细长多毛，触角具芒状。中胸背板有1条横沟将其分割为前后2块，中胸侧板有成列毛鬃。幼虫圆柱形，后端平截 | 落叶松花蝇 |
| | | 潜叶蝇科（Agromyzidae） | 体小型或微小型，黑色或黄色。前翅的前缘脉有1处折断。幼虫蛆式，常潜食植物叶肉组织，留下不规则形的白色潜道 | 豌豆潜叶蝇 |
| | | 食蚜蝇科（Syrphidae） | 体中型，色斑鲜艳，形似蜜蜂或胡蜂。触角3节，芒状。前翅径脉与中脉之间常有1条两端游离的褶状构造称为伪脉。幼虫似蛆 | 黑带食蚜蝇 |
| | | 寄蝇科（Tachinidae） | 体中型，体粗壮，黑色或灰黑色，多毛鬃。触角芒光滑或有微毛。中胸背板有后盾片，常露出小盾片外呈1个圆形突起，腹部尤其腹末多刚毛。幼虫蛆式、圆柱形，头尖，后端平截 | 松毛虫狭颊寄蝇 |

观察与识别：取柑橘花蕾蛆、中华盗虻、落叶松花蝇、豌豆潜叶蝇、黑带食蚜蝇、松毛虫狭颊寄蝇等昆虫，观察双翅目昆虫的主要特征。

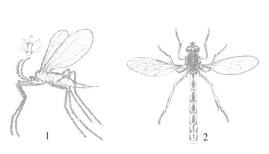

图 1-1-37　双翅目蚊、虻类

1. 瘿蚊科　2. 食虫虻科

（张随榜 . 2010. 园林植物保护 . 2 版）

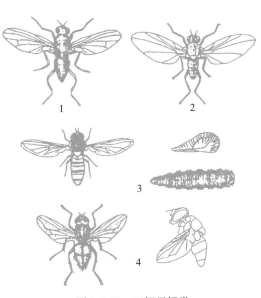

图 1-1-38　双翅目蝇类

1. 花蝇科　2. 潜蝇科　3. 食蚜蝇科　4. 寄蝇科

（张随榜 . 2010. 园林植物保护 . 2 版）

【任务考核标准】　见表 1-1-13。

表 1-1-13　园林植物昆虫主要目科观察识别任务考核参考标准

| 序号 | 考核项目 | 考核内容 | 考核标准 | 考核方法 | 标准分值 |
|---|---|---|---|---|---|
| 1 | 基本素质 | 学习工作态度 | 态度端正，主动认真，全勤，否则将酌情扣分 | 单人考核 | 5 |
| | | 团队协作 | 服从安排，与小组其他成员配合好，否则将酌情扣分 | 单人考核 | 5 |
| 2 | 专业技能 | 园林植物昆虫主要目特征观察识别 | 能够正确地举例描述昆虫主要目的特征。特征描述与举例欠准确者，酌情扣分 | 单人考核 | 25 |
| | | 园林植物昆虫各目主要科特征观察识别 | 能够正确地举例描述昆虫各目主要科的特征。特征描述与举例欠准确者，酌情扣分 | 单人考核 | 40 |
| 3 | 职业素质 | 方法能力 | 独立分析和解决问题的能力强，能主动、准确地表达自己的想法 | 单人考核 | 5 |
| | | 工作过程 | 工作过程规范，有完整的工作任务记录，字迹工整 | 单人考核 | 10 |
| | | 自测训练与总结 | 及时准确完成自测训练，总结报告结果正确，电子文本规范，体会深刻，上交及时 | 单人考核 | 10 |
| 4 | | | 合计 | | 100 |

# 工作任务 1.1.4　螨类与软体动物的观察识别

【任务目标】

熟悉螨类与软体动物的形态特征，掌握与园林绿地养护和花木生产有关的主要科的特征，并认识其代表物种，了解其生物学习性与防治的关系。

【任务内容】

（1）根据工作任务，采取课堂、实验（训）室以及校内外实训基地（包括园林绿地、花圃、苗圃、草坪等）现场相结合的形式，通过查阅资料与网上搜集，获得相关螨类与软体动物的基本知识。

（2）通过校内外实训基地，对经常发生的螨类与软体动物进行观察、识别，判断其所属的类别，同时采集标本，拍摄数码图片。

（3）实验（训）室内，采用手持放大镜、体视显微镜观察螨类与软体动物的外部特征，能够准确地甄别其类别，同时仔细观察其典型特点。

（4）对任务进行详细记载，并列表描述所观察到螨类与软体动物的主要特征。

【教学资源】

（1）材料与器具：螨类与软体动物的分类示范标本；体视显微镜、放大镜、镊子、泡沫塑料板、剪刀、昆虫针等用具。

（2）参考资料：当地气象资料、有关园林植物害虫的历史资料、害虫种类与分布情况、各类教学参考书、多媒体教学课件、害虫彩色图谱（纸质或电子版）、检索表、各相关网站相关资料等。

（3）教学场所：教室、实验（训）室以及园林植物害虫危害较重的校内外实训基地。

（4）师资配备：每20名学生配备1名指导教师。

【操作要点】

（1）螨类观察，在显微镜或体视显微镜下观察柑橘红蜘蛛、朱砂叶螨、山楂叶螨和柑橘锈壁虱、毛白杨瘿螨等害虫，注意比较它们的形态特点及与昆虫的主要区别。

（2）软体动物观察，对同型巴蜗牛、灰巴蜗牛、双线嗜黏液蛞蝓、野蛞蝓等害虫进行观察，并注意比较它们的形态特征及与昆虫的主要区别。

【注意事项】

（1）螨类害虫虫体较小，有些种类如瘿螨，肉眼不易识别，有的叶螨种类颜色并非红色或红褐色，而是与被害部位的颜色近似，因而应注意仔细观察，必要时借助放大镜或体视显微镜。

（2）软体动物类害虫喜阴湿、怕惊吓，因而观察该类害虫时，应寻找阴暗潮湿的场所，并注意小心操作。

（3）体视显微镜使用完毕，应及时降低镜体，取下载物台面上的观察物，放入镜箱内，轻拿轻放。

（4）对疑难种类的害虫，应该积极查阅资料并开展小组讨论，达成共识。

【内容及操作步骤】

一、螨类观察识别

螨类属于节肢动物门蛛形纲蜱螨目，在自然界中分布广泛。其中植食性螨类刺吸植物汁液，引起叶片变色甚至脱落；使柔嫩组织变形，形成虫瘿。成螨体型微小，圆形或卵圆形，分节不明显，头胸部和腹部愈合。一般有足4对，少数种类只有2对。一般分为4个体段，即颚体段、前肢体段、后肢体段和末体段。颚体段即头部，与前肢体段相连，界限分明，由1对螯肢和1对须肢组成口器。口器分为刺吸式和咀嚼式2种。咀嚼式口器的螯肢端节连接在基节的侧面，可以活动，整个螯肢呈钳状，可咀嚼食物，1对须肢基节在口器下两相愈合，形成下口板。刺吸式口器的螯肢端部特化为针状口针，基部愈合成片状称为颚刺器，头部背面向前延伸，形成口上板，与下口板愈合成管，包围口针。前肢体段着生前面2对足，后肢体段着生后面2对足，前、后肢体段合称为肢体段。末体段即腹部，肛门及生殖孔一般着生于该体段的腹面（图1-1-39）。

螨类多为两性生殖，个别为孤雌生殖。发育阶段雌雄有别，雌虫一生分为卵、幼螨、第一若螨、第二若螨及成螨5个时期。雄螨无第二若螨期。幼螨有足3对，若螨和成螨有足4对。有植食性、捕食性和寄生性等食性。重要的科有叶螨科和瘿螨科（表1-1-14，图1-1-40）。

表 1-1-14　螨类重要科的形态特征

| 科 | 主要特征 | 代表种类 |
| --- | --- | --- |
| 叶螨科 | 体微小，梨形，雄螨腹末尖。体多为红色、暗红色、黄色或暗绿色。口器刺吸式。植食性，以成、若螨刺吸植物叶片汁液为主，有的能吐丝结网 | 柑橘红蜘蛛、朱砂叶螨 |
| 瘿螨科 | 体微小，狭长，蠕虫形，具环纹。仅2对足，位于前肢体段。口器刺吸式 | 柑橘锈壁虱 |

观察与识别：取朱砂叶螨、柑橘红蜘蛛、柑橘锈壁虱、毛白杨瘿螨等害虫，观察螨类害虫的主要特征。

## 二、软体动物观察识别

危害园林植物的软体动物主要是蜗牛和蛞蝓。它们是一类比昆虫低等的无脊椎动物，属于软体动物门、腹足纲、肺螺亚纲、柄眼目。

软体动物的身体分为头、足和内脏囊3部分。头部长而发达，有2对可翻转缩入的触角。前触角有嗅觉作用，眼着生在后触角顶端。口腔有颚片和发达的齿舌，不同的种类其形态差异很大。足位于身体的腹侧，左右对称，故称为腹足纲。通常有外套膜分泌形成的贝壳1枚，有的退化或缺少。无鳃，在外套膜壁密生血脉网，用于呼吸，故称为肺螺亚纲。绝大多数种类生活在陆地。雌雄同体，生殖孔为共同孔。生殖方式为卵生。

蜗牛、贝壳大多呈扁球形或圆球形（图1-1-41）。多栖息于潮湿、阴暗、多腐殖质的草丛、灌木丛、田埂、石缝中或落叶下，常见的危害园林植物的蜗牛种类

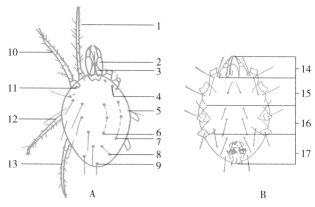

图1-1-39　螨类的体躯结构

A. 雌螨背面　B. 雌螨腹面

1. 第1对足　2. 须肢　3. 颚刺器　4. 前足体段绒毛

5. 肩毛　6. 后足体段背中毛　7. 后足体段背侧毛　8. 骶毛

9. 臀毛　10. 第2对足　11. 单眼　12. 第3对足　13. 第4对足

14. 颚体段　15. 前足体段　16. 后足体段　17. 末体段

（张随榜.2010.园林植物保护.2版）

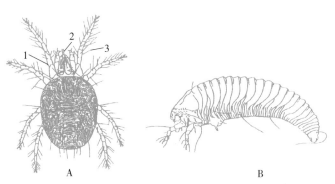

图1-1-40　螨类主要代表科

A. 叶螨科　B. 叶瘿螨科

1. 颚刺器　2. 口针　3. 须肢

（张随榜.2010.园林植物保护.2版）

有同型巴蜗牛和灰蜗牛，均为植食性。可危害豆科、十字花科和茄科等多种植物。以食叶为主。初孵幼贝仅食叶肉，留下表皮。稍大后用齿舌刮食叶茎，造成空洞缺刻。严重时可将苗咬断，造成缺苗。

蛞蝓俗称鼻涕虫，主要的危害种类是野蛞蝓（图1-1-42）。其身体裸露而柔软，贝壳退化成一块薄而透明的石灰质盾板，长在体背前端1/3处的外套膜内。植食性，食性很广。可危害十字花科、茄科和豆科等多种植物。受害叶片被刮食，并被排留的粪便污染，导致菌类侵入，引起某些病害。

观察与识别：取同型巴蜗牛、灰巴蜗牛、双线嗜黏液蛞蝓、野蛞蝓等害虫，观察软体动物的主要特征。

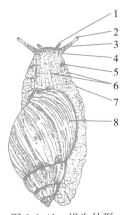

图 1-1-41　蜗牛外形

1. 小触角　2. 眼　3. 大触角　4. 头部
5. 生殖孔　6. 颈部　7. 足部　8. 内壳

（张随榜 .2010. 园林植物保护 .2 版）

图 1-1-42　野蛞蝓成体

（张随榜 .2010. 园林植物保护 .2 版）

【任务考核标准】　　见表 1-1-15。

表 1-1-15　螨类与软体动物的识别任务考核参考标准

| 序号 | 考核项目 | 考核内容 | 考核标准 | 考核方法 | 标准分值 |
|---|---|---|---|---|---|
| 1 | 基本素质 | 学习工作态度 | 态度端正，主动认真，全勤，否则将酌情扣分 | 单人考核 | 5 |
| | | 团队协作 | 服从安排，与小组其他成员配合好，否则将酌情扣分 | 单人考核 | 5 |
| 2 | 专业技能 | 螨类特征的观察识别 | 能够正确地举例描述叶螨、瘿螨的特征。特征描述与举例欠准确者，酌情扣分 | 单人考核 | 30 |
| | | 软体动物特征的观察识别 | 能够正确地举例描述蜗牛、蛞蝓类的特征。特征描述与举例欠准确者，酌情扣分 | 单人考核 | 35 |
| 3 | 职业素质 | 方法能力 | 独立分析和解决问题的能力强，能主动、准确地表达自己的想法 | 单人考核 | 5 |
| | | 工作过程 | 工作过程规范，有完整的工作任务记录，字迹工整 | 单人考核 | 10 |
| | | 自测训练与总结 | 及时准确完成自测训练，总结报告结果正确，电子文本规范，体会深刻，上交及时 | 单人考核 | 10 |
| 4 | 合计 | | | | 100 |

【相关知识】

一、昆虫的习性与防治的关系

昆虫种类众多，分布极广，在长期演化过程中，为适应在各种复杂的环境条件下生存，各种昆虫具有许多不同的习性，如食性、趋性、假死性等。掌握了昆虫的这些习性，才能正确地进行虫情调查，预测预报，寻找害虫的薄弱环节，采取各种有效措施消灭害虫。

（一）食性

各种昆虫在自然界的长期活动中，逐渐形成了一定的食物范围。按照取食的对象一般可分为：

**1. 植食性昆虫**　以活的植物的各个部位为食物的昆虫。大多数是农林业害虫，如马尾松毛虫、刺蛾、叶甲等；少数种类对人类有益，如柞蚕、家蚕等。

**2. 肉食性昆虫**　以其他动物为食物的昆虫。如瓢虫、螳螂、食虫虻、胡蜂等；寄生在害虫体内的寄生蝇、寄生蜂等；对人类有害的蚊、虱等。

**3. 腐食性昆虫**　以动物、植物残体或粪便为食物的昆虫，如粪金龟子等。

**4. 杂食性昆虫**　既以植物或动物为食，又可腐食，如蜚蠊等。

根据昆虫所吃食物种类的多少，又可分为：

**1. 单食性昆虫**　只以1种或几种近缘种植物为食物的昆虫，如三化螟、落叶松鞘蛾等。

**2. 寡食性昆虫**　以某一科或几种近缘科的植物为食物的昆虫，如菜粉蝶、马尾松毛虫等。

**3. 多食性昆虫**　以多种非近缘科的植物为食物的昆虫，如刺蛾、棉蚜、蓑蛾等。

### （二）趋性

趋性是指昆虫对各种刺激物所引起的反应，趋向刺激物的活动称为正趋性；避开刺激物的活动称为负趋性。各种刺激物主要有光、温度、化学物质等。因而趋性也就有趋光性、趋化性、趋温性等。

**1. 趋光性**　是昆虫视觉器官对光线刺激所引起的趋向活动。

**2. 趋化性**　是昆虫嗅觉器官对化学物质刺激所引起的嗜好活动。

**3. 趋温性**　是昆虫感觉器官对温度刺激所引起的趋性活动。

利用昆虫的趋性可设置黑光灯诱杀有趋光性的昆虫，如马尾松毛虫、夜蛾等；用糖醋液来诱杀地老虎类。另外可利用昆虫的趋性来进行预测预报，采集标本。

### （三）假死性

有一些昆虫在取食爬动时，当受到外界突然振动惊扰后，往往立即从树上掉落地面、卷缩肢体不动或在爬行中缩做一团不动，惊扰过后迅速离去，这种行为称为假死性。如象甲、叶甲、金龟子等成虫遇惊即假死下坠，3～6龄的松毛虫幼虫受振落地等。可利用害虫的假死习性进行人工扑杀、虫情调查等。

### （四）群集性

同种昆虫的大量个体高密度聚集在一起的习性。如马尾松毛虫1～2龄幼虫、刺蛾的幼龄幼虫、金龟子一些种类的成虫都有群集危害的特性。

### （五）社会性

昆虫营群居生活，一个群体中个体有多型现象，有不同分工。如蜜蜂（有蜂王、雄蜂、工蜂）；白蚁（有蚁王、蚁后、有翅生殖蚁、兵蚁、工蚁等）。

### （六）拟态和保护色

如竹节虫、尺蛾的一些幼虫等昆虫的形态与植物某些部位的形态很相像，从而获得了保护自己的好处的现象，称为拟态；保护色是指某些昆虫具有同它的生活环境中的背景相似的颜色，这有利于躲避捕食性动物的视线而得到保护自己的效果。如蚱蜢、枯叶蝶、尺蠖成虫。

## 二、昆虫的世代和生活史

### （一）昆虫的世代

昆虫自卵或幼体离开母体到成虫性成熟产生后代为止的个体发育周期，称为1个世代。

各种昆虫完成 1 个世代所需的时间不同，在 1 年内完成的世代数也不同，如竹笋夜蛾、红脚绿金龟子 1 年发生 1 代；棉卷叶野螟等 1 年内完成 5 个世代；桑天牛等需 2 年才完成 1 个世代；有的甚至十几年才能完成 1 个世代，如美洲十七年蝉完成一个世代需 17 年。昆虫完成 1 个世代所需的时间和 1 年内发生的代数，除因昆虫的种类不同外，往往与所在地理位置、环境因子有密切的关系。

一年发生多代的昆虫，由于成虫发生期长和产卵期先后不一，同一时期内，在一个地区可同时出现同一种昆虫的不同虫态，造成上、下世代间重叠的现象，称为世代重叠。

对 1 年发生 2 代和多代的昆虫，划分世代顺序均以卵期开始，依先后出现的次序称第 1 代、第 2 代……，但应注意跨年虫态的世代顺序，习惯上是凡以卵越冬的，越冬卵就是次年的第 1 代卵。如梧桐木虱，1990 年秋末产卵越冬，卵至次年 4～5 月孵化，这越冬卵就是 1991 年的第 1 代卵。以其他虫态越冬的都不是次年的第 1 代而是前 1 年的最后 1 代，称为越冬代。如马尾松毛虫 1990 年 11 月中旬以 4 龄幼虫越冬，这越冬幼虫称为 1990 年的越冬代幼虫。

### （二）年生活史

昆虫在 1 年中发生经过的状况称为年生活史。包括越冬虫态、1 年中发生的世代、越冬后开始活动的时期、各代历期、各虫态的历期、生活习性等。了解害虫的生活史，掌握害虫的发生规律，是防治害虫的可靠依据。

### 三、昆虫发生与环境的关系

昆虫种群数量的变化，不仅与昆虫的内在生物学特性有关，而且还与其生活的环境有着密切的联系。影响昆虫种群数量的环境因素主要有气候因素、土壤因素、生物因素和人为因素。了解昆虫的发生与周围环境之间的关系，是开展害虫预测预报和害虫综合治理工作的基础。

### （一）气候因素

气候因素与昆虫生命活动的关系密切。包括温度、湿度、降水、光、风等，其中以温度、湿度对昆虫的影响最大。

**1. 温度**　昆虫是变温动物，体温随周围环境温度的变化而变化。昆虫完成新陈代谢等生命活动需在一定温度条件下进行，而维持其生命活动所需热能有太阳辐射热和体内新陈代谢所产生的化学热，但昆虫自身保持和调节体温的能力不强，主要为太阳辐射热。因此，昆虫的生长发育、繁殖都受温度的影响。尤其对昆虫的发育速度影响最大。

（1）温度的影响。大多数昆虫生长发育对温度的变化范围有一定的要求，在该范围内，昆虫寿命最长，生命活动旺盛，发育正常，这一温度范围称为适宜温区或有效温区。不同种类昆虫的适宜温区不同，温带地区的昆虫适宜温区一般在 8～40℃。适宜温区的下限是昆虫生长发育的起点，称为发育起点温度，一般为 8～15℃。适宜温区的上限是昆虫因温度过高而生长发育被抑制的温度，称为高温临界，在 35～45℃。在适宜温区内，最有利于昆虫生长发育的温度范围称为最适温区，一般在 22～30℃。在最适温区范围内，昆虫的繁殖力最高，生长发育较快，死亡率最低。在发育起点温度以下或高温临界温度以上的一定温度范围内，昆虫并不会死亡，而是因温度低或高呈休眠或停滞，这一段的低温区或高温区，分别称为停育低温区或停育高温区。在停育低温区以下或停育高温区以上，昆虫会因过冷或过热而死亡，这一温度范围称为致死低温区或致死高温区。致死低温区一般在 $-40 \sim -10℃$，致死高温区一般在 $45 \sim 60℃$。

温度对昆虫的影响因昆虫种类、发育阶段、生理状况和温度变化的速度、季节的变化不同而异。温度对昆虫的影响主要表现在其发育速度、生殖力、死亡率、分布范围、迁移和蛰伏等生命活动方面，其中对发育速度的影响最为明显。

（2）有效积温法则及应用。有效积温法则是指昆虫完成一定发育阶段（虫期或世代）所需一定的热量积累，即发育所需天数与同期内的平均温度的乘积是一个常数。昆虫必须在发育起点温度以上才开始发育，在发育起点以上的温度累积值，称为有效积温常数，以℃为单位，即

$$K = N（T - C）$$

式中：$K$ 为有效积温；$N$ 为发育所需天数；$T$ 为该期的平均温度；$C$ 是发育起点温度；$T - C$ 是该期内的有效温度。

有效积温法则有以下几个方面的应用：

①估测昆虫在某地区可能发生的世代数。世代数＝某地 1 年内的有效积温 $K_1$（℃）/某虫完成 1 代所需的有效积温 $K_2$（℃）。

例如，黏虫发育期点的温度为 $9.6℃$，完成 1 代所需有效积温为 $685.2℃$，沈阳地区平均有效积温为 $1691.8℃$，根据公式推算，每年发生时代数应为 $1691.8/685.2 \approx 2.46$，即 $2 \sim 3$ 代，实际发生 3 代。

②预测害虫发生期。东亚飞蝗的发育起点温度为 $18℃$，从卵发育到 3 龄若虫所需有效积温为 $130℃$。当地当时平均气温为 $25℃$，问几天后到达 3 龄若虫高峰。

根据公式得：$N = K/（T - C）= 130/（25 - 18）\approx 19$（d），即 19d 后东亚飞蝗 3 龄若虫达到高峰。

③控制昆虫的发育进度。利用人工繁殖寄生蜂防治害虫，常需要在害虫某虫态出现的时间释放，可根据公式 $T = K/N + C$，计算出人工饲养蜂所需要的温度，通过调节温度控制寄生蜂的发育速率，达到田间适时释放的目的。

有效积温法则具有一定的应用价值，但也存在局限性，应用积温法则预测昆虫的发生世代和发生期只是一种参考依据，还必须考虑其他因子的综合影响。

**2. 湿度**　湿度对昆虫的影响依种类、发育阶段和生活方式不同而不同。最适宜范围一般在相对湿度 $70\% \sim 90\%$，湿度过高或过低都会延缓昆虫的发育，甚至造成死亡。如日本松干蚧的卵，在相对湿度 $89\%$ 时孵化率为 $99.3\%$；相对湿度在 $36\%$ 以下时，绝大多数卵不能孵化；相对湿度 $100\%$ 时，虽然能孵化，但若虫不能钻出卵囊而死亡。但一些刺吸式口器害虫如蚜虫、叶蝉、介壳虫等对大气湿度的变化并不敏感，即使大气非常干燥，也不会影响它们对水分的要求，天气干旱时寄主汁液浓度增大，提高了营养成分，有利于害虫生长和繁殖，往往在天气干旱时，这类害虫反而危害严重。

**3. 温、湿度的综合影响**　自然界中，温度和湿度总是相互影响，综合作用于昆虫。对一种昆虫来说，适宜的温度范围经常会随着湿度的变化而变化。反之，适宜的湿度范围也会随温度的不同而变化。为了正确反映温、湿度对昆虫的综合作用，常以温湿系数来表示，公式为

$$Q = RH/T$$

式中：$Q$ 为温湿系数；$RH$ 为平均相对湿度；$T$ 为平均温度。

在一定的温、湿度范围内，相应的温、湿度组合能产生相近或相同的生物效能。不同的昆虫必须限制在一定温度、湿度范围。因为不同的温度、湿度组合可得出相同的系数，但它们对昆虫的影响却截然不同。

**4. 降水**　降水不仅影响环境湿度，也直接影响害虫的发生数量，其作用大小常因降水时间、强度和次数而不同，春季雨后有助于一些在土壤中以幼虫或蛹越冬的昆虫顺利出土；而暴雨则对一些小型害虫如蚜虫、初孵介壳虫有很大的冲杀作用，从而大大降低虫口密度；阴雨连绵不但影响一些食叶害虫的取食活动，且容易造成致病微生物的流行。

**5. 光**　昆虫的生命活动和行为与光的性质、光强度和光周期有着密切的关系。

光是一种电磁波，因为波长的不同而显示不同的颜色。昆虫辨别不同波长光的能力与人的视觉不同，人眼可见光波一般在 400～770nm，对于大于 800nm 的红外光、小于 400nm 的紫外光，人眼均看不见。昆虫则可以看见 250～700nm 的光波，尤其对于 330～400nm 的紫外光有强烈的趋性，黑光灯诱杀害虫就是根据这个原理设计的。还有蚜虫对 550～600nm 的黄光有正趋性，所以白天可用黄色诱板进行诱集，利用灰色薄膜进行驱避。

光强度对昆虫活动和行为的影响，主要表现在昆虫的日出性、夜出性、趋光性、背光性等昼夜节律的不同。如蝶类、蝇类等喜欢白昼活动；夜蛾类、蚊子、金龟甲等喜欢夜间活动；蛾类喜欢傍晚活动；有些昆虫则昼夜均活动，如天蛾、大蚕蛾、蚂蚁等。

光周期是指昼夜交替时间在 1 年内的周期性变化，对昆虫的生活起着一种信息作用。许多昆虫对光周期的年变化反应非常明显，表现在昆虫生活史、滞育特性、世代交替以及蚜虫的季节性多型现象等。

光照时间及其周期性变化是昆虫滞育的主导因素。季节周期性影响着昆虫的年生活史的循环。昆虫滞育受温度和食料条件的影响，主要是光照时间起信息的作用。已证明，近百种昆虫的滞育与光周期变化有关。试验证明，许多昆虫的孵化、化蛹、羽化都有一定的昼夜节奏特性，这些特性与光周期变化密切相关。

**6. 风**　风和气流对昆虫生长发育虽无直接作用，但可以影响空气的温度和湿度，从而对昆虫的生长发育产生间接作用。此外，风还对昆虫的活动有影响，特别是昆虫的扩散和迁移受风的影响较大，风的强度、速度和方向，直接影响其扩散和迁移的频度、范围和方向。有研究表明，许多昆虫能借风力传播到很远的地方，如蚜虫可以借风力迁移1 200～1 440 km；松干蚧卵囊可被气流带到高空远距离传播；在广东危害严重的松突圆蚧，主要借气流传播。此外，气流还可以通过影响温度和湿度的变化，从而影响昆虫的生命活动。

**（二）土壤因素**

土壤是昆虫的一个特殊的生态环境，许多昆虫的生活都与土壤有着密切的关系。如蛴螬、蟋蟀、蝼蛄等昆虫终生生活在土中，有的大部分虫态生活在土壤中。很多昆虫于温暖季节在土壤外面活动，冬季即到土中越冬。

土壤的理化性状直接影响在土中生活的昆虫，如土壤的温度、湿度、机械组成、有机质成分及含量、酸碱度等。有些地下昆虫往往随着土壤温度变化而上下移动。秋天土温下降时，土内昆虫向下移动；春天土温上升时，则向上移动到适温的表土层；夏季土温较高时，有潜入较深的土层中。有些昆虫在一昼夜之间也有一定的变化规律，如小地老虎、蛴螬等夏季大多在夜间或清晨上升到地表危害，中午则下降到土壤表层。同时，生活在土中的昆虫，很多对湿度有较高的要求，当湿度较低时会因此而影响其生命活动。掌握昆虫的这些习性，可通过各种措施，如土壤翻耕、灌溉、施肥等措施来改变土壤条件，从而达到控制害虫的目的。

（三）生物因素

生物因素包括食物、捕食性和寄生性天敌、各种病原物等。

**1. 食物因素** 和其他动物一样，昆虫必须利用植物或其他动物所制成的有机物来获取生命活动过程中所需要的能源。在长期的进化过程中，昆虫形成了各自特有的食性。按取食的对象有植食性、肉食性和腐食性；按取食的范围有单食性、寡食性和多食性等。

食物直接影响着昆虫的生长、发育、繁殖和寿命等。食物的质量和数量对昆虫有着直接影响。食物数量充足、质量高，则昆虫生长发育快、生殖力强、自然死亡率低；相反则生长、发育和生殖都受到抑制。甚至因饥饿引起昆虫个体的大量死亡。昆虫发育阶段不同，对食物的要求也不同。一般食叶性害虫的幼虫在其发育前期需要较幼嫩的、水分多的、含糖类少的食物，但是发育后期，则需要含糖类和蛋白质丰富的食物。因此，在幼虫发育后期，如果遇到多雨凉爽天气，由于植物叶子中水分及酸的含量较高，对幼虫发育不利，会引起幼虫发育不良，甚至死亡。相反，在幼虫发育后期，如果天气干旱温暖，植物体内糖类和蛋白质含量提高，能促进昆虫生长发育，生殖力也提高。一些昆虫成虫期有取食补充营养的习性，如果得不到营养补充，则产卵量甚少或不产卵，寿命亦缩短。了解昆虫对于寄主植物和对寄主在不同生育期的特殊要求，在生产实践中即可采取合理调节播种期，利用抗虫品种等来恶化害虫的食物条件；或利用害虫食物来诱集害虫，创造益虫繁殖的有利条件等，达到防治害虫的目的。

**2. 昆虫的天敌影响** 在自然界，每一种昆虫都会遭到其他动物取食或微生物寄生，这些动物或微生物称为天敌。利用天敌进行害虫控制的方法，称为生物防治。天敌是影响害虫数量的一个重要因素。天敌的种类很多，大致可分为以下几种。

（1）病原生物。病原生物包括病毒、细菌、真菌、线虫等。这些病原生物常会引起昆虫染病而大量死亡。如细菌中的苏云金杆菌随食物被杨扇舟蛾、美国白蛾等害虫取食后，进入消化及循环系统，迅速繁殖，破坏组织，引起杨扇舟蛾、美国白蛾等害虫感染败血症而死；真菌中的白僵菌、绿僵菌可以防治松毛虫；质型多角体病毒对鳞翅目幼虫如马尾松毛虫防治效果较好等。

（2）捕食性天敌昆虫。捕食性天敌昆虫的种类很多，常见的有螳螂、瓢虫、草蛉、食蚜蝇等。如引进澳洲瓢虫防治吹绵蚧，七星瓢虫防治桃蚜等。

（3）寄生性天敌昆虫。主要有膜翅目的寄生蜂和双翅目的寄生蝇。例如用松毛虫赤眼蜂防治马尾松毛虫等。

（4）捕食性鸟、兽及其他有益动物。主要包括蜘蛛、捕食螨、鸟类、两栖类、爬行类等。鸟类的应用早为人们所见，蜘蛛在生物防治中的作用越来越受到人们的重视。

（四）人为因素

人类生产活动是一种强大的改造自然的因素。但是由于人类本身对自然规律认识的局限性，生产活动不可避免地破坏了自然生态环境，导致了生物群落组成结构的变化，使得某些以野生植物为食的昆虫转变为园林害虫。但当人类掌握了害虫的发生规律，通过现代手段，就可以有效地控制害虫的发生。一般可以从以下几个方面认识人类活动对昆虫的影响。

**1. 改变一个地区的生态系统** 植树、栽植草坪、引进新品种、兴建公园等园林绿化活动,可引起当地生态系统发生改变,同时也改变了昆虫的生态条件,影响昆虫种群的兴衰。

**2. 改变一个地区昆虫种类的组成**　植物种苗的频繁调运和贸易的广泛往来,不可避免地扩大了昆虫的地理分布范围。一方面,一些危险性害虫传入新地区,能造成极其严重的危害,如美国白蛾、椰心叶甲等;另一方面,有目的地引进和利用益虫,又可以抑制害虫的发生和危害,并改变一个地区昆虫的组成和数量。如各国引进澳洲瓢虫,成功地控制了吹绵蚧的危害。

**3. 改变害虫和天敌生长发育和繁殖的环境条件**　人们通过运用中耕除草、整形修剪、灌溉施肥、培育抗虫品种等园林技术措施,增强了植物的生长势,恶化了害虫的适生环境和繁殖条件,而有利于天敌的发生,大大减轻了受害程度。

**4. 采取防控措施对昆虫的影响**　各种物理因素和防虫器械以及化学农药等综合防控措施的科学运用,直接杀灭了大量的害虫,保障园林植物的正常生长发育和观赏效果。但是,不恰当地运用这些防控措施又常常会引起某些害虫猖獗危害。

【拓展知识】

## 一、昆虫的特点

**1. 历史长、种类多、数量大、分布广**　人类的出现仅有几百万年,而有翅昆虫的历史至少有3.5亿年,无翅昆虫可能有4亿年或更长的历史。昆虫的分布范围很广,从赤道到两极,从沿海到内陆,从高山之巅到深层土壤,都有昆虫的存在。昆虫是动物界中种类最多的一个类群,估计地球上的昆虫可能有1 000万种,目前已知100万种左右,占动物界已知种类的2/3。昆虫不仅种类多,而且个体数量也十分惊人,一窝蚂蚁可多达50多万个个体,一株木槿树可拥有10万多头蚜虫。

**2. 有翅能飞、体小灵活**　昆虫是无脊椎动物中唯一有翅的一类,也是动物中最早具翅的一个类群。飞翔能力的获得,给昆虫在觅食、求偶、避敌、扩散等方面带来了极大的好处;同时,大部分昆虫的个体较小,不仅少量的食物即能满足其生长与繁殖的营养需求,而且使其在生存空间、灵活度、避敌能力、减少损害程度、顺风迁飞等方面具有很多优势。

**3. 具变态现象、取食器官多样化**　绝大部分昆虫为全变态,其中大部分种类的幼期与成虫期个体在生境及食性上差别很大,这样就避免了同种或同类昆虫在空间与食物等方面的需求矛盾;不同类群的昆虫具有不同类型的口器,一方面避免了对食物的竞争,同时部分程度地改善了昆虫与取食对象的关系。

**4. 惊人的繁殖能力**　一头雌虫产卵在100粒以上的种类十分常见,多的可达1 000多粒,具有社会性与孤雌生殖的昆虫生殖力更强。一只蜜蜂蜂后一生可产卵百万粒。有人曾估算一头孤雌生殖的蚜虫若后代全部成活并继续繁殖的话,半年后蚜虫总数可达6亿头左右。强大的生殖潜能是种群繁盛的基础。

**5. 超强的适应能力**　从昆虫分布之广,种类之多,数量之大,延续历史之长等特点我们可以推知其适应能力之强,无论对温度、饥饿、干旱、药剂等昆虫均有很强的适应力,并且昆虫生活周期较短,比较容易把对种群有益的突变保存下来。对于周期性或长期的不良环境条件,昆虫还可以休眠或滞育,有些种类可以在土壤中滞育几年、十几年或更长的时间,以保持其种群的延续。

## 二、昆虫的休眠和滞育

昆虫在一年的生长发育过程中，常出现暂时停止发育的现象，即通常所谓的越冬和越夏，这种现象从其本身的生物学和生理学特性来看，可分为休眠和滞育两类。

**1. 休眠** 休眠是由于不良环境条件直接引起的，当不良环境条件解除后，即可恢复正常的生命活动。休眠发生在炎热的夏季，称为夏蛰（或越夏）；发生在严冬季节者称为冬眠（或越冬），各种昆虫的休眠虫态不一。如小地老虎在北京以蛹越冬，在长江流域以蛹和老熟幼虫越冬，在广西南宁以成虫越冬。

**2. 滞育** 滞育是由环境条件引起的，但通常不是由不良环境条件直接引起的。在自然情况下，当不利的环境条件还远未到来之前，具有滞育特性的昆虫就进入滞育状态，而且一旦进入滞育，即使给以最适宜的条件，也不能解除滞育，所以滞育是昆虫长期适应不良环境而形成的种的遗传特性。如樟叶蜂以老熟幼虫在 7 月上、中旬于土中滞育，至翌年 2 月上、中旬才恢复生长发育。

**【关键词】**

昆虫、触角、复眼、单眼、咀嚼式口器、刺吸式口器、足、翅、气门、孵化、两性生殖、孤雌生殖、完全变态、不完全变态、目科特征、趋光性、趋化性、假死性、发生环境

**【项目小结】**

昆虫属于动物界节肢动物门昆虫纲，其主要特征是身体分为头、胸、腹 3 段，头部有触角、复眼、单眼、口器，胸部有 3 对足和 2 对翅，与其他节肢动物的主要区别是昆虫具有 6 足 4 翅。了解昆虫特征与各部位主要功能，对害虫的种类识别、分类与防治具有重要指导意义。

昆虫繁殖速度快、繁殖方式多样，因此种群密度大，是害虫大发生的内在因素。不同的昆虫变态类型不同，其防治方法也不相同。完全变态昆虫发育过程经历卵、幼虫、蛹、成虫 4 个虫期，不完全变态的昆虫有卵、若虫、成虫 3 个虫期，幼虫期和若虫期是害虫的主要危害时期，也是防治的关键时期。昆虫具有各种各样的习性，可利用这些习性来防治害虫。

昆虫家族目、科众多，但与园林植物关系密切的主要有 9 个目、40 多个科及 100 多个重要种。螨类与软体动物种类尽管不多，但作为两类性质特殊的害虫，其在外部形态、生物学特性及用药选择上与昆虫截然不同。

影响害虫发生的主要环境因素为气候因素和生物因素，创造不利于害虫发生而有利于益虫发生的环境条件是防治害虫的重要途径之一。

**【练习思考】**

一、名词解释

翅脉、脉相、两性生殖、孤雌生殖、变态、孵化、羽化、龄期、世代、生活年史、世代重叠、休眠、滞育、雌雄二型、性多型、补充营养、趋光性、趋化性、假死性、拟态

二、填空题

1. 昆虫的口器类型很多，与园林植物关系密切的有 _____ 、 _____ 和 _____ 。

2. 蟋蟀的触角 _____ 状，口器是 _____ ，后足是 _____ ，前翅是 _____ ，属 _____ 变态。

3. 蝴蝶触角_____状，口器是_____，足是_____，翅是_____，属_____变态。

4. 天牛触角_____状，口器是_____，足是_____，前翅是_____，属_____变态。

5. "双名法"是由_____构成。

6. 昆虫生长发育的最适温区为_____℃。

7. 昆虫发育分_____和_____两个阶段。

三、选择题

1. 下列昆虫中，属于完全变态的是（　　）。
　　A. 蚜虫　　　　　　B. 梨网蝽　　　　　C. 大蓑蛾　　　　　D. 非洲蝼蛄

2. 两性生殖是多数昆虫的繁殖方式，可不经两性生殖的昆虫是（　　）。
　　A. 大蓑蛾　　　　　B. 刺蛾　　　　　　C. 天牛　　　　　　D. 蚜虫

3. 具有开掘足的昆虫是（　　）。
　　A. 蝼蛄　　　　　　B. 蝗虫　　　　　　C. 蝇类　　　　　　D. 步行虫

4. 下列昆虫中，（　　）属于鳞翅目昆虫。
　　A. 天牛　　　　　　B. 蝼蛄　　　　　　C. 刺蛾　　　　　　D. 梨网蝽

5. 有些害虫能诱发煤污病，（　　）属于此类害虫。
　　A. 蚜虫　　　　　　B. 黄刺蛾　　　　　C. 桑天牛　　　　　D. 小地老虎

6. 下列昆虫成虫具有雌雄异型的是（　　）。
　　A. 大蓑（袋）蛾　　B. 金龟子　　　　　C. 桑天牛　　　　　D. 刺蛾

7. 昆虫完成胚胎发育后，幼虫破卵而出的现象，称为（　　）。
　　A. 孵化　　　　　　B. 羽化　　　　　　C. 蜕皮　　　　　　D. 化蛹

8. 昆虫的生殖方式很多，蓑蛾属于（　　）。
　　A. 两性生殖　　　　B. 多胚生殖　　　　C. 单性生殖　　　　D. 卵胎生殖

9. 昆虫纲中最大的一个目是（　　）。
　　A. 鳞翅目　　　　　B. 半翅目　　　　　C. 鞘翅目　　　　　D. 直翅目

10. 昆虫幼虫的足有很多类型，天牛幼虫属于（　　）。
　　A. 多足型　　　　　B. 寡足型　　　　　C. 若虫型　　　　　D. 无足型

11. （　　）的主要形态特征是，体长筒形，触角丝状，着生在额的突起上，常超过体长，复眼肾形，围于触角基部。
　　A. 金龟子科　　　　B. 蚜虫科　　　　　C. 吉丁虫科　　　　D. 天牛科

12. 下列昆虫中，（　　）属于半翅目昆虫。
　　A. 刺蛾　　　　　　B. 蝼蛄　　　　　　C. 梨网蝽　　　　　D. 天牛

13. 马尾松毛虫幼虫蜕4～5次皮食量最大,危害最严重,此时幼虫的虫龄为（　　）龄。
　　A. 4～5　　　　　　B. 3～4　　　　　　C. 5～6　　　　　　D. 3～5

14. 花上出现缺刻、孔洞，这种害虫的口器具（　　）。
　　A. 刺吸式　　　　　B. 咀嚼式　　　　　C. 虹吸式　　　　　D. 锉吸式

## 四、问答题

1. 昆虫具有哪些特征？与其他动物有什么不同？
2. 昆虫的口器有哪些类型？
3. 举例说明昆虫常见的触角、足和翅的类型。
4. 根据哪些特征可以把鳞翅目蛾类幼虫与膜翅目叶蜂的幼虫区分开？
5. 不同变态类昆虫各虫态的生物学意义如何？
6. 休眠与滞育有何不同？
7. 昆虫的哪些生物学习性可被利用来防治防治？
8. 温度、湿度、光、风、土壤因素和生物因素对昆虫的主要影响是什么？
9. 结合实验说明所观察昆虫的变态类型。
10. 结合实验实习识别常见园林植物昆虫（害虫和益虫）。
11. "应该把害虫消灭干净、益虫保护好"这句话对吗？为什么？

【信息链接】

### 一、植物的"抗虫三机制"

指植物的抗虫特性有3个方面的表现，即抗选择性、抗生性和耐害性。

1. 抗选择性　植物不具备引诱产卵或刺激取食的特殊化学物质或物理性状，或者植物具有拒避产卵或抗拒取食的特殊化学物质或物理性状，因此昆虫不产卵，少取食或不取食；或者昆虫的发育期不适应（物候期上不相配合）而不被危害。

2. 抗生性　植物不能全面的满足昆虫营养上的需要；或含有对昆虫有毒的物质；或缺少一些对昆虫特殊需要的物质，因而昆虫取食后发育不良，寿命缩短，生殖力减弱，甚至死亡；或者由于昆虫的取食刺激而在伤害部位产生化学或组织上的变化而抗拒昆虫继续取食。

3. 耐害性　植物被昆虫危害后，具有很强的生长能力以补偿由于危害带来的损失。

### 二、食物链和食物网

生物通过取食和被取食，形成一条链状的食物关系，环环相连，扣合紧密，这种现象称为食物链。自然界中的食物链不是单一的直链，如取食者，它可能取食多种对象；如被取食者，它可能被多种取食者取食。这种通过取食和被取食是多条食物链交织成网，形成一个网状的食物关系，称为食物网。在食物网中，各种生物都按一定的作用和比例，占据一定的位置，互相依存、互相制约，达到动态平衡。食物链中任何一个环节的变化都会造成整个食物链的连锁反应。如果人工制造有利于害虫天敌的环境或引进新的天敌种类，增加某种天敌数量，就可有效地控制害虫这一环节，并会改变整个食物链的组成。这就是我们进行生物防治的理论基础。

# 项目二　园林植物病害识别技术

【学习目的】以常见的园林植物病害为代表,使学生理解园林植物病害的概念,掌握病害常见的症状类型;熟悉各类园林植物病原所致病害的症状特点,能对常见病害做出正确诊断。

【知识目标】掌握园林植物病害的概念、症状,各类病原所致病害的典型症状。掌握真菌各亚门的分类依据及所致病害的特征,熟悉园林植物病害的侵染程序、侵染循环和流行条件，掌握植物病害诊断方法。

【能力目标】能正确识别园林植物病害的症状类型，能正确识别园林植物病原真菌的主要类群，能正确识别侵染性病害与非侵染性病害，并能找出发病原因。

# 工作任务 1.2.1　园林植物病害症状识别

【任务目标】

认识园林植物病害的主要病状和病征，掌握常见病害症状类型的典型特征，为病害诊断奠定基础。

【任务内容】

（1）根据工作任务，采取课堂与实验（训）室、校内外实训基地（包括园林绿地、花圃、苗圃、草坪等）现场相结合的形式，通过查阅资料与网上搜集，获得相关园林植物病害症状类型的基本知识。

（2）通过实验（训）室及校内外实训基地，对园林植物病害的各类病状、病征进行观察、识别，同时采集标本，拍摄数码图片。

（3）实验（训）室内显微镜检各类病害的病征，并用 2H 铅笔绘制所观察到的典型病原物形态。

（4）对任务进行详细记载，并列表描述所观察到病害的症状类型及特点。

【教学资源】

（1）材料与器具：园林植物真菌、细菌、植原体、病毒、线虫、寄生性种子植物等侵染性病害以及生理性病害症状类型的新鲜标本、干制标本、浸渍标本；显微镜、放大镜、镊子、挑针、盖玻片、载玻片、擦镜纸、吸水纸、刀片、蒸馏水、滴瓶、纱布、搪瓷盘等。

（2）参考资料：当地气象资料、有关园林植物真菌病害的历史资料、病害种类与分布情况、各类教学参考书、多媒体教学课件、病害彩色图谱（纸质或电子版）、检索表、各相关网站相关资料等。

（3）教学场所：教室、实验（训）室以及园林植物病害发生类型较多的校内外实训基地。

（4）师资配备：每 20 名学生配备 1 名指导教师。

【操作要点】

（1）病状类型识别：观察病害病状，首先要区分开是病状还是病征，归类观察识别。如对于叶斑病，要观察病斑的颜色与形状，如黑斑、褐斑、灰斑、漆斑或角斑、圆斑、轮斑、不规则斑等，病斑后期常有霉点或小黑点出现；对于病毒病、植原体病害，要观察叶片的颜色变化，是局部变色还是全变色，变深色还是浅色，是否有绿色浓淡不均的斑驳状；对于各种腐烂病，观察是干腐还是湿腐。萎蔫植物是否仍然保持绿色，哪些病害属于丛枝、矮化、徒长、肿瘤、畸形，进行分类统计。

（2）病征类型识别：观察园林植物病害标本病斑表面所产生的霉状物颜色，是否产生粉状物，有没有锈状物，病斑表面是否有黑色小颗粒。观察细菌菌脓时，新鲜标本常从病部溢出灰白色、蜜黄色的液滴，干后就结成菌膜或小块状物。各种病害病征进行归类统计，描述病害的病征特征，并进行比较。

（3）室外调查园林植物病害：针对当地园林植物病害种类开展调查，并对主要的园林植物病害病征特征进行细致的观察。分别对真菌、细菌、病毒、线虫等病害分类调查，并根据病状、病征的类型分类统计，将调查结果填入表格。详细描述病害的病状特征，注意观察病状的颜色、形状、大小以及各个危害部位的症状差异，确定病害名称。调查发病部位、病害发生严重程度。

【注意事项】

（1）在现场观察识别时，首先要注意病害、虫害与伤害的区别；同时注意区分各类病害症状在发病前期、中期、后期、末期的不同表现。

（2）观察干制标本时容易破坏标本，应该谨慎操作。

（3）显微镜使用完毕，应及时取下载物台面上的观察物，放入镜箱内，轻拿轻放。

（4）对疑难的病害症状，应该积极查阅资料并开展小组讨论，达成共识。

【内容及操作步骤】

一、园林植物病害的基本概念与病原

（一）园林植物病害的基本概念

园林植物在长期的自然条件和人工选择下，形成了各种不同的自然群体，对周围环境变化有一定的适应范围，并与其他生物形成相互依存、相互制约的生态平衡关系。当环境条件的变化超出一定范围，或打破它与其他生物的生态平衡关系时，就会在生理上、组织结构上、外部形态上发生一系列不正常的变化，造成一定的社会、经济、生态损失，我们把这一现象称为园林植物病害。

园林植物病害的发生有一定的病理变化过程，简称为病理程序。如果园林植物在短时间内受到外界因素（虫咬、机械伤以及雹害、风害）袭击造成的伤害，受害植物在生理上没有发生病理程序，不能称为病害，而称为伤害或损害。伤害可减弱生长势，伤口往往成为病原物入侵的门户，诱发病害的发生。

园林植物病害是对人类生产和经济损益而言的。如平时我们食用的茭白，是其叶原基受黑粉菌侵染后，生长畸形，其肿胀部分由于肥厚鲜嫩，提高了其经济价值，人们并不认为是一种病害。观赏植物碎锦郁金香、羽衣甘蓝等也是一种病态表现，但人们将这些"病态"视为名花珍品，提高了其经济价值，不能称为病害。

观察与识别：仔细观察金心黄杨、金边吊兰、银边虎尾兰、碎色郁金香，机械损伤植株，本地几种具有代表性的植物病害，分辨什么是真正意义上的园林植物病害。

（二）园林植物病害的产生原因

引起园林植物病害的原因是非常复杂的。病害一般是多种因素综合作用的结果。这里所说的病原，是指病害发生过程中直接作用的主导因素，而其他对病害发生和发展仅起促进或延缓作用的因素，只能称为诱因或发病条件。能够引起植物病害的病原种类很多，依据性质不同，可分为两大类，即非侵染性病原和侵染性病原。侵染性病原内容繁多，故作为2个工作任务进行学习，这里主要对非侵染性病原进行简单介绍。

环境中某些超出了园林植物适应范围的非生物因素（物理、化学、水分状况）会对园林植物产生危害，使其表现出不正常现象。这些不利的环境因素引起的病害是不能相互传染的，故称为非侵染性病害，亦称为生理病害。引发非侵染性病害的原因主要是周围环境中的温度、湿度、光照、水分、养分、酸碱度、通风等因子失调或有害物质中毒所致。原因较多，症状也比较繁杂。

观察与识别：寻找合适场所，实地观察与识别侵染性病害与非侵染性病害。

## 二、园林植物病害的症状识别

园林植物感病后发病的顺序，首先是生理病变（如呼吸作用和蒸腾作用的加强，同化作用的降低，酶活性的改变，以及水分和养分吸收和运转的异常等），继而是组织变化（如叶绿体或其他色素的增加或减少，细胞体积和数目的增减，维管束的堵塞，细胞壁的加厚，以及细胞和组织的坏死），最后是形态变化（如根、茎、叶、花、果的坏死、腐烂、畸形等）。发病植物经过一定的病理程序，最后表现出的病态特征称为病害的症状。对某些生物病原引起的病害来说，病害症状包括寄主植物的病变特征和病原物在寄主植物发病部位上产生的营养体和繁殖体两方面的特征。发病园林植物在外部形态上发生的病变特征称为病状，病原物在寄主植物发病部位上产生的繁殖体和营养体等结构称为病征。所有的园林植物病害都有病状，但并非都有病征。由于病害的病原不同，对园林植物的影响也各不相同，所以园林植物的症状也千差万别，有的是病征显著，有的是病状显著。

观察与识别：仔细观察兰花炭疽病、大叶黄杨褐斑病、月季白粉病、玫瑰锈病、山茶藻斑病、金鸡菊花叶病、唐菖蒲生理性叶枯病等，区分在这些感病植物上，病状有哪些表现，病征有哪些表现。

### （一）病状

病状（图1-2-1）是寄主植物感病后，寄主植物本身所表现出的各种不正常状态，大致归纳为以下几种类型：

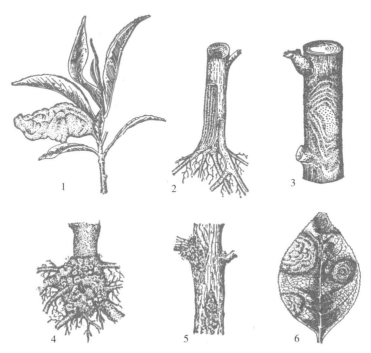

图1-2-1 常见病状类型

1. 皱缩 2. 青枯 3. 干腐 4. 根癌 5. 溃疡 6. 叶斑

**1. 变色**　园林植物病部细胞内叶绿素的形成受到抑制或被破坏，其他色素形成过多，从而表现出不正常的颜色。常见的有褪绿、黄化、花叶、白化及红化等。叶片因叶绿素均匀减少变为淡绿色或黄绿色称为褪绿；叶绿素形成受抑制或被破坏，使整叶均匀发黄称为黄化，另外植物营养贫乏或失调也可以引起黄化，如缺铁引起的栀子黄化病（黄化是园林植物病毒病害和植原体病害的主要病状，彩图4-3-31）；叶片局部细胞的叶绿素减少使叶片绿色浓淡不均，呈现黄绿相间或浓绿与浅绿相间的斑驳（有时还使叶片凹凸不平）称为花叶，如月季花叶病（彩图4-3-27）。花叶是园林植物病毒病的重要病状；叶绿素消失后，花青素形成过盛，叶片变紫或变红称为红叶。

**2. 坏死**　园林植物病部细胞和组织死亡，但不解体称为坏死，常表现为有斑点、叶枯、溃疡、枯梢、疮痂、立枯和猝倒等。斑点是最常见的病状，主要发生在茎、叶、果实等器官上，以叶片部位最为常见，称之为叶斑（彩图4-3-9）。根据颜色不同，斑点一般分褐斑、黑斑、灰斑、白斑、黄斑、紫斑、红斑和锈斑等；根据形状分为圆斑、角斑、条斑、环斑、轮纹斑和不规则斑等；发生在茎干部位的坏死，通常称为溃疡（彩图4-3-16）。

**3. 腐烂**　病组织的细胞坏死并解体，原生质被破坏以致组织溃烂称为腐烂。如根腐、茎腐、果腐、块腐和块根腐烂等。根据病组织的质地不同，有湿腐（软腐，水分蒸发慢）、干腐（水分蒸发快）之分。

**4. 萎蔫**　萎蔫是园林植物缺水而使枝叶凋萎下垂的现象。根部和茎部的腐烂都能引起萎蔫，但典型的萎蔫是指植物茎部或根部的维管束组织受害后，大量菌体或病菌分泌的毒素堵塞或破坏导管，使水分运输受阻而引起植物凋萎枯死的现象，如青枯。

**5. 畸形**　园林植物受病原物侵染后，引起植株局部器官的细胞数目增多，生长过度或受抑制而引起畸形。常见的畸形有：病株生长比健株细长称为徒长；植株节间缩短，分蘖增多，病株比健株矮小称为矮缩；植株节短枝多，叶片变小称为丛枝；根茎形成突出的增生组织称为根癌（彩图4-3-18）；叶片卷曲肥厚或生长不均称为皱缩（彩图4-3-24）。

**6. 流胶或流脂**　感病植物细胞分解为树脂或树胶自树皮流出，常称之为流脂病或流胶病，如桃树流胶病、针叶树流脂病。该类病病原复杂，有生理性因素，又有侵染性因素，或是两类因素综合作用的结果。

**（二）病征**

病征（图1-2-2）是病原物在植物病部表面的特征，是鉴定病原和诊断病害的重要依据之一。但病征往往在病害发展过程中的某一阶段才出现；有些病害不表现病征，如生理性病害。病征主要有下列6种类型：

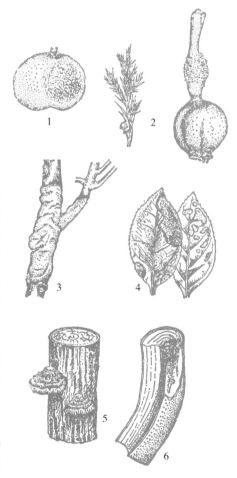

图 1-2-2　几种常见的病征
1. 粉霉状物　2. 锈状物　3. 膜状物　4. 粒状物
5. 菌伞　6. 细菌在病组织上的溢脓

**1. 粉霉状物**　病原真菌的营养体和繁殖体在病部产生各种颜色的粉状物或霉状物，如白粉、霜霉、青霉、黑霉、赤霉、绿霉等。如月季白粉病、紫薇白粉病、橡皮树灰霉病等（彩图 4-3-2、彩图 4-3-3、彩图 4-3-12）。

**2. 锈状物**　病原真菌在病部所表现的黄褐色或铁锈色点状、块状、毛状或花朵状物。如海棠-桧柏锈病、玫瑰锈病等（彩图 4-3-4、彩图 4-3-5）。

**3. 膜状物**　病原真菌在病部产生紫褐色、灰色的膏药状物。如梅花膏药病。

**4. 粒状物**　病原真菌在病部产生黑色点状或粒状物，半埋或埋藏在组织表皮下，不易与组织分离，也有全部暴露在病部表面的易从病组织上脱落。如柑橘炭疽病、大叶黄杨褐斑病。

**5. 菌伞**　病原真菌在病部产生的体型较大、颜色各异的肉质或革质伞状物。如杜鹃根朽病。

**6. 细菌在病组织上的溢脓**　潮湿条件下在病部出现的黄褐色似露珠的脓状黏液，干燥后为胶质的颗粒或小块状物。如菊花青枯病。

观察与识别：观察兰花炭疽病、鱼尾葵炭疽病、大叶黄杨褐斑病、万年青红斑病、瓜叶菊灰霉病、牵牛花白锈病、月季白粉病、金鸡菊白粉病、玫瑰锈病、桃褐锈病、米兰煤污病、海棠腐烂病、杨树溃疡病、一品红枝枯病、重阳木丛枝病、幼苗猝倒病、菟丝子、山茶藻斑病、金鸡菊花叶病、桃流胶病、唐菖蒲生理性叶枯病、文竹黄化病等标本，列表说明各种植物病害的病状和病征类型。

现场教学：有条件时，可以在校园、标本园、花圃绿地等场所进行现场教学，观察识别常见病害及症状类型。

【任务考核标准】　见表 1-2-1。

表 1-2-1　园林植物病害症状识别任务考核参考标准

| 序号 | 考核项目 | 考核内容 | 考核标准 | 考核方法 | 标准分值 |
|---|---|---|---|---|---|
| 1 | 基本素质 | 学习工作态度 | 态度端正，主动认真，全勤，否则将酌情扣分 | 单人考核 | 5 |
| | | 团队协作 | 服从安排，与小组其他成员配合好，否则将酌情扣分 | 单人考核 | 5 |
| 2 | 专业技能 | 园林植物病害病状识别 | 能够根据所提供的病害标本，准确地确定其所属的病状类型。判断欠准确者，酌情扣分 | 单人考核 | 40 |
| | | 园林植物病害病征识别 | 能够根据所提供的病害标本，准确地确定其所属的病征类型。判断欠准确者，酌情扣分 | 单人考核 | 25 |
| 3 | 职业素质 | 方法能力 | 独立分析和解决问题的能力强，能主动、准确地表达自己的想法 | 单人考核 | 5 |
| | | 工作过程 | 工作过程规范，有完整的工作任务记录，字迹工整 | 单人考核 | 10 |
| | | 自测训练与总结 | 及时准确完成自测训练，总结报告结果正确，电子文本规范，体会深刻，上交及时 | 单人考核 | 10 |
| 4 | 合计 | | | | 100 |

## 工作任务 1.2.2　园林植物病原真菌识别

**【任务目标】**

认识真菌营养体、繁殖体的一般形态，掌握真菌各亚门及重要属的主要形态特征，学会病原物制片的一般方法，为病害诊断奠定基础。

**【任务内容】**

（1）根据工作任务，采取课堂与实验（训）室、校内外实训基地（包括园林绿地、花圃、苗圃、草坪等）现场相结合的形式，通过查阅资料与网上搜集，获得相关园林植物病原真菌的基本知识。

（2）在校内外实训基地，通过肉眼或扩大镜检查发病部位真菌的宏观状态，同时采集标本，拍摄数码图片。

（3）实验（训）室内显微镜检各种真菌病害的病征，并用 2H 铅笔绘制所观察到的典型病原物形态。

（4）对任务进行详细记载，并列表描述所观察到病害病原物的宏观与微观形态。

**【教学资源】**

（1）材料与器具：常见园林植物真菌病害的新鲜标本、干制或浸渍标本；各种病原真菌营养体、繁殖体等玻片标本；显微镜、放大镜、镊子、挑针、盖玻片、载玻片、擦镜纸、吸水纸、刀片、蒸馏水滴瓶、纱布、搪瓷盘等。

（2）参考资料：当地气象资料、有关园林真菌病害的历史资料、各类教学参考书、多媒体教学课件、病害彩色图谱（纸质或电子版）、检索表、各相关网站相关资料等。

（3）教学场所：教室、实验（训）室以及园林植物真菌病害发生类型较多的校内外实训基地。

（4）师资配备：每 20 名学生配备 1 名指导教师。

**【操作要点】**

（1）无论是校内外实训基地还是实验（训）室，须在教师的指导下，选取最典型的真菌病害病征，进行观察识别。

（2）显微镜使用。低倍镜观察：固定低倍物镜——置玻片标本——调好光线——聚光器调至最高点稍下——调粗调螺旋找到标本——调细调螺旋观察标本——图像效果清晰。高倍镜观察：低倍镜选好目标——转动物镜转换器换上高倍镜——调细调螺旋至物像清晰。

（3）菌丝的观察和一般病原菌临时玻片标本的制作。取清洁载玻片，中央滴蒸馏水 1 滴，用挑针挑取少许腐霉菌的菌丝放入水滴中，用 2 支挑针轻轻拨开过于密集的菌丝，然后自水滴一侧用挑针支持盖玻片，慢慢盖下即成。注意加盖玻片时不宜太快，以防形成大量气泡，影响观察或观察的病原物冲溅到玻片外。

（4）各亚门真菌及其所致病害观察。观察各亚门真菌标本，并挑取其症状制作玻片，放入显微镜下观察其孢子及孢子梗形态特征及所致病害的症状特点。

**【注意事项】**

（1）现场观察识别时，应注意各类病征的差异以及同一病征在不同时期的具体表现。

（2）病原菌比较微观，观察困难，即使有的同学找到目标，也不知该观察哪一部分，可利用显微投影仪示范讲解，同时配备真菌各科孢子类型示范镜以便同学对照观察。

（3）显微镜使用完毕，应及时取下载物台面上的观察物，放入镜箱内，轻拿轻放。

（4）对有疑问的现象，应该积极查阅资料并开展小组讨论，达成共识。

【内容及操作步骤】

## 一、真菌的一般形态观察识别

真菌属于菌物界，是一类具有真正细胞核，没有叶绿素，能产生孢子的异养生物。它们一般都能进行有性和无性繁殖，并常有分支的丝状营养体，还有含几丁质或纤维素或两者皆有的细胞壁。真菌在生长发育过程中，常常表现出各种形态特征。一般而言，都以在功能上没有分工的菌丝为营养体，以形态复杂的不同孢子为繁殖体的基本单位。

真菌孢子萌发
与菌丝类型

### （一）真菌的基本形态

**1. 真菌的营养体**　真菌进行营养生长的菌体部分称为营养体。真菌的营养体除极少数是原生质团或单细胞外，一般是极细小的丝状体，每一根丝状体称为菌丝（图 1-2-3）。组成真菌菌体的一团菌丝称为菌丝体。菌丝通常呈圆管状，有分支，粗细均匀，直径一般为 $5\sim10\mu m$，菌丝生长的长度是无限的。多数菌丝无色透明，有的老龄菌丝常呈现各种不同的颜色。菌丝的管壁即细胞壁，主要由几丁质（甲壳质）组成，少数为纤维素，偶尔也有两者同时存在的真菌细胞壁。细胞内含原生质、细胞核、线粒体、内质网、液泡、脂肪等成分。

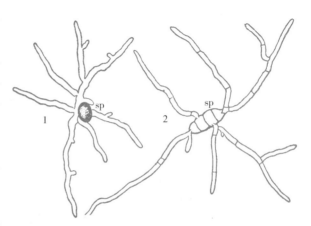

图 1-2-3　真菌的菌丝
1. 无隔菌丝　2. 有隔菌丝

低等真菌的菌丝一般无隔膜，是一个多核的单细胞。高等真菌的菌丝有隔膜，因此是多细胞，每个细胞内可含 $1\sim2$ 个或多个细胞核。菌丝一般是由孢子萌发后延伸生长形成，它以顶端伸长的方式生长，但它的每一部分都有潜在的生长能力，任何一段微小的片段都能生长并发育成新的个体。

菌丝是真菌获得养分的结构。真菌侵入寄主体内后，菌丝在寄主细胞内或细胞间生长蔓延。生长在寄主细胞内的真菌，由菌丝细胞壁与寄主原生质接触后，因渗透压的作用直接吸收养分；生长在寄主细胞间隙的真菌，以菌丝上形成的特殊器官——吸器，伸入寄主细胞内吸收养分。吸器的形状有小球形、掌状、分支状等。

真菌的变态结构除吸器外，在一定条件下还可形成菌核、子座、菌索、假根等，这些菌丝体的变态结构在真菌的繁殖和传播，以及它们对不良环境的抵抗方面有着重要的作用。

菌核是由许多菌丝紧密交结而成的一种休眠体，形状、大小、色泽不一，多为圆形或不规则形，小的如菜籽，大的如拳头。菌核内贮藏有较丰富的养分，对高温、低温和干燥的条件有较强的适应能力，因此它既是真菌的营养贮藏器官，又是渡过不良环境的休眠体。在适宜的条件下，菌核可以萌发产生菌丝体或繁殖器官。

子座是由菌丝组成的，或由菌丝体与部分寄主组织结合形成，一般为垫状，也有球状或其他形状。子座的上部或内部常常产生繁殖体。因此，子座是真菌从营养体到繁殖体的一种过渡形式，有渡过不良环境的作用。

菌索是由菌丝平行组织而成的，形似绳索状物。高度发达的菌索形似植物的根，称为根状菌索。它有一个坚实的外层和一个生长的尖端，不仅能抵抗不良环境条件，而且有蔓延和侵染寄主的作用。

假根是真菌菌丝上长出的短细分支，外形似根，如根霉菌。它伸入寄主基质内吸收养料并支撑上部的菌丝体。

**2. 真菌的繁殖体** 真菌的繁殖器官多由营养器官转变而来。营养体生长到一定时期后，即转入繁殖阶段，产生的繁殖器官称为繁殖体。真菌的繁殖方式分无性繁殖和有性繁殖两种，它们繁殖时产生各种类型的孢子，作为繁殖单位。

（1）无性繁殖：是指不经过两个性细胞或性器官的结合，而产生新个体的繁殖方式。真菌以无性繁殖的方式产生的孢子称为无性孢子（图 1-2-4），这类孢子是直接在真菌的营养体及其分化的特殊结构上产生的。真菌的无性孢子有下列几种：

真菌的无性孢子和有性孢子

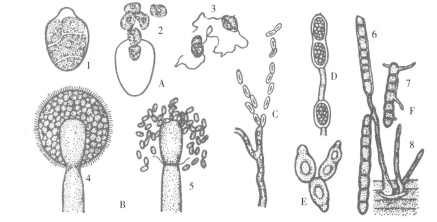

图 1-2-4 真菌无性孢子类型

A. 游动孢子：1. 孢子囊 2. 孢子囊萌发 3. 游动孢子 B. 孢囊孢子：4. 孢子囊及孢囊梗
5. 孢子囊破裂并释出孢囊孢子 C. 粉孢子 D. 厚垣孢子 E. 芽孢子 F. 分生孢子：
6. 分生孢子 7. 分生孢子萌发 8. 分生孢子梗

①孢囊孢子：形成于菌丝顶端或孢囊梗顶端膨大的孢囊内，由囊中原生质分割成许多小块，然后每块原生质形成一个圆形的孢子。有细胞壁，无鞭毛，成熟后，孢子囊破裂散出孢囊孢子；有的孢子囊内产生的孢子无细胞壁，但具有 1～2 根鞭毛，能游动，称为游动孢子。

②分生孢子：产生于由菌丝分化形成的分生孢子梗上。分生孢子着生于梗的顶端或侧方。孢子形状、大小、细胞数目及颜色多种多样，成熟后易从孢子梗上脱落，是真菌中最常见的一种无性孢子。分生孢子包括以菌丝细胞成段断裂的粉孢子及以发芽繁殖的芽孢子等。有些真菌的分生孢子产生在特异的盘状或球状的结构中，这种结构分别称为分生孢子盘和分生孢子器。有些真菌的分生孢子梗直接伸出寄主表面，散生、丛生或成束状。

③厚垣孢子：是由菌丝体的个别细胞原生质浓缩，细胞壁加厚形成的一种休眠孢子，

呈圆形或长方形，它产生于菌丝的中间或菌丝分支的顶端，其寿命较长，能抵抗不良环境的影响。

真菌的无性孢子多发生在植物的生长季节，常可循环多次，主要起着迅速繁殖和传播蔓延的作用，对植物造成危害。

（2）有性繁殖：是指通过 2 个性细胞或性器官的结合进行繁殖的一种方式，经过 2 个性细胞的质配、核配和减数分裂 3 个阶段来完成的。有性繁殖产生的孢子称为有性孢子（图 1-2-5）。真菌经过营养阶段和无性繁殖后，多数转入有性繁殖阶段。常见的有性孢子有以下几种：

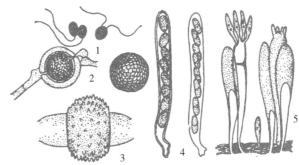

图 1-2-5　真菌有性孢子类型
1. 接合子　2. 卵孢子　3. 接合孢子　4. 子囊孢子　5. 担孢子

① 卵孢子：由 2 个异型配子囊（藏卵器与雄器）相结合，经过质配和核配发育形成的厚壁孢子。

② 接合孢子：由 2 个同形配子囊相结合，接触处的细胞壁溶解，2 个细胞的内含物融合，形成厚壁、球形、双倍体的休眠孢子，称为接合孢子。

③ 子囊孢子：由 2 个异型配子囊（雄器和造囊器）相结合后发育成子囊，随后子囊内的两性细胞核结合后分裂形成子囊孢子。

④ 担孢子：由性别不同的 2 条菌丝相结合产生双核菌丝，其顶端细胞膨大成棍棒状的担子；担子内的两性细胞核经核配和减数分裂后，在担子的顶端或侧上方形成担孢子。

有性孢子一般在真菌生长季节末期形成。往往 1 年只发生 1 次，常用来渡过不良环境，是许多病原真菌的初侵染来源。

真菌产生孢子的结构，无论是无性繁殖或有性繁殖，结构形式简单或复杂，统称为子实体。真菌的无性孢子和有性孢子及产生这些孢子的子实体的形态是真菌分类的重要依据之一。

*观察与识别：通过显微镜观察真菌繁殖体玻片标本，掌握各种无性孢子和有性孢子的特征。*

**（二）真菌的生活史**

真菌从一种孢子萌发开始，经过生长和发育阶段，最后又产生同一种孢子的过程称为真菌的生活史或发育循环。典型的真菌生活史（图 1-2-6）包括无性阶段和有性阶段。

真菌的营养菌丝体在适宜条件下萌发，产生芽管，伸长后，发展成菌丝体，在寄主细胞间或细胞内吸取养分，生长蔓延，经过一定的营养生长后，产生无性孢子飞散传播，无性孢子再萌发成新的菌

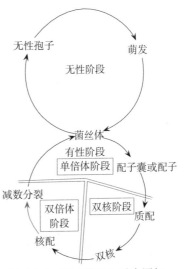

真菌的生活史

图 1-2-6　真菌典型生活史图解
（李清西，钱学聪 . 2002. 植物保护）

丝体，并扩展繁殖，这就是无性阶段。无性孢子的繁殖力强，在一个生长季节中可发生多次，产孢的数量又大，常成为园林植物病害发生流行的重要原因，但无性孢子对不良环境的抵抗力弱，寿命短。当环境条件不适宜或生长后期，真菌就进行有性繁殖。从菌丝体上形成配子囊或配子，经质配进入双核阶段，再核配形成双倍体的细胞核，又减数分裂形成含有单倍体细胞核的有性孢子，这就是有性阶段。有性孢子一般1年只产生1次，数量较少，对不良环境的抵抗力强，常是休眠孢子，经过越冬或越夏后，次年再行萌发，成为初次侵染的来源。

一种真菌的生活史只在一种寄主上完成称为单主寄生；同一种真菌需2种以上的寄主才能完成生活史的称为转主寄生。

综上所述，真菌的生活史，是真菌的个体发育和系统发育的过程。研究真菌的生活史，在园林植物病虫害防治中有着重要的意义。

*看一看*：通过观看录像，了解真菌的生活史及生理生态特性。

真菌的分类（一）　　真菌的分类（二）

### 二、真菌的主要类群识别

真菌的分类，是以真菌的形态、生理、生化、生态、遗传等综合特征为根据，其中有性繁殖阶段的形态特征是分类的重要依据。关于真菌的分类地位和体系，历来就有不同的见解。本教材采用较多人接受和采用的Ainsworth（1973）分类系统。他将真菌立为真菌界，下设黏菌门和真菌门。真菌门分为5个亚门：鞭毛菌亚门、接合菌亚门、子囊菌亚门、担子菌亚门和半知菌亚门。真菌的命名与其他生物一样采用双名法。

**真菌界分门、分亚门检索表**

1. 营养阶段有原质团或假原质团 ……………………………………… 黏菌门（Myxomycota）
1. 营养阶段无原质团或假原质团，为菌丝 …………………………………… 真菌门（Eumycota）
2. 有能动细胞；有性阶段产生典型的卵孢子 ………………… 鞭毛菌亚门（Mastigomycotina）
2. 无能动细胞；有性阶段不产生典型的卵孢子 …………………………………………… 3
3. 具有性阶段 ……………………………………………………………………………… 4
3. 缺有性阶段 ………………………………………………………… 半知菌亚门（Deuteromycotina）
4. 有性阶段产生接合孢子 ……………………………………… 接合菌亚门（Zygomycotina）
4. 有性阶段不产生接合孢子 …………………………………………………………………… 5
5. 有性阶段产生子囊孢子 ……………………………………………… 子囊菌亚门（Ascomycotina）
5. 有性阶段产生担孢子 ……………………………………………… 担子菌亚门（Basidiomycotina）

### （一）鞭毛菌亚门（Mastigomycotina）及所致病害的特点

鞭毛菌亚门（图1-2-7）是一类最低等的真菌。它们的营养体是单细胞的，有的不形成菌丝体，较高等的鞭毛菌有发达的菌丝体。菌丝无隔膜，多核。无性繁殖产生游动孢子，产生游动孢子的器官称为游动孢子囊，着生在孢囊梗或菌丝顶端，少数在菌丝中间。有的形状和营养体无显著区别，有的呈球形、棒形、洋梨状等，与营养体区别显著。有性繁殖产生卵孢子。

这类真菌多数生于水中，少数为两栖或陆生，潮湿环境有利于其生长发育。该亚门真菌引起园林植物病害的症状有腐烂、斑点、猝倒、流胶等。果实上造成的腐烂使果实变褐色，呈软腐状，病部表面有白色绵毛状物或灰白色霜状霉层；茎基和根部被害使皮层变褐色腐烂；叶片上的斑点，若由疫霉引起，一般病斑较大，暗褐色，圆形，水渍状；由霜霉引起的斑点，通常较小，黄色至褐色，边缘不明显，病斑常受叶脉的限制而呈多角形，后期在病斑上长出白色至灰白色霜状霉层。一般在低温多雨，潮湿多雾，昼夜温差大的气候条件下，病害容易流行。

**1. 腐霉属（*Pythium*）** 菌丝发达，孢子囊着生于菌丝的顶端或中间，圆筒形，近球形或不规则形并有分支，孢囊梗与菌丝无明显区别。多生活在水中或潮湿的土壤中。危害植物的幼根、幼茎基部及果实等，引起幼苗猝倒、根腐和果腐。

**2. 疫霉属（*Phytophthora*）** 孢子囊椭圆形或柠檬形，其他形态和习性基本与腐霉菌相同。危害园林植物的根、茎基部，少数危害地上部分。如山茶根腐病、牡丹疫腐病等。

**3. 单轴霉属（*Plasmopara*）** 孢囊梗单轴式分支，分支与主轴成直角，分支末端较钝。孢子囊卵形，有乳突。危害叶片，引起叶斑，如葡萄霜霉病。

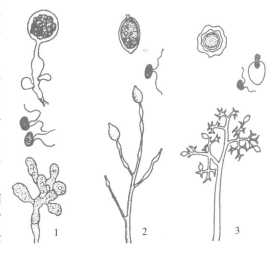

图 1-2-7 鞭毛菌亚门代表
1. 腐霉属 2. 疫霉属 3. 单轴霉属

*观察与识别：通过显微镜观察相关的鞭毛菌玻片标本，掌握本亚门真菌及腐霉属、疫霉属、单轴霉属病原真菌的形态特征。*

### （二）接合菌亚门（Zygomycotina）及所致病害特点

接合菌亚门真菌（图 1-2-8）有发达的菌丝体，菌丝多为无隔多核。无性繁殖在孢子囊内产生孢囊孢子。有性繁殖产生接合孢子。接合菌广泛分布于土壤和粪肥及其他无生命的有机物上，少数为弱寄生物，能引起植物贮藏器官的霉烂，还有些寄生在昆虫体上。与园林植物病害有关的是根霉属。

**根霉属（*Rhizopus*）** 菌丝发达，分布在基物上和基物内，有匍匐丝和假根。孢囊梗从匍匐丝上长出，顶端形成孢子囊，其内产生孢囊孢子。孢子囊壁易破裂，散出孢囊孢子，通过气流传播。有性繁殖产生接合孢子，但不常见。引起的病害有百合鳞茎软腐病等。

*观察与识别：通过显微镜观察接合菌玻片标本，掌握本亚门真菌及根霉属病原真菌的形态特征。*

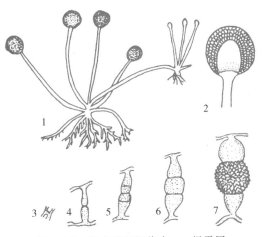

图 1-2-8 接合菌亚门代表——根霉属
1. 孢囊梗、孢子囊、假根和匍匐丝 2. 放大的孢子囊
3～7. 接合孢子的形成
（费显伟. 2005. 园艺植物病虫害防治）

### （三）子囊菌亚门（Ascomycotina）及所致病害特点

子囊菌亚门（图 1-2-9）是真菌中最大的类群，种类多，形态变化大，陆生，多数腐生，营养体除酵母菌为单细胞外，均为有隔发达菌丝。无性繁殖发达，少数以菌丝体芽殖形成芽

孢子，多数产生分生孢子，此外，还形成分生孢子梗束、分生孢子座、分生孢子盘及分生孢子器等无性子实体，其上着生分生孢子，在不良环境下形成厚垣孢子。有性繁殖产生子囊孢子。多数在产生子囊之前，菌丝体大量分支生长，组成保护结构，称为子囊果，其内长子囊。子囊果的形态、结构差别很大，大致可分为4种类型：

**1. 闭囊壳** 子囊果球形，无孔口，子囊散生在子囊果里，成熟后散出子囊。

**2. 子囊壳** 子囊果球形或瓶形，顶端有一孔口，果内基部或四周壁上形成子囊，子囊之间生有顶端游离的侧丝。

**3. 子囊腔** 子囊周围不形成真正的子囊果壁，而是着生在由子囊座溶解而形成的空腔内，即子囊腔。

**4. 子囊盘** 子囊果成熟时张开呈盘状，子囊成排着生于盘面上。

根据子囊果的有无，子囊果类型，子囊在子囊果内排列情况及子囊层数等特性，可对子囊菌亚门进行分类。

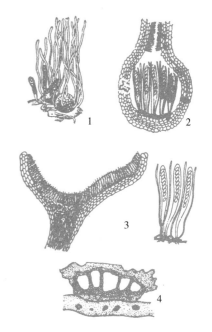

图 1-2-9 子囊果的类型
1. 闭囊壳 2. 子囊壳
3. 子囊盘（子囊及侧丝放大）
4. 典型的子囊座及子囊座内的多个子囊腔

**子囊菌亚门分纲检索表**

1. 子囊果和产囊丝缺；菌体由菌丝或酵母状细胞构成 ·············· 半子囊菌纲
1. 子囊果和产囊丝有；菌体由菌丝构成 ·········································· 2
2. 子囊双膜，发生在子囊座内 ···················································· 腔菌纲
2. 子囊单膜 ······································································· 3
3. 子囊不规则地散生在没有孔口的闭囊壳内；子囊壁易消失，子囊孢子无隔膜 ·········· 不整囊菌纲
3. 子囊整齐地排列在子囊果的基部或周围的果壁上；子囊壁除少数外不消失 ·············· 4
4. 节肢动物上外寄生菌；菌休不发达；子囊生在子囊壳内 ···················· 虫囊菌纲
4. 不是节肢动物上的外寄生菌 ···················································· 5
5. 子囊着生在有孔口的子囊壳内，或生在无孔口的闭囊壳内 ··················· 核菌纲
5. 子囊着生在盘状或杯状的子囊盘内，或发生在一个变态的子囊盘表面；子囊果常是大型的，地上生或地下生 ·················································· 盘菌纲

与园林植物病害关系密切的有：半子囊菌纲外囊菌目的外囊菌属；核菌纲白粉菌目白粉科的白粉菌属、钩丝壳属、叉丝壳属、球针壳属、单丝壳属，小煤炱目小煤炱科的小煤炱属；球壳目疗座霉科的小丛壳属和间座壳科的黑腐皮壳属；腔菌纲座囊菌目座囊菌科的球腔菌属；盘菌纲柔膜菌目核盘菌科的核盘菌属，星裂盘菌目斑痣菌科的散斑壳属。

**1. 外囊菌属**（*Taphrina*） 这类真菌无子囊果，子囊平行排列在寄主表面成栅栏状，子囊长圆筒形，其内一般有8个子囊孢子，子囊孢子单细胞，椭圆形或圆形。无性繁殖不发达，子囊孢子可在子囊内或子囊外进行芽殖，产生孢子。外囊菌（图1-2-10）引起的病害呈现畸形症状，如桃缩叶病、樱桃丛枝病。

　　白粉菌：都是高等植物的专性寄生菌，菌丝着生在寄主表面，外观呈白粉状，故称为白粉病。这类菌以吸器伸入寄主表层细胞中吸取养料。无性繁殖能力极强，产生大量的分生孢子，串生或单生于分生孢子梗上，有性繁殖产生闭囊壳。闭囊壳外附属丝的形态和闭囊壳内子囊的数目是白粉菌分类的依据。白粉菌目只包括一个白粉菌科（图1-2-11）。本教材结合我国具体情况，采用魏景超先生在《真菌鉴定手册》中的分类系统。

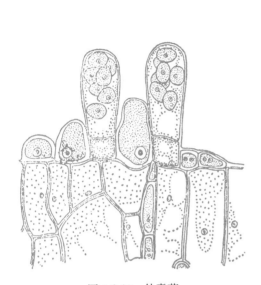

图1-2-10　外囊菌

在角质层下形成子实层的切面图

（邵力平.1983.真菌分类学）

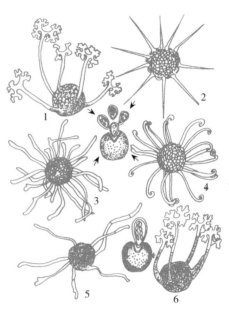

图1-2-11　白粉菌主要属的特征

1.叉丝壳属　2.球针壳属　3.白粉菌属

4.钩丝壳属　5.单丝壳属　6.叉丝单囊壳属

### 白粉菌科分属检索表

1. 闭囊壳有附属丝 ···································································· 2
1. 闭囊壳无附属丝 ···································································· 9
2. 附属丝基部膨大成球形，上部针状 ································· 球针壳属 *Phyllactinia*
2. 附属丝不是球针状 ······························································· 3
3. 附属丝菌丝状常不分支 ························································· 4
3. 附属丝刚直，顶端叉状分支或卷曲成钩 ··································· 6
4. 闭囊壳内含有一个子囊 ··············································· 单丝壳属 *Sphaerotheca*
4. 闭囊壳内含有多个子囊 ························································· 5
5. 菌丝体表生 ············································································· 白粉菌属 *Erysiphe*
5. 菌丝体大部分内生；孢子梗从气孔伸出；分生孢子单生 ········· 内丝白粉菌属 *Leveillula*
6. 附属丝顶端叉状分支 ···························································· 7
6. 附属丝顶端卷曲成钩状 ························································· 8
7. 闭囊壳内含有一个子囊 ·············································· 叉丝单囊壳属 *Podosphaera*
7. 闭囊壳内含有多个子囊 ··············································· 叉丝壳属 *Microsphaera*
8. 菌丝体表生 ····························································· 钩丝壳属 *Uncinula*
8. 菌丝体除表生外，有一部分内生在气孔腔内；分生孢子单生 ········· 多针壳属 *Pleochaeta*
9. 闭囊壳顶端有可胶化的毛刷状细胞 ································· 棒丝壳属 *Typhulochaeta*

9. 闭囊壳顶端没有毛刷状细胞 ·································· 巴西壳属 *Brasiliomyces*

**2. 小煤炱属**（*Meliola*）（图1-2-12）　　菌丝体表生、黑色，有附着枝，并产生吸器伸入到寄主的表皮细胞内，菌丝体上有刚毛。子囊果球形，有时有刚毛，每个子囊果内含子囊不多，每个子囊含孢子2～8个。子囊孢子长圆形，褐色，具2～4个隔膜。它们都是高等植物的专性寄生菌，寄生专化性相当强，一般的寄主范围不广。引起多种植物的煤污病，如山茶煤污病、竹类煤污病。

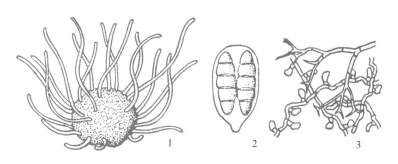

图 1-2-12　小煤炱属

1～2. 巴特勒小煤炱（*M. butleri*）的闭囊壳，子囊和子囊孢子　3. 木荷小煤炱

（*M. schimae*）的菌丝体，上面具分叉的，顶端尖的刚毛和双细胞的附着枝

**3. 小丛壳属**（*Glomerella*）（图1-2-13）　　子囊壳丛生在不发达的子座上或埋生于子座内、褐色，瓶形，有细颈，壳壁四周有毛，壳内无侧丝。子囊棍棒形，无柄。子囊孢子单细胞，无色，椭圆形。引起多种园林植物的炭疽病，如梅花炭疽病、米兰炭疽病。

**4. 黑腐皮壳属**（*Valsa*）（图1-2-14）　　子囊壳球形或近球形，具长柄，成群地呈环状深埋在寄主组织中的假子座内，子囊壳的颈聚集在一起，向外露出孔口。假子座与寄主组织间无明显界限。子囊棍棒形或圆筒形，内含8个子囊孢子。子囊孢子单胞，无色或稍带褐色，弯曲呈香蕉形。主要发生在木本植物的皮上，引起树干的腐烂，是一类弱寄生菌。如杨树腐烂病。

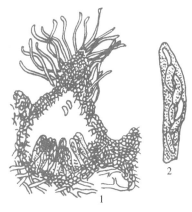

图 1-2-13　小丛壳属

1. 子囊壳　2. 子囊和子囊孢子

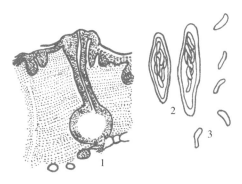

图 1-2-14　黑腐皮壳属

1. 着生在子座内的子囊壳　2. 子囊　3. 子囊孢子

**5. 球腔菌属**（*Mycosphaerella*）　　子囊座球形或亚球形，散生在寄主的表皮下，后期常突破寄主表皮而外露。子囊座有孔口，无喙。子囊圆筒形或棍棒形，束生，子囊间无假侧丝，每个子囊内含 8 个子囊孢子，子囊孢子椭圆形，中间有 1 个横隔膜，无色。引起多种花木叶斑病。

**6. 散斑壳属**（*Lophodermium*）（图 1-2-15）　　子座椭圆形，黑色，内含 1 个子囊盘，借纵裂缝开口。子座顶端的组织是由暗褐色厚壁细胞组成。子囊狭棍棒形至椭圆形。每个子囊内含 8 个子囊孢子。子囊孢子丝状，无隔膜。本属真菌均为弱寄生菌，引起漆斑病。

**7. 核盘菌属**（*Sclerotinia*）（图 1-2-16）　　菌丝体能形成菌核，菌核在寄主表面或组织内，球形、鼠粪状或不规则形，黑色。由菌核产生子囊盘，杯状或盘状，褐色。子囊孢子单细胞，无色，椭圆形。不产生分生孢子。引起病害如三叶草菌核病。

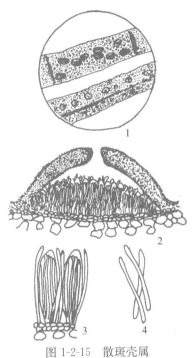

图 1-2-15　散斑壳属

1. 病叶上的子囊盘　2. 子囊盘横切面
3. 子囊和侧丝　4. 子囊孢子

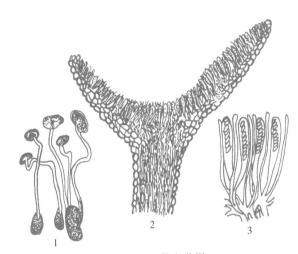

图 1-2-16　核盘菌属

1. 菌核上的子囊盘　2. 子囊盘剖面
3. 子囊、子囊孢子和侧丝

观察与识别：通过显微镜观察子囊菌玻片标本，掌握子囊菌亚门特征及白粉菌、小煤炱属、小丛壳属、黑腐皮壳属、球腔菌属、散斑壳属、核盘菌属病原真菌的形态特征。

**（四）担子菌亚门**（Basidiomycotina）**及其所致病害特点**

该亚门是真菌中最高等的亚门，全部陆生。菌丝体很发达，有隔膜。菌丝有 2 种，即单核的初生菌丝和双核的次生菌丝。许多担子菌在双核菌丝上还形成一种锁状联合的结构。担子菌中除锈菌和少数黑粉菌产生无性孢子外，大多数担子菌不产生无性孢子。有性繁殖产生担子和担孢子。担子棍棒状，多为单细胞。较低等的担子菌，担子有分隔。每个担子上一般生 4 个担孢子。大多数担子菌的担子都着生在高度组织化的各种类型的子实体内，这些子实体亦称为担果（图 1-2-17），形状多种多样，有伞状、贝壳状、马蹄状等。有的担子菌不形成担子果。担子菌中有些是营养丰富的食用菌，如香菇、口蘑、平菇等，有些有一定的药用价值。有些寄生在植物上引起多种病害。引起园林植物病害的重要病原主要有锈菌目的柄锈菌属、多孢锈菌属、柱锈菌属和栅锈菌属；黑粉菌目的黑粉菌属；外担子菌目的外担子属。

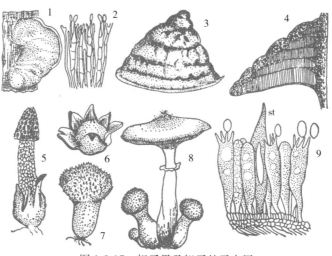

图 1-2-17　担子果及担子的子实层

1~2. 木耳及担子子实层　3~4. 多孔菌子实体及剖面　5. 鬼笔菌
6. 地星　7. 马勃　8. 伞菌子实体　9. 担子子实层（st 为刚毛）

**1. 锈菌目**　锈菌不形成担子果。生活史较复杂，典型的锈菌生活史可分为 5 个阶段，顺序产生 5 种类型的孢子，即性孢子、锈孢子、夏孢子、冬孢子和担孢子。这 5 个发育阶段通常用以下几个代号来代替（表 1-2-2）。

锈菌的生活史

表 1-2-2　锈菌的 5 个发育阶段

| 代表符号 | 产孢结构 | 孢子类型 | 发育阶段 |
| --- | --- | --- | --- |
| ○ | 性孢子器 | 性孢子 | 单核单倍体 |
| I | 锈孢子器 | 锈孢子 | 双核 |
| II | 夏孢子堆 | 夏孢子 | 双核 |
| III | 冬孢子堆 | 冬孢子 | 双核—单核双倍体 |
| IV | 初菌丝 | 担孢子 | 单核单倍体 |

锈菌种类很多，并非所有的锈菌都能产生 5 种类型的孢子（图 1-2-18），一般可分为 3 类：

（1）全型锈菌：5 个发育阶段（5 种孢子）都有的，如松芍柱锈菌。

（2）半型锈菌：无夏孢子阶段，如梨胶锈菌、报春花单孢锈菌。

（3）短型锈菌：缺少锈孢子和夏孢子阶段，如锦葵柄锈菌。

此外，在有些锈菌的生活史中，未发现或缺少冬孢子，一般称其为不完全锈菌，如女贞锈孢锈菌。锈菌全是活养生物，对寄主有高度的专化性。有的锈菌全部生活史可以在同一寄主上完成，也有不少锈菌必须在 2 种亲缘关系很远的寄主上完成全部生活史。前者称为同主寄生或单主寄生，后者称为转主寄生。转主寄生是锈菌特有的一种现象。

锈菌寄生在植物的叶、果、枝干等部位，在受害部位表现出鲜黄色或锈色粉堆、疱状物、毛状物等显著的病征；引起叶片枯斑，甚至落叶，枝干形成肿瘤、丛枝、曲枝等畸形现象。因锈菌引起的病害病征多呈锈黄色粉堆，故称为锈病。锈菌目分类的主要依据是冬孢子的形态特征和排列方式。

**2. 黑粉菌目** 黑粉菌因其形成大量的粉状孢子而得名。黑粉菌的无性繁殖，通常由菌丝体上生出小孢子梗，其上着生分生孢子，或由担孢子和分生孢子以芽殖方式产生大量子细胞。有性繁殖产生圆形厚壁的冬孢子，因冬孢子形成的方式有些像厚垣孢子，故也称为厚垣孢子。冬孢子群集成团产生，可出现在寄主的花器、叶片、茎或根等部位。被黑粉菌寄生的植物均在受害部位出现黑色粉堆或团。最常见的是寄生在花器上，使其不能授粉或不结实，植物幼嫩组织受害后形成菌瘿，叶片和茎受害其上发生条斑和黑粉堆，少数黑粉菌能侵害植物根部使它膨大成块瘿或瘤。如银莲花条黑粉病、石竹花药黑粉病。

外担子菌属（*Exobasidium*）不形成担子果，担子裸生在寄主表面，形成担子子实层。引起茶科、杜鹃花科植物的叶、花、果、幼梢肿胀变形，如杜鹃花和山楂的饼病。

*观察与识别：通过显微镜观察担子菌玻片标本，掌握担子菌亚门特征及黑粉菌、锈菌和外担子菌属病原真菌的形态特征。*

**（五）半知菌亚门（Deuteromycotina）及其所致病害特点**

真菌的分类，主要是以有性阶段的形态特征为依据，但在自然界中，有很多真菌在个体发育中，只发现其无性阶段，有性阶段尚未了解或根本不存在，这类真菌通称为半知菌，并暂时把它们放在半知菌亚门。已经发现有性态的，大多数属于子囊菌，极少数属于担子菌，个别属于接合菌。所以半知菌与子囊菌有着密切的关系。在有性态未被发现时，根据无性态的特征已有 1 个名称，发现有性态后，根据国际命名法规，应当以有性态的名称作为合法的学名，但考虑到分生孢子阶段的学名应用方便，或因有些半知菌的有性态虽已发现，但不经常出现，所以无性态的学名仍被认为是合法的，

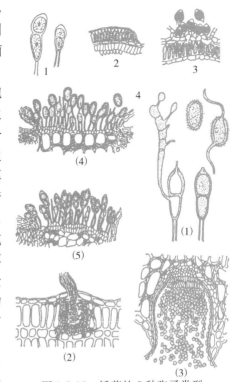

图 1-2-18 锈菌的 5 种孢子类型
1. 柄锈菌属 2. 栅锈菌属
3. 单胞锈菌属 4. 小麦秆锈菌：
（1）冬孢子萌发（示担子及担孢子）
（2）性孢子器及性孢子 （3）锈孢子腔及锈孢子
（4）夏孢子堆及夏孢子 （5）冬孢子堆及冬孢子

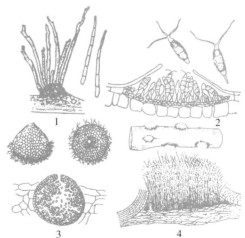

图 1-2-19 半知菌亚门子实体类型
1. 分生孢子梗束 2. 分生孢子盘 3. 分生孢子器
4. 分生孢子座
（关继东 . 2002. 森林病虫害防治）

于是，一个病菌往往有 2 个学名。

半知菌营养体是发达有隔的菌丝体，能形成厚垣孢子、菌核和子座等变态结构。无性繁殖除产生大量的分生孢子外，还产生粉孢子、芽孢子、厚垣孢子及形成无性子实体（图 1-2-19），常见的无性子实体有：

（1）分生孢子梗束：分生孢子集结成束，基部联合，顶端分离后再行分支，末端产生分生孢子。

（2）分生孢子座：分生孢子梗与菌丝体相互交织成瘤状结构，突出寄主表面。

（3）分生孢子盘：在寄主表皮下由菌丝组成的垫状结构，表面形成许多短的分生孢子梗，梗上产生分生孢子。

（4）分生孢子器：菌丝交织成容器状结构，器壁内侧着生分生孢子梗和分生孢子。

园林植物病害的病原真菌，约有半数是半知菌。它们危害园林植物的叶、花、果、茎干和根部，引起局部坏死和腐烂、畸形及萎蔫等症状。

园林植物病害中重要的半知菌有：丝孢纲无孢目无孢科的丝核属，丝孢目丝孢科的粉孢属；瘤座孢目瘤座孢科的镰刀菌属；腔孢纲黑盘孢目黑盘孢科的毛盘孢属、盘多毛孢属；球壳孢目球壳孢科大茎点属。

**半知菌亚门分纲检索表**

1. 营养体是单细胞或发育程度不同的菌丝体或假菌丝体；以芽孢子繁殖 ·············· 芽孢纲
1. 营养体是多细胞的菌丝体；以分生孢子繁殖 ···································· 2
2. 分生孢子不产生在分生孢子盘或分生孢子器内 ······························· 丝孢纲
2. 分生孢子产生在分生孢子盘或分生孢子器内 ······························· 腔孢纲

**1. 丝核属**（*Rhizoctonia*）（图 1-2-20）　菌丝褐色，在分支处略缢缩，离此不远处形成隔膜。菌核由菌丝体交结而成，以菌丝与基质相连，褐色或红棕色，表面粗糙。是引起苗木猝倒病的病原之一。

**2. 粉孢属**（*Oidium*）　菌丝表生于寄主上，以吸器伸入寄主细胞内，外表呈白色粉层。菌丝白色分支，产生直立无分支的分生孢子梗，顶生椭圆形分生孢子。孢子无色。串生或单生，自上而下先后成熟。为白粉菌的无性阶段，如月季白粉病等。

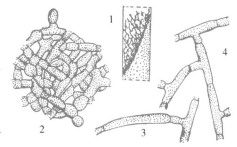

图 1-2-20　丝核属
1. 培养基表面菌丝体和丝核　2. 丝核的断面
3. 幼嫩菌丝　4. 老菌丝体

**3. 镰刀菌属**（*Fusarium*）（图 1-2-21）　分生孢子梗单生或集成分生孢子座，细长或粗短，单枝或分支，或产生轮辐状排列的瓶形小梗。分生孢子无色，有大、小两型：大型孢子多细胞，镰刀形；小型孢子单细胞，呈卵形或长圆形。引起多种树木枯萎病和苗木立枯病。

**4. 毛盘孢属**（*Colletotrichum*）　又称为炭疽菌属，分生孢子盘垫状或盘状，有暗色刚毛或无刚毛，分生孢子梗短，无色，不分支，分生孢子单胞无色，呈椭圆、不规则圆筒形或弯月形，常发生粉红色黏质团，分生孢子萌发产生附着孢。有性世代属小丛壳属，引起园林植物炭疽病。

**5. 拟盘多毛孢属**（*Pestalotiopsis*）　分生孢子盘黑色，初埋生在寄主组织中，后外露，孢子堆胶漆状。分生孢子多细胞，两端细胞无色，中间细胞褐色，顶端有 2～3 根无色刺毛，是一种弱寄生菌。

**6. 大茎点属**（*Macrophoma*）（图 1-2-22）孢器黑色，圆形，有孔口，自寄主表面突出。孢梗单生，短或细长。孢子单孢，无色，长 15μm 以上，卵形至宽圆筒形。危害叶片和枝干，如茶枝枯病。

观察与识别：通过显微镜观察半知菌玻片标本，掌握半知菌亚门特征及丝核菌属、葡萄孢属、镰刀菌属、炭疽菌属、盘二孢属、叶点霉属、壳囊孢属病原真菌的形态特征。

附：显微镜玻片标本的一般制作方法

（1）选择病原物生长茂密的病害标本，对病原物细小、稀少的标本，可用放大镜或显微镜寻找。

（2）取擦净的载玻片，中央滴加蒸馏水 1 滴。

（3）从标本上"挑""刮""拨""切"下病原菌，轻轻放到载玻片的水滴中；再取擦净的盖玻片，从水滴一侧慢慢盖在载玻片上。注意防止产生气泡或将病原物冲溅到盖玻片外。盖玻片边缘多余的水分可用滤纸吸取。置显微镜下观察。

"挑"：对标本表面有明显茂密的毛、霉、粉、锈的病原物，可用挑针挑下，放到载玻片水滴中。若病原物过于密集，可用 2 支挑针轻轻挑开。

"刮"：对于毛、霉、粉等稀少、分散的病原物，可用三角挑针或小解剖刀在病部顺同一方向刮 2～3 次，将刮下的病原物放到水滴中。

"拨"：对半埋生在寄主表皮下的病原物，可用挑针将病原物连其周围组织一同拨下，放入水滴中，然后用另一支挑针小心剥去病组织，使病原物完全露出。

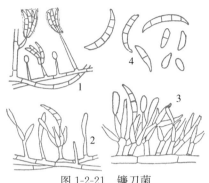

图 1-2-21 镰刀菌
1. 菌丝上生长的不分支的孢梗和孢子
2. 菌丝上生长的不定形的孢梗和孢子
3. 由分枝的孢梗组成的疏松状的子座
4. 大、小型分生孢子

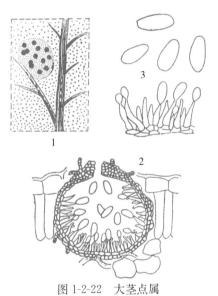

图 1-2-22 大茎点属
1. 在栎叶上的分生孢子器　2. 分生孢子器切断面
3. 分生孢子梗和分生孢子

"切"：对埋生在病组织中的病原物，如分生孢子器、子囊壳等，则需做徒手切片。首先要选择病原物较多的材料，加水湿润后，用刀片或剃刀切下一小片，面积（2～3）mm×（6～8）mm，平放在载玻片或小木板上；刀口与材料垂直，从左向右切割，将材料切成薄片，越薄越好。另一方法是将材料夹在通草、接骨木髓、向日葵茎髓或新鲜的胡萝卜、莴苣中（均浸于 70% 酒精中），刀口向内，由左向右后方切割。每切下 4～5 片，用毛笔蘸水轻轻沿刀口取下，置盛水的培养皿中，再从中选择带有病原物的薄切片，放到载玻片水滴中。

【任务考核标准】　见表 1-2-3。

表 1-2-3　园林植物病原真菌识别任务考核参考标准

| 序号 | 考核项目 | 考核内容 | 考核标准 | 考核方法 | 标准分值 |
|---|---|---|---|---|---|
| 1 | 基本素质 | 学习工作态度 | 态度端正，主动认真，全勤，否则将酌情扣分 | 单人考核 | 5 |
| | | 团队协作 | 服从安排，与小组其他成员配合好，否则将酌情扣分 | 单人考核 | 5 |
| 2 | 专业技能 | 园林植物病原真菌一般形态识别 | 能够根据所提供的标本，准确地识别菌丝与孢子的类型。识别欠准确者，酌情扣分 | 单人考核 | 15 |
| | | 园林植物真菌主要类群识别 | 能够根据所提供的标本，准确地识别病原真菌的亚门及所在的属。判断欠准确者，酌情扣分 | 单人考核 | 50 |
| 3 | 职业素质 | 方法能力 | 独立分析和解决问题的能力强，能主动、准确地表达自己的想法 | 单人考核 | 5 |
| | | 工作过程 | 工作过程规范，有完整的工作任务记录，字迹工整 | 单人考核 | 10 |
| | | 自测训练与总结 | 及时准确完成自测训练，总结报告结果正确，电子文本规范，体会深刻，上交及时 | 单人考核 | 10 |
| 4 | 合计 | | | | 100 |

## 工作任务 1.2.3　园林植物病原细菌、植原体、病毒、线虫及寄生性种子植物观察识别

【任务目标】

认识植物病原细菌、植原体、病毒、线虫及寄生性种子植物的形态特征及主要类群，掌握细菌革兰氏染色法，了解各种侵染性病害的侵染循环。

【任务内容】

（1）根据工作任务，采取课堂与实验（训）室、校内外实训基地（包括园林绿地、花圃、苗圃、草坪等）现场相结合的形式，通过查阅资料与网上搜集，获得相关园林植物细菌、植原体、病毒、线虫及寄生性种子植物病害的基本知识。

（2）在校内外实训基地，通过肉眼或扩大镜检查发病部位病原物的宏观状态，同时采集标本，拍摄数码图片。

（3）实验（训）室内显微镜检各类病害的病征，并用 2H 铅笔绘制所观察到的典型病原物形态。

（4）对任务进行详细记载，并列表描述所观察到病害病原物的宏观与微观形态。

【教学资源】

（1）材料与器具：常见园林植物病原细菌、植原体、病毒、线虫、寄生性种子植物等病害的新鲜标本、干制或浸渍标本；各种病原物的营养体、繁殖体等玻片标本；显微镜、体视显微镜、挑针、镊子、刀片、载玻片、盖玻片、擦镜纸、蒸馏水滴瓶、酒精灯、移菌杯、吸水纸、香柏油、龙胆紫、95％酒精、碘液、碱性品红、二甲苯、纱布、搪瓷盘等。

（2）参考资料：当地气象资料、有关园林病原细菌、植原体、病毒、线虫及寄生性种子植物等病害的历史资料、各类教学参考书、多媒体教学课件、病害彩色图谱（纸质或电子版）、检索表、各相关网站相关资料等。

（3）教学场所：教室、实验（训）室以及园林植物病原细菌、植原体、病毒、线虫及寄生性种子植物病害发生类型较多的校内外实训基地。

（4）师资配备：每 20 名学生配备 1 名指导教师。

【操作要点】

（1）无论是校内外实训基地还是实验（训）室，须在教师的指导下，选取最典型的病害病征，进行观察识别。

（2）油镜观察：低倍镜下找到被检部位——高倍镜下调焦——移去高倍镜——加 1 滴香柏油与盖玻片——换油镜观察——画图。观察结束——镜筒升高——取下玻片——清洁油镜镜头。

（3）植物病原细菌观察。革兰氏染色法步骤：涂片、固定、染色、水洗与吸干、镜检等。用油镜观察细菌时，依次用低倍镜、高倍镜找到部位，然后在细菌图面上滴少许香柏油，再把油镜浸入油滴中，调焦镜检。诊断细菌性病害，观察典型细菌病害的症状特点。

（4）植物病毒病、丛枝病症状观察：观察病毒病、丛枝病等病害，症状属哪种类型，有什么特点。

（5）植物病原线虫形态及症状观察：根据线虫病根上有无黄白色小颗粒状物，采用体视显微镜观察雌、雄线虫。

（6）寄生性种子植物观察：观察菟丝子、桑寄生等，从不同方面找出他们的区别点。

【注意事项】

（1）现场观察识别时，应注意各类病征的差异以及同一病征在不同时期的具体表现。

（2）观察细菌时必须用油镜观察，镜检完备后，必须用擦镜纸蘸少许二甲苯轻拭镜头，除去镜头上的香柏油。

（3）制作临时玻片标本时，先在载玻片滴一小滴水，然后用解剖针挑取少许病原物，注意别贪多，以免影响观察效果；同时注意加盖玻片不宜过快，以免形成水泡，影响观察。

（4）线虫与寄生性种子植物个体较大，可用手持扩大镜或体视显微镜进行观察。

（5）显微镜与体视显微镜使用完毕，应及时取下载物台面上的观察物，放入镜箱内，轻拿轻放。

（6）对有疑问的现象，应该积极查阅资料并开展小组讨论，达成共识。

【内容及操作步骤】

一、园林植物病原细菌、植原体观察识别

（一）园林植物病原细菌观察识别

1. 细菌的一般性状 细菌（图 1-2-23）属原核生物界，是单细胞生物，它们具有细胞壁，但无真正的细胞核（仅有核质而无核膜）。有些细菌细胞壁外有一层胶状的黏液层，通常称为荚膜，其厚度因菌而异。细菌的形状有球状、杆状和螺旋状。植物病原细菌都是杆状菌，一般大小为（1～3）$\mu m \times$（0.5～0.8）$\mu m$；一般没有荚膜，也不形成芽孢；绝大多数植物病原细菌从细胞膜长出细长的鞭毛，伸出细胞壁外，是细胞运动的工具。鞭毛通常 3～7 根，最少为 1 根。生在菌体一端或两端的称为极生鞭毛，着生在菌体周围的称为周生鞭毛。

鞭毛的有无、着生位置（图1-2-24）和数目是细菌分类的重要依据。

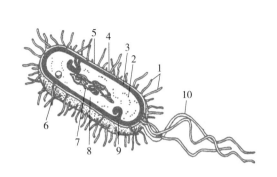

图1-2-23　细菌结构

1. 菌毛　2. 核糖体　3. 细胞膜　4. 细胞壁　5. 荚膜
6. 内含物　7. 原核　8. 细胞质　9. 间体　10. 鞭毛

（李清西，钱学聪. 2002. 植物保护）

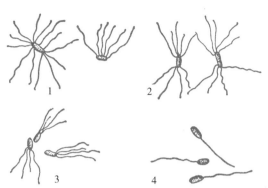

图1-2-24　细菌鞭毛着生方式

1. 周生　2～3. 极生　4. 单极生

细菌一般是以裂殖的方式进行繁殖的，即细菌的细胞生长到一定程度时，在菌体中部产生隔膜，随后分裂成2个基本相同的新个体。细菌繁殖的速度很快，在适宜的条件下，每小时可分裂1次至数次，一个细菌一昼夜繁殖数 $1 \times 10^9$ 个，这是细菌性病害发生迅速且严重的原因。

植物病原细菌都能在人工培养基上生长繁殖，培养基的酸碱度以中性或微碱性为宜。细菌种类不同，在固体培养基上的菌落形状和颜色也不同，常有圆形、不规则形，白色、黄色或灰色。培养适温26～30℃，在50℃下处理10min后多数会死亡。病原细菌大多都是好气性的。

细菌个体很小，通常要经过染色才能在光学显微镜下观察到。不同的细菌对染料的反应不同，因而染色对细菌有鉴别作用。最重要的染色方法是革兰氏染色反应。细菌用结晶紫染色和碘液处理后，再用酒精或丙酮冲洗，不褪色的是革兰氏染色阳性反应，褪色的为革兰氏染色阴性反应。

对于植物病原细菌的分类，现在一般采用伯杰氏（D. H. Bergey）提出的分类系统。将主要的病原细菌分别归入5个属，检索表如下：

1. 革兰氏染色反应阳性，大多数无鞭毛 ··························· 棒杆菌属（*Corynebacterium*）
1. 革兰氏染色反应阴性，有鞭毛 ······················································· 2
2. 鞭毛极生 ··································································· 3
2. 鞭毛周生 ··································································· 4
3. 鞭毛数根，菌落白色，能产生荧光性色素 ··············· 假单胞杆菌属（*Pseudomonas*）
3. 鞭毛1根，菌落黄色，产生非水溶性黄色色素 ··········· 黄单胞杆菌属（*Xanthomonas*）
4. 引起植物组织瘤肿或畸形 ································· 野杆菌属（*Agrobacterium*）
4. 引起植物组织腐烂或萎蔫 ································· 欧氏杆菌属（*Erwinia*）

**2. 细菌病害的侵染循环**　植物病原细菌没有直接穿透寄主表皮而侵入的能力，它们主要通过寄主体表的自然孔口和伤口侵入。假单胞杆菌多从自然孔口侵入，也能从伤口侵入，而棒杆菌、野杆菌和欧氏杆菌则多从伤口侵入植物。

植物病原细菌的田间传播主要是通过雨水的飞溅、灌溉水、介体昆虫和线虫等，有些细菌还可通过田间作业活动，如嫁接刀具传播。有些则随着种子、球根、苗木等繁殖材料的调运而远距离传播。植物病原细菌没有特殊的越冬结构，必须依附于感病植物，不能离开感病植物而独立存活。因此，感病植物是病原细菌越冬的重要场所，病株残体、种子、球根等繁殖材料，以及杂草都是细菌的越冬场所，也是初侵染的重要来源。一般细菌在土壤内不能存活很久，当植物残体分解后，它们也渐趋死亡。

一般高温、多雨，尤以暴风雨后，湿度大、施氮肥过多等环境因素，均有利于细菌病害的发生和流行。

观察与识别：取鸢尾细菌性叶斑病叶或栀子花叶斑病叶等细菌性病害的新鲜材料，用刀片切开，置于载玻片上，通过显微镜观察切口处溢出菌脓的现象及病原细菌的形态特征。

### （二）园林植物病原植原体观察识别

植原体形态结构（图1-2-25）介于细菌与病毒之间，它没有细胞壁，但有一个分为3层的单位膜，厚度为$8\sim12\mu m$。细胞内含有大量呈双链的脱氧核糖核酸细链，这种脱氧核糖核酸呈环状，细胞内还含有类似核糖核蛋白质颗粒，中部有些纤维状结构。

植原体的形态多种多样，最常见的有圆形、椭圆形或不规则形等。它的繁殖方式不同于病毒，是通过二均分裂、出芽生殖和形成小体后再释放出来等3种形式繁殖的。植原体与病毒的另一重要区别是，它们能在人工培养基上培养。

植原体只存在于韧皮部组织中和传毒昆虫体内，通过嫁接或菟丝子、叶蝉、飞虱、木虱等传毒。引起的病害属系统性病害，对青霉素的抵抗能力很强，而对四环素族抗菌素敏感。

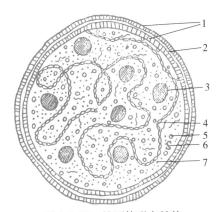

图1-2-25　植原体形态结构

1. 蛋白质膜　2. 脂肪膜　3. 核糖体
4. 脱氧核糖核酸　5. 可溶性蛋白质
6. 可溶性核糖核酸　7. 代谢产物

植原体引起病害的主要特点表现为系统侵染。它们侵入寄主后，大多数分布限于感病植株韧皮部的筛管细胞中，但有时也在韧皮部的薄壁细胞和管胞中发现，或偶见于表皮薄壁细胞中。植原体在病株内的移动，主要是通过筛管细胞上筛板孔进行的。它们可随着植物体内营养液的流动，被运送到植物的其他部位。该类病害主要症状为：叶茎褪绿黄化、丛枝、花变叶，萎缩和畸形等。在花卉和绿化树种中，由植原体引起的病害已有几十种，如翠菊和常春藤的黄化病；泡桐、刺槐、天竺葵、牡丹等丛枝病；月季、菊花、丁香的绿变病；桑树的萎缩病等。其中泡桐丛枝病曾给我国绿化和林木生产造成严重损失，迄今仍为泡桐栽培中的严重问题。

### 二、园林植物病毒观察识别

#### （一）病毒的一般性状

病毒是一类不具细胞结构的寄生物，体积极小，只有在电子显微镜下才能观察到。病毒粒子结构简单（图1-2-26），是由蛋白质外壳和核酸内芯两部分组成，此外病毒粒体还含有水分、矿物质和脂类物质。病毒的蛋白质外壳是由多种氨基酸形

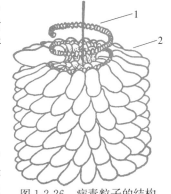

图1-2-26　病毒粒子的结构

1. 核酸　2. 蛋白质亚基

成的多肽链构成，在核酸外起保护作用；核酸由多核苷酸链构成，有单链和双链两种结构，而核酸又有核糖核酸（RNA）和脱氧核糖核酸（DNA）两种类型。植物病毒的核酸绝大部分为单链 RNA。

植物病毒的核酸有传染性，并携带着病毒的遗传信息。一定数量具有控制病毒某种遗传性状的核苷酸序列所构成的核酸链的小段，称为病毒的基因组。绝大多数植物病毒粒体具有相同的形状，也具有相同的基因组。但也有几种病毒可以具 2 种不同的形态。形态不同的粒体可能具有不同的遗传分工。只有当不同形态的粒体共同进入寄主时，才能表现出病毒的全部侵染力、致病性及其他遗传特性。

病毒是活养生物，只存在于活体细胞中，迄今还没有发现能培养病毒的合成培养基。病毒具有很高的增殖能力，它的增殖方式显然不同于细胞的繁殖，而是采取核酸模板复制的方式。首先是病毒本身的核酸与蛋白质衣壳分离，在寄主细胞内可以分别复制出与它本身在结构上相对应的蛋白质和核酸，然后核酸进入蛋白质衣壳内形成新的病毒粒体。病毒在增殖的同时，也破坏了寄主正常的生理程序，从而使植物表现症状。

不同的病毒对外界环境条件变化的影响所呈现的稳定性不同。因此，这种特性可作为鉴定病毒的依据之一。

（1）致死温度，即把病株组织的榨出液在不同温度下处理 10min，在 10min 内使病毒失去传染力的处理温度称为该病毒的致死温度。

（2）稀释终点，即将病株组织的榨出液用无菌水稀释，超过一定限度时，便失去传染力，这个最大稀释度称为稀释终点。

（3）体外保毒期，即病株组织的榨出液在室温（20～30℃）下能保持其侵染力的最长时间称为病毒的体外保毒期。

**（二）园林植物病毒病的传播和侵染**

病毒是活养生物，它不能在植物活细胞以外生存，这一特点决定了它的传播方式既不能像其他病原生物依靠自身的主动力量传播，也不能借气流、雨水和流水传播。病毒的传播可分为非介体传播和介体传播两大类。非介体传播是通过感病植物或带毒体本身的无性繁殖材料或有性繁殖材料来完成的。介体传播是指由带毒的或本身受感染的其他生物介体来完成的传播方式。

**1. 机械传播**　在自然界，通过病株与健株枝叶接触时相互摩擦，或人为的摩擦而产生轻微伤口，带有病毒的病株汁液从伤口流出而传入健株。接触过病株的手、工具也能间接将病毒传染给健株，所以又称为汁液传播。这类传播作用通常只发生在病毒存在于表皮薄壁细胞里的花叶型病毒病上。机械传播方法在病毒研究工作中是一种重要的手段。

**2. 植物无性繁殖器官的传播**　病毒是系统性侵染的，在被侵染的植株各部位都可能含有病毒，包括鳞茎、球茎、根系、接穗和插条。由这些繁殖材料产生的新植株也将被病毒感染，同时，病毒可随着这些无性繁殖材料通过人们的栽培和贸易活动传到各地，这对常用无性繁殖的园林植物来讲，是危害很大的。

**3. 种子和花粉传播**　有些病毒在植株体内也可以进入种子和花粉。据统计，迄今由种子传染的病毒已有 100 多种，并且有些带毒率很高。能以种子传播的以花叶病毒为多。花粉传播的植物病害至少有 11 种，如桃环斑病毒，但在自然界对植物的危害并不大。

**4. 介体传播**　传播植物病毒的介体最重要的是昆虫，其次是线虫、螨类、真菌，还有菟丝子。昆虫介体中以蚜虫最重要，其次为叶蝉，此外，还有飞虱、粉虱、粉蚧、蓟马等。植物病毒对介体的专化性很强，通常由一种介体传播的病毒就不能由另外一种介体传播。据此，介体生物的种类在植物病毒的鉴定上具有重要的意义。

病毒侵入植物时，必须从植物表面轻微的伤口侵入。这种伤口应该是既能造成细胞壁的破坏，为病毒的侵入打开门户，又不导致细胞死亡，这样病毒侵入后才能在活细胞中繁殖。然后侵染逐渐扩展到周围的细胞。当病毒进入韧皮部以后，多在筛管内移动。随同植物同化产物运输，先被带至植物根部，后向地上部分移动，病毒便扩展到植物全株，使植物表现症状，因此病毒病多为系统性侵染。

看一看：有条件的可以到相关科研院所通过电子显微镜观察病毒、类病毒和植原体的形态特征。

### 三、园林植物线虫观察识别

#### （一）线虫的一般性状

线虫是一种低等动物，属于线形动物门，线虫纲。在自然界中分布广，种类多。线虫（图 1-2-27）体呈圆筒形，细长，两头稍尖，体长差异较大，最大的是生活于海洋中的线虫，有几米长。而所有寄生在植物上的线虫都是非常微小的，一般体长在0.5～2mm，宽为0.03～0.05mm。大部分线虫两性异体同形。少数线虫两性异形，雌虫发育近球形或梨形，体壁常无色透明或呈乳白色。

线虫的生活史分为卵、幼虫、成虫 3 个发育阶段。除少数可营孤雌生殖外，绝大多数是产卵繁殖。一个成熟的雌虫一生可产卵 500～3 000个。卵孵化为幼虫，幼虫形态与成虫相似，只是体形较小，生殖系统发育不完全。不易区别雌雄。幼虫经 3～4 次蜕皮后发育为成虫。每蜕皮 1 次增加 1 龄。从卵孵化到再产卵为一代。各种线虫完成生活史的时间不同，有的仅几天，有的几周。

植物寄生线虫大部分生活在土壤耕作层。最适于线虫发育和孵化的温度范围为 20～30℃，最高温度40～45℃，最低为 10～15℃。最适宜的土壤温度为10～17℃。在适宜的温、湿度条件下有利于线虫的生长和繁殖，多数线虫在沙壤土中容易繁殖和侵染植物。线虫一般以卵和幼虫在植物组织内或土壤中越冬。线虫在田间的传播主要通过灌溉、水、土壤、人的操作活动等，而远距离传播则是依靠种子、球根及花木的调运实现的。

植物病原线虫大多数为活养生物，少数为半活养生物。根据其取食习惯，常将线虫分为外寄生型和内寄生型两大类。外寄生型的线虫在植物体外生活，仅以吻针刺穿植物组织取食。线虫对植物的致

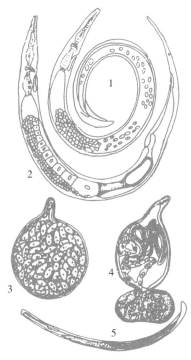

图 1-2-27 线虫的形态

1. 雄线虫　2. 雌线虫　3. 胞囊线虫属雌虫
4. 根结线虫属雌虫　5. 根结线虫属雄虫
（李清西，钱学聪 . 2002. 植物保护）

病作用，不单是用吻针刺伤寄主，虫体在植物组织内穿行所造成的机械损伤，更主要的是线虫食道分泌的唾液对植物造成的影响，其中可能含有各种酶和其他致病物质，它们可以分解植物细胞间的中胶层或细胞壁，能抑制或刺激细胞分裂，造成各种病变。

（二）园林植物寄生线虫的主要类群

线虫纲的分类，是根据侧尾腺口的有无，分为侧尾腺口亚纲（Phasmidia）和无侧尾腺口亚纲（Aphasmidia）两大类。园林植物寄生线虫主要属于侧尾腺口亚纲中的垫刃目（Tylenchida）。危害园林植物的线虫，常见的有以下几类。

**1. 根结线虫属（*Meloidogyne*）** 根结线虫属的成虫为雌雄异型，雌虫体长0.8mm，宽0.5mm，有一个明显的颈；卵产于尾部的尾囊中。雄虫线形，体长1.0～2.0mm；幼虫长0.5mm。根结线虫为内寄生型。以2龄幼虫侵入植物根部引起危害。当虫体到达取食部位后就不再移动，称为定居性。由于线虫的刺激，使根部肿大呈瘤肿，称为根结或虫瘿。幼虫在虫瘿中发育为成虫。虫瘿中可含1个至数个雌虫。植物根部的虫瘿是根结线虫危害的典型症状。植株的地上部分则表现为生长停滞，叶片变黄早落，甚至植株枯萎死亡。若将根部虫瘿剖开，可以看到白色小颗粒状物，即为雌虫，用显微镜检查，有时能同时看到雌虫、卵和幼虫。除根结线虫外，有些其他属的线虫也可引起根结症状，因此要做出正确的诊断，还应该取出线虫，用显微镜观察和鉴定。我国常见的有仙客来、四季海棠、鸡冠花、牡丹、栀子、月季、桂花、法桐、梓树、泡桐及柳树等多种花木的根结线虫病。

**2. 孢囊线虫属（*Heterodera*）** 与根结线虫属近似，其不同点是雌虫成熟后所产的卵留在体腔内，体壁最后变成一个褐色的保护壳，即孢囊；当雌虫虫体迅速发育膨大时，便胀破根的表皮，虫体外露，但头颈部仍留在皮内。它引起的根结不如根结线虫的明显。

**3. 茎线虫属（*Ditylenchus*）** 茎线虫属的两性成虫均呈线形，体长可达到2mm；雌虫体形极肥胖。本属为内寄生型，可危害茎（包括球茎、鳞茎）、叶和花等器官。引起组织坏死腐烂或植株短化变形。有病鳞茎横断面有褐色环斑。常见的有水仙、郁金香、福禄考等茎线虫病。本属个别为外寄生型，如水稻茎线虫。

**4. 滑刃线虫属（*Aphelenchoides*）** 本属雌、雄成虫均为细长的蠕虫状。多为内寄生型，也有外寄生型，危害观赏植物的主要是内寄生型。本属线虫主要侵害植物的叶片，引起枯斑和凋萎；也能侵染花，引起花朵干枯或畸形。个别种危害植物的根和茎，使植物外形萎缩。由本属线虫引起的花卉线虫病，常见的有菊花、珠兰、翠菊、大丽花等叶线虫病。

**5. 短体线虫属（*Pratylenchus*）** 本属亦称根腐线虫或根病痕线虫属。两性成虫均为圆筒形、蠕虫状，体长不超过1mm，是广泛存在于土壤中的小形线虫。该属线虫在植物根内取食和繁殖。在细胞间可以移动，为迁移性内寄生虫。主要危害植物的根部，引起细胞坏死。根外部症状表现为褐色，出现不规则的长形病斑，症状因寄生不同而有所差异。本属虽为典型的根寄生线虫，但有时也危害植物的其他部分，如块茎、鳞茎，花生的果柄、果壳以及桃花心木树皮及内部木材。园林植物中常见的有百合、水仙、金鱼草、蔷薇、樱花、鹅掌楸及仁果、核果等多种花卉和树木根腐线虫病。

*观察与识别*：通过体视显微镜观察各类线虫病害的标本（切开病组织，将线虫用挑针挑出进行观察），掌握病原线虫的形态特征。

## 四、寄生性种子植物观察识别

种子植物大多数为自养生物，其中有少数因缺乏叶绿素或某些器官的退化而成为异养生物，在其他植物上营寄生生活（图1-2-28）。我们根据其对寄主的依赖程度，可以分为半寄生性种子植物和全寄生性种子植物两大类。前者有叶绿素，能进行光合作用，自制养分，但无真正的根，以吸根伸入寄主木质部，与寄主的导管相连，吸取寄主体内的水分和无机盐，如桑寄生类。后者无叶，或叶片退化成鳞片状，没有足够的叶绿素，不能自营光合作

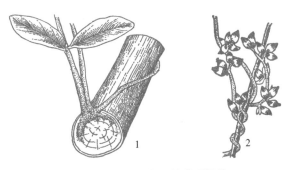

图1-2-28　常见寄生性种子植物
1. 桑寄生　2. 菟丝子

用，也没有根，以吸器伸入寄主体内，并与寄主的导管和筛管相连，以吸取寄主植物的无机盐类、水分和有机营养物质。

寄生性种子植物都是双子叶植物，估计在1 700种以上，属于12个科，其中对园林植物危害严重的主要有桑寄生科和菟丝子科。

**1. 桑寄生科**　桑寄生科包括桑寄生、槲寄生等30属500多种，主要分布在热带、亚热带。其中最重要的是桑寄生属，其次是槲寄生属。

桑寄生属多为常绿灌木，少数为落叶性。茎褐色，圆筒形，有匍匐茎。叶全缘，对生或互生。两性花，紫红色，花被4～6枚，浆果。寄生于柑、橙、柚、柠檬、龙眼、梨、桃、李、梅、枣、油茶、板栗、油桐等园林植物上。

槲寄生属是常绿灌木，叶革质，对生或互生，小茎作杈状分支，不产生匍匐茎。花极小，单性花，雌雄异株，果实为浆果。寄生于柑、柚、龙眼、石榴、柿等园林植物上。

桑寄生和槲寄生的浆果，鸟类喜欢啄食，但种子不能被消化，鸟吐出或经消化道排出的种子黏附在树皮上，在适宜条件下萌发，先长吸器，后产生吸根，侵入寄主枝条，发育成绿色丛枝状枝叶。

**2. 菟丝子科**　该科只有1个属，即菟丝子属，约有170种，广泛分布于世界暖温带地区。菟丝子缠绕寄生于寄主植物上，没有根和叶，或叶片退化为鳞片状，无叶绿素。藤茎丝状，黄白色或稍带紫红色。花小，白色或黄色，球状花序。果为开裂的蒴果，内有种子2～4枚。

我国发现的10多种菟丝子中，以中国菟丝子和日本菟丝子最常见。中国菟丝子的茎细，花少，种子小，危害草本植物，以豆科植物为主；日本菟丝子的茎稍粗，花多，种子大，危害木本植物，如梨、杧果、龙眼、柚等。

寄生性种子植物的识别比较简单，不论是全寄生还是半寄生性种子植物均与寄主植物有显著的形态区别。危害寄主植物时，营半寄生的种子植物都是常绿的，能开花结果。当寄主植物落叶后，很明显树干上有几簇槲寄生生长的小枝梢。营全寄生的菟丝子类呈金黄色或略带紫红色丝状藤茎，常缠绕寄主的部分枝条，甚至整个树冠，一眼就可看到。

防治寄生性种子植物，勤检查、勤清除是最有效的手段；用鲁保1号菌剂、五氯酚钠，防治效果较好。

观察与识别：观察桑寄生、槲寄生、菟丝子和列当标本，掌握各种寄生性种子植物的形态特征。

附：细菌革兰氏染色法

**1. 涂片** 在干净的载玻片两端各滴一滴无菌蒸馏水备用。从病组织上挑取适量细菌，分别放入载玻片两端的水滴中，用挑针搅匀、涂薄、风干。

**2. 固定** 将涂片在火焰上通过2次，使菌膜干燥固定，并写上标记。

**3. 染色** 在固定的菌膜上分别加1滴龙胆紫液，染色1min，用水洗数秒，用碘液冲去余下的水；再加1滴碘液染色1min；水洗数秒，用吸水纸吸干，但不能损害菌苔涂片；用95％酒精脱色25～30s；水洗数秒，用吸水纸吸干；滴加碱性品红复染30～60s；水洗，用吸水纸吸干，镜检，革兰氏阳性菌呈紫色或黑蓝色，革兰氏阴性菌呈红色。

【任务考核标准】 见表1-2-4。

表1-2-4 园林植物病原细菌、植原体、病毒、线虫及寄生性种子植物识别任务考核参考标准

| 序号 | 考核项目 | 考核内容 | 考核标准 | 考核方法 | 标准分值 |
|------|---------|---------|---------|---------|---------|
| 1 | 基本素质 | 学习工作态度 | 态度端正，主动认真，全勤，否则将酌情扣分 | 单人考核 | 5 |
| | | 团队协作 | 服从安排，与小组其他成员配合好，否则将酌情扣分 | 单人考核 | 5 |
| 2 | 专业技能 | 园林植物病原细菌一般形态识别 | 能够根据所提供的玻片标本，准确地识别细菌的类型。识别欠准确者，酌情扣分 | 单人考核 | 15 |
| | | 园林植物病原植原体一般形态识别 | 能够根据所提供的玻片标本，准确地识别植原体的一般形态。识别欠准确者，酌情扣分 | 单人考核 | 10 |
| | | 园林植物病原病毒一般形态识别 | 能够根据所提供的材料，准确地识别病毒的一般形态。识别欠准确者，酌情扣分 | 单人考核 | 10 |
| | | 园林植物病原线虫一般形态识别 | 能够根据所提供的标本，准确地识别线虫的一般形态。识别欠准确者，酌情扣分 | 单人考核 | 15 |
| | | 园林植物寄生性种子植物一般形态识别 | 能够根据所提供的标本，准确地识别寄生性种子植物的一般形态。识别欠准确者，酌情扣分 | 单人考核 | 15 |
| 3 | 职业素质 | 方法能力 | 独立分析和解决问题的能力强，能主动、准确地表达自己的想法 | 单人考核 | 5 |
| | | 工作过程 | 工作过程规范，有完整的工作任务记录，字迹工整 | 单人考核 | 10 |
| | | 自测训练与总结 | 及时准确完成自测训练，总结报告结果正确，电子文本规范，体会深刻，上交及时 | 单人考核 | 10 |
| 4 | | | 合计 | | 100 |

# 工作任务 1.2.4　各类园林植物病害诊断

【任务目标】

熟悉园林植物病害诊断的步骤，掌握病害诊断的方法，能鉴别植物发病的原因，确定病原类型，为园林植物病害防治奠定基础。

【任务内容】

（1）根据工作任务，采取课堂与校内外实训基地（包括园林绿地、花圃、苗圃、草坪等）现场相结合的形式，通过查阅资料与网上搜集，获得相关园林植物病害诊断的基本知识。

（2）在校内外实训基地，通过对园林植物侵染性与非侵染性病害的病状、病征进行观察、识别，了解病害发生概况及周边环境情况，从而诊断一般性常见病害。

（3）对于不太常见、难以诊断的病害，则须在实验（训）室内通过微生物培养、镜检等步骤，鉴定病原，诊断病害。

（4）对任务进行详细记载，并列表描述所诊断病害的症状特点、发生概况、周边环境情况以及诊断过程。

【教学资源】

（1）材料与器具：典型症状植株。病害标本采集箱、修枝剪、放大镜、镊子、剪刀、恒温培养箱、生物显微镜、滤纸、培养皿、三角瓶、PDA 培养基、酒精、升汞、漂白粉、次氯酸钠、无菌水、笔记本、铅笔及相关参考资料等。

（2）参考资料：当地气象资料、有关园林植物病害的历史资料、病害种类与分布情况、各类教学参考书、多媒体教学课件、病害彩色图谱（纸质或电子版）、检索表、各相关网站相关资料等。

（3）教学场所：教室、实验（训）室以及园林植物病害发生类型较多的校内外实训基地。

（4）师资配备：每 20 名学生配备 1 名指导教师。

【操作要点】

（1）非侵染性病害的田间诊断：现场观察非侵染性病害。非侵染性病害是由于受不良的环境条件所引起的，并与气候、地势、土质、施肥、灌溉、喷药等有关。常造成植物变色、枯死、落花、落果、畸形、生长不良等，无病征现象。病害不传染，病害在田间分布比较均匀，成片发生，没有明显的发病中心。

（2）真菌性病害的田间诊断：田间观察真菌性病害的坏死型、腐烂型、萎蔫型和畸形症状特点。大多数真菌性病害都在发病部位产生病征。主要病征有各种色泽的霉、粉、锈、黑点、黑粒、菌索、菌核等，可根据病状特点，结合病征的出现，用放大镜观察病部的症状类型，确定病害种类。

（3）细菌性病害的田间诊断：细菌所致的植物病害症状主要有斑点、条斑、溃疡、萎蔫、腐烂、畸形等类型，病斑多表现为急性坏死型，多数叶斑受叶脉限制呈多角形或近似圆形斑。病斑初期呈半透明水渍状，边缘常有褪绿的黄晕圈。对于细菌性病害出现的症状，与真菌性病害相似，容易混淆，有些不能作为诊断的主要根据。但多数细菌病害有一个共同特点：发病后期，当气候潮湿时，从病部的气孔、水孔、皮孔及伤口处溢出细菌的脓状物，即菌脓。

（4）病毒病害的田间诊断：病毒病害症状多呈花叶、黄化、丛枝、矮化、畸形、坏死等。感病植株多为全株性发病，少数为局部性发病。田间病株多分散，零星发生，无规律性。如果是接触传染或昆虫传播的病毒，分布较集中。

（5）植物线虫病害的田间诊断：线虫多数引起植物地下部发病，病害是缓慢的衰退症状，很少有急性发病。通常表现的症状是病部产生虫瘿、胞囊、肿瘤、茎叶畸形、叶尖干枯、须根丛生及植物生长衰弱，类似营养缺乏症状。

（6）寄生性种子植物的田间诊断：观察菟丝子、桑寄生、槲寄生、列当标本的形态。仔细比较哪种仍具有绿色叶片，哪种叶片已完全退化，它们的寄生性有何不同，观察其与寄主接触的特点。

（7）植物病原真菌的分离培养及鉴定：

①选择材料及处理。选取典型症状的植株，洗净晾干，从病健交界处切边长为 3～5mm 的正方形植物组织。材料先用 70%酒精漂洗 2～3s 至几分钟，再用无菌水漂洗 3～4 次，用无菌滤纸吸干材料上的水。

②制作平板培养基。将三角瓶中的 PDA 培养基融化，无菌操作将培养基倒入已灭菌的培养皿中，厚度 2～3mm。

③移入、培养。在无菌操作下用镊子将材料移入 PDA 培养基上，标明日期、材料等，置培养箱中在温室、阴暗条件下培养 2～3d，检查结果并做出鉴定。

④转管保藏。如果分离成功，在菌落边缘挑取小块菌组织，移入试管斜面 PDA 培养基上，菌丝长满后，放入冰箱中，低温保藏。

（8）植物病原细菌的分离培养及鉴定：

①材料处理。植物组织先用漂白粉溶液处理 3～5min，或次氯酸钠溶液处理 2min，再用无菌水冲洗。

②制备细菌悬液。在灭菌培养皿中滴几滴无菌水，切取边长为 4mm 的正方形病组织，经表面消毒，无菌水冲洗 3 次，放入水滴中，用灭菌玻璃棒将组织研碎，静置 10～15min。

③划线分离。用接种环蘸取菌悬液在肉汁培养基上划线，分离。

④培养、观察、鉴定。标明时间和材料等，培养基翻转置恒温培养箱中适温培养 24～48h，观察结果并做出鉴定。

**【注意事项】**

（1）注意其症状的稳定性和复杂性。植物病害症状虽有一定的稳定性，但还表现有一定的变异性和复杂性，即病害发生在初期和后期症状往往不同。由于植物种类、生长环境和栽培管理的不同，症状的表现也不同。有时不同的病原物在同一寄主也表现相似症状。

（2）病原物的分离培养应选用新鲜的标本，标本不能放在塑料袋中保湿，以免滋生细菌。

（3）为避免污染，应该在无菌室内的超净工作台上严格按照无菌操作要求进行。

（4）所有的接种工具都必须经高温灭菌或灼烧，操作时，应该在酒精灯火焰附近进行，以保证管口、瓶口等所处空间无菌。所有操作动作要快，避免杂菌污染。

（5）注意病原菌与腐生菌的混淆；注意病害与虫害、伤害的区别；注意侵染性病害和非侵染性病害的混淆。

（6）田间诊断园林植物叶部及枝干病害时，应结合园林植物管护水平全面进行，甚至还要留意气候、土壤、环境等方面内容。根部病害的诊断还要重视土壤湿度、温度、质地、前作、污染情况及其他植物的生长情况等内容。

【内容及操作步骤】

## 一、园林植物病害的诊断步骤

### （一）园林植物病害的田间观察

根据症状特点区别是虫害、伤害还是病害，进一步区别是侵染性病害或非侵染性病害，侵染性病害在田间可看到由点到面逐步扩大蔓延的趋势。虫害、伤害没有病理变化过程，而园林植物病害却有病理变化过程。注意调查和了解病株在田间的分布，病害的发生与气候、地形、地势、土质、肥水、农药及栽培管理的关系。

### （二）园林植物病害的症状观察

症状观察是首要的诊断依据，虽然简单，但须在比较熟悉病害的基础上才能进行。诊断的准确性取决于症状的典型性和诊断人的经验。观察症状时，注意是点发性症状还是散发性症状；病斑的部位、大小、长短、色泽和气味；病部组织的特点。许多病害有明显的病状，当出现病征时就能确诊，如白粉病。有些病害外表看不见病征，但只要认识其典型症状也能确诊，如病毒病。

### （三）园林植物侵染性病害的室内鉴定

许多病害单凭病状是不能确诊的，因为不同的病原可产生相似病状，病害的症状也可因寄主和环境条件的变化而变化，因此有时需进行室内病原鉴定才能确诊。一般说来，病原室内鉴定是借助放大镜、光学显微镜、电子显微镜、保湿、保温器械设备等，根据不同病原的特性，采取不同手段，进一步观察病原物的形态、特征特性、生理生化等特点。新病害还须请分类专家确诊病原。

### （四）园林植物侵染性病原生物的分离培养和接种

有些病害在病部表面不一定能找到病原物，同时，即使检查到微生物，也可能是组织死亡后长出的腐生物，因此，病原物的分离培养和接种是园林植物病害诊断中最科学最可靠的方法。接种鉴定又称为印证鉴定，就是通过接种使健康的园林植物产生相同症状，以明确病原。这对新病害或疑难病害的确诊很重要。

### （五）提出诊断结论

根据上述各步骤的观察鉴定结果进行综合分析，提出诊断结论，并根据诊断结论提出防治建议。

## 二、园林植物病害的诊断要点

植物病害的诊断，首先要区分是侵染性病害还是非侵染性病害。许多植物病害的症状都有很明显的特点，这些典型症状可以成为植物病害的诊断要点。

### （一）非侵染性病害的诊断要点

非侵染性病害除了植物遗传性疾病之外，主要是由不良的环境因子所引起的。若在病株上看不到任何病征，也分离不到病原物，且往往大面积同时发生同一病征，没有逐步传染扩散的现象，则大体上可考虑为非侵染性病害。大体上可从发病范围、病害特点和病史几方面分析来确定病因。下列几点有助于诊断其病因：

**1. 病害突然大面积同时发生** 发病时间短，只有几天。大多是由于大气污染、"三废"污染或气候因子异常引起的病害，例如冻害、干热风、日灼所致。

**2. 病害只限于某一品种发生** 多有生长不良或系统性症状一致的表现，则多为遗传性障碍所致。

**3. 有明显的枯斑或灼伤** 枯斑或灼伤多集中在植株某一部分的叶或芽上，无既往病史，大多是由于农药或化肥使用不当所致。

(二) 侵染性病害的诊断要点

侵染性病害常分散发生，有时还可观察到发病中心及其向周围传播、扩散的趋向，侵染性病害大多有病征（尤其是真菌、细菌性病害）。有些真菌和细菌病害及所有的病毒病害，在植物表面无病征，但有一些明显的症状特点，可作为诊断的依据。

**1. 真菌病害** 许多真菌病害，如锈病、黑穗（粉）病、白粉病、霜霉病、灰霉病以及白锈病等，常在病部产生典型的病征，依照这些特征和病征上的子实体形态，即可进行病害诊断。对病部不易产生病征的真菌病害，可以用保湿培养镜检法缩短诊断过程，即摘取植物的病器官，用清水洗净，于保湿器皿内，适温（22～28℃）培养1～2d，促使真菌产生子实体，然后进行镜检，对病原体做出鉴定。有些病原真菌在植物病部的植物内产生子实体，从表面不易观察，须用徒手切片法，切下病部组织作镜检。必要时，则应进行病原的分离、培养及接种实验，才能做出准确的诊断。

**2. 细菌病害** 植物受细菌侵染后可产生各种类型的症状，如腐烂、斑点、萎蔫、溃疡和畸形等；有的在病斑上有菌脓外溢。一些产生局部坏死病斑的植物细菌性病害，初期多呈水渍状、半透明病斑。腐烂型的细菌病害，一个重要的特点是腐烂的组织黏滑，且有臭味。萎蔫型细菌病害，剖开病茎，可见维管束变褐色，或切断病茎，用手挤压，可出现混浊的液体。所有这些特征，都有助于细菌性病害的诊断。观察切片，镜检有无"喷菌现象"是简单易行又可靠的诊断技术，即剪取一小块（4mm²）新鲜的病健交界处组织，平放在载玻片上，加蒸馏水一滴，盖上盖玻片后，立即在低倍镜下观察。如果是细菌病害，则在切口处可看到大量细菌涌出，呈云雾状。在田间，用放大镜或肉眼对光观察夹在玻片中的病组织，也能看到云雾状细菌溢出。此外，革兰氏染色、血清学检验和噬菌体反应等也是细菌病害诊断和鉴定中常用的快速方法。

**3. 植原体病害** 植原体病害的特点是植株矮缩、丛枝或扁枝、小叶与黄化，少数出现花变叶或花变绿。只有在电镜下才能看到植原体。注射四环素以后，初期病害的症状可以隐退消失或减轻，但对青霉素不敏感。

**4. 病毒病害** 病毒病的特点是有病状，没有病征。病状多呈花叶、黄化、丛枝、矮化等。撕去表皮镜检，有时可见内含体。在电镜下可见到病毒粒体和内含体。感病植株，多为全株性发病，少数为局部性发病。田间病株多分散，零星发生，无规律性。如果是接触传染或昆虫传播的病毒，分布较集中。有些病毒病症状类似于非侵染性病害，诊断时要仔细观察和调查，必要时还需采用枝叶摩擦接种、嫁接传染或昆虫传毒等接种实验，以证实其传染性，这是诊断病毒病的常用方法。此外，血清学诊断技术等可快速做出正确的诊断。

**5. 线虫病害** 线虫病害表现虫瘿或根结、胞囊、茎（芽、叶）坏死、植株矮化、黄化或类似缺肥的病状。鉴定时，可剖切虫瘿或肿瘤部分，用针挑取线虫制片或用清水浸渍病组织，或做病组织切片镜检。有些植物线虫不产生虫瘿和根结，可通过漏斗分离法或叶片染色法检查。必要时可用虫瘿、病株种子、病田土壤等进行人工接种。

### 三、园林植物病害诊断注意事项

园林植物病害的症状是复杂的，每种病害虽然都有其固定的典型的特征性症状，但也有易变性。因此，诊断病害时，要慎重注意如下几个问题：

（1）不同的病原可导致相似的症状，如萎蔫性病害可由真菌、细菌、线虫等病原引起。相同的病原在不同的寄主植物上表现不同的症状。

（2）相同的病原在同一寄主植物的不同发育期、不同的发病部位表现的症状不同，如炭疽病在苗期表现为猝倒，在成熟期危害茎、叶、果，表现斑点型。

（3）环境条件可影响病害的症状，如腐烂病在潮湿时表现为湿腐型，在干燥时表现为干腐型。

（4）缺素症、黄化症等生理性病害与病毒、植原体引起的病害症状类似。

（5）在病部的坏死组织上，可能有腐生菌，容易混淆病原而误诊。

（6）注意虫害、螨害和病害的区别。

（7）注意并发病和继发病。

【任务考核标准】 见表 1-2-5。

表 1-2-5 各类园林植物病害诊断任务考核参考标准

| 序号 | 考核项目 | 考核内容 | 考核标准 | 考核方法 | 标准分值 |
|---|---|---|---|---|---|
| 1 | 基本素质 | 学习工作态度 | 态度端正，主动认真，全勤，否则将酌情扣分 | 单人考核 | 5 |
| | | 团队协作 | 服从安排，与小组其他成员配合好，否则将酌情扣分 | 单人考核 | 5 |
| 2 | 专业技能 | 园林植物非侵染性病害的诊断 | 能够根据非侵染性病害的一般诊断步骤与注意要点，准确地诊断病害。诊断欠准确者，酌情扣分 | 单人考核 | 10 |
| | | 园林植物真菌性病害的诊断 | 能够根据真菌性病害的一般诊断步骤与注意要点，准确地诊断病害。诊断欠准确者，酌情扣分 | 单人考核 | 15 |
| | | 园林植物细菌、植原体病害的诊断 | 能够根据细菌与植原体病害的一般诊断步骤与注意要点，准确地诊断病害。诊断欠准确者，酌情扣分 | 单人考核 | 15 |
| | | 园林植物病毒病害的诊断 | 能够根据病毒病害的一般诊断步骤与注意要点，准确地诊断病害。诊断欠准确者，酌情扣分 | 单人考核 | 10 |
| | | 园林植物线虫病害的诊断 | 能够根据线虫病害的一般诊断步骤与注意要点，准确地诊断病害。诊断欠准确者，酌情扣分 | 单人考核 | 10 |
| | | 寄生性种子植物的诊断 | 能够根据该类病害的一般诊断步骤与注意要点，准确地诊断病害。诊断欠准确者，酌情扣分 | 单人考核 | 5 |

（续）

| 序号 | 考核项目 | 考核内容 | 考核标准 | 考核方法 | 标准分值 |
|---|---|---|---|---|---|
| 3 | 职业素质 | 方法能力 | 独立分析和解决问题的能力强，能主动、准确地表达自己的想法 | 单人考核 | 5 |
| | | 工作过程 | 工作过程规范，有完整的工作任务记录，字迹工整 | 单人考核 | 10 |
| | | 自测训练与总结 | 及时准确完成自测训练，总结报告结果正确，电子文本规范，体会深刻，上交及时 | 单人考核 | 10 |
| 4 | 合计 | | | | 100 |

【相关知识】

一、侵染性病害的发生与侵染循环

（一）园林植物病害的侵染程序

**1. 接触期** 接触期是指从病原物被动或主动地传播到植物的感病部位到侵入寄主为止的一段时间。它是病害发生的一个条件。

接触的概率受寄主植物和生态环境的影响。如病原所在地与寄主的距离同传播体的降落量成反比，林分的迎风面比背风面接触风传孢子的机会多；纯林比混交林接触病原物的机会多。

病原物的
侵染过程

接触期的长短因病害种类而异。病毒、植原体和从伤口侵入的细菌，接触和侵入是同时实现的，没有接触期。大多数真菌的孢子在具备萌芽条件时，几小时便完成侵入，最多不超过 24h，而桃缩叶病菌的孢子在芽鳞间越冬，至翌年春新叶初发才萌芽侵入，接触期有几个月。

寄主体表环境影响病原物的生存和活动。许多真菌孢子要求高湿度，由于植物的蒸腾作用，叶面的温度常比大气的低，湿度比大气高，对孢子的萌芽和芽管的生长有利。植物体表的外渗物质，有的可作为孢子萌芽的辅助营养，有的则对孢子萌芽有抑制作用。植物体表微生物群落对病原物的颉颃作用更有不可忽视的影响。

**2. 侵入期** 指从病原物侵入寄主到建立寄生关系为止的一段时间。园林植物病害的发生都是从侵入开始的。

（1）侵入途径。

①直接穿透侵入。有些真菌（以侵入丝穿透角质层溶解表皮细胞侵入寄主）、寄生性种子植物（吸根穿透力强）、线虫（口针穿刺）是直接穿透侵入的。

②自然孔口侵入。有些植物病原细菌和真菌是从自然孔口侵入的。植物体表有气孔、水孔、皮孔和蜜腺等自然孔口，其中尤以气孔的关系最大。由于自然孔口含有较多的营养物质和水分，所以病原菌侵入自然孔口，一般认为是趋化性和趋水性的作用。

病原物的侵入方
式——真菌孢子气孔侵入

病原物的侵入方
式——病毒伤口侵入
（以蚜虫为例）

③伤口侵入。植物表面的伤口有自然伤口、病虫伤口和人为伤口等，有些植物病毒、细菌、真菌和线虫是从伤口侵入的。从伤口侵入

的病毒，伤口只是作为它们侵入细胞的途径。而有的细菌和真菌除将伤口作为侵入途径外，还可利用伤口的营养物质营腐生生活，而后进一步侵入健全组织。伤口侵入对枝干溃疡病菌和立木腐朽病菌特别重要。因为树木较大枝干没有自然孔口，皮层很厚也不容易直接穿透侵入。

一般直接穿透侵入的病原物亦可从自然孔口和伤口侵入，而伤口侵入的多不能直接穿透或从自然孔口侵入。

（2）影响侵入的环境条件。真菌孢子萌发和侵入对外界条件有一定要求，其中影响最大的是湿度和温度。湿度决定孢子能否萌芽和侵入，温度则影响孢子萌芽和侵入的速度。

大多数真菌孢子，尤其是气流传播的孢子，只有在水滴中才能很好地萌芽，即使在饱和湿度下萌芽率也极低。细菌在水滴中最适宜于侵染。而白粉菌的分生孢子，因其细胞质稠，吸水性强，孢子萌芽时不膨大，需水量少，并且萌芽时需要氧气，故能在很低的相对湿度下萌芽。土传真菌的孢子在土壤中萌芽，若土壤湿度过高，造成土壤缺氧，对孢子萌芽和侵入不利。各种真菌孢子都有最低、最适和最高的萌芽温度，在最适温度下，孢子萌芽率高，萌芽快，芽管也较长。

在园林植物生长期间，尤其在其中某一阶段内，温度的变化是不大的，而湿度变化则很大，所以湿度是影响病原侵入的主要条件，但这也不是绝对的，因为从孢子萌芽到完成侵入，不但需要一定的温度和湿度，而且还需要一段时间。林分内饱和湿度和叶面结露一般只在降水或夜间才能遇到。因此，从入夜到次日早晨，若气温低，侵入时间就要延长，如果超过所需保湿时间，则侵入就不能完成。

外界温度、湿度不仅作用于病原菌，而且也影响寄主植物的抗病性，因而间接地对病原菌的侵入发生作用。如苗木猝倒病在幼苗出土后遇到寒潮，使幼苗木质化迟缓，容易发病。

在防治侵染性病害上，侵入期是个关键时期，一些主要防治措施，多在于阻止病原物的侵入。

**3. 潜育期**　从病原物与寄主建立寄生关系开始到表现症状为止的这一段时期称为潜育期。在此期间除极少数外寄生菌外，病原物都在寄主体内生长发育，消耗寄主体内养分和水分，并分泌多种酶、毒素、生长激素等，影响寄主的生理代谢活动，破坏寄主组织结构，并诱发寄主发生一系列保护反应。因此，潜育期是病原物与寄主矛盾斗争最激烈的时期。

病原物在寄主体内有主动扩展和被动扩展2种形式。前者是借病原物的生长和繁殖，如真菌主要依靠菌丝的生长，病毒、植原体、细菌等则依靠繁殖增加数量。后者是借寄主输导系统流动、寄主细胞分裂和组织生长而扩展。病原物在寄主体内的扩展范围，有的是局限在侵入点的附近，形成局部侵染，例如多种叶斑病、溃疡病、苗木茎腐病、根腐病、根结线虫病，以及寄生性种子植物所致的病害，但是对寄主的影响不一定是局部性的，如苗木白绢病菌只寄生在根部皮层上，但是由于造成根部皮层腐烂，导致全株枯死。有的则从侵入点向各个部位扩展，甚至扩展到全株，形成系统性侵染，例如病毒病、植原体病和枯萎病等。系统性病害的症状，有的在全株表现，如病毒病；有的则在局部表现，如泡桐丛枝病的早期病状。

不同病害潜育期的长短差别很大，叶斑病一般几天至十几天，枝干病害有的十几天至几十天，松瘤锈病为2～3年，活立木腐朽病则为几年至几十年。抗病树种和生长健壮的植物感病后，潜育期延长，发病也较轻。外界温度对潜育期影响很大，在适温下潜育期最短。潜育期缩短会增加再侵染次数，使病害加重。

有些病原有潜伏侵染的现象，即在不适于发病的条件下，暂时不表现症状，如苹果树腐烂病，这在植检和防治上是不可忽视的问题。

**4. 发病期** 潜育期结束后，就开始出现症状。从症状出现到病害进一步发展的一段时期称为发病期。

**(二) 园林植物病害的侵染循环**

园林植物侵染性病害的发展过程包括越冬、接触、侵入、潜育、发病、传播和再侵染等各环节，其中接触、侵入、潜育、发病4个时期是病害一次发生的全过程，称为侵染程序，简称为病程。而越冬、传播、病程3个环节称为侵染循环（图1-2-29）。大多数园林植物病害的侵染循环在一年内完成，即从前一个生长季节发病，到下一个生长季节再度发病的全过程。

**1. 病原物的越冬** 病原物的越冬场所是园林植物下一个生长季节病害的初侵染来源。病原物在此时呈休眠状态，且有一定的场所，是病原物的薄弱环节，为防治的关键时期。

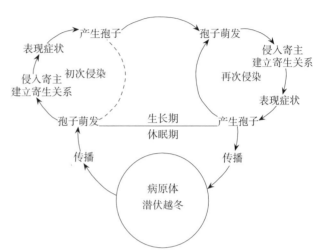

图1-2-29 植物病害侵染循环示意

（1）病株（包括其他园林植物、转主寄主）。病株是园林植物病害最重要的越冬场所。园林植物是多年生的，绝大多数病原物都能在病枝干、病根、病芽、病叶等组织内外越冬，成为下一个生长季节的初侵染来源。枝干和根部病害，病部的病原物往往是这类病害多年的侵染来源。

（2）病残体。绝大多数非专性寄生的真菌、细菌都能在生病的枯立木、倒木、枯枝、落叶、落果、残根等病残体内存活。寄生性强的病原物在病残体分解以后，不久就逐渐死亡，而腐生性强的病原物脱离病残体之后，可以继续营腐生生活。

（3）土壤。病原物随着病残体落到土壤里成为下一季节的初侵染来源，根病尤其如此。

（4）种苗和其他繁殖材料。种子带菌不是引起园林植物病害的主要途径。苗木、插条、接穗、种根和其他繁殖材料的内部和表面均可能带有病原物，而成为侵染源。此外，还可以随着苗木和繁殖材料的调运，将病害传播到新的地区。

各种病原物的越冬场所不一定相同。有些病原物的越冬场所不止一处，不同越冬场所所提供的初侵染源数量不同，因此要找到它们的主要越冬场所，以便采用经济有效的方法进行防治。

**2. 病原物的传播** 各种病原物的传播方式是不同的。细菌和真菌的游动孢子可在水中游动，真菌菌丝的生长，线虫的爬行，菟丝子茎的生长等均可转移位置。但依靠病原物主动传播的距离有限，只起传播开端作用，再依传媒传到远处。病原物传播的主要途径是借气流、雨水、动物和人为传播。

（1）气流传播。有些真菌孢子产生在寄主体表，易于释放，或者在子实体内形成，借各种方法将孢子释放空中作较长距离的传播。例如霜霉菌的孢子囊、接合菌的孢囊孢子、以缝裂或盖裂方式放射的子囊孢子、担子菌的担孢子、锈菌的夏孢子和锈孢子、半知菌丝孢目的分生孢子等。风也能将病原物的休眠体或病组织吹送到较远的地方。

由气流传播的病原物传距较远，病害在林间分布均匀，防治比较复杂，除注意消灭当地侵染源外，还要防治外地传入的病原的侵染。

（2）雨水传播。植物病原细菌、黑盘孢目和球壳孢目的分生孢子都黏聚在胶质物内，必须利用雨水把胶质溶解，才能从病组织中或子实体中散出，随雨滴的飞溅而传播。游动孢子和以子囊壁溶解的方式放射的子囊孢子，也由雨水传播。土壤中的病原物还能随着灌溉水传播。病残体也能在流水中漂浮至远方。

雨水传播的方式虽多，但因受水量和地形的限制，传播距离一般不会很远。

（3）动物传播。能传播病原物的动物种类很多，有昆虫、螨类、线虫、鸟类、啮齿类等，但其中主要的是昆虫。昆虫传播病菌的方式分体外带菌和体内带菌2种，体外带菌是非专化性的，只是机械地携带，一般是接触传播；体内带菌一般为专化性的，是损伤传播。

传染病毒和植原体的昆虫，绝大多数是刺吸式口器，如蚜虫、叶蝉等。传毒昆虫有的获毒之后即可传染，但保持传毒时间较短，由蚜虫传染的大都属于此类；有的获毒之后要经过一个时期的循回期方可传毒，而且保持传毒时间较长，有的吸毒一次可以终身带毒，甚至可以传递给后代。

由于昆虫食性关系可将病原物传带到同一种植物，甚至同一个器官上去，所以昆虫传播的效率较高。

（4）人为传播。人们在育苗、栽培管理及运输的各种活动中，常常无意识地帮助了病原物的传播，特别是调运种苗或其他繁殖材料，以及带有病原物的植物产品和包装材料，都能使病原物不受自然条件和地理条件的限制，而进行远距离的传播，造成病区的扩大和新病区的形成。

**3. 初侵染和再侵染**　越冬后的病原物，在植物生长期引起的首次侵染，称为初侵染。在初侵染的病株上又可以产生孢子或其他繁殖体，进行再次传播引起的侵染称为再侵染。在同一生长季节中，再侵染可能发生多次。病害的侵染循环，按再侵染的有无分为2种类型：

（1）多病程病害。在一个生长季节中发生初侵染后，还有多次再侵染。这类病害的病原物一年发生多代，潜育期短，侵染期长。多病程病害种类最多，如多数真菌、全部细菌、病毒、植原体、根结线虫和菟丝子等引起的病害，防治比较复杂，除注意防治初侵染外，还要解决再侵染问题。

（2）单病程病害。在一个生长季节中只有一次侵染过程，没有再侵染。这类病害有的是因为病原物一年只产生一次传播体；有的是侵入期固定，如毛竹枯梢病菌虽可产生子囊孢子和分生孢子，但它们只能在竹子发叶期，从嫩枝枝腋处侵入，因而不可能进行再侵染；有的是由于传播昆虫一年一代。这类病害防治比较容易，只要消灭初侵染来源或防治初侵染，就可以预防该类病害的发生。

## 二、园林植物病害的流行

园林植物病害在一个时期或一个地区大面积发生，造成经济上的严重损失，称为病害流行。

病害的侵染过程反映个体发病规律，病害流行规律则是群体发病规律。个体发病规律是群体发病规律的基础，而群体发病规律才是我们需要掌握的整体规律。防治病害的目的在于保护林木群体不因病害大量发生而减产，除检疫对象外，一般只要求防止流行，而不要求绝对无病。

（一）病害流行的类型

病害流行一般根据病原物的性状和病害侵染循环的不同，大致可分为 2 种类型：

一类是积年流行病，它们有的一年只形成一次传播体，有的侵入期是固定的，或传病昆虫一年一代，所以一年只侵染一次，属于单病程病害（在一个生长季节中只有一次侵染过程）。每年流行程度主要决定于初侵染的菌量，若菌量逐年积累，病害则逐年加重，如此经过若干年后，病害才能达到流行程度。这类病害防治比较容易，只要消灭初侵染来源或防治初侵染，就可以预防该类病害的发生。

另一类是当年流行病，它们的侵染期长，有再侵染，属于多病程病害（在一个生长季节中发生初侵染后，还有多次再侵染）。每年开始发病时是少量而零星的，如果具备发病条件，病害即可迅速扩展蔓延造成当年病害的流行。每年流行程度与初侵染的菌量有关，其发展速度与再侵染次数多少有关。再侵染次数决定于完成一个病程所需要的时间，它受寄主抗性、病原物生长、发育速度及繁殖力、肥水条件、林分内湿度和温度等因素的制约。若完成一个病程的时间愈短，生长季节中重复侵染的次数愈多，病害发展速度愈快。

（二）园林植物病害的流行条件

园林植物病害的流行需要大量的高度感病的寄主植物、大量的致病力强的病原物和有利于不断进行侵染的环境条件。三者缺一不可，必须同时存在。

**1. 寄主植物**　园林植物一般是多系的集合种群，同类树种的种群之间存在抗病性差异。因此感病树种的数量和分布，是决定病害能否流行和流行程度轻重的因素。

园林植物抗病性和感病性在不同的发育期（甚至年龄不同的器官），表现不同。若寄主植物的易感期和病原物的侵染期相吻合则易造成病害的流行，反之则病害发生较轻。园林植物的生育期大致分为苗期、幼龄期、壮龄期和成熟期。如苗木猝倒病和茎腐病是苗期发生的病害；溃疡病主要危害幼树；木腐病则是过熟林特有的病害。

寄主的活力，也影响它的抗病性，一般在植物活力强时，抗病力也强，反之则弱。对于弱寄生生物所致病害，这种趋势最为明显。如苹果树腐烂病，活力衰弱的植株易于感染，而活力强的植株则有很强的抗病力。

营造大面积同龄纯林易引起病害的流行。因为感病个体大量集中，又都处于同一个生育期，一旦某种病害流行，损失就很大。

一些寄生范围广的病原物，除主要寄主植物以外的其他寄主植物的数量及感病程度，对于菌量的积累也起着重要的作用。

**2. 病原物**　在病害流行以前，有大量致病性强的病原物存在是病害流行的必备条件。病原物的致病性是与寄主的感病性相联系而存在的，寄主是病原物的居住和取食场所，因而对病原物的致病性变异有重大影响，这种情况在一些寄生性较强的病原物中是常见的。病原物还可以通过杂交，或某些环境条件的直接影响而发生致病力的变异，致使一个地区优势树种不断更迭。此外，由于本地栽培的寄主植物对外地传入的新病原物缺乏抗病力，因而它能导致病害的流行。

病原物的数量，主要是指在病害流行前病原的基数。每处的病原基数不同，对每年病害流行所造成的威胁形势就不同。病原基数的数量，是由病原物的越冬能力和越冬后的条件是否有利于病原物的保存、蓄积和发展的情况所决定的。

病原物的数量与病害流行的关系，因病害种类而异。对于单病程病害，只要树种是感病的，那么流行程度主要决定于初侵染菌量。对于多病程病害，在树种抗性相似的前提下，初侵染菌量决定中心病株的数量，而再侵染的发展速度，则受潜育期、病原物繁殖能力和侵染率以及寄主抗性和环境条件的影响。

病原物的传播效率取决于寄主寿命、风速、风向、传病昆虫的活动能力。

**3. 环境条件** 在病害流行之前，寄主的抗性、面积、分布以及病原物的致病性、数量、质量等因素均已基本确定，病害能否流行，要看是否具备适宜的发病条件，以及适宜条件保持时期的长短。

病害流行的气象因素有其严格的时间性，多半是在病害流行发展初期阶段。在这一时期内，若气象条件满足了病害发展的要求，便打下了病害流行的基础。过了此时期，即使以后出现有利于发病的环境条件，因病害流行时期推迟，其危害就可能不会很严重。

**(三)园林植物病害流行的决定因素**

各种流行性病害，由于病原寄生性、专化性及繁殖特性、寄主抗性不同，它们对环境条件的要求和反应也不同，所以不同病害或同一种病害在不同地区、不同时间造成流行的各条件不是同等重要的。在一定时间、空间和地点已经具备的条件，相对稳定的因素为次要因素，最缺乏或变化最大的因素为决定性因素。对于一个具体病害，应分析其寄主、病原和环境条件各方面的变化，找出它的决定性因素，为制订防治策略和措施提供依据。

【拓展知识】

**一、园林植物病原物的分离培养**

**(一)园林植物病原真菌的分离培养**

植物病原真菌的分离培养常采用的是组织分离法。此方法的基本原理是创造一个适合真菌生长的无菌营养环境，诱导染病植物组织中的病原真菌菌丝体向培养基上生长，从而获得病原真菌的纯培养。

**1. 材料的选择** 选择新近发病的典型症状植株、器官或组织，洗净，晾干，取病健交界部分切成边长 3～5mm 的正方形小块用作分离材料，若材料已经严重腐败，无法进行常规分离培养，可采用接种后再分离的方法，即将病组织作为接种材料，直接接种在健康植株或离体植物材料上，等其发病后再从病株或病组织上进行分离培养。

**2. 工具的消毒、灭菌** 先打开超净工作台通风 20min 以上，用 70％酒精擦拭手、台面和工作台出风口进行消毒，分离用的容器和镊子用 95％酒精擦洗后经火焰灼烧灭菌。分离也可在空气相对静止的台面上进行，方法是在台面上铺一块湿毛巾，其他操作与超净工作台上相同。

**3. 平板 PDA 的制作** 将待用的三角瓶 PDA 培养基在微波炉中熔化，取出摇匀，在超净工作台上经无菌操作，将培养基倒入已灭菌的培养皿（厚度 2～3mm）中，摇匀，静置台面冷却即成。在倒培养基时不要让三角瓶瓶口接触培养皿壁，以免培养基黏附在皿壁上，引起污染。

**4. 材料的消毒** 将分离材料置于已灭菌的小容器中，先用 70％酒精漂洗 2～3s，迅速倒去，紧接着用 0.1％升汞溶液消毒 30s 至几分钟（消毒时间因材料不同而存在差异；消毒剂也可根据不同情况选用漂白粉、次氯酸钠等），再经无菌水漂洗 3～4 次，最后用灭菌的滤纸吸干材料上的水。

**5. 材料移入平板 PDA 上**　在无菌操作下用镊子将材料移入平板 PDA 培养基上，在一个培养皿上可分开放置多块分离材料。

**6. 培养**　在培养皿盖上标明分离材料、日期，必要时还可注明消毒剂种类、处理时间等。将培养皿放入塑料袋中，扎紧袋口，置恒温培养箱中，在室温、黑暗条件下培养，或置室内阴暗处培养 2～3d，即可检查结果。

**7. 转管保藏**　若分离成功，可见在分离材料周围长出真菌菌落，在无污染菌落的边缘挑取小块菌组织，在无菌操作下移入新的 PDA 平板上培养数日，再用单孢分离法或单菌丝分离法获得单孢（单菌丝）培养物，将这些单孢（单菌丝）培养物在无菌条件下移到试管斜面 PDA 培养基上，待菌丝长满整个斜面，将试管放入冰箱中作低温保藏，这样便获得了植物病原真菌的纯培养。

为避免污染，以上操作一般需要在无菌室内的超净工作台上严格按无菌操作要求进行。无菌室应保持清洁干净，定期用甲醛熏蒸或喷洒福尔马林（1∶40）消毒。每次使用前用紫外灯杀菌 15min 以上，效果更佳。

无菌操作的要点是所有接种工具都必须经高温灭菌或灼烧，与培养基接触的瓶口等处应经火焰灼烧，操作时应在酒精灯附近进行，以保证管口、瓶口或培养皿开口所处空间无菌，要求动作迅速，屏住呼吸，尽量减少空气流动而造成的污染。

对植物病原真菌的分离，组织分离法是最常用的方法，其他方法往往是根据实际情况在此基础上所做的改良。如分离肉质材料可简化消毒步骤，用 70％酒精擦拭表面，用灭菌镊子撕开表皮，直接镊取肉质材料置平板 PDA 上培养。在分离过程中，为防止细菌污染，可在每 10mL 培养基中加入 3 滴 25％乳酸，使大部分细菌受到抑制，并不影响真菌的生长。在分离中如要有目的地选择分离某真菌，还可在培养基中加入一些抗生素和化学药剂抑制非目标真菌和细菌的生长。

**（二）园林植物病原细菌的分离培养**

园林植物病原细菌一般用稀释分离法。因为在病组织中病原细菌数量巨大，分离材料中所带的杂菌又大多是细菌，用稀释培养的方法就可以使病原细菌与杂菌分开，形成分散的菌落，从而较容易获得植物病原细菌的纯培养。

在病原细菌的分离培养中，材料的选择及表面消毒都与病原真菌的分离培养基本相同。而稀释分离主要有以下 2 种方法：

**1. 培养皿稀释分离法**

（1）制备细菌悬浮液。取灭菌培养皿 3 个，每个培养皿中加无菌水 0.5mL，切取边长约为 4mm 的正方形小块病组织，经过表面消毒和无菌水冲洗 3 次后，移在第 1 个培养皿的水滴中，用灭菌玻璃棒将病组织研碎，静置 10～15min，使组织中的细菌流入水中成悬浮液。

（2）配制不同稀释度的细菌悬浮液。用灭菌接种环从第 1 个培养皿中接种 3 环细菌悬浮液到第 2 个培养皿中，充分混合后再从第 2 个培养皿接种 3 环到第 3 个培养皿中。

（3）倒入培养基。将熔化的琼脂培养基冷却到 45℃左右，分别倒入 3 个培养皿中，摇匀后静置冷却。凝固后在培养皿盖上标明分离材料、日期和稀释编号等。

**2. 平板画线分离法**

（1）制备细菌悬浮液。在灭菌培养皿中滴几滴无菌水，将经表面消毒和无菌水冲洗过3次后的病组织块置于水滴中，用灭菌玻璃棒将病组织研碎，静置10～15min，使组织中的细菌流入水中成悬浮液。

（2）画线。用灭菌接种环蘸取以上悬浮液在表面已干的琼脂平板上画线。先在平板的一侧顺序画3～5条线，再将培养皿转60°，将接种环经火焰灼烧灭菌后，从第2条线末端用相同方法再画3～5条线。也有其他形式，如四分画线和放射状画线等，其目的都是使细菌分开形成分散的菌落。

（3）做标记。在培养皿盖上标明分离材料和日期等。

（4）培养及结果观察。将分离后的培养皿翻转放入塑料袋中，扎紧袋口，置恒温培养箱中适温培养24～48h，可观察结果。若分离成功，琼脂平板上菌落形状和大小比较一致，即使出现几种不同形状的菌落，终有1种是主要的。如果菌落类型很多，且不分主次，很可能未分离到病原细菌，应考虑重新分离。如果不熟悉1种细菌菌落的性状，就应选择几种不同类型的菌落，分别培养以后接种测定其致病性，最终确定病原细菌。

植物病原细菌分离常用的消毒方法是用漂白粉溶液处理3～5min或用次氯酸钠溶液处理2min，然后用无菌水冲洗。分离通常使用肉汁胨培养基（NA）和马铃薯葡萄糖（或蔗糖）琼脂培养基（PDA或PSA）。分离细菌的PDA或PSA在制作时将pH调节至6.5，而分离真菌的培养基则不必调节其酸碱度。

画线分离法的关键是要等到琼脂平板表面的冷凝水完全消失后才能画线，否则细菌将在冷凝水中流动而影响形成单个分散的菌落。为加快消除冷凝水，可将平板培养基在37℃的温箱中放1～2d，或者在无菌条件下将培养皿的盖子打开，翻转培养皿斜靠在盖上，在50℃的干燥箱中干燥30min。

分离要选用新鲜标本和新病斑，分离用的标本不适宜放在塑料袋中保湿，否则容易滋生大量细菌。若标本保存太久或严重腐败而不易直接分离成功，可以与真菌病害一样经过接种后再分离，即将病组织在水中磨研，滤去粗的植物组织，离心后用下层浓缩的细菌悬浮液针刺接种在相应寄生植物上，发病后从新病斑上分离。

**（三）植物病原线虫的分离**

线虫是低等的动物，它们的分离方法与植物病原真菌、细菌不同。在植物线虫病害的研究中，不仅要采集病组织作标本，还必须考虑采集病根、根际土壤和园地土样进行研究。现只介绍植物材料中线虫的基本分离方法。

**1. 直接观察分离法**　将线虫寄生的植物根部或其他可视部位放在解剖镜下，用挑针直接挑取虫体观察，或在解剖镜下用尖细的竹针或毛针将线虫从病组织中挑出，放在载玻片水滴中进行观察和处理。

**2. 漏斗分离法**　此法适合分离能运动的线虫。方法简单，不需复杂设备，容易操作。缺点是漏斗内特别是橡皮管道内缺氧，不利线虫活动和存活，有效分离率低，所获线虫分离液不干净，分离时间较长。

分离装置是将漏斗（直径10～15cm），架在铁架台上，下面接一段（约10cm长）橡皮管，橡皮管上夹一个弹簧夹，其下端橡皮管上再接一段尖嘴玻璃管。具体分离步骤如下：

（1）在漏斗中加满清水，将带有线虫的植物材料剪碎，用单层纱布包裹，置于盛满清水的漏斗中。

（2）经过4～24h，由于趋水性和本身的质量，线虫就离开植物组织，并在水中游动，最后都沉降在漏斗底部的橡皮管中，打开弹簧夹，放取底部约5mL的水样到小培养皿中，其中就含有寄生在样本中大部分活动的线虫。

（3）将培养皿置解剖镜下观察。可挑取线虫制作玻片或作其他处理。如果发现线虫数量少，可以经离心（1 500r/min，2～3min）沉降后再检查；也可以在漏斗内衬放1个用细铜纱制成的漏斗状网筛，将植物材料直接放在筛网中。

漏斗分离法也适应于分离土壤中的线虫。方法是在漏斗内的筛网上放上1层细纱布或多空疏松的纸，上面加1层土壤样本，小心加水漫过后静置过夜。

分离植物材料中的线虫，还可以用组织捣碎机捣碎少量植物材料，再将捣碎液顺序通过20～40目、200～250目和325目的筛网，可观察最后2个筛网，从中挑取线虫，或者将残留物取出，再用漏斗法分离。此法可分离短体线虫和穿刺线虫的幼虫和成虫，但根结线虫的雌虫则大都会被捣碎。

## 二、园林植物病害的危害

园林植物病害的危害性可概况为以下几个方面：

（1）破坏植物根、茎维管束，造成植株枯黄或萎蔫。如枯萎病、黄萎病等，常使合欢、元宝枫、黄栌、翠菊等成片枯黄或萎蔫，以至死亡，既影响绿化效果，又造成经济损失。

（2）造成根、茎（干）皮层腐烂或形成肿瘤。破坏水分的吸收或养分的输送，造成整株、整枝枯干死亡。如幼苗立枯病、紫纹羽病、樱花根癌病、黄杨根结线虫病、杨柳根朽病、杨柳腐烂病和溃疡病、唐菖蒲干腐病，以及一串红疫病、盐害、肥害。

（3）破坏叶片、嫩枝的各部分，造成局部或大部细胞坏死。形成叶斑、枯梢，形成大量焦叶、枯叶，影响植物光合作用和观赏价值。如杨柳早期落叶病、黄栌白粉病、柏树赤枯病、月季黑斑病、海棠锈病等。

（4）毒化植物组织，造成植株畸形。影响植物生长、观赏和经济效益。如泡桐丛枝病，唐菖蒲、菊花等花卉的病毒病等。

（5）破坏树木木质部，造成木材腐朽，失去利用价值。一般多发生在老龄树、古树上，如柳树、松树、合欢等树木的腐朽病。

（6）损坏花蕾、花朵，影响开花和观赏。如杜鹃花腐病等。

【关键词】

植物病害、症状、病征、病状、病原、侵染性病原、非侵染性病原、侵染程序、侵染循环、病害流行、病害诊断

【项目小结】

本项目主要讲解与实训园林植物病害的概念，园林植物病害的病征、病状，病原真菌及其他侵染性病原的主要类群的形态特性及致病特点，侵染性病害和非侵染性病害的识别要点，病害诊断的方法，为制订有效的防治措施提供依据。

园林植物侵染性病原有真菌、细菌、病毒、植原体、线虫、寄生性种子植物，不同病原引起的病害症状各有特点。园林植物的非侵染性病原有营养失调、土壤水分失调、温度不适宜、有毒物质的污染。

园林植物病害的诊断分 5 步进行：田间观察、症状观察、室内鉴定、分离培养与接种，最后提出诊断结论。侵染性病害和非侵染性病害的诊断有各有特点。

园林植物侵染性病害的发展过程包括越冬、接触、侵入、潜育、发病、传播和再侵染等各环节，其中接触、侵入、潜育、发病 4 个时期是病害一次发生的全过程，称为侵染程序，简称病程。而越冬、传播、病程 3 个环节称为侵染循环。

病害流行的条件包括病原、寄主、环境条件。

【练习思考】

一、选择题

1. 不属于园林植物病害的是（　　）。

　　A. 杨树烂皮病　　　　B. 丁香白粉病　　　　C. 郁金香碎色病　　　　D. 丁香花叶病

2. 植物病害的病状可分为病状和病征，属于病征特点的是（　　）。

　　A. 丁香白粉病病部出现一层白色粉状物和许多黑色小颗粒状物

　　B. 杨树根癌病，病部要命茎肿大，形状为大小不等的瘤状物

　　C. 丁香花斑病，叶病部为坏死的褐色花斑或轮状圆斑

　　D. 果腐病，表现病部腐烂，果实畸形

3. 非侵染性病害是因环境条件不适宜而所致，属于非侵染性病害的是（　　）。

　　A. 植物缺素症、冻拔、毛白杨破腹病　　　　B. 杨树腐烂病、螨类病害

　　C. 动物咬伤、机械损伤、菟丝子　　　　D. 害虫刺伤、风害

4. 真菌的营养方式是（　　）。

　　A. 自养型　　　　B. 异养型　　　　C. 好氧型　　　　D. 咀嚼式

5. 真菌的营养体是（　　）。

　　A. 菌丝　　　　B. 胞间连丝　　　　C. 鞭毛　　　　D. 菟丝子

6. 真菌的繁殖方式为（　　）。

　　A. 裂殖　　　　B. 复制　　　　C. 二均分裂　　　　D. 无性和有性

7. 霜霉菌侵染葡萄叶背时在病部出现一层（　　）。

　　A. 黄色粉状物　　　　B. 灰色霉层　　　　C. 白色霜状物　　　　D. 白色粉状物

8. （　　）营养体为无隔菌丝。

　　A. 白粉菌　　　　B. 锈菌　　　　C. 霜霉菌　　　　D. 半知菌

9. 子囊菌有性阶段产生（　　）。

　　A. 游动孢子　　　　B. 卵孢子　　　　C. 孢囊孢子　　　　D. 子囊孢子

10. 子囊菌的分类依据是（　　）。

　　A. 是否形成子囊果及子囊果的类型　　　　B. 营养体的类型

　　C. 子囊数量的多少　　　　D. 子囊及子囊孢子着生部位

11. 子囊裸生在寄主表面呈栅栏状排列一层不形成子囊果，引起桃枝缩叶病，该菌为（　　）。

　　A. 外担菌　　　　B. 外囊菌　　　　C. 球壳菌　　　　D. 白粉菌

12. 白粉菌的分类依据是（　　）。

　　A. 闭囊壳内含子囊的数目，附属丝的形状　　B. 附属丝的形状，菌丝的颜色

　　C. 菌丝和闭囊壳的颜色　　　　D. 分生孢子产生的数量多着生位置

13. 着生担子和担孢子的结构体称为（　　　）。

  A. 担子果     B. 孢子囊     C. 子囊果    D. 配子囊

14. 锈菌生活史中可出现多种类型的孢子最多有（　　　）。

  A. 4 种      B. 6 种      C. 5 种     D. 3 种

15. 担子菌亚门有性繁殖产生（　　　）。

  A. 子囊和子囊孢子       B. 孢子囊与孢囊孢子

  C. 担子与担孢子        D. 孢囊与游动孢子

16. 锈菌需经过两种亲缘关系不同的寄主才能完成其生活史，称为（　　　）。

  A. 单主寄生   B. 活体寄生   C. 转主寄生   D. 兼性寄生

17. 在自然界中，有很多真菌只发现无性态，而有性态还没有发现，这类真菌称为（　　　）。

  A. 接合菌    B. 鞭毛菌   C. 子囊菌   D. 半知菌

18. 半知菌无性繁殖产生（　　　）。

  A. 游动孢子   B. 分生孢子   C. 子囊孢子   D. 接合孢子

19. 植物病原细菌都为（　　　）。

  A. 球状     B. 螺旋状    C. 杆状    D. 短杆状

20. 植物细菌病害的病征是（　　　）。

  A. 菌脓状物   B. 霉状物    C. 粉状物    D. 粒状物

21. 植物病毒的主要传播媒介是（　　　）。

  A. 雨水     B. 空气     C. 昆虫    D. 鸟类

22. 植原体所引起植物病害典型症状是（　　　）。

  A. 丛枝     B. 肿瘤     C. 袋果    D. 叶斑

23. 植物寄生线虫都是（　　　）。

  A. 专性腐生   B. 死养生物   C. 自养生物   D. 专性寄生物

24. 寄主表现症状以后症状停止发展称为（　　　）。

  A. 接触期    B. 侵染期    C. 发病期    D. 潜育期

25. 环境条件对潜育期长短的影响主要因素是（　　　）。

  A. 湿度     B. 温度     C. 光照    D. pH

26. 菌丝近似直角分支，分支外有隔膜并缢缩，多引起苗木猝倒病，此病菌为（　　　）。

  A. 腐霉菌    B. 子囊菌    C. 青霉菌    D. 丝核菌

27. 梨-桧锈病造成病害流行的主导因素是（　　　）。

  A. 感病寄主       B. 适易发病的环境

  C. 大量致病力强的病原物    D. 易于发病的土壤条件

28. 桑寄生的种子主要靠（　　　）传播。

  A. 昆虫     B. 气流     C. 鸟类    D. 雨水

29. 白粉菌、锈菌、病毒等是一类活养生物，它们的营养方式是（　　　）。

  A. 专性寄生   B. 腐生     C. 自养    D. 兼性寄生

30. 梨锈病的发生，梨园与桧柏的距离不得小于（　　　）。

  A. 5km     B. 7km     C. 10km    D. 12.5km

二、简答题

1. 简述真菌 5 个亚门的不同特点（也可用检索的方法回答）。

2. 园林植物病原真菌造成的病害有哪几种病征？不同的病征分别是真菌的哪些结构？应如何制片镜检？

3. 简述园林植物细菌病害症状主要有几种类型？各举一例病害。

4. 怎样区分病毒病和非侵染性病害？

5. 试述真菌、细菌、病毒、寄生性种子植物的传播方式。

6. 病原物的越冬、越夏场所有哪些？

7. 植物病害流行的条件是什么？

8. 试述侵染性病害的侵染循环。

三、分析讨论

试论人类的农事活动在园林植物病害消长中的作用。

【信息链接】

一、真菌与人类的关系

真菌在自然界中是一类庞大的生物类群，分布极为广泛。真菌与人类关系也相当密切，有些对我们是有益的。首先，在地球生态系中，真菌作为分解者起着极其重要的作用，不仅起了"清洁工"的作用，还帮助植物建立起自体施肥体系；第二，它与植物的根结合形成菌根，不但增加了吸收面积，同时还产生一些颉颃物质，增强了园林植物抗性，成为植物的天然保卫者；第三，还有些真菌如白僵菌等能引起害虫的流行病，保护植物；第四，在食品加工、化工、医药等方面，真菌也起着不可低估的作用，如众所周知的食用菌有香菇、口蘑、羊肚菌等，名贵药材有虫草、灵芝、马勃等。

但是，也有许多真菌对人类是有害的。一切野生的和栽培的植物都能被真菌侵害而发生病害。在植物病害中约 80% 是由真菌引起的，到目前为止已有 8 000 种以上的真菌引起约 80 000 种的病害。真菌还会引起人和动物的病害，如人的头癣、脚癣等。

二、自然植物病害系统

寄主植物与病原物均属于生物，它们的生长均受到环境的影响，植物病害系统即包含有寄主植物、病原物和环境 3 个因素的相互作用，称为"病害三角关系"，简称"病三角"。

在"病三角"中，寄主植物是保护的对象，同时也是病原物攻击的目标，病原物必须依赖寄主而生存和繁衍。寄主植物可以影响病原物的生长发育和致病等生命活动，同时寄主植物也可以改变局部的环境，如降低土表温度、增大土表的湿度，过度密植有利于营造发病的小气候。由于人类对作物的产量和品种有较高的要求，优良的作物品种的选育是人类要求的体现，某一特定品种的种植及其面积也受到人类的控制，而不是物种自然扩散的结果。

在"病三角"中，病原物是要控制的对象。某特定的病原物群体内部存在种种差异，其中有一种差异在病害系统中非常重要，即致病力的差异。病原物致病力的差异可以人为划分成强致病力、中致病力、弱致病力和无致病力等，致病力的差异是由病原物的遗传物质决定的，而且有时可能还是相对于某特定品种而言的。一般地，病害是不同致病力的病原物群体共同侵染后造成的结果，当某特定病原物中具有强致病力的群体成为优势群体后，病害爆发和流行就具备了病原基础。由于病原物的群体数量大，繁殖快，后代多，病原物自身的变异积累是显著的，加上寄主植物品种和田间使用化学农药对病原物施加的定向选择压力，更加快了病原物的变异速度。

　　环境因素十分复杂，大体上可以分为生物环境因素和非生物环境因素。生物环境因素包括除寄主植物和病原物以外的生物。生物因素对植物的影响因生物的种类不同而异，如非寄主植物（杂草）对寄主的影响包括竞争养分和空间；有些动物对寄主的影响有破坏作用（如害虫），也有一些具有促进作用（如传粉的昆虫）；有的微生物，如菌根真菌、根瘤菌、内生菌等对寄主植物的生长有促进作用和提高寄主植物的抗逆能力（如抗干旱、抗冻害和抗病虫害等）。生物因素对病原物的影响也是多种多样的，有些植物可以是病原物的桥梁寄主，有些动物（特别是昆虫）可以作为介体帮助病原物扩散、传播和侵染，当然动物也可以将病原物作为取食对象；有些微生物对病原物具有颉颃作用或寄生作用，可以抑制病原物的生长和繁殖或破坏和杀死病原物；也有一些微生物对病原物没有显著的影响，甚至可以作为病原物的介体等。非生物环境因素包括气象因素（温度、光照、气流、湿度和降水量等）和土壤因素（土壤质地、通气、pH、矿物质和有机质含量等）等。任何植物的正常生长均需要适宜的温度、充足的光照、适宜的水分和丰富的营养等，非生物因素对植物正常生长的影响是显而易见的，它们同时也影响到病原物和环境中生物因素的生长、发育和存活等。可以说，环境因素对病害的发生有非常重要的作用，病害大面积的爆发流行与适宜的发病环境是分不开的。充分研究环境因素对寄主植物和病原物的影响是我们科学管理植物病害的前提条件。

　　寄主植物、病原物与环境的相互作用组成自然的病害系统，在环境相对稳定的情况下，寄主植物和病原物的相互作用是动态的，即寄主植物和病原物均会出现变异，协同进化，遵循 Boom-Bust 循环（Boom-and-Bust Cycles）规律。在植物病害控制研究中，既要关注寄主作物的抗病性变异，又要监控病原物群体的致病力结构组成、变异和分布动态。

# 模块二 园林植物病虫害调查预测与标本采集制作技术

## 项目一 园林植物病虫害调查预测技术

【学习目的】调查园林植物所发病虫害的种类、数量、分布、危害、发生规律等，并能进行病虫害的监测及数据整理，同时根据调查结果进行分析，制订科学合理的综合防治方案。

【知识目标】掌握园林植物病虫害调查的基本方法，熟悉踏查及取样方法，掌握病虫害危害程度的表示方法及不同类型病虫害的调查方法，掌握病虫害的监测及数据整理技术。

【能力目标】能够对不同类型病虫害开展全面调查，能够进行病虫害的监测及数据整理，能够对病虫害的危害程度做出分析，能够根据调查结果制订科学合理的综合防治方案。

### 工作任务 2.1.1 园林植物病虫害基本调查预测技术

【任务目标】

掌握园林植物一般病虫害调查方法，并能进行病虫害的监测及数据整理。

【任务内容】

(1) 根据工作任务，采取课堂与实验（训）室、校内外实训基地（包括园林绿地、花圃、苗圃、草坪等）现场相结合的形式，通过查阅资料与网上搜集，获得相关园林植物病虫害调查的基本知识。

(2) 通过校内外实训基地，对园林植物病虫害的发生发展情况进行调查、监测，同时采集标本、拍摄数码图片，做好现场第一手资料的详细记录。

(3) 实验（训）室内进一步镜检标本，分析图片，同时对所搜集的数据进行详细、规范地整理。

(4) 对任务进行详细记载，结束后上交 1 份园林植物病虫害基本调查预测情况报告。

【教学资源】

(1) 材料与器具：卷尺、挖掘工具、剪枝工具、计数器、镊子、放大镜、解剖镜、诱虫灯、黄皿诱集器具等用具。

(2) 参考资料：当地气象资料、有关园林植物病虫害调查预测的历史资料、病虫害种类、分布与发生发展情况、各类教学参考书、多媒体教学课件、病虫害彩色图谱（纸质或电子版）、检索表、各相关网站相关资料等。

(3) 教学场所：教室、实验(训)室以及园林植物病虫害发生类型较多的校内外实训基地。

（4）师资配备：每 20 名学生配备 1 名指导教师。

**【操作要点】**

（1）选择科学合理的调查预测地点和方法，使调查预测结果能反映当地的真实情况。确定要收集的资料，拟订调查预测计划，采用合理的调查预测方法和记载标准。

（2）做好调查预测记录，查明病虫害的分布方式，明确危害程度。

（3）取样一般常用棋盘式、双对角线式、大五点式、随机取样法等方法，不同类型的绿地须采用不同的取样方法。

**【注意事项】**

（1）调查预测过程中要注意一定的调查样本量和必要的重复。

（2）应先了解病虫害分布形式再确定取样方式。

（3）样方要在轻微、中等、严重等各种地段上分别选设，样方的数量应根据病虫害的种类、发生状况、绿地类型及调查目的的设定。

**【内容及操作步骤】**

病虫害调查是园林植物病虫害研究与防治工作的基础。开展园林植物病虫害调查，是为了摸清一定区域内病虫害的种类、数量、危害程度、发生发展规律、在时间和空间上的分布类型及天敌、寄主等情况，为病虫害的预测预报和制订正确的防治方案提供科学依据，也是检查防治药效的必要技术手段。

### 一、病虫害调查的内容

病虫害调查一般分为普查和专题调查两类。普查是在大面积地区进行病虫害的全面调查，主要是了解病虫害的基本情况，如病虫种类、发生时间、危害程度、防治情况等。专题调查是对某一地区某种病虫害进行深入细致的专门调查，是有针对性的重点调查。专题调查是在普查的基础上进行的。

在病虫害防治的过程中，经常要进行以下内容的调查。

（一）发生和危害情况调查

普查一个地区在一定时间内的病虫种类、发生时间、发生数量及危害程度等。对于当地常发性或暴发性的重点病虫，则可以详细调查记载害虫各虫态的始盛期、高峰期、盛末期和数量消长情况或病害由发病中心向全田扩展的增长趋势及严重程度等。为确定防治适期和防治对象提供依据。

（二）病虫或天敌发生规律调查

专题调查某种病虫或天敌的寄主范围、发生世代、主要习性及不同园林生态条件下数量变化的情况，为制订防治措施和保护利用天敌提供依据。

（三）越冬情况调查

专题调查病虫越冬场所、越冬基数、越冬虫态、病原越冬方式等，为制订防治计划和开展预测预报提供依据。

（四）防治效果调查

防治效果调查包括防治前与防治后、防治区和非防治区的发生程度对比调查以及不同防治措施、时间、次数的发生程度对比调查等，为选择有效防治措施提供依据。

## 二、病虫害调查的方法

### （一）病虫的田间分布型

病虫在田间的分布方式，常因病虫种类、虫态、发生时期（早期、中期、后期）而不同，也随地形、土壤、被害植物的种类、栽培方式等特点而发生变化。调查病虫在田间发生之前，须弄清这种病虫在田间的分布型，以便采用相应的调查方法，使调查结果符合实际情况。常见的病虫分布型有（图2-1-1）：

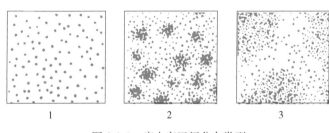

图 2-1-1　病虫害田间分布类型
1. 随机分布型　2. 核心分布型　3. 嵌纹分布型

**1. 随机分布型**　通常是稀疏的分布，每个个体之间的距离不等，但是较均匀，调查取样时每个个体出现的概率相等。

**2. 核心分布型**　是不均匀的分布，即病虫在田间分布呈多数小集团，形成核心，并自核心呈放射状蔓延。核心之间是随机的，核心内常是较浓密的分布。

**3. 嵌纹分布型**　属于不均匀分布，病虫在田间的分布呈不规则的疏密相间状态。

### （二）病虫害的调查方法

**1. 调查时期和次数**　调查时期根据调查目的来确定。对于病虫害一般发生和危害情况的调查，以在病虫害发生盛期为宜。若一次调查多种植物或一种植物的多种病虫害时，可以找一个适中的时期进行。

至于调查次数，也需要根据调查的目的来确定。如果了解一般发生危害情况，进行一次调查就可以了，而在病虫害的盛发期进行调查较为适宜。但如果是观察病虫害的发生发展及危害症状的变化，为了测报，就必须一年四季在不同的生育阶段进行系统的调查。例如，越冬调查、发生始期、盛期及衰退期调查等。

**2. 取样方法**　由于受人力和时间的限制，不可能对所有田块逐一调查，需要从中抽取一定样本作为代表，由局部推测全局。取样的好坏，直接关系到调查结果的可靠性，必须注意其代表性，使其能正确反映实际情况。

一般常用的取样方法有棋盘式、双对角线式、单对角线式、抽行取样法等（图2-1-2）。不同的取样方法，适用于不同的病虫分布类型。一般来说，单对角线式、双对角线式适用于随机分布型；抽行取样法、棋盘式适用于核心分布型；Z形取样法适用于嵌纹分布型。

**3. 取样单位**　应随园林植物种类与病虫害特点而相应变化，一般常用的单位有：

（1）面积。常用于调查统计土壤病虫害或苗圃中的病虫害。如调查 1m² 中的虫数或虫害损失程度。若是调查土壤害虫，还应随着虫种和时期决定挖土取样的层次和深度。

（2）长度。一般用于调查枝干害虫类。如调查枝干害虫在树干上垂直分布状况时，在植株的上、中、下各取 20～50cm 的样本，统计害虫种类、虫态、数量，求出平均虫口密度。

（3）植株或植株的某一部分。调查某些病虫害时，可以以株为单位，如调查柳树溃疡病时，可以以株为单位统计发病程度；但很多病虫害在植株上有一定的危害部位，这就可以以

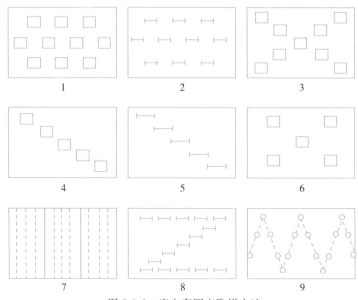

图 2-1-2　病虫害调查取样方法
1. 棋盘式（面积）　2. 棋盘式（长度）　3. 双对角线式（面积）
4. 单对角线式（面积）　5. 单对角线式（长度）　6. 大五点取样式
7. 抽行取样法　8～9. 随机取样法（Z 形取样法）

叶片、果实、花蕾等为单位，甚至以叶片上的一定面积或枝条上的一定长度作为统计单位。

（4）时间。常用于调查比较活泼的害虫，以单位时间内采得或目测到的虫数来表示发生情况、危害程度等。

（5）其他。对于有趋性的害虫，可以用诱集器械为单位，统计 1 支黑光灯、1 个诱蛾器或 1 个草把诱到的虫数；虫体小而活动性大的害虫，可以以一定大小口径捕虫网的扫捕次数为单位。这些量都是相对量，并不代表田间的绝对量，但可以估计田间害虫的消长情况。

**4. 取样数量**　取样的数量取决于病虫害的分布均匀程度、密度以及人力和时间的允许情况。在面积小、作物生长整齐、病虫分布均匀、发生密度大的情况下，取样点可以适当少些，反之应多些。在人力及时间充裕的情况下，取样点可适当增多。一般每样点的取样数量为：全株性病虫 100～200 株，叶部病虫 10～20 片叶，梢（蕾）部病虫 100～200 个梢（蕾）。在检查害虫发育进度时，一般活虫数不少于 20 头，否则得到的数据误差大。

### 三、病虫害调查的记载方法

记载是园田病虫害调查的重要工作。通过认真记载，得到大量的数据和资料，可以作为分析总结调查结果的依据。记载要求准确、简明、有统一标准。

园田调查记载的内容，根据调查的目的和对象而定，一般多采用表格形式。对于专题调查，记载的内容则更为详尽。

普查（踏查）又称为概况调查，是指在较大范围内进行的调查，按照要求填写园林植物病虫害普查记录表（表 2-1-1）。目的在于了解病虫害种类、数量、分布、危害程度、危害面积、蔓延趋势以及导致病虫害发生的一般原因。

普查除了进行园田现场调查外，对于历史情况和现场观察不到的情况，还可采用访问和开调查会的方式进行，亦可通过有关单位查阅记录资料。这些方式配合应用，方能保证调查资料的翔实。

表 2-1-1　园林植物病虫害普查记录表

| 调查日期 | | | | | | | | | |
| --- | --- | --- | --- | --- | --- | --- | --- | --- | --- |
| 调查地点 | | | | | | | | | |
| 园圃或绿地概况 | | | | | | | | | |
| 调查总面积 | | | | | | | | | |
| 受害面积 | | | | | | | | | |
| 卫生状况 | | | | | | | | | |
| 园林植物种类 | 品种 | 被害面积 | 危害部位 | 危害程度 | 分布状态 | 寄主情况 | 天敌种类 | 数量及寄生率 | 备注 |
| | | | | | | | | | |

注：①园圃或绿地概况包括园林植物种类及品种组成、平均高度、栽植密度、生长期、长势以及地形、地貌等。

②分布状态为：单株分布（单株发生病虫害）、簇状分布（被害株 3～10 株成团）、团状分布（被害株面积大小呈块状分布）、片状分布（被害面积达 50～100m² ）、大片分布（被害面积超过 100m²）等。

③危害程度常分为轻微、中等、严重三级，分别用"＋""＋＋""＋＋＋"符号表示（表 2-1-2）。

表 2-1-2　危害程度划分标准表

| 危害部位 | 病虫害别 | 受害程度 | | |
| --- | --- | --- | --- | --- |
| | | 轻微（＋） | 中等（＋＋） | 严重（＋＋＋） |
| 种实 | 虫害 | 5%以下 | 6%～15% | 16%以上 |
| | 病害 | 10%以下 | 15%～25% | 26%以上 |
| 叶部 | 虫害 | 15%以下 | 15%～30% | 31%以上 |
| | 病害 | 10%以下 | 15%～25% | 26%以上 |
| 枝梢 | 虫害 | 10%以下 | 10%～25% | 26%以上 |
| | 病害 | 15%以下 | 15%～25% | 26%以上 |
| 根部、茎干 | 虫害 | 5%以下 | 5%～10% | 11%以上 |
| | 病害 | 10%以下 | 11%～25% | 26%以上 |

### 四、病虫害调查监测方法

#### （一）虫害监测

**1. 发生期预测**　主要是预测某种害虫某一虫态出现的始见期、盛期、末期，以便确定防治的最佳时期。一个虫态在某一地区最早出现的时间，称为始见期；出现数量达一个虫态总数的 50% 时，称为盛期；一个虫态出现的最后时间，称为末期或终期。

其主要由以下几种方法：物候法、发育进度预测法、有效积温预测法、形态构造预测法、物理法、相关一元回归分析法、计算机预测法等。

**2. 发生量预测法**　又称为猖獗预测或大发生预测。主要是预测害虫未来数量的消长变化情况，对指导防治数量变化较大的害虫极为重要。

常用的方法有以下5种：有效虫口基数预测法、气候图预测法、形态指标预测法、生命表预测法、相关一元回归分析预测法。

**3. 发生区测报**　发生区的测报包括害虫发生地点、范围以及发生面积的测报。对于具有扩散迁移习性的害虫，还包括其迁移方向、距离、降落地点的测报。主要包括扩散迁移的测报与发生地点与范围的测报。

**（二）病害监测**

病害预测的方法和依据因不同病害的流行规律而异。病害预测的主要依据是：病原物的生物学特性；病害侵染过程和侵染循环的特点；病害发生前寄主的感病性和发育状况；病原物的数量和存在状况；病害发生和流行所需的环境条件的关系；当地的气象历史资料和当年的气象预报材料等。对这些情况掌握得准确，病害预测就可靠。目前，病害主要是根据病原物的数量和存在状况、寄主植物的感病性和发育状况，以及病害发生和流行所需的环境条件3个方面的调查和系统观察进行预测。

病害预测的方法可分为2种，即数理统计预测法和实验生态生物学预测法。

**1. 数理统计预测法**　即在多年试验、调查等实测数据的基础上，采用数理统计学回归分析的方法，找出影响病害流行的各主要因素，即寄主植物的感病性、病原物的数量和致病力、环境条件（特别是气温、湿度、土壤状况等）、管理措施等因素与病害流行程度之间的数量关系。在回归方程中，上述某个因素（或多个因素）为自变量，流行程度为依变量。建立回归预测方程后，输入自变量调查数据就可预测病害发生情况。

**2. 实验生态生物学预测法**

（1）预测圃观察。在某病流行地区，栽植一定数量的感病植物或固定一块圃地，经常观察病害的发生发展情况，这就是预测圃观察。根据预测圃植物发病情况，可推测田间病害发生期，便于及时组织防治。

（2）绿地调查。就是在绿地内选有代表性的地段进行定点、定株和定期调查，了解病害的发生情况，分析病害发生的条件。这样，对病害未来发生情况做出准确的估计。

（3）孢子捕捉。季节性比较强，并靠气流传播的病害，如锈病、白粉病可用孢子捕捉法预测病害发生情况。做法是在病害发生前，用一定大小的玻片，涂上一层凡士林，放在容易接受孢子的地方，迎风放或平放于一定高度，定期取回后镜检计数，进行统计分析，就能推测病害发生时期和发生程度。

（4）人工培养。在病害发生前，将容易感病或可疑的有病部分进行保湿培养，逐日观察记载发病情况，统计已显症状的发病组织所占有的百分数，就可以预测在自然情况下病害可能发生的情况。

**五、调查资料的统计与整理**

**（一）调查资料的计算**

外出调查所获得的一系列数据必须经过整理计算，才能大体说明病虫害的数量和造成的危害水平。计算通常采用算术平均数计算法和平均数的加权计算法。算术平均数计算法计算公式如下：

$$\overline{X} = \frac{x_1 + x_2 + x_3 + \cdots + x_n}{n} = \frac{\sum x}{n}$$

式中：$\overline{X}$ 为算术平均数；$n$ 为抽样单位数；$x_1$、$x_2$、$x_3$、$\cdots$、$x_n$ 分别为 $1 \sim n$ 个取样单位的数据。

平均数的加权计算法计算公式如下：

$$\overline{X} = \frac{f_1 x_1 + f_2 x_2 + f_3 x_3 + \cdots + f_n x_n}{\sum f} = \frac{\sum f x}{\sum f}$$

式中：$f$ 为权数，权数就是权衡轻重的意思，它是指数值相同的各数据的比重。

在计算绿地害虫平均虫口密度或危害率时，需用此计算方法。

**（二）调查资料的整理**

**1. 鉴定害虫名称和病原种类**

**2. 汇总、统计外业调查资料** 进一步分析害虫大发生和病害流行的原因。

**3. 写出调查报告** 报告内容一般包括以下几个方面：

（1）调查地区的概况。包括自然地理环境、社会经济情况、绿地概况、园林绿化生产和管理情况及园林植物病虫害情况等。

（2）调查成果的综述。包括主要花木的主要病虫害种类、危害程度和分布范围，主要病虫害的发生特点，主要病虫害分布区域的综述，主要病虫害发生原因及分布规律，主要病虫害各论，天敌资源情况以及园林植物检疫对象和疫区等。

（3）病虫害综合治理的措施和建议。

（4）附录。包括调查地区园林植物病虫害调查名录、天敌名录、主要病虫害发生面积汇总表、园林植物检疫对象所在疫区面积汇总表、主要病虫害分布图。

**4. 调查原始资料装订、归档；标本整理、制作和保存**

【任务考核标准】 见表 2-1-3。

**表 2-1-3 园林植物病虫害基本调查技术任务考核参考标准**

| 序号 | 考核项目 | 考核内容 | 考核标准 | 考核方法 | 标准分值 |
|---|---|---|---|---|---|
| 1 | 基本素质 | 学习工作态度 | 态度端正，主动认真，全勤，否则将酌情扣分 | 单人考核 | 5 |
| | | 团队协作 | 服从安排，与小组其他成员配合好，否则将酌情扣分 | 单人考核 | 5 |
| 2 | 专业技能 | 园林植物病虫害的调查 | 能够根据要求，正确地进行病虫害的现场调查，并做好原始资料的采集。调查欠规范者，酌情扣分 | 以小组为单位考核 | 30 |
| | | 园林植物病虫害的监测 | 能够根据要求，正确地进行病虫害的现场监测，并做好原始资料的采集。监测欠规范者，酌情扣分 | 以小组为单位考核 | 20 |
| | | 园林植物病虫害调查资料的整理 | 能够根据要求，正确地进行病虫害调查资料的整理。整理欠规范者，酌情扣分 | 以小组为单位考核 | 15 |
| 3 | 职业素质 | 方法能力 | 独立分析和解决问题的能力强，能主动、准确地表达自己的想法 | 单人考核 | 5 |
| | | 工作过程 | 工作过程规范，有完整的工作任务记录，字迹工整 | 单人考核 | 10 |
| | | 自测训练与总结 | 及时准确完成自测训练，总结报告结果正确，电子文本规范，体会深刻，上交及时 | 单人考核 | 10 |
| 4 | 合计 | | | | 100 |

# 工作任务 2.1.2　园林植物害虫调查技术

**【任务目标】**

掌握不同类型园林植物害虫的调查方法，能对当地园林植物害虫种类、发生规律、危害程度进行全面的调查。

**【任务内容】**

(1) 根据工作任务，采取课堂与实验（训）室、校内外实训基地（包括园林绿地、花圃、苗圃、草坪等）现场相结合的形式，通过查阅资料与网上搜集，获得相关园林植物害虫调查的基本知识。

(2) 通过校内外实训基地，对园林植物害虫的发生发展情况进行调查、监测，同时采集标本，拍摄数码图片，做好现场第一手资料的详细记录。

(3) 实验（训）室内进一步鉴定害虫标本，分析图片，同时对所搜集的数据进行详细、规范地整理。

(4) 对任务进行详细记载，结束后上交 1 份园林植物害虫调查报告。

**【教学资源】**

(1) 材料与器具：卷尺、挖掘工具、剪枝工具、计数器、镊子、放大镜、解剖镜、诱虫灯、黄皿诱集器具等用具。

(2) 参考资料：当地气象资料、有关园林植物害虫调查的历史资料、害虫种类、分布与发生发展情况、各类教学参考书、多媒体教学课件、害虫彩色图谱（纸质或电子版）、检索表、各相关网站相关资料等。

(3) 教学场所：教室、实验（训）室以及园林植物害虫发生类型较多的校内外实训基地。

(4) 师资配备：每 20 名学生配备 1 名指导教师。

**【操作要点】**

(1) 结合当地园林绿地养护与花木生产现状，搜集相关调查资料，拟订调查计划，采用适当的调查方法和记载标准。

(2) 分别对食叶害虫、梢枝害虫、种实害虫、蛀干害虫、地下害虫及天敌开展调查，重点调查害虫的种类、分布规律、虫口密度及有虫株率。注意，对于不同危害部位的害虫，需采用不同的取样方法。

(3) 对调查数据进行汇总分析，缺少的数据要进行现场补充完善。

(4) 得出调查结论，明确危险性害虫的种类及危害级别，提出综合防治建议。

(5) 对调查结果进行全面评估，并通过与同学及当地技术人员交流，对调查结果和害虫综合防治方案进行必要的修订，完善方案内容。

**【注意事项】**

(1) 在调查过程中要注意一定的调查样本量和必要的重复。

(2) 应明确害虫类型或调查目的来确定恰当的取样方式。

(3) 应确保调查结果的真实性，不可弄虚作假，编造数据。

(4) 对疑难害虫种类应请专家鉴定后确定。

【内容及操作步骤】

## 一、园林植物害虫调查的基本内容

选取调查样地及一定数量的样株,逐地逐株调查其虫口数,最后统计虫口密度和有虫株率。虫口密度是指单位面积或每个植株上害虫的平均数量,它表示害虫发生的严重程度;有虫株率是指有虫株数占调查总株数的百分数,它表明害虫在园内分布的均匀程度。计算公式为:

$$单位面积虫口密度 = \frac{调查总活虫数}{调查面积}$$

$$每株（或种实）虫口密度 = \frac{调查总活虫数}{调查总株（或种实）数}$$

$$有虫株率 = \frac{有虫数}{调查总株数} \times 100\%$$

## 二、食叶害虫调查

在有食叶害虫危害的园圃或绿地内选定样地,调查主要害虫种类、虫期、数量和危害情况等,样方面积可随机酌定。在样地内可逐株调查,或采用对角线法、隔行法,选出样株10～20株进行调查。若样株矮小(一般不超过2m)可全株统计害虫数量;若样株高大,不便于统计时,可分别于树冠上、中、下部及不同方位取样进行调查。落叶和表土层中的越冬幼虫和蛹、茧的虫口密度调查,可在样株下较发达的一面树冠投影范围内,设置0.5m×2m的样方(0.5m的一边靠树干),统计20cm土深内主要害虫虫口密度,填写食叶害虫调查表(表2-1-4)。

表 2-1-4　食叶害虫调查表

| 调查日期 | 调查地点 | 样地号 | 园圃及绿地概况 | 害虫名称和主要虫态 | 样株号 | 害虫数量 | | | | | | 危害情况 | 备注 |
|---|---|---|---|---|---|---|---|---|---|---|---|---|---|
| | | | | | | 健康 | 死亡 | 被寄生 | 其他 | 总计 | 虫口密度（头/株）或（头/m²） | | |
| | | | | | | | | | | | | | |

## 三、枝梢害虫调查

对危害幼嫩枝梢害虫的调查,可选有50株以上的样方,逐株调查健康株数,主梢健壮、侧梢受害株数,主侧梢都受害株数以及主梢受害、侧梢健壮株数,从被害株中选出5～10株,查清虫种、虫口数、虫态和危害情况。对于虫体小、数量多、定居在嫩梢上的害虫如蚜、蚧等,可在标准树的上、中、下部各选取样枝,查清虫口密度,最后求出平均每10cm长的样枝段的虫口密度,并填入表2-1-5、表2-1-6。

表 2-1-5　园圃枝梢害虫调查表

| 调查日期 | 调查地点 | 样地号 | 调查株数 | 被害株数 | 被害率（%） | 其中 | | | 害虫名称及种类 | 备注 |
|---|---|---|---|---|---|---|---|---|---|---|
| | | | | | | 主梢健壮、侧梢受害株数 | 主、侧梢都受害株数 | 主梢受害、侧梢健壮株数 | | |
| | | | | | | | | | | |

表 2-1-6　园圃枝梢害虫样株调查表

| 调查日期 | 调查地点 | 样地号 | 样株调查 | | | | | | | | 备注 |
|---|---|---|---|---|---|---|---|---|---|---|---|
| | | | 样株号 | 株高 | 胸径及根径 | 年龄 | 总梢数 | 被害梢数 | 被害率（%） | 虫口密度（个/株）或（个/dm） | 害虫名称 |
| | | | | | | | | | | | |

### 四、种实害虫调查

包括虫果率调查和虫口密度调查。在样地内选样株 5～10 株，调查植株上种实（按不同部位采集同等数量的果实，一般果实大的采 20 个，果实小的采 20 个以上），将调查结果记载在表 2-1-7。

表 2-1-7　园圃种实害虫调查表

| 调查日期 | 调查地点 | 样株号 | 调查种实数 | 受害种实 | | 害虫 | | 不同虫种虫果率（%） | 总平均虫果率（%） | 备注 |
|---|---|---|---|---|---|---|---|---|---|---|
| | | | | 个数 | 百分率（%） | 名称 | 每一种实平均虫（孔）数 | | | |
| | | | | | | | | | | |

### 五、蛀干害虫调查

在发生蛀干害虫的园圃中，选有 50 株以上的样地，分别调查健康树、衰弱树、濒死树和枯立树各占的百分率。如有必要可从被害树中选 3～5 株，伐倒，量其树高、胸径，从干基到树梢剥一条 10cm 宽的树皮，分别记载各部位出现的害虫种类。虫口密度的统计，则在树干南北方向及上、中、下部、害虫居住部位的中央截取 20cm×50cm 的样方，查明害虫种类、数量、虫态，并统计每平方米和单株虫口密度，将调查统计结果分别填入表 2-1-8、表2-1-9。

表 2-1-8　园圃枝干害虫调查表

| 调查日期 | 调查地点 | 样方数 | 总株数 | 健康树 | | 卫生状况 | 虫害树 | | | | | | 害虫名称 | 备注 |
|---|---|---|---|---|---|---|---|---|---|---|---|---|---|---|
| | | | | 株数 | 百分率（%） | | 衰弱树 | | 濒死树 | | 枯立树 | | | |
| | | | | | | | 株数 | 百分率（%） | 株数 | 百分率（%） | 株数 | 百分率（%） | | |
| | | | | | | | | | | | | | | |

表 2-1-9　园圃蛀干害虫危害程度调查表

| 样树号 | 样树因子 | | | 害虫名称 | 虫口密度（每 1 000cm² 头数） | | | | 备注 |
|---|---|---|---|---|---|---|---|---|---|
| | 树高 | 胸径 | 年龄 | | 成虫 | 幼虫 | 蛹 | 虫道 | |
| | | | | | | | | | |

### 六、地下害虫调查

圃地在进行播种或定植前，要进行地下害虫的调查。调查时间应在春末夏初，地下害虫多在浅层土壤活动时期为宜。抽样方式多采用对角线式或棋盘式。样坑大小为 $0.5m×0.5m$ 或 $1m×1m$。按 $0～5cm$、$5～15cm$、$15～30cm$、$30～45cm$、$45～60cm$ 段等不同层次分别进行调查（表 2-1-10）。

表 2-1-10　园圃地下害虫调查表

| 调查日期 | 调查地点 | 土壤植被情况 | 样坑号 | 样坑深度 | 害虫名称 | 虫期 | 害虫数量 | 被害株数 | 受害率（%） | 备注 |
|---|---|---|---|---|---|---|---|---|---|---|
| | | | | | | | | | | |

### 七、天敌调查

天敌调查（及天敌标本的采集）随同病虫害调查进行。着重调查天敌种类与数量，记载在相应的表格内。

对于寄生性昆虫以及致病性微生物等天敌的数量统计，分少量、中等和大量 3 级，各级的划分标准和符号如下：寄生率在 10% 以下记为少量，符号为"＋"寄生率在 11%～30% 记为中等，符号为"＋＋"；寄生率在 31% 以上记为大量，记"＋＋＋"。对于捕食性昆虫及有益的鸟兽调查时，记载种类和实际数量，并注明常见、少见、罕见等。

【任务考核标准】　见表 2-1-11。

表 2-1-11　园林植物害虫调查技术任务考核参考标准

| 序号 | 考核项目 | 考核内容 | 考核标准 | 考核方法 | 标准分值 |
|---|---|---|---|---|---|
| 1 | 基本素质 | 学习工作态度 | 态度端正，主动认真，全勤，否则将酌情扣分 | 单人考核 | 5 |
| | | 团队协作 | 服从安排，与小组其他成员配合好，否则将酌情扣分 | 单人考核 | 5 |
| 2 | 专业技能 | 食叶害虫调查 | 能够根据要求，正确地进行食叶害虫的现场调查，并做好原始资料的采集。调查欠规范者，酌情扣分 | 以小组为单位考核 | 15 |
| | | 枝梢害虫调查 | 能够根据要求，正确地进行枝梢害虫的现场调查，并做好原始资料的采集。调查欠规范者，酌情扣分 | 以小组为单位考核 | 15 |
| | | 种实害虫调查 | 能够根据要求，正确地进行种实害虫的现场调查，并做好原始资料的采集。调查欠规范者，酌情扣分 | 以小组为单位考核 | 10 |
| | | 蛀干害虫调查 | 能够根据要求，正确地进行蛀干害虫的现场调查，并做好原始资料的采集。调查欠规范者，酌情扣分 | 以小组为单位考核 | 10 |
| | | 地下害虫调查 | 能够根据要求，正确地进行地下害虫的现场调查，并做好原始资料的采集。调查欠规范者，酌情扣分 | 以小组为单位考核 | 10 |
| | | 天敌调查 | 能够根据要求，正确地进行天敌的现场调查，并做好原始资料的采集。调查欠规范者，酌情扣分 | 以小组为单位考核 | 5 |
| 3 | 职业素质 | 方法能力 | 独立分析和解决问题的能力强，能主动、准确地表达自己的想法 | 单人考核 | 5 |
| | | 工作过程 | 工作过程规范，有完整的工作任务记录，字迹工整 | 单人考核 | 10 |
| | | 自测训练与总结 | 及时准确完成自测训练，总结报告结果正确，电子文本规范，体会深刻，上交及时 | 单人考核 | 10 |
| 4 | 合计 | | | | 100 |

# 工作任务 2.1.3  园林植物病害调查技术

【任务目标】

掌握不同类型园林植物病害的调查方法，能对当地园林植物病害种类、发生规律、危害程度进行全面的调查。

【任务内容】

（1）根据工作任务，采取课堂与实验（训）室、校内外实训基地（包括园林绿地、花圃、苗圃、草坪等）现场相结合的形式，通过查阅资料与网上搜集，获得相关园林植物病害调查的基本知识。

（2）通过校内外实训基地，对园林植物病害的发生发展情况进行调查、监测，同时采集标本，拍摄数码图片，做好现场第一手资料的详细记录。

（3）实验（训）室内进一步镜检标本，分析图片，同时对所搜集的数据进行详细、规范地整理。

（4）对任务进行详细记载，结束后上交 1 份园林植物病害调查报告。

【教学资源】

（1）材料与器具：卷尺、挖掘工具、剪枝工具、计数器、镊子、放大镜、解剖镜、显微镜等用具。

（2）参考资料：当地气象资料、有关园林植物病害调查的历史资料、病害种类、分布与发生发展情况、各类教学参考书、多媒体教学课件、病害彩色图谱（纸质或电子版）、检索表、各相关网站相关资料等。

（3）教学场所：教室、实验（训）室以及园林植物病害发生类型较多的校内外实训基地。

（4）师资配备：每 20 名学生配备 1 名指导教师。

【操作要点】

（1）根据病害种类或类型拟订调查计划，采用适当的调查方法和记载标准，结合当地园林绿地养护与花木生产现状，搜集相关调查资料。

（2）分别对苗木病害、枝干病害、叶部病害、种实病害开展调查，重点调查病害的种类、发病规律、发病率及病情指数。

（3）对调查数据进行汇总分析，缺少的数据要进行现场补充完善。

（4）得出调查结论，明确危险性病害的种类及危害级别，提出综合防治建议。

（5）对调查结果进行全面评估，并通过与同学及当地技术人员交流，对调查结果和病害综合防治方案进行必要的修订，完善方案内容。

【注意事项】

（1）在调查过程中要注意一定的调查样本量和必要的重复。

（2）应明确病害类型或调查目的来确定恰当的取样方式。

（3）应确保调查结果的真实性，不可弄虚作假，编造数据。

（4）对疑难病害种类应请专家鉴定后确定。

【内容及操作步骤】

## 一、园林植物病害调查的基本内容

选取调查样地及一定数量的样株，逐地逐株调查病害发生情况。一般全株性的病害（如病毒病、枯萎病等）或被害后损失很大的，采用发病率表示，其余病害一律进行分级调查，以发病率、病情指数来共同表示病害的发生状况。

发病率是指感病数占调查总数的百分比，表明病害发生的普遍性。

$$发病率 = \frac{感病数}{调查总数} \times 100\%$$

病情指数也称为感病指数，表明病害发生的严重性。测定方法是：先将样地内的植株按病情分为健康、轻、中、重、枯死等若干等级，并以数值 0、1、2、3、4、……代表，统计出各级数后，按下列公式计算：

$$病情指数 = \frac{\sum（发病数值 \times 各级病数）}{调查总数 \times 最高发病级值}$$

调查时，可从现场采集标本，按病情轻重排列，划分等级。也可参考已有的分级标准，酌情划分使用。有关病害的分级标准见表 2-1-12 和表 2-1-13。

表 2-1-12　枝、叶、果病害分级标准

| 级别 | 代表值 | 分级标准 |
| --- | --- | --- |
| 1 | 0 | 健康 |
| 2 | 1 | 1/4 以下枝、叶、果感病 |
| 3 | 2 | 1/4~2/4 枝、叶、果感病 |
| 4 | 3 | 2/4~3/4 枝、叶、果感病 |
| 5 | 4 | 3/4 以上枝、叶、果感病 |

表 2-1-13　干部病害分级标准

| 级别 | 代表值 | 分级标准 |
| --- | --- | --- |
| 1 | 0 | 健康 |
| 2 | 1 | 病斑的横向长度占树干周长的 1/5 以下 |
| 3 | 2 | 病斑的横向长度占树干周长的 1/5~3/5 |
| 4 | 3 | 病斑的横向长度占树干周长的 3/5 以上 |
| 5 | 4 | 全部感病或死亡 |

## 二、苗木病害调查

在苗床上设置大小为 1m² 样方，样方数量以不少于被害面积的 0.3% 为宜。在样方上对苗木进行全部统计，或对角线取样统计，分别记录健康、感病、枯死苗木的数量。同时记录圃地的各项因子（创建年份、位置、土壤、杂草种类及卫生状况等）。将结果填入表 2-1-14。

表 2-1-14　苗木病害调查表

| 调查日期 | 调查地点 | 样方号 | 植物种类 | 病害名称 | 苗木状况和数量 | | | | 发病率（%） | 死亡率（%） | 备注 |
| --- | --- | --- | --- | --- | --- | --- | --- | --- | --- | --- | --- |
| | | | | | 健康 | 感病 | 枯死 | 合计 | | | |
| | | | | | | | | | | | |

### 三、枝干病害调查

在发生枝干病害的园圃中，选取不少于 100 株的地段作样本，调查时，除统计发病率外，还要计算病情指数，见表 2-1-15。

表 2-1-15 枝干病害调查表

| 调查日期 | 调查地点 | 样方号 | 植物种类 | 病害名称 | 总株数 | 感病株数 | 发病率（％） | 病害分级 | | | | | 病情指数 | 备注 |
|---|---|---|---|---|---|---|---|---|---|---|---|---|---|---|
| | | | | | | | | 1 | 2 | 3 | 4 | 5 | | |
| | | | | | | | | | | | | | | |

### 四、叶部病害调查

按照病害的分布情况和被害情况，在样方中选取 5％～10％ 的样株，每株调查 100～200 个叶片。被调查的叶片应从不同的部位来选取（表 2-1-16）。

表 2-1-16 叶部病害调查表

| 调查日期 | 调查地点 | 样方号 | 植物种类 | 样株号 | 病害名称 | 总株数 | 病叶数 | 发病率（％） | 病害分级 | | | | | 病情指数 | 备注 |
|---|---|---|---|---|---|---|---|---|---|---|---|---|---|---|---|
| | | | | | | | | | 1 | 2 | 3 | 4 | 5 | | |
| | | | | | | | | | | | | | | | |

### 五、种实病害调查

每种植物选取 5％～10％ 的样株，每株植株顶端的不同部位、方向取样 100～200 个种实，也可在采集后的种实堆中随机抽查 500 个以上进行调查（表 2-1-17）。

表 2-1-17 种实病害调查表

| 调查日期 | 调查地点 | 病害名称 | 植物种类 | 调查种实数 | 发病种实数 | 发病率（％） | 病害分级 | | | | | 病情指数 | 备注 |
|---|---|---|---|---|---|---|---|---|---|---|---|---|---|
| | | | | | | | 1 | 2 | 3 | 4 | 5 | | |
| | | | | | | | | | | | | | |

【任务考核标准】 见表 2-1-18。

表 2-1-18 园林植物病害症状识别任务考核参考标准

| 序号 | 考核项目 | 考核内容 | 考核标准 | 考核方法 | 标准分值 |
|---|---|---|---|---|---|
| 1 | 基本素质 | 学习工作态度 | 态度端正，主动认真，全勤，否则将酌情扣分 | 单人考核 | 5 |
| | | 团队协作 | 服从安排，与小组其他成员配合好，否则将酌情扣分 | 单人考核 | 5 |
| 2 | 专业技能 | 苗木病害调查 | 能够根据要求，正确地进行苗木病害的现场调查，并做好原始资料的采集。调查欠规范者，酌情扣分 | 以小组为单位考核 | 20 |
| | | 枝干病害调查 | 能够根据要求，正确地进行枝干病害的现场调查，并做好原始资料的采集。调查欠规范者，酌情扣分 | 以小组为单位考核 | 20 |
| | | 叶部病害调查 | 能够根据要求，正确地进行叶部病害的现场调查，并做好原始资料的采集。调查欠规范者，酌情扣分 | 以小组为单位考核 | 20 |
| | | 种实病害调查 | 能够根据要求，正确地进行种实病害的现场调查，并做好原始资料的采集。调查欠规范者，酌情扣分 | 以小组为单位考核 | 5 |

（续）

| 序号 | 考核项目 | 考核内容 | 考核标准 | 考核方法 | 标准分值 |
|---|---|---|---|---|---|
| 3 | 职业素质 | 方法能力 | 独立分析和解决问题的能力强，能主动、准确地表达自己的想法 | 单人考核 | 5 |
| | | 工作过程 | 工作过程规范，有完整的工作任务记录，字迹工整 | 单人考核 | 10 |
| | | 自测训练与总结 | 及时准确完成自测训练，总结报告结果正确，电子文本规范，体会深刻，上交及时 | 单人考核 | 10 |
| 4 | 合计 | | | | 100 |

【拓展知识】

一、园林植物病虫害预测预报的意义和种类

园林植物病虫害的发生发展具有一定规律性，认识和掌握其规律，就能够根据现在的变动情况推测未来的发展趋势，及时、有效地防治病虫害。病虫害预测预报是实现"预防为主，综合治理"方针、正确组织指导防治工作的基础和依据。

病虫害的预测预报包括两方面的内容。预测是在病虫害发生之前，运用科学方法侦察病虫害的发展动态，并把侦察到的资料，结合当时当地的气候条件和园林植物生长发育状况进行分析，正确推断病虫害未来的发生发展趋势。预报是把预测的结果及时地通报出去，使人们了解病虫害未来的发生情况，做到心中有数，及早做好防治准备。

病虫害预测预报的种类，按预测期限的长短可分为短期预测、中期预测和长期预测。短期测报对病害来说是指预测某病害于发病前几天乃至十几天流行的可能性；对害虫来说是指根据某害虫前一、二个虫态的发生时期和数量预测后一、二个虫态的发生时期和数量，期限仅在一个世代或半年之内。中期预测对病害来说是指预测某病害于发病前1~2个月内流行的情况；对害虫来说是指根据上一世代的发生情况，预测下一世代的发生情况，期限随虫种而异。1年发生一代的虫种为1年，1年发生几代的则为1个月或1个季度。长期预测对病害来说是预测某病害发病前半年流行的可能性；对害虫来说是指预测相隔2个世代以上，期限1年以上甚至3~5年。

预测按内容可分为发生期预测、发生量预测、扩散蔓延预测和危害程度预测等。影响病虫发生的各种因素在短期内易于掌握，因此，目前常用的是发生期和发生量的中、短期预测。

二、园林植物病虫害预测预报的方法

（一）虫害的预测

1. 发生期预测　主要是预测某种害虫某一虫态出现的始见期、盛期、末期，以便确定防治的最佳时期。一个虫态在某一地区最早出现的时间，称为始见期；出现数量达一个虫态总数的50%时，称为盛期；一个虫态出现的最后时间，称为末期或终期。

这种方法常用于预测一些防治时间性强，而且受外界环境影响较大的害虫。如钻蛀性、卷叶性害虫以及龄期越大越难防治的害虫。这种预测生产上使用最广。而害虫的发生期随每年气候的变化而变化，所以每年都要进行发生期预测。常用的方法有以下几种：

（1）物候法。物候是指自然界各种生物现象出现的季节规律性。人们在与自然的长期斗争中发现，害虫某个虫态的出现期往往与其他生物的某个发育阶段同时出现，物候法就是利用这种关系，以植物的发育阶段为指示物，对害虫某一虫态或发育阶段的出现期进行预测。"桃花一片红，发蛾到高峰"就是老百姓根据地下害虫小地老虎与桃花开放的关系来预测其发生期的。

（2）发育进度预测法。发育进度是指某种害虫的某一虫态个体数量在时间上的分布。人们通过对害虫发育进度的观察结果，参考当地气象预报的日、旬平均温度，加上相应的虫态历期，推算以后虫态发育期即为发育进度预测。发育进度预测法可分为历期预测法和期距预测法。

①历期预测法。历期预测法是通过对前一虫态发育进度（如化蛹率、羽化率、孵化率等）调查，当调查虫口数达 16%、50%、80%即始见期、盛期、末期的数量标准时，分别加上当时气温下该虫态的发育历期，即可推得出后一虫态的相应发生期。

②期距预测法。期距是指害虫各虫态的时间距离，在测报中常用的期距一般是指盛期至盛期的天数。根据前一虫态或前一世代的发生期，加上期距天数就可推测后一虫态或后一世代的发生期。

测定期距常用的方法有以下 3 种：

a. 调查法：在绿地内选择有代表性的样方，对刚出现的某害虫的某一虫态进行定点取样，逐日或每隔 2～3d 调查 1 次，统计该虫态个体出现的数量及百分比。通过长期调查掌握各虫态的发育进度后，便可得到当地各虫态的历期。按下列公式进行统计：

$$孵化率 = \frac{幼虫数或卵壳数}{总卵壳数} \times 100\%$$

$$化蛹率 = \frac{活蛹数 + 蛹壳数}{活幼虫数 + 蛹壳数 + 活蛹数} \times 100\%$$

$$羽化率 = \frac{蛹壳数}{活幼虫数 + 蛹壳数 + 活蛹数} \times 100\%$$

b. 诱测法：利用害虫的趋性及其他习性（趋光、趋化、趋色、产卵等）分别采用各种方法（灯诱、性诱、食饵等）进行诱测，逐日检查诱捕器中虫口数量，就可了解本地区害虫发生的始见期、盛期、末期。有了这些基本数据，就可推测以后各年各虫态或危害可能出现的日期。

c. 饲养法：对一些难以观察的害虫或虫态，从野外采集一定数量的卵、幼虫或蛹，进行人工饲养，观察其发育进度，求得该虫各虫态的发育历期。人工饲养时，应尽可能使室内环境接近自然环境，以减少误差。

（3）有效积温预测法。根据有效积温公式：$K = N(T-C)$ 或 $K = (T-C)/V$（式中：$K$ 为积温常数；$N$ 为发育历期；$T$ 为温度；$V$ 为发育速率；$C$ 为发育起点温度），通过实验，得到不同 $T$ 值下的 $N$ 值，然后用统计学方法就可求出 $C$、$K$。当知道某一虫态或龄期的 $C$、$K$ 值后，根据当地气象预报未来平均温度的预测值，通过有效积温公式的变换式 $N = K/(T-C)$，便可预测出下一虫态的发生期。

（4）形态构造预测法。害虫在生长发育过程中，会发生外部形态和内部结构上的变化。将害虫某虫态的发育进度加上相应的虫态历期，就可预测下一虫态的发生期。如青脊竹蝗卵内的胚胎变为淡黄色，体液透明，复眼显著时，距离孵化天数为 25～30d；当卵内若虫体背出现褐斑、足明显时，距离孵化天数只有 15d 左右。若 4 月 20 日进行调查，观察到卵内胚胎已变为淡黄色，复眼明显，那么预示卵将在 5 月 15 日至 20 日孵化出跳蝻。

（5）物理法。害虫是有生命的有机体，它们对光、电磁波、射线等有特殊的反应。利用这些特性进行害虫预测是目前采用的较先进的技术，其中遥感技术更为先进。随着城市数字化的发展，遥感技术也将跨入一个新的台阶，监测与预报病虫害的种类、发生期、数量、危害程度、发生地点和蔓延范围将更为迅速，准确。

（6）相关一元回归分析法。在生态环境中，有多种因素影响昆虫的发生、发展及数量变化，也就是昆虫与环境之间存在一定的相关性，我们总结多年经验，就会发现某种因子在起着主导和支配作用，这种单一的因素相关为单相关。由单因子测报害虫发生期或发生量而建立的数量模式，就称为一元回归式。用公式表示为：

$$Y = a + bX$$

式中：$Y$ 为害虫测报指标（发生期或发生量）；$X$ 为相关因子（自变量）；$a$ 为回归方程中的常数项；$b$ 为回归系数。

（7）计算机预测法。21 世纪是计算机时代，计算机测报将是一种应用最普遍，最有发展前途的预测预报方法。根据害虫发生发展与气象等诸因子的相关性，建立数学模型，编制预测预报程序，当输入测报因子时，就可自动进行害虫的发生期和发生量的推断。

**2. 发生量预测法**　又称为猖獗预测或大发生预测。主要是预测害虫未来数量的消长变化情况，对指导防治数量变化较大的害虫极为重要。常用的方法有以下 5 种：

（1）有效虫口基数预测法。这是目前采用较多的一种方法。害虫的发生数量往往与其前一世代的虫口基数有着密切关系，基数大，下一世代发生量可能就多；反之，则少。

其方法是：对上一世代的虫态，特别是对其越冬虫态，选有代表性的，以面积、体积、长度、部位、株等为单位，调查一定的数量，统计虫口基数，然后再根据该虫繁殖能力、性比及死亡情况，来推测下一代发生数量。通常应用下面公式计算：

$$P = P_0 \left[ e \cdot \frac{f}{m+f} (1-M) \right]$$

式中：$P$ 为繁殖量，即下一代的发生量；$P_0$ 为下一代虫口基数；$e$ 为每头雌虫平均产卵数；$f$ 为雌虫数量；$m$ 为雄虫数量；$\frac{f}{m+f}$ 为雌虫百分率；$M$ 为死亡率（包括卵、幼虫、蛹、成虫未生殖前）；$1-M$ 为生存率，可为 $(1-a)$、$(1-b)$、$(1-c)$、$(1-d)$，其中 $a$、$b$、$c$、$d$ 分别为卵、幼虫、蛹、成虫生殖前的死亡率。

（2）气候图预测法。气候图预测法就是利用害虫与环境条件中温、湿度的相关性，预测某种害虫的发生趋势。应用该法来预测害虫的发生数量，必须是以温、湿度为其数量变动的主导因素的害虫。另外，还必须积累相当多的历史资料（至少要有 5 年的资料），将这些资料进行比较，找出害虫大发生最适宜的温、湿度范围，然后以此作为预测某害虫大发生的依据。

气候图的绘制及测报方法：在坐标纸上先绘出直角坐标，以横坐标表示相对湿度或降水量，以纵坐标表示温度，将某个地区某年每个月平均温度和平均相对湿度（或月降水量）在坐标上标记成点，每点注明月份，然后按月序连成线，并将 1 月和 12 月也连起来，得到的封闭曲线图即为气候图。

在同一直角坐标上，将某害虫大发生最适宜的温、湿度范围绘成一个正方形。这样在同一坐标上同时出现两种图：一种是多边不规则的封闭曲线图即环境气候图；另一种是正方形的生物气候图。两种图形重复的面积越大，说明该虫与当地的温、湿度关系越密切，也即二者相关性越大。若以后再有类似的温、湿度条件，该虫就可能大发生。

（3）形态指标预测法。环境条件对昆虫的影响是通过昆虫本身（内因）起作用的，昆虫对外界条件的适应也会从形态上表现出来。如虫态的变化、脂肪含量与结构、雌雄性比等都会影响到下一代或下一虫态的繁殖能力。可以依据这些内、外部形态上的变化，估计未来的发生量。例如蚜虫类一般在环境条件对其有利时，无翅蚜多于有翅蚜，种群数量将会上升；反之，种群数量则可能下降。因此，对于蚜虫发生量预测，可通过统计种群中有翅若蚜百分率作为预测该蚜虫种群数量变化的指标。如果在群体中（刚产下的幼蚜不计）有翅若蚜的百分比不超过30%时，在未来的7～10d，蚜虫数量将增加，这个比率越低，增长的速度越高；若在30%～40%时，在7～10d仍维持原有的水平；若高于40%时，在7～10d后开始下降；若在60%以上，7～10d后蚜量将显著下降。

（4）生命表预测法。生命表的研制是近代昆虫生态学中研究昆虫种群动态规律和预测预报种群数量消长趋势的主要方法之一。生命表预测法就是在绿地内定位、定树、定虫、定时观察分析种群在整个世代的各个发育阶段（包括卵、幼虫或若虫、蛹及成虫产卵前），在各种因素影响下，虫口数量变动情况及其致死原因，根据生存率和死亡率估计种群未来的消长趋势。

（5）相关一元回归分析预测法。只要有历年实测到的影响害虫数量变化的主导因子，仿发生期相关回归预测法的步骤，发生量同法可求。

**3. 发生区测报**　发生区的测报包括害虫发生地点、范围以及发生面积的测报。对于具有扩散迁移习性的害虫，还包括其迁移方向、距离、降落地点的测报。

（1）扩散迁移的测报。在扩散迁移的测报中，既要考虑害虫本身的习性，又要分析环境因素的干扰。对近距离飞翔的昆虫，可采取标志释放后人工捕捉，或灯光诱获、性信息素诱获等方法，其他方法还有昆虫雷达监测等。

（2）发生地点与范围的测报。在进行此项测报时要考虑以下因素：一是当地害虫繁殖力强，一旦环境适宜，就可能爆发成灾。二是害虫发生范围与周围虫口密度密切相关，因此，发生地点、范围和面积的预测必须同虫情调查及发生量预测结合起来。三是要注意发生周期以及其他规律的变化。

**（二）病害的预测**

病害预测的方法和依据因不同病害的流行规律而异。病害预测的主要依据是：病原物的生物学特性；病害侵染过程和侵染循环的特点；病害发生前寄主的感病状态；病原物的数量；病害发生与环境条件的关系；当地的气象历史资料和当年的气象预报材料等。对这些情况掌握得准确，病害预测就可靠。目前，病害主要是根据病原物的数量和存在状况，寄主植物的感病性和发育状况，以及病害发生和流行所需的环境条件3个方面的调查和系统观察进行预测。例如：银杏苗木茎腐病的病原是一种土壤习居菌，一年生幼苗高度感病，苗茎基部的高温灼伤是病菌侵入的必要条件。根据历年经验，病害一般在梅雨期结束后10d左右开始发生。因此在病原菌大量存在，寄主又处在高度感病发育阶段，只要预测当地的气象情况，即预测梅雨季节结束的早晚及气温变化情况，就可预测当年该病发生的早晚和严重程度。梅雨季节结束早，发病就早；7～8月气温愈高，发病就愈重。

病害预测的方法可分为 2 种，即数理统计预测法和实验生态生物学预测法。

**1. 数理统计预测法**　即在多年试验、调查等实测数据的基础上，采用数理统计学回归分析的方法，找出影响病害流行的各主要因素，即寄主植物的感病性、病原物的数量和致病力、环境条件（特别是气温、湿度、土壤状况等）、管理措施等因素与病害流行程度之间的数量关系。在回归方程中，上述某个因素（或多个因素）为自变量，流行程度为依变量。建立回归预测式后，输入自变量调查数据就可预测病害发生情况。

**2. 实验生态生物学预测法**　这种预测法是运用生态学、生物学和生理学的方法，通过预测圃观察、绿地调查、孢子捕捉和人工培养等手段，来预测病害的发生期、发生量及危害程度的一种方法。此法较烦琐。但准确性高，仍是目前病害预测常用的方法。

（1）预测圃观察。在某病流行地区，栽植一定数量的感病植物或固定一块圃地，经常观察病害的发生发展情况，这就是预测圃观察。根据预测圃植物发病情况，可推测田间病害发生期，便于及时组织防治。

（2）绿地调查。就是在绿地内选有代表性的地段进行定点、定株和定期调查，了解病害的发生情况，分析病害发生的条件。这样，对病害未来发生情况做出准确的估计。

（3）孢子捕捉。季节性比较强，并靠气流传播的病害，如锈病、白粉病可用孢子捕捉法预测病害发生情况。做法是在病害发生前，用一定大小的玻片，涂上一层凡士林，放在容易接受孢子的地方，迎风放或平放于一定高度，定期取回镜检计数，进行统计分析，就能推测病害发生时期和发生程度。

（4）人工培养。在病害发生前，将容易感病或可疑的有病部分进行保湿培养，逐日观察记载发病情况，统计已显症状的发病组织所占有的百分数，就可以预测在自然情况下病害可能发生的情况。

（三）病虫害危害程度预测

病虫害危害程度预测是预测园林植物受病虫危害后，影响园林植物生长和发育所带来的损失程度。它是确定是否需要进行病虫害防治的依据，或指导防治的指标。

园林植物病虫危害程度预测，主要通过以下两步来完成。

**1. 病虫危害程度的分级**　分级标准参见本项目工作任务 2.1.1。

**2. 病虫危害程度的计算**　首先从标准地中科学取样，认真调查统计，计算公式为：

$$P_i = \frac{\sum V_i \times n_i}{N(V_a+1)} \times 100\%$$

式中：$P_i$ 为危害程度；$V_i$ 为某病虫害级值；$n_i$ 为某级值数量；$V_a$ 为最高级值；$N$ 为调查总数。

（四）病虫害预报

将病虫预测结果按期向上一级填表汇报。县、市、省园林有关部门，在接到基层测报组报送的预报资料后，应迅速研究，以便决定是否发布县、市或全省性的短期或长期预报。

**【关键词】**

病虫害调查、监测、资料整理、标准地、虫口密度、有虫株率、发病率、病情指数

**【项目小结】**

本项目主要讲解与实训利用园林植物病虫害调查的基本方法，对不同类型的病虫害开展全面调查，调查所发病虫害的种类、数量、分布、危害、发生规律等。害虫调查的基本内容

包括食叶害虫调查、枝梢害虫调查、种实害虫调查、蛀干害虫调查、地下害虫调查、天敌调查；病害调查的基本内容包括苗木病害调查、枝干病害调查、叶部病害调查、种实病害调查；最后对调查结果进行科学分析，为制订科学合理的综合防治方案打下基础。

**【练习思考】**

一、名词解释

标准地、虫口密度、有虫株率、发病率、病情指数

二、填空题

1. 园林植物病虫害调查可分为_____和_____。_____一般是在_____的基础上进行的。

2. 园林植物病虫害调查方法一般可分四步进行，分别为_____、_____、_____和_____。

3. 虫害调查最后要统计出_____和_____；病害调查最后要统计出_____和_____。

4. 抽样调查时，一般_____ $m^2$ 一个样地，样地面积一般应占调查总面积的_____。

5. 病情指数又称为_____，在_____之间，其既表明病害发生的_____，又表明病害发生的_____。

6. 预测预报的种类一般有_____、_____、_____和_____。

7. 发生期预测主要是预测某种害虫某一虫态出现的_____、_____、_____期，以便确定_____。

8. 发生期预测常用的方法有_____、_____、_____、_____、_____、_____、_____和_____。

9. 发生量预测常用方法有_____、_____、_____、_____和_____。

10. 病害预测的方法可分为_____和_____两种。

三、简答题

1. 园林植物病虫害调查的目的是什么？

2. 你所在地区有哪些物候现象和害虫的发生期有关？试举例说明。

3. 简述害虫发生量的有效虫口基数预测法。

4. 如何计算病虫危害程度？

**【信息链接】**

**病虫害监测新技术**

随着科学技术的不断发展，还有很多更为先进的监测技术，如空中病原菌孢子捕捉器诱测法、3"S"技术监测法(遥感、地理信息系统和全球定位系统综合应用的技术)、雷达监测等。

# 项目二　园林植物病虫害标本采集、制作与保存技术

**【学习目的】** 通过学习园林植物病虫害标本的采集、制作与保存技术，掌握操作技能，并能实际应用到病虫害调查、昆虫的分类鉴定、病害的现场诊断以及病虫害综合防治等内容

的学习中去。

【知识目标】掌握园林植物病虫害标本的采集、制作与保存方法，正确使用各类标本采集与制作工具，通过标本的采集、制作与鉴定，熟悉当地病虫害的发生情况。

【能力目标】能够熟练地运用各种工具采集常见的园林植物病虫害标本材料，会配制各类浸渍液，会制作各类病虫害的干制标本、针插标本、浸渍标本、玻片标本，并能进行妥善保存。

## 工作任务 2.2.1　园林植物昆虫标本的采集、制作与保存技术

【任务目标】

掌握昆虫标本采集、制作和保藏的技术与方法，学会昆虫鉴定的一般方法，了解当地昆虫的主要目科、优势种类，以及生活环境和主要习性，为园林植物害虫的准确鉴定和综合防治奠定基础。

【任务内容】

（1）根据工作任务，采取课堂与实验（训）室、校内外实训基地（包括园林绿地、花圃、苗圃、草坪等）现场相结合的形式，通过查阅资料与网上搜集，获得相关园林植物昆虫标本采集、制作与保存技术的基本知识。

（2）在校内外实训基地，大量采集各类园林植物昆虫标本，并做好相关记录。

（3）实验（训）室内进行各类昆虫标本的制作，学会各类昆虫标本的保存方法。

（4）对任务进行详细记载，上交1份园林植物昆虫标本的采集、制作与保存的实训报告。

【教学资源】

（1）材料与器具：捕虫网、吸虫管、毒瓶、三角纸袋、采集盒、采集袋、采集箱、指形管、扁口镊子、枝剪、手持放大镜、实体显微镜、毛刷、标签纸、记录本、诱虫灯、诱虫器、昆虫针、大头针、三级台、展翅板、整姿台、还软器、黏虫胶、胶水、标本瓶、标本盒、放大镜、挑针、福尔马林、95%酒精等。

（2）参考资料：当地气象资料、有关园林植物害虫的历史资料、害虫种类与分布情况、各类教学参考书、多媒体教学课件、害虫彩色图谱（纸质或电子版）、检索表、各相关网站相关资料等。

（3）教学场所：教室、实验（训）室以及园林植物害虫发生类型较多的校内外实训基地。

（4）师资配备：每20名学生配备1名指导教师。

【操作要点】

（1）检查害虫标本采集工具和材料，制订采集初步方案。

（2）对害虫标本采集人员进行合理分工，采取分组、分片、分时间、分线路的方式进行。

（3）用捕虫网捕到昆虫后，需快速扭动网柄，将网袋下部连虫带网反倒网框上，以免昆虫逃逸。

（4）当网捕到蜇人的蜂类等害虫时，不可用手直接提取，可将其抖入网底后，连虫带网

的底部一同放入毒瓶中进行熏杀，再用镊子等工具取出。

（5）针插标本的针插部位因种类而异，甲虫从右翅基部内侧插入，半翅目从中胸小盾片中央偏右插入，鳞翅目、膜翅目及同翅目从中胸中央插入，直翅目从前胸背板中央偏右插入，双翅目从中胸中央偏右插入，小型昆虫不可插针，采用侧黏的方法，以免损坏其胸部特征。

（6）将制作好的昆虫针插标本、生活史标本及时装盒保存，浸渍标本及时封存，标签内容要填写完整。

（7）针对昆虫标本的采集、制作过程进行讨论，分析操作过程中的基本要领与注意事项。

**【注意事项】**

（1）采集昆虫标本时，要及时做好采集记录，内容包括采集的时间、地点、寄主、生态条件以及采集人姓名等。

（2）采集制作过程中，应尽量保持昆虫标本的完整性。采集时，毒瓶中已中毒的昆虫可先取出放入指形管中后，再放入后采集到的昆虫进行毒杀。否则，先毒死的昆虫（特别是足、翅、触角等）将会被后放入的昆虫的垂死挣扎而损坏，尤其是甲虫和蛾、蝶不能同时放入。蛾、蝶翅膀上的鳞片极易脱落，采集制作时应避免直接用手拿取。

（3）要注意对不同虫态昆虫的采集，必要时还必须采集寄主、寄生天敌等。

（4）放置时间较长的昆虫标本已硬化，不便整理，须用还软器还软后方能制作。

**【内容及操作步骤】**

**一、昆虫标本的采集**

**1. 常用采集用具和采集方法**

（1）捕虫网（图 2-2-1）：用来采集善于飞翔和跳跃的昆虫，如蛾、蝶、蜂、蟋蟀等。由网框、网袋和网柄 3 部分组成。

对于飞行迅速的昆虫，用捕虫网迎头捕捉，并顺势将网袋甩到网圈上；随后抖动网袋，使昆虫集中在底部后，连网放入毒瓶，待昆虫毒死后再取出分装、保存。栖息于草丛或灌木丛的昆虫，可用网边走边扫，如在网底活动开口处套 1 个塑料管，便可直接将虫集于管中。

（2）吸虫管：用来采集蚜虫、红蜘蛛、蓟马等微小的昆虫。

（3）毒瓶（图 2-2-2）：专门用来毒杀成虫。一般用封盖严密的磨口广口瓶等制成。最下层放氰化钾或氰化钠，压实；上铺 1 层锯末，压实，每层厚 5~10mm，最上面再加 1 层较薄的煅石膏粉，上铺 1 张吸水滤纸，压平实后，用毛笔蘸水均匀地涂布，使之固定。

毒瓶要注意清洁、防潮，瓶内吸水纸应经常更

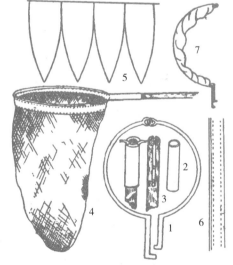

图 2-2-1 捕虫网的构造

1. 网框　2. 铁皮网箍　3. 网柄　4. 网袋

5. 网袋剪裁形状　6. 网袋布边　7. 卷折的网袋

换，并塞紧瓶塞，避免对人的毒害，以延长毒瓶使用时间。毒瓶要妥善保存，破裂后就立即掘坑深埋，近年来，多用敌敌畏代替氰化钾或氰化钠。

（4）三角纸包：用于临时保存蛾蝶类等昆虫的成虫。用坚韧的白色光面纸裁成 3∶2 的长方形纸片，如图 2-2-3 所示折叠。

（5）活虫采集盒：用来采装活虫。铁皮盒上装有透气金属纱和活动的盖孔。

（6）采集箱（盒）：防压的标本和需要及时插针的标本，以及用三角纸包装的标本，须放在木制的采集箱（盒）内。

（7）指形管：一般使用的是平底指形管，用来保存幼虫或小成虫。

此外，还需要配备采集袋、诱虫灯、放大镜、修枝剪、镊子、记载本等用具。

采集时应仔细搜索、认真观察，对具有拟态、假死性、趋化性、趋光性的昆虫，可用振落、诱集法采集昆虫标本。

**2. 采集注意事项**　采集时，遇到的成虫、卵、幼虫、蛹和被害状，要全部采集。昆虫的足、翅、触角极易损坏，要小心保护。要及时做好采集记录，包括编号、采集日期、地点、采集人等。并将当时的环境条件、寄主和昆虫的生活习性等记录下来。

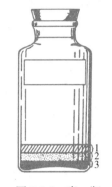

图 2-2-2　毒　瓶
1. 石膏　2. 木屑　3. KCN

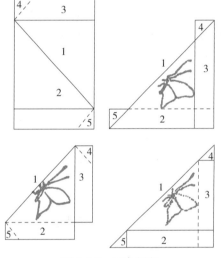

图 2-2-3　三角纸包

## 二、昆虫标本的制作

**1. 干制标本的制作**

（1）制作用具。

①昆虫针：系不锈钢针，型号分 0、1、2、3、4、5 六种。型号愈大昆虫针愈粗。

②三级台（图 2-2-4）：制作标本时将虫针插入孔内，使昆虫、标签在针上的位置整齐划一。

③展翅板（图 2-2-5）：用软木、泡沫塑料等制成，用来展开蛾、蝶等昆虫的翅。

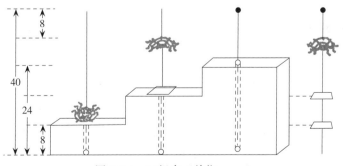

图 2-2-4　三级台（单位：mm）

④三角台纸：将厚胶版印刷纸（道林纸），剪成宽 3mm、高 12mm 的小三角，或长 12mm、宽 4mm 的长方形纸片，用来黏放小型昆虫。

此外，还有幼虫吹胀干燥器、还软器、黏虫胶等用具。

（2）制作方法。

①针插标本：除幼虫、蛹和小型个体外，都可制成针插标本，装盒保存。插针时，依标本的大小选用适当的虫针。其中 3 号针应用较多。虫针在虫体上的插针位置是有规定的（图 2-2-6）。一方面为了插的牢固，另一方面为了不破坏虫体的鉴定特征。

插针后，用三级台调整虫体在针上的高度，其上部的留针长度是 8mm。

甲虫、蝗虫、椿象等昆虫，插针后，需要进行整姿，使前足向前、中足向两侧、后足向后；触角短的伸向前方，长的伸向背两侧，使之保持自然姿态，整好后用虫针固定，待干燥后即定形。

②展翅：蛾、蝶等昆虫，针插后还需要展翅。将虫体插放在展翅板的槽内，虫体的背面与展翅板两侧面平，左、右同时拉动 1 对前翅，

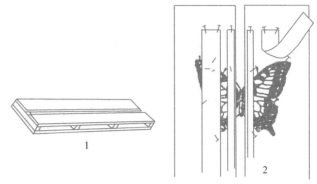

图 2-2-5　展翅板
1. 未放标本　2. 已放标本

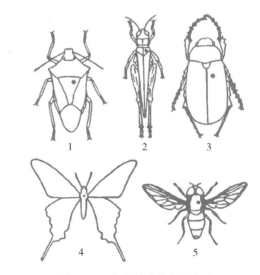

图 2-2-6　各种昆虫的插针部位
1. 半翅目　2. 直翅目　3. 鞘翅目　4. 鳞翅目　5. 双翅目

使 1 对前翅的后缘同在 1 条直线上，用虫针固定住，再拨后翅，将前翅的后缘压住后翅的前缘，左右对称，充分展平。然后用光滑的纸条压住，以虫针固定。5～7d 后即干燥、定形，可以取下。

**2. 浸渍标本的制作**　体柔软或微小的成虫，除蛾、蝶之外的成虫和螨类及昆虫的卵、幼虫和蛹，均可以用保存液浸泡在指形管、标本瓶等来保存。保存液应具有杀死和防止腐烂的作用，并尽可能保持昆虫原有的体形和色泽。

常用保存液有：

（1）酒精液：常用浓度为 75%。小型或软体昆虫先用低浓度酒精浸泡，再用 75% 酒精保存，虫体就不会立即变硬。若在酒精中加入 0.5%～1% 的甘油，能使体壁保持柔软状态。半个月后，应更换 1 次酒精，以后保存液酌情更换 1～2 次，便可长期保存。

（2）福尔马林液：福尔马林（甲醛 40%）1 份，加水 17～19 份，保存大量标本时较经

济。且保存昆虫的卵，效果较好。

（3）醋酸、福尔马林、酒精混合液：冰醋酸 1 份、福尔马林（40%甲醛）6 份、95%酒精 15 份、蒸馏水 30 份混合而成。此种保存液保存的昆虫标本不收缩、不变黑，无沉淀。

（4）乳酸酒精液：90%酒精 1 份、70%乳酸 2 份配成，适用于保存蚜虫。有翅蚜可先用 90%的酒精浸润，渗入杀死，在 7d 再加入定量的乳酸。

保存液加入量，以容器高的 2/3 为宜。昆虫放入量，以标本不露出液面为限。加盖封口，可长期保存。

**3. 生活史标本的制作**　通过生活史标本，能够认识害虫的各个虫态，了解它的危害情况（图 2-2-7）。

制作时，先要收集或饲养得到昆虫的各个虫态（卵、各龄幼虫、蛹、雌、雄性成虫），植物被害状、天敌等。

成虫需要整姿或展翅，干后备用。各龄幼虫和蛹须保存在封口的指形管中。分别装入盒中，贴上标签即可。

图 2-2-7　生活史标本

**4. 玻片标本的制作**　微小昆虫和螨类，须制成玻片标本，在显微镜下观察其特征。为了观察昆虫身体的某些细微部分进行鉴定，蛾、蝶、甲虫等的外生殖器也常被制成玻片标本。

一般采用阿拉伯胶封片法。胶液的配方是：阿拉伯胶 12g、冰醋酸 5mL、水合氯醛 20g、50%葡萄糖水溶液 5mL、蒸馏水 30mL。

**5. 标本标签**　暂时保存的，未经制作和未经鉴定的标本，应有临时采集标签。标签上写明采集的时间、地点、寄主和采集人。

制作后的标本应带有采集标签，如属针插标本，应将采集标签插在第 2 级的高度。

浸渍标本的临时标签，一般是在白色纸条上用铅笔注明时间、地点、寄主和采集人，并将标签直接浸入临时保存液中。

玻片标本的标签应贴在玻片上。注明时间、地点、寄主、采集人和制片人。

经过鉴定的标本，应在该标本之下附种名鉴定标签，插在昆虫针的下部。如属玻片标本，则将种名鉴定标签贴在玻片的另一端。

### 三、昆虫标本的保存

**1. 临时保存**　未制成标本的昆虫，可暂时保存。

（1）三角纸保存：要保持干燥，避免冲击和挤压，可放在三角纸包存放箱内，注意防虫、防鼠、防霉。

（2）在浸渍液中保存：装有保存液的标本瓶、小试管、器皿等封盖要严密，如发现液体颜色有改变要换新液。

**2. 长期保存**　已制成的标本，可长期保存。保存工具要求规格整齐统一。

（1）标本盒（图 2-2-8）：针插标本，必须插在有盖的标本盒内。标本在标本盒中可按分类系统或寄主植物排列整齐。盒子的四角用大头针固定樟脑球纸包或对二氯苯防标本虫。

（2）标本柜：用来存放标本盒，防止灰尘、日晒、虫蛀和菌类的侵害，放在标本柜的标本，每年都要全面检查2次，并用敌敌畏在柜内和室内喷洒或用熏蒸剂熏蒸。如标本发霉，应在柜中添加吸湿剂，并用二甲苯杀死霉菌。

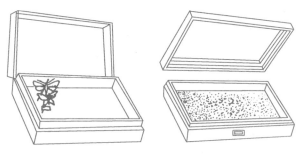

图 2-2-8　昆虫标本盒

浸渍标本最好按分类系统放置，长期保存的浸渍标本，应在浸渍液表面加1层液体石蜡，防止浸渍液挥发。

（3）玻片标本盒：专供保存微小昆虫、翅脉、外生殖器等玻片标本，每个玻片应标签，玻片盒外应有总标签。

【任务考核标准】　见表2-2-1。

表 2-2-1　园林植物昆虫标本的采集、制作与保存技术任务考核参考标准

| 序号 | 考核项目 | 考核内容 | 考核标准 | 考核方法 | 标准分值 |
|---|---|---|---|---|---|
| 1 | 基本素质 | 学习工作态度 | 态度端正，主动认真，全勤，否则将酌情扣分 | 单人考核 | 5 |
| | | 团队协作 | 服从安排，与小组其他成员配合好，否则将酌情扣分 | 单人考核 | 5 |
| 2 | 专业技能 | 昆虫标本的采集 | 能够根据要求，正确地进行昆虫标本的现场采集，并做好记录。采集欠规范者，酌情扣分 | 以小组为单位考核 | 25 |
| | | 昆虫标本的制作 | 能够根据要求，正确地进行昆虫标本的制作。制作欠规范者，酌情扣分 | 以小组为单位考核 | 20 |
| | | 昆虫标本的保存 | 能够根据要求，正确地进行昆虫标本的保存操作。操作欠规范者，酌情扣分 | 以小组为单位考核 | 20 |
| 3 | 职业素质 | 方法能力 | 独立分析和解决问题的能力强，能主动、准确地表达自己的想法 | 单人考核 | 5 |
| | | 工作过程 | 工作过程规范，有完整的工作任务记录，字迹工整 | 单人考核 | 10 |
| | | 自测训练与总结 | 及时准确完成自测训练，总结报告结果正确，电子文本规范，体会深刻，上交及时 | 单人考核 | 10 |
| 4 | | | 合计 | | 100 |

## 工作任务 2.2.2　园林植物病害标本的采集、制作与保存技术

【任务目标】

在学习植物病害标本的采集、制作与保存的过程中，初步了解园林植物的病害在现场的发生情况，识别当地园林植物主要的病害种类及症状特点，掌握植物病害的采集、制作和保存方法，为园林植物病害的诊断和防治奠定基础。

【任务内容】

（1）根据工作任务，采取课堂与实验（训）室、校内外实训基地（包括园林绿地、花圃、苗圃、草坪等）现场相结合的形式，通过查阅资料与网上搜集，获得相关园林植物病害标本采集、制作与保存技术的基本知识。

（2）在校内外实训基地，大量采集各类园林植物病害标本，并做好相关记录。

（3）实验（训）室内进行各类病害标本的制作，学会各类病害标本的保存方法。

（4）对任务进行详细记载，上交1份园林植物病害标本的采集、制作与保存的实训报告。

【教学资源】

（1）材料与器具：现场有病害症状的园林植物、标本夹、标本纸、采集箱、绳、修枝剪、高枝剪、小刀、小锯、手持放大镜、纸袋、塑料袋、小玻璃管、标签、镊子、记录本、铅笔等。

（2）参考资料：当地气象资料、有关园林植物病害的历史资料、病害种类与分布情况、各类教学参考书、多媒体教学课件、病害彩色图谱（纸质或电子版）、检索表、各相关网站相关资料等。

（3）教学场所：教室、实验（训）室以及园林植物病害发生类型较多的校内外实训基地。

（4）师资配备：每20名学生配备1名指导教师。

【操作要点】

（1）检查病害标本采集工具，制订采集方案。

（2）采集的病害标本要具有典型病状，采集过程中要做好记录。记录内容包括寄主名称、采集日期、采集地点、采集人、生态条件等。

（3）病害标本的采集和制作可以同步进行，注意寄主植物的各部分器官（根、茎、叶、花、果）、病状、病征以及病害不同发病阶段的完整性。

（4）按照病害标本制作的操作规范，定时更换吸水纸和浸渍液，确保标本的制作质量，以免发霉和虫蛀。

（5）将压制好的干制标本及时装盒或上台纸，浸渍标本要及时封存，标签内容填写要完整。

（6）针对病害标本的采集、制作过程进行讨论，分析操作过程中的基本要领与注意事项。

【注意事项】

（1）真菌病害的标本具有有性和无性2个阶段，应在不同时期分别采集。

（2）对于典型的病害症状在采集前可先进行拍摄，以记录真实状况，然后按标本的性质和使用目的制成标本。

（3）有条件的地区可以将病害标本的采集任务分解，根据园林植物的生长特性，选择春、夏、秋、冬分别采集。

【内容及操作步骤】

一、病害标本的采集

（一）采集用具

**1. 标本夹**　同植物标本采集夹，用来采集、翻晒和压制病害标本。由2块对称的木条栅状板和1条细绳组成。

**2. 标本纸** 一般采用草纸、麻纸或旧报纸。用来吸收标本水分。

此外，还需要采集箱、修枝剪、手锯、手持放大镜、镊子、记载本、标签等用具。

（二）采集方法与要求

（1）掌握适当的采集时期，症状要典型，真菌病害应采有子实体的；新病害要有不同阶段的症状表现（无性态和有性态应齐全）。采集时要将病部连同部分健康组织一起采下，以利于病害的诊断。

（2）有转主寄生的病害要采集2种寄主上的症状。

（3）每种标本，只能有1种病害，不能有多种病害混发，以便正确鉴定和使用。

（4）采集标本的同时，应进行田间记录，包括寄主名称、发病情况、环境条件以及采集地点、日期、采集人等。

（三）采集注意事项

为保证标本的完整，有利于标本的制作和鉴定。采集时应注意以下几点：

（1）对病菌孢子容易飞散脱落的标本，用塑料袋或光滑清洁的纸将病部包好，然后放入采集箱内。

（2）腐烂的果实标本、柔软的肉质类标本必须用纸袋分装或用纸包好后，放入采集箱内并防止挤压。

（3）体形较小或易碎的标本，如种子、干枯的病叶等，采集后放入纸袋或广口瓶内。

（4）适于干制的标本，应随采随压于标本夹中，尤其是容易干燥卷缩的标本，更应注意立即压制，否则叶片失水卷缩后无保存价值。

（5）对于不熟识的寄主植物，应将花、叶及果实等一并采回，以便于鉴定。

（6）各种标本的采集应具有一定份数（5份以上），以便于鉴定、保存和交换。

二、病害标本的制作

一般植物病害的标本主要有干制和浸渍2种制作方法。干制法简单、经济，应用最广；浸渍法可保存标本的原形和原色，特别是果实病害的标本，用浸渍法制作效果较好。此外，用切片法制作玻片标本，用以保存并建立病原物档案。

（一）干制标本的制作

叶、茎、果等水分不多、较小的标本，可分层夹于标本夹内的吸水纸中压制。标本纸每层3～4张，以利吸收标本中的水分。然后将标本夹捆紧置于室内通风干燥处。标本干燥越快，保持原色的效果越好。在压制过程中，必须勤换纸、勤翻动，以防标本发霉变色，特别是在高温高湿天气。通常前几天，每天换纸1～2次，此时由于标本变软，应注意整理使其既美观又便于观察，以后2～3d换1次纸，直到全干为止。较大枝干和坚果类病害标本以及高等担子菌的子实体，可直接晒干、烤干或风干。肉质多水的病害标本，应迅速晒干、烤干或放在30～45℃的烘箱中烘干。另外，对于某些容易变褐的叶片标本（如梨叶），可平放在阳光照射的热沙中，使其迅速干燥，达到保持原色的目的。

（二）浸渍标本的制作

一些不适于干制的病害标本，如水果、伞菌子实体、幼苗和嫩枝叶等，为保存原有色泽、形状、症状等，可放在装有浸渍液的标本瓶内。现将常用的浸渍液及其使用方法介绍如下：

**1. 普通防腐浸渍液** 只防腐不保色。其配方如下：甲醛50mL、酒精（95%）300mL、水 2 000mL。此浸渍液亦可简化成 5％甲醛溶液或 70％酒精液。

**2. 绿色标本浸渍液**

（1）醋酸铜—甲醛溶液浸渍法。将醋酸铜缓慢加入 50％的醋酸中配成饱和溶液（大约 1 000mL 50％的醋酸加 15 g 醋酸铜），此为原液，使用时须加水稀释 3～4 倍。用此浸渍液制作标本，分热处理和冷处理 2 种方法：

①热处理法：将稀释后的醋酸铜—甲醛溶液加热至沸，投入标本，标本绿色初被漂去，经数分钟，待标本恢复原来的绿色时，立即取出，用清水漂洗净后投入 5％的甲醛溶液中保存，或压制成干燥标本也可。

②冷处理法：对于不能煮制的标本，如葡萄等果实适用冷处理法。即将标本投入 2～3 倍的醋酸铜稀释液冷浸 72h，待标本恢复原来的绿色后，取出用清水漂洗干净，保存于 5％甲醛溶液中。

（2）硫酸铜—亚硫酸浸渍法。将标本先投入 5％硫酸铜液中冷浸 6～24h，待转色后，取出用清水冲洗，然后保存于亚硫酸溶液中（含 5％～6％二氧化硫的亚硫酸溶液 45mL 加水 1 000mL 配成）。用此法保存叶片效果很好，但应注意密封瓶口，必要时可每年换 1 次亚硫酸浸渍液。

**3. 红色标本浸渍液**

（1）将硼酸 45 g 溶解于 2 000mL 水中，等硼酸全部溶解后，再加入 95％酒精 280mL。静置沉淀后，用其上部澄清液。因红色是由花青素形成的，花青素能溶解于水和酒精，因此上述浸渍液难以长期保存红色标本。

（2）瓦查红色浸渍液。此浸渍液可以长期保存红色标本，其配方为：硝酸亚钴 15g、福尔马林 25g、氯化锡 10g、水 2 000mL。

将洗净的标本先浸渍在上述配制的溶液中，约 2 周后，取出保存于下列方法配制成的浸渍液中：甲醛（37％）10mL、亚硫酸（饱和溶液）30～50mL、酒精（95％）10mL、水 1 000mL。

**4. 黄色和橘红色标本浸渍液** 保持杏、梨、柿、黄苹果和柑橘等果实标本，宜用亚硫酸作浸渍液。但亚硫酸有漂白作用，使用浓度一定要注意。一般市场出售的亚硫酸（含 $SO_2$ 5％～6％的水溶液），在使用时应配成 4％～10％稀释溶液（含 $SO_2$ 0.2％～0.5％）。

**5. 标本瓶的封口** 存放标本的浸渍液，多用具有挥发性或易于氧化的药品制成，必须严密封闭，才能长久保持浸渍液的效用。

（1）暂时封口法。取蜂蜡及松香各 1 份，分别溶化，然后混合，再加入少量凡士林，调成胶状物即成。或以明胶 4 份在水中浸 4h 将水滤去，加热熔化，拌入 1 份石蜡，熔化混合后成为胶状物，趁热使用。

（2）永久封口法。用酪素胶及消石灰等量加水调成糊状封口、保存。或用明胶 28g 在水中浸数小时，将水滤去加热熔化，再加入 0.324g 的重铬酸钾，并加入适量的热石膏使成糊状，即可使用。标本密封后，贴上标签，放于阴凉避光处保存。

（三）显微切片的制作

**1. 载玻片和盖玻片的清洁**

（1）铬酸洗涤液的配制。以温水溶解重铬酸钾，冷却后，缓缓加入浓硫酸，边加边搅拌即成（表 2-2-2）。

表 2-2-2　铬酸洗涤液的配制

| 项目 | 浓铬酸洗液 | 稀铬酸洗液 |
|---|---|---|
| 重铬酸钾 | 60g | 60g |
| 浓硫酸 | 460mL | 60mL |
| 水 | 300mL | 1 000mL |

（2）洗涤。

①污浊玻片：将载玻片及盖玻片用清水洗涤后，置浓铬酸洗涤液中浸数小时或在稀铬酸洗涤液中煮沸 0.5h，然后取出用清水冲净，以脱脂的干净纱布擦干。如果玻片黏有油脂，应先用肥皂水煮，并经清水冲净后，再按上法处理。如果是经过染色和加拿大胶封藏的玻片，用浓偏硅酸钠溶液煮沸，经冲净后，再按上法处理。

②不太污浊玻片：可用毛刷蘸去污粉，在玻片上湿擦，然后用水冲净，以净纱布擦干。为保持玻片的清洁，可将洗净的玻片保存在酸化的酒精（95％的酒精 100mL 加浓盐酸数滴）中，用时取出擦干或用火将酒精烧去。

**2. 制片的方法**　病害标本在镜检前，必须制成显微切片。制作显微切片的方法有很多，常见的有徒手切片法、石蜡切片法、刮涂法等。其中徒手切片法简单易行。

（1）切片工具。剃刀、双面刀片、井式徒手切片机。

（2）被切材料准备。木质或较坚硬的材料，可修成长 7～8cm，直径不小于 1mm，直接拿在手里切；细小而较柔软的组织，须夹在通草、红萝卜、马铃薯或向日葵茎髓之间切。通草平时浸泡在 50％酒精中，用时以清水冲洗。

（3）切片方法。徒手切片，刀口应从外向内，从左向右拉动；使用井式徒手切片机，将材料夹在持物中，装入井圈中夹住，左手握住机体，右手持剃刀切割，每切 1 片后，调节机上刻度使材料上升，再行切割。切下的薄片，为防止干燥，应放在盛有清水的培养皿中。

（4）染色。在染色器皿中进行。常用番红—固绿二重染色法和铁矾—苏木精染色法。

（5）制片。用挑针选取 2～3 个最薄的染色和不染色的切片放在载玻片中央的水滴中，盖上盖玻片（小心操作，以免产生水泡），然后用显微镜观察。

对于表生的霉层、白粉、锈粉、霉污等材料，可直接挑取或刮取病原物，置于载玻片中央的水滴中涂抹均匀，然后封片观察。

此外，病原特征典型的切片，须长期保存时，可用甘油明胶作浮载剂，待水分蒸发后，再用加拿大胶封固，即可长期保存。甘油明胶的配法是：先将 1 份明胶溶于 6 份水中，加热至 35℃，溶化后加入 7 份甘油，然后每 100mL 甘油明胶中加入 1g 苯酚，搅拌均匀，趁热用纱布过滤即成。

三、病害标本的保存

**1. 干制标本的保存**　干燥后的标本经选择制作后，连同采集记载一并放入牛皮纸袋中或标本盒中，贴上鉴定标签，然后分类存放于标本橱中。

（1）纸制标本盒。盒底纸制，盒面嵌有玻璃。可将经过压制的标本用线或胶固定在盒内底部。盒外贴上标签。

（2）牛皮纸袋。先把标本缝固在油光纸夹中，然后将其置于牛皮纸袋中，并在袋外贴上标签。

（3）标本橱。用来保存标本盒、牛皮纸袋和玻片标本盒。一般按寄主种类归类排列，也可按病原分类系统排列放。

**2. 浸渍标本的保存** 将制好的浸渍标本瓶、缸等，贴好标签，直接放入专用标本橱内即可。

**3. 玻片标本的保存** 排列于玻片标本盒内，然后将标本盒分类存放于标本橱中。

各类标本的保存要有专人负责，干制标本和浸渍标本必须分橱存放，定期检查，如发现问题应及时处理。标本室的环境应阴凉干燥，定期通风。标本室的玻璃要加深色防光窗帘，如发现标本室有标本害虫应立即采取熏蒸措施。

**【任务考核标准】** 见表2-2-3。

表2-2-3 园林植物病害标本的采集、制作与保存技术任务考核参考标准

| 序号 | 考核项目 | 考核内容 | 考核标准 | 考核方法 | 标准分值 |
|---|---|---|---|---|---|
| 1 | 基本素质 | 学习工作态度 | 态度端正，主动认真，全勤，否则将酌情扣分 | 单人考核 | 5 |
| | | 团队协作 | 服从安排，与小组其他成员配合好，否则将酌情扣分 | 单人考核 | 5 |
| 2 | 专业技能 | 病害标本的采集 | 能够根据要求，正确地进行病害标本的现场采集，并做好记录。采集欠规范者，酌情扣分 | 以小组为单位考核 | 25 |
| | | 病害标本的制作 | 能够根据要求，正确地进行病害标本的制作。制作欠规范者，酌情扣分 | 以小组为单位考核 | 20 |
| | | 病害标本的保存 | 能够根据要求，正确地进行病害标本的保存操作。操作欠规范者，酌情扣分 | 以小组为单位考核 | 20 |
| 3 | 职业素质 | 方法能力 | 独立分析和解决问题的能力强，能主动、准确地表达自己的想法 | 单人考核 | 5 |
| | | 工作过程 | 工作过程规范，有完整的工作任务记录，字迹工整 | 单人考核 | 10 |
| | | 自测训练与总结 | 及时准确完成自测训练，总结报告结果正确，电子文本规范，体会深刻，上交及时 | 单人考核 | 10 |
| 4 | | | 合计 | | 100 |

**【关键词】**

病虫害标本、采集、制作、保存、干制标本、浸渍标本、玻片标本

**【项目小结】**

本项目主要介绍园林植物病虫害标本的采集、制作与保存技术，要求能够熟练地运用捕虫网、吸虫管、毒瓶、三角纸袋、采集盒、采集袋、采集箱、标本夹、标本纸、指形管、扁口镊子、枝剪等工具采集各种病害虫标本，会配制各类浸渍液，能够制作各类针插标本、浸渍标本、玻片标本，并掌握病虫害标本保存技术。同时，通过学习掌握操作技能，并能实际应用到病虫害调查、昆虫鉴定、病害诊断及综合防治等内容的学习中去。

**【练习思考】**

一、名词解释

病虫害标本、干制标本、浸渍标本、玻片标本、生活史标本

二、填空题

1. 捕虫网由＿＿＿＿＿、＿＿＿＿＿、＿＿＿＿＿三部分组成。

2. 吸虫管主要用来采集蚜虫、红蜘蛛、蓟马等＿＿＿＿＿的昆虫。

3. 三角纸包用于临时保存_____类等昆虫的成虫。

4. 展翅板用_____、_____等制成，用来展开蛾、蝶等昆虫的翅。

5. 微小昆虫和螨类，需制成_____标本，在显微镜下观察其特征。

6. 玻片标本的标签应贴在玻片上，注明_____、_____、_____、_____和

_____。

7. 一般植物病害的标本主要有_____和_____两种制作方法。

三、简答题

1. 采集害虫标本时应注意哪些事项？

2. 采集病害标本时应注意哪些事项？

3. 怎样制作与保存害虫标本？

4. 怎样制作与保存病害标本？

**【信息链接】**

### 天敌调查

病虫害的天敌包括捕食性昆虫、寄生性昆虫、致病微生物及有益动物等。天敌调查着重调查天敌的种类与数量，可随同病虫害调查一起进行。对于寄生性天敌和致病微生物的调查可分为少量、中等和大量3级，寄生率10％以下为少量，用"＋"表示；寄生率在11％～30％为中等，用"＋＋"表示；寄生率在31％以上为大量，用"＋＋＋"表示。调查捕食性天敌与有益动物时，应记载实际数量。

# 模块三 农药及药械使用技术

## 项目一 农药的鉴别与配制

【学习目的】通过学习农药有关基本知识，掌握配制农药技能，学会农药的鉴别方法，为做好园林植物病虫害化学防治工作打下基础。

【知识目标】了解农药分类知识与农药用量的表示方法，掌握常见农药剂型特性及简易鉴别方法，掌握波尔多液、石硫合剂、柴油乳剂的配制及质量检测方法，了解农药标签的内容。

【能力目标】能说出常见农药的剂型，会配制药液、毒土、毒饵及波尔多液、石硫合剂、柴油乳剂等农药，能够简单鉴别农药质量、辨别真伪。

### 工作任务 3.1.1 农药常见剂型、制剂及质量的简易鉴别

【任务目标】
了解农药剂型的特性和简易鉴别方法，了解常见农药的理化性状。

【任务内容】

（1）根据工作任务，采取课堂、实验（训）室以及校内外实训基地（包括园林绿地、花圃、苗圃、草坪等）现场相结合的形式，通过查阅资料与网上搜集，获得相关园林常用农药的剂型、制剂以及质量鉴别的基本知识。

（2）通过实验（训）室或校内外实训基地（包括绿地、苗圃、花圃、草坪等），对园林常用农药的剂型、制剂进行识别，并对其质量进行简易鉴别。

（3）对任务进行详细记载，并列表描述所观察到的农药的剂型、制剂及质量鉴别方法。

【教学资源】

（1）材料与器具：常用各种剂型的农药品种，如敌敌畏乳油、辛硫磷乳油、溴氰菊酯乳油、阿维菌素乳油、哒螨酮乳油、粉锈宁乳油、福星乳油、敌力脱乳油、吡虫啉可湿性粉剂、吡蚜酮可湿性粉剂、克露可湿性粉剂、敌百虫晶体、敌百虫可溶性粉剂、杀虫双水剂、普力克水剂、灭旱螺颗粒剂、除蜗灵颗粒剂、百菌清烟剂、腐霉利烟剂、灭幼脲 3 号悬浮剂、噻菌灵悬浮剂、白僵菌粉剂、氟啶虫酰胺水分散粒剂、磷化铝片剂等；农药标签若干；烧杯、角匙、玻璃棒等。

（2）参考资料：当地气象资料、有关园林植物病虫害的历史资料、农药使用情况、各类教学参考书、多媒体教学课件、病虫害彩色图谱（纸质或电子版）、农药资料、检索表、各相关网站相关资料等。

（3）教学场所：教室、实验（训）室以及园林植物病虫害危害较重的校内外实训基地。

（4）师资配备：每20名学生配备1名指导教师。

【操作要点】

（1）将粉剂、可湿性粉剂、乳油、水剂等置于水中时，量取的药量不可过多。

（2）通过药液的悬浮状况鉴定农药质量时，计时要准确。

【注意事项】有毒操作，注意安全，严格按实验（训）室的操作规程进行。

【内容及操作步骤】

## 一、常用农药剂型的观察及鉴别

农药是指用于预防、消灭或者控制病、虫、草和其他有害生物以及有目的的调节植物、昆虫生长的化学合成或者来源于生物、其他天然物质的一种物质或者几种物质的混合物及其制剂。由工厂生产出来未经加工的农药产品称为原药，原药一般经过加工才能使用，加工后的农药产品称为制剂。农药制剂的形态称为剂型，一种农药可加工成多种剂型。

乳油外观为黄褐色或褐色油状液体，注入水中后可形成乳浊液，多有气味。可湿性粉剂外观为非常细小的灰褐色或黄褐色的粉末状固体，粉粒平均粒径 $25\mu m$，加入水中后短时间内即可被水湿润，经搅拌即形成悬浊液，大多气味较小。粉剂外观与可湿性粉剂相似，粉粒平均粒径 $30\mu m$，一般气味较小，具有良好的吸附性和流动性。颗粒剂外观为颗粒状固体，有圆球形、圆柱形、不规则形等，颗粒直径一般在 $250\sim600\mu m$，因所加染料不同而呈现各种颜色。

利用给定的上述农药品种，正确地辨识粉剂、可湿性粉剂、乳油、颗粒剂、水剂、烟雾剂、悬浮剂等剂型在物理外观上的差异。

将 $2\sim3$ 滴乳油和水剂农药分别放入盛有清水的烧杯中，前者呈半透明或乳白色的乳状液，后者则为无色透明状。取少量药粉轻轻撒在水面上，若长时间浮在水面，则为粉剂，在 1min 内粉粒稀释下沉，且搅动时产生大量泡沫的，则为可湿性粉剂。

## 二、常用农药质量的简易鉴别方法

（一）外观质量鉴别

**1. 检查农药包装**　合格产品的外包装较坚固，商标色彩鲜明，字迹清晰，封口严密，边缘整齐。

**2. 查看标签**　重点看有效成分是否标清，"三证"、生产日期及有效期是否标明，农药是否过期。

**3. 观看外观**　乳油有无分层或沉淀；粉剂、可湿性粉剂的粉粒是否均匀、有无结块；悬浮剂摇动后能否迅速呈现较为均匀的悬浮态；颗粒剂大小、色泽是否均一等。

（二）物理性状鉴别

将少许乳油滴入盛有清水的烧杯中，轻轻振荡，质量好的乳油油水融合良好，呈半透明或乳白色稳定的乳状液；若振荡中产生油层、油水分离明显，则产品质量较差或不合格。取可湿性粉剂少许加入水中，轻轻搅动放置30min，观察药液的悬浮情况，沉淀越少，可湿性粉剂质量越好，沉淀物较多时，表明质量较差。将少许水分散性粒剂加入水中，溶解迅速、无沉淀的质量较好，不合格产品轻摇后亦不溶于水。

【任务考核标准】 见表 3-1-1。

表 3-1-1 农药常见剂型、制剂及质量的简易鉴别任务考核参考标准

| 序号 | 考核项目 | 考核内容 | 考核标准 | 考核方法 | 标准分值 |
|---|---|---|---|---|---|
| 1 | 基本素质 | 学习工作态度 | 态度端正，主动认真，全勤，否则将酌情扣分 | 单人考核 | 5 |
| | | 团队协作 | 服从安排，与小组其他成员配合好，否则将酌情扣分 | 单人考核 | 5 |
| 2 | 专业技能 | 常用化学农药剂型的观察及鉴别 | 能够准确地鉴别常用化学农药的剂型。鉴别不准确者，酌情扣分 | 单人考核 | 35 |
| | | 常用化学农药的外观质量与物理性状鉴别 | 能够准确地鉴别常用化学农药的外观质量与物理性状。鉴别不准确者，酌情扣分 | 单人考核 | 30 |
| 3 | 职业素质 | 方法能力 | 独立分析和解决问题的能力强，能主动、准确地表达自己的想法 | 单人考核 | 5 |
| | | 工作过程 | 工作过程规范，有完整的工作任务记录，字迹工整 | 单人考核 | 10 |
| | | 自测训练与总结 | 及时准确完成自测训练，总结报告结果正确，电子文本规范，体会深刻，上交及时 | 单人考核 | 10 |
| 4 | | | 合计 | | 100 |

# 工作任务 3.1.2 配制药液、毒土、毒饵

【任务目标】

了解农药用量的表示方法，掌握农药的稀释计算，能够熟练配制药液、毒土、毒饵。

【任务内容】

（1）根据工作任务，采取课堂、实验（训）室以及校内外实训基地（包括园林绿地、花圃、苗圃、草坪等）现场相结合的形式，通过查阅资料与网上搜集，获得相关园林常用农药配制的基本知识。

（2）在实验（训）室或校内外实训基地，对园林常用农药进行配制药液、毒土、毒饵的操作。

（3）对任务进行详细记载，并列表描述药液、毒土、毒饵的配制过程及注意事项。

【教学资源】

（1）材料与器具：剂型为乳油、水剂、可湿性粉剂等的低毒农药品种；手动喷雾器、量筒、天平、角匙、塑料桶等。

（2）参考资料：当地气象资料、有关园林植物病虫害的历史资料、农药使用情况、各类教学参考书、多媒体教学课件、病虫害彩色图谱（纸质或电子版）、农药资料、检索表、各相关网站相关资料等。

（3）教学场所：教室、实验（训）室以及园林植物病虫害危害较重的校内外实训基地。

（4）师资配备：每 20 名学生配备 1 名指导教师。

【操作要点】

（1）配制毒土时，所用土壤须干燥、粒度细且均一，以便药土混合均匀。

（2）配制毒饵时，饵料应为害虫嗜食之物，并确保药剂渗透均匀。

**【注意事项】**

（1）稀释可湿性粉剂时，须用少量水溶解后，再倒入药桶。否则会降低液体的悬浮率，导致药液沉淀。

（2）配制药液的水，应选用清洁的河、溪或沟塘的水，尽量不使用井水。

**【内容及操作步骤】**

配制农药时，一般先要计算农药和稀释剂的用量，称取或量取后再根据不同目的进行混合配制。

## 一、农药及稀释剂用量的计算

### （一）农药用量表示方法

**1. 有效成分用量表示法**　单位面积上使用的农药制剂有效成分的量，通常用"克有效成分/公顷"表示。

**2. 商品用量表示法**　单位面积上使用的农药制剂的用量，通常以 $g/hm^2$ 或 $mL/hm^2$ 为单位。

**3. 倍数法**　药液（药粉）中稀释剂（水或填料）用量为农药制剂用量的倍数，或农药制剂被稀释剂稀释的倍数。药剂稀释 100 倍（含 100 倍）以下时，应扣除药剂所占的 1 份，即所谓的内比法。如稀释 10 倍液，需用药剂 1 份加水 9 份。药剂稀释 100 倍以上时采用外比法，无需考虑原药剂所占的那 1 份。如稀释 800 倍液，可用原药剂 1 份加水 800 份。

**4. 百万分浓度表示法**　农药加水稀释后，每 100 万份药液中所含农药有效成分的份数，单位通常为 $mg/kg$ 或 $mg/L$。

**5. 百分比浓度（%）表示法**　农药加水稀释后，每 100 份药液中所含农药有效成分的份数。百分比浓度又分为质量百分比浓度和体积百分比浓度。固体与固体之间或固体与液体之间，常用质量百分比浓度；液体与液体之间常用体积百分比浓度。

### （二）稀释计算

**1. 农药用量间的换算**

$$有效成分用量＝商品用量×制剂浓度（\%）$$
$$百万分浓度＝百分浓度（\%）×10\,000$$

**2. 求稀释剂用量**

计算 100 倍以下时：

$$稀释剂用量＝\frac{原药剂用量×（原药剂浓度－稀释药剂浓度）}{稀释药剂浓度}$$

计算 100 倍以上时：

$$稀释剂用量＝\frac{原药剂用量×原药剂浓度}{稀释药剂浓度}＝原药剂用量×稀释倍数$$

**3. 求原药剂用量**

$$原药剂用量＝\frac{稀释药剂用量×稀释药剂浓度}{原药剂浓度}＝\frac{稀释药剂用量}{稀释倍数}$$

$$原药剂用量＝\frac{单位面积有效成分用量}{原药剂百分浓度}×施药面积$$

## 二、农药及稀释剂的量取

根据计算结果量取农药及稀释剂，固体农药用秤称量，液体农药要用有刻度的量具进行量取。量取后置于专用容器内。

## 三、农药的配制

**1. 药液的配制**　欲将可湿性粉剂、可溶性粉剂、水分散粒剂等药粉制剂配成药液时，应先在小容器内将药粉加入少量水调成糊状，之后再倒入药桶中，加足水后搅拌均匀即可。

稀释乳油、水剂、悬浮剂等液体农药制剂时，要采用"二次加水法"，即先向配制药液的容器内加 1/2 的水量，再加入所需的药量，最后加足水量。

**2. 毒土的配制**　用粉剂、可湿性粉剂等药粉配置毒土，可直接将其与细土混合均匀即可；对于乳油等液体制剂，应先将药剂配成 50～100 倍高浓度药液，再用喷雾器向细土喷洒，喷药液量至细土潮湿即可。边喷边用铁锨翻动，直至药土混合均匀，药液充分渗透至土粒。

**3. 毒饵的配制**　配制方法与毒土类似，只是要求所用农药对害虫不应产生拒避性，害虫对饵料应有较强的趋性。为了提高诱杀效果，可根据防治对象习性对饵料进行特殊处理，如炒香、煮至半熟等，所用饵料大小均匀，适于害虫吞食。配制时，要确保药剂与饵料混拌均匀或充分吸附于饵料中。

【任务考核标准】　见表 3-1-2。

表 3-1-2　配制药液、毒土、毒饵任务考核参考标准

| 序号 | 考核项目 | 考核内容 | 考核标准 | 考核方法 | 标准分值 |
|------|----------|----------|----------|----------|----------|
| 1 | 基本素质 | 学习工作态度 | 态度端正，主动认真，全勤，否则将酌情扣分 | 单人考核 | 5 |
| | | 团队协作 | 服从安排，与小组其他成员配合好，否则将酌情扣分 | 单人考核 | 5 |
| 2 | 专业技能 | 药液的配制 | 能够规范地进行药液的配制。配制不规范者，酌情扣分 | 单人考核 | 25 |
| | | 毒土的配制 | 能够规范地进行毒土的配制。配制不规范者，酌情扣分 | 单人考核 | 20 |
| | | 毒饵的配制 | 能够规范地进行毒饵的配制。配制不规范者，酌情扣分 | 单人考核 | 20 |
| 3 | 职业素质 | 方法能力 | 独立分析和解决问题的能力强，能主动、准确地表达自己的想法 | 单人考核 | 5 |
| | | 工作过程 | 工作过程规范，有完整的工作任务记录，字迹工整 | 单人考核 | 10 |
| | | 自测训练与总结 | 及时准确完成自测训练，总结报告结果正确，电子文本规范，体会深刻，上交及时 | 单人考核 | 10 |
| 4 | | | 合计 | | 100 |

# 工作任务 3.1.3　波尔多液的配制与质量检查

【任务目标】

掌握波尔多液的配制及鉴别其优劣的方法。

【任务内容】

（1）根据工作任务，采取课堂、实验（训）室以及校内外实训基地（包括园林绿地、花圃、苗圃、草坪等）现场相结合的形式，通过查阅资料与网上搜集，获得相关波尔多液配制与质量检查的基本知识。

（2）通过实验（训）室或校内外实训基地，对波尔多液进行配制与质量检查的操作。

（3）对任务进行详细记载，并列表描述波尔多液的配制过程、操作要点、注意事项以及质量检查的一般方法。

【教学资源】

（1）材料与器具：硫酸铜、生石灰、风化石灰、烧杯、量筒、试管、试管架、台秤、玻璃棒、研钵、试管刷、石蕊试纸、天平、铁丝、塑料桶或木桶等。

（2）参考资料：当地气象资料、有关园林植物病虫害的历史资料、波尔多液的配制与使用概况、各类教学参考书、多媒体教学课件、病虫害彩色图谱（纸质或电子版）、有关波尔多液的资料、检索表、各相关网站相关资料等。

（3）教学场所：教室、实验（训）室以及园林植物病虫害危害较重的校内外实训基地。

（4）师资配备：每20名学生配备1名指导教师。

【操作要点】

（1）消解块状生石灰时，应慢慢注入少量水，切勿一次加水过多。

（2）硫酸铜、生石灰两溶液混合时应边倒边搅拌，但倒完后不要再剧烈搅动，避免有效成分的分解。

【注意事项】

（1）配制波尔多液的容器最好选用塑料桶或木桶，不要用金属容器。

（2）配制时绝不能将石灰乳倒入硫酸铜溶液中，否则会产生络合物沉淀，使药效降低，甚至会产生药害。

（3）配好的波尔多液直接喷雾使用，不可再加水稀释。

【内容及操作步骤】

波尔多液是用硫酸铜、生石灰和水配成的天蓝色胶状悬浮液，呈碱性，有效成分是碱式硫酸铜，几乎不溶于水，不能贮存，应现用现配。波尔多液有多种配比，使用时可根据植物对铜或石灰的忍受力及防治对象加以选择，常用配比主要有以下几种（表3-1-3）。

表3-1-3　波尔多液各式用料配比表

| 原料 | 配比 | | | | |
|---|---|---|---|---|---|
| | 1％等量式 | 1％半量式 | 0.5％倍量式 | 0.5％等量式 | 0.5％半量式 |
| 硫酸铜 | 1 | 1 | 0.5 | 0.5 | 0.5 |
| 生石灰 | 1 | 0.5 | 1 | 0.5 | 0.25 |
| 水 | 100 | 100 | 100 | 100 | 100 |

为了保证波尔多液的质量，配制时应选用高质量的生石灰和硫酸铜。生石灰以白色、质轻、块状的为好；优质硫酸铜为蓝色结晶，带有黄绿色的不能用。

一、配制要领

配制时，先溶解硫酸铜、消解生石灰。将称好的硫酸铜加入适量水将其溶解，把生石灰放入缸或桶内，用少量水将其消解。波尔多液的配制通常采用稀硫酸铜注入浓石灰乳法，即以 80% 的水量溶解硫酸铜，20% 的水量消解生石灰调成石灰乳，然后将稀硫酸铜溶液缓慢倒入浓石灰乳中，边倒边搅拌。也可采用并入法，即各用一半的水分别配成硫酸铜液和石灰乳液，然后同时倒入第 3 个容器中，边倒边搅即成。

实验时可分组用以下方法配制 1% 的等量式波尔多液（1∶1∶100）。

（1）并入法。

（2）稀硫酸铜溶液注入浓石灰水法。

（3）石灰水注入浓度相同的硫酸铜溶液法。用 1/2 水溶解硫酸铜，另用 1/2 水溶化生石灰，然后将石灰水注入硫酸铜溶液中，边倒边搅拌。

（4）浓硫酸铜溶液注入稀石灰水法。用 1/5 水溶解硫酸铜，另用 4/5 水溶化生石灰，然后将浓硫酸铜溶液倒入稀石灰水中，边倒边搅。

（5）将（2）中的生石灰用风化石灰替，余同。

## 二、质量检查

鉴别波尔多液的质量可采用以下方法：

（1）物态观察。质量优良的波尔多液应为天蓝色胶态乳状液。若颜色呈暗蓝、灰绿、灰蓝、淡绿等均不是好的波尔多液。

（2）石蕊试纸反应。用石蕊试纸测定其酸碱性，以红色试纸慢慢变为蓝色（即碱性反应）为好。

（3）铁丝反应。用磨亮的铁丝插入波尔多液片刻，观察铁丝上有无镀铜现象，以不产生镀铜现象为好。

（4）滤液吹气。将波尔多液过滤后，取其滤液少许置于载玻片上，对液面轻吹约 1min，液面产生薄膜为好。或取滤液 10～20mL 置于三角瓶中，插入玻璃管吹气，滤液变混浊为好。

（5）将刚配好的波尔多液装入 100mL 量筒中静置 90min，记载沉淀情况，沉淀越慢越好，过快者不可采用。

波尔多液是一种良好的保护剂，可以防治霜霉病、疫病、幼苗猝倒病、炭疽病等多种病害，但对锈病、白粉病效果差。使用时应避免药害的产生，对铜敏感的植物（如桃、李、杏、梅等），应使用石灰倍量式或多量式波尔多液，对易受石灰药害的植物（如葡萄），可用石灰半量式或少量式波尔多液。

【任务考核标准】 见表 3-1-4。

表 3-1-4 波尔多液的配制任务考核参考标准

| 序号 | 考核项目 | 考核内容 | 考核标准 | 考核方法 | 标准分值 |
|---|---|---|---|---|---|
| 1 | 基本素质 | 学习工作态度 | 态度端正，主动认真，全勤，否则将酌情扣分 | 单人考核 | 5 |
| | | 团队协作 | 服从安排，与小组其他成员配合好，否则将酌情扣分 | 单人考核 | 5 |
| 2 | 专业技能 | 波尔多液的配制 | 能够规范地进行波尔多液的配制。配制不规范者，酌情扣分 | 单人考核 | 40 |
| | | 波尔多液的质量检查 | 能够规范地进行波尔多液的质量检查。检查不规范者，酌情扣分 | 单人考核 | 25 |

（续）

| 序号 | 考核项目 | 考核内容 | 考核标准 | 考核方法 | 标准分值 |
|------|----------|----------|----------|----------|----------|
| 3 | 职业素质 | 方法能力 | 独立分析和解决问题的能力强，能主动、准确地表达自己的想法 | 单人考核 | 5 |
| | | 工作过程 | 工作过程规范，有完整的工作任务记录，字迹工整 | 单人考核 | 10 |
| | | 自测训练与总结 | 及时准确完成自测训练，总结报告结果正确，电子文本规范，体会深刻，上交及时 | 单人考核 | 10 |
| 4 | 合计 | | | | 100 |

# 工作任务 3.1.4 石硫合剂的熬制

【任务目标】

掌握石硫合剂的熬制及稀释方法。

【任务内容】

（1）根据工作任务，采取课堂、实验（训）室以及校内外实训基地（包括园林绿地、花圃、苗圃、草坪等）现场相结合的形式，通过查阅资料与网上搜集，获得相关石硫合剂熬制、浓度测定与稀释的基本知识。

（2）通过实验（训）室或校内外实训基地，对石硫合剂进行熬制、浓度测定及稀释的基本操作。

（3）对任务进行详细记载，并列表描述石硫合剂的熬制过程、操作要点、注意事项以及稀释的方法。

【教学资源】

（1）材料与器具：生石灰、硫黄粉、水、烧杯、量筒、铁锅、天平、玻璃棒、研钵、电炉、波美比重计、塑料桶或木桶等。

（2）参考资料：当地气象资料、有关园林植物病虫害的历史资料、石硫合剂熬制与使用概况、各类教学参考书、多媒体教学课件、病虫害彩色图谱（纸质或电子版）、有关石硫合剂的资料、检索表、各相关网站相关资料等。

（3）教学场所：教室、实验（训）室以及园林植物病虫害危害较重的校内外实训基地。

（4）师资配备：每20名学生配备1名指导教师。

【操作要点】

（1）熬制前，一定要待生石灰完全消解。

（2）熬制时，应不停地搅拌，但搅动力度不宜过大，避免合成的多硫化钙被分解。

【注意事项】

（1）熬制过程中，火要旺，但要确保药液不溢出。

（2）用波美比重计测量石硫合剂的浓度时，药液的深度应大于比重计的长度，使比重计漂浮于药液中。观察比重计的刻度时，应以药液凹面对应的度数为准。

（3）石硫合剂必须贮存在密闭容器中，液面上应加一层煤油，以防被空气氧化。

【内容及操作步骤】

石硫合剂是用生石灰、硫黄粉加水熬制而成的红褐色透明液体，具有臭鸡蛋气味，强碱性，有效成分主要为多硫化钙，溶于水，易与空气中的氧气和二氧化碳反应，生成硫、硫化氢、硫酸钙、碳酸钙等物质。

石硫合剂的配方较多，常用的原料配比为生石灰1份、硫黄粉2份、水10～12份。选料要精良，生石灰要选质轻、洁白、易消解的，硫黄粉越细越好。

### 一、熬制要领

先根据锅的大小及原料配比，确定并称出水、生石灰、硫黄粉的量。将水烧热，取少量将硫黄粉调成糊状，同时用少量热水将生石灰完全消解，倒入锅内，加入大部分热水，煮沸后慢慢倒入硫黄糊，边倒边搅拌，剩余的热水清洗容器后一并倒入锅中，记下水位线，以便添加沸水补足蒸发掉的水分。加大火力，保持沸腾45min左右，并不断搅拌。药液颜色的变化为黄色→橘黄色→橘红色→砖红色→红褐色，待药液被熬成暗红褐色（老酱油色），锅底的渣滓呈黄绿色时停火。熬制过程中要保持药液沸腾而不外溢，补充蒸发掉的水分应用沸水，切忌补加冷水，水要在停火前15min加完。最好根据经验，事先将估计蒸发的水量一次加足，中间不加水。停火后静置冷却过滤即成原液。按此方法熬制的石硫合剂，一般可达22～28波美度。

观察原液色泽、气味和对石蕊试纸的反应。

### 二、原液浓度的测定及稀释

石硫合剂是一种良好的杀菌、杀虫、杀螨剂，多用于防治花木休眠期病虫害的防治，对白粉病、锈病、介壳虫、螨类及虫卵等都有较好的防治效果。使用前，先用波美比重计测定原液的波美度，再根据需要加水稀释。植物休眠季节可用3～5波美度喷雾，而生长期一般使用0.3～0.5波美度。稀释时，可按下面公式计算：

$$重量加水稀释倍数 = \frac{原液波美度 - 稀释液波美度}{稀释液波美度}$$

【任务考核标准】　　见表3-1-5。

表3-1-5　石硫合剂的熬制任务考核参考标准

| 序号 | 考核项目 | 考核内容 | 考核标准 | 考核方法 | 标准分值 |
|---|---|---|---|---|---|
| 1 | 基本素质 | 学习工作态度 | 态度端正，主动认真，全勤，否则将酌情扣分 | 单人考核 | 5 |
| | | 团队协作 | 服从安排，与小组其他成员配合好，否则将酌情扣分 | 单人考核 | 5 |
| 2 | 专业技能 | 石硫合剂的熬制 | 能够规范地进行石硫合剂的熬制。熬制不规范者，酌情扣分 | 单人考核 | 40 |
| | | 石硫合剂原液浓度的测定与稀释 | 能够规范地进行石硫合剂原液浓度的测定与稀释。测定与稀释不规范者，酌情扣分 | 单人考核 | 25 |
| 3 | 职业素质 | 方法能力 | 独立分析和解决问题的能力强，能主动、准确地表达自己的想法 | 单人考核 | 5 |
| | | 工作过程 | 工作过程规范，有完整的工作任务记录，字迹工整 | 单人考核 | 10 |
| | | 自测训练与总结 | 及时准确完成自测训练，总结报告结果正确，电子文本规范，体会深刻，上交及时 | 单人考核 | 10 |
| 4 | | | 合计 | | 100 |

## 工作任务 3. 1. 5　柴油乳剂的配制及使用

【任务目标】

掌握柴油乳剂的配制、稀释方法。

【任务内容】

（1）根据工作任务，采取课堂、实验（训）室以及校内外实训基地（包括园林绿地、花圃、苗圃、草坪等）现场相结合的形式，通过查阅资料与网上搜集，获得相关柴油乳剂配制与使用的基本知识。

（2）通过实验（训）室或校内外实训基地，对柴油乳剂进行配制与稀释等基本操作。

（3）对任务进行详细记载，并列表描述柴油乳剂的配制过程、操作要点、注意事项以及稀释的方法。

【教学资源】

（1）材料与器具：柴油、中性洗衣粉（或肥皂）、水、铁桶、秤、木柴等。

（2）参考资料：当地气象资料、有关园林植物病虫害的历史资料、柴油乳剂的配制与使用概况、各类教学参考书、多媒体教学课件、病虫害彩色图谱（纸质或电子版）、有关柴油乳剂的资料、检索表、各相关网站相关资料等。

（3）教学场所：教室、实验（训）室以及园林植物病虫害危害较重的校内外实训基地。

（4）师资配备：每 20 名学生配备 1 名指导教师。

【操作要点】

（1）配制原液时，各成分用量要准确。

（2）调制原液时必须待油稍凉，但不可过凉，以不烫坏喷雾器胶管和皮垫为限。

（3）喷雾器喷射的次数，以不漂油为准。

【注意事项】

（1）柴油加热时一定要水浴加热，以免引起火灾。

（2）柴油乳剂最好现用现配，稀释后立即使用。

（3）原液贮存后发生油水分离时须再次加热搅拌，并用喷雾器喷射至无浮油方可使用。

（4）应选无风的晴天施药，喷药后过 25d 方能喷洒石硫合剂。

（5）柴油乳剂以隔年使用为好，不要连年使用。

【内容及操作步骤】

柴油乳剂是由柴油和乳化剂配制而成的较为实用的杀虫、杀螨剂，主要用于树木发芽前防治叶螨、蚜虫和介壳虫等害虫，对越冬虫卵或成虫均有较好防治效果。因无市售商品，需要自行配制。

一、配制要领

**1. 选料**　所选柴油质量要好，用不合格柴油配制的柴油乳剂稀释时油水分离现象严重，易产生药害；水要用软水；洗衣粉（肥皂）要用质量好的。

**2. 原料质量配比**　柴油：中性洗衣粉：水＝10：0.6：6。

**3. 配制方法**　在室外无柴草处，将洗衣粉（或肥皂切碎）置于铁桶内，放上水，加热使其溶为热洗衣粉（肥皂）水。再将柴油倒入另一铁桶，水浴加热到开锅，然后将其倒入热洗衣粉（肥皂）水中，边倒边搅动，使其混合均匀。待混合液稍凉，用装有 1～2m 长胶管的喷雾器将混合液由一桶喷射入另一空桶 2～3 次，直至油水充分混合，无漂油现象，即成。

## 二、稀释使用

配好的柴油乳剂原液使用时须加水稀释，稀释公式为：

$$加水倍数=\frac{原液含柴油量（\%）-稀释液含柴油量（\%）}{稀释液含柴油量（\%）}$$

树木发芽前使用的稀释液含柴油量通常为 5%，稀释时原液先加少量温水，搅拌均匀后再倒入大量水，充分搅拌后即可使用。稀释时温度不可过低，否则易产生油水分离现象。

【任务考核标准】　见表 3-1-6。

表 3-1-6　柴油乳剂的配制任务考核参考标准

| 序号 | 考核项目 | 考核内容 | 考核标准 | 考核方法 | 标准分值 |
|---|---|---|---|---|---|
| 1 | 基本素质 | 学习工作态度 | 态度端正，主动认真，全勤，否则将酌情扣分 | 单人考核 | 5 |
| | | 团队协作 | 服从安排，与小组其他成员配合好，否则将酌情扣分 | 单人考核 | 5 |
| 2 | 专业技能 | 柴油乳剂的配制 | 能够规范地进行柴油乳剂的配制。熬制不规范者，酌情扣分 | 单人考核 | 40 |
| | | 柴油乳剂的稀释使用 | 能够规范地进行柴油乳剂的稀释使用。稀释使用不规范者，酌情扣分 | 单人考核 | 25 |
| 3 | 职业素质 | 方法能力 | 独立分析和解决问题的能力强，能主动、准确地表达自己的想法 | 单人考核 | 5 |
| | | 工作过程 | 工作过程规范，有完整的工作任务记录，字迹工整 | 单人考核 | 10 |
| | | 自测训练与总结 | 及时准确完成自测训练，总结报告结果正确，电子文本规范，体会深刻，上交及时 | 单人考核 | 10 |
| 4 | | | 合计 | | 100 |

【相关知识】

## 一、农药的分类

农药种类型很多，可按防治对象、作用方式以及原料来源等加以分类。

（一）按防治对象

按防治对象农药可分为杀虫剂、杀螨剂、杀菌剂、病毒钝化剂、杀线虫剂、除草剂、杀鼠剂、植物生长调节剂等。

（二）按作用方式

**1. 杀虫剂**

（1）胃毒剂。通过消化系统进入虫体内，使害虫中毒死亡的药剂。如敌百虫等。这类农药对咀嚼式口器和舐吸式口器的害虫非常有效。

（2）触杀剂。药物通过与害虫虫体接触，经体壁进入虫体致使害虫死亡的药剂。如多数有机磷杀虫剂、拟除虫菊酯类杀虫剂等。该类药剂可用于防治各种口器害虫，但对介壳虫、木虱、粉虱等体被蜡质分泌物的害虫防治效果较差。

（3）内吸剂。施用后，药剂被植物体吸收并传导至植物体各部位，或经过植物的代谢作用产生更毒的代谢物，当害虫取食植物时引起中毒死亡。如螺虫乙酯、吡虫啉等。内吸剂对刺吸式口器害虫有特效。

（4）熏蒸剂。此类药剂在常温下能够气化，通过气门进入害虫体内，导致害虫死亡，如磷化铝、威百亩等。应于密闭条件下使用，如用磷化铝片剂防治蛀干害虫时，要用泥土封闭虫孔。

（5）忌避剂。药剂分布于植物体表后，害虫嗅到某种气味即避开，这种作用称为忌避作用。如雷公藤根皮粉、香茅油等。

（6）不育剂。作用于昆虫的生殖系统，使昆虫不育或使卵不育。如替派、噻替派、喜树碱等。

（7）拒食剂。当害虫取食含有该类药剂的植物后，正常生理机能遭到破坏，食欲减退，很快停止进食。如拒食胺等。

（8）昆虫生长调节剂。这类药剂并不直接快速杀死害虫，它的特点是使昆虫的发育、行动、习性、繁殖等受到阻碍和抑制，从而达到控制害虫危害以至逐步消灭害虫的目的。如灭幼脲、抑太保等。

（9）性引诱剂。引起同种昆虫异性个体间产生行为反应的物质，可用来诱集成虫。如槐小卷蛾性诱剂、白杨透翅蛾性诱剂等。

**2. 杀菌剂**

（1）保护剂。病原物侵入寄主植物前，将药剂喷洒于植物表面，形成一层保护膜，阻止病原物的侵染，从而使植物免受其害的药剂，如波尔多液、大生等。

（2）治疗剂。病原物侵入寄主植物后喷洒药剂，用于抑制或杀死病原物，使病害减轻或使植物恢复健康的药剂，如粉锈宁、福星、多菌灵等。

（3）铲除剂。对病原物有直接强烈杀伤作用的药剂，如石硫合剂等。

**（三）按原料来源**

**1. 矿物源农药**　由矿物原料加工而成的农药，如石硫合剂、波尔多液、柴油乳剂等。

**2. 生物源农药**　是利用天然生物资源开发的农药，包括生物体农药和生物化学农药。生物体农药即用来防除病、虫等害物的商品活体生物，如赤眼蜂、蚜茧蜂、丽蚜小蜂、白僵菌、绿僵菌、苏云金杆菌等；而生物化学农药是指从生物体中分离出来的、具有一定化学结构且对有害生物有控制作用的生物活性物质，该物质如果可以人工合成，那么合成物的结构必须与天然物质的结构完全相同，如印楝素、烟碱、豌豆素、井冈霉素、春雷霉素、链霉素、中生菌素、阿维菌素等。

**3. 化学合成农药**　是人工研制合成的农药，一般化学结构非常复杂，品种多，生产量大，应用范围广，如吡蚜酮、百菌清等。随着我国生态园林建设事业的不断发展，对该类农药提出了更为严格的要求，高效、低毒、低残留、无污染、无异色异味的农药品种将是今后的发展方向。

**二、常见农药剂型的应用特点**

**1. 粉剂（D）**　原药加入一定量的惰性粉（如黏土、高岭土、滑石粉等），经机械加工而成的粉末状物，粉粒直径在$100\mu m$以下。粉剂不易被水湿润，不能兑水喷雾。一般高浓度的粉剂用于拌种、制作毒饵或土壤处理用，低浓度的粉剂用作喷粉。该剂型具有使用方便，易喷撒，工效高等优点。缺点是随风飘失多，浪费药量，污染环境。

**2. 粉尘剂（DPC）**　是将原药、填料和分散剂按一定比例混合后，经机械粉碎和再次混合等工艺流程制成的比粉剂更细的粉状农药剂型，是专用于花卉保护地防治病虫害的一种超微粉剂，粉粒直径在 $10\mu m$ 以下，并具有良好的分散性，以保证絮结度较低。该剂型具有成本低，用药少，不用水，对棚膜要求不严格等优点。

**3. 可湿性粉剂（WP）**　由原药、填料、湿润剂等按一定比例混合，经机械加工制成的粉末状物，粉粒直径在 $70\mu m$ 以下。不同于粉剂，它主要用于兑水喷雾，但不可直接喷粉。该剂型农药加工成本低，贮存安全、方便，有效成分含量高，黏着力强，但是当助剂性能不良时，在水中悬浮不均，造成喷雾不匀，易引起局部药害。

**4. 乳油（EC）**　由原药、有机溶剂、乳化剂等按一定比例混溶调制成的半透明油状液体，可用于兑水喷雾、拌种、涂茎、配毒饵等。该剂型农药稳定性强，喷洒后黏附力强，使用效果好。

**5. 可溶性粉剂（SP）**　由原药、填料和适量助剂经混合粉碎加工成的水溶性粉状物，兑水后有效成分能迅速分散而完全溶解。

**6. 微胶囊剂（CJ）**　是由农药原药和溶剂制成颗粒，同时再加入树脂单体，在农药微粒的表面聚合而成的微胶囊剂型。具有毒性低、残效长、挥发少、延缓降解和减轻药害等优点，但加工成本相对较高。

**7. 水分散粒剂（WG）**　由原药、助剂、载体加工造粒而成，其助剂系统较为复杂，包括润湿剂、分散剂、黏结剂、润滑剂等。具有可湿性粉剂、水悬浮剂的优点且无弊病。水分散粒剂产品中有效成分含量往往较高，相对节省了不发挥作用的助剂及载体的用量，节省了包装、贮运费用等，该剂型市场前景广阔。

**8. 颗粒剂（GR）**　由原药、载体（细沙、煤渣等）、助剂等制成的颗粒状物，其粒径一般在 $250\sim600\mu m$。该剂型农药残效期长，施用方便，省工省时。施用过程中沉降性好，飘移少，对环境污染轻。

**9. 片剂（TA）**　由农药原药加入填料、助剂等均匀搅拌，压成片状或一定外形的块状物。该剂型具有使用方便，剂量准确，污染轻等优点。

**10. 水剂（AS）**　由某些能溶解于水又不分解的原药直接加水配制而成，该剂型农药不易在植物体表面湿润展布，黏附性差，长期贮存易分解失效。

**11. 悬浮剂（SC）**　借助各种助剂（润湿剂、增黏剂、防冻剂等），通过湿法研磨或高速搅拌，使不溶于水的固体原药均匀分散于介质（水或油）中，形成的一种颗粒极细、高悬浮、可流动的液体药剂。悬浮剂悬浮颗粒的粒径仅为 $0.5\sim5\mu m$。喷后覆盖面积大，黏附力强。生产、使用较安全，对环境污染轻，施用方便。

**12. 超低量喷雾剂（ULV）**　由原药加入油脂溶剂、助剂制成，专供超低容量喷雾使用，一般为含有效成分是 $20\%\sim50\%$ 的油剂。使用时不必兑水可直接喷雾，单位面积用量少，工效高，适于缺水地区。

此外，还有种衣剂、烟剂、熏蒸剂、热雾剂、气雾剂、微乳剂、水乳剂、可分散液剂、缓蚀剂、悬浮种衣剂、泡腾片剂、固体乳油等。

【拓展知识】

## 农药标签

农药标签是紧贴或印制在农药包装上的，说明农药性能、使用方法等内容的技术资料。

它不仅是农药身份的证明，更是人们安全、科学、合理使用农药的重要依据。对农药进行登记时，对农药标签有严格的要求。为了规范农药标签，加强对农药的管理，2007 年 12 月 8 日，我国农业部发布了《农药标签和说明书管理办法》（农业部令第 008 号，2008 年 1 月 8 日起施行），其中明确规定标签和说明书应注明农药名称、有效成分及含量、剂型、农药登记证号或临时登记证号、农药生产许可证或农药生产批准文件号、产品标准号、企业名称及联系方式、生产日期、产品批号、有效期、质量、产品性能、用途、使用技术和使用方法、毒性及标识、注意事项、中毒急救措施、贮存和运输方法、农药类别、象形图等内容。分装的农药，还应注明分装单位。缺乏上述任何一项内容，均视为不规范产品。查看农药标签，要特别注意以下内容。

**1. 有效成分**　必须印有有效成分的中文通用名称、含量，混剂必须标明每个成分的中文通用名称及各自含量。

**2. 农药"三证"号**　"三证"号指农药登记证号、农药生产许可证号或农药生产批准文件号、产品标准号。国产农药标签必须有"三证"号，直接销售的进口农药只有农药登记证号，国内分装的进口农药，应有分装登记证号、分装批准证号和执行标准号。农药登记证分为正式登记证和临时登记证，用于农田的农药。正式登记证以"PD"（意为品种登记）为标识，临时登记证以"LS"（意为临时）为标识，而卫生用农药登记证标识与此不同。农药生产许可证（或农药生产批准文件号）应由省（自治市）化工厅审查上报，化工部批准，其格式为：HNPaaaxxxx-b-yyy，其中"HNP"意为化工农药批准证书，"aaa"为企业所在省代码，"xxx"为企业代码，"b"为产品类别，"yyy"为产品名称。农药产品标准号是农药产品质量技术指标的基本规定，由标准行政管理部门批准并发布实施。标签中的"GB"为国家标准、"HG"为行业标准或部颁标准、而"Q"为企业标准。

**3. 农药类别**　除卫生用农药外，各类农药标签底部均有一条与底边平行的、不褪色的特征颜色标志带，表示不同种类农药。农药产品中含有 2 种或 2 种以上不同类别的有效成分时，其产品颜色标志带应由各有效成分对应的标志带分段组成。杀菌（线虫）剂用黑色带表示；杀虫/螨/螺剂用红色带表示；除草剂用绿色带表示；杀鼠剂用蓝色带表示；植物生长调节剂用深黄色带表示。

**4. 毒性标志**　农药标签上应在显著位置标明农药的毒性及其标志。我国农药毒性分为剧毒、高毒、中等毒、低毒和微毒 5 级，不同毒性的农药产品要有不同级别的标志，同时要用红色字体注明标志所对应的毒性。

**5. 生产日期及有效期**　生产日期应当按照年、月、日的顺序标注，年份用 4 位数字表示，月、日分别用 2 位数表示。有效期以产品质量保证期限、有效日期或失效日期表示。根据生产日期和有效期，可判定产品是否过期，绝不购买无生产日期或已过期的农药。

【关键词】

农药、原药、制剂、剂型、毒土、毒饵、波尔多液、石硫合剂、波美度、柴油乳剂、胃毒剂、触杀剂、内吸剂、熏蒸剂、保护剂、治疗剂、生物源农药、水基型制剂、微胶囊剂、农药标签

【项目小结】

农药种类很多，按防治对象可分为杀虫剂、杀螨剂、杀菌剂、病毒钝化剂、杀线虫剂等。由工厂生产出来的原药一般要加工成粉剂、可湿性粉剂、乳油、悬浮剂等剂型。乳油加水形成均匀的乳浊液，水剂放入清水中无色透明；可湿性粉剂加入水中形成悬浊液，粉剂遇

水会长时间浮于水面。杀虫剂按作用方式分为胃毒剂、触杀剂、内吸剂、熏蒸剂等，杀菌剂分为保护剂、治疗剂、铲除剂。

配制药液、毒土、毒饵时应做到农药混拌均匀，饵料诱惑力强。

波尔多液由硫酸铜、生石灰和水配而成，通常采用稀硫酸铜注入浓石灰乳法，有效成分为碱式硫酸铜，主要用于卵菌病害的防治，使用时应避免药害。

石硫合剂是用生石灰、硫黄粉加水熬制而成，有效成分主要为多硫化钙，熬制时要保持药液沸腾而不外溢，补水应使用沸水，浓度测定用波美比重计，多用于休眠期病虫害的防治。

柴油乳剂由柴油和乳化剂配制而成，配制时应在室外，油水混合要充分，无漂油现象。

查看农药标签，应注意农药的有效成分、"三证"号、农药类别、毒性标志、生产日期及有效期等内容。

【练习思考】

一、选择题

1. 用 70% 的甲基托布津可湿性粉剂 30g 加水稀释成 1 000 倍液防治灰霉病，应加水
（　　）kg。

　　A. 30　　　　　　　　B. 21　　　　　　　　C. 30 000　　　　　　　　D. 21 000

2. 在树木休眠期防治病虫害，石硫合剂的使用浓度应为（　　）。

　　A. 0.3~0.5 波美度　　　　　　　　B. 0.8~1.0 波美度

　　C. 3~5 波美度　　　　　　　　　　D. 8~10 波美度

3. 配制 1% 石灰倍量式波尔多液，硫酸铜、生石灰、水的比例为（　　）。

　　A. 1 : 2 : 100　　　B. 2 : 1 : 100　　　C. 1 : 0.5 : 100　　　D. 0.5 : 1 : 100

4. 下列农药剂型中，（　　）不能用于喷雾。

　　A. 颗粒剂　　　　　B. 乳油　　　　　　C. 水剂　　　　　　D. 可湿性粉剂

5. 下列剂型中，（　　）能用于熏烟。

　　A. 粉剂　　　　　　B. 烟剂　　　　　　C. 颗粒剂　　　　　D. 种衣剂

6. 将 80% 敌敌畏乳油 10mL 加水稀释成 50 倍药液，则稀释液质量为（　　）g。

　　A. 500　　　　　　　B. 50　　　　　　　C. 49　　　　　　　D. 490

二、问答题

1. 怎样区分粉剂、可湿性粉剂？乳油、水剂呢？

2. 如何进行常用农药外观质量辨别？

3. 简述药液、毒土、毒饵的配制方法。

4. 简述农药使用浓度的换算方法。

5. 波尔多液质量的鉴别方法有哪些？

6. 如何熬制性能良好的石硫合剂？石硫合剂可用于防治哪些有害生物？

7. 怎样配制柴油乳剂？

8. 杀虫剂按作用方式可分为哪几类，各有何特点？

9. 查看农药标签时，应注意哪些内容？

【信息链接】

**水基型制剂**

在我国，乳油产量依旧很高，约占农药总产量的 40%，但乳油中含有大量的有机溶剂，

这不仅加大了农药的生产成本，更增加了环境及安全隐患（易燃易爆）。二甲苯等许多有机溶剂来源于石油（不可再生资源），大量生产乳油于人类可持续发展不利。现今，用水基型制剂替代乳油已成为农药发展的一个重要方向。所谓水基型制剂，就是用水作为稀释剂或基质的一类农药新剂型，如微乳剂、水乳剂等。该类制剂，用水部分或全部替代了有机溶剂，避免了有机溶剂的污染，不燃不爆，降低了生产成本，是一类环保型绿色农药新剂型。

# 项目二　农药及药械的使用

【学习目的】了解常用农药品种的性能、使用方法及保管措施，掌握药械使用技术及药械清洗、保管方法，为安全、合理地使用农药打好基础。

【知识目标】了解常用农药品种的特性、防治对象及使用方法，掌握农药的各种施用技术，熟悉背负式喷雾器、背负式机动喷雾喷粉机、机动喷射式喷雾机等药械的使用方法，掌握安全、合理使用农药的原则及农药田间药效试验方法，了解田间药效试验报告的撰写格式。

【能力目标】会施用、保管农药，能熟练操作药械，会清洗药械，能够设计实施田间药效试验。

## 工作任务 3.2.1　农药施用

【任务目标】

掌握农药的各种施用方法。

【任务内容】

（1）根据工作任务，采取课堂、实验（训）室以及校内外实训基地（包括园林绿地、花圃、苗圃、草坪等）现场相结合的形式，通过查阅资料与网上搜集，获得相关农药施用的基本知识。

（2）通过校内外实训基地，对各类农药施用方法(喷雾、喷粉、土壤处理等)的基本操作。

（3）对任务进行详细记载，并列表描述各类农药施用方法操作要点及注意事项。

【教学资源】

（1）材料与器具：各种常用剂型的杀虫剂、杀菌剂若干；各种施药器械，如背负式喷雾器、手动喷粉器、背负式机动喷雾喷粉机、机动喷射式喷雾机、手持电动超低容量喷雾器、常温烟雾机、树干注射机、兽用注射器等。

（2）参考资料：当地气象资料、有关园林植物病虫害的历史资料、各类教学参考书、多媒体教学课件、病虫害彩色图谱（纸质或电子版）、有关农药品种及施用方法的资料、检索表、各相关网站相关资料等。

（3）教学场所：教室、实验（训）室以及园林植物病虫害危害较重的校内外实训基地。

（4）师资配备：每 20 名学生配备 1 名指导教师。

【操作要点】在校内外实训基地，以小组为单位选用不同的施药方法进行操作。

【注意事项】有毒作业，注意安全。

【内容及操作步骤】

农药的品种繁多，加工剂型也多种多样，同时防治对象的危害部位、危害方式、环境条件等也各不相同。因此，农药的施用方法也随之多种多样。常用方法如下：

## 一、喷雾法、喷粉法

### （一）喷雾法

借助喷雾器械将药液均匀地喷于防治对象及被保护的寄主植物上的施药方法，可用于乳油、水剂、可湿性粉剂、悬浮剂、可溶性粉剂等多种农药剂型，药液可直接接触防治对象，分布均匀，见效快，防效好，方法简单。但药液易飘移流失，对施药人员安全性较差。生产实践中通常根据喷雾容量的多少又分为常量喷雾、低容量喷雾和超低容量喷雾。

**1. 常量喷雾**　每公顷喷药液量≥450L，是一种针对性喷雾方法，特别适于喷洒保护性的杀菌剂、触杀性的杀虫、杀螨剂。对那些体小、活动性小以及隐蔽危害的害虫防治效果好。但常量喷雾工效低，劳动强度大。常用器械为手动喷雾器。

**2. 低容量喷雾**　每公顷喷药液量15～450L，是一种针对性和飘移性相结合的喷雾方法，省药、省工，适宜喷洒内吸性杀虫、杀菌剂，可用于大面积病虫害防治，但不适用于喷洒除草剂和高毒农药。常用器械为机动喷雾机。

**3. 超低容量喷雾**　每公顷喷药液量小于15L，也是一种飘移累积性喷雾，适于喷洒内吸剂，或喷洒触杀剂以防治具有一定移动能力的害虫，不适用于喷洒保护性杀菌剂。常用施药器械为机动超低容量喷雾机。

### （二）喷粉法

喷粉法适用于防治保护地园林植物病虫害，利用喷粉器械产生的风力，将粉尘剂吹散，使其在园林植物间扩散飘移，多向沉积，最后形成非常均匀的药粒沉积分布，施药时只对空喷粉。此法具有防效好、效率高、污染少、简便省力、扩散均匀、不增加棚室内湿度等优点。

## 二、土壤处理法、种子处理法及毒饵法

### （一）土壤处理法

药剂施于地面并耕翻入土，用来防治地下害虫、土传病害的方法。要求药剂均匀混入土壤，施药后及时灌水，且与植株根部接触的药量不宜过大。

### （二）种子处理法

包括拌种、浸种（浸苗）、闷种3种方法。拌种是用一定量的药粉或药液与种子搅拌均匀，用于防治种传、土传病害和地下害虫的方法。拌种用的药量，一般为种子质量的0.2%～0.5%；浸种（浸苗）是指将种子（幼苗）浸泡在一定浓度的药液里，经过一定时间使种子或幼苗吸收药液，以此消灭其上所带病原菌或虫体；闷种的做法是把种子摊在地上，用稀释好的药液均匀地喷洒在种子上，搅拌均匀，之后堆闷一昼夜，晾干即可。种子处理用药少、工效高、防效好、对天敌影响小。

### （三）毒谷法、毒饵法

用害虫喜食的饵料和具有胃毒作用的药剂混合制成毒饵，引诱害虫取食将其毒死的方法。常用的饵料有麦麸、米糠、豆饼、花生饼、玉米芯、菜叶等。毒谷是用谷子、高粱、玉米等谷物作饵料，煮至半熟有一定香味时，取出晾干，拌上胃毒剂，然后与种子同播或撒施

于地面。毒谷、毒饵法主要用于防治蝼蛄、小地老虎等地下害虫，防治效果较好。

### 三、熏蒸法

熏蒸法是利用挥发性强的药剂产生的有毒气体来杀死害虫或病菌的方法，一般在密闭条件下进行，用于防治温室大棚、仓库、蛀干害虫、土壤或种苗上的病虫，具有工效高、防效好、作用快等优点。但熏蒸的空间要求密闭条件严格，保护地最好在清晨或傍晚进行。

### 四、涂抹法、虫孔注射法和堵塞法

#### （一）涂抹法

内吸作用的药剂直接涂抹在植物幼嫩部分，或将树干老皮刮掉露出韧皮部后涂抹内吸药剂，使药液随植物体液运输到各个部位。此法用药少，对环境污染小，对天敌安全。

#### （二）虫孔注射法和堵塞法

将所需浓度药液用注射器直接注入害虫钻蛀的孔洞，或用木签、脱脂棉蘸取药液塞入虫孔，然后密封孔洞，达到防治害虫的目的。

### 五、高压注射法和灌注法

高压注射法是用专用高压树干注入器将药剂注入植物体内用以防治病虫害的方法，该法药液利用率高，见效快，持效期长，无环境污染，施药后需用木塞或泥将注射孔密封；灌注法是用注射器将药液慢慢注入树体韧皮部与木质部之间，或用输液瓶将药液挂于树上，针头插入适当部位将药液注入的方法。

### 六、根区施药法

将内吸性药剂埋施于植物根系周围，灌水后药剂被根系吸收并传至植物地上部，害虫取食时便会中毒死亡。该法非常适宜防治吸汁类害虫。

【任务考核标准】 见表 3-2-1。

表 3-2-1 农药施用任务考核参考标准

| 序号 | 考核项目 | 考核内容 | 考核标准 | 考核方法 | 标准分值 |
|---|---|---|---|---|---|
| 1 | 基本素质 | 学习工作态度 | 态度端正，主动认真，全勤，否则将酌情扣分 | 单人考核 | 5 |
| | | 团队协作 | 服从安排，与小组其他成员配合好，否则将酌情扣分 | 单人考核 | 5 |
| 2 | 专业技能 | 喷雾、喷粉法操作 | 能够规范地进行农药喷雾、喷粉法的操作。操作不规范者，酌情扣分 | 单人考核 | 10 |
| | | 土壤处理、种子处理、毒饵法操作 | 能够规范地进行农药土壤处理、种子处理、毒饵法的操作。操作不规范者，酌情扣分 | 单人考核 | 15 |
| | | 熏蒸法操作 | 能够规范地进行农药熏蒸法的操作。操作不规范者，酌情扣分 | 单人考核 | 10 |
| | | 涂抹法、虫孔注射法和堵塞法操作 | 能够规范地进行农药涂抹法、虫孔注射法和堵塞法的操作。操作不规范者，酌情扣分 | 单人考核 | 10 |
| | | 高压注射法和灌注法操作 | 能够规范地进行农药高压注射法和灌注法的操作。操作不规范者，酌情扣分 | 单人考核 | 10 |
| | | 根区施药法操作 | 能够规范地进行农药根区施药法的操作。操作不规范者，酌情扣分 | 单人考核 | 10 |

（续）

| 序号 | 考核项目 | 考核内容 | 考核标准 | 考核方法 | 标准分值 |
|---|---|---|---|---|---|
| 3 | 职业素质 | 方法能力 | 独立分析和解决问题的能力强，能主动、准确地表达自己的想法 | 单人考核 | 5 |
| | | 工作过程 | 工作过程规范，有完整的工作任务记录，字迹工整 | 单人考核 | 10 |
| | | 自测训练与总结 | 及时准确完成自测训练，总结报告结果正确，电子文本规范，体会深刻，上交及时 | 单人考核 | 10 |
| 4 | 合计 | | | | 100 |

# 工作任务 3.2.2 药械的使用

【任务目标】

了解常见药械类型，掌握常用药械的操作方法。

【任务内容】

（1）根据工作任务，采取课堂、实验（训）室以及校内外实训基地（包括园林绿地、花圃、苗圃、草坪等）现场相结合的形式，通过查阅资料与网上搜集，获得相关药械使用的基本知识。

（2）通过校内外实训基地，熟悉各类药械使用的基本操作。

（3）对任务进行详细记载，并列表描述各类药械使用的操作要点及注意事项。

【教学资源】

（1）材料与器具：背负式喷雾器、背负式机动喷雾喷粉机、机动喷射式喷雾机、相关挂图、彩色照片及多媒体课件等。

（2）参考资料：当地气象资料、有关园林植物病虫害的历史资料、各类教学参考书、多媒体教学课件、病虫害彩色图谱（纸质或电子版）、有关药械及使用方法的资料、检索表、各相关网站相关资料等。

（3）教学场所：教室、实验（训）室以及园林植物病虫害危害较重的校内外实训基地。

（4）师资配备：每 20 名学生配备 1 名指导教师。

【操作要点】

（1）使用背负式喷雾器喷雾时，操作者不可过分弯腰，防止药液从桶盖处流出溅到操作者身上。喷药时，应注意控制喷杆的高度，防止雾滴飘失。

（2）使用背负式机动喷雾喷粉机作业前，应首先校正操作者的行走速度，并按行走速度和喷量大小，核算施药量。喷药时严格按预定的喷量大小和行走速度进行。

（3）喷洒的药液应洁净，以免堵塞喷嘴。粉剂应干燥无结块，无其他杂质。

【注意事项】

（1）背负式喷雾器加注药液时，切不可超过桶壁上所示的水位线，否则工作时泵筒盖处会漏药。

（2）喷过除草剂的喷雾器，必须彻底清洗，包括药液箱、胶管、喷杆、喷头等，否则下次喷洒其他农药时很可能对植物产生药害。

（3）使用背负式机动喷雾喷粉机过程中，必须注意防毒、防火、防机器事故发生。背机时间不宜过长，可 3～4 人组成一组，轮流作业。操作者必须佩戴口罩，避免顶风作业，禁止喷管在操作者前方以八字形交叉方式喷洒。发现有中毒症状时，应及时就医。

（4）机动喷射式喷雾机工作时需要有回流搅拌药液，以免沉淀，切勿无水启动。

【内容及操作步骤】

施用农药的机械称为药械，药械的种类很多。按施药剂型和用途可分为喷雾机、喷粉机、喷烟机、撒粒机、拌种机和土壤消毒机等。按施药动力可分为手动式、机动式、机引式和航空防治机械等。按雾化方式可分为液力喷雾机、气力喷雾机、热力喷雾机、离心喷雾机、静电喷雾机等。现代药械正朝着提高喷洒作业质量、有效利用农药、提高工效、改善人员劳动条件、提高机具使用的可靠性、经济性、保护生态环境方向发展。目前，我国普遍使用的药械主要有背负式喷雾器、背负式机动喷雾喷粉机以及机动喷射式喷雾机等。

### 一、背负式喷雾器的使用

由操作者背负，以手动方式产生的压力迫使药液通过液力喷头雾化喷出。该类喷雾器是我国目前使用最广泛、生产量最大的一种手动喷雾器，最典型的是传统的工农-16 型系列喷雾器，以及国产的 3WS-16、NS-15、进口 PP-16、Matabi 系列。尽管喷雾器的生产厂家、型号、品牌各异，但基本结构类似，包括药液箱、液压泵、空气室、喷杆、开关、喷头等部件。

**1. 工作原理**　操作人员摇动手柄时，连杆带动活塞杆和皮碗，在泵筒内做上下运动，当活塞杆和皮碗上行时，出水阀关闭，泵筒内皮碗下方的容积增大，形成真空，药液箱内的药液在大气压力的作用下，经吸水滤网，打开了进水球阀，涌入泵筒中。当手柄带动活塞杆和皮碗下行时，进水阀被关闭，泵筒内皮碗下方容积减少，压力增大，所贮存的药液即打开出水球阀，进入空气室。由于活塞杆带动皮碗不断地上下运动，使空气室内的药液不断增加，空气室内的空气被压缩，对药液产生压力，打开开关后，液体即经过喷头喷洒出去。

**2. 操作步骤**

（1）根据需要合理选择合适的喷头。喷头的类型有空心圆锥雾喷头和扇形雾喷头两种。选用时，应当根据喷雾作业的要求和植物的情况适当选择，确保喷雾质量。

（2）装药前，先关闭截流阀，安好滤网。加药后要拧紧桶盖，避免药液漏出。

（3）背负作业时，先摇动压杆数次，使空气室内的气压达到工作压力后再打开节流阀。喷雾时必须保持边走边不断摇动压杆，摇动的频率是每分钟 20～25 次，匀速摇动，不可时摇时停。摇动压杆的上下运动距离必须每次保证一个行程，即从压杆抬起的最高位置压到最低位置，以保证每次能够产生足够的药液压力。

（4）当空气室内的药液超过安全水位时，应立即停止摇动压杆，以免空气室爆炸。

（5）喷药后，加入少许清水喷射，清洗喷雾器各部，并将喷雾器置于室内通风干燥处。

（6）喷雾器长期不用时，应当将皮碗活塞浸泡在机油内，以免干缩硬化。新皮碗使用前应在机油或动物油中浸泡 24h。

### 二、背负式机动喷雾喷粉机的使用

背负式机动喷雾喷粉机是一种多功能的机动药械，既能够喷雾也能够喷粉，主要由机架、离心风机、汽油机、油箱、药箱和喷洒装置等部件组成。具有轻便、灵活、高效等优点，广泛用于较大面积病虫害防治工作。

**1. 喷雾原理**　离心风机与汽油机输出轴直连，汽油机带动风机叶轮旋转，产生高速气流，其中大部分高速气流经风机出口流往喷管，少量气流经进风阀门、进气塞、进气管、滤网，流进药液箱内，使药液箱中形成一定的气压，药液在压力的作用下，经粉门、出水塞、输液管、开关流至喷头，从喷嘴周围的小孔以一定的流量流出，先与喷嘴叶片相撞，初步雾化，再与高速气流在喷口中冲击相遇，进一步雾化，弥散成细小雾粒，并随气流吹到很远的前方。

**2. 喷雾操作步骤**

（1）根据喷洒农药和植物的需要，正确选择喷洒部件。

（2）检查油路系统和电路系统后，启动汽油机。

（3）加药前，先用清水试喷，确保各连接处无渗漏。加药时不要太满，以免从过滤网出气口溢进风机壳里。加药后必须拧紧药箱盖，保证药箱内有足够的压力供给药液。

（4）汽油机启动后，先关小油门低速运转 2～3min，背起机具后，调整油门开关使汽油机稳定在额定转速左右，开启药液手把开关即可开始作业。

（5）停机时，应先关闭药液开关，再关小油门，让机器低速运转 2～3min 后再关油门，切忌突然停机。

**3. 喷粉原理**　汽油机带动风机叶轮旋转，所产生的大部分高速气流经风机出口流往喷管，而少量气流经进风阀门进入吹粉管，然后由吹粉管上的小孔吹出，使药箱中的药粉松散，以粉气混合状态吹向粉门。由于在弯头的出粉口处喷管的高速气流形成了负压，将粉剂吸到弯头内。这时粉剂随从高速气流，通过喷管和喷粉头吹向植物。

**4. 喷粉操作步骤**

（1）关好粉门后加粉，旋紧药箱盖。

（2）汽油机启动后，先关小油门低速运转 2～3min，背起机具后，调整油门开关使汽油机稳定在额定转速左右。然后调整粉门操纵手柄进行喷撒。

（3）使用薄膜喷粉管喷粉时，应先将喷粉管从摇把绞车上放出，再加大油门，使薄膜喷粉管吹起来，最后调整粉门喷撒。为避免喷管末端存粉，前进中应不断抖动喷管。

### 三、机动喷射式喷雾机的使用

机动喷射式喷雾机由小型汽油机、柴油机或电动机提供动力，具有工作压力高、射程远、喷幅宽、上作效率高、劳动强度低等优点，广泛用于园林、果树、大田作物病虫害防治。

该类药械有机具型式、便携式、担架式、手推车式或车载式等多种类型，基本上都是由机架、发动机、液泵、调压阀、压力表、吸水部件和喷射部件等组成，有的还配用射流式混药器。喷射部件主要有远射程喷枪、可调喷枪或多头组合喷枪等。

操作步骤（仅以工农-36 型担架式喷雾机为例）：

（1）检查汽油机或柴油机，特别是曲轴箱内润滑油的油位，适时添加润滑油。

（2）根据喷药要求，选用合适的喷头或喷枪，以及吸水滤网部件。使用远射程喷枪的，还应配套使用混药器。

（3）将调压阀调至较低压力处，把调压手柄扳至卸压位置。

（4）启动发动机，调节调压手柄，使压力指示器指示到要求的工作压力。

（5）用清水试喷，观察各接头处有无渗漏现象，喷雾状况是否良好。试喷后，开始作业。

（6）喷枪停止喷雾时，调压柄向顺时针方向扳足，待完全减压后，再关闭截止阀，否则机件易受损坏。

（7）作业后，用清水继续喷洒 2～5min，清洗泵和管路内的残留药液，防止药液腐蚀。若长时间不用，应彻底排净泵内积水。卸下吸水滤网和喷雾胶管，打开出水开关；将调压阀减压，旋松调压手柄，使调压弹簧处于松弛状态。排除泵内存水，并擦洗掉机组外表污物。

【任务考核标准】　见表 3-2-2。

表 3-2-2　药械的施用任务考核参考标准

| 序号 | 考核项目 | 考核内容 | 考核标准 | 考核方法 | 标准分值 |
|---|---|---|---|---|---|
| 1 | 基本素质 | 学习工作态度 | 态度端正，主动认真，全勤，否则将酌情扣分 | 单人考核 | 5 |
| | | 团队协作 | 服从安排，与小组其他成员配合好，否则将酌情扣分 | 单人考核 | 5 |
| 2 | 专业技能 | 背负式喷雾器的使用 | 能够规范地进行背负式喷雾器的使用操作。操作不规范者，酌情扣分 | 单人考核 | 20 |
| | | 背负式机动喷雾喷粉机的使用 | 能够规范地进行背负式机动喷雾喷粉机的使用操作。操作不规范者，酌情扣分 | 单人考核 | 20 |
| | | 机动喷射式喷雾机的使用 | 能够规范地进行机动喷射式喷雾机的使用操作。操作不规范者，酌情扣分 | 单人考核 | 25 |
| 3 | 职业素质 | 方法能力 | 独立分析和解决问题的能力强，能主动、准确地表达自己的想法 | 单人考核 | 5 |
| | | 工作过程 | 工作过程规范，有完整的工作任务记录，字迹工整 | 单人考核 | 10 |
| | | 自测训练与总结 | 及时准确完成自测训练，总结报告结果正确，电子文本规范，体会深刻，上交及时 | 单人考核 | 10 |
| 4 | 合计 | | | | 100 |

# 工作任务 3.2.3　清洗药械与保管农药（械）

【任务目标】

掌握药械的清洗方法，了解农药（械）的保管措施。

【任务内容】

（1）根据工作任务，采取课堂、实验（训）室以及校内外实训基地（包括园林绿地、花圃、苗圃、草坪等）现场相结合的形式，通过查阅资料与网上搜集，获得相关清洗药械与保管农药（械）的基本知识。

（2）通过校内外实训基地，熟悉清洗药械与保管农药（械）的基本操作。

（3）对任务进行详细记载，并列表描述清洗药械与保管农药（械）的操作要点及注意事项。

【教学资源】

（1）材料与器具：杀虫（螨）剂、杀菌剂若干种，农药库房，背负式喷雾器、背负式机动喷雾喷粉机等施药器械。

（2）参考资料：当地气象资料、有关园林病虫害的历史资料、各类教学参考书、多媒体教学课件、病虫害彩色图谱（纸质或电子版）、有关药械及使用方法的资料、检索表、各相关网站相关资料等。

（3）教学场所：教室、实验（训）室以及园林植物病虫害危害较重的校内外实训基地。

（4）师资配备：每20名学生配备1名指导教师。

【操作要点】

（1）严格按照药械清洗的规范程序进行。

（2）严格按照农药与药械保管的规范程序进行。

【注意事项】

（1）清洗药械时，要远离水源地，防治污染。

（2）农药储存时应隔热、防晒，避免高温，注意干燥通风，防止火灾，并注意防冻。

（3）药械使用后，应清洗干净，并打开开关，置于室内通风干燥处。对于活动部件或非塑料接头应涂黄油防锈。

【内容及操作步骤】

一、清洗施药器械

施药器械在作业后应充分清洗，如果下次使用需更换药剂，则先要用碱水清洗多次，再用清水冲洗。施用过除草剂的器械，更应彻底冲洗，否则很可能在使用其他农药时产生药害。清洗器械应在远离小溪、河流或池塘等水源地方洗刷，洗刷过施药器械的水应倒在远离居民点、水源和作物的地方，避免对水源、环境造成污染或对农作物产生药害。防治季节过后，应将重点部件用热洗涤剂或弱碱水清洗，再用清水清洗干净，晾干后存放。

二、保管农药（械）

农药是特殊商品，如果保管不当，不但会使农药变质、失效，而且会产生其他有害作用，甚至人、畜中毒、环境污染。安全、保险地保管农药应做好以下几点。

（1）购买农药前，首先做好购置计划，以缩短贮藏的时间和避免过剩。各种农药进出库都要记账入册，遵循"先进先出"的原则，避免农药存放时间过长而失效。

（2）农药应设专地或专柜贮存，最好能单独贮存在有锁的仓库或专用设施中，专人负责。仓库结构要牢固，门窗要严密，库房内要求阴凉、干燥、通风，并有防火、防盗措施，严防受潮、阳光直晒和高温。存放地应远离儿童、家禽、牲畜、动物饲料和水源，以消除一切造成污染或误当其他物品的可能性。农民自家储存农药，应将农药单放在一间屋内的柜子或箱子里，上锁，严防儿童接近。

（3）要避免农药与粮食、食品、日用品等混放，更不能和火柴、爆竹、汽油等易燃易爆物品放在一起。农药和化肥也不能存放在同一仓库内，以免拿错、引起化学反应或其他危险事故的发生。

（4）农药要分品种堆放，堆放高度不宜超过2m，特别要将除草剂与其他农药分开储存，避免误将除草剂当杀虫剂或杀菌剂使用，造成不必要的经济损失。

（5）定期检查农药包装的破损和渗漏情况，对有破损和渗漏的包装和容器，要及时转移。如果破损包装和容器中的农药仍可使用，可将它们重新包装，但必须装进贴有原始标签的容器。严禁在溢出的农药旁吸烟或使用明火。对溢出的农药液体，应用干土或木屑吸附，认真清扫后将废渣深埋在对水源和水井不会污染的地方。

（6）液体农药易燃烧、易挥发，储存时应隔热、防晒，避免高温，注意干燥通风，防止火灾，并注意防冻。固体农药吸湿性强，应注意隔湿、防潮。微生物农药不耐高温，不耐储存，易吸湿霉变，失活失效，应在低温干燥环境中保存。

（7）领出的药品应专人保管，严防丢失。当天剩余药品必须全部退还入库，密封保存在原包装中，切不可用饮料瓶等容器盛装剩余农药，以免误食。用后的包装材料（瓶、袋、箱等）一律回收，集中处理，不得随意乱丢乱放或派作他用。

（8）定期检查农药的有效期，对已过期的农药应及时销毁。

（9）喷雾器使用后，应清洗干净，并打开开关，置于室内通风干燥处。对于活动部件或非塑料接头应涂黄油防锈。

【任务考核标准】　见表 3-2-3。

表 3-2-3　清洗药械与保管农药（械）任务考核参考标准

| 序号 | 考核项目 | 考核内容 | 考核标准 | 考核方法 | 标准分值 |
|---|---|---|---|---|---|
| 1 | 基本素质 | 学习工作态度 | 态度端正，主动认真，全勤，否则将酌情扣分 | 单人考核 | 5 |
| | | 团队协作 | 服从安排，与小组其他成员配合好，否则将酌情扣分 | 单人考核 | 5 |
| 2 | 专业技能 | 药械的清洗 | 能够规范地进行药械清洗的操作。操作不规范者，酌情扣分 | 单人考核 | 20 |
| | | 农药的保管 | 能够规范地进行农药保管的操作。操作不规范者，酌情扣分 | 单人考核 | 25 |
| | | 药械的保管 | 能够规范地进行药械保管的操作。操作不规范者，酌情扣分 | 单人考核 | 20 |
| 3 | 职业素质 | 方法能力 | 独立分析和解决问题的能力强，能主动、准确地表达自己的想法 | 单人考核 | 5 |
| | | 工作过程 | 工作过程规范，有完整的工作任务记录，字迹工整 | 单人考核 | 10 |
| | | 自测训练与总结 | 及时准确完成自测训练，总结报告结果正确，电子文本规范，体会深刻，上交及时 | 单人考核 | 10 |
| 4 | | | 合计 | | 100 |

【相关知识】

一、农药的合理使用

农药的合理使用，就是从综合治理的角度出发，运用生态学的观点，按照"经济、安全、有效"的原则来使用农药。在园林生产中应注意以下几点。

（一）对症下药

各种药剂都有一定的性能及防治范围，即使是广谱性药剂也不可能对所有的病害或虫害都有效。因此，应根据实际情况选择最适宜的农药品种、农药剂型及相应的施药方式，如可湿性粉剂不能用作喷粉，粉剂不可兑水喷雾；在阴雨连绵的季节，防治大棚内的病虫害应选择粉尘剂或烟剂；防治地下害虫应采用毒谷、毒饵、拌种等。

（二）适时用药

适时用药就是在调查研究和预测预报的基础上，根据病虫发生动态、寄主发育阶段和气候条件特点，确定病虫害防治的最佳时期，这样既节约用药，又提高防治效果，且不会发生药害。例如防治害虫，应把握低龄幼虫期，此时害虫食量小，抗药性差且往往群居生活；防治病害，应在植物发病前或发病初期喷药，施药时还要考虑气候条件及物候期。

**（三）适量用药**

施用农药时，对使用浓度、单位面积用药量、使用次数都有严格的规定，绝不可因防治病虫心切而任意地加大用药量，否则不仅会浪费农药，增加成本，而且还易使植物体产生药害，甚至造成人、畜中毒。

**（四）交互用药**

长期使用同一种农药防治某种害虫或病菌，害虫或病菌易产生抗药性，使防效降低。而不同类型的药剂对害虫或病菌的作用机制往往不同，经常轮换或交叉使用不同类型的农药可以避免或延缓抗药性的产生，因此应尽可能地轮换使用不同机制药剂。

**（五）混合用药**

混合用药是将2种或2种以上对病虫害具有不同作用机制的农药混合使用，达到同时兼治几种病虫、提高防治效果、延缓抗药性的产生、扩大防治范围、节省劳力的目的。但农药混用后，不应产生不良的理化反应，导致农药分解失效、药效降低、产生药害或毒性增加。

## 二、农药的安全使用

用农药防治园林植物病虫害时，要确保对人、畜、天敌等有益生物、植物及环境的安全。在人口稠集的地区、居民区喷药时，要尽量安排在夜间进行，必须在白天施药的，应事先贴出通告，以免发生矛盾或出现意外事故。应尽可能选用选择性强、内吸性药剂以及生物制剂。操作人员必须严格按照用药的操作规程、规范工作。

**（一）明确所用农药的毒性**

农药毒性是指农药对人、畜、有益生物等的毒害性质。农药毒性可分为急性毒性、亚急性毒性和慢性毒性。急性毒性是指一次服用或接触大量药剂后，24h内表现出中毒症状的毒性。衡量农药急性毒性的高低，通常用致死中量（$LD_{50}$）来表示。致死中量（$LD_{50}$）是指药剂杀死供试动物种群数量50%时所用的剂量，单位为mg（药量）/kg（供试动物体重）。我国按原药对动物（一般为大鼠）急性毒性（$LD_{50}$）值的大小分为5级（表3-2-4）。亚急性毒性和慢性毒性是指低于急性中毒剂量的农药，被长期连续通过口、皮肤、呼吸道进入供试动物体内，3个月内供试动物表现出与急性毒性类似症状的称为亚急性毒性，进入供试动物体内6个月以上，对其产生有害影响尤其是"三致"作用（致癌、致畸、致突变）的称为慢性毒性。

表 3-2-4　农药急性毒性分级（mg/kg）

| 毒性级别 | 经口 $LD_{50}$ | 经皮 $LD_{50}$ |
| --- | --- | --- |
| 剧毒 | <5 | <20 |
| 高毒 | 5～50 | 20～200 |
| 中等毒 | 50～500 | 200～2 000 |
| 低毒 | 500～5 000 | 2 000～5 000 |
| 微毒 | >5 000 | >5 000 |

### (二）预防农药中毒

农药中毒是指在使用或接触农药过程中，农药进入人体的量超过了正常的最大忍受量，使人的正常生理功能受到影响，出现生理失调、病理改变等中毒症状。防止农药中毒，应注意以下几点。

（1）用药人员必须身体健康，并做好一切安全防护措施。工作时穿戴好防护服、手套、风镜、口罩、防护帽、防护鞋等标准的防护用品。

（2）尽量选用高效、低毒、低残留农药，施药前搞清所用农药毒性，做到心中有数，谨慎使用，并严格遵守《农药安全使用规定》。

（3）喷药应在无风的晴天进行，阴雨天或高温炎热的中午不宜施药；有风的情况下，风力应小于5级，喷药人员应站在上风头，顺风喷洒。施药中不可谈笑打闹、抽烟或吃东西。施药过程中，如稍有不适或头晕目眩，应立即停止操作，并在通风荫凉处休息，如症状严重，必须就医。

（4）中间休息时，施药者应用肥皂和清水洗净手脸，施药后还要洗澡、更换衣服、洗净工作服。

### (三）园林植物药害及其预防

园林植物种类多，生态习性各异，加之有些种类长期生长于温室、大棚，组织幼嫩，常常会因用药不当而出现药害。药害分急性药害和慢性药害2种，急性药害是指用药几小时或几天内，叶片很快出现斑点、失绿、黄化等；果实变褐，表面出现药斑；根系发育不良或形成黑根、鸡爪根等。慢性药害是指用药后，药害现象出现相对缓慢，如植株矮化、生长发育受阻、开花结果延迟等。

**1. 药害产生的原因**

（1）药剂种类选择不当。不同药剂产生药害的可能性不同，无机农药、水溶性强的药剂容易产生药害，而植物性药剂、微生物药剂对植物安全。对于组织幼嫩的草本花卉，施用波尔多液或石硫合剂就极易产生药害。

（2）花木对某些农药敏感。不同植物或品种、同一植物的不同发育阶段对农药的耐药力不同。如碧桃、寿桃、樱花等对敌敌畏敏感，桃、李等对波尔多液敏感，同一植物开花期对农药最敏感，此时用药容易产生药害。

（3）气候不适。温度高，日照过强，植物吸收药剂及蒸腾较快，使药剂在叶尖、叶缘集中过多而产生药害；高湿、重雾导致药液分布不均，也容易发生药害。

（4）药剂使用不规范。随意加大喷药浓度，致使农药施用量过高；配制农药时混合不均；不恰当地混用农药；喷药时雾滴过大或喷粉不匀等均会引起植物药害。

**2. 药害的防止**　为防止园林植物出现药害，除针对上述原因采取相应措施预防发生外，对于已经出现药害的植株，可采用下列补救措施。

（1）根据用药方式如根施或叶喷的不同，分别采用清水冲根或叶面淋洗的办法，去除残留毒物。

（2）加强肥水管理，使之尽快恢复健康，消除或减轻药害造成的影响。

### 三、常用农药品种介绍

农药种类繁多，在园林绿化区域，人为活动频繁，应尽量选择高效、低毒、低残留、无异味的药剂，以免影响观赏，污染环境。

（一）常用杀虫剂

**1. 有机磷杀虫剂**　有机磷杀虫剂是我国最广泛使用的一类杀虫剂，品种繁多，剂型多样，药效较高，杀虫谱广，残留毒性低，无积累毒性，但一般急性毒性较高，易造成人、畜中毒（表 3-2-5）。

表 3-2-5　常用有机磷类杀虫剂

| 名称 | 常见剂型 | 作用方式 | 防治对象 | 使用方法 | 特性 |
|---|---|---|---|---|---|
| 敌百虫 | 80%可溶性粉剂，5%粉剂，80%晶体 | 胃毒兼触杀作用 | 多种咀嚼式口器害虫 | 喷雾、喷粉、拌毒饵 | 低毒、低残留、杀虫谱广，弱碱条件下可转变为毒性更强的敌敌畏 |
| 敌敌畏 | 50%、80%乳油 | 触杀、胃毒及强烈的熏蒸作用 | 多种园林植物害虫 | 熏蒸、喷雾 | 中等毒性，击倒力强，残效期短，无残留，在碱性和高温条件下易分解，樱花及桃类花木对该药敏感，不宜使用 |
| 辛硫磷 | 3%、5%颗粒剂，25%微胶囊剂，50%、75%乳油 | 触杀、胃毒作用 | 鳞翅目幼虫、蚜虫、螨类、介壳虫、地下害虫 | 喷雾、拌种、拌土、浇灌 | 击倒力强、高效、低毒、低残留，光解性强，遇碱易分解 |

**2. 有机氮杀虫剂**　包括氨基甲酸酯类和沙蚕毒素类，其中氨基甲酸酯类杀虫剂触杀性强，药效迅速，持效期较短，对害虫选择性强，对螨类和介壳虫效果差，对天敌较安全。多数品种对人、畜毒性较低，但有一些品种，如克百威、涕灭威等毒性极高。

沙蚕毒素类杀虫剂杀虫谱广，具有多种杀虫作用，速效，持效期长；对人、畜、鸟类及水生动物低毒，施用后在自然界中容易分解（表 3-2-6）。

表 3-2-6　常用有机氮杀虫剂

| 名称 | 常见剂型 | 作用方式 | 防治对象 | 使用方法 | 特性 |
|---|---|---|---|---|---|
| 仲丁威（巴沙、扑杀威） | 25%乳油 | 触杀、胃毒、熏蒸和渗透杀卵作用 | 叶蝉、飞虱 | 喷雾 | 低毒、速效、残效期短 |
| 杀虫双 | 3%、5%颗粒剂，25%水剂 | 较强的触杀、胃毒作用，一定的熏蒸和内吸杀卵作用 | 鳞翅目幼虫以及叶蝉、蓟马 | 喷雾、毒土 | 中等毒性、根部吸收力强 |

**3. 拟除虫菊酯类杀虫剂**　拟除虫菊酯类杀虫剂是根据天然除虫菊素的化学结构人工合成的一类有机化合物。其主要特点是杀虫广谱，高效，用药量少，速效性好，击倒力强，以触杀作用为主。对人、畜毒性低，不污染环境。但对鱼、蜜蜂及天敌毒性高，易使害虫产生抗药性，其抗性发展速度较有机磷快几十至几百倍（表 3-2-7）。

表 3-2-7　常用拟除虫菊酯类杀虫剂

| 名称 | 常见剂型 | 作用方式 | 防治对象 | 使用方法 | 特性 |
|---|---|---|---|---|---|
| 高效氯氰菊酯 | 4.5%乳油，5%可湿粉剂 | 触杀、胃毒作用 | 鳞翅目、半翅目、双翅目害虫 | 喷雾 | 中等毒性，速效、广谱 |

（续）

| 名称 | 常见剂型 | 作用方式 | 防治对象 | 使用方法 | 特性 |
|---|---|---|---|---|---|
| 联苯菊酯 | 10%乳油、5%悬浮剂 | 触杀、胃毒作用 | 鳞翅目、同翅目害虫、螨类、白蚁 | 喷雾、土壤处理 | 中等毒性，速效、广谱，对螨类、白蚁有效 |
| 溴氰菊酯（敌杀死） | 2.5%乳油 | 强的触杀、胃毒作用 | 鳞翅目、鞘翅目、双翅目和半翅目害虫 | 喷雾 | 中等毒性、高效、广谱，对螨类无效，对水生生物高毒 |
| 绿色威雷（氯氰菊酯） | 8%微胶囊水悬剂 | 触杀 | 天牛等甲虫以及食叶害虫 | 喷雾 | 高效，击倒力强，持效期长。天牛踩触时即破裂，释放出原药黏附于天牛的足跗节，通过节间膜进入体内，杀死害虫 |

**4. 新烟碱类杀虫剂**　这是一类以烟碱分子结构为模板合成的杀虫剂，作用机制独特，与常规杀虫剂没有交互抗性，高效、广谱，具有强的根部内吸作用、触杀作用及胃毒作用，对哺乳动物毒性低，对环境安全，可有效防治同翅目、鞘翅目、双翅目、鳞翅目等害虫，既可用于茎、叶处理，也可用于土壤、种子处理（表3-2-8）。

表 3-2-8　常用新烟碱类杀虫剂

| 名称 | 常见剂型 | 作用方式 | 防治对象 | 使用方法 | 特性 |
|---|---|---|---|---|---|
| 吡虫啉（一遍净、大功臣） | 10%、25%可湿性粉剂，5%乳油，70%水分散粒剂 | 内吸、触杀、胃毒作用 | 蚜虫、叶蝉、蓟马以及鞘翅目、鳞翅目、双翅目害虫 | 喷雾、土壤处理、种子处理 | 广谱、高效、低毒、安全、持效期长 |
| 啶虫脒（莫比朗） | 3%乳油、20%可溶性粉剂 | 强的触杀、胃毒、渗透作用 | 蚧类、蚜虫、地下害虫等 | 喷雾、土壤处理 | 杀虫迅速，残效期长，对人、畜低毒，对天敌杀伤力小 |
| 噻虫嗪（阿克泰） | 25%水分散粒剂、70%湿拌种剂 | 胃毒、触杀、强内吸作用 | 叶蝉、粉虱、蚜虫、介壳虫、潜叶蛾、地下害虫 | 喷雾、种子处理 | 广谱、用量少，活性高，持效期长，对环境安全。对人、畜低毒 |
| 呋虫胺 | 1%粒剂、20%颗粒水溶剂 | 触杀、胃毒、根部内吸作用 | 蚜虫、粉虱、介壳虫、蚧类、食心虫、潜叶蝇等 | 喷雾 | 用量少、速效好、活性高、持效期长、杀虫谱广，对哺乳动物、鸟类及水生生物低毒 |
| 噻虫啉 | 2%微囊悬浮剂、48%悬浮剂 | 内吸、触杀和胃毒作用 | 蚜虫、粉虱等吸汁类以及鞘翅目、鳞翅目害虫 | 喷雾 | 广谱、内吸性新烟碱类杀虫剂，高效低毒、低残留产品，无气味，对害虫和有益生物选择性强，对环境无污染 |
| 噻虫胺 | 0.1%颗粒剂、30%悬浮剂、50%水分散粒剂 | 触杀、胃毒、内吸作用 | 粉虱、蚜虫、木虱、叶蝉、蚧类、蓟马等吸汁类以及双翅目、鞘翅目等害虫 | 喷雾、种子处理、灌根 | 新型新烟碱类杀虫剂，高效、广谱、用量少、毒性低、药效持效期长、对作物无药害、使用安全 |
| 烯啶虫胺 | 10%可溶性液剂、10%水剂、10%可溶粒剂 | 内吸、渗透作用 | 粉虱、蚜虫、木虱、叶蝉、蓟马等 | 喷雾、灌根 | 新型新烟碱类杀虫剂，具有卓越的内吸性、渗透作用、杀虫谱广、安全无药害 |
| 氟吡呋喃酮 | 17%可溶液剂 | 触杀、胃毒和渗透作用 | 蚜虫、粉虱、叶蝉、介壳虫、木虱、蓟马等多种吸汁类害虫 | 喷雾 | 新型新烟碱类杀虫剂，速效、高效、持效，对环境友好，毒性低 |

**5. 昆虫生长调节剂类杀虫剂** 此类杀虫剂是通过抑制昆虫生理发育导致害虫死亡的一类药剂，毒性低、污染小、对天敌和有益生物影响小。其中最主要类型为苯甲酰脲类杀虫剂，通过抑制幼虫表皮几丁质合成，使害虫无法蜕皮而死亡，作用方式主要是胃毒作用，杀虫效果缓慢（表 3-2-9）。

表 3-2-9 常用昆虫生长调节剂类杀虫剂

| 名称 | 常见剂型 | 作用方式 | 防治对象 | 使用方法 | 特性 |
|---|---|---|---|---|---|
| 灭幼脲<br>（灭幼脲三号） | 25%、50%胶悬剂 | 胃毒和触杀作用 | 鳞翅目幼虫 | 喷雾 | 属几丁质合成抑制剂。广谱、迟效，一般药后3～4d 药效明显,对人、畜低毒,对天敌安全 |
| 定虫隆<br>（抑太保） | 5%乳油 | 胃毒作用，兼有触杀作用 | 鳞翅目、直翅目、鞘翅目、膜翅目、双翅目等害虫 | 喷雾 | 属几丁质合成抑制剂，杀虫速度慢，一般在施药后5～7d才显高效，对人、畜低毒 |
| 杀蛉脲<br>（农梦特） | 25%可湿性粉剂 | 触杀及胃毒作用 | 鳞翅目、鞘翅目和双翅目害虫 | 喷雾 | 几丁质合成抑制剂，广谱、高效、低毒 |
| 灭蝇胺 | 75%可湿性粉剂 | 内吸作用 | 双翅目害虫 | 喷雾或灌根 | 使双翅目幼虫和蛹发生畸变，成虫羽化不全或受抑制，对人、畜低毒 |
| 虫酰肼<br>（米满） | 20%悬浮液 | 胃毒作用 | 鳞翅目害虫 | 喷雾 | 促进蜕皮，昆虫频繁蜕皮，导致脱水饥饿而死。对人、畜低毒 |
| 抑食肼<br>（虫死净） | 5%乳油 | 胃毒作用为主，兼有强的内吸作用 | 鳞翅目、鞘翅目、双翅目昆虫 | 喷雾 | 广谱、低毒，抑制害虫进食、加速蜕皮和减少产卵，速效较差，施药后48h见效 |
| 氟啶虫酰胺 | 10%水分散粒剂 | 触杀、胃毒及快速拒食作用 | 蚜虫、粉虱、叶蝉、介壳虫、木虱、蓟马等多种吸汁类害虫 | 喷雾 | 昆虫生长调节剂类杀虫剂，具有，对人、畜、环境有极高的安全性 |

**6. 生物源杀虫剂** 包括植物源杀虫剂和微生物杀虫剂，前者是利用具有杀虫活性的植物有机体的全部或其中一部分作为农药或提取其有效成分制成的杀虫剂，具有易降解、持效期短的特点；后者是由害虫的病原微生物及其代谢产物加工成的一类杀虫剂，一般选择性较强，不伤害天敌。生物源杀虫剂对人、畜毒性一般较低，不污染环境，害虫不易产生抗药性，但防治谱较窄，药效发挥慢，防治暴发性害虫效果差（表 3-2-10）。

表 3-2-10 常用生物源杀虫剂

| 名称 | 常见剂型 | 作用方式 | 防治对象 | 使用方法 | 特性 |
|---|---|---|---|---|---|
| 苦参碱 | 0.36%水剂，0.3%乳油 | 触杀和胃毒作用 | 多种鳞翅目害虫、蚜虫、叶螨等 | 喷雾 | 属植物神经毒剂，广谱、对人、畜低毒 |
| 印楝素 | 0.3%乳油 | 内吸、胃毒、触杀、拒食、忌避 | 鳞翅目、同翅目、鞘翅目等多种害虫 | 喷雾 | 植物源杀虫剂，对人、畜、鸟类及天敌安全，无残毒，不污染环境，药效较慢，但持效期长；不能与碱性农药混用 |

（续）

| 名称 | 常见剂型 | 作用方式 | 防治对象 | 使用方法 | 特性 |
|---|---|---|---|---|---|
| 苏云金杆菌（Bt） | Bt乳剂（100亿活孢子/mL）、10%可湿性粉剂 | 胃毒 | 直翅目、鞘翅目、双翅目、膜翅目，特别是鳞翅目害虫 | 喷雾、喷粉 | 对人、畜安全，不杀伤天敌，对植物无药害 |
| 阿维菌素（爱福丁、齐螨素） | 1.0%、0.6%、1.8%乳油 | 触杀、胃毒和较强的渗透作用 | 双翅目、鳞翅目、鞘翅目、同翅目、螨类 | 喷雾 | 微生物源杀虫、杀螨剂，属抗生素类。对害虫致死作用较慢，对人、畜高毒 |

**7. 其他杀虫剂**

（1）虫螨腈（除尽）。为新型吡咯类杀虫、杀螨剂，对多种害虫具有胃毒和触杀作用，持效期长、用药量低，用于防治各种刺吸、咀嚼、钻蛀害虫及螨类，对人、畜中等毒性。常见剂型为10%悬浮剂，可兑水喷雾使用。

（2）茚虫威（安打、全垒打）。具有触杀、胃毒作用，作用快，残效期短，对植物及天敌安全。对人、畜低毒。对鳞翅目害虫效果好。常见剂型为30%水分散粒剂及15%悬浮剂，兑水喷雾使用。

（3）氟啶虫胺腈（可立施、特福力）。砜亚胺杀虫剂，具有触杀、胃毒、内吸、内渗作用，高效、快速并且残效期长，能有效防治对烟碱类、菊酯类、有机磷类和氨基甲酸酯类农药产生抗性的吸汁类害虫。对植物、天敌、人等安全。常见的剂型为50%水分散粒剂与22%悬浮剂。

（4）三氟甲吡醚（啶虫丙醚、宽帮1号、速美效）。二卤丙烯类杀虫剂与常用农药的作用机理不同，对人、畜低毒，对天敌及环境安全。主要用于防治斜纹夜蛾、棉铃虫等鳞翅目幼虫以及半翅目害虫、蓟马等。常见的剂型为10.5%乳油。

（5）氰氟虫腙（艾法迪）。其为缩氨基脲类杀虫剂。具胃毒作用，触杀作用小，无内吸作用，对植物、天敌、人及高等动物安全。主要用于防治鳞翅目、鞘翅目害虫。常见的剂型为22%与40%悬浮剂。

（6）溴氰虫酰胺（氰虫酰胺、倍内威）。其为新型酰胺类杀虫剂，内吸作用强，兼具胃毒和触杀作用，对于半翅目、鳞翅目、鞘翅目害虫如粉虱、蚜虫、蓟马、木虱、潜叶蝇、甲虫、象甲等效果好。常见的剂型为10%乳油。

（7）双丙环虫酯。具有全新的作用机制，对于蚜虫、飞虱、介壳虫、叶蝉等吸汁类害虫，均具有较好的防治效果。对人、畜低毒，对天敌及环境安全。常见的剂型为5%可分散液剂。

（8）螺螨酯（螨危、螨威多）。其为季酮酸类杀螨剂，具有触杀作用，无内吸特性。对于各种叶螨、瘿螨的卵、幼螨、若螨、成螨均具有良好的防治效果。持效期长，对人、畜低毒，对环境安全。常见的剂型为24%与34%悬浮剂。

（9）螺虫乙酯。季酮酸类杀虫杀螨剂，具有双向内吸传导性能，高效广谱，可有效防治各种刺吸式口器害虫，如蚜虫、蓟马、木虱、粉蚧、粉虱、介壳虫、螨类等。持效期长，对人、畜低毒，对环境安全。常见的剂型为22.4%悬浮剂。

**（二）常用杀螨剂**

一些杀虫剂也兼有良好的杀螨作用，这里所说的杀螨剂是专门用来防治蛛形纲中有害螨类的化学药剂。一般对人、畜低毒，对植物安全，没有内吸传导作用。各种杀螨剂对各螨态的毒杀效果有较大差异，选用时应注意（表 3-2-11）。

表 3-2-11 常用杀螨剂

| 名称 | 常见剂型 | 作用方式 | 防治对象 | 使用方法 | 特性 |
|------|---------|---------|---------|---------|------|
| 噻螨酮（尼索朗） | 5%乳油，5%可湿性粉剂 | 触杀、胃毒作用 | 主要用于防治叶螨，对锈螨、瘿螨防效较差 | 喷雾 | 强力杀卵、幼螨、若螨，不杀成螨，药效迟缓，一般施药后7d才显高效，残效期长达50d，对人、畜低毒 |
| 四螨嗪（阿波罗） | 10%可湿性粉剂，20%悬浮剂 | 触杀作用 | 各种害螨 | 喷雾 | 对螨卵活性强，对幼螨有一定活性，对成螨无效，持效期长。作用较慢，用药后2周才达到最高防效，对人、畜低毒 |
| 吡螨胺（治螨特） | 10%乳油，10%可湿性粉剂 | 触杀、渗透作用 | 多种害螨及蚜虫、粉虱等害虫 | 喷雾 | 速效、高效，持效期长，对螨类各阶段均有活性，对人、畜低毒 |
| 浏阳霉素 | 10%乳油 | 触杀作用 | 多种害螨，特别是有抗药性的害螨 | 喷雾 | 广谱抗生素类杀螨剂，低毒、低残留，防治效果好，对天敌安全，对鱼类有毒 |

**（三）常用杀菌剂**

**1. 保护性杀菌剂** 一般杀菌谱较广，在病菌侵入前施用，可预防多种病害的发生，较内吸性杀菌剂，病菌不易产生抗药性（表 3-2-12）。

表 3-2-12 常用保护性杀菌剂

| 名称 | 常见剂型 | 作用方式 | 防治对象 | 使用方法 | 特性 |
|------|---------|---------|---------|---------|------|
| 可杀得（氢氧化铜） | 77%可湿性粉剂 | 保护作用 | 兼治真菌与细菌病害 | 喷雾 | 无机铜制剂，广谱，释放的铜离子与病菌体内蛋白质中的—SH、—NH$_2$、—COOH、—OH等起作用，导致病菌死亡。药剂扩散和黏附性好，耐雨水冲刷 |
| 代森锰锌（大生、新万生） | 70%可湿性粉剂，75%水分散粒剂 | 保护作用 | 霜霉病、炭疽病、疫病、各种叶斑病 | 喷雾 | 有机硫类杀菌剂，杀菌谱广，对人、畜低毒 |
| 百菌清（达科宁） | 75%可湿性粉剂，75%水分散粒剂，30%烟剂、40%悬浮剂 | 保护作用 | 霜霉病、疫病、炭疽病、灰霉病、锈病、白粉病及各种叶斑病 | 喷雾、点燃释放烟雾 | 有机氯类杀菌剂，杀菌谱广，对人、畜低毒，黏着性强，耐雨水冲刷，有较长的药效期 |
| 扑海因（异菌脲） | 50%可湿性粉剂，25%悬浮剂 | 触杀性，具有保护、治疗双重作用 | 灰霉病、菌核病、叶斑病 | 喷雾 | 氨基甲酰脲类杀菌剂，低毒、广谱。应避免与强碱性药剂混用 |
| 代森联 | 70%水分散颗剂、70%干悬浮剂、80%可湿性粉剂 | 保护作用 | 防治霜霉病、炭疽病、褐斑病等 | 喷雾、种子处理 | 保护性有机硫杀菌剂，抑制菌体内丙酮酸的氧化。高效、低毒、广谱，常与内吸杀菌剂混配使用，并可为植物提供锌元素 |

**2. 内吸性杀菌剂** 此类杀菌剂能渗入植物组织内部或被植物吸收，对于病菌已侵入寄主植物体内的，也能够显示出良好的疗效，但长期使用容易产生抗药性（表 3-2-13）。

表 3-2-13 常用内吸性杀菌剂

| 名称 | 常见剂型 | 作用方式 | 防治对象 | 使用方法 | 特性 |
|---|---|---|---|---|---|
| 多菌灵（苯并咪唑44号） | 50％、80％可湿性粉剂，40％悬浮剂 | 保护和治疗作用 | 子囊菌亚门、担子菌亚门、半知菌亚门真菌引起的多种病害 | 种子处理、土壤处理、喷雾 | 干扰病菌细胞分裂，高效、广谱、低毒。不能与碱性农药混用 |
| 甲基托布津（甲基硫菌灵） | 50％、70％可湿性粉剂，40％胶悬剂 | 保护和治疗作用 | 子囊菌亚门、半知菌亚门真菌引起的多种病害 | 喷雾 | 在植物体内转化为多菌灵，广谱，能与多种农药混用，但不能与铜制剂混用 |
| 粉锈宁（三唑酮） | 15％、25％可湿性粉剂，20％乳油 | 保护、治疗、铲除和熏蒸作用 | 各种植物的白粉病、锈病 | 喷雾 | 为三唑类杀菌剂，高效、低毒、低残留、持效期长 |
| 甲霜灵（雷多米尔、瑞毒霉） | 25％可湿性粉剂，35％种子处理剂 | 保护和治疗作用 | 防治霜霉菌、疫霉菌、腐霉菌引起的病害 | 喷雾、种子处理、土壤处理 | 该药单独使用易产生抗药性，多用于复配制剂，低毒 |
| 烯唑醇（速保利） | 12.5％可湿性粉剂 | 保护和治疗作用 | 对白粉病、锈病、黑粉病和黑星病等高效 | 喷雾 | 三唑类杀菌剂，持效期长久，对人、畜低毒，对环境安全 |
| 福星（氟硅唑） | 40％乳油 | 保护和治疗作用 | 对白粉病、锈病、叶斑病效果好，对鞭毛菌亚门真菌无效 | 喷雾 | 广谱、高效、低毒，三唑类杀菌剂 |
| 世高（苯醚甲环唑） | 10％水分散粒剂 | 治疗作用 | 用于防治叶斑病、炭疽病、白粉病、锈病等 | 喷雾 | 为杂环化合物，广谱、高效、低毒、防治效果好、持效期长 |
| 噻菌铜（龙克菌） | 20％悬浮剂 | 内吸、治疗和保护作用 | 对细菌性病害有较好的防效 | 喷雾 | 为噻二唑杀菌剂，持效期长，药效稳定，对作物安全，不能与碱性药物混用 |
| 恶霉灵（土菌消） | 15％、30％水剂，70％可湿性粉剂 | 保护和治疗作用 | 对腐霉菌、镰刀菌引起的猝倒病、立枯病等土传病害有较好的防效 | 土壤处理或灌根 | 为低毒、内吸土壤杀菌剂，能抑制病菌孢子萌发，提高植物生理活性 |
| 烯酰吗啉（安克） | 50％可湿性粉剂 | 保护和治疗作用 | 对于霜霉病、疫霉病、疫霉有较好的防效 | 喷雾 | 吗啉类杀菌剂，低毒，低残留，内吸性强，易产生抗性，多混用 |
| 嘧菌酯（阿米西达、安灭达） | 25％悬浮剂 | 保护、治疗、铲除和渗透作用 | 对大部分子囊菌、担子菌、半知菌、卵菌均有效 | 喷雾 | 为线粒体呼吸抑制剂，杀菌谱广、杀菌活性高，对人、畜低毒 |
| 醚菌酯（翠贝） | 30％悬浮剂 | 保护、治疗、铲除和渗透作用 | 对大部分子囊菌、担子菌、半知菌和卵菌均具有良好的防效 | 喷雾 | 为线粒体呼吸抑制剂，杀菌谱广、持效期长，高效、低毒、低残留、使用安全 |

（续）

| 名称 | 常见剂型 | 作用方式 | 防治对象 | 使用方法 | 特性 |
|---|---|---|---|---|---|
| 氟醚菌酰胺（卡诺滋） | 50%水分散粒剂 | 保护和治疗作用 | 防治霜霉病、疫病、立枯病、纹枯病等 | 喷雾 | 含氟苯甲酰胺类杀菌剂，作用于真菌线粒体的呼吸链，抑制琥玻酸脱氢酶活性，高效、广谱。 |
| 啶酰菌胺 | 50%水分散粒剂 | 保护和治疗作用 | 防治白粉病、灰霉病、菌核病、各种腐烂病、褐腐病、根腐病等 | 喷雾 | 烟酰胺类杀菌剂，抑制线粒体琥珀酸酯脱氢酶，具有广谱的杀菌作用 |
| 吡唑醚菌酯 | 25%乳油 | 保护、治疗作用 | 几乎对所有的真菌病害有效，对疫病效果更明显 | 喷雾、种子处理 | 甲氧基丙烯酸酯类广谱杀菌剂，线粒体呼吸抑制剂，具有广谱的杀菌作用 |

**3. 抗菌素类杀菌剂**　该类杀菌剂为微生物的代谢物质，能抑制病菌的生长和繁殖。其特点是防效高，使用浓度低，多具有内吸或渗透作用，易被植物吸收，具有治疗作用，大多低毒、低残留，不污染环境（表3-2-14）。

表 3-2-14　常用抗菌素类杀菌剂

| 名称 | 常见剂型 | 作用方式 | 防治对象 | 使用方法 | 特性 |
|---|---|---|---|---|---|
| 多抗霉素（多氧霉素、宝丽安、多效霉素） | 10%可湿性粉剂 | 保护和治疗作用 | 防治叶斑病、白粉病、霜霉病、枯萎病、灰霉病等多种病害 | 喷雾 | 是金色链霉菌产生的代谢产物，广谱、内吸，对动物毒性低，对植物无药害 |
| 中生菌素（克菌康） | 1%水剂 | 保护和治疗作用 | 对革兰氏阳性细菌及阴性细菌、分枝杆菌、酵母菌、丝状真菌均有效 | 喷雾或拌种 | 为 $n$-糖苷类抗生素，其抗菌谱广 |
| 链霉素（农用链霉素） | 15%可湿性粉剂，72%可溶性粉剂 | 保护和治疗作用 | 由细菌引起的各种病害 | 喷雾、灌根、浸种 | 放线菌的代谢产物，低毒、内吸 |

**（四）常用病毒钝化剂**

近些年来，随着科技的进展，人们研制出几种对病毒病较为有效的药剂，可激发植物的抗病性或对植物病毒有一定的钝化作用，可根据实际情况选用（表3-2-15）。

表 3-2-15　常用病毒钝化剂

| 名称 | 常见剂型 | 作用方式 | 防治对象 | 使用方法 | 特性 |
|---|---|---|---|---|---|
| 83增抗剂（混合脂肪酸） | 10%水乳剂 | 诱导和治疗作用 | 有效防治烟草花叶病毒 | 喷雾 | 低毒，具有诱导植物抗病和刺激作物生长的双重作用，对病毒有钝化作用 |
| 菇类蛋白多糖（抗毒丰） | 0.5%水剂 | 预防为主，对病毒有抑制作用 | 对烟草花叶病毒、黄瓜花叶病毒等有显著防效 | 喷雾、浸种、灌根和浸根 | 为食用菌的代谢产物，施药后不仅抗病毒还有明显的增产作用。对人、畜无毒副作用，对植物无残留，对环境无污染 |

（续）

| 名称 | 常见剂型 | 作用方式 | 防治对象 | 使用方法 | 特性 |
|------|---------|---------|---------|---------|------|
| 盐酸吗啉胍（毒静） | 20%可湿性粉剂 | 治疗作用 | 可防治多种病毒病 | 喷雾 | 广谱、低毒、低残留，药剂可抑制或破坏核酸和脂蛋白的形成，阻止病毒复制 |
| 宁南霉素（菌克毒克） | 2%、8%水剂 | 预防和治疗作用 | 对烟草花叶病毒有良好防效，兼治多种真菌和细菌病害 | 喷雾 | 广谱抗生素类农药，对人、畜低毒，耐雨水冲刷。不能与碱性物质混用 |

### （五）常用杀线虫剂

杀线虫剂是用来防治植物线虫病害的药剂，可分为两大类：一是熏蒸剂，对土壤中的线虫、病菌、害虫、杂草均有毒杀作用；另一类是非熏蒸剂，一般具触杀和胃毒作用，毒性高，用药量较大。一些杀虫剂也兼有杀线虫作用，这里仅介绍专门防治线虫的药剂（表 3-2-16）。

**表 3-2-16　常用杀线虫剂**

| 名称 | 常见剂型 | 作用方式 | 防治对象 | 使用方法 | 特性 |
|------|---------|---------|---------|---------|------|
| 威百亩 | 33%、35%、48%水剂 | 熏蒸作用、内吸作用 | 线虫、真菌、杂草 | 播前土壤处理 | 对人、畜低毒，对皮肤、眼、黏膜有刺激作用。持效期 15d |
| 丙线磷（灭线磷、益舒宝） | 20%颗粒剂 | 触杀作用 | 对多种线虫及大部分地下害虫有良好防效 | 沟施、穴施 | 有机磷酸酯类杀线虫剂，对人、畜高毒 |
| 线虫清 | 每克含有 2 亿孢子粉剂 | 寄生线虫的卵 | 防治多种花卉植物根线虫病 | 拌种 | 为淡紫拟青霉菌（活体真菌），毒性极低，对人、畜和环境安全 |

【拓展知识】

## 田间药效试验方案的设计与实施

农药田间药效试验是在室内毒力测定的基础上，在田间条件下检验某种农药防治有害生物实际效果，评价其是否具有推广价值，确定施用剂量与施用方法，以便为病虫害大面积防治提供依据。

### （一）农药田间药效试验的基本要求

药效试验必须经过小区、大区药效试验和大面积示范试验，试验效果好的，方能推广应用。田间药效试验应注意：

**1. 试验地选择**　选择肥力均匀、管理水平基本相同、植物长势较相当、病虫发生情况有代表性的田块做试验地。

**2. 设置重复**　小区试验，一般设 3～5 次重复，各小区面积 15～50m²。小区愈小，愈容易产生误差；重复次数愈多，试验结果愈准确。

**3. 设对照区和保护行**　对照区分标准对照区和空白对照区两种，以当地常用农药或效果最好的农药作标准药剂对照；空白对照不施药（喷洒清水），目的是求得农药新品种的真实防治效果。试验地周围及小区间应设保护行，以避免外来因素影响。

**4. 严守喷药时间，确保喷药质量**　喷药时间应根据药剂性质及病虫害特点而定。保护性药剂应在病菌侵入前或田间少量发病时喷药；治疗性药剂一般在病菌侵入初期或发病后喷药。喷药质量务求一致，药液喷洒须均匀，所有处理应在短时间内完成。

（二）田间药效试验的类型及方法

**1. 田间药效试验的类型**

（1）农药品种比较试验。测定各种农药新品种或当地尚未使用过的品种的药效，为当地推广使用提供依据。

（2）农药不同剂型比较试验。确定生产上最适合使用的剂型。

（3）农药使用方法试验。包括用药量、用药浓度、用药时间、用药次数等。以选择最经济有效的施药方法，求得最佳经济效益。

（4）药害试验。了解各种农药及不同剂型对植物是否安全，产生的药害程度等。

**2. 试验方法**

（1）小区药效试验。

①选择当地发生较普遍的一种害虫或病害，制订试验计划，做好准备工作。按供试农药品种、常用剂量、使用方法等设置试验区及对照区。

②定点调查防治前各小区虫口密度或发病率、病情指数。

③按供试农药品种及所需浓度配药，分别施于各小区。施药时，通常是先空白对照再药剂处理，对于不同剂量的试验，应按从低剂量到高剂量的顺序，尽量减少试验误差。

④害虫防治效果调查：分别于施药后 1d、3d、7d 在原定点调查虫口密度，计算各小区害虫死亡率。当害虫的自然死亡率达到 5%～20% 时，应根据空白对照区的害虫死亡或增殖情况，计算校正死亡率（或校正虫口减退率）。若自然死亡率超过 20%，试验应重做。

⑤病害防治效果调查：应依据病害发展或按协议要求决定施药期间调查的时间和次数。最后一次施药后 7～14d 进行药效调查，持效期长的药剂，可继续调查。

（2）田间大区药效试验。在小区药效试验的基础上，选择药效较高和有希望的少数几种药剂或剂型，进行大区比较试验。试验田数量需在 3 块以上，每块面积300～1 200m²。大区药效试验应设标准药剂对照区，可不设重复。

（3）大面积示范试验。经试验确定了药效及经济效益的农药品种，可继续进行大面积多点示范试验。再经实践检验，切实可行时，方可正式推广使用。

（三）田间药效试验的调查与统计

调查方法是否恰当，会影响试验结果的准确性。药效调查应视植物种类、有害生物种类、危害习性、传染方式等定。

**1. 观察和记载**　根据不同情况设计出不同的药效试验表格，记载施药日期、施药前后病虫害发生情况及防治效果等，观察和记载按事先设计进行。

**2. 调查方法**　施药前后有害生物的取样方法，可参阅模块二中的"园林植物病虫害调查预测技术"。

**3. 结果统计**

（1）杀虫剂药效结果统计。当害虫的自然死亡率（对照区死亡率）低于 5% 时：

$$害虫死亡率 = \frac{防治前活虫数 - 防治后活虫数}{防治前活虫数} \times 100\%$$

当害虫的自然死亡率达到 $5\% \sim 20\%$ 时：

$$校正害虫死亡率 = \frac{处理区害虫死亡率 - 对照区害虫死亡率}{1 - 对照区害虫死亡率} \times 100\%$$

（2）杀菌剂药效试验结果的统计。杀菌剂药效试验结果的统计也因病害种类及危害性质而异，一般要调查对照区和处理区的发病率和病情指数，按公式计算防治效果。

$$相对防治效果 = \frac{对照区病情指数或发病率 - 处理区病情指数或发病率}{对照区病情指数或发病率} \times 100\%$$

$$绝对防治效果 = \frac{对照区病情指数增长值 - 处理区病情指数增长值}{对照区病情指数增长值} \times 100\%$$

其中，病情指数增长值 = 检查药效时病情指数 - 施药时的病情指数。

（四）撰写实验报告

其内容应包括试验名称，试验单位，试验目的，试验地点，试验材料（供试农药名称、剂型、生产厂家，试验地条件，供试植物品种、生长状况，试验病虫发生情况），试验方法（各处理药剂用量或浓度，空白对照，小区面积，排列方式，重复次数，施药方法，所用药械，施药时间及次数，试验期间温度、湿度、降水等气候条件），结果与分析（防治效果、供试药剂对植物生长的影响，数据的处理与分析讨论），结论（对供试农药做出总体评价，提出相应的农药使用技术）。

【关键词】

低容量喷雾、超低容量喷雾、药械、背负式喷雾器、机动喷射式喷雾机、背负式机动喷雾喷粉机、农药毒性、急性毒性、亚急性毒性、慢性毒性、致死中量、药害、农药田间药效试验、小区药效试验、大区药效试验、大面积示范试验

【项目小结】

农药施用方法包括喷雾法、喷粉法、土壤处理法、毒谷法、毒饵法、种子处理法、熏蒸法、涂抹法、注射法等，施药所用药械种类很多，主要有背负式喷雾器、背负式机动喷雾喷粉机、机动喷射式喷雾机等。背负式喷雾器以手动方式产生压力，并使药液通过喷头雾化，操作前应根据需要选择合适的喷头。背负式机动喷雾喷粉机既能喷雾又能喷粉，使用前应选好喷洒部件。机动喷射式喷雾机工作压力高、射程远、广泛用于大面积病虫害防治。药械的使用应严格按操作规程进行。清洗药械应先用碱水后用清水，并远离水源及居民点。农药保管应设专人专地专柜，严防儿童接近，定期检查，隔湿、防潮、防漏，避免危险事故发生。

农药合理使用应做到对症下药、适时用药、适量用药、交互用药和合理混用药，农药安全使用应在明确农药毒性基础上，采取相应防范措施。园林植物药害产生的原因主要有药剂选择不当、植物对药剂敏感、气候不适和使用不规范等，可有针对性地加以预防。

常用杀虫剂包括有机磷杀虫剂、有机氮杀虫剂、拟除虫菊酯类杀虫剂、新烟碱类杀虫剂、昆虫生长调节剂、生物源杀虫剂等；常用杀菌剂包括保护性杀菌剂、内吸性杀菌剂、抗菌素类杀菌剂等。

田间药效试验包括小区试验、大区试验和大面积示范试验，设计应符合药效试验的基本要求，结束后按要求撰写实验报告。

【练习思考】

一、选择题

1. 在杀菌剂药效试验中，处理区病情指数由防治前的15％变为防治后的20％，对照区由18％增至68％，则该杀菌剂的防治效果为（　　　）。

　　A. 90％　　　　　　B. 85％　　　　　　C. 95％　　　　　　D. 80％

2. 使用辛硫磷拌土防治地下害虫，其杀虫方式主要是（　　　）。

　　A. 胃毒作用　　　B. 触杀作用　　　C. 熏蒸作用　　　D. 内吸作用

3. 下列菊酯类药剂，（　　　）既杀虫又杀螨。

　　A. 联苯菊酯　　　B. 敌杀死　　　　C. 速灭杀丁　　　D. 氯氰菊酯

4. 下列药剂，（　　　）属于有机磷杀虫剂。

　　A. 阿维菌素　　　B. 敌敌畏　　　　C. 定虫隆　　　　D. 吡虫啉

5. 磷化铝片剂作为一种（　　　），可用于防治蛀干害虫。

　　A. 烟剂　　　　　B. 熏蒸剂　　　　C. 颗粒剂　　　　D. 乳油

6. 下列农药，（　　　）属于杀菌剂。

　　A. 喹硫磷　　　　B. 啶虫脒　　　　C. 抑食肼　　　　D. 烯唑醇

7. 杀虫剂药效试验中，对照区虫量由500头变为450头，处理区虫量由500头变成50头，则校正害虫死亡为（　　　）。

　　A. 88.9％　　　　B. 87.6％　　　　C. 93.6％　　　　D. 85.7％

二、问答题

1. 农药的施用方法有哪些？

2. 简述手动喷雾器、背负式机动喷雾喷粉机和机动喷射式喷雾机的操作要点。

3. 如何清洗施药器械和保管农药？

4. 如何做到合理使用农药？

5. 农药急性毒性是如何分级的？

6. 植物药害产生的原因有哪些？如何补救？

7. 针对园林生产中常见病虫害类型，各列举出几种有效药剂。

8. 农药田间药效试验的基本要求有哪些？

【信息链接】

**一、农药喷雾新技术**

1. 静电喷雾技术　　通过高压静电发生装置使药液雾滴或药粉带电的喷施方法，可显著增加药剂在叶片表面的沉积量，农药的利用率高达90％，只是带电雾粒对植株冠层的穿透力较弱。

2. 农药精确喷雾技术

（1）选择喷雾系统：利用光电元件作为传感器，探测地面是否有绿色植物，若没有则自动停止喷雾的施药技术，这种技术可显著提高农药利用率，最大限度地减少农药污染。

（2）智能喷雾技术：基于计算机图像识别系统采集和分析杂草特征，把作物与杂草区分开，精确喷雾。

（3）卫星定位技术：根据田间有害生物发生数量和发生程度，依靠卫星遥感定位技术确定是否需要喷雾及喷雾量。

## 二、克服农药副作用的几点措施

1. 害物产生抗药性（Resistance）

（1）减少同种农药的使用次数。

（2）选用残效期短的农药。

（3）混用、轮换用药。

（4）使用增效剂。

2. 害物再猖獗（Resurgence）

（1）合理使用农药。

（2）采用综合治理措施。

3. 农药残留（Residue）污染环境

（1）限制或者禁止使用剧毒、长效、广谱农药。

（2）改进农药施用方法。

（3）使用高效、低毒和无残留、高选择性农药。

## 三、常用杀菌剂混剂的有效成分

（1）新植霉素：链霉素、土霉素。

（2）一熏灵Ⅱ号：百菌清、速克灵。

（3）复方甲基托布津：甲基硫菌灵、福美双。

（4）多·锰锌：多菌灵、代森锰锌。

（5）仙生：腈菌唑、代森锰锌。

（6）安克锰锌：烯酰吗啉、代森锰锌。

（7）加瑞农：春雷霉素、氧氯化铜。

（8）易保：噁唑菌酮、代森锰锌。

（9）抑快净：噁唑菌酮、霜脲氰。

（10）炭疽福美：福美锌、福美双。

（11）杀毒矾：恶霜灵、代森锰锌。

（12）克露：霜脲氰、代森锰锌。

## 四、有害生物的抗药性

一个地区长期连续使用同一种药剂防治某种有害生物，导致此种有害生物对该药剂抵抗力提高，称为危害物具有抗药性或获得抗药性；某种有害生物对一种农药产生抗性后，对同类的另一种未使用过的药剂也产生抗药性的现象，称为交互抗性；有害生物对一种农药产生抗药性后，反而对另一种从未用过的药剂更加敏感的现象称为负交互抗性。了解农药间的交互抗性和负交互抗性，对轮换用药以及合理混用农药意义重大。

# 模块四 园林植物病虫害综合防治技术

## 项目一 园林植物病虫害综合防治方案的制订与实施

【学习目的】通过对园林植物病虫害基本防治方法的学习，获取病虫害综合防治的相关知识，掌握各种防治技术的应用，为园林绿地养护与花木生产打下基础。能根据实际发生的病虫害类型，制订科学合理的综合防治方案并组织实施。

【知识目标】了解植物检疫的一般知识，理解园林植物病虫害综合防治的含义和综合防治方案的制订原则，熟悉园林植物病虫害综合防治方案的制订和优化，掌握园林技术措施防治、物理防治、生物防治、化学防治基本知识和基本技能的应用。

【能力目标】能结合园林植物病虫害的发生实际，制订科学合理的综合防治方案并组织实施。

### 工作任务 4.1.1 园林技术措施防治方案的制订与实施

【任务目标】

理解并掌握园林技术措施防治的基本原理与方法，并能根据园林植物病虫害的发生实际，因地制宜地采取各种园林技术措施进行防治。

【任务内容】

（1）根据工作任务，采取课堂与校内外实训基地（园林绿地、花圃、苗圃、草坪等）现场相结合的形式，通过查阅资料与网上搜集，获得相关园林技术措施防治病虫害的基本知识。

（2）结合当地园林绿地养护与花木生产实际，找出在园林植物病虫害防治过程中存在的问题，并进行讨论分析。

（3）根据园林植物病虫害的发生的具体情况，从园林技术措施角度拟订出较为合理的防治方案并付诸实施。

（4）对任务进行详细记载，并上交 1 份实训总结报告。

【教学资源】

（1）材料与器具：当地常发的园林植物病虫害种类；显微镜、放大镜、镊子、挑针、盖玻片、载玻片、滴瓶、修枝剪、锯子等器具及相关的肥料、农药品种等。

（2）参考资料：当地气象资料、有关园林植物病虫害防治的历史资料、园林绿地养护技术方案、病虫害种类与分布情况、各类教学参考书、多媒体教学课件、病虫害彩色图谱（纸质或电子版）、检索表、各相关网站相关资料等。

（3）教学场所：教室、实验（训）室以及园林植物病虫害危害较重的校内外实训基地。

（4）师资配备：每20名学生配备1名指导教师。

【操作要点】

（1）针对当地园林植物病虫害发生实际，选择一定面积的园林绿地或花木基地，通过座谈交流、实地观察，了解掌握园林植物的常规管理状况。内容包括：园林植物的种类构成、立地条件、土壤类型、施肥情况、灌排水、修剪、卫生等方面的内容，写出调查报告。

（2）结合当地花木生产与园林绿地养护实际，观察调研园林技术措施在防治病虫害中所起的作用、存在的问题，并提出改进的建议。

（3）针对当地病虫害发生实际，确定典型的病虫种类进行园林技术措施防治试验，即从栽植设计、施工及栽培管理等环节选择适当的措施进行实施，同时注意自始至终地跟踪调查，做好记录。

（4）对本工作任务的完成情况进行分组讨论分析、总结整理，同时参照当地历史资料与网络知识，提出科学、合理、有效地园林绿地与花木基地综合管理技术方案，将园林技术措施控制病虫害的效应发挥到极致。

【注意事项】

（1）园林技术措施防治病虫害虽然简单、方便、有效，不需要额外的投资，而且有预防作用等优点，但也存在作用效果缓慢、易受自然条件限制，对爆发性病虫害的控制效果差等缺点，因而应注意与其他措施有机结合，以便取长补短。

（2）该类措施强调的是贯穿于栽植设计、施工以及栽培管理的全过程，每个环节都有各自不同而丰富的内涵。在实际操作过程中，应根据具体情况，深入挖掘，从而发挥其最大的效应。

（3）制订该类措施时，除具备病虫防治的一般知识外，还应注意与园林设计、园林工程、园林生态、花卉栽培、观赏树木、园林绿地养护、土壤肥料、气象等领域的知识进行有机结合。

【内容与操作步骤】

通过合理的园林设计、施工与栽培管理措施减少病虫害种群数量和侵染可能性，培育健壮植物，增强植物抗害、耐害和自身补偿能力或避免病虫害的一种植物保护措施。

园林技术措施防治病虫害的优点是可结合园林设计、施工与栽培管理一同进行，不需要额外的投资，而且有预防作用，可以在大范围内减轻病虫害发生的程度，甚至可以持续控制某些病虫害的大发生，是最基本的防治方法。但却有一定的局限性，如作用效果缓慢，多为预防措施，在病虫害大发生时，对爆发性病虫害的控制效果不大，易受自然条件限制等。

近年来，随着生态园林建设与绿色植保技术推广力度的不断加大，该类技术措施的研究应用前景越来越广阔，内涵越来越丰富。

一、栽植设计合理

科学合理的园林设计及植物配置，能够使各类植物种群之间相互协调，达到植物造景和科学种植的目的；否则会造成植物生态系统失衡、病虫害滋生、养护管理困难等后果，从而影响景观效果及产量品质。

（一）选择乡土植物，适地适树适种源

**1. 选择乡土植物**　乡土植物是指原产于当地或虽从外地引进，但已经过长期驯化且非常适合当地环境条件的植物。由于该类植物具有适应性强、抗旱、抗寒、抗热、耐瘠薄、抗病虫害、抗污染等特点，长势旺盛，养护成本低，因而在园林规划设计中需要优先考虑。否则，将贻害无穷，如近几年北方地区盲目露地栽植原产南方的桂花、石楠及棕榈类植物，大都出现了生长不良、死亡等现象；同样，我国北方水边栽植的垂柳，性喜冷凉，如果在南方栽植，则生长缓慢且易受病虫危害；再如从国外引进的"洋树、洋花、洋草坪"，也都不同程度地出现了问题。

**2. 适地适树适种源**　园林植物的种植规划，首先要做到适地适树适种源。即使园林植物的特性与栽植地点的环境条件相适应，从而使园林植物健康生长，增强抗病虫害能力。具体地说，就是要根据受光照度的强弱，选栽阳性或阴性树种；根据地势和地下水位的高低，选栽抗旱或抗涝树种；根据土壤酸碱度和污染源的不同，选栽不同的抗性树种；根据周围建筑群的高度和朝向，选栽不同功能和要求的树种；根据土层的厚薄，选栽乔木、灌木、花、草等生活型植物；根据风力的大小，选栽深根性或浅根性树种等。如果违背了植物的生理生态特性，轻者栽植的植物生长发育不良，容易发生病虫害，重则会大量死亡，需要重新栽植。

如在我国北方许多城市为了追求冬季能有大量的绿色，常常在车流量大或老城区狭窄的街道盲目栽植常绿树。该类区域粉尘与汽车尾气污染重，土质坚实，春天风大干旱，夏天炎热缺水，冬天树下还要有堆雪。这些地方本该种植抗寒、抗旱、抗污染的乔木、绿篱或地被类植物，但却大量设计栽植云杉、樟子松、黑松等树种，结果没过几年这些常绿树便生长衰弱，落针病和松梢螟大量发生，致使枝叶枯黄，变成小老树或死亡。再如玉兰、牡丹等怕涝的树种种植在地下水位较高或地势低洼积水的地方，容易感染病虫害，出现根腐烂病；白皮松、黑松、油松等阳性树种栽种在光照不足的地方，树木未老先衰，最终会导致松梢枯病的发生；樱花褐斑病在风大、多雨的地区发病严重，根据适地适树原则，不在风口区栽植樱花，如有必要时设风障保护；花木藻斑病在潮湿、贫瘠的立地条件下易发生流行，而培育在地势开阔、排水良好、土壤肥沃地块上的花木，植株生长健壮，抗病力强，不易发生此病。这就要求在园林设计时，要根据立地条件选择适宜的植物种类与品种。

（二）选用无病虫或抗病虫的植物种类、品种

**1. 采用健壮、无病虫害的种苗**　有许多病虫害是依靠种子、苗木及其他无性繁殖材料来传播的，因而采用无病虫的健壮种苗，可以有效地控制该类病虫害的发生。

购置苗木（花卉）前，到苗圃（花圃）进行实地考察，仔细调查观察苗木（种子及其他无性繁殖材料、切花、盆花等）是否带有介壳虫、天牛、根癌病、溃疡病等难以控制的病虫害。尽量选择长势旺盛、无病虫害的嫁接苗（由实生苗嫁接而来）、脱毒组培苗（无花叶病毒的唐菖蒲组培苗等）以及无病虫圃地采来的种子（无病毒病的仙客来种子等）与无性繁殖材料（不带锈菌的切花菊种苗等）等。

**2. 选用抗病虫种类与品种**　不同的园林植物种类，往往在抗病虫方面具有一定的差异。针对当地发生的主要病虫害类型，选用抗病虫的园林植物种类与品种是防治病虫害最经济有

效的一种方法。如针对城镇行道树种类单一，容易发生害虫危害等特点，选用抗虫树种如银杏、香樟、大叶女贞、广玉兰、白玉兰、紫玉兰等，以减少害虫防治及农药的使用，对保护城镇生态环境十分有益。如家榆不抗榆紫叶甲，而新疆大叶榆与东北黑榆则抗虫效果十分明显；细叶结缕草容易感染锈病，而沟叶结缕草（马尼拉）则对锈病免疫，选用马尼拉草的意义已不言而喻。

不同花木品种对于病虫害的受害程度并不一致。如在抗病品种应用方面，可选用抗锈病的菊花、香石竹、金鱼草品种，抗紫菀萎蔫病的翠菊品种，抗菊花叶枯线虫病的菊花品种，抗黑斑病及天牛危害的杨树品种，抗花叶病毒病的美人蕉品种，等等。

### （三）避免混栽病虫转主寄主植物以及有共同病虫害的植物

**1. 避免混栽病虫转主寄主植物** 设计建园时，为了保证景观的美化效果，常采取多种植物搭配种植。往往会忽视有些病虫害种类会因具有转主寄生的条件而相互传染，人为地造成某些病虫害的发生流行。如海棠与柏属树种、牡丹（或芍药）与松属树种近距离栽植易造成海棠锈病及牡丹（或芍药）锈病的大发生；垂柳与紫堇混栽，松与栎、栗混栽，云杉与杜鹃、杜香混栽，云杉与稠李混栽，能分别诱发垂柳锈病、油松栎柱锈病、云杉叶锈病、云杉稠李球果锈病的发生流行；苜蓿与槐树混栽将为槐蚜提供转主寄主，导致槐树严重受害。在园林布景时，植物的配置不仅要考虑美化效果，还应考虑病虫的危害问题。

**2. 避免混植有共同病虫害的植物** 每种病虫对树木、花草都有一定的选择性和转移性，因而在进行花坛（或苗圃）苗木定植时，要考虑到寄主植物与害虫的食性及病菌的寄主范围，尽量避免相同食料及相同寄主范围的园林植物混栽或间作。如在杨树栽植区不能栽种桑、构、栎及小叶朴，因为严重危害毛白杨的桑天牛成虫，只有在取食桑、构、栎、小叶朴后才能产卵；再如柑橘类与榆树混栽，会导致星天牛、橘褐天牛泛滥成灾；黑松、油松、马尾松等混栽将导致日本松干蚧严重发生；云杉与红松、冷杉混栽时，会分别诱发红松球蚜与冷杉异球蚜；桃、梅等与梨相距太近，会有利于梨小食心虫的大量发生；烟草花叶病毒能侵染多种花卉，如果混栽则加重病毒病的发生等。

### （四）考虑植物的相生相克作用，搭配种植诱饵植物

**1. 考虑植物的相生相克作用** 植物间的化感作用是普遍存在的，所谓化感作用是指一种植物通过向环境释放化学物质而对另一种植物（包括微生物）所产生的直接或间接的益、害作用。由于化感中的相克作用，一些相邻植物间出现了"你死我活""水火不容"的相克局面，对自然的、人工的生态系统产生较大的影响。这种现象对抑制某些恶性杂草是有利的，但对一些园林植物是有害的。化感作用也有相生有利的一面，即有些植物的叶片和根系分泌物可以互为利用，达到合作共存与互惠互利的状态。在园林设计时要充分利用这种关系，趋利避害，这是控制病虫害发生的经济、有效方法之一。

在园林植物间，相生的实例有：旱金莲与柏树混植，旱金莲花期会由 1d 变为 3d；黄栌与油松等混植时会减轻黄栌白粉病的发病程度；皂荚与百里香、黄栌、鞑靼槭混植，植株能增高；油松与柞树、锦鸡儿与杨树、侧柏与油松等种植组合，也可相互助长等。相克的实例为：丁香、薄荷、刺槐、月桂等能分泌大量的芳香物质，影响相邻植物的伸长生长；榆树的分泌物能使栎树发育不良；凡榆树根系到达的地方，葡萄的生长发育会严重受抑，甚至死亡；松树不能和接骨木共处，接骨木会强烈抑制松树生长，而临近接骨木下的松子则不能发

芽，等等。该领域内涵极为丰富，值得今后深入研究。

**2. 搭配种植诱饵植物** 利用害虫对某些植物有特殊的嗜食习性，人为种植该类诱饵植物，以减轻对主栽花木的危害，但切记必须及时清除诱饵植物上的害虫。如种植一串红、灯笼花等叶背多毛植物，可诱杀温室白粉虱；种植矢车菊、孔雀草可诱杀地下线虫；种植羽叶槭、糖槭可诱杀光肩星天牛；种植桑树可诱杀桑天牛；种植核桃、白蜡及蔷薇科树种能诱杀云斑白条天牛；种植七叶树、天竺葵可诱杀日本弧丽金龟；在苗圃周围种植蓖麻，可使大黑鳃金龟、黑皱金龟误食后麻醉，从而集中捕杀。

（五）注意生物多样性、模式多样化、结构复层化与密度合理化

**1. 注意生物多样性与模式多样化** 在营造城市园林绿地系统时，注意加强园林植被的多样性建设，促进城市绿地生态系统的稳定性，提高对病虫害危害的自我调控能力。城市绿地建设一定要避免单一化的模式，不仅整个城市的植物种类要多样化，在同一块绿地上亦应考虑多样化。并且，在城市绿地之间构筑相互联系的绿色通道，借助行道树、街心隔离带的绿地使整个城市的绿色系统联系起来，促使整个城市绿色系统多样性的形成。对已栽植的绿地，也应注意及时补植各类灌木、花草植物，扩大蜜源植物，为天敌生物创造良好的生活环境。总之，通过科学的搭配树种与布局，建立合理的植物群落结构，充分发挥自然控制因素的作用，是控制园林植物病虫害猖獗的经济、有效措施。

**2. 乔、灌、藤、花、草结合，复层种植** 植物群落是园林绿化的主体，设计人员要遵循生物竞争、共生、循环、生态位等生态学原理，进行乔、灌、藤、花、草多种植物的合理混配，复层种植，让喜阳、喜荫，喜湿、耐旱，常绿、落叶，赏花、观叶，匍匐、直立等生物学特性各不相同的植物有机结合，总体上形成种类丰富，高低错落有致，结构上协调有序的复层植物群落。如此，不仅能够充分利用光能及土地资源，增加园林植物的品种、数量，形成丰富多彩的立面结构层次，符合园林美学的要求，而且有利于维持生态系统内的平衡关系，便于病虫害的生物控制，减少大发生的可能。上层为乔木，其下可栽植耐阴或中性的花草、灌木及藤本植物，最下层则栽植耐阴的草坪草，不仅能够增加园林绿化观赏效果，而且减轻土传病害的发生。

**3. 种类（品种）混播，抑制病害** 在草坪播种建植时，采用草坪草种（品种）混播，可以有效地抑制病害。混播是根据草坪的使用目的、环境条件以及养护水平选择 2 种或 2 种以上的草种（或同一草种中的不同品种）混合播种，组建一个多元群体的草坪植物群落。其优势在于混合群体比单播群体具有更广泛的遗传背景，因而具有更强的适应性。由于混合群体具有多种抗病性，可以减少病原物数量、加大感病个体间的距离、降低病害的传播效能；又有可能产生诱导抗性或交叉保护，所以能够有效地抑制病害。如美国加州采用多年生黑麦草与肯塔基草地早熟禾混播建立草坪，成功地控制了由大刀镰孢等真菌引致的镰孢枯萎病，连续 3 年测定，其发病率显著低于单播草坪。

**4. 栽植密度的合理化** 园林植物栽植密度合理也是防控病虫害的关键措施之一。现在有些绿化工程为了见效快，而进行超密度栽植，使得有的树木栽植 2 年后便会出现树冠相互遮盖现象。如位于树丛中生长低矮的黑松、白皮松等喜光树种，因所处环境长期阴暗郁闭，不能满足其光照需求，致使植株生长衰弱，极易导致冻害、枝枯病等的发生。地被植物、绿篱等栽植过密时，植株的生长空间过于狭小，处于极度的亚健康状态，1～2 年后便会出现内堂枝条大量干枯等"烧膛"现象，进而诱发其他生理性病害与侵染性病害的出现。近几年

龙柏（以地被形式栽植为主）叶枯病的猖獗，就是在此背景下出现的。另外，近年来的草坪建植多采用满铺法，该法栽种的草坪虽成坪快，但栽植密度极大，植株间盘根错节，透水、透气性能差，长势没有后劲，从而导致了各类病虫的滋生。

（六）优选圃地、合理轮作

**1. 优选圃地、注重育苗基质的消毒** 园林植物苗木病害如猝倒病、茎腐病、菌核性根腐病等，都与苗圃位置不当、前作感病植物、土壤黏重、排水不良、苗木过密、管理粗放等有密切关系，因此，选择苗圃地时，除注意土壤质地、苗圃位置、排灌条件外，还应考虑土壤中病原物的积累问题。如对菊花、香石竹等进行扦插育苗时，对圃地基质及时进行消毒或更换新鲜基质，则可大大提高育苗的成活率。另外，盆播育苗时应注意盆钵、基质的消毒。

**2. 合理轮作** 连作往往会加重园林植物病害的发生，如温室中香石竹多年连作时，会加重镰刀菌枯萎病的发生，合理轮作可以减轻病害。轮作的年限因具体病害而定，主要取决于病虫源在土壤中的存活期长短。如鸡冠花褐斑病实行 2 年以上轮作即有效，而胞囊线虫病则需更长时间。一般情况下需实行 3～4 年轮作。轮作是古老而有效的防病措施，轮作植物须为非寄主植物，这样便使土壤中的病原物因找不到食物"饥饿"而死，从而降低病原物的数量。

（七）适时播种、适时移植

**1. 适时播种** 在进行园林植物播种时，适当调节播期，可以在不影响植物生长的前提下将植物的感病期与病虫害的侵染危害盛期错开，可以达到避免或减轻病虫危害的目的。播种期适宜可预防苗期病害猝倒病、立枯病的发生，如高羊茅改春播为秋播可避开一年生禾本科杂草大量萌发旺盛生长的季节，从而有效地减轻牛筋草、稗、狗尾草、马唐等杂草的危害。

**2. 适时移植** 园林植物定植时，要选择适宜的季节并及时进行。如北方地区的大部分花木移植最好在春季土壤解冻后至树木萌芽前进行，此时移植符合植物自身发展规律，移植后易于成活，植物生长健壮。因而最好集中在此季节将所有花木移栽完毕，尽量不要在花木的生长季节（雨季除外）移栽。否则，将会导致反季节移植的花木长势衰弱，进而诱致溃疡病、腐烂病及天牛等病虫害的发生。

二、施工严谨科学

（一）严格按要求施工，提高施工质量

**1. 严格按图纸施工** 设计图纸是经过专家等有关人员精心设计而确定的技术方案，各种园林植物的规格、大小及搭配形式都是比较理想的模式，只有按照图纸认真组织施工，才能体现出最佳的园林绿化效果，并且为以后各种园林植物的正常生长发育以及病虫害的综合治理奠定良好的基础。

**2. 全面提高施工质量** 园林施工质量的好坏，直接关系到园林植物的种植成活率、造园的效果、日后的养护以及最终的绿地质量，因而有经验的专业施工者往往会与设计者取得良好的沟通，力求使设计者的意图通过园林植物的精心栽植而得到准确的表达。除此之外，还应注意严格地按照要求施工，如定植的地点与密度、定植穴的规格、换土的措施、基肥的使用、栽植的深浅度、灌水是否足量以及及时设立支柱等，从而为园林植物的健壮生长奠定良好的基础，间接地抑制病虫危害。另外，施工中会经常遇到按图纸放线的位置有地下电缆或各类管道，因而放线时应该适度灵活，加以调整。否则，可能因根系无法伸展，影响树势，给园林植物病虫害以可乘之机。

（二）苗木栽植环节严谨科学

**1. 及时栽植，科学处理** 定植的花木大都由外地引进，往往会因运输距离远、时间长而导致挤压、摩擦、失水，引起烂根、干梢、破坨等现象发生。如果直接定植，不仅会影响花木的成活率，而且为以后的病虫防治埋下了隐患。正确的做法是，花木卸车定植前，要按照科学合理的步骤进行补水、消毒、修根修干等处理，并且要及时栽植，切勿假植时间过长。另外，异地调苗时，尽量就近解决，合理运输。如2006年春季潍坊城区爆发的窄冠毛白杨溃疡病、腐烂病，其原因是由于远距离调苗，失水严重，而栽植前又未进行妥善处理所致。

**2. 甄别与选用无病虫苗木** 因这样或那样的原因，由外地引进的苗木可能会带有病虫，由苗木携带的园林植物病虫害通常有：杨树溃疡病、杨柳树烂皮病、国槐腐烂病、榆树烂皮病、樱花根癌病以及双条杉天牛、双斑锦天牛、锈色粒肩天牛、星天牛、日本双齿长蠹、柏肤小蠹、小线角木蠹蛾、桑白蚧、卫矛矢尖蚧、日本龟蜡蚧、朝鲜球坚蚧等，应责成专业人员进行认真选择剔除，并将有病虫苗木进行妥善处理。

## 三、养护管理得当

（一）清除病虫残体

**1. 及时清除周围环境中病残体** 许多害虫和病原菌可能在植株周围的土壤、枯枝落叶、病枝叶、病花、病果以及杂草等处越冬，所以要及时清除病虫害残体、草坪的枯草层并加以处理，进行深埋或烧毁。生长季节要及时摘除病、虫枝叶，清除因病虫或其他原因致死的植株。园林技术操作过程中应避免人为传染，如在切花、摘心、除草时要防止工具和人体对病菌的传带。温室中带有病虫的土壤、盆钵在未处理前不可继续使用。无土栽培时，被污染的营养液要及时清除，不得继续使用。

**2. 清理树体** 病虫可能会在粗皮、翘皮及裂缝处栖息越冬，冬季或早春刮除枝干粗皮、翘皮、病皮并集中烧毁，可明显降低来年的病虫害发生概率。此法特别对防治在皮缝中越冬的红蜘蛛、卷叶虫等害虫及腐烂病、干腐病、轮纹病等枝干病害具有良好的效果。但注意刮皮时要轻刮、浅刮，以见到嫩皮为宜。对于枝干病害，先用刮皮刀将病部刮去，然后涂上保护剂或防水剂。

（二）改善周围环境

**1. 改善栽培环境** 主要是指调节栽培场所的温度和湿度，尤其是温室栽培植物，要经常通风换气，降低湿度，以减轻灰霉病、霜霉病等病害的发生。种植密度、盆花摆放密度要适宜，以利通风透光。冬季温室的温度要适宜，不要忽冷忽热。

**2. 翻土培土** 结合深耕施肥，可将表土或落叶层中越冬的病菌、害虫深翻入土。公园、苗圃等场所在冬季暂无花卉生长，最好深翻一次，这样便可将其深埋于地下，翌年不再发生危害。此法对于防治花卉菌核病等效果较好。对于公园树坛翻耕时要特别注意树冠下面和根颈部附近的土层，让覆土达到一定的厚度，使得病菌无法萌动，害虫无法孵化或羽化。

**3. 中耕除草** 中耕除草不仅可以保持地力，减少土壤水分的蒸发，促进花木健壮生长，提高抗逆能力，还可以清除许多病虫的发源地及潜伏场所。如马齿苋、繁缕等杂草是唐菖蒲花叶病（CMV）的中间寄主，车前草等是根结线虫病的野生寄主，返顾马先蒿、穗花马先蒿等是松孢锈病的转主寄主，铲除杂草可以起到减轻病害的作用；扁刺蛾、丝绵木金星尺蠖、草履蚧等害虫的幼虫、蛹或卵生活在浅土层中，通过中耕，可使其暴露于土表，便于杀死。

（三）加强肥水管理

合理的肥水管理能使植物健壮地生长，增强抗病虫能力，如碧桃等花木树势衰弱时容易招引桃红颈天牛产卵，同时流胶病也随之严重。不施用未经充分腐熟的饼肥或粪肥，以免种蝇等地下害虫危害。使用无机肥时要注意氮、磷、钾等营养成分的配合，防止施肥过量或出现缺素症。

浇水方式、浇水量、浇水时间等都影响着病虫害的发生。喷灌和洒水等方式往往容易引起叶部病害的发生，最好采用沟灌、滴灌等方式。浇水量要适宜，浇水过多易烂根，浇水过少则易使花木因缺水而生长不良，出现各种生理性病害或加重侵染性病害的发生。多雨季节要及时排水。浇水时间最好选择晴天的上午，以便及时地降低叶表湿度。此外，干旱季节，对花木及时灌水，可减轻红蜘蛛的危害。

刚刚定植的花木一定要浇透水，根系不发达的花木，在干旱季节要仔细检查是否因缺水而萎蔫，勿因失水而影响生长，导致叶黄枝枯；初定植及根系不发达的花木，要控制施肥，勿因肥多而造成烧根。

（四）注意合理修剪

合理修剪、整枝不仅可以增强树势、花叶并茂，还可以减少病虫危害。例如，对天牛、透翅蛾等钻蛀性害虫以及袋蛾、刺蛾等食叶害虫，均可采用修剪虫枝等进行防治；对于介壳虫、粉虱等害虫，则通过修剪、整枝达到通风透光的目的，从而抑制此类害虫的危害。秋冬季节结合修枝，剪去有病枝条，从而减少来年病害的初侵染源，如月季枝枯病、白粉病以及阔叶树腐烂病等。对于园圃修剪下来的枝条，应及时清除。此外，草坪的修剪高度、次数、时间也要合理，否则也会引起草坪病虫害的发生。

修剪不当，不仅会影响园林植物长势，还可能为病原物提供侵染途径，加重病害的发生。如近几年在江苏、安徽、山东等地肆虐的龙柏叶枯病，很大程度上是由修剪过勤及修剪时间不合适引起。修剪过勤，会使植株因营养面积减少、光合作用下降而树势衰弱，丧失抗病能力；6～7月修剪，则会因大量伤口的出现，而大大增加病菌感染的机会。许多园林植物的病毒病发生危害也与修剪造成的伤口有关。

（五）加强防护设施

许多园林植物在生长季节或冬季休眠季节，需要一定的防护设施，才能保证其正常的生长发育并安全越冬。如在北方栽植原产南方的海桐、桂花、广玉兰、石楠、珊瑚树等花木时，常常出现冻害现象，因而冬季必须采用风障或塑料膜覆罩等防寒设施；同样，南方地区露地栽植的茶梅、蒲葵等花木也会因夏季高温、强光而出现日灼现象，应采用遮阳网等设施进行遮阳降温处理；不耐强光照的玉簪、绣球以及新移栽的花木，在炎炎夏季也应采取遮阳措施，以保证花木生长旺盛，减轻各种病虫害的发生。

另外，对于新移栽的大树或反季节栽植的花木，除采取遮阳设施外，还应采取顶淋微喷、挂吊瓶（补水、施肥或加入活力素等药剂）、根区追肥施药（生根粉、杀菌剂、杀虫剂、活力素等）、喷洒蒸腾抑制剂等措施，使之尽快恢复活力，防止病虫害的侵袭及各种生理性病害的发生。

（六）保护伤口与树干涂白

虫伤或机械伤等伤口，不仅容易感染病菌引起腐烂，而且常成为某些害虫的栖息场所，应及时进行保护处理。具体做法是：先刮净腐烂朽木，用利刃小刀削平伤口后，涂上5波美度的石硫合剂、波尔多液浆或其他伤口保护剂，以促进伤口愈合。刮下的残留物要及时清扫干净并烧毁。

树干基部涂白，不仅可以防止病菌侵入，而且能有效地防止天牛等害虫产卵，还可保护树体免受冻害或防止日灼病的发生。若在涂白剂中加入硫黄、蓝矾或其他药剂，还可消灭树体上潜伏的多种病虫害。

（七）禁用污水、慎用化雪盐

污水包括工业污水与生活污水，二者均对园林植物的生长不利。因而应将污水处理变成中水后方可浇灌。

大量抛撒工业盐是北方城市冬季融雪的主要措施，被盐融化后的雪水无论是随车轮飞溅、直接流入或通过下水道渗进绿地，或是将撒过盐的积雪堆集在绿地、分车带或行道树池中，对绿化植物都是致命的伤害。近几年北京、河北、河南、山东等地都曾有过大量行道树死于盐雪的教训，侥幸活着的也多呈叶小稀疏、萎蔫衰弱、迟迟不能解毒的病态。因而应慎用化雪盐或使用环保型的融雪剂，为园林植物创造一个健康的生长环境。

（八）花卉产品的安全收获与管理

**1. 球茎、鳞茎类器官收获与贮藏**　以球茎、鳞茎等器官越冬的花卉，为了保障这些器官的健康贮藏，在收获前避免大量浇水，以防含水过多造成贮藏腐烂；要在晴天收获，挖掘过程中要尽量减少伤口；挖出后要仔细检查，剔除有伤口、病虫及腐烂的器官，必要时进行消毒和保鲜处理后入窖。贮窖须预先清扫消毒，通气晾晒。贮藏期间要控制好温、湿度，窖温一般在5℃左右，相对湿度宜在70％以下。有条件时，可单个装入尼龙网袋，悬挂于窖顶贮藏。

**2. 盆花与切花的处理**　盆花经长途运输后，往往在叶、花处留有挤碰伤口，加之运输过程中拥挤、闷热、不通风等不利因素使花木生理受到影响，因而极易引发病害。此时应及时采用杀菌药物来保护伤口，同时注意加强栽培管理，尽快使花木恢复长势。需要注意的是：杀菌药物尽量采用烟雾剂、水剂，以免在花、叶表面留有药液斑，影响观赏效果。

鲜切花在采收时，首先应进行预处理，即采花前要少施氮肥，偏施含钙、钾、硼元素的肥料，使枝梗坚硬、疏导组织发达，能抵抗病虫害侵袭。其次，采收时间也要把握好，采收过早或过晚，都会影响切花的观赏寿命。在能保证开花的前提下，应尽量早采收。采收后，为保证鲜切花的品质以及存架、瓶插的寿命，还要采取杀菌、防腐、低温、保鲜剂处理等措施。

查一查：到校内外教学基地等相关单位进行调查，其是如何采取园林技术措施防治病虫害的？

【任务考核标准】　见表4-1-1。

表 4-1-1 园林技术措施防治方案的制订与实施任务考核参考标准

| 序号 | 考核项目 | 考核内容 | 考核标准 | 考核方法 | 标准分值 |
|---|---|---|---|---|---|
| 1 | 基本素质 | 学习工作态度 | 态度端正，主动认真，全勤，否则将酌情扣分 | 单人考核 | 5 |
| | | 团队协作 | 服从安排，与小组其他成员配合好，否则将酌情扣分 | 单人考核 | 5 |
| 2 | 专业技能 | 栽植设计环节，园林技术措施防治方案的制订与实施 | 能够全面、准确地制订与实施该环节的防治方案。所述内容不全、欠准确或方案实施不规范者，酌情扣分 | 以小组为单位考核 | 20 |
| | | 施工环节，园林技术措施防治方案的制订与实施 | 能够全面、准确地制订与实施该环节的防治方案。所述内容不全、欠准确或方案实施不规范者，酌情扣分 | 以小组为单位考核 | 20 |
| | | 养护管理环节，园林技术措施防治方案的制订与实施 | 能够全面、准确地制订与实施该环节的防治方案。所述内容不全、欠准确或方案实施不规范者，酌情扣分 | 以小组为单位考核 | 25 |
| 3 | 职业素质 | 方法能力 | 独立分析和解决问题的能力强，能主动、准确地表达自己的想法 | 单人考核 | 5 |
| | | 工作过程 | 工作过程规范，有完整的工作任务记录，字迹工整 | 单人考核 | 10 |
| | | 自测训练与总结 | 及时准确完成自测训练，总结报告结果正确，电子文本规范，体会深刻，上交及时 | 单人考核 | 10 |
| 4 | 合计 | | | | 100 |

# 工作任务 4.1.2 物理防治技术方案的制订与实施

【任务目标】

理解并掌握物理防治的基本原理与方法，并能根据实际发生的园林植物病虫害，制订切实有效的物理防治技术措施，并付诸实施。

【任务内容】

（1）根据工作任务，采取课堂与校内外实训基地（园林绿地、花圃、苗圃、草坪等）现场相结合的形式，通过查阅资料与网上搜集，获得相关物理防治技术控制病虫害的基本知识。

（2）针对当地花木生产与园林绿地管理状况，找出在病虫害防治中存在的问题，并分析讨论。

（3）根据园林植物病虫害的发生实际，从物理防治技术角度拟订出较为合理的防治方案并付诸实施。

（4）对任务进行详细记载，并上交1份实训总结报告。

【教学资源】

（1）材料与器具：当地常见园林植物种类以及其所发生的病虫类型；显微镜、放大镜、镊子、挑针、盖玻片、载玻片、滴瓶、修枝剪、锯子、黏虫板、频振灯、防虫网、地膜、量筒、天平、计算器等器具及糖、酒、醋、肥料、农药品种等。

（2）参考资料：当地气象资料、有关园林植物病虫害防治的历史资料、园林绿地养护技术方案、病虫害种类与分布情况、各类教学参考书、多媒体教学课件、病虫害彩色图谱（纸质或电子版）、检索表、各相关网站相关资料等。

（3）教学场所：教室、实验（训）室以及园林植物病虫害危害较重的校内外实训基地。

（4）师资配备：每 20 名学生配备 1 名指导教师。

【操作要点】

（1）结合当地花木生产与园林绿地养护实际，观察调研物理防治技术措施在防治病虫害中所起的作用、存在的问题，并提出改进的建议。

（2）结合调查资料，对某一区域所发生的病虫害种类设计一个物理防治方案，针对不同的病害特点与害虫习性分别采用诱杀、阻隔、高温处理等不同的处理方法，对防治效果进行调查记录。

（3）对本工作任务的完成情况进行分组讨论分析、总结整理，同时参照当地历史资料与网络知识，提出科学、合理、有效地物理防治技术方案，指导当地的园林绿地养护与花木生产。

【注意事项】

（1）物理技术措施防治病虫害具有不污染环境、不伤害天敌、不需额外投资，便于开展群众性的防治等优点，但也存在费工费时、效率低下以及防治不彻底等缺点，因而应注意与其他措施有机结合，以便取长补短。

（2）灯光诱杀害虫应该注意诱与杀的结合，该方法容易导致频振灯周围害虫密集，应注意监测诱杀区域害虫的虫口密度，必要时要对周围进行防治。

（3）进行种苗热处理时，应注意控制好处理的温度与时间，否则会使种苗失去活力。

（4）毒饵与饵木诱杀时，应注意投放的时间、地点与投放量，否则会影响诱杀效果。

（5）潜所诱杀害虫结束后，应注意及时处理。

【内容与操作步骤】

利用各种简单的器械和各种物理因素来防治病虫害的方法，该法既包括传统、简单的人工捕杀，也包括近代物理新技术的应用。

## 一、捕杀法

捕杀法是指根据害虫发生特点和规律所采取的直接杀死害虫或破坏害虫栖息场所的措施。人工捕杀适合于具有假死性、群集性或其他目标明显易于捕捉的害虫。包括人工摘除群集危害的虫叶、卵块和虫苞，人工振落后集中捕杀等。如多数金龟甲、象甲的成虫具有假死性，可在清晨或傍晚将其振落杀死。榆蓝叶甲的幼虫老熟时群集于树皮缝、树疤或枝杈下方化蛹，此时可人工捕杀。冬季修剪时，剪去黄刺蛾茧、蓑蛾袋囊，用梳茧器梳除松毛虫的茧，刮除舞毒蛾卵块等。在生长季节也可结合园圃日常管理，人工捏杀卷叶蛾虫苞，捕捉天牛成虫，钩杀天牛幼虫等。

技能训练：结合实训，人工捕杀害虫。

## 二、诱杀法

利用害虫的趋性，人为设置器械或饵物来诱杀害虫的方法称为诱杀法。利用此法还可以预测害虫的发生动态。

**1. 灯光诱杀** 灯光诱杀是指利用害虫对灯光的趋性，人为设置灯光来诱杀害虫的方法。

大多数害虫的视觉神经对波长 330~400nm 的紫外线特别敏感，具有较强的趋光性，诱杀效果很好，可以诱杀多种害虫。据试验，平均每天每盏灯诱杀害虫几千头，高峰期可达上万头，其中以鳞翅目害虫最多，其次为直翅目、半翅目、鞘翅目等害虫，如金龟子、地老虎、黏虫、棉铃虫、甜菜夜蛾、天牛等。

目前，生产中应用的种类很多，比较广泛的是频振式杀虫灯与纳米汞灯，特别是频振式杀虫灯应用最多、效果最好。它在灯外配以频振式高压电网触杀，使害虫落入灯下专用的接虫袋内，更符合绿色环保的观点。

**2. 食物诱杀**

（1）毒饵诱杀：利用害虫的趋化性，在其所喜欢的食物中掺入适量毒剂来诱杀害虫的方法称为毒饵诱杀。例如蝼蛄、地老虎等地下害虫，可用麦麸、谷糠等作饵料，掺入适量敌百虫、辛硫磷等药剂制成毒饵来诱杀，配方是饵料 100 份、毒剂 1~2 份、水适量。诱杀地老虎、梨小食心虫成虫时，常以糖、酒、醋作饵料，以敌百虫作毒剂来诱杀，配方是糖 6 份、酒 1 份、醋 2~3 份、水 10 份、加适量敌百虫。

（2）饵木诱杀：许多蛀干害虫，如天牛、小蠹虫等喜欢在新伐倒木上产卵繁殖，因而可在这些害虫的繁殖期，人为地放置一些木段，供其产卵，待卵全部孵化后进行剥皮处理，消灭其中的害虫。如在山东泰山岱庙内，用此法可引诱大量双条杉天牛到人为设置的柏树木段上产卵，据调查，每米木段上可诱虫 100 余头。

（3）植物诱杀：利用害虫对某些植物的喜好和嗜食习性，人为适量种植这些植物做危害虫的诱集源，来诱集捕杀害虫的方法称为植物诱杀。如在苗圃周围种植蓖麻，可使金龟甲误食后麻醉，从而集中捕杀。还有用构树诱杀桑天牛、蔷薇诱杀云斑天牛、复叶槭诱杀光肩星天牛等。

**3. 潜所诱杀** 利用害虫在某一时期喜欢某一特殊环境的习性，人为设置类似的环境来诱杀害虫的方法称为潜所诱杀。如秋天在树干上绑草把或包扎麻布片、报纸等，可引诱潜叶蛾、卷叶蛾、梨小食心虫、苹小卷叶蛾、棉蚜、叶螨、木虱、网蝽、某些蛾类等害虫进入越冬状态，翌年开春前集中烧毁；在苗圃内堆集新鲜杂草，能诱集地老虎幼虫潜伏草下，然后集中杀灭。

**4. 诱捕器诱杀** 利用昆虫性激素引诱异性的特点，制成昆虫诱捕器来诱捕昆虫。如槐小卷蛾、木蠹蛾、舞毒蛾、白杨透翅蛾、美国白蛾、桃小食心虫、梨小食心虫等已经在生产上广泛使用昆虫诱捕器进行诱捕。

**5. 色板诱杀** 利用一些害虫对某种颜色的特殊嗜好制成色板可以进行诱杀害虫。如蚜虫等对 550~600nm 的黄色光波最敏感，大多数蓟马喜欢蓝色光波。可利用蓝色黏胶板诱集蓟马，利用黄色黏胶板诱黏蚜虫、白粉虱、斑潜蝇、黄曲条跳甲等。最新研制的黏虫色板，具有黏性强、保色和诱集性好、高温不流淌、耐老化、使用方便等优点，应用效果很好。相反，蚜虫对银灰等光色则有明显的忌避性，可以用塑料薄膜、铝箔避蚜。

技能训练：结合实训，利用诱杀法防治害虫。

**三、阻隔法**

人为设置各种障碍以切断病虫害的侵害途径，这种方法称为阻隔法，也称为障碍物法。

**1. 绑毒绳、涂毒环和胶环** 此法适于防治有上、下树习性的爬行的害虫，如鳞翅目幼虫、草履蚧等。秋季给松树绑毒绳（用菊酯类农药处理）可诱集松毛虫初龄越冬幼虫，次年春季 3 月解下后集中杀灭，能明显降低虫口基数。树干上涂胶环或毒环，对春尺蠖、杨毒蛾、松毛虫和朱砂叶螨等害虫，有较好的防治效果。

**2. 挖障碍沟**　对不能迁飞只能靠爬行扩散的害虫，为阻止其迁移危害，可在未受害区周围挖沟，害虫坠落沟中后予以消灭。对紫色根腐病等借助菌索蔓延传播的根部病害，在受害植株周围挖沟能阻隔病菌菌索的蔓延。挖沟规格是宽 30cm、深 40cm，两壁要光滑垂直。

**3. 设障碍物**　有的害虫雌成虫无翅，只能爬到树上产卵或危害。如草履蚧、枣尺蠖等。对这类害虫，可在上树前在树干基部设置障碍物阻止其上树产卵，如树干基部绑扎塑料薄膜环，或在干基周围培土堆，制成光滑的陡面。山东枣产区总结出人工防治枣尺蠖（枣步曲）的经验："五步防线治步曲"，即 "一涂、二挖、三绑、四撒、五堆"，可有效地控制枣尺蠖上树。对于有下树越冬习性的幼虫，也可在下树前，于树干基部设障碍物阻止其下树越冬。

**4. 土壤覆盖薄膜或盖草**　许多叶部病害的病原物是随病残体在土壤上越冬的，花木栽培地早春覆膜或盖草（稻草、麦秸草等）可大幅度地减少叶部病害的发生。膜或干草对病原物的传播起到了机械阻隔作用，而且覆膜后土壤温度、湿度提高，加速了病残体的腐烂，减少了侵染来源。土表覆盖银灰色薄膜，可使有翅蚜远远躲避，从而保护园林植物免受蚜虫的危害并减少蚜虫传毒的机会。

**5. 虫网阻隔**　使用防虫网覆盖，可以形成一个人工隔离屏障，将害虫拒之网外，切断害虫传播侵入途径，有效控制多种害虫，如叶蝉、粉虱、蓟马、蚜虫、跳甲、美洲斑潜蝇、斜纹夜蛾等的传播，同时还可以预防病毒病的传播。另外，防虫网还具有抵御暴风雨冲刷和冰雹侵袭等自然灾害的作用。以防虫为主时选白色或银灰色的防虫网效果较好（银灰色防治蚜虫防效几乎达到 100%），如果兼有遮光效果，则可选用黑色防虫网。

**6. 喷洒高脂膜**　高脂膜是用高级脂肪酸制成的成膜物，使用后喷洒在植物体表面，可以形成肉眼看不见的一层很薄的脂肪酸膜。虽然高脂膜本身并不具有杀虫、杀菌作用，但膜层能起到趋避害虫、抑制孵化和隔离病原菌等作用，从而达到防治病虫的目的，并且本身无毒，对人、植物、鱼类无害。

技能训练：结合实训，利用阻隔法防治害虫。

### 四、汰选法

利用健全种子与被害种子外观和比重上的差异进行器械或液相分离，剔除带有病虫的种子。常用的汰选法有手选、筛选、盐水选等。

带有病虫的苗木，有的用肉眼便能识别，因而引进购买苗木时，要汰除有病虫害的苗木，尤其是带有检疫对象的材料，一定要彻底检查，将病虫拒之门外。

特殊情况时，应该进行彻底消毒，并隔离种植。自己繁育的苗木，出售或栽植前，也应进行检查，剔除病虫植株，并及时进行处理，以防止扩展蔓延。

### 五、高温处理法

通过提高温度来杀死病菌或害虫的方法称为温度处理法。病原物和害虫对高温的忍受力都较差，超过限度就会死亡。

1. **种苗的热处理**　有病虫的苗木可用热风处理,温度为 $35\sim40℃$,处理时间为 $1\sim4$ 周;也可用 $40\sim50℃$ 的温水处理,浸泡时间为 $10min\sim3h$。如唐菖蒲球茎在 $55℃$ 水中浸泡 $30min$,可以防治镰刀菌干腐病;$47\sim51℃$ 温水浸泡泡桐种根 $1h$,可防治泡桐丛枝病;有根结线虫病的植物在 $45\sim65℃$ 的温水中处理(先在 $30\sim35℃$ 的水中预热 $30min$)可防病,处理时间为 $0.5\sim2h$,处理后的植株用凉水淋洗;用 $80℃$ 热水浸泡刺槐种子 $30min$ 后捞出,可杀死种内小蜂幼虫,不影响种子发芽率。

种苗热处理的关键是温度和时间的控制,一般对休眠器官处理比较安全。

2. **土壤的热处理**　现代温室土壤热处理是使用热蒸汽($90\sim100℃$),处理时间为 $30min$。蒸汽处理可大幅度降低香石竹镰刀菌枯萎病、菊花枯萎病及地下害虫的发生程度。在发达国家,蒸汽热处理已成为常规管理。利用太阳能热处理土壤也是有效的措施,在 $7\sim8$ 月将土壤摊平做垄,垄为南北向。浇水并覆盖塑料薄膜($25\mu m$ 厚为宜),在覆盖期间要保证有 $10\sim15d$ 的晴天,耕层温度可高达 $60\sim70℃$,能基本上杀死土壤中的病原物。温室大棚中的土壤也可照此法处理,当夏季花木搬出温室后,将门窗全部关闭并在土壤表面覆膜,能较彻底地消灭温室中的病虫害。

## 六、现代物理技术的应用

1. **辐射处理**　辐射处理是利用射线的电离辐射生物学效应。低剂量辐射处理只是诱发基因突变,达到降低或丧失生殖能力的目的,对雄虫的照射是在精子成熟时进行,照射后使其与未交配过的雌虫进行交配达到不育;高剂量辐射处理主要是破坏细胞结构,影响新陈代谢,使活性降低甚至直接导致死亡。

例如直接用 $83.1C/kg$ 的 $^{60}Co$ 作为 $\gamma$ 射线照射仓库害虫,可使害虫立即死亡。而使用 $16.6C/kg$ 剂量处理,对于部分未被杀死的害虫,可正常生活和产卵,但生殖能力受到了损害,所产的卵粒不能孵化。

2. **微波处理**　微波是指频率为 $300MHz\sim300GHz$ 的一种电磁波。用微波处理植物果实和种子时,可以使体内害虫或病原物温度迅速上升,引起病虫体内脂类物质融化和蛋白质凝固,损害神经系统及细胞原生质,造成新陈代谢紊乱,从而导致病虫死亡。

如利用 ER-692 型、WMO-5 型微波炉处理检疫性林木籽实害虫,每次处理种子 $1.0\sim1.5kg$,加热至 $60℃$,持续处理 $1\sim3min$,即可 $100\%$ 的将落叶松种子广肩小蜂、紫穗槐豆象的幼虫,刺槐种子小蜂、柳杉大痣小蜂、柠条豆象、皂荚豆象的幼虫和蛹杀死。

用微波处理杀虫灭菌的优点是加热升温快,效果好,安全,无残毒,而且操作方便,处理费用低,广泛应用于旅检和邮检工作中。

对于家养花卉,可以把培养土装入塑料袋,放在厨房用的微波炉内加热,来达到消灭病菌和害虫的目的。

3. **激光技术的应用**　激光技术防病虫主要利用的是激光的高能量密度特性以及对生物体的热效应和电离辐射效应,从而导致其降低或丧失生殖能力,不能进食,甚至直接导致死亡,达到防治病虫的目的。

国外早有相关报道,如利用波长 $450\sim500nm$ 的激光防治螨类和蚊虫。但是由于利用激光防治病虫害成本比较高,目前主要在有机农业和示范田中应用。

【任务考核标准】见表 4-1-2。

表 4-1-2　物理技术措施防治方案的制订与实施任务考核参考标准

| 序号 | 考核项目 | 考核内容 | 考核标准 | 考核方法 | 标准分值 |
|---|---|---|---|---|---|
| 1 | 基本素质 | 学习工作态度 | 态度端正，主动认真，全勤，否则将酌情扣分 | 单人考核 | 5 |
| | | 团队协作 | 服从安排，与小组其他成员配合好，否则将酌情扣分 | 单人考核 | 5 |
| 2 | 专业技能 | 捕杀、诱杀法措施防治方案的制订与实施 | 能够全面、准确地制订与实施该环节的防治方案。所述内容不全、欠准确或方案实施不规范者，酌情扣分 | 以小组为单位考核 | 20 |
| | | 阻隔与汰选法措施防治方案的制订与实施 | 能够全面、准确地制订与实施该环节的防治方案。所述内容不全、欠准确或方案实施不规范者，酌情扣分 | 以小组为单位考核 | 20 |
| | | 高温与现代物理技术措施防治方案的制订与实施 | 能够全面、准确地制订与实施该环节的防治方案。所述内容不全、欠准确或方案实施不规范者，酌情扣分 | 以小组为单位考核 | 25 |
| 3 | 职业素质 | 方法能力 | 独立分析和解决问题的能力强，能主动、准确地表达自己的想法 | 单人考核 | 5 |
| | | 工作过程 | 工作过程规范，有完整的工作任务记录，字迹工整 | 单人考核 | 10 |
| | | 自测训练与总结 | 及时准确完成自测训练，总结报告结果正确，电子文本规范，体会深刻，上交及时 | 单人考核 | 10 |
| 4 | 合计 | | | | 100 |

## 工作任务 4.1.3　生物防治技术方案的制订与实施

【任务目标】

理解并掌握生物防治的基本原理与方法，并能根据实际发生的园林植物病虫害，制订切实有效的生物防治技术措施，并付诸实施。

【任务内容】

（1）根据工作任务，采取课堂与校内外实训基地（园林绿地、花圃、苗圃、草坪等）现场相结合的形式，通过查阅资料与网上搜集，获得相关生物防治技术控制病虫害的基本知识。

（2）针对当地花木生产与园林绿地管理状况，找出在病虫害防治中存在的问题，并分析讨论。

（3）根据园林植物病虫害的发生实际，从生物防治技术角度拟订出较为合理的防治方案并付诸实施。

（4）对任务进行详细记载，并上交 1 份实训总结报告。

【教学资源】

（1）材料与器具：当地常见园林植物种类以及其所发生的病虫类型；显微镜、放大镜、镊子、挑针、盖玻片、载玻片、滴瓶、量筒、天平、计算器等器具及天敌生物、生物农药等。

（2）参考资料：当地气象资料、有关园林植物病虫害防治的历史资料、园林绿地养护技术方案、病虫害种类与分布情况、各类教学参考书、多媒体教学课件、病虫害彩色图谱（纸质或电子版）、检索表、各相关网站相关资料等。

（3）教学场所：教室、实验（训）室以及园林植物病虫害危害较重的校内外实训基地。

（4）师资配备：每20名学生配备1名指导教师。

【操作要点】

（1）结合当地花木生产与园林绿地养护实际，观察调研生物防治技术措施在病虫害防治中所起的作用、存在的问题，并提出改进的建议。

（2）结合调查资料，了解当地昆虫天敌的种类，在当地生产防治上已经应用的天敌有哪些。选择1～2种天敌昆虫进行人工饲养，观察了解其生长发育规律和习性，并结合害虫防治进行应用，做好调查记录。

（3）调查了解当地已经应用的生物农药种类，是否已经大面积推广应用。选择1～2种新型或新推广的生物农药，结合当地病虫害发生情况，对某些特定的病虫害进行试验，做好药效调查记录。

（4）对当地已经开展的生物防治进行防治效果调查，重点调查防治对象的危害现状、天敌种类、天敌应用方法、防治范围、资源调查、气候调查、防治效果调查。

（5）对本工作任务的完成情况进行分组讨论分析、总结整理，同时参照当地历史资料与网络知识，提出科学、合理、有效地生物防治技术方案，指导当地的园林绿地养护与花木生产。

【注意事项】

（1）生物技术措施防治病虫害具有不污染环境，对人、畜、植物安全，害虫不产生抗性，对病虫害的控制作用持久等优点，但也存在成本高，杀虫效果较慢，病虫大发生时难以迅速奏效等缺点，因而应注意与其他措施有机结合，以便取长补短。

（2）重视商品性天敌昆虫的使用技术。首先要注意天敌产品的质量，从公认的、可靠的天敌公司购买天敌，因为这样的产品在质量和数量上有保证，并注意天敌产品的储存温度和有效期；其次要选择适当的时间（害虫低密度时）进行释放，释放越早效果越好。

（3）重视微生物农药的使用技术。药液随配随用，注意不能与杀菌剂混合使用，用药时注意环境的温度、湿度及病虫的防治适期；应保存在低于25℃的干燥阴凉仓库中，防止暴晒和潮湿。

（4）注意为自然天敌创造有利的条件。如剪取天敌的卵块、茧等加以保护；合理用药，避免农药杀伤天敌；适当栽植早春与秋季开花的蜜源植物，保证天敌在越冬前后能及时补充营养，提高越冬存活率。

【内容与操作步骤】

生物防治是利用生物及其代谢物质来控制病虫害。生物防治的特点是：对人、畜、植物安全，害虫不产生抗性，天敌来源广，对病虫害的控制作用持久，效果显著。一旦天敌在田间建立了自己的种群，它就可以长期持续地对害虫发挥控制作用，这是化学农药所无法达到的。但生物防治往往局限于某一虫期，作用慢，成本高，人工培养及使用技术要求较严格。

生物防治技术包括：有益动物的利用、有益微生物的利用、生物化学农药的应用、其他生物技术的应用等方面。

## 一、有益动物的利用

### (一) 天敌昆虫的利用

在自然界，天敌对害虫的发生起着巨大的抑制作用，同时，保护天敌简便易行、成本低廉，因此，在生产上已大面积推广。目前，自然天敌的保护利用已成为我国害虫综合防治的基本措施之一。

**1. 捕食性天敌昆虫** 专以其他昆虫或小动物为食物的昆虫，称为捕食性昆虫。以害虫为捕食对象的捕食性昆虫称为捕食性天敌昆虫。这类昆虫有的用它们的咀嚼式口器直接蚕食虫体的一部分或全部；有些则用刺吸式口器刺入害虫体内吸食害虫体液使其死亡。这类天敌，一般个体比被捕食者大，在自然界中抑制害虫的作用十分明显。在园林中常见的捕食性天敌昆虫有瓢虫、草蛉、螳螂、食蚜蝇、猎蝽等。

利用捕食性天敌昆虫防治害虫成功的例子有很多。例如：释放瓢虫、草蛉、食蚜蝇、捕食螨等天敌有效控制蚜虫、叶螨、介壳虫的虫口基数；应用赤眼蜂防治松毛虫；利用管氏肿腿蜂防治青杨天牛、松褐天牛等。

**2. 寄生性天敌昆虫** 一些昆虫种类，在某个时期或终身寄生在其他昆虫的体内或体外，以其体液和组织为食来维持生存，最终导致寄主昆虫死亡，这类昆虫一般称为寄生性天敌昆虫。主要包括寄生蜂和寄生蝇。这类昆虫个体一般较寄主小，数量比寄主多。寄生性天敌昆虫较重要的有以下科：姬蜂科、茧蜂科、蚜茧蜂科、小蜂科、金小蜂科、赤眼蜂科、瘿蜂科、细蜂科、寄蝇科等。

利用寄生性天敌昆虫防治害虫成功的例子有很多。例如：利用丽蚜小蜂防治温室白粉虱，日光蜂防治苹果绵蚜，松毛虫赤眼蜂防治松毛虫，利用周氏啮小蜂防治美国白蛾，利用平腹小蜂防治荔枝蝽等都有明显效果。

**3. 天敌昆虫利用的途径和方法**

(1) 当地自然天敌昆虫的保护和利用。自然条件下的天敌群落是非常丰富的，但它们常受到不良环境条件如气候、生物及人为因素的影响，使其不能充分发挥对害虫的控制作用。因此，必须通过改善或创造有利于自然天敌发生的环境条件，促其繁殖发展。

保护利用天敌的基本措施有：

①剪取天敌的卵块、茧等加以保护。

②合理用药，避免农药杀伤天敌。

③保护天敌越冬，越冬前将天敌如瓢虫、黑蚂蚁等移入室内保护，可以减少天敌的死亡。

④多栽蜜源植物（如芸香科等），其花粉能为姬蜂、食蚜蝇、草蛉等天敌昆虫提供丰富的营养食料。如适当栽植在早春开花早和晚秋开花晚的蜜源植物，保证晚秋越冬前能及时补充营养，早春越冬后又能及时补充到营养，可以提高越冬存活率。

(2) 人工大量繁殖与释放天敌昆虫。大量繁殖与释放天敌昆虫是利用本地天敌的一个方法。通过大量繁殖与释放可以增加天敌的数量，特别是在害虫发生危害的前期，天敌的数量往往较少，不足以控制害虫的发展趋势，这时补充天敌的数量，可以有较明显的防治效果。如利用赤眼蜂进行防治玉米螟、棉铃虫和稻纵卷叶螟；利用小蜂进行防治荔枝蝽；利用丽蚜小蜂防治温室白粉虱等。

到目前为止，我国已能成功地饲养赤眼蜂、平腹小蜂、丽蚜小蜂、川硬皮肿腿蜂、食蚜瘿蚊、草蛉、七星瓢虫、小花蝽、智利小植绥螨、西方盲走螨、侧沟茧蜂等天敌，赤眼蜂、周氏啮小蜂、管式肿腿蜂、丽蚜小蜂、中华草蛉、七星瓢虫等已经实现了规模化生产。

（3）移殖和引进天敌。引进外地优良天敌来防治本地的病虫害，是一条经济有效的途径。引进天敌是指由一个国家移入另一个国家。其目的在于改变当地昆虫群落的结构，促进害虫与天敌种群密度达到新的平衡。引进天敌在外来害虫的控制中是非常重要的，国际上有很多成功的案例。如美国 1888 年从大洋洲引进澳洲瓢虫防治吹绵蚧，到 1889 年年底完全控制了吹绵蚧。我国于 1978 年从英国温室作物研究所引进丽蚜小蜂，控制白粉虱的作用十分明显，其寄生率达 90%。

天敌的移殖是指天敌昆虫在本国范围内异地繁殖。如大红瓢虫 1953 年湖北从浙江移殖大红瓢虫防治柑橘吹绵蚧，获得成功，之后又引到四川、福建、广西等地。

在天敌昆虫的移殖、引进过程中，也有很多失败的教训。因此要特别注意移引对象的生物学特性、两地的生态条件差异，还应选择适宜的虫态、时间和方法。

（二）其他有益动物的利用

**1. 蜘蛛和螨类治虫** 蜘蛛为肉食性，食性广，但主要捕食昆虫。蜘蛛种类繁多，分布较广，适应性强，在自然生态系统和农、林、果、蔬生态系统中的作用是非常巨大的，在害虫的捕食性天敌中占有重要位置。因此，要有目的的进行保护和利用。

螨类治虫是利用捕食螨来防治有害动物。捕食螨能捕食叶螨、锈壁虱、蓟马等小型有害动物，食量很大，一只捕食螨每天能捕食红蜘蛛 6 只或锈壁虱 80 只。目前已经有很多种类能够人工饲养繁殖，将其释放于温室和田间，在防治害螨上效果很显著。如智利小植绥螨、胡瓜钝绥螨等。

**2. 蛙类治虫** 两栖类中的青蛙、蟾蜍等，主要以昆虫及其他小动物为食。所捕食的昆虫，绝大多数为害虫。蛙类食量很大，如泽蛙每天可捕食叶蝉 260 头。为发挥蛙类治虫的作用，除严禁捕杀蛙类外，还应加强人工繁殖和放养蛙类，保护蛙卵和蝌蚪。

**3. 鸟类治虫** 我国现有鸟类中食虫鸟约占一半，而且嗜食害虫的鸟类食量很大。一只大山雀每天所吃的昆虫相当于自己的体重，可使 1hm² 松林的松毛虫保持有虫无灾的水平；一只啄木鸟每年消灭的蛀干害虫达 4 万余条，在 33.3hm² 的人工林内一对啄木鸟即可控制蛀干害虫的大发生；一只灰喜鹊每年可吃掉的松毛虫 1.5 万条，可使 6.7hm² 黑松林保持有虫无灾。鸟类对抑制园林害虫的发生起到了一定作用。在城市风景区，森林公园等保护益鸟的主要做法是：严禁打鸟、人工悬挂鸟巢招引鸟类定居以及人工驯化等。1984 年广州白云山管理处，曾从安徽省定远县引进灰喜鹊驯养，获得成功。山东省林业科学研究院人工招引啄木鸟防治蛀干害虫，也有良好的防治效果。

**二、有益微生物的利用**

**1. 微生物治虫** 人为利用病原微生物使害虫得病死亡从而控制害虫的方法称为以微生物治虫。能使昆虫得病而死的病原微生物有真菌、细菌、病毒、原生动物及线虫等。目前生产上应用较多的是前 3 类。我国的微生物制剂，特别是白僵菌的产量及应用面积均居世界前列。

（1）细菌。病原细菌主要是通过消化道侵入昆虫体内，导致败血症或由于细菌产生的毒素使昆虫死亡。昆虫感染细菌后的症状是：食欲减退，口腔和肛门有黏性排泄物，死后虫体颜色加深，迅速腐败变形、软化、组织溃烂，有恶臭味。

目前我国应用最广的细菌制剂主要是苏云金杆菌。这类制剂无公害，可与其他农药混用，并且对温度要求不严，在温度较高时发病率高，对鳞翅目幼虫防效好。苏云金杆菌杀虫剂（Bt 乳剂），1995 年产量达到 2 000 万 t，国内应用防治多种农林害虫。在防治松毛虫、美国白蛾、尺蠖、天幕毛虫等食叶害虫方面取得较好效果。如利用 Bt 乳剂防治国槐尺蠖，每年喷 2 遍药即可控制其危害。

应用比较多的还有青虫菌，可防治几十种害虫，尤其对鳞翅目类害虫效果更为明显。

（2）真菌。真菌是以菌丝或孢子从体壁进入昆虫体内，以虫体各种组织和体液作为营养，随后虫体长出菌丝，产生孢子，随风和水流进行再侵染。昆虫感染真菌后的症状是：食欲减退，虫体萎缩，死后虫体僵硬，体表布满菌丝和孢子。

目前应用较为广泛的真菌制剂有白僵菌、绿僵菌和块状耳霉菌，不仅可有效地控制鳞翅目、同翅目、膜翅目、直翅目等害虫，而且对人、畜无害，不污染环境，容易生产，使用后可在自然界中再次侵染，自然形成害虫流行病。但在使用时，对环境的温度、湿度要求较严格，感染时间较长，防效较慢。如生产上利用真菌杀虫剂白僵菌和绿僵菌防治苗圃的鳃金龟、杨树光肩星天牛、松毛虫等，效果良好；用枝顶孢霉防治杨干象也取得了明显效果。

（3）病毒。昆虫感染病毒后的症状是：虫体多卧于或悬挂在叶片及植株表面，后期流出大量液体，但无臭味，体表无丝状物。

在已知的昆虫病毒中，防治应用较广的有核型多角体病毒（NPV）、颗粒体病毒（GV）和质型多角体病毒（CPV）三类。这些病毒主要感染鳞翅目、双翅目、膜翅目、鞘翅目等的幼虫。如舞毒蛾核型病毒、大蓑蛾核型多角体病毒分别用于舞毒蛾和大蓑蛾。20 世纪 80 年代以来，我国已将春尺蠖多角体病毒、马尾松毛虫质型多角体病毒、舞毒蛾核型多角体病毒分别用于防治春尺蠖、马尾松毛虫和舞毒蛾，推广面积均在 6 000 hm$^2$ 以上。

（4）线虫。嗜虫线虫分属 5 个总科，昆虫病原线虫主要属斯氏线虫科的斯氏属和异小杆属。此类线虫消化道内的共生细菌可使寄主罹患败血症而迅速死亡，有些线虫可寄生地下害虫和钻蛀害虫（如天牛、木蠹蛾、豹蠹蛾、玉米螟），导致害虫受抑制或死亡。被线虫寄生的昆虫症状通常是：褪色或膨胀，生长发育迟缓，繁殖能力降低，出现畸形。

我国线虫研究工作，起步虽晚，但进度很快，如国内已经商品化生产的斯氏线虫，来防治桃小食心虫、天牛、木蠹蛾和沟眶象等；用泰山 1 号线虫防治杨树天牛也取得了明显效果。

（5）微孢子虫。微孢子虫是微孢子门的寄生虫。微孢子虫分布很广，可感染昆虫引起微孢子虫病。微孢子虫灭虫的机制是在昆虫体内繁殖使器官发育受阻，导致死亡。我国从 1985 年从美国引进微孢子虫，1990 年已投入工业化生产，并作为杀蝗虫生物农药使用，取得了预期效果。微孢子虫只寄生蝗虫等直翅目的昆虫，如东亚飞蝗、亚洲飞蝗、中华稻蝗、笨蝗、意大利蝗等。如现在生产上应用的草原型微孢子虫灭蝗制剂是微孢子虫浓缩液，为低毒杀虫剂，对人、畜无毒无害，无残毒，不污染环境，对草原蝗虫防效较好。

**2. 微生物治病** 某些微生物在生长发育过程中能分泌一些抗菌物质，抑制其他微生物的生长，这种现象称颉颃作用。有真菌杀菌剂、细菌杀菌剂、弱病毒疫苗、真菌杀线虫剂等。

（1）细菌杀菌剂。它的有效成分是具有活性的细菌菌体，对植物病原细菌具有较强的颉颃作用。如商品品种放射土壤杆菌可抑制致病根癌土壤杆菌的生长，用来防治植物根癌病。

（2）真菌杀菌剂。它的有效成分是具有活性的真菌菌体，对多种植物病原真菌具有较强的颉颃作用。可用于防治由腐霉菌、立枯丝核菌、镰刀菌、灰葡萄孢菌、黑根霉和柱孢霉等病原菌引起的灰霉病、猝倒病、立枯病、白绢病、根腐病等植物病害。如北京科威拜沃生物技术有限公司的木霉菌生物农药，通过营养竞争、微寄生、细胞壁分解酵素以及诱导植物产生抗性等机制，对于多种植物病原真菌具有颉颃作用，具有保护和治疗双重功效，可有效防治土传性真菌病害，也可以防治灰霉病。并且具有持效期长，不产生抗药性，不怕高湿，杀菌谱广，无残留毒性，对植物没有不良影响的特点。

（3）真菌杀线虫剂。它的有效成分是具有活性的真菌菌体，对多种植物线虫病具有较好的防治效果。如商品品种厚垣轮枝菌剂，主要成分是孢轮枝菌孢子，施入土壤后，厚孢轮枝菌孢子能在植物根系周围土壤中迅速萌发繁殖，所产生的菌丝可穿透线虫的卵壳、幼虫及雌性成虫体壁，菌丝在其体内吸取营养，进行繁殖，破坏卵、幼虫及雌性成虫的正常生理代谢，从而导致植物寄生线虫死亡，虫卵不能孵化、停止繁殖。可用于防治根结线虫、胞囊线虫，并对地老虎、蛴螬、蝼蛄等地下害虫有较强的趋避作用。

（4）弱病毒疫苗。它的有效成分为"弱病毒"（一种致病力很弱的病毒）。对人、畜低毒安全，不污染环境。这种弱病毒因其致病力很弱，接种到寄主作物上后，只给寄主作物造成极轻的危害或不造成危害，并由于它的寄生使寄主作物产生抗体，可以阻止同种致病力强的病毒侵入。如商品品种弱毒疫苗 N14，对烟草花叶病毒（TMV）所致的病毒病有预防作用，主要用于防治番茄花叶病。

### 三、生物化学农药的应用

用于病虫害控制的生物化学农药种类很多，主要包括植物次生化合物和信号化合物、微生物的抗生素和毒素、昆虫的激素与外激素和海洋生物的甲壳提取物等。它们大都可以开发成生物化学农药制剂，大面积应用于病虫害的控制。如害虫的性外激素具有专一性，目前已经弄清若干种昆虫的性外激素的化学结构，而且可以进行人工合成，可用作引诱剂，诱捕害虫或迷向干扰害虫交尾，如应用白杨透翅蛾性信息素、舞毒蛾信息素制作的诱捕器捕杀杨透翅蛾和舞毒蛾，效果良好。目前生产上广泛应用的阿维菌素、浏阳霉素、井冈霉素、链霉素、多抗霉素等都属于生物化学农药类。特别是阿维菌素自 1995 年以来，原药用量每年以 50% 左右的速度递增，到 1998 年为止就有不同剂型的品种 53 种，2005 年我国阿维菌素生产能力超过 800t，2009 年上半年阿维菌素年产能达到 2 500t，而且保持 50% 左右的增幅。目前，国内原药生产企业有 10 多家，制剂达 1 500 多个，阿维菌素制剂生产企业近 500 家，年产量将近 3 000t，由于阿维菌素杀虫谱广，能有效防治双翅目、同翅目、鞘翅目和鳞翅目害虫及多种害螨等，具有杀虫、杀螨和杀线虫的作用，并且具有高选择性和高安全性的优点，因而很受欢迎。

#### 四、其他生物技术的应用

**1. 利用转基因技术提高植物抗性**　转基因技术是将人工分离和修饰过的基因导入到生物体基因组中，由于导入基因的表达，引起生物体的性状的可遗传的修饰，这一技术称为转基因技术。利用转基因技术将外源性的抗虫基因转录到植物细胞中，就培育出了转基因抗虫植物。我国转基因植物研究已经从抗耐除草剂、抗病虫等植保性状向抗逆、优质以及双重甚至多元复合性状发展。如将杀虫毒素蛋白基因 BT 基因、蛋白酶抑制基因 CPT1、病毒辣外壳蛋白基因 CP、病毒卫星 RNA 都成功转接各种植物。如生产上应用的转基因抗虫杨，显著地减轻了食叶害虫对杨树的危害。

**2. 利用转基因技术提高天敌的抗性**　转基因抗性天敌是运用基因工程技术增强天敌昆虫对环境适应能力。如培育出无飞翔能力的侧沟茧蜂提高了它的寄生效能。目前国内外尚处于起步阶段，但随着分子生物学的发展，培育抗性天敌将具有非常广阔的发展前景。

**3. 利用遗传不育治虫**

（1）辐射不育治虫，是通过对防治对象（雄虫）某个虫态的辐射处理，使其生殖细胞的染色体发生断裂、易位，造成不对称组合，导致显性致死；而受照射的体细胞基本上不受损伤。由于辐射后的昆虫仍能保持正常的生命活动和寻找配偶，将经过辐射处理的不育昆虫在虫害地区连续大量释放，就可使其同正常昆虫进行交配而不产生后代。经过累代的释放，使害虫因不育导致自然种群数量一再减少，最后可达到防治和减轻其危害的目的。此法不会造成环境污染，对人、畜和天敌无害，防效持久，专一性强，对消灭螟虫、棉铃虫等钻进植物体内隐蔽、药剂和天敌很难触及的害虫效果更好。辐射源有 X 射线、β 射线、γ 射线及中子束等，以 $^{60}$Co 放射源的 γ 射线最为经济有效。

（2）化学不育治虫，是指用化学不育剂处理昆虫使之不育。其作用类型，一是使昆虫不能产生卵或精子，一般只引起暂时性不育；二是使已经产生的精子或卵死亡；三是导致显性致死突变。导致显性致死突变的多数是烃化剂，它可阻止雌虫卵的进一步发育，对雄虫则虽可产生正常数量的有活性的精子，但却具有遗传缺陷而阻碍合子的形成。由于有些化学不育剂的田间使用存在安全问题，或因有些成本较高，化学不育剂的广泛应用尚有待进一步研究。

（3）遗传工程不育治虫是先把不育基因分离，然后将携有有害基因的染色体组或将DNA 导入到害虫种群中，导致不育、致死、降低生活力和减轻危害。例如携带互相易位的染色体技术已被利用于尖音库蚊、伊蚊、欧洲家蝇和荨麻银纹夜蛾等的防治。

查一查：到校内外教学基地等相关单位调查生物防治的具体应用。

【任务考核标准】　见表 4-1-3。

表 4-1-3　生物技术措施防治方案的制订与实施任务考核参考标准

| 序号 | 考核项目 | 考核内容 | 考核标准 | 考核方法 | 标准分值 |
|---|---|---|---|---|---|
| 1 | 基本素质 | 学习工作态度 | 态度端正，主动认真，全勤，否则将酌情扣分 | 单人考核 | 5 |
| | | 团队协作 | 服从安排，与小组其他成员配合好，否则将酌情扣分 | 单人考核 | 5 |

（续）

| 序号 | 考核项目 | 考核内容 | 考核标准 | 考核方法 | 标准分值 |
|---|---|---|---|---|---|
| 2 | 专业技能 | 有益动物的利用防治方案的制订与实施 | 能够全面、准确地制订与实施该环节的防治方案。所述内容不全、欠准确或方案实施不规范者，酌情扣分 | 以小组为单位考核 | 20 |
| | | 有益微生物的利用防治方案的制订与实施 | 能够全面、准确地制订与实施该环节的防治方案。所述内容不全、欠准确或方案实施不规范者，酌情扣分 | 以小组为单位考核 | 15 |
| | | 生物农药的应用防治方案的制订与实施 | 能够全面、准确地制订与实施该环节的防治方案。所述内容不全、欠准确或方案实施不规范者，酌情扣分 | 以小组为单位考核 | 15 |
| | | 其他生物技术的应用防治方案的制订与实施 | 能够全面、准确地制订与实施该环节的防治方案。所述内容不全、欠准确或方案实施不规范者，酌情扣分 | 以小组为单位考核 | 15 |
| 3 | 职业素质 | 方法能力 | 独立分析和解决问题的能力强，能主动、准确地表达自己的想法 | 单人考核 | 5 |
| | | 工作过程 | 工作过程规范，有完整的工作任务记录，字迹工整 | 单人考核 | 10 |
| | | 自测训练与总结 | 及时准确完成自测训练，总结报告结果正确，电子文本规范，体会深刻，上交及时 | 单人考核 | 10 |
| 4 | 合计 | | | | 100 |

# 工作任务 4.1.4　综合防治方案的制订与实施

【任务目标】

理解并掌握综合防治的基本原理与方法，并能根据实际发生的园林植物病虫害，制订切实有效的综合防治方案，并付诸实施。

【任务内容】

（1）根据工作任务，采取课堂与校内外实训基地（绿地、花圃、苗圃、草坪等）现场相结合的形式，通过查阅资料与网上搜集，获得相关综合防治控制病虫害的基本知识。

（2）针对当地花木生产与园林绿地管理状况，找出在病虫害防治中存在的问题，并分析讨论。

（3）根据园林植物病虫害的发生实际，从综合防治角度拟订出较为合理的防治方案并付诸实施。

（4）对任务进行详细记载，并上交 1 份总结报告。

【教学资源】

（1）材料与器具：当地常见园林植物种类以及其所发生的病虫类型；显微镜、放大镜、镊子、挑针、盖玻片、载玻片、滴瓶、喷雾器、注射器、量筒、天平、计算器、修枝剪、锯子等器具及常用的肥料、农药等。

（2）参考资料：当地气象资料、有关园林植物病虫害防治的历史资料、园林绿地养护技术方案、病虫害种类与分布情况、各类教学参考书、多媒体教学课件、病虫害彩色图谱（纸质或电子版）、检索表、各相关网站相关资料等。

（3）教学场所：教室、实验（训）室以及园林植物病虫害危害较重的校内外实训基地。

（4）师资配备：每20名学生配备1名指导教师。

【操作要点】

（1）针对当地园林植物病虫害发生实际，选择一定面积的园林绿地或花木基地，通过座谈交流、实地观察，了解掌握园林植物的常规管理状况。内容包括：园林植物的种类构成、立地条件、土壤类型、施肥情况、灌排水、修剪、卫生等方面的内容，写出调查报告。

（2）结合当地花木生产与园林绿地养护实际，观察调研综合防治技术措施在病虫害防治中所起的作用、存在的问题，并提出改进的建议。

（3）结合调查资料，对某一区域所发生的病虫害种类设计一个综合防治方案，针对不同的病害特点与害虫习性，综合运用园林技术措施、物理防治、生物防治、化学防治等方案控制病虫害，对防治效果进行调查记录。

（4）对本工作任务的完成情况进行分组讨论分析、总结整理，同时参照当地历史资料与网络知识，提出科学、合理、有效地综合防治技术方案，指导当地的园林绿地养护与花木生产。

【注意事项】

（1）综合防治方案是指综合运用园林技术措施、物理防治、生物防治、化学防治等技术措施控制病虫害，强调的是综合应用、有机结合、扬长避短，达到效益的最大化。

（2）根据防治对象，选择最理想的防治方案。根据病虫害调查和预测预报资料，结合历年病虫害发生情况和防治经验，确定主要病虫害种类，病虫害猖獗期以及防治最佳时期，并确定病虫害防治指标，选取最科学合理、经济有效的方案展开防治。

（3）药剂、药械等准备到位。确定药剂种类和药械型号，储备或新购买的药剂都应进行药效检查，以防失效，对已有的药械应进行检查和维修。

（4）计划周密，组织严谨。制订严格、周密、翔实的防治计划，组织人力，准备药剂、药械，及时开展防治，把病虫危害所造成的损失控制在经济损害允许水平之下。对于大面积病虫害防治工作应建立组织机构，说明需要用劳力数量和来源，便于组织和管理，还应组织防治方面的技术培训，拟订经费计划，做出经费预算。

【内容与操作步骤】

## 一、园林植物病虫综合防治概念

人类在进行病虫害防治的漫长过程中，随着环保意识的增强，人们对病虫害治理的理论及应用技术的研究不断深入，病虫害综合防治已经成为当今世界普遍推崇的一种策略，并且它的外延和内涵也在不断拓展。

1966年联合国粮食与农业组织（FAO）及国际生物防治组织（IOBC）在意大利罗马召开会议，提出了害虫综合防治（Integrated Pest Control，IPC）的概念。1972年，美国环境质量委员会出版了害虫综合治理报告，决定将害虫综合防治改为病虫害综合防治（Integrated Pest Management，IPM），一直沿用至今。

联合国粮食与农业组织（FAO）定义：害虫综合防治（IPC）是一套害虫治理系统，这个系统考虑到害虫中的种群动态及其有关环境，利用所有适当的方法与技术以及尽可能互相配合的方式，把害虫种群控制在低于经济受害的水平。

Smith R. F.（1978）定义：病虫害综合防治（IPM）是一个多学科的、偏重于生态学的害虫管理方法。它利用各种防治方法配合成为一个协调的害虫管理系统；在它的实施中，害虫综合治理乃是多战术的战略，但是在这些战术中，要充分的利用自然防治因素，而只是在必要时才使用的人工防治方法。

我国在 1986 年 11 月，由中国植物保护学会和中国农业科学院植物保护研究所，在四川成都联合召开的第二次全国农作物病虫综合防治学术讨论会上，总结了 1974 年第一次综合防治会以来的进展和经验，修订了综合防治的概念。综合防治是对病虫害进行科学管理的体系。它从农业生态的总体出发，根据病虫害和环境之间的相互关系，充分发挥自然控制因素的作用，因地制宜协调应用必要的措施，将病虫害控制在经济受害允许水平以下，以获得最佳的经济、生态和社会效益。它是一种对病虫害进行科学管理的体系，它不仅包括技术方面，而且包括组织管理、制订政策、经济收入、综防队伍的建设等方面的内容。这一定义与国外的病虫害综合防治（IPM）完全一致。

尽管对病虫害综合防治（IPM）的定义以及对具体含义的理解不尽一致，但综合防治的策略包含的观点却是大多数人所公认的。它包含了生态学的观点、经济学的观点和环境保护的观点。

**1. 生态学观点**　生态学观点是指把病虫综合治理这一环节放入整个园林生态系统中来考虑。园林病虫害是园林生态系统的组分之一，病虫综合防治必须全面考虑整个生态系统，要以生态系统为管理单位，既要考虑各个组分的改变，如何影响病虫数量的变化，也要考虑病虫数量的变化（即防治后果）对整个生态系统的影响。所以要注意多种类、多品种合理搭配，增加物种多样性，并且针对不同的防治对象采取防治措施时，又要考虑到对本系统其他生物及整个生态系统的影响；另一方面，保持植食性昆虫种群数量处于经济受害水平以下的，以维持生物群落的物种多样性。

**2. 经济学观点**　在采取防治措施时要考虑成本问题。综合治理是要将病虫害种群数量控制在经济受害水平之下，而不是消灭；不足以造成经济损害的低水平种群的存在，对维持生态系统的稳定是有益的。为此，必须根据病虫害的发生数量、植物本身的经济价值和抵抗或补偿能力、天敌的控制效应，以及病虫害对植物产量所造成的损失等，制订科学的经济阈值（或防治指标）作为防治决策的依据。

**3. 环保学观点**　综合治理就是要尽可能协调运用适当的防治技术和方法，使病虫害种群数量控制在经济受害水平以下，同时把对环境的负面影响降至最低。在使用化学防治时，要做到合理用药和安全用药。实现既能有效地控制病虫害，又要保护天敌的安全；既要保证当前安全无毒害，又能保证长远的安全，符合环保的原则。

二、园林植物病虫害综合防治策略

**1. 生态系统的整体观念**　综合治理就是从生态系统的整体观点出发，在制订防治措施时，全面考虑病虫害、天敌和园林植物，它们同在一个生态环境中，又是生态系统的组成部分，它们的发生和消长又与其共同所处的生态环境的状态密切相关。综合防治就是在园林植物的栽培管理的过程中，有针对性地调节生态系统中某些组成部分，创造一个有利于植物及病害天敌生存，不利于病虫发生发展的环境条件，力求达到长期预防或减少病虫的发生与危害。

**2. 充分利用自然控制**　自然控制因素主要包括天敌、植物的抗性、气候因子、种内竞争和种间竞争等。在自然控制因素中，天敌是病虫害的重要自然控制因素，另外，植物抗性的作用也不容忽视。所以在制订防治方案时，要充分考虑对环境和生态系统的影响。在化学防治时，要科学的选择和合理的使用农药，特别是在城市园林要选择高效、无毒或低毒、污染轻、有选择性的农药，掌握适当的用药量浓度和时期等。达到既能有效地控制病虫害，又能保证植物、天敌、人、畜和环境的安全，从而使生态系统的自然控制力不断增强，提高生态系统的稳定性。

**3. 各种措施的综合与协调**　病虫害防治实践告诉人们，单一的防治措施往往不能解决复杂的害虫防治问题。综合治理在防治策略上强调不单一依赖任何一种防治方法，而要求多种方法的协调配合。但是这种综合不是几种措施的简单相加，而是有机地协调应用各种措施的优点，以达到综合控制害虫的目的。并且所采取的人为防治措施，要与自然控制协调，促进和加强自然控制，而不是削弱自然控制。各项措施既要协调运用、取长补短，又要注意实施的时间和方法，以达到最好的效果；同时要将对农业生态系统的不利影响降到最低限度。对某一具体害虫来说，要根据具体情况，选择一种或几种有效的防治措施，不能千篇一律。

**4. 经济效益、社会效益和生态效益的统一**　园林生态系统是城市生态系统的一部分，并且对城市生态起着非常重要的作用，所以在进行园林病虫害综合防治的过程中，考虑经济效益的同时还要考虑生态效益和社会效益。一般来说，对害虫进行防治，减少了损失，对社会有利。但如果滥用化学农药，就会污染环境，对生态造成危害。所以既要考虑到当时当地病虫害发生情况，也要考虑到未来及更大时空的病虫害发生动态；既要考虑到满足当代人的生存需要，也要考虑到不能破坏后代人赖以生存的资源基础和环境条件。所采用措施必须有利于维护生态平衡，避免破坏生态平衡及造成环境污染；所采用的防治措施必须符合社会公德及伦理道德，避免对人、畜的健康造成损害。协调运用与环境及其他有益物种的生存和发展相和谐的措施，将病虫害控制在生态、社会和经济效益可允许的水平，并在时空上达到可持续控制的效果，实现经济效益、社会效益及生态效益的统一。

### 三、园林植物病虫害综合防治方案制订

在制订园林植物病虫害综合防治方案时，应综合考虑人类、植物、病虫害、环境条件和天敌等各组分之间存在的复杂的关系，最大程度地减少影响整个园林植物的生态系统。在防治上要从生态学观点出发，以搞好植物检疫为前提，养护管理为基础，积极开展生物、物理防治，合理使用化学农药，协调各种防治方法。提高自然的控制能力，保持园林生态的稳定。

#### （一）制订园林植物病虫害综合防治方案的基本要求

要掌握当地园林植物病虫的种类组成、危害程度、发生发展规律，主要天敌类群的发生规律、种群数量变动规律、相互作用及与各种环境因子的关系，主要防治对象的防治指标、园林病虫管理水平等状况。

制订的综合防治措施，要符合"安全、有效、经济、简便"的原则。"安全"是指所采取的措施对植物、人、畜等有益生物和环境无不良影响；"有效"是指减轻危害或将病虫种群数量降低到经济损失水平之下；"经济"是指投入所带来的收益较大；"简便"就是方法简

单易行、便于掌握。

大区域综合治理方案的确定，还需要考虑自然、社会、经济等各方面的因素，并且在实施过程中不断加以补充和修改。在大范围的实施过程中，仍要不断进行总结、提高，使之逐步完整。综合治理方案要求有一定的伸缩性和应变能力，应避免制订那些不能随着不同空间和年份的特点而调整的固定方案。

（二）综合防治方案的主要类型

（1）以一种病虫为对象，如菊花褐斑病的综合防治。

（2）以一种园林植物所发生的主要病虫为对象，如对月季病虫害的综合防治。

（3）以某个区域为对象。如公园、植物园、居住区、园林苗圃、风景名胜区等，主要病虫害的综合防治。

查一查：到校内外教学基地等相关单位调查综合防治的具体应用。

【任务考核标准】　见表4-1-4。

**表 4-1-4　综合防治方案的制订与实施任务考核参考标准**

| 序号 | 考核项目 | 考核内容 | 考核标准 | 考核方法 | 标准分值 |
|------|----------|----------|----------|----------|----------|
| 1 | 基本素质 | 学习工作态度 | 态度端正，主动认真，全勤，否则将酌情扣分 | 单人考核 | 5 |
| | | 团队协作 | 服从安排，与小组其他成员配合好，否则将酌情扣分 | 单人考核 | 5 |
| 2 | 专业技能 | 综合防治方案的制订与实施 | 能够全面、准确地制订与实施该环节的防治方案。所述内容不全、欠准确或方案实施不规范者，酌情扣分 | 以小组为单位考核 | 65 |
| 3 | 职业素质 | 方法能力 | 独立分析和解决问题的能力强，能主动、准确地表达自己的想法 | 单人考核 | 5 |
| | | 工作过程 | 工作过程规范，有完整的工作任务记录，字迹工整 | 单人考核 | 10 |
| | | 自测训练与总结 | 及时准确完成自测训练，总结报告结果正确，电子文本规范，体会深刻，上交及时 | 单人考核 | 10 |
| 4 | 合计 | | | | 100 |

【相关知识】

一、植物检疫的作用

植物检疫是指一个国家或地方政府颁布法令，设立专门机构，禁止或限制危险性病虫害、杂草人为地传入或传出，或者传入后为限制其继续扩展所采取的一系列措施。

随着社会的发展，国际间或地区间的人员往来和产品交流日趋频繁，人为传播园林植物病虫害的机会也随之增加，这就为园林植物病虫害的传播和蔓延创造了更加便利的条件。如葡萄根瘤蚜在 1860 年由美国传入法国后，经过 25 年，就有 10 万 hm² 以上的葡萄园归于毁灭；近些年传入我国的食叶害虫美洲斑潜蝇、椰心叶甲和恶性杂草薇甘菊等，对我国造成了巨大的损失。病虫害的入侵带来的影响是巨大而不易消除的，因而为了防止危险性病虫害及杂草的传播，各国政府都制订了检疫法令，设立了检疫机构，进行植物检疫。

二、植物检疫的任务

植物检疫的任务主要有 3 个方面：

1. 禁止危险性病虫害及杂草随着植物及其产品由国外输入或国内输出。

2. 将国内局部地区已发生的危险性病虫害及杂草封锁在一定的范围内，防止其扩散蔓延，并采取积极有效的措施，逐步予以清除。

3. 当危险性病虫害及杂草传入新的地区时，应采取紧急措施，及时就地消灭。

植物检疫依据进出境的性质，可分为对外检疫（国际检疫）和对内检疫（国内检疫）两种。对外检疫的任务是防止国外的危险性病虫传入，以及按交往国的要求控制国内发生的病虫向外传播，是国家在对外港口、国际机场及国际交通要道设立检疫机构，对物品进行检疫。对内检疫的任务在于将国内局部地区发生的危险性病虫封锁在一定范围内，防止其扩散蔓延，是由各省、市、自治区等检疫机构，会同交通运输、邮电、供销及其他有关部门根据检疫条例，对所调运的物品进行检验和处理。

### 三、植物检疫技术

#### （一）检疫对象的确定

检疫性病虫害是对受其威胁的国家目前尚未发生或虽已发生但分布不广并且正在进行积极防治的、对该国具有潜在经济重要性的病虫害。检疫性病虫害的确定需要进行病虫害风险评估，来确定病虫害是否为检疫性病虫害并评价其传入的可能性。

经风险评估后，凡是符合局部地区发生可借助人为活动随植物及其产品传播，而且传入后危险性大的病虫、杂草等都是危险病虫害，并列入植物检疫对象名单而成为植物检疫对象。检疫对象分为对内检疫对象和对外检疫对象两种，不同国家的对外检疫对象名单不同，同一个家的各省、市、自治区的对内检疫名单也不同。

#### （二）划分疫区和保护区

有检疫对象发生的地区划定为疫区，未发生检疫对象的地区划定为保护区。对疫区要严加控制，禁止检疫对象传出，并采取积极的防治措施，逐步消灭检疫对象。对保护区要严防检疫对象传入，充分做好预防工作。

#### （三）植物及植物产品的检验与检测

植物检疫检验一般包括产地检验、关卡检验和隔离场圃检验3种：

1. **产地检验** 是指在调运植物产品的生产基地实施的检验。一般情况下，植物产品的生产基地应当向生产基地所在地出入境检验检疫机构报检，由检验检疫机构的检疫人员对申请检疫的单位和个人生产的种子、苗木及其他繁殖材料、植物产品及其他检疫物在其原产地进行检疫检验。产地检疫内容主要包括3个方面，产地检疫调查、产地检疫处理和产地检疫签证。

（1）产地检疫调查。产地检疫调查一般在植物检疫对象发生期间进行。实地调查应检验危险性病虫及其危害情况，有关调查的内容和方法，应严格按照产地检疫的技术规程进行。

（2）产地检疫处理。经产地检疫调查，对发现有检疫对象危害的植物和植物产品，下发除害处理通知单，督促并指导生产单位和个人及时除治。对新发现的植物检疫对象和其他危险性病虫，必须采取措施，彻底扑灭，并依法向有关部门报告疫情。

（3）产地检疫签证。经产地检疫调查，对没有发现检疫对象危害的植物和植物产品，应发给产地检疫合格证，作为以后调运检疫的签证依据。经除害处理合格的，也签发产地检疫合格证，不能除害处理的应停止调运，控制使用或作销毁处理。

**2. 关卡检验**　是指货物进出境或过境时对调运或携带物品实施的检验，包括货物进出国境和国内地区间货物调运时的检验。关卡检验的实施通常包括现场直接检测和取样后的实验室检测。

**3. 隔离场圃检验**　是指对有可能潜伏有危险性病虫的种苗实施的检验。对可能有危险性病虫的种苗，按审批机关确认的地点和措施进行隔离试种，一年生植物必须隔离试种一个生长周期，多年生植物至少 2 年，经省、自治区、直辖市植物检疫机构检疫，证明确实不带有危险性病虫的，方可分散种植。

**（四）疫情处理**

疫情处理所采用的措施根据实际情况而定。一般在产地隔离场圃发现有检疫性病虫，常由官方划定疫区，实施隔离和根除扑灭等控制措施。关卡检验发现检疫性病虫时，则通常采用退回或销毁货物、除害处理和异地转运等检疫措施。

除害处理目的是杀灭、去除病虫害或者使其丧失繁殖能力，防止病虫害传播、扩散或蔓延。所采用的处理措施必须能彻底消灭危险性病虫和完全阻止危险性病虫的传播和扩展，且安全可靠、不造成中毒事故、无残留、不污染环境等。主要有化学除害法、物理除害法和生物学除害法 3 类。

**【关键词】**

植物检疫、检疫对象、园林技术措施防治、适地适树、合理配置、捕杀法、物理防治、诱杀法、阻隔法、生物防治、捕食性天敌昆虫、寄生性天敌昆虫、有益微生物、生物农药、综合防治、经济阈值

**【项目小结】**

本项目主要讲解与实训园林植物病虫害综合防治的理论和技术，包括园林技术措施防治技术、物理防治技术、生物防治技术以及综合防治方案的制订。

园林技术措施防治是通过合理的园林设计和栽培管理措施减少病虫害种群数量和侵染可能性，培育健壮植物，增强植物抗害、耐害和自身补偿能力或避免病虫害危害的一种植物保护措施，包括选育抗性种类和品种、合理的栽植设计和适宜的养护管理措施。物理防治技术是利用各种物理因素和简单的器械来防治病虫害的方法，包括捕杀法、诱杀法、阻隔法、汰选法、高温处理法和现代物理技术的应用。生物防治技术是利用生物及其代谢物质来控制病虫害，包括有益动物的利用、有益微生物的利用、生物化学农药的应用和生物技术的应用。植物检疫是指一个国家或地方政府颁布法令，设立专门机构，禁止或限制危险性病虫害、杂草人为地传入或传出，或者传入后为限制其继续扩展所采取的一系列措施，可分为对外检疫和对内检疫两种。

综合防治是对病虫害进行科学管理的体系。它从农业生态的总体出发，根据病虫害和环境之间的相互关系，充分发挥自然控制因素的作用，因地制宜协调应用必要的措施，将病虫害控制在经济受害允许水平以下，以获得最佳的经济、生态和社会效益。它是一种对病虫害进行科学管理的体系。

园林植物病虫害综合防治方案的制订要考虑当地园林植物病虫的种类组成、危害程度、发生发展规律；主要天敌类群的发生规律、种群数量变动规律、相互作用及与各种环境因子的关系；主要防治对象的防治指标；园林病虫管理水平；并且要符合"安全、有效、经济、简便"的原则等。

【练习思考】

一、选择题

（一）单项选择题

1. 赤眼蜂是（　　）的寄生蜂。

　　A. 成虫　　　　　　B. 卵　　　　　　C. 幼虫　　　　　　D. 蛹

2. 大多数害虫的视觉神经对波长（　　）特别敏感。

　　A. 530～600nm 紫外线　　　　　　　　B. 330～400nm 紫外线

　　C. 350～400nm 紫外线　　　　　　　　D. 430～500nm 紫外线

3. 利用害虫的性外激素诱杀害虫是利用昆虫的（　　）。

　　A. 趋光性　　　　B. 趋化性　　　　　C. 趋湿性　　　　D. 趋温性

4. 及时清除田园内残株落叶或立即翻耕，可消灭大量（　　）。

　　A. 虫源　　　　　B. 幼虫　　　　　　C. 虫卵　　　　　D. 成虫

5. 利用益鸟防治害虫利用的是（　　）。

　　A. 物质循环的原理　B. 能量循环利用　C. 生态学原理　　D. 食物链原理

6. 挂银灰色飘带可以用来（　　）。

　　A. 避黏虫　　　　B. 避白粉虱　　　　C. 避蚜　　　　　D. 介壳虫

7. 利用害虫的（　　）性，在其所喜欢的食物中掺入适量的毒剂来诱杀害虫。

　　A. 趋光　　　　　B. 趋湿　　　　　　C. 趋化　　　　　D. 趋色

（二）多项选择题

1. 诱杀法利用的是害虫的（　　）。

　　A. 假死性　　　　B. 趋化性　　　　　C. 趋光性　　　　D. 群集性

2. 属于园林技术措施防治的是（　　）。

　　A. 选育抗病虫品种　B. 利用天敌昆虫　C. 灯光诱杀　　　D. 合理配置

3. 属于检疫性害虫的是（　　）。

　　A. 椰心叶甲　　　B. 杨叶甲　　　　　C. 美国白蛾　　　D. 星天牛

4. 属于寄生性天敌昆虫有（　　）。

　　A. 草蛉　　　　　B. 赤眼蜂　　　　　C. 蚜茧蜂　　　　D. 食蚜蝇

5. 生产上应用较为广泛的真菌制剂有（　　）。

　　A. 白僵菌　　　　B. 苏云金杆菌　　　C. 青虫菌　　　　D. 绿僵菌

二、判断题

1. 选育抗病虫品种和培育抗性天敌，都属于园林技术措施防治的范畴。

2. 防治园林植物病害就一定要彻底消灭病原菌。

3. 利用有益真菌木霉菌防治幼苗立枯病，属于生物防治的范畴。

4. 合理轮作能减轻病虫害，主要是因为轮作可以增强土壤肥力，提高园林苗木的抗病虫能力。

5. 植物感染一种病毒的弱株系后，就可保护植物避免同一病毒强株系的侵染的现象称为带毒现象。

6. 疫区划分是控制检疫性病虫害的手段之一。

7. 蚜虫对黄色有正趋性，而对灰色有负趋性。

8. 天敌是活的有机体，贮存期间的生活力会下降，常用低温方法进行贮存。

9. 色板诱杀是利用某些害虫对黄色、蓝色的特殊趋性，采用色板涂黏油进行诱杀的方式。

10. 乡土树种对当地的自然条件适应性强，具有抗旱、抗寒、抗热、抗污染、耐瘠薄等特点，可以有效预防病虫害的发生，在园林规划设计中需要优先考虑。

三、填空题

1. 植物检疫对象应具备的三个条件是_____、_____和_____。

2. 园林植物病虫害的防治措施分为_____、_____和_____。

3. 综合防治的策略包含了生态学的观点、_____和_____。

4. 物理防治技术防治病虫害的主要措施有_____、_____、_____、_____、_____和现代物理技术的应用。

5. 在进行园林病虫综合防治的过程中，考虑经济效益的同时还要考虑_____和_____。

四、简答题

1. 植物检疫的目的和任务是什么？

2. 物理防治技术防治病虫害主要有哪些措施？

3. 利用天敌昆虫的主要途径有哪些？

4. 生物防治主要包括哪些内容？

5. 综合防治方案的主要类型有哪些？

五、分析讨论

1. 为什么说要允许一定种群数量的害虫的存在？

2. 园林技术措施防治主要内容有哪些？它在病虫害综合防治中占何种地位？

【信息链接】

**一、物理治虫技术**

我国关于害虫物理防治技术的研究发展很快，目前，已经研发出物理防治害虫的太阳1号智能灭虫器，该灯充分利用害虫的趋光性和对光强度变化的敏感性，探明了诱虫最佳光波的有效纳米波长，能自动开闭，可利用太阳能作为电源，降低了防治成本，此项科技创新成果引起联合国粮食与农业组织的高度关注。

**二、天敌生产模式**

天敌大量生产模式通常包括3个相互衔接的环节：首先是生产猎物（寄主）的寄主植物，然后生产猎物（寄主），最后生产天敌。生产过程中的3个环节紧紧相扣，如智利小植绥螨的繁殖生产，首先生产叶螨的食料——洁净的豆株，然后接上二斑叶螨，待大量增殖后再接入智利小植绥螨进行扩繁。

**三、昆虫性信息素**

目前，我国已经人工合成了50种以上重要昆虫性信息素，并制成了相应的性诱剂应用于虫情监测、大量诱捕、释放干扰交配（迷向）、配合治虫、区域害虫检疫和种类鉴定等。我国生产的昆虫性诱剂产品近30个，对30多种双翅目、鳞翅目昆虫有良好的防治效果。

**四、生物农药生产现状**

我国生物农药研发和推广发展迅速。生物农药（含抗生素类）总产量约占农药总产量的12%，新研制成功和登记注册的生物农药品种以每年4%的速度递增。并且自主知识产权的微生物农药产品以占主导地位，基本摆脱了主要靠引进国外生产菌株的局面。

**五、可持续园林发展**

可持续园林就是以可持续发展思想为指导，强调综合利用城市园林生态系统中自然与生物资源，尽可能地减少外部物质与能量的消耗，使园林效益与园林生态环境同步发展的一种全新的园林发展对策。可持续园林不仅要有较高的景观效应和完备的功能效应，还要持久地保护资源及生物多样性，维持发展与环境之间的平衡。

# 项目二　园林植物害虫综合防治技术

【学习目的】通过对园林植物主要食叶害虫、吸汁害虫、蛀干害虫、地下害虫的分布与危害、形态特征、生活习性等内容的学习，能够制订适合当地特点的综合治理方案。

【知识目标】掌握园林植物常见害虫的识别特征、防治措施，熟悉其生活习性，了解当地害虫的种类、分布及危害。

【能力目标】能够利用害虫的形态特征及危害状准确识别害虫种类，同时根据害虫的生活习性制订切实可行的综合治理方案。

## 工作任务 4.2.1　园林植物食叶害虫的综合防治

【任务目标】

掌握常见园林食叶害虫的危害状、识别特征、生活习性，制订有效的综合治理方案，并组织实施。

【任务内容】

（1）根据工作任务，采取课堂、实验（训）室以及校内外实训基地（包括园林绿地、花圃、苗圃、草坪等）现场相结合的形式，通过查阅资料与网上搜集，获得相关园林植物食叶害虫的基本知识。

（2）利用各种条件，对园林植物食叶害虫的类别与发生情况进行观察、识别。

（3）根据当地主要食叶害虫发生特点，拟订出综合防治方案并付诸实施。

（4）对任务进行详细记载，并上交 1 份总结报告。

【教学资源】

（1）材料与器具：刺蛾类、袋蛾类、灯蛾类、毒蛾类、舟蛾类、尺蛾类、斑蛾类、螟蛾类、天蛾类、夜蛾类、卷叶蛾类、枯叶蛾类、叶甲类、叶蜂类、蝗虫类、蝶类、软体动物类等常见园林食叶害虫的新鲜标本、干制或浸渍标本，危害状及生活史标本；体视显微镜、放大镜、镊子、泡沫塑料板、喷雾器、相关肥料与农药品种等。

（2）参考资料：当地气象资料、有关园林植物食叶害虫的历史资料、园林绿地养护技术方案、害虫种类与分布情况、各类教学参考书、多媒体教学课件、害虫彩色图谱（纸质或电子版）、检索表、各相关网站相关资料等。

（3）教学场所：教室、实验（训）室以及园林植物食叶害虫危害较重的校内外实训基地。

（4）师资配备：每 20 名学生配备 1 名指导教师。

【操作要点】

(1) 食叶害虫危害状观察：分次选取食叶害虫危害严重的校内外实训基地，仔细观察食叶害虫的危害状，包括开天窗、缺刻、孔洞、卷叶、网幕、虫粪等，同时采集害虫危害状标本，拍摄图片。

(2) 食叶害虫现场识别：在进行害虫危害状观察的同时，先根据现场发生各类害虫的特殊形态与习性如尺蛾幼虫的行走姿态、枯叶蛾成虫的拟态现象、刺蛾幼虫的刺毛突、袋蛾的袋囊、灯蛾幼虫的长毛、天蛾幼虫的尾角、舟蛾幼虫的群集性、凤蝶幼虫的 Y 形翻缩腺等进行简要识别，然后在教师的指导下，查对资料图片，借助手持放大镜等简易手段，初步鉴定各类害虫的种类和虫态。同时采集虫体标本，拍摄图片。

(3) 食叶害虫发生、危害情况调查：根据现场害虫的危害情况，调查害虫的虫口密度和危害情况，确定当地食叶害虫的优势种类，并拍摄相关资料图片。

(4) 室内鉴定：将现场采集和初步鉴定的各类害虫不同虫态的标本带至实验（训）室，利用体视显微镜，参照相关资料和生活史标本，进一步鉴定，达到准确鉴定的目的。

(5) 发生规律的了解：针对当地危害严重的优势种类害虫，查阅相关资料，了解其在当地的发生规律。

(6) 防治方案的制订与实施：根据优势种类在当地的发生规律，制订综合防治方案，并提出当前的应急防治措施，组织实施，做好防治效果调查。

【注意事项】

(1) 实训前要做好资料与器具的准备，如园林害虫彩色图谱、数码相机、手持放大镜、修枝剪、手锯、镊子、喷雾器、笔记本等。

(2) 食叶害虫危害状调查时，应与害虫形态结合进行，因为许多同类害虫的危害状近似，如缺刻、孔洞及大量虫粪等，若未看到害虫，很难判断具体的种类。

(3) 食叶害虫在绿地现场或实验（训）室内进行形态识别时，应结合彩色图谱进行，尤其要注意幼虫不同龄期的形态差异；野外观察或采集害虫如刺蛾、毒蛾等幼虫时，应该借助镊子等工具，不要用手触摸，避免对身体造成伤害；对于疑难害虫，应该积极查阅资料，并结合图片、多媒体等开展小组讨论，达成共识。

(4) 不同种类食叶害虫的种群密度的调查方法有很大的差异，应该严格按照调查要求，准确选取样方和样树，调查时要做到认真、仔细。

(5) 制订食叶害虫的综合防治方案时，内容应该全面，重视各种防治方法的综合运用。所选用的防治方法既要体现新颖性，又要结合生产实际，体现实用性。

【内容与操作步骤】

园林植物食叶害虫的种类繁多，主要为鳞翅目的刺蛾、袋蛾、灯蛾、斑蛾、毒蛾、尺蛾、枯叶蛾、舟蛾、夜蛾及蝶类；鞘翅目的叶甲、金龟子；膜翅目的叶蜂；直翅目的蝗虫等。它们的危害特点是：

(1) 危害健康的植株，猖獗时能将叶片吃光，削弱树势，为天牛、小蠹虫等蛀干害虫侵入提供适宜条件。

(2) 大多数食叶害虫营裸露生活，受环境因子影响大，其虫口密度变动大。

(3) 多数种类繁殖能力强，产卵集中，易暴发成灾，并能主动迁移扩散，扩大危害的范围。

一、刺蛾类

刺蛾类属鳞翅目刺蛾科。种类很多,园林植物上主要有黄刺蛾(*Cnidocampa flavescens* Walker)、扁刺蛾(*Thosea sinensis* Walker)、丽绿刺蛾(*Latoia lepida* Cramer)、褐边绿刺蛾(*L. consocia* Walker)、褐刺蛾(*Setora postornata* Hampson)等。以黄刺蛾为例说明。

（一）黄刺蛾

**1. 分布与危害**　又名洋辣子,分布几乎遍及全国,是一种杂食性食叶害虫,可危害重阳木、三角槭、刺槐、梧桐、梅花、月季、海棠、紫薇、杨、柳等120多种植物。初龄幼虫只食叶肉,4龄后蚕食叶片,常将叶片吃光。

**2. 识别特征**　①成虫:体橙黄色,触角丝状,前翅黄褐色,基半部黄色,端半部褐色,有2条暗褐色斜线,在翅尖上汇合于一点,呈倒V形,里面一条伸到中室下角,为黄色与褐色的分界线,后翅灰黄色。②卵:扁椭圆形,淡黄色,薄膜状,数十粒排成卵块。③老熟幼虫:体长16～25mm,黄绿色,体背面有一块紫褐色哑铃形大斑(彩图4-2-1)。④蛹:黄褐色。⑤茧:灰白色,壳表面具黑褐色纵条纹,形似雀蛋。

**3. 生活习性**　1年1～2代,以老熟幼虫在枝杈等处结茧越冬,翌年5～6月化蛹,6月出现成虫。成虫有趋光性。卵散产或数粒相连,多产于叶背,卵期5～6d。初孵幼虫取食卵壳,而后群集在叶背取食叶肉,4龄后分散取食全叶。7月老熟幼虫吐丝和分泌黏液作茧化蛹。

（二）其他刺蛾类（表4-2-1）

表 4-2-1　其他刺蛾类害虫

| 害虫种类 | 发生情况 |
| --- | --- |
| 褐边绿刺蛾 | 又名青刺蛾。以幼虫危害悬铃木、柳、杨、白蜡、榆、紫荆、樱花、白玉兰、广玉兰、丁香和黄连木等。成虫体长约15mm,绿色,前翅基部有放射状褐色斑,后翅及腹部为黄褐色。老熟幼虫体长26mm,圆筒形,体翠绿色或黄绿色。1年1～2代,以老熟幼虫在树下土中结茧越冬。6月成虫羽化,昼伏夜出,有趋光性。1代发生区幼虫危害盛期为7～8月,2代发生区幼虫分别发生在6～7月和8～9月,10月幼虫老熟树下结茧越冬 |
| 褐刺蛾 | 又名桑刺毛虫、红绿刺蛾。危害悬铃木、乌桕、梅花、桂花、樱花、臭椿、紫薇和木槿等。成虫体长18mm,褐色,前翅前缘中部有2条暗褐色横带。老熟幼虫体长24mm,黄绿色,背中线为天蓝色,每节有4个黑斑,体侧枝刺长而大。1年2代,以老熟幼虫在树根部表土中结茧越冬。5月下旬至6月上旬成虫羽化,幼虫危害期为6月中旬至7月中旬和8月中下旬至9月,10月上旬老熟幼虫开始结茧越冬 |
| 丽绿刺蛾 | 又名绿刺蛾,危害悬铃木、香樟、桂花、茶、木棉、相思树等。成虫体长10mm,胸、背绿色,前翅翠绿色,前缘基部有深褐色刀形斑纹。后翅基半部为米黄色,端半部灰褐色。老熟幼虫体长26mm,头褐色,体翠绿色,体背有成对的蓝斑和刺枝。1年2～3代,以老熟幼虫在树干上结茧越冬。6月上旬羽化,成虫有趋光性,昼伏夜出。幼虫危害期发生在6月中旬至7月上中旬和7月下旬至9月上中旬,老熟幼虫在枝条上、皮缝等处结茧越冬 |
| 扁刺蛾 | 又名黑点刺蛾。以幼虫危害悬铃木、榆、杨、柳、泡桐、大叶黄杨、樱花、牡丹、芍药等。成虫体、翅灰褐色,前翅有1条明显的暗褐色线,从前缘近顶角斜伸至后缘。老熟幼虫体长21～26mm,体绿色或黄绿色,各节背面横向着生4个刺突,两侧的较长,第4节背面两侧各有1小红点。1年1～3代,以老熟幼虫在土中结茧越冬。6月和8月为全年幼虫危害的严重时期 |

观察与识别:取刺蛾科昆虫标本,观察其成虫、幼虫及茧的形态特征。

（三）刺蛾类的防治措施

**1. 灭除越冬虫茧**　根据不同刺蛾结茧习性与部位,结合修枝清除树上的虫茧,在土层中的茧可采用挖土除茧。也可结合保护天敌，将虫茧堆集于纱网中，让寄生蜂羽化飞出。另外，初孵幼虫有群集性，摘除带初孵幼虫的叶片，可防止扩大危害。

**2. 成虫羽化期间安置黑光灯诱杀成虫**

**3. 化学防治** 幼虫危害严重时，喷施细菌性杀虫剂灭蛾灵1 000倍液、90％晶体敌百虫800～1 000倍液、24％氰氟虫腙悬浮剂600～800倍液、10％溴氰虫酰胺可分散油悬乳剂1 500～2 000倍液、10.5％三氟甲吡醚乳油3 000～4 000倍液、20％甲维·茚虫威悬浮剂2 000倍液。

**4. 生物防治** Bt乳剂500倍液潮湿条件下喷雾使用。

**5. 保护天敌** 如上海青蜂、姬蜂等。

二、袋蛾类

袋蛾类属鳞翅目袋蛾科，又名蓑蛾、避债蛾、吊死鬼等。常见的危害园林植物的种类有大袋蛾（*Cryptothelea variegata* Snellen）、小袋蛾（*Cryptothelea minuscula* Butler）、茶袋蛾（*Clania minuscwla* Butler）、白囊袋蛾（*Chalioides kondonis* Matsumura）等。以大袋蛾为例说明。

（一）大袋蛾

**1. 分布与危害** 又名大蓑蛾、避债蛾，俗名吊死鬼，属鳞翅目袋蛾科。分布于华东、中南、西南等地，山东、河南发生严重。该虫食性杂，以幼虫取食悬铃木、刺槐、泡桐、榆等多种植物的叶片，易暴发成灾，对城市绿化影响很大。

**2. 识别特征** ①成虫：雌雄异型。雌虫无翅，体长25～30mm，蛆型、粗壮、肥胖、头小，口器退化，全体光滑柔软，乳白色。雄虫黑褐色，体长20～23mm。触角羽毛状。前翅翅脉黑褐色，翅面前、后缘略带黄褐色至黑褐色，有4～5个透明斑。②卵：产于雌蛾护囊内。③老熟幼虫：体长25～40mm，雌幼虫黑色，头部暗褐色。雄幼虫较小，体较淡，呈黄褐色。④护囊：纺锤形，成长幼虫的护囊长达40～60mm，囊外附有较大的碎叶片，有时附有少数枝梗，排列不整齐（彩图4-2-2）。

**3. 生活习性** 多数1年发生1代。以老熟幼虫在袋囊内越冬。翌年3月下旬开始出蛰，4月下旬开始化蛹，5月下旬至6月羽化，卵产于护囊蛹壳内，每头雌虫可产卵2 000～3 000粒。6月中旬开始孵化，初龄幼虫从护囊内爬出，靠风力吐丝扩散。取食后吐丝并咬啮碎屑、叶片筑成护囊，袋囊随虫龄增长扩大而更换，幼虫取食时负囊而行，仅头胸外露。初龄幼虫剥食叶肉，将叶片吃成孔洞、网状，3龄以后蚕食叶片。7～9月幼虫老熟，多爬至枝梢上吐丝固定虫囊越冬。

（二）其他袋蛾类（表4-2-2）

表4-2-2 其他袋蛾类害虫

| 害虫种类 | 发生情况 |
| --- | --- |
| 小袋蛾 | 以幼虫危害散尾葵、鱼尾葵、巴西木、桂花、白杨、悬铃木、三角槭、柳、榆、山茶等。囊长7～12mm，丝织松软，囊外黏附碎叶，上端有1根细长的丝。雌虫蛆型，长6～8mm，黄白色。雄虫体长4mm，翅黑色。体乳白色，前胸背面咖啡色，中后胸背面各有4个咖啡色的斑纹。1年1～3代，以老熟幼虫在护囊内越冬。1年中以7～8月危害最重，11月越冬。越冬幼虫常数头至数十头群集在一起 |

（续）

| 害虫种类 | 发生情况 |
|---|---|
| 茶袋蛾 | 以幼虫危害悬铃木、杨、柳、三角槭、山茶、梅花、木槿、桂花、月季、紫薇等。囊长 25～30mm，丝织较厚，囊外黏贴小枝梗，纵向并列。雌虫蛆型，体长 12～16mm，乳白色。雄虫褐色，体长 11～15mm，前翅外缘中前方有 2 个正方形小透明斑。老熟幼虫体长 16～26mm，体色由肉黄色至紫褐色。1 年 1～3 代，以幼虫在枝上护囊内越冬。6 月下旬至 7 月上旬为严重危害期，9 月出现第 2 次危害高峰，11 月进入越冬状态 |
| 白囊袋蛾 | 以幼虫危害刺槐、合欢、重阳木、白榆、悬铃木、白杨、三角槭、紫荆、木槿、绣球等。囊长 30～40mm，丝织紧密，白色或灰白色，表面光洁，不黏附枝叶。雌虫蛆型，长 9mm，黄白色。雄虫体长 8～11mm，体淡绿色，有白色鳞毛，前后翅均透明。老熟幼虫体长 30mm，红褐色。1 年发生 1 代。以老熟幼虫在护囊内越冬。6～7 月危害最重，10 月中下旬进入越冬状态 |

观察与识别：取袋蛾科昆虫标本，观察其袋囊大小、覆被物形状及成虫形态特征。

（三）袋蛾类的防治措施

（1）冬、春人工摘除越冬虫囊，消灭越冬幼虫，平时也可结合日常管理工作，顺手摘除护囊。

（2）用黑光灯或性激素诱杀雄成虫。

（3）药剂防治。幼虫危害时，喷洒 90％晶体敌百虫 1 200 倍液、2.5％溴氰菊酯乳油 2 000倍液、24％氰氟虫腙悬浮剂 600～800 倍液、10％溴氰虫酰胺可分散油悬乳剂 1 500～2 000倍液、10.5％三氟甲吡醚乳油 3 000～4 000 倍液、20％甲维·茚虫威悬浮剂 2 000 倍液。

（4）生物防治。用青虫菌或 Bt 乳剂 500 倍液喷雾。

三、灯蛾类

灯蛾类属鳞翅目灯蛾科。在园林植物上常见的有美国白蛾（*Hyphantria cunea* Drary）、红缘灯蛾（*Amsacta lactinea* Cramer）、人纹污灯蛾（*Spilarctia subcarnea* Walker）等。以美国白蛾为例说明。

（一）美国白蛾

**1. 分布与危害**　又名美国白灯蛾、秋幕毛虫，是一种世界性的检疫对象。食性极杂，可危害 100 多种植物，如桑、榆、杨、柳、泡桐、五角枫、糖槭、樱花、白蜡、臭椿、核桃、连翘、丁香、爬山虎、美国地锦等。

**2. 识别特征**　①成虫：体长 9～12 mm，纯白色。多数雄蛾前翅散生几个黑色或褐色斑点，触角双栉齿状。雌蛾无斑点，触角为锯齿状。②卵：圆球形，黄绿色，表面有刻纹。③幼虫：分为黑头型和红头型。我国目前发现的多为黑头型。老熟幼虫体长 28～35mm，头黑色具光泽，腹部背面具 1 条灰褐色的宽纵带。背部毛瘤黑色，体侧毛瘤多为橙黄色，毛瘤上生白色长毛丛（彩图 4-2-3）。④蛹：深褐至黑褐色。

**3. 生活习性**　1 年发生 2～3 代，以蛹在杂草丛、落叶层、砖缝及表土中越冬。成虫有趋光性，卵产在树冠外围叶片上，呈块状，每块有卵数百粒不等，卵表面有白色鳞毛，卵期为 11d 左右。幼虫共 7 龄，5 龄后进入暴食期。初孵幼虫群集危害，并吐丝结网缀叶 1～3 片，随着虫龄增长，食量加大，更多的新叶片被包进网幕中，使网幕增大，犹如一层白纱包缚着。大龄幼虫可耐饥饿 15d，可随运输工具传播扩散。3 代区幼虫发生在 5～11 月，以 8 月危害最严重。

## （二）其他灯蛾类（表4-2-3）

**表4-2-3　其他灯蛾类害虫**

| 害虫种类 | 发生情况 |
| --- | --- |
| 红缘灯蛾 | 以幼虫危害菊花、月季、芍药、木槿、萱草、鸢尾等。成虫体及翅白色，前翅前缘鲜红色，后翅横脉有1个黑斑，近外缘处有1～3个黑斑。卵半球形，卵壳表面有多边形刻纹。老熟幼虫体长36～60mm，头部茶褐色，体茶黑色，有不规则的赤褐色至黑色毛。各地发生世代不同，以蛹在枯枝落叶下越冬。翌年5～6月羽化为成虫。成虫有趋光性。卵产于叶背，块状。初孵幼虫群集危害叶肉，3龄以后分散危害，取食叶片，残留叶脉和叶柄 |
| 人纹污灯蛾 | 以幼虫危害非洲菊、金盏菊、芍药、萱草、鸢尾、菊花、月季等。成虫头、胸黄白色，腹部背面呈红色；前翅黄白色，后翅红色或白色，前后翅背面均为淡红色。卵扁圆形，淡绿色。幼虫头部黑色，胴部淡黄褐色，背线不明显，亚背线暗绿色，体上密生棕黄色长毛。1年发生3代，以蛹在土中越冬；翌年4～6月成虫羽化，第1代幼虫在5～6月开始危害，成虫有趋光性。卵产在叶背呈块状，初孵幼虫有群集性，分散活动，老熟幼虫受振动后即落地，有假死性 |

观察与识别：取灯蛾科昆虫标本，观察其成虫及幼虫形态特征。

## （三）灯蛾类的防治措施

（1）加强检疫。

（2）冬季换茬耕翻土壤，消灭越冬蛹，或在老熟幼虫转移时，在树干周围束草，诱集化蛹，然后解下诱草烧毁。发生期摘除卵块和群集危害的有虫叶。

（3）成虫羽化盛期利用黑光灯诱杀成虫。

（4）保护和利用天敌，用苏云金杆菌和核型多角体病毒制剂喷雾防治。

（5）化学防治。喷施50％辛硫磷乳油1 000倍液、20％速灭菊酯乳油3 000倍液、24％氰氟虫腙悬浮剂600～800倍液、10％溴氰虫酰胺可分散油悬乳剂1 500～2 000倍液、10.5％三氟甲吡醚乳油3 000～4 000倍液、20％甲维·茚虫威悬浮剂2 000倍液等。

### 四、毒蛾类

毒蛾属鳞翅目毒蛾科。种类很多，在园林植物上常见的主要有柳毒蛾（*Stilpnotia salici* Linnaeus）、黄尾毒蛾（*Euproctis similis* Fueezssly）、舞毒蛾（*Lymantria dispar* Linnaeus）、杨毒蛾（*Stilpnotia candida* Chao）、侧柏毒蛾（*Parocneria furva* Leech）、刚竹毒蛾（*Pantana phyllostachysae* Chao）等。以柳毒蛾为例说明。

#### （一）柳毒蛾

**1. 分布与危害**　又名柳雪毒蛾、雪毒蛾、柳叶毒蛾。分布于东北、西北、华北及江苏、上海等地。幼虫危害杨、柳、白蜡、泡桐、槭树等。

**2. 识别特征**　①成虫：体长21mm左右，翅展45mm左右。体白色，足和触角上有黑、白相间的斑纹（彩图4-2-4）。②卵：呈块状，上面覆盖灰白色泡沫状物。③幼虫：老熟时体长为45mm左右。头棕色，上有黑斑2个。体背深灰色混有黄色，背中线褐色明显，两侧具有黑褐色纵线纹。体各节有瘤状突起，其上生有黄白色长毛。④蛹：纺锤状，黑褐色，体表有毛。

**3. 生活习性**　1年发生2代，以2龄幼虫在树皮缝、落叶层下结薄茧越冬。4月中旬杨树、柳树叶萌发时活动危害，有上、下树习性，白天躲伏在树皮缝间，夜晚上树危害，先取食下部叶片，逐渐向树冠上部危害。5月下旬至6月上中旬老熟幼虫在卷叶、树皮缝、树洞、枯枝落叶层下等处化蛹。蛹期约 10d。成虫飞翔力不强，趋光性强，卵多产在树干表皮或树冠上部叶片背面，呈块状，卵块表面覆盖有灰白色泡沫胶状物。卵期约 15d。初孵幼虫先群居危害，取食叶肉呈网状，受惊后吐丝下垂，3 龄后分散危害，昼夜取食。7 月为第 1 代幼虫危害盛期，9 月为第 2 代幼虫危害盛期，于 9 月底至 10 月上旬即寻找隐蔽处吐丝结茧越冬。

杨毒蛾的形态特征与柳毒蛾类形态较见表 4-2-4。

表 4-2-4　杨毒蛾与柳毒蛾形态比较

| 种类<br>虫态 | 杨毒蛾 | 柳毒蛾 |
|---|---|---|
| 成虫 | 翅上鳞片较厚，触角主干黑、白相间 | 翅上鳞片薄，翅脉带黄色，触角主干纯白色 |
| 卵 | 卵块表面覆盖灰白色泡沫状物，较粗糙 | 卵块表面覆盖银白色胶质物，较平滑 |
| 幼虫 | 背面有灰白色较窄纵带，还有 1 条暗色背中线。两侧黑色纵线上的毛瘤为黑色，头部淡褐色 | 背面为黄白色宽纵带，两侧黑色纵线上的毛瘤红色，头部黑色 |
| 蛹 | 棕褐色或黑褐色，无白斑，光泽差，毛簇灰黄色 | 黑色有白斑，有长白毛，光泽强，毛簇灰白 |

## （二）其他毒蛾类（表 4-2-5）

表 4-2-5　其他毒蛾类害虫

| 害虫种类 | 发生情况 |
|---|---|
| 黄尾毒蛾 | 又名黄尾白毒蛾、桑毛虫、桑毒蛾、金毛虫等。危害悬铃木、桑树、柳、枫、杨、苹果、海棠、红叶李、板栗、桃、梨、梅、杏和枣等。成虫体长 15mm 左右，白色，前翅后缘有 2 个黑褐色斑纹。雌成虫触角栉齿状，腹部粗大，尾端有黄色毛丛。雄成虫触角羽毛状，尾端黄色部分较少。幼虫老熟时体长为 32mm 左右，黄色，背线与气门下线呈红色，背线、气门上线与气门线均为断续不连接的黑色线纹，每节有毛瘤 3 对。1 年发生 3～6 代，以 3 龄幼虫在粗皮缝或伤疤处结茧越冬。翌年寄主展叶期开始活动危害，幼龄时先咬叶肉，仅留下表皮，稍大后蚕食造成缺刻和孔洞，仅剩叶脉。幼虫危害期分别发生在 4 月上旬、6 月中旬、8 月上旬、9 月下旬。幼虫体上着生长毛，对人有毒，一旦接触人体，可引起红肿疼痛、淋巴发炎，成为"桑毛虫皮炎症"。成虫有趋光性，昼伏夜出，将卵产在叶片背面，卵成块状，卵期 6d 左右 |
| 舞毒蛾 | 又名柿毛虫、秋千毛虫。危害栎、杨、柳、月季、紫薇、落叶松等。成虫雌雄异型。雌蛾体长约 28mm。前翅有 4 条黑褐色锯齿状横线。雄蛾体长 16～21mm，茶褐色。翅面斑纹与雌蛾相同。老熟幼虫体长 50～70mm，头黄褐色，具八字形黑纹，体背有 2 纵列突出的毛瘤，前面 5 对为蓝色，后 6 对为红色。1 年发生 1 代，以卵在树皮上、石缝中越冬。翌年 4～5 月孵化，1 龄幼虫昼夜危害，2 龄后幼虫昼伏夜出，有吐丝下垂习性。雄、雌蛾均有趋光性。雄蛾有白天飞舞的习性（故得名） |
| 侧柏毒蛾 | 又名柏毒蛾、柏毛虫。主要危害侧柏、桧柏、圆柏和黄柏等柏树类。成虫体长 20mm，体灰褐色，雌蛾前翅浅灰色，略透明，雄蛾前翅灰褐色。老熟幼虫长 25mm，灰绿或褐色，头黄褐色，前胸背板和臀板为黑色，腹部黄褐色。各节毛瘤上着生褐色细毛。1 年发生 2 代，以幼虫和卵在树干缝内和叶上越冬。3 月下旬越冬卵孵化，幼虫也开始活动危害，6 月中旬出现成虫，成虫有趋光性。幼虫危害期分别发生在 4～5 月、7～9 月 |
| 刚竹毒蛾 | 以幼虫危害毛竹、慈竹等，被害竹林翌年竹笋减少，大发生时，可将竹叶食尽，使竹节内积水，致使竹林成片死亡。雄成虫翅淡黄至棕黄色，雌成虫翅黄白色，翅后缘中央有橙红色斑。卵鼓形，黄白色。老熟幼体灰黑色，被黄白和黑色长毛，前胸背板两侧各具一向前伸的、由羽状毛组成的灰黑色毛束。第 1～4 腹节背面中央各有 1 棕红色毛刷，第 8 腹节背面中央有 1 个棕红色毛刷。蛹黄棕或红棕色，被白色绒毛。茧长椭圆形，丝质，较薄，土黄或黄色。各地发生世代不同，以卵和 1～2 龄幼虫在叶背面越冬。幼虫有吐丝下垂转移的习性，有假死性，遇惊卷曲弹跳坠地 |

观察与识别：取毒蛾科昆虫标本，观察其成虫及幼虫的形态特征。

## （三）毒蛾类的防治措施

（1）消灭越冬虫体。清除枯枝落叶和杂草，树干束草把诱杀越冬幼虫。

（2）对于有上、下树习性的幼虫，可用溴氰菊酯毒笔在树干上划1～2个闭合环（环宽1cm），毒杀幼虫。也可绑毒绳等阻止幼虫上、下树。

（3）灯光诱杀成虫。

（4）人工摘除卵块及群集的初孵幼虫。

（5）药剂防治。幼虫期喷施5％定虫隆乳油1 000～2 000倍液、2.5％溴氰菊酯乳油4 000倍液、25％灭幼脲3号胶悬剂1 500倍液、24％氰氟虫腙悬浮剂600～800倍液、10％溴氰虫酰胺可分散油悬乳剂1 500～2 000倍液、10.5％三氟甲吡醚乳油3 000～4 000倍液、20％甲维·茚虫威悬浮剂2 000倍液；用10％多来宝悬浮剂6 000倍液或5％高效氯氰菊酯4 000倍液喷射卵块。

### 五、舟蛾类

舟蛾属鳞翅目舟蛾科。危害园林植物的主要有杨扇舟蛾（*Clostera anachoreta* Fabricius）、杨二尾舟蛾（*Cerura menciana* Moore）、国槐羽舟蛾（*Pterostoma sinicum* Moore）、苹掌舟蛾（*Phalera flavescens* Bremer et Grey）、竹镂舟蛾（*Loudonta dispar* Kiriakoff）等。以杨扇舟蛾为例说明。

#### （一）杨扇舟蛾

**1. 分布与危害**　分布几乎遍及全国各地。以幼虫危害各种杨树、柳树的叶片，发生严重时可食尽全叶。

**2. 识别特征**　①成虫：体淡灰褐色，体长13～20mm，头顶有1块紫黑色斑。前翅灰白色，顶角处有1块赤褐色扇形大斑，斑下有1个黑色圆点。后翅灰褐色。②卵：扁圆形，橙红色，卵粒平铺整齐呈块状（彩图4-2-5）。③幼虫：老熟幼虫体长32～38mm，头部黑褐色，背面淡黄绿色，两侧有灰褐色纵带，每节环状排列橙红色毛瘤8个，其上有长毛，第1、8腹节背中央各有1个大黑红色瘤。④蛹：体长13～18mm，褐色。

**3. 生活习性**　1年发生2～8代，以蛹结薄茧在土中、树皮缝和枯叶卷苞内越冬。成虫夜晚活动，有趋光性。卵产于叶背，单层排列呈块状。初孵幼虫群集啃食叶肉；2龄后群集缀叶结成大虫包，白天隐匿，夜间取食，被害叶枯黄明显；3龄后分散取食全叶。幼虫共5龄，老熟后在卷叶内吐丝结薄茧化蛹。

#### （二）其他舟蛾类（表4-2-6）

表4-2-6　其他舟蛾类害虫

| 害虫种类 | 发生情况 |
| --- | --- |
| 杨二尾舟蛾 | 又名杨双尾舟蛾。以幼虫危害杨树、柳树叶片及枝干。成虫体长为28mm左右，体灰白色。胸背部有成对的黑点。前后翅上均有整齐的黑点和黑褐色波纹。后翅白色，外缘排列有7个黑点。老熟幼虫体长为50mm，体灰褐至灰绿色，前胸背板大而硬，臀足退化成1对尾须状。上海地区年生2代，以蛹在树干基部的茧内越冬。成虫有趋光性，幼虫严重危害期为6月和8月，幼虫受惊时尾须翻出红色管状物，并不断摇动 |
| 国槐羽舟蛾 | 又名槐天社蛾，幼虫危害国槐、龙爪槐、江南槐、蝴蝶槐、紫薇、紫藤、海棠和刺槐等。成虫体长29mm左右，体暗黄褐色，前翅灰黄色，翅面有双条红褐色齿状波纹。幼虫老熟时体长为55mm左右，体光滑粗大，腹部绿色，腹背部为粉绿色，气门线为黄褐色，足上有黑斑。1年发生2～3代，以蛹在土中、墙根和杂草丛下结茧越冬。成虫有趋光性，幼虫较迟钝，分散蚕食叶片 |

| 害虫种类 | 发生情况 |
|---|---|
| 苹掌舟蛾 | 又名舟形毛虫。以幼虫危害苹果、梨、李、樱桃、枇杷、海棠、桃、栗、榆等。体长约25mm，体黄白色，前翅银白，基部有1块铅色圆斑，近外缘有铅色圆斑1列，后翅淡黄色，外缘杂有黑褐色斑。老熟幼虫体长50mm，头黑色，胸部背面紫褐色，全体密被灰黄色长毛。1年发生1代。以蛹在根部附近约7cm深的土层内越冬。成虫昼伏夜出，趋光性较强。静止时，幼虫沿叶缘整齐排列，头、尾高举，稍受惊动即吐丝下垂 |
| 竹镂舟蛾 | 又名竹青虫，以幼虫取食竹类叶片。成虫体长12～23mm，雌成虫体翅黄白色，前翅近前缘与基角处深黄色；后翅黄白色至白色。雄虫体黄褐色，前翅锈黄色，后翅茶褐色。幼虫长52～70mm，体翠绿色，背线灰黑色。1年发生3～4代，以老熟幼虫在地面浅土、落叶中作茧越冬或以4代幼虫在竹上越冬。成虫昼伏夜出，具趋光性。幼虫喜吐丝下垂 |

观察与识别：取舟蛾科昆虫标本，观察其成虫及幼虫的形态特征。

### （三）舟蛾类防治措施

（1）成虫盛发期设置黑光灯诱杀成虫。

（2）大部分舟蛾幼虫初龄阶段有群集性，可将枝叶剪下或振落消灭。

（3）结合养护管理，在根际周围掘土灭蛹。

（4）幼虫孵化期喷25%灭幼脲3号悬浮剂1 000～1 500倍、2.5%溴氰菊酯乳油4 000倍液、24%氰氟虫腙悬浮剂600～800倍液、10%溴氰虫酰胺可分散油悬乳剂1 500～2 000倍液、10.5%三氟甲吡醚乳油3 000～4 000倍液、20%甲维·茚虫威悬浮剂2 000倍液。

（5）生物防治。第1代幼虫发生期喷Bt乳剂500倍液，1～2代卵发生盛期，每公顷释放30万～60万头赤眼蜂，傍晚或阴天喷洒白僵菌100倍液防治幼虫。

## 六、尺蛾类

尺蛾类属鳞翅目尺蛾科，种类很多，危害园林植物的主要有丝棉木金星尺蠖（*Calospilos suspecta* Warren）、国槐尺蠖（*Semiothisa cineraria* Bremer et Grey）、木橑尺蠖（*Culcula panterinaria* Bremer et Grey）、桑褐尺蠖（*Zamacra excavata* Dyar）、女贞尺蠖（*Naxa seriaria* Motschulsky）等。

### （一）丝棉木金星尺蠖

**1. 分布与危害** 丝棉木金星尺蠖又名卫矛尺蠖。华北、华南、西北及华东地区均有分布。主要危害丝棉木、大叶黄杨、扶芳藤、卫矛、女贞、白榆等多种园林植物。该虫是黄杨上的主要害虫之一，严重时将叶片食光，影响植物的正常生长。

**2. 识别特征** ①成虫：体长为13mm左右，翅展为38mm。头部黑褐色，腹部黄色，翅银白色，翅面具有浅灰和黄褐色斑纹。前翅中室有近圆圈形斑，翅基部有深黄、褐色、灰色花斑。后翅散有稀疏的灰色斑纹（彩图4-2-6）。②卵：长圆形，灰绿色，卵表有网纹。③幼虫：老熟时体长为33mm左右，体黑色，前胸背板黄色，其上有5个黑斑。腹部有4条青白色纵纹，气门线与腹线为黄色，较宽，臀板黑色。④蛹：棕褐色，长13～15mm。

**3. 生活习性** 1年发生4代，以老熟幼虫在被害寄主下松土层中化蛹越冬。3月底成虫出现，5月上中旬第1代幼虫及7月上中旬第2代幼虫危害最重，常将大叶黄杨啃成秃枝，甚至整株死亡。成虫有不太强的趋光性，多在叶背成块产卵，排列整齐。初孵幼虫常群集危害，啃食叶肉，3龄后食成缺刻。3～4代幼虫在10月下旬及11月中旬吐丝下垂，入土化蛹越冬。

**(二) 国槐尺蠖**

**1. 分布与危害** 又名吊死鬼、槐尺蛾。主要危害国槐、龙爪槐，食物不足时也危害刺槐。以幼虫取食叶片，严重时可使植株死亡。

**2. 识别特征** ①成虫：体长 12～17mm，体黄褐色，有黑褐色斑点。前翅有 3 条明显的黑色横线，近顶角处有 1 个近长方形褐色斑纹。后翅只有 2 条横线，中室外缘上有 1 个黑色小点。②卵：椭圆形，0.6mm，绿色。③幼虫：刚孵化时黄褐色，取食后变为绿色（彩图 4-2-7），老熟后紫红色。④蛹：体长 13～17mm，紫褐色。

**3. 生活习性** 每年 3～4 代。以蛹在树下松土中越冬。翌年 4 月中旬羽化为成虫。成虫具有趋光性。白天在墙壁、树干或灌木丛里停落，夜出活动产卵，卵多产于叶片正面主脉上，每处 1 粒。每雌虫平均产卵 420 粒。5 月中旬刺槐开花时，第 1 代幼虫危害；6 月下旬及 8 月上旬，第 2～3 代幼虫危害。幼虫共 6 龄，4 龄前食量小，5 龄后剧增，幼虫有吐丝下垂习性。幼虫老熟后吐丝下垂至松土中化蛹。

**(三) 其他尺蛾类**（表 4-2-7）

表 4-2-7 其他尺蛾类害虫

| 害虫种类 | 发生情况 |
| --- | --- |
| 木橑尺蠖 | 食性杂，以幼虫危害杨、柳、榆、槐、黄连木、菊科、蔷薇科、锦葵科、蝶形花科等多种植物的叶片。成虫体长 20～31mm，翅底白色，上有灰色和橙色斑点，前翅基部有 1 个近圆形的橙黄色大斑，前后翅的外横线上各有 1 块串橙色和深褐色圆斑。老熟幼虫体长 65～85mm，体色有黄绿色、黄褐色及黑褐色，头顶中央凹陷、两侧突起呈角状。1 年发生 1 代，以蛹在土中越冬。成虫有趋光性，幼虫盛发期在 7 月下旬至 8 月上旬 |
| 女贞尺蠖 | 又名丁香尺蠖，幼虫危害丁香、女贞、桂花、山茶等。成虫体长 14mm，体翅白色，翅外缘有 2 列黑点，前、后翅面上有黑色大斑。老熟幼虫体长 20mm，头黑色，体土黄色，体上有不规则黑斑。1 年发生 1 代，以幼虫在树冠上越冬。6 月成虫羽化，有趋光性。7 月是 1 代幼虫危害高峰。幼虫可在树冠上吐丝结网蚕食叶片 |
| 桑褶尺蠖 | 幼虫危害桑、杨、刺槐、国槐、龙爪槐、金银木、元宝枫、白蜡、丁香、榆、柳等树木。成虫体长 16mm，体灰褐色至黑褐色，前翅狭长，银灰色，翅面有 3 条灰褐色带，静止时 4 翅皱叠竖起。老熟幼虫体长 35mm，体黄绿色，腹部第 1～4 节背面有刺突。1 年发生 1 代，以蛹在表土下的干基树皮上的茧内越冬。成虫趋光性强，有假死性。4 月上旬幼虫孵化，1～2 龄幼虫只夜间取食，3～4 龄幼虫昼夜危害。幼虫习惯在叶柄或小枝上栖息，稍受惊动头向腹部隐藏，呈半环状，背面刺及腹侧刺突出 |

观察与识别：取尺蛾科昆虫标本，观察其成虫及幼虫的形态特征。

**(四) 尺蠖类的防治措施**

(1) 结合肥水管理，人工挖除虫蛹。

(2) 利用黑光灯诱杀成虫。

(3) 幼虫期喷施杀虫剂，如生物制剂 Bt 乳剂 600 倍液、10% 多来宝悬浮剂 2 000 倍液、2.5% 功夫乳油 2 000～3 000 倍液、24% 氰氟虫腙悬浮剂 600～800 倍液、10% 溴氰虫酰胺可分散油悬乳剂 1 500～2 000 倍液、10.5% 三氟甲吡醚乳油 3 000～4 000 倍液、20% 甲维·茚虫威悬浮剂 2 000 倍液。

(4) 保护和利用天敌，成片国槐林或公园内可释放赤眼蜂。

七、斑蛾类

斑蛾类属鳞翅目斑蛾科。在园林植物上常见的有大叶黄杨斑蛾（*Pryeria sinica*

Moore)、梨星毛虫（*Illiberis pruni* Dyar）、竹斑蛾（*Artona funeralis* Butler）、朱红毛斑蛾（*Phauda flammans* Walker）等。以大叶黄杨斑蛾为例说明。

（一）大叶黄杨斑蛾

**1. 分布与危害** 大叶黄杨斑蛾又名大叶黄杨长毛斑蛾、冬青卫矛斑蛾。分布于河北、北京、内蒙古、山西、陕西、江苏、浙江、福建等地。危害大叶黄杨、银边黄杨、金心冬青卫矛、大花卫矛、扶芳藤和丝棉木等。以幼虫取食寄主叶片，发生严重时将叶片食光，影响植物正常生长。

**2. 识别特征** ①成虫：体长 7～12mm，触角、头胸和腹端黑色，中胸与腹部大部分为橘黄色。前翅浅灰黑色，略透明，基部 1/3 浅黄色。后翅大小为前翅的一半，色稍淡。②卵：椭圆形。③幼虫：初孵幼虫淡黄色，老熟时体长为 15mm 左右，腹部黄绿色，前胸背板有 A 形黑斑纹。体背共有 7 条纵带，体表有毛瘤和短毛（彩图 4-2-8）。④蛹：黄褐色，表面有不明显的 7 条纵纹。

**3. 生活习性** 1 年发生 1 代，以卵在 1 年生枝上越冬。翌年 3 月底至 4 月初卵孵化，低龄幼虫群集枝梢取食新叶，以后随虫龄增长分散危害，食量剧增，并可吐丝缠绕叶片。幼虫稍受振动即吐丝下垂。4 月底至 5 月初幼虫老熟，在浅土中结茧化蛹，以蛹越夏。11 月上旬成虫羽化，交配后产卵于枝梢，以卵越冬。

（二）其他斑蛾类（表 4-2-8）

**表 4-2-8 其他斑蛾类害虫**

| 害虫种类 | 发生情况 |
| --- | --- |
| 梨星毛虫 | 危害山楂、梨、苹果等。早春幼虫钻食花芽，将其食空，使其不能开放，变黑枯死，并有黄褐色树液从被害芽里流出。展叶后小幼虫啃食叶肉成筛网状，幼虫稍大后吐丝连缀叶缘，将叶片向正面纵折包成饺子形虫苞，在其中取食叶肉，仅残留下表皮成透明状，被害叶枯焦。成虫灰黑色，翅灰黑色，半透明。老熟幼虫白色，纺锤形，从中胸到腹部第 8 节背面两侧各有 1 个圆形黑斑，每节背侧还有星状毛瘤 6 个。各地发生时代不同，均以幼虫在寄主树干、根茎部的皮缝内结茧过冬。幼虫一生可危害 5～8 片叶，每吃光一片叶则转移到另一片新叶，吐丝将叶纵卷危害，严重时将全树叶片吃光 |
| 竹斑蛾 | 又名竹小斑蛾、竹毛虫，主要危害毛竹、刚竹、淡竹、青皮竹、茶秆竹等，以幼虫取食竹笋及竹叶。成虫体长 9～11mm，体黑色，有光泽。雌蛾触角丝状，雄蛾触角羽毛状，翅黑褐色，后翅中部和基半部半透明。老熟幼虫体长 14～20mm，砖红色，各体节横列 4 个毛瘤，瘤上长有成束的黑短毛和白色长毛（彩图 4-2-9）。不同区域 1 年发生的世代数不同，贵州 1～3 代，江苏 2 代，广州 4～5 代，以老熟幼虫在竹林的枯枝落叶下、石块下及笋壳内结茧越冬。翌年 3 月中旬化蛹，4 月成虫羽化。初孵幼虫群集于竹叶背面取食，致使竹叶呈现不规则的白斑，严重时全叶枯白。3 龄后逐渐分散危害，食量也逐渐增大。5～6 龄食量最大，可将整个叶片吃光，仅留残枝，造成严重危害 |
| 朱红毛斑蛾 | 又名火红斑蛾、榕树斑蛾，危害榕树、高山榕、印度橡胶榕等各种榕属庭园树木。成虫体长 13mm，触角双栉齿状，黑色，端部灰白色。体及翅红色，前翅和后翅的臀区有 1 个大的深蓝色斑。胸部背面及腹部两侧红色的体毛较长。老熟幼虫体长 17～19mm，头小，常隐藏在前胸下。体背面赤褐色，两侧浅黄色，气门上线和基线白色，每体节有 4 个白色毛突，每个毛突着生 1 根棕毛。该虫在广州 1 年发生 2 代，以老熟幼虫结茧越冬。第 1 代幼虫危害在 4 月下旬至 6 月下旬，第 2 代幼虫危害在 7 月中旬至 10 月中旬，9 月下旬便开始陆续结茧越冬。初孵幼虫啃食叶表皮，随虫龄增大，将叶片吃成孔洞或缺刻，严重时叶片全部吃光 |

观察与识别：取斑蛾科昆虫标本，观察其成虫及幼虫的形态特征。

（三）斑蛾类的防治措施

（1）结合冬、春修剪，剪除虫卵；幼虫越冬前在干基束草把诱杀；生长期人工捏杀虫苞、摘除虫叶、捕捉成虫。

（2）幼虫期喷洒青虫菌 500 倍液、1‰灭虫灵 2 000～3 000 倍液、2.5％的溴氰菊酯乳油 3 000倍液、24％氰氟虫腙悬浮剂 600～800 倍液、10％溴氰虫酰胺可分散油悬乳剂 1 500～2 000倍液、10.5％三氟甲吡醚乳油 3 000～4 000 倍液、20％甲维·茚虫威悬浮剂 2 000 倍液。

### 八、螟蛾类

螟蛾类属鳞翅目螟蛾科。在园林植物上较常见的有黄杨绢野螟（*Diaphania perspectalis* Walker）、棉卷叶野螟（*Sylepta derogata* Fabricius）、松梢螟（*Dioryctria rubella* Hampson）等。以黄杨绢野螟为例说明。

#### （一）黄杨绢野螟

**1. 分布与危害** 黄杨绢野螟又名黄杨黑缘螟蛾。全国各地均有分布。幼虫危害大叶黄杨、瓜子黄杨、庐山黄杨、锦熟黄杨、朝鲜黄杨、雀舌黄杨、冬青和卫矛等。此虫具有突发性，轻者影响正常生长，重者叶枯脱落，造成光秃枝，致幼株死亡。

**2. 识别特征** ①成虫：体长 23mm，除前翅前缘、外缘、后缘及后翅外缘为黑褐色宽带外，全体大部分被有白色鳞片，有紫红色闪光。在前翅前缘宽带中，有 1 个新月形白斑。②卵：长圆形，扁平，排列整齐，不易发现。③幼虫：老熟时体长 40mm，头部黑色，胸、腹黄绿色。背中线深绿色，两侧有黄绿及青灰色横带，各节有明显的黑色瘤状突起，瘤突上着生刚毛（彩图 4-2-10）。④蛹：纺锤形，臀刺 8 根，排成 1 列，尖端卷曲成钩状。

**3. 生活习性** 1 年发生 3 代，以幼虫在缀叶中越冬。翌年 3 月中旬至 4 月上旬越冬幼虫活动危害，5 月上旬为盛期，5 月中旬在缀叶中化蛹，蛹期 9d 左右。成虫有弱趋光性，昼伏夜出，雌蛾将卵产在叶背面，卵期约 7d。幼虫共 6 龄。其危害期为：第 1 代在 5 月上旬至 6 月上旬、第 2 代在 7 月上旬至 8 月上旬、第 3 代在 7 月下旬至 9 月下旬，其中以第 2 代幼虫发生普遍，危害严重。若防治不及时，叶片被蚕食光，植株变黄枯萎。9 月下旬幼虫结网缀叶做包，在包内结薄茧越冬，天敌有凹眼姬蜂、蚂蚁、卵跳小蜂等。

#### （二）其他螟蛾类（表 4-2-9）

表 4-2-9 其他螟蛾类害虫

| 害虫种类 | 发生情况 |
| --- | --- |
| 松梢螟 | 又名微红梢斑螟，危害马尾松、黑松、油松、赤松、黄山松、云南松、华山松及加勒比松、火炬松及湿地松等。幼虫钻害中央主梢及侧梢和球果。成虫体长 10～16mm，全体灰褐色，前翅中室端部有 1 个肾形大白斑，白斑与外缘之间有 1 条明显的白色波状横纹，白斑与翅基之间有 2 条白色波状横线，翅外缘近缘毛处有 1 条黑色横带。老熟幼虫体长 25mm 左右，头部及前胸背板红褐色，体表生有许多褐色毛片。各地发生世代数不同，以幼虫在被害梢的蛀道或枝条基部的伤口内越冬。成虫昼伏夜出，有趋光性。初龄幼虫先啃咬梢皮，以后逐渐蛀入髓心，形成长 15～30cm 的蛀道，蛀口圆形，有大量蛀屑及粪便堆集 |
| 棉卷叶野螟 | 又名棉大卷叶螟。危害秋葵、木槿、芙蓉、女贞、木棉、扶桑等园林植物。成虫体长 10～15mm，淡黄色。头部浅黄色，胸部背面有 12 个黑褐色小点排成 4 行。前后翅内横线及外横线为波状栗色，前翅前缘近中央处有 OR 形的褐色斑纹。老熟幼虫体长 25～26mm，体绿色，头部棕黑色，胸足黑色，体上有稀疏的长刚毛。各地发生世代数不同，以老熟幼虫在茎、落叶、杂草或树皮缝中越冬。翌年 5 月羽化成虫，成虫有趋光性，卵散产于叶背，以植株上部最多。幼虫 6 月中旬至 7 月孵化，初孵幼虫多聚集于叶背啃食叶肉，3 龄后分散危害，将叶片卷成筒状，幼虫潜藏其中危害，并有转叶危害习性，严重时将叶片吃光，7 月下旬出现第 2 代成虫，8 月底至 9 月上旬出现第 3 代成虫，11 月份以幼虫越冬 |

观察与识别：取螟蛾科昆虫标本，观察其成虫及幼虫形态特征。

**（三）螟蛾类的防治措施**

（1）消灭越冬虫源。如秋季清理枯枝落叶及杂草，并集中烧毁。

（2）在幼虫危害期可人工摘虫苞。

（3）发生面积大时于初龄幼虫期喷50％辛硫磷乳油1 000倍液、敌敌畏1份＋灭幼脲3号1份1 000倍液、10％氯氰菊酯乳油2 000～3 000倍液、24％氰氟虫腙悬浮剂600～800倍液、10％溴氰虫酰胺可分散油悬乳剂1 500～2 000倍液、10.5％三氟甲吡醚乳油3 000～4 000倍液、20％甲维·茚虫威悬浮剂2 000倍液。

（4）开展生物防治。卵期释放赤眼蜂，幼虫期施用白僵菌等。

## 九、天蛾类

天蛾类属鳞翅目天蛾科，园林植物上常见的有霜天蛾（*Psilogramma menephron* Cramer）、桃天蛾（*Marumba gaschkewitschii* Bremer et Grey）、豆天蛾（*Clanis bilineata tsingtauica*）、蓝目天蛾（*Smerinthus planus* Walker）、芋双线天蛾（*Theretra oldenlandiae* Fabricius）等。以霜天蛾为例说明。

**（一）霜天蛾**

**1. 分布与危害**　又名泡桐灰天蛾。分布较广。以幼虫危害梧桐、丁香、女贞、泡桐、白蜡、苦楝、樟、楸树等园林花木。

**2. 识别特征**　①成虫：体长45～50mm，体翅灰白至暗灰色。胸部背面有由灰黑色鳞片组成的圆圈。前翅上有黑灰色斑纹，顶角有1个半圆形黑色斑纹，中室下方有2条黑色纵纹，后翅灰白色。②卵：球形，淡黄色。③幼虫：老熟幼虫体长75～96mm，有2种体色：一种是绿色，腹部1～8节两侧有1条白斜纹，斜纹上缘紫色，尾角绿色；另一种也是绿色，上有褐色斑块，尾角褐色，上生短刺（彩图4-2-11）。④蛹：体长50～60mm，红褐色。

**3. 生活习性**　1年发生1～3代，以蛹在土中越冬，翌年4月下旬至5月羽化。6～7月危害最重。10月底幼虫老熟入土化蛹越冬。成虫白天隐藏，夜间活动，有趋光性，卵多散产于叶背。幼虫孵化后先啃食叶表皮，随后蚕食叶片，咬成大的缺刻和孔洞，甚至将全叶吃光，树下有大量的碎叶和深绿色大粒虫粪。

**（二）其他天蛾类**（表4-2-10）

**表4-2-10　其他天蛾类害虫**

| 害虫种类 | 发生情况 |
| --- | --- |
| 桃天蛾 | 桃六点天蛾、枣天蛾等，以幼虫危害桃、苹果、梨、杏、樱桃、枇杷、海棠、葡萄等。成虫体长36～46mm，前翅狭长，灰褐色，有数条较宽的深浅不同的褐色横带，在后缘臀角处有1条紫黑色斑纹。后翅近三角形，枯黄色至粉红色，翅脉褐色，臀角处有2个紫黑色斑纹。老熟幼虫体长80mm，黄绿色，体上附生黄白色颗粒，第4节后每节气门上方有黄色斜条纹，有1个尾角。1年发生2代，以蛹在地下5～10cm深处的蛹室中越冬，越冬代成虫于5月中旬出现，白天静伏不动，傍晚活动，有趋光性。第1代幼虫在5月下旬至6月发生危害，第2代幼虫在7月下旬至8月上旬开始危害 |
| 豆天蛾 | 危害忍冬、大豆等植物。成虫体长40～46mm，体和翅黄褐色，头胸部暗紫色。前翅狭长，有6条波状横纹。后翅小，暗褐色。老熟幼虫体长90mm，黄绿色，头部有1个黄绿色突起，尾部有1个黄绿色尾角。1年发生1代。以老熟幼虫在土中越冬。6月出现成虫，有趋光性。8月为幼虫危害盛期，有避光性，夜间危害最烈 |

（续）

| 害虫种类 | 发生情况 |
|---|---|
| 蓝目天蛾 | 危害杨、柳、梅花、桃花、樱花等多种植物。成虫体长 32～36mm，四翅狭长，体翅均为灰褐色或黄褐色，前翅有三角形的浓淡相交的略呈云状的暗色斑，后翅中央有 1 个深蓝色的大圆斑。老熟幼虫体长 70～80mm，胸部青绿、腹部黄绿，尾角斜向后方。东北年生 1 代，华北 2 代，南方 4 代。以蛹在根际土壤越冬。4～5 月出现成虫，有明显的趋光性 |
| 芋双线天蛾 | 又名雀纹双线天蛾、凤仙花天蛾。危害芋头、白薯、凤仙花、天南星等。成虫体长 40mm，体绿褐色，前翅顶角至后缘有 1 条浅黄褐色斜带，后翅黑褐色，有灰黄色横带 1 条。老熟幼虫体长 70～80mm，褐绿色或紫黑色，胸部背面有 2 条白纹。山东 1 年发生 2 代，江西 1 年发生 4 代，以蛹越冬。1 年发生 2 代地区，7 月中下旬出现成虫。1 年发生 4 代的地区，4 月中旬出现成虫。成虫夜间活动，趋光性强。幼虫于叶背取食，食量大，严重时能将叶片全部吃光 |

观察与识别：取天蛾科昆虫标本，观察其成虫及幼虫的形态特征。

### （三）天蛾类的防治措施

（1）结合耕翻土壤，人工挖蛹。根据树下虫粪寻找幼虫进行捕杀。

（2）利用黑光灯诱杀成虫。

（3）虫口密度大、危害严重时，喷洒 Bt 乳剂 500 倍液、2.5％溴氰菊酯乳油 2 000～3 000倍液、10％多来宝乳油 1 000 倍液、50％辛硫磷乳油 2 000 倍液、24％氰氟虫腙悬浮剂 600～800 倍液、10％溴氰虫酰胺可分散油悬乳剂 1 500～2 000 倍液、10.5％三氟甲吡醚乳油 3 000～4 000 倍液、20％甲维•茚虫威悬浮剂 2 000 倍液。

### 十、夜蛾类

夜蛾类属鳞翅目夜蛾科，种类极多。在园林植物上普遍发生的有斜纹夜蛾（*Prodenia litura* Fabriceus）、银纹夜蛾（*Argyrogramma aganata* Staudinger）、黏虫（*Leucania separate* Walker）、甘蓝夜蛾（*Mamestra brassicae* Linnaeus）、竹笋禾夜蛾（*Oligia vulgaris* Butler）、臭椿皮蛾（*Eligma narcissus* Gramer）等。以斜纹夜蛾为例说明。

#### （一）斜纹夜蛾

**1. 分布与危害**　分布广，以长江流域和黄河流域各省危害严重。食性杂，寄主植物已知的已达 290 余种，可危害菊花、香石竹、牡丹、月季、木芙蓉、扶桑、绣球等观赏植物和荷花、睡莲等水生花卉植物。近年来对草坪的危害特别严重。

**2. 识别特征**　①成虫：体长 14～20mm。胸、腹部深褐色，胸部背面有白色毛丛。前翅黄褐色，多斑纹，内、外横线间从前缘伸向后缘有 3 条白色斜线，后翅白色。②卵：半球形，卵壳上有网状花纹，卵为块状。③幼虫：老熟时体长 38～51mm，头部淡褐色至黑褐色，胸腹部颜色多变。一般为黑褐色至暗绿色，背线及亚背线灰黄色，在亚背线上，每节有 1 对黑褐色半月形的斑纹（彩图 4-2-12）。

**3. 生活习性**　发生代数因地而异，在华中、华东一带，1 年可发生 5～7 代，以蛹在土中越冬。翌年 3 月羽化，成虫对糖、酒、醋等发酵物有很强的趋性。卵产于叶背。初孵幼虫有群集习性，2～3 龄时分散危害，4 龄后进入暴食期。幼虫有假死性，3 龄以后表现更为显著。幼虫白天栖居阴暗处，傍晚出来取食，老熟后即入土化蛹。此虫世代重叠明显，每年 7～10 月为盛发期。斜纹夜蛾是一种间歇性大发生的害虫，属于喜温性害虫，发育适宜温度为 28～30℃，不耐低温，长时间在 0℃ 以下基本不能存活。

（二）其他夜蛾类（表 4-2-11）

**表 4-2-11　其他夜蛾类害虫**

| 害虫种类 | 发生情况 |
| --- | --- |
| 黏虫 | 主要危害稻、麦、谷子、玉米、蟋蟀草、马唐草和狗尾草等禾本科作物和杂草以及甘蔗、芦苇等，近年来对草坪的危害日趋严重。成虫体长 15～17mm，体灰褐色至暗褐色，前翅环形斑与肾形斑黄色，在肾形斑下方有 1 个小白点，其两侧各有 1 个小黑点。老熟幼虫体长约 38mm，圆筒形，体色多变，黄褐色至黑褐色，头部淡黄褐色，有八字形黑褐色纹，胸腹部背面有 5 条白、灰、红、褐色的纵纹。从东北至华南 1 年发生 2～8 代，有随季风进行长距离南北迁飞的习性。成虫昼伏夜出，有较强的趋化性和趋光性。幼虫共 6 龄，1～2 龄幼虫白天潜藏在植物心叶及叶鞘中，高龄幼虫白天潜伏于表土层或植物茎基处，夜间出来取食植物叶片。幼虫有假死性。虫口密度大时能把整块草地吃光，并可群集迁移 |
| 银纹夜蛾 | 又名黑点银纹夜蛾、豆银纹夜蛾，以幼虫危害菊花、大丽花、一串红、海棠、香石竹等多种花卉。成虫体长 15～17mm，体灰褐色，前翅深褐色，其上有 2 条银色波状横线，后翅暗褐色，有金属光泽。老熟幼虫体长 25～32mm，青绿色，腹部 5、6 及 10 节上各有 1 对腹足，爬行时体背拱曲，背面有 6 条白色的细小纵线。1 年发生 2～8 代，发生代数因地而异，以老熟幼虫或蛹越冬。北京 1 年发生 3 代，5～6 月间出现成虫，成虫昼伏夜出，有趋光性。初孵幼虫群集叶背取食叶肉，能吐丝下垂，3 龄后分散危害，幼虫有假死性。10 月初幼虫入土化蛹越冬 |
| 竹笋禾夜蛾 | 又名竹笋夜蛾。危害毛竹、淡竹、刚竹、红壳竹、桂竹、石竹、苦竹等的笋及鹅观草、早熟禾、白顶早熟禾、小茅草等杂草。成虫体长 14～21mm，体灰褐色，雌虫色较浅。前翅基部及前缘有深褐色三角形斑。老熟幼虫体长 36～50mm，头橙红色，体紫褐色。1 年发生 1 代，以卵越冬。1～2 月孵化后取食禾本科、莎草科杂草，4 月蛀入笋中危害，地面杂草多的，竹笋的被害率显著提高，无杂草的竹林，竹笋不被害。6 月出现成虫，有趋光性 |
| 甘蓝夜蛾 | 食性杂，主要危害甘蓝、白菜等十字花科蔬菜，近年来危害草坪严重。成虫体长 15～25mm，灰褐色，前翅有明显的肾状斑和环状斑；后翅灰白色。老熟幼虫体长 50mm，头黄褐色，胸腹部黑褐色，散生灰黄色细点。在东北、华北、西北地区 1 年发生 1～3 代。有滞育习性。以蛹在寄主根部附近土中越冬。越冬蛹一般于春季气温 15～16℃时羽化出土。各地春末夏初的危害重于秋季的危害。成虫有趋光性 |
| 臭椿皮蛾 | 又名椿皮夜蛾，危害臭椿、香樟、香椿、红椿等。成虫体长 28mm，头胸部灰褐色，腹部橘黄色，前翅狭长，前缘区黑色，其余褚灰色；后翅大部分为橘黄色，外缘有条蓝黑色宽带。老熟幼虫体长 48mm，头深褐色，体色橙黄色，各节有褐色斑点。1 年发生 2 代，以茧内蛹在枝干上、皮缝、伤疤等处越冬。翌年臭椿发芽时成虫羽化，有趋光性。2 代幼虫危害期分别发生在 5～6 月、8～9 月，以第 1 代幼虫危害严重 |

观察与识别：取夜蛾科昆虫标本，观察其成虫及幼虫的形态特征。

（三）夜蛾类的防治措施

（1）清除园内杂草或于清晨在草丛中捕杀幼虫。人工摘除卵块、初孵幼虫或蛹。

（2）灯光诱杀或利用趋化性用糖醋液诱杀成虫。

（3）幼虫期喷 Bt 乳剂 500～800 倍液、2.5% 溴氰菊酯乳油、5% 定虫隆乳油 1 000～2 000 倍液、20% 灭幼脲 3 号胶悬剂 1 000 倍液、24% 氰氟虫腙悬浮剂 600～800 倍液、10% 溴氰虫酰胺可分散油悬乳剂 1 500～2 000 倍液、10.5% 三氟甲吡醚乳油 3 000～4 000 倍液、20% 甲维·茚虫威悬浮剂 2 000 倍液。

## 十一、卷叶蛾类

卷叶蛾类属鳞翅目卷叶蛾科。园林上发生的种类较多，有芽白小卷蛾（*Spilonota lechriaspis* Meyrick）、杨柳小卷蛾（*Gypsonoma minutana* Hübner）、黄斑长翅卷叶蛾（*Acleris fimbriana* T.）等。以杨柳小卷蛾为例说明。

**（一）杨柳小卷蛾**

**1. 分布危害**　分布于北京、河北、山东、河南、山西、陕西等地。危害杨树和柳树。以幼虫食害叶片，常吐丝将 1～2 片树叶连缀卷曲在一起（彩图 4-2-13），幼虫活泼。

**2. 识别特征**　①成虫：体长约 5mm，翅展 13mm 左右；前翅狭长，斑纹淡褐色或深褐色，基斑中夹杂有少许白色条纹，基斑与中带间有 1 条白色条纹，前缘有明显的钩状纹；后翅灰褐色。②卵：圆球形。③幼虫：末龄体长约 6mm，体较粗壮，灰白色，头淡褐色，前胸背板褐色，两侧下缘各有 2 个黑点，体节毛片淡褐色，上生白色细毛。④蛹：长约 6mm，褐色。

**3. 生活习性**　1 年发生 3～4 代。以幼龄幼虫越冬。翌年 4 月树木发芽后幼虫开始继续危害，4 月下旬先后老熟化蛹、羽化，5 月中旬为羽化盛期，5 月底为末期。第 2 次成虫盛发期在 6 月上旬，这代成虫发生数量多，幼虫危害最重。以后世代重叠，各虫期参差不齐，直到 9 月仍有成虫出现；这代幼虫危害至 10 月底，在树皮缝隙处结灰白色薄茧越冬。成虫产卵于叶面。幼虫孵化后吐丝将 1～2 片叶黏结在一起，啃食表皮，呈网状；大龄幼虫吐丝将几片叶连缀一起，并卷曲形成一小撮叶。老熟幼虫在叶片黏结处吐丝结白色丝茧化蛹。

**（二）其他卷叶蛾类**（表 4-2-12）

**表 4-2-12　其他卷叶蛾类害虫**

| 害虫种类 | 发生情况 |
| --- | --- |
| 芽白小卷蛾 | 以幼虫危害海棠、山楂、苹果、梨、杜梨等植物顶梢嫩叶，将几个叶片缠缀一起卷成疙瘩状。成虫头、胸和腹部黑褐色。前翅近长方形，淡灰褐色，翅上 3 个深灰褐色斑纹，基部弧形外凸；中横带弯曲，由前向后伸，达翅中央终止；后缘近臀角处有近似三角形的臀角斑。两翅合拢时，2 个三角形斑纹合为菱形。老熟幼虫体形粗短，污白色。头、前胸背板、胸足皆为暗棕色至漆黑色。在北京 1 年发生 2 代，以幼虫在枝梢顶端结灰白色丝茧越冬。翌年 4 月幼虫开始危害新梢嫩叶，用丝缀叶居中危害，6 月成虫羽化，产卵于叶背面。幼虫孵化后继续危害嫩叶，吐丝缀叶以绒毛做袋，静伏袋中，危害时爬出半体食叶，8 月羽化成虫，幼虫危害至 10 月越冬 |
| 黄斑长翅卷叶蛾 | 危害苹果、山荆子、桃树、紫叶李、杏树等。低龄幼虫取食花芽和叶片，被害花芽出现缺刻或孔洞。大龄幼虫卷叶危害，将整个叶簇卷成团或将叶片沿叶脉纵卷。成虫有冬型和夏型之分，冬型成虫灰褐色，复眼黑色，雌蛾比雄蛾颜色稍深。夏型成虫前翅金黄色，其上散生银白色鳞片，后翅灰白色。低龄幼虫的头和前胸背板漆黑色，体黄绿色。老熟幼虫头和前胸背板黄褐色，体黄绿色。1 年发生 3～4 代，以冬型成虫在树下的落叶、杂草、阳坡的砖石缝隙中越冬。幼虫不活泼，行动较迟缓，主要危害叶片，并有转叶危害的习性 |

*观察与识别：取卷叶蛾科昆虫标本，观察其成虫及幼虫的形态特征。*

**（三）卷叶蛾类的防治方法**

（1）在幼虫危害初期，及时摘除虫苞。

（2）结合防治其他园林害虫，设置黑光灯诱杀成虫。

（3）化学防治要掌握幼虫初孵至盛孵时间，及时喷药 1～2 次，特别注意应在 6 月下旬重点防治第 1 代幼虫。可选用每毫升含 100 亿活孢子的 Bt 乳剂 800 倍液，或 50%杀螟松乳油 1 000 倍液、24%氰氟虫腙悬浮剂 600～800 倍液、10%溴氰虫酰胺可分散油悬乳剂 1 500～2 000 倍液、10.5%三氟甲吡醚乳油 3 000～4 000 倍液、20%甲维·茚虫威悬浮剂 2 000 倍液。

**十二、枯叶蛾类**

枯叶蛾类属鳞翅目枯叶蛾科，在园林植物上发生普遍的有黄褐天幕毛虫（*Malacosoma*

*neustriatestacea* Motschlsky)、马尾松毛虫（*Dendrolimus punctatus* Walker）、杨枯叶蛾（*Gastropacha populifoia* Esper）等。以黄褐天幕毛虫为例说明。

（一）黄褐天幕毛虫

**1. 分布与危害** 又名天幕毛虫、顶针虫。我国东北、华北、西北等地均有分布。危害杨、梅、桃、李、杨、柳、榆、栎、苹果、梨、樱桃等多种阔叶树木。该虫食性杂，以幼虫食叶，严重时能将大面积阔叶林全部吃光。

**2. 识别特征** ①成虫：体长 17～24mm。雄蛾体、翅褐色。前翅中央有 1 条深红褐色宽带。翅的外缘褐色和白色相间。雌蛾较雄蛾略大，前翅中部也具 1 条浅褐色宽带，宽带外侧有 1 条黄褐色镶边。②卵：椭圆形，灰白色，卵块顶针状。③幼虫：老熟幼虫体长 55mm，头部蓝灰色，胴部背面橙黄色、黄色，中央有 1 条白色纵线，体侧有鲜艳的蓝灰色、黄色或黑色带。④蛹：黄褐色，茧黄白色至灰白色（彩图 4-2-14）。

**3. 生活习性** 1 年发生 1 代，以卵在小枝条上越冬。翌春孵化，初孵幼虫吐丝作巢，群居生活。稍大以后，于枝杈间结成大的丝网群居。白天潜伏，晚上外出取食。老龄幼虫分散取食。6 月末 7 月初幼虫老熟并在叶间作茧化蛹。7 月中下旬羽化成虫。卵产于细枝上，呈顶针状。成虫有趋光性。

（二）其他枯叶蛾类（表 4-2-13）

**表 4-2-13 其他枯叶蛾类害虫**

| 害虫种类 | 发生情况 |
| --- | --- |
| 马尾松毛虫 | 主要危害马尾松，也危害湿地松、火炬松等。雌蛾颜色变化大，有灰白色、灰褐色、黄褐色、茶褐色，雌蛾体色比雄蛾浅。前翅较宽，外缘呈弧形拱出，翅面有 3～4 条不很明显的向外拱起的横条纹。老熟幼虫棕红色或灰黑色，有纺锤形倒伏鳞毛贴体，鳞毛色泽有银白和银黄 2 种。头黄褐色；胸部第 2～3 节背面有蓝黑色毒毛簇，体侧有灰白色长毛。1 年发生 2～4 代，以 4～5 龄幼虫聚集在树皮缝隙间、树下杂草内、石块或叶丛中越冬。在长江流域一带 5 月中下旬第 1 代幼虫孵化，7 月下旬孵化出第 2 代幼虫。1～2 龄幼虫受到惊扰即吐丝下垂，并可借风传播，3～4 龄幼虫分散危害，遇惊即弹跳掉落 |
| 杨枯叶蛾 | 主要危害桃、樱花、李、梅及杨柳等。成虫体翅黄褐色，前翅狭长，外缘呈波状弧形，有 5 条黑色断续波状纹，后翅有 3 条明显波状纹，前后翅散布稀疏黑色鳞片。幼虫头棕褐色，体灰褐色，中、后胸背面有蓝色斑各 1 块，斑后有灰黄色横带，腹部第 8 节有 1 个瘤突。每年发生 2 代，以幼虫紧贴在树皮凹陷处越冬。当日平均气温大于 5℃以上时，开始取食，4 月中下旬化蛹，5 月下旬至 6 月上中旬第 1 代幼虫危害，初孵幼虫群集取食，3 龄后分散，数量多时，可将叶片食光。幼虫老熟以后，吐丝缀叶或在树干上结茧化蛹 |

观察与识别：取枯叶蛾科昆虫标本，观察其成虫及幼虫的形态特征。

（三）枯叶蛾类的防治措施

**1. 消灭越冬虫体** 可结合修剪、肥水管理等消灭越冬虫源。

**2. 物理机械防治** 人工摘除卵块或孵化后尚群集的初龄幼虫及蛹茧；灯光诱杀成虫；于幼虫越冬前，干基绑草绳诱杀。

**3. 化学防治** 发生严重时，可喷洒 2.5%溴氰菊酯乳油 3 000～5 000 倍液、25%灭幼脲 3 号稀释 1 000 倍液喷雾防治、24%氰氟虫腙悬浮剂 600～800 倍液、10%溴氰虫酰胺可分散油悬乳剂 1 500～2 000 倍液、10.5%三氟甲吡醚乳油 3 000～4 000 倍液、20%甲维·茚虫威悬浮剂 2 000 倍液。

**4. 生物防治** 利用松毛虫卵寄生蜂或喷洒白僵菌、青虫菌、松毛虫杆菌等微生物制剂。

### 十三、叶甲类

甲虫类属鞘翅目昆虫，危害园林植物的种类很多，常见的甲虫有叶甲科的榆蓝叶甲（*Pyrrhalta aenescens* Fairmaire）、白杨叶甲（*Chrysomela populi* Linnaeus）、泡桐叶甲（*Basiprionota chinensis* Fabricius）、柳蓝叶甲（*Plagiodera versicolora* Laicharting）、瓢甲科的茄二十八星瓢虫（*Henosepilachna sparsa orientalis* Dieke）以及金龟子成虫、象甲等。以榆蓝叶甲为例说明。

（一）榆蓝叶甲

**1. 分布与危害** 又名榆蓝金花虫、榆毛胸萤叶甲、榆绿毛萤叶甲。辽宁、河北、山东、河南、陕西、江苏、甘肃、台湾等地均有分布。以成虫、幼虫取食榆叶，常将叶片吃光。

**2. 识别特征** ①成虫：体长 7～8.5mm，近长椭圆形，黄褐色，鞘翅蓝绿色，有金属光泽，头部具 1 个黑斑。前胸背板中央有 1 个黑斑（彩图 4-2-15）。②卵：黄色，梨形，长径 1.1mm，两行排列成块。③幼虫：老熟幼虫体长约 11mm，长形微扁平，深黄色。体背中央有 1 条黑色纵纹。头、胸足及腹部所有毛瘤均漆黑色。前胸背板后缘近中部有 1 对四方形黑斑。④蛹：污黄色，椭圆形，长 7.5mm。

**3. 生活习性** 北京、辽宁 1 年发生 2 代，均以成虫越冬。翌年 4～5 月份成虫开始活动，危害叶片，并产卵于叶背，成 2 行。初孵幼虫剥食叶肉，被害部呈网眼状，2 龄以后将叶食成孔洞。老熟幼虫于 6 月中下旬开始爬至树洞、树杈、树皮缝等处群集化蛹。成虫羽化后取食榆叶补充营养。成虫有假死性。越冬成虫死亡率很高，所以第 1 代危害不太严重。

（二）其他叶甲类（表 4-2-14）

**表 4-2-14　其他叶甲类害虫**

| 害虫种类 | 发生情况 |
| --- | --- |
| 白杨叶甲 | 以幼虫及成虫危害多种杨柳的叶片。成虫前胸背板蓝黑色，鞘翅橙红色，近翅基 1/4 处略收缩，末端圆钝。老熟幼虫橘黄色，头部黑色，前胸背板有黑色 W 形纹，其他各节背面有 2 列黑点，第 2～3 节两侧各有 1 个黑色刺状突起。1 年发生 1～2 代，以成虫在落叶杂草或浅土层中越冬。翌年 4 月份寄主发芽后开始上树取食，并交尾产卵。卵产于叶背或嫩枝叶柄处，块状。初龄幼虫有群集习性，2 龄后开始分散取食，取食叶缘呈缺刻状。幼虫于 6 月上旬开始老熟附着于叶背悬垂化蛹。6 月中旬羽化成虫。6 月下旬至 8 月上中旬成虫开始越夏越冬 |
| 泡桐叶甲 | 以成虫、幼虫危害泡桐、楸树等树木叶片，咬食成网状，严重时整个树冠呈灰黄色。成虫橙黄色，椭圆形，鞘翅背面凸起，中间有 2 条隆起线，鞘翅两侧向外扩展，形成边缘，近末端 1/3 处各有 1 个大的椭圆形黑斑。幼虫淡黄色，两侧灰褐色，纺锤形，体节两侧各有 1 浅黄色肉刺突，向上翘起。1 年发生 2 代，以成虫越冬。成虫白天活动，产卵于叶背面，数十粒聚集一起，竖立成块。幼虫孵化后，群集叶面，啃食上表皮，残留下表皮 6～7 月常和幼虫同时发生，危害猛烈，常把表皮啃光 |
| 柳蓝叶甲 | 以成虫、幼虫危害柳树、杨树、葡萄等植物叶片，造成缺刻、孔洞。成虫体长 4mm 左右，近圆形，深蓝色，具金属光泽。卵橙黄色，椭圆形，成堆直立在叶面上。幼虫灰褐色，全身有黑褐色凸起状物，胸部宽，体背每节具 4 个黑斑，两侧具乳突。以成虫在土缝内和落叶层下越冬。各地发生世代不同。幼虫有群集性，使叶片呈网状，以 7～9 月危害最严重。世代重叠明显，有假死性 |
| 茄二十八星瓢虫 | 以成虫和幼虫危害茄子、金银花、枸杞、五爪金龙、冬珊瑚、三色堇等。成虫半球形，黄褐色，头部黑色，体表密生黄色细毛。前胸背板上有 6 个黑点，2 个鞘翅上共有 28 个黑点。幼虫淡黄色，中部膨大，两端较细，体背各节有 6 个枝刺。1 年发生多代，以成虫在土块下、树皮缝中、杂草丛中越冬。每年以 5 月发生数量最多，危害最重。成虫白天活动，有假死性和自残性。初孵幼虫群集危害。取食下表皮和叶肉，只剩上表皮。2 龄后分散危害，造成许多缺刻或仅留叶脉。幼虫 4 龄后老熟，并在叶背或茎上化蛹。田间世代重叠 |

观察与识别：取叶甲类昆虫标本，观察其成虫及幼虫的形态特征。

## （三）叶甲类的防治措施

（1）清除墙缝、石砖、落叶、杂草下等处越冬的成虫，减少越冬基数。

（2）利用假死性人工振落捕杀成虫或人工摘除卵块。

（3）化学防治。各代成虫、幼虫发生期喷洒 80% 敌敌畏乳油和 90% 敌百虫晶体 1 000 倍液、2.5% 溴氰菊酯乳油 2 000～3 000 倍液、24% 氰氟虫腙悬浮剂 600～800 倍液、10% 溴氰虫酰胺可分散油悬乳剂 1 500～2 000 倍液、20% 甲维·茚虫威悬浮剂 2 000 倍液。

（4）保护、利用天敌寄生蜂、瓢虫、小鸟等来减少虫害。

## 十四、叶蜂类

叶蜂类属膜翅目叶蜂总科，在园林植物上较重要的有三节叶蜂科的蔷薇三节叶蜂（*Arge pagana* Panzer）、叶蜂科的樟叶蜂（*Mesoneura rufonota* Rhower）、柳厚壁叶蜂（*Pontania bridgmannii* Cameron）等。以蔷薇三节叶蜂为例说明。

### （一）蔷薇三节叶蜂

**1. 分布与危害**　又名玫瑰三节叶蜂。分布于华北、华东、华南等地。危害蔷薇、月季、十姐妹、黄刺玫、玫瑰等花卉，以幼虫食叶，严重时可把叶片食光。

**2. 识别特征**　①成虫：体长 7.5mm，雌虫头部、胸部黑色带有光泽，腹部橙黄色，翅黑色半透明。雌虫比雄虫体略小。②卵：椭圆形，长约 1mm，初产淡黄色，孵化前为绿色。③幼虫：体长 18～19mm，1～4 龄幼虫微带淡绿色，头部及胸足黑色，5 龄幼虫头红褐色，老熟幼虫头橘红色，胸、腹部黄色或橙黄色，胸、腹部各节有 3 条黑点线，上生短毛。胸足 3 对、腹足 6 对（彩图 4-2-16）。④蛹：淡黄绿色，茧浅黄白色。

**3. 生活习性**　1 年 1～9 代，以老熟幼虫在土中作茧越冬。翌年 3 月上中旬化蛹、羽化、交尾和产卵。成虫用产卵管将月季、蔷薇等寄主植物的新梢纵向切开一开口，产卵于其中，使茎部纵裂，并变黑倒折，幼虫孵化后，爬出来危害叶片，初龄幼虫有群集习性，先啃食叶肉，后吞食叶片。

### （二）其他叶蜂类（表 4-2-15）

表 4-2-15　其他叶蜂类害虫

| 害虫种类 | 发生情况 |
| --- | --- |
| 樟叶蜂 | 以幼虫危害樟树叶片，造成缺刻和孔洞，严重时将叶片食光。成虫体黑褐色，有光泽。翅透明，翅痣与翅脉黑褐色。卵乳白色，肾形。幼虫浅绿色。头部黑色，体表布满黑色斑点，体背多皱纹。腹部后半部弯曲，胸足 3 对，腹足 7 对。1 年发生 2～3 代，以老熟幼虫在土中结茧越冬。两代幼虫危害期分别发生在 4 月下旬和 6 月上中旬，世代重叠严重 |
| 柳厚壁叶蜂 | 以幼虫危害柳树叶片，形成瘤状虫瘿，发生严重时，造成叶片枯黄、早期脱落。成虫土黄色，头部橙黄色，头顶正中具黑色宽带；前胸背板土黄色，中胸背板中叶有 1 个椭圆形黑斑，侧叶沿中线两侧各有 2 个近菱形黑斑；腹部橙黄色，各节背面具黑色斑纹。幼虫圆柱形，稍弯曲，黄白色。黄河以北 1 年发生 1 代。以老熟幼虫在土中茧内越冬。翌年 4 月上中旬出现成虫，产卵于叶缘组织内；卵单粒散产。幼虫孵化后啃食叶肉，致使叶片上、下表皮逐渐肿起，后虫瘿限制在叶片中脉和叶缘间，并逐渐增大加厚，上、下凸起呈椭圆形或肾形。幼虫在虫瘿内危害到 10 月底至 11 月初，随落叶掉在地面，幼虫从虫瘿内钻出，入土作茧越冬 |

观察与识别：取叶蜂类昆虫标本，观察其成虫及幼虫的形态特征。

（三）叶蜂类的防治措施

（1）冬、春季结合土壤翻耕消灭越冬茧。

（2）寻找产卵枝梢、叶片，人工摘除卵梢、卵叶或孵化后尚群集的幼虫。

（3）幼虫危害期喷洒 Bt 乳剂 500 倍液、2.5％溴氰菊酯乳油 3 000 倍液、20％杀灭菊酯 2 000 倍液、25％灭幼脲 3 号胶悬剂 1 500 倍液、24％氰氟虫腙悬浮剂 600～800 倍液、10％溴氰虫酰胺可分散油悬乳剂 1 500～2 000 倍液、10.5％三氟甲吡醚乳油 3 000～4 000 倍液、20％甲维・茚虫威悬浮剂 2 000 倍液。

十五、蝗虫类

蝗虫属直翅目蝗总科，均为植食性。园林植物上比较重要的种类有短额负蝗（*Atractomorpha sinensis* Bolivar）、黄脊竹蝗（*Ceraccris kiangsu*）、青脊竹蝗（*C. nigricornis*）等，以短额负蝗为例说明。

（一）短额负蝗

**1. 分布与危害**　短额负蝗又名小尖头蚂蚱，属直翅目蝗虫科。各省均有分布。主要危害一串红、凤仙花、鸡冠花、三色堇、千日红、长春花、金鱼草、冬珊瑚、菊花、月季、茉莉、扶桑、大丽花、栀子花等多种花卉。

**2. 识别特征**　①成虫：体长 21～32mm，体色多变。头部锥形，绿色或褐色（彩图 4-2-17），前翅绿色，后翅基部红色，末端部绿色。②若虫：初孵若虫体淡绿色，带有白色斑点。触角末节膨大，色较其他节颜色深，复眼黄色，前、中足有紫红色斑点。③卵：卵块产于土中，外有黄色胶质。

**3. 生活习性**　1 年 2 代，以卵越冬。5 月上旬开始孵化，6 月上旬为孵化盛期。7 月上旬第 1 代成虫开始产卵，7 月中下旬为产卵盛期。第 2 代若虫 7 月下旬开始孵化，8 月上中旬为孵化盛期。10 月下旬至 11 月上旬为产卵盛期，产下越冬卵。成虫、若虫大量发生时，常将叶片食光，仅留秃枝。初孵若虫有群集危害习性，2 龄后分散危害。

观察与识别：取蝗虫类昆虫标本，观察其成虫及若虫的形态特征。

（二）蝗虫类防治措施

（1）人工捕捉。初孵若虫群集危害及成虫交配期进行网捕。

（2）若虫或成虫盛发时，可喷洒 2.5％高效氯氟氰菊酯乳油 1 000～2 000 倍液、1％甲维盐乳油 2 000～3 000 倍液、20％甲维・茚虫威悬浮剂 2 000 倍液。

十六、蝶类

蝶类属鳞翅目球角亚目。园林植物上常见的有凤蝶科的柑橘凤蝶（*Papilio xuthus* Linnaeus）、玉带凤蝶（*P. polytes* Linnaeus），粉蝶科的菜粉蝶（*Pieris rapae* Linnaeus）、合欢黄粉蝶（*Eurema hecabe* Linnaeus），蛱蝶科的柳紫闪蛱蝶（*Apatura ilia* Denis et Schiffermüller）、茶褐樟蛱蝶（*Charoxes bernardus* Fabricius）等。以柑橘凤蝶为例说明。

（一）柑橘凤蝶

**1. 分布与危害**　又名花椒凤蝶、黄凤蝶等。分布几乎遍及全国。危害柑橘、金橘、柠檬、佛手、花椒、黄波罗等。以幼虫取食幼芽及叶片，是园林中常见的蝶类。

**2. 识别特征** ①成虫：体长22～32mm，体黄色，背面中央有黑色纵带。翅面上有黄、黑相间的斑纹，亚外缘有8个黄色新月形斑。后翅外缘波状，后角有1个尾状突起。②卵：圆球形，长1mm，初产时黄白色，近孵化时黑灰色。③幼虫：老熟幼虫体长40～51mm，绿色。后胸有眼状纹及弯曲成马蹄形的细线纹。腹部第1节后缘有1条大形黑带，第4～6腹节两侧具黑色斜带。头部臭丫腺为黄色（彩图4-2-18）。④蛹：长29～32mm，纺锤形，头部分二叉，胸部稍突起。

**3. 生活习性** 各地发生代数不一，东北1年2代，长江流域及其以南地区1年3～4代，台湾1年5代。以蛹悬于枝条上越冬。以3代为例，翌年4月出现成虫，5月上中旬为第1代幼虫，7月中旬至8月中旬第2代幼虫，9月上旬至10月第3代幼虫。有世代重叠现象。成虫白天活动，卵单个产于嫩叶及枝梢上。初孵幼虫茶褐色，似鸟粪。幼虫老熟后吐丝缠绕于枝条上化蛹。成虫春、夏二型颜色有差异。

**（二）其他蝶类**（表4-2-16）

**表4-2-16 其他蝶类害虫**

| 害虫种类 | 发生情况 |
| --- | --- |
| 菜粉蝶 | 以幼虫危害羽衣甘蓝、桂竹香、醉蝶花、旱金莲等花卉的叶片，造成缺刻孔洞，严重时仅剩叶脉。成虫体灰黑色，翅白色，鳞粉细密。前翅基部灰黑色，顶角黑色；后翅前缘有1个不规则的黑斑，后翅底面淡粉黄色。幼虫初孵化时灰黄色，后变青绿色，体圆筒形，中段较肥大，体各节均有4～5条横皱纹。各地发生时代不同，以蛹越冬，多在寄主植物附近的房屋墙壁、篱笆、风障、树干上。产卵对十字花科花卉有很强趋性，卵散产，幼虫行动迟缓，不活泼 |
| 柳紫闪蛱蝶 | 以幼虫危害杨树、柳树叶片，造成缺刻、孔洞。成虫翅黑褐色，翅膀在阳光下能闪烁出强烈的紫光。前翅约有10个白斑，中室内有4个黑点；反面有1个黑色蓝瞳眼斑，围有棕色晕。幼虫绿色，头部有1对白色角状突起，端部分叉。1年发生3～4代，以幼虫在树干缝隙内越冬。蛹绿色，蛹期9～12d。幼虫期较长。卵单产于叶片背部，刚孵化的幼虫啃食自己的卵壳，以高龄幼虫危害最重，严重时将叶片吃光，仅残有叶柄。成虫喜欢吸食树汁或畜粪，飞行迅速 |

观察与识别：取蝶类昆虫标本，观察其成虫及幼虫的形态特征。

**（三）蝶类的防治措施**

（1）人工摘除越冬蛹，并注意保护天敌。

（2）结合花木修剪管理，人工采卵、杀死幼虫或蛹体。

（3）严重发生时，喷施20%除虫菊酯乳油2 000倍液、2.5%溴氰菊酯乳油3 000倍液、20%杀灭菊酯2 000倍液、24%氰氟虫腙悬浮剂600～800倍液、10%溴氰虫酰胺可分散油悬乳剂1 500～2 000倍液、10.5%三氟甲吡醚乳油3 000～4 000倍液、20%甲维·茚虫威悬浮剂2 000倍液。

**十七、软体动物类**

**（一）蜗牛与蛞蝓**

**1. 分布与危害** 危害园林植物的主要有蜗牛和蛞蝓，属软体动物门、腹足纲。主要分布于温暖潮湿的地区，北方地区主要发生于温室大棚，危害兰花、红掌等花卉植物的根尖、嫩叶、新芽，将其啃食成不规则的洞或缺刻甚至咬断幼苗，啃食部位易感染细菌而致腐烂。

**2. 识别特征**

（1）蜗牛：①成虫：具有螺旋形贝壳，呈扁球形，有多个螺层组成，壳质较硬，黄褐色或红褐色。头部发达，具 2 对触角，眼在后 1 对触角的顶端，口位于头部腹面。②卵：球形。③幼虫：与成虫相似，体形较小（彩图 4-2-19）。

（2）蛞蝓：①成虫：不具贝壳，体长形柔软，暗灰色，有的为灰红色或黄白色。头部具 2 对触角，眼在后 1 对触角顶端，口在前方，口腔内有 1 对胶质的齿舌。②卵：椭圆形。③幼虫：淡褐色，体形与成虫相似（彩图 4-2-20）。

**3. 生活习性** 蜗牛、蛞蝓喜欢生活在潮湿、阴暗且多腐殖质的地方。有夜出性，白天常潜伏在花盆底部的漏水孔、树皮块等疏松基质以及周围的潮湿环境中。

观察与识别：取软体动物类害虫标本，观察其成虫及幼虫的形态特征。

**（二）软体动物类的防治措施**

（1）人工捕捉：发生量较小时，可人工捡拾，集中杀灭，晚上消灭效果最好。小蜗牛常躲藏于栽培基质中，可先把整盆花卉浸泡于清水中一段时间，促使蜗牛从盆内爬出，然后人工捕杀之。

（2）菜叶诱杀法：采用幼嫩多汁的菜叶引诱其前来取食，从而集中杀灭。

（3）在兰花等花卉周围、台架及花盆上喷洒敌百虫、溴氰菊酯等农药，或撒生石灰及饱和食盐水。

（4）在兰花等花卉栽培场地周围，撒上宽 80cm 的生石灰薄层，阻止蜗牛通过。温室应注意通风透光，消除各种杂草与杂物。

（5）施药：撒施 8% 灭蜗灵颗粒或用蜗牛敌（10% 多聚乙醛）颗粒剂；用蜗牛敌＋豆饼＋饴糖（1∶10∶3）制成的毒饵撒于花盆周围，诱杀蜗牛与蛞蝓。

**【任务考核标准】** 见表 4-2-17。

**表 4-2-17 食叶害虫综合防治任务考核参考标准**

| 序号 | 考核项目 | 考核内容 | 考核标准 | 考核方法 | 标准分值 |
|---|---|---|---|---|---|
| 1 | 基本素质 | 学习工作态度 | 态度端正，主动认真，全勤，否则将酌情扣分 | 单人考核 | 5 |
| | | 团队协作 | 服从安排，与小组其他成员配合好，否则将酌情扣分 | 单人考核 | 5 |
| 2 | 专业技能 | 食叶害虫的形态与危害状识别 | 能够准确描述所发生害虫的危害状与虫态识别要点。所述与实际不符的酌情扣分 | 单人考核 | 20 |
| | | 食叶害虫发生情况调查 | 基本能够描述出害虫发生的种类与发生状况。所述与实际不符的酌情扣分 | 以小组为单位考核 | 20 |
| | | 食叶害虫综合防治方案的制订与实施 | 综合防治方案与实际相吻合，符合绿色无公害的原则，可操作性强。否则将酌情扣分 | 单人制订综合防治方案 | 25 |
| 3 | 职业素质 | 方法能力 | 独立分析和解决问题的能力强，能主动、准确地表达自己的想法 | 单人考核 | 5 |
| | | 工作过程 | 工作过程规范，有完整的工作任务记录，字迹工整 | 单人考核 | 10 |
| | | 自测训练与总结 | 及时准确完成自测训练，总结报告结果正确，电子文本规范，体会深刻，上交及时 | 单人考核 | 10 |
| 4 | | | 合计 | | 100 |

【相关知识】

食叶害虫的综合防治要点

食叶害虫是园林植物上种类最多、数量最大、食性最杂的一类害虫。不仅取食植物叶片，影响光合作用与观赏价值。有的种类如刺蛾、毒蛾的毒毛还能刺痛人的皮肤，影响人们的生活。综合防治园林植物食叶害虫，应做到以下几点：

（一）加强检疫

严格执行检疫制度，对有可能携带危险性食叶害虫的调运苗木、种条、幼树、原木、木材实行检疫。检验是否有美国白蛾等检疫性食叶害虫的卵、幼虫、蛹等，并按检疫法规进行处理。绿化栽种时严格把关，不栽带虫苗木。

（二）园林技术措施防治

**1. 选用抗虫的树种与品种**　选用抗虫的树种或品种是防治食叶害虫的重要措施，如在城区绿化时，选用银杏、女贞、樟树、广玉兰等抗虫树种，可以有效地减轻害虫的危害，这是防治园林食叶害虫最经济有效的方法；抗虫杨中的"欧黑抗虫杨 N-12"等品种，可有效地减轻杨尺蠖、杨扇舟蛾、舞毒蛾等食叶害虫的危害。

**2. 搞好园林植物的合理配置**　不同的食叶害虫种类，具有各自不同的食性，搞好园林植物的合理配置，可以减少害虫食物来源，从而降低害虫的危害。如虞美人、石竹、凤仙花、一串红、百日草等组成的花坛；紫荆、迎春花、碧桃、石榴、海桐、大叶黄杨组成的乔灌花丛；枫杨、桉树、重阳木、杨树、柳树、苦楝等组成的行道树等，都能较好地控制食叶害虫的发生与危害。另外，在原有绿地的基础上，补植各类花灌木，扩大蜜源植物，为天敌昆虫创造良好的生活环境，也有利于减轻食叶害虫的危害。

**3. 加强园林植物的栽培管理**　除选用健壮的苗木进行栽培外，在花木的生长过程中也应该加强栽培管理。如对花木进行科学的中耕、除草等措施，不仅可以保持地力，减少土壤蒸发水分，促进苗木健壮生长，提高抗逆能力，而且可以减少害虫的发源地和潜伏场所。如桑褐刺蛾、扁刺蛾、尺蛾类、金龟子等害虫的蛹在土中，通过中耕，可使其暴露在地表而杀死。及时清理花木植株周围的枯枝落叶，可有效地减少食叶害虫的越冬藏匿场所。结合整形修剪，去除虫枝、死枝、翘皮等也可减轻害虫的危害。

（三）人工捕杀

对于有假死性的食叶害虫，如金龟子、油松毛虫、天幕毛虫、丝棉木金星尺蠖、国槐尺蠖等，可采用晃动树体振落杀虫的方法；对于虫体较大、目标明显的食叶害虫，如袋蛾的袋囊、刺蛾的茧、柳毒蛾成虫、卷叶蛾虫苞、美国白蛾的网幕及卵块等，可人工去除；榆蓝叶甲的幼虫老熟时群集于树皮缝、树疤或枝杈下方等处化蛹，也可采用人工捕杀法。结合冬季修剪，剪除虫茧和卵块。

（四）诱杀法

利用害虫的趋性，人为设置器械或饵料来诱杀害虫的方法称为诱杀法。利用此法还可以预测害虫的发生动态。

**1. 灯光诱杀**　大多数食叶害虫的成虫具有趋光性，例如毒蛾、夜蛾、天蛾等科的害虫可以利用灯光进行诱杀成虫，从而达到降低下一世代的害虫发生。目前，我国有 5 类黑光灯：普通黑光灯（20W）、频振管灯（30W）、节能黑光灯（13～40W）、双光汞灯（125W）、纳米汞灯（125W）。频振式杀虫灯与纳米汞灯在当今生产中应用最为广泛，二者具有诱虫效率高、选择性能强且杀虫方式（灯外配以高压电网杀）更是符合绿色环保的特点，其中纳米汞灯因具有引诱距离远、诱虫种类多、诱捕效率高、对益虫影响小等优点，成为当今最为理想的诱虫灯具。

**2. 食物诱杀**

（1）糖醋液诱杀：用糖、醋、酒、水按3：4：1：2的比例，加入总量1%的敌百虫或吡虫啉配成糖醋液，可以诱杀斜纹夜蛾、银纹夜蛾、黏虫等害虫。

（2）植物诱杀：利用害虫对某些植物有特殊的嗜食习性，人为种植或采集此种植物诱集捕杀害虫的方法。如种植七叶树、天竺葵可诱杀日本弧丽金龟；在苗圃周围种植蓖麻，可使大黑鳃金龟、黑皱鳃金龟误食后麻醉，从而集中捕杀。

**3. 潜所诱杀** 利用某些害虫越冬、化蛹或白天隐蔽的习性，人为设置类似环境来诱杀害虫的方法称为潜所诱杀。如在树干基部绑扎草把或麻布片，可引诱美国白蛾等害虫的幼虫潜藏越冬；北方地区的松毛虫在晚秋均要下树越冬，可在树基部堆放松针，引诱害虫潜入；而后将诱集材料集中烧毁或深埋。

**4. 诱捕器诱杀** 昆虫诱捕器（三角形、罐形或盒形）内放入不同昆虫性信息素诱芯，进行诱捕。目前已商品化的诱芯有槐小卷蛾、斜纹夜蛾、甜菜夜蛾、美国白蛾等类型。

（五）阻隔法

人为设置各种障碍，以切断害虫的侵害途径，这种方法称为阻隔法，也称为障碍物法。

**1. 涂毒环** 对有上、下树习性的害虫，如美国白蛾、杨毒蛾、杨尺蠖等，可在树干上涂毒环，阻隔和触杀幼虫。具体做法是：将菊酯类药剂、废机油、柴油，按照1：5：5比例混匀后，在树干1～1.5m高处，用毛刷涂抹10～15cm宽的药环，毒杀上、下树的幼虫。

**2. 设障碍物** 有的害虫雌成虫无翅，只能爬到树上产卵。可在其上树前在树干基部设置障碍物阻止其上树产卵，如在树干上绑塑料布或在干基周围培土堆，制成光滑的陡面。

（六）生物防治

天敌昆虫、致病微生物和鸟类等均是食叶害虫的重要天敌类群。

**1. 天敌昆虫** 利用天敌昆虫防治食叶害虫的案例较多，如利用黑蚂蚁、赤眼蜂防治松毛虫，利用茶色广喙螨防治榆紫金花虫等，均以园林养护管理中进行了大规模的应用。

**2. 致病微生物** 能使昆虫得病而死的病原微生物有：真菌、细菌、病毒、立克次氏体、原生动物及线虫等。目前生产上应用较多的是前3类。以微生物治虫在城镇街道、绿地小区、公园、风景区具有较高的推广应用价值。

（1）细菌：目前我国应用最广的细菌制剂主要有苏云金杆菌（包括松毛虫杆菌、青虫菌均为其变种）。这类制剂无公害，可与其他农药混用。并且对温度要求不严，在温度较高时发病率高，对鳞翅目幼虫防效好。

（2）真菌：目前应用较为广泛的真菌制剂有白僵菌、绿僵菌、块状耳霉菌，可以有效地控制鳞翅目、膜翅目、直翅目等害虫。

（3）病毒：防治应用较广的有核型多角体病毒（NPV）、颗粒体病毒（GV）和质型多角体病毒（CPV）3类。这些病毒主要感染鳞翅目、双翅目、膜翅目、鞘翅目等的幼虫。如上海使用大蓑蛾核型多角体病毒防治大蓑蛾效果很好。

（4）微孢子虫：目前在农林生物防治领域研究较为成功的是蝗虫微孢子虫，属单细胞原生动物，须用400倍的光学显微镜才能见到，孢子呈椭圆形，只寄生蝗虫等直翅目昆虫，可寄生90多种的蝗虫，我国蝗虫类的各优势种均可被寄生。

**3. 鸟类及其他天敌**　据调查，我国现有1 100多种鸟中食虫鸟约占半数，常见的种类有四声杜鹃、大杜鹃、大斑啄木鸟、红尾伯劳、黑枕黄鹂、灰卷尾、黑卷尾、红嘴蓝鹊、灰喜鹊、喜鹊、画眉、白眉翁、长尾翁、大山雀、戴胜、家燕等，应注意保护或人工招引、驯养。另外，蛙类等天敌也可控制害虫的危害。

**4. 生物化学农药**　常见的种类有：茴蒿素、印楝素、烟碱、苦参碱、除虫菊素、川楝素、美国白蛾性外激素、大袋蛾性外激素、阿维菌素、甲氨基阿维菌素苯甲酸盐（简称甲维盐）、多杀霉素等。

### （七）化学防治

**1. 防治指标**　园林植物由于以观赏价值、生态效益、社会效益为本，因此其经济阈值很难估测，况且不同园林植物的经济价值也有天壤之别。作为园林植物化学防治指标，一般认为不同树木、花卉，不同害虫，平均被害叶率超过5%～10%即需防治。如害虫数量少，危害后不影响景观则不喷药。但一些名贵花木是不允许有害虫发生的，古树名木的防治指标也应与一般绿化树木有所不同。所以花卉害虫防治指标的确立，应根据实际情况具体分析研究。

**2. 药剂选用及喷施**　食叶害虫一旦发生，往往数量多，损害大，所以在害虫的发生前就应加强严格控制。城市园林的化学防治中应特别注意严格控制农药品种，注意选用高效、低毒或无毒、污染轻、选择性强的化学农药，严格控制使用浓度和剂量。准确选择农药剂型和施药方法，改进农药使用技术，尽量采用根部施药、涂茎、浇灌、树干注射等方法，避免树冠喷洒。

推广使用颗粒剂、微胶囊剂等不易飘散、缓慢释放的农药剂型，可以起到延长药效、节省用量、减少污染的效果。如食叶害虫发生严重，必须进行树冠喷药时，采用低容量和超低容量喷药技术，不但可节省农药、工效高，而且可以减少污染。施药防治时，对重点发生的园林进行防治，避免全面施药，尽可能地减少施药面积，减轻对城市环境的污染，减少对天敌的杀伤并防止对人、畜造成毒害。

防治食叶害虫常用的化学药剂有：敌百虫、辛硫磷、毒死蜱、喹硫磷、高效氟氯氰菊酯、氟氰戊菊酯、氟胺氰菊酯、三氟甲吡醚、氰氟虫腙、溴氰虫酰胺、灭幼脲、杀铃脲、虫酰肼、抑食肼等。

## 工作任务 4.2.2　园林植物吸汁害虫的综合防治

【任务目标】

掌握常见园林吸汁害虫的危害状、识别特征、生活习性，制订有效的综合防治方案，并组织实施。

【任务内容】

（1）根据工作任务，采取课堂、实验（训）室以及校内外实训基地（包括园林绿地、花圃、苗圃、草坪等）现场相结合的形式，通过查阅资料与网上搜集，获得相关园林植物吸汁害虫的基本知识。

（2）利用各种条件，对园林植物吸汁害虫的类别与发生情况进行观察、识别。

（3）根据当地主要吸汁害虫发生特点，拟订出综合防治方案并付诸实施。

（4）对任务进行详细记载，并上交1份总结报告。

【教学资源】

（1）材料与器具：蚜虫类、介壳虫类、粉虱类、叶蝉类、蜡蝉类、蝽类、蓟马类、木虱类、螨类等常见园林吸汁害虫的新鲜标本、干制或浸渍标本，危害状及生活史标本。体视显微镜、放大镜、镊子、泡沫塑料板、喷雾器、相关肥料与农药品种等。

（2）参考资料：当地气象资料、有关园林吸汁害虫的历史资料、园林绿地养护技术方案、害虫种类与分布情况、各类教学参考书、多媒体教学课件、害虫彩色图谱（纸质或电子版）、检索表、各相关网站相关资料等。

（3）教学场所：教室、实验（训）室以及园林吸汁害虫危害较重的校内外实训基地。

（4）师资配备：每20名学生配备1名指导教师。

【操作要点】

（1）吸汁害虫危害状观察：分次选取吸汁害虫危害严重的校内外实训基地，仔细观察吸汁害虫的危害状，包括叶片正面的失绿斑点、叶片背面的蝇粪状斑点、大量虫皮、嫩梢及叶片的畸形、含糖分泌物以及由此引起的煤污病等，同时采集害虫危害状标本。

（2）吸汁害虫现场识别：在进行害虫危害状观察的同时，先根据现场发生各类害虫的特殊形态与习性如蚜虫大都体小柔软且群集于嫩梢危害、介壳虫的蜡质介壳、叶蝉的横走现象、红蜘蛛的小而红色的个体、青桐木虱的絮状分泌物等进行简要识别，然后在教师的指导下，查对资料图片，借助手持放大镜等简易手段，初步鉴定各类害虫的种类和虫态。

（3）吸汁害虫发生、危害情况调查：根据现场害虫的危害情况，调查害虫的虫口密度和危害情况，确定当地吸汁害虫的优势种类。

（4）室内鉴定：将现场采集和初步鉴定的各类害虫不同虫态的标本带至实验（训）室，利用体视显微镜，参照相关资料和生活史标本，进一步鉴定，达到准确鉴定的目的。

（5）发生规律的了解：针对当地危害严重的优势种类害虫，查阅相关资料，了解其在当地的发生规律。

（6）防治方案的制订与实施：根据优势种类在当地的发生规律，制订综合防治方案，并提出当前的应急防治措施，组织实施，做好防治效果调查。

【注意事项】

（1）实训前要做好资料与器具的准备，如园林害虫彩色图谱、数码相机、手持放大镜、修枝剪、手锯、镊子、喷雾器、笔记本等。

（2）吸汁害虫危害状调查时，应与害虫形态结合进行，因为许多同类害虫的危害状近似，如叶片正面的失绿斑点、大量的虫皮、虫瘿、含糖分泌物以及由此引起的煤污病等，若没有看到具体的害虫，很难判断具体的种类。

（3）吸汁害虫在绿地现场或实验（训）室内进行形态识别时，因虫体大都较小，因而应结合彩色图谱、手持放大镜、体视显微镜等进行；对于疑难害虫，应该积极查阅资料，并结合图片、多媒体等开展小组讨论，达成共识。

（4）不同种类吸汁害虫的种群密度的调查方法有很大的差异，应该严格按照调查要求，准确选取样方和样树，调查时要做到认真、仔细。

（5）制订吸汁害虫的综合防治方案时，内容应该全面，重视各种防治方法的综合运用。所选用的防治方法既要体现新颖性，又要结合生产实际，体现实用性。

【内容及操作步骤】

园林植物吸汁害虫种类很多，包括同翅目的蚜虫、介壳虫、叶蝉、蜡蝉、木虱、粉虱；半翅目的椿象；缨翅目的蓟马；蜱螨目的螨类等。其发生特点为：

（1）以刺吸式口器吸取幼嫩组织的养分，导致枝叶枯萎。

（2）发生代数多，高峰期明显。

（3）个体小，繁殖力强，发生初期危害状不明显，易被人忽视。

（4）扩散蔓延迅速，借风、苗木传播。

（5）多数种类为媒介昆虫，可传播病毒病和植原体病害。

## 一、蚜虫类

蚜虫类属同翅目蚜总科。蚜虫的直接危害是刺吸汁液，使叶片褪色、卷曲、皱缩，甚至发黄脱落，形成虫瘿等症状，同时排泄蜜露诱发煤污病。其间接危害是传播多种病毒，引起病毒病。危害园林植物的蚜虫种类很多，在园林植物上常见的有桃蚜（*Myzus persicae* Sulzer）、月季长管蚜（*Macrosiphum rosivorum* Zhang）、棉蚜（*Aphis gossypii* Glover）、菊姬长管蚜（*Macrosiphoniella sanborni* Gillette）、中国槐蚜（*Aphis sophoricola* Zhang）、桃粉蚜（*Hyalopterus amygdale* Blanchard）、绣线菊蚜（*Aphis citricola* van der Gout）、榆瘿蚜（*Tetraneura akinire* Sasaki）等。

（一）桃蚜

**1. 分布与危害**　又名桃赤蚜、烟蚜。分布极广，遍及全世界。危害海棠、郁金香、百日草、金鱼草、金盏花、樱花、蜀葵、梅花、夹竹桃、香石竹、大丽花、菊花、仙客来、一品红、白兰、瓜叶菊、桃、樱桃、柑橘等300余种花木。以成、若蚜群集危害新梢、嫩芽和新叶，受害叶向背面作不规则卷曲（彩图4-2-21）。

**2. 识别特征**　①无翅胎生雌蚜：体长约2mm，黄绿色或赤褐色，卵圆形，复眼红色，额瘤显著，腹管较长，圆柱形。②有翅胎生雌蚜：头及中胸黑色，腹部深褐色、绿色、黄绿或赤褐色，腹背有黑斑，复眼为红色，额瘤显著。③若蚜：与无翅成蚜相似，身体较小，淡红色或黄绿色。④卵：长圆形，初为绿色，后变黑色。

**3. 生活习性**　1年发生10～30代，以卵在枝梢、芽腋等裂缝和小枝等处越冬。温室中也可以雌蚜越冬。营孤雌生殖。生活史较复杂。翌年3月开始孵化危害，随气温增高桃蚜繁殖加快，4～6月份虫口密度急剧增大，并逐渐不断产生有翅蚜迁飞至蜀葵和十字花科植物上危害。至晚秋10～11月又产生有翅蚜迁返桃树、樱花等树木。不久产生雌、雄性蚜，交配产卵越冬。

（二）月季长管蚜

**1. 分布与危害**　分布于山东、江苏、浙江等省。危害月季、蔷薇、十姊妹等蔷薇属植物。以成、若蚜群集于新梢、嫩叶和花蕾上危害。植株受害后，枝梢生长缓慢，花蕾和幼叶不易伸展，花形变小。

**2. 识别特征**　①无翅胎生雌蚜：体长4.2mm，长卵形，头部土黄色或浅绿色，胸、腹部草绿色，少数橙红色。额瘤隆起外倾。腹管长圆筒形，尾片长圆锥形。②有翅胎生雌蚜：体长 3.5mm，长卵形，草绿色，中胸土黄色。其他与无翅胎生雌蚜相似（彩图 4-2-22）。

**3. 生活习性** 1 年 10～20 代，以成蚜和若蚜在月季、蔷薇的叶芽和叶背越冬。营孤雌生殖。无翅胎生雌蚜 4 月初开始发生，4 月中下旬至 5 月份发生数量和被害株数均明显增多。7～8 月高温天气对其不适宜，9～10 月份发生量又增多。平均气温在 20℃左右，气候又比较干燥时，利于其生长和繁殖。

（三）其他蚜虫类（表 4-2-18）

表 4-2-18 其他蚜虫类害虫

| 害虫种类 | 发生情况 |
| --- | --- |
| 棉蚜 | 又名瓜蚜、腻虫。危害扶桑、木槿、石榴、一串红、山茶、菊花、牡丹、常春藤、紫叶李、兰花、大丽花、紫荆、仙客来、玫瑰等。无翅胎生雌蚜体长 1.5～1.8mm，夏季棕黄色至黑色。有翅胎生雌蚜体长 1.2～1.9mm，黄色或浅绿色，前胸背板黑色，腹部两侧有 3～4 对黑斑纹。1 年发生 20 代左右，以卵在木槿、石榴等枝条的芽腋处越冬。翌年 3～4 月孵化为干母，在越冬寄主上孤雌胎生 3～4 代，产生有翅胎生雌蚜，飞到菊花、扶桑等夏寄主上危害，晚秋 10 月间产生有翅迁移蚜从夏寄主迁到越冬寄主上，与雄蚜交配后产卵越冬 |
| 菊姬长管蚜 | 又名菊小长管蚜，危害菊花、野菊花等菊属植物。无翅雌蚜体纺锤形，长 1.5mm，赤褐色至黑褐色，额瘤显著隆起。有翅雌蚜体长卵形，长 1.7mm，其他与无翅雌蚜相似。1 年生 10～20 代，温暖地区不发生有性型，北方寒冷地区，冬季在温室中越冬。在上海等地，以无翅雌蚜在留种菊的叶腋处越冬。4～5 月、9～10 月为危害盛期。11 月进入越冬状态 |
| 中国槐蚜 | 危害国槐、龙爪槐、江南槐、紫穗槐、刺槐、蝴蝶槐、河南槐、紫藤和白玉兰等植物。无翅雌蚜体长为 2mm，黑色，体背被有蜡粉。有翅雌蚜体长为 1.6mm，黑色，有光泽，腹部有硬化斑。年生 20 余代，以卵或若蚜在杂草中越冬。翌年 3 月卵孵化危害。4～5 月出现有翅，迁移到槐树上危害。6 月增殖迅速，其危害最甚。夏季多雨，虫口密度大幅度下降。10 月有翅蚜迁飞到冬寄主上危害并越冬 |
| 桃粉蚜 | 又名桃大尾蚜，危害桃、碧桃、榆叶梅、红叶李、樱桃等。无翅雌蚜长椭圆形，长 2.3mm，绿色，体被白粉。有翅雌蚜体长卵形，长 2mm，头、胸黑色，腹部黄绿色或橙黄色，有斑纹。1 年生 10 多代，以卵在枝条或芽缝等处越冬。4 月产生无翅蚜吸汁危害，被害叶向反面卷曲，5 月产生有翅蚜迁飞到禾本科杂草上，秋季迁回，交配产卵越冬 |
| 绣线菊蚜 | 危害白玉兰、广玉兰、榆叶梅、樱花、银柳、柑橘、脐橙、海棠、苹果、含笑、海桐、石楠、南蛇藤、枇杷和绣线菊等 80 余种植物。无翅雌蚜体长约 1.7mm，体黄或黄绿色，腹管和尾片灰黑色。有翅雌蚜头和胸部黑色，腹管黄色，有黑色斑纹。1 年发生 10 代左右，以卵在树皮缝、芽腋等处越冬。翌年 3 月花木萌芽时，越冬卵孵化，先在越冬寄主上危害，4～5 月迁飞到绣线菊等花卉上。夏末秋初迁飞到树木上危害，后产生雌、雄有性蚜，交配后产卵，以卵越冬 |
| 榆瘿蚜 | 又名秋四脉绵蚜。危害榆树及禾本科植物。无翅雌蚜体卵圆形，长 2.3mm，淡黄色，被薄蜡粉。有翅雌蚜体长卵形，长 2.0mm，头、胸黑色，腹部绿色。1 年发生 10 余代。以卵在榆树皮缝中越冬。3～4 月在榆树叶反面危害，被害处先出现小红斑，再逐渐形成瘤状虫瘿，并由绿变红色，内壁色淡。一般 1 头虫 1 个虫瘿，每叶可有几个虫瘿。5 月后形成有翅蚜迁飞到其他寄主上危害，9～10 月迁回榆树，产卵越冬 |

观察与识别：取蚜虫类昆虫标本，观察其成虫及若虫的形态特征。

（四）**蚜虫类的防治措施**

（1）注意检查虫情，抓紧早期防治。盆栽花卉上零星发生时，可用毛笔蘸水刷掉。

（2）保护和利用天敌。饲养释放瓢虫、草蛉等天敌。喷施人工培养后稀释的蚜霉菌。

（3）烟草末 40g 加水 1kg，浸泡 48h 后过滤制得原液，使用时加水 1kg 稀释，另加洗衣粉 2～3g 或肥皂液少许，搅匀后喷洒植株，有很好的效果。

（4）药剂防治。尽量少用广谱触杀剂，选用对天敌杀伤较小的、内吸和传导作用大的药物。发生严重地区，木本花卉发芽前，喷施 5 波美度的石硫合剂，以消灭越冬卵和初孵若虫。虫口密度大时，可喷施 10%吡虫啉可湿性粉剂 2 000 倍液、3%啶虫脒乳油 2 000～2 500 倍液、50%吡蚜酮可湿性粉剂 2 500～5 000 倍液、10%氟啶虫酰胺水分散粒剂 2 000 倍液、22%氟啶虫胺腈悬浮剂 5 000～6 000 倍液、5%双丙环虫酯可分散液剂 5 000 倍液、22.4%螺虫乙酯悬浮剂 3 000 倍液、40%硫酸烟精 800～1 200 倍液、鱼藤精 1 000～2 000 倍液、10%多来宝悬浮剂 4 000 倍液。

（5）物理防治。利用黄板诱杀有翅蚜虫，或采用银白色锡纸反光，拒避迁飞的蚜虫。

## 二、介壳虫类

介壳虫属同翅目蚧总科。园林植物上的介壳虫种类很多，常见的有日本龟蜡蚧（*Ceroplastes japonicus* Green）、桑白盾蚧（*Pseudaulacaspis pentagona* Targioni）、草履蚧（*Drosicha corpulenta* Kuwana）、褐软蚧（*Coccus hesperidum* Linnaeus）、吹绵蚧（*Icerya purchasi* Mask）、红蜡蚧（*Ceroplastes rubens* Maskell）、月季白轮盾蚧（*Aulacaspis rosarum* Borchsenius）、紫薇绒蚧（*Eriococcus lagerstriomiae* Kuwena）、常春藤圆盾蚧（*Aspidiotus nerii* Bouche）、糠片盾蚧（*Parlatoria pergandii* Comstock）等。

（一）日本龟蜡蚧

**1. 分布与危害**　又名日本蜡蚧、枣龟蜡蚧。分布全国各地。食性杂，危害山茶、夹竹桃、白兰、含笑、海桐、蜡梅、栀子花、桂花、石榴、月季、蔷薇、海棠、牡丹、芍药等植物。若虫和雌成虫在枝梢和叶背中脉处，吸食汁液危害，严重时枝叶干枯，花木生长衰弱。

**2. 识别特征**　①雌成虫：椭圆形，暗紫褐色，体长约 3mm，蜡壳灰白色，背部隆起，表面具龟甲状凹线，蜡壳顶偏在一边，周边有 8 个圆突。②雄成虫：体棕褐色，体长约 1.3mm，长椭圆形，翅透明，具 2 条翅脉。③雌若虫：蜡壳与雌成虫蜡壳相似。④雄若虫：蜡壳椭圆形，雪白色，周围有放射状蜡丝 13 根（彩图 4-2-23）。

**3. 生活习性**　1 年发生 1 代，以受精雌成虫在枝条上越冬。翌年 5 月雌成虫开始产卵，5 月中下旬至 6 月为产卵盛期。6～7 月若虫大量孵化。初孵若虫爬行很快，找到合适寄主即固定于叶片上危害，以正面靠近叶脉处为多。雌若虫 8 月陆续由叶片转至枝干，雄若虫仍留叶片上，至 9 月上旬变拟蛹，9 月下旬大量羽化。雄成虫羽化当天即行交尾。受精雌成虫即于枝干上越冬。该虫繁殖快、产卵量大、产卵期较长，若虫发生期很不一致。

（二）桑白盾蚧

**1. 分布与危害**　又名桑白蚧、桑盾蚧、桃白蚧、黄点蚧、桑拟轮盾蚧。分布全国各地。危害梅花、桃花、樱花、丁香、棕榈、芙蓉、苏铁、桂花、榆叶梅、木槿、翠菊、玫瑰、芍药、夹竹桃、蒲桃、山茶、白蜡、紫穗槐等花木。雌成虫和若虫群集固着在枝干上刺吸汁液，严重时介壳密集重叠。受害后，花木生长不良，树势衰弱，甚至枝条或全株死亡。

**2. 识别特征**　①雌介壳：圆形或近圆形，长 2.0～2.5mm，灰白色，背面微隆，有螺旋纹；壳点黄褐色，偏在介壳的一方。②雌成虫：体宽，体长约 1mm，卵圆形，橙黄色或橘红色。③雄介壳：细长，白色，长 1mm 左右，背面有 3 条纵脊，壳点橙黄色，位于介壳的前端（彩图 4-2-24）。

**3. 生活习性** 世代数因地而异，1 年可发生 2～5 代，以受精雌成虫固着在枝条上越冬。各代若虫孵化期分别在 5 月上中旬，7 月中下旬及 9 月上旬。早春树液流动后开始吸食汁液，虫体迅速膨大，体内卵粒逐渐形成。卵产于雌介壳下。雌成虫产完卵便干缩死亡。初孵化的若虫将口针插入枝干皮层内固定吸食。雌若虫在第 1 次蜕皮后即分泌蜡质物，形成圆形介壳；雄若虫在第 1 次蜕皮后，进入 2 龄后期才开始分泌白色絮状蜡质物形成长筒形介壳。雄虫寿命极短，仅 1d 左右。该虫多分布于枝条分杈处和枝干阴面。

（三）其他介壳虫类（表 4-2-19）

表 4-2-19　其他介壳虫类害虫

| 害虫种类 | 发生情况 |
| --- | --- |
| 草履蚧 | 危害广玉兰、罗汉松、碧桃、海棠、紫叶李、大叶黄杨、丝棉木、龙爪槐、悬铃木、珊瑚树、樱桃、海桐、紫薇、十大功劳、垂柳、绣球、柑橘等花木。雌成虫体长 7.8～10mm，体扁平，长椭圆形，背面淡灰紫色，腹面黄褐色，周缘淡黄色，被一层霜状蜡粉，腹部有横列皱纹和纵向凹沟，形似草鞋。雄成虫体紫红色，长 5～6mm，翅 1 对，淡黑色。若虫与雌成虫相似，但体小，色深。1 年发生 1 代，以卵囊在树根附近的土中越冬。长江流域各省，越冬卵在当年的 12 月和翌年的 1 月孵化，4 月份危害最烈 |
| 褐软蚧 | 危害桂花、月季、菊花、月桂、棕榈、夹竹桃、柑橘、苏铁、樟树、山茶等 170 多种植物。雌虫体扁平或背面稍有些隆起，卵形或长卵形，体长 3～4mm，虫体前端较狭，背面颜色变化很大，具 2 条褐色网状横带，背面常具有各种图案。初孵若虫椭圆形，淡黄色，体长 0.2～0.3mm，分泌蜡质后背部稍现脊线，长 1mm 左右。每年发生代数，因地而异。在北京温室中 1 年发生 4～5 代，以雌成虫或若虫越冬。早春开始危害茎、叶，严重时茎叶上密布一层虫体。各代若虫孵化期分别为 2 月下旬、5 月下旬、7 月下旬、9 月下旬 |
| 吹绵蚧 | 以若虫和雌成虫危害芸香科、蔷薇科、豆科、葡萄科、木樨科、天南星科等 250 多种植物。雌成虫橘红色，椭圆形，体长 4～7mm，体外被有黄白色的蜡质粉，腹部后方有白色卵囊，卵囊表面有脊状隆起线 15 条。雄成虫橘红色，体长 2.9mm，1 对翅。若虫椭圆形，橘红色或红褐色，体长 0.66～3.5mm，体外覆盖黄白色蜡粉及蜡丝。南方 1 年发生 3～4 代，以若虫、成虫或卵越冬。成虫喜寄居于主梢阴面及枝杈处，或枝条及叶片上。该虫多发生在树木过密、潮湿、不通风透光的地方，每年 4～5 月发生数量最多 |
| 红蜡蚧 | 食性杂，危害枸骨、白玉兰、栀子花、桂花、苏铁、山茶、月季、蔷薇、南天竹、米兰等。雌成虫椭圆形，介壳近椭圆形，长 3～4mm，玫瑰红色至紫红色。老熟时背面隆起呈半球形，有 4 条白色蜡带向上卷起。雄成虫体长 1mm，翅白色，半透明。1 年发生 1 代，以受精雌成虫在枝干上越冬。在浙江，越冬雌成虫于 5 月下旬开始产卵，9 月中旬羽化。多集中在寄主植物光线较强的外围枝叶上危害，内层枝叶上较少发生 |
| 月季白轮盾蚧 | 危害蔷薇、月季、玫瑰、野蔷薇等花木。雌虫体长 1.4mm，初为黄色至橙色。雌介壳椭圆或近圆形，背部隆起，白色。雄介壳狭长，背面有 3 条明显的纵脊线，白色，长约 0.8mm。若虫后期橙黄色，圆形。1 年发生 2～3 代，以受精雌成虫和 2 龄若虫在枝干上越冬。5 月上旬雌虫开始产卵。6 月若虫孵化。虫口密度大时，在枝干上常见有白色的一层。11 月份进入越冬状态 |
| 紫薇绒蚧 | 又名石榴绒蚧，危害紫薇、石榴、扁担木、百日红、含笑等。雌成虫卵圆形，暗红色，体长 3mm，外有白色毡囊包裹。雄成虫紫红色，长 1.3mm。若虫淡紫色，椭圆形，长 0.6mm。1 年发生 2～4 代。以若虫在枝条皮缝、翘皮、枝杈的蜡囊中越冬。若虫孵化后沿寄主爬行，在缝隙中定居刺吸危害。严重危害时诱发煤污病，使叶片、枝条变黑，甚至完全死去 |

（续）

| 害虫种类 | 发生情况 |
| --- | --- |
| 常春藤圆盾蚧 | 在南方露地和华北、东北温室内，主要危害常春藤、文竹、苏铁、棕榈、女贞、杜鹃等。雌虫椭圆形，橙黄色，长1mm左右；雌介壳卵圆形，黄色，长2mm。雄虫体黄褐色，长0.8mm。初孵若虫体卵圆形，较扁平，浅黄色，长0.22mm。1年发生3～4代，以雌成虫和若虫越冬。世代不整齐。3月、6月和9月为若虫发生高峰期。近年危害苏铁特别严重 |
| 糠片盾蚧 | 危害茉莉、桂花、无花果、梅花、樱花、黄杨、金橘等的枝、叶、果。雌介壳长圆形，长1.5～2.0mm，灰白或灰褐，中部稍隆起，蜡质薄；雌成虫椭圆形，长0.8mm，紫红色。雄壳灰白色狭长而小，雄成虫淡紫色。初孵若虫扁平椭圆形，长0.3～0.5mm，淡紫红色。1年发生3～4代，以受精雌成虫或卵越冬。北京温室1年发生2～3代，长年危害。4月下旬、6～7月和8～9月为1龄若虫发生高峰期。喜在荫蔽或光线不足的枝、叶上危害 |

观察与识别：取介壳虫类昆虫标本，观察其成虫及若虫的形态特征。

（四）介壳虫类的防治措施

**1. 加强植物检疫，禁止有虫苗木输出或输入**

**2. 加强养护**　实行轮作，合理施肥，清洁花圃，提高植株自然抗虫力；合理确定植株种植密度，合理疏枝，改善通风透光条件；冬季或早春，结合修剪、施肥等农事操作，挖除卵囊，剪去部分有虫枝，集中烧毁，以减少越冬虫口基数；介壳虫少量发生时，可用软刷、毛笔轻轻清除，或用布团蘸煤油抹杀。

**3. 化学防治**　冬季和早春植物发芽前，可喷施1次3～5波美度石硫合剂、3%～5%柴油乳剂、10～15倍的松脂合剂或40～50倍的机油乳剂，消灭越冬代若虫和雌虫。在初孵若虫期进行喷药防治，常用药剂有：10%吡虫啉可湿性粉剂1 500倍液，22.4%螺虫乙酯悬浮剂3 000倍液，22%氟啶虫胺腈悬浮剂5 000～6 000倍液，5%双丙环虫酯可分散液剂5 000倍液，22%噻虫·高氯氟悬浮剂2 000倍液，10%高效灭百克乳油2 000倍，0.3～0.5波美度石硫合剂，25%杀虫净乳油400～600倍液。每隔7～10d喷1次，共喷2～3次，喷药时要求均匀周到。也可用10%吡虫啉乳油5～10倍液打孔注药。

**4. 生物防治**　介壳虫天敌多种多样，种类十分丰富，如澳洲瓢虫可捕食吹绵蚧；大红瓢虫和红缘黑瓢虫可捕食草履蚧；红点唇瓢虫可捕食日本龟蜡蚧、桑白蚧、长白蚧等多种蚧虫；异色瓢虫、草蛉等可捕食日本松干蚧。寄生盾蚧的小蜂有蚜小蜂、跳小蜂、缨小蜂等。因此，在园林绿地中种植蜜源植物、保护和利用天敌，在天敌较多时，不使用药剂或尽可能不使用广谱性杀虫剂，在天敌较少时进行人工饲养繁殖，发挥天敌的自然控制作用。

三、叶蝉类

叶蝉类属同翅目叶蝉科，通称为浮尘子，又名叶跳虫。种类很多，在园林植物上常见的有大青叶蝉（*Cicadella viridis* Linnaeus）、小绿叶蝉（*Empoasca flavescens* Fabricius）、柿斑叶蝉（*Erythroneura mori* Mats）、葡萄二星叶蝉（*Erythroneura apicalis* Nawa）等。以大青叶蝉为例说明。

（一）大青叶蝉

**1. 分布与危害**　分布于全国各地。危害木芙蓉、杜鹃、梅、李、樱花、海棠、梧桐、扁柏、桧柏、杨、柳、刺槐等多种花木。以成虫和若虫刺吸植物汁液，受害叶片呈现小白斑，枝条枯死，影响生长发育，且可传播病毒病。

**2. 识别特征** ①成虫：体长 7.2～10mm，青绿色，触角窝上方、两单眼之间有 1 对黑斑，复眼三角形、绿色。前翅绿色带有青蓝色泽，端部透明；后翅烟黑色，半透明（彩图4-2-25）。足橙黄色。②卵：长 1.6mm，白色微黄，中间微弯曲。③若虫：共 5 龄，体黄绿色，具翅芽。

**3. 生活习性** 1 年发生 3～5 代，以卵在被害花木枝条的皮层内越冬。翌年 4 月上中旬孵化。若虫孵化后常喜群集在草上取食，若遇惊扰便斜行或横行，或由叶面逃至叶背，或立即跳跃而逃。5 月下旬第 1 代成虫羽化，第 2 代成虫发生在 7～8 月，9～11 月第 3 代成虫出现。10 月中旬开始在枝条上产卵。产卵时以产卵器刺破枝条表皮呈半月形伤口，将卵产于其中，排列整齐。成虫喜在潮湿背风处栖息，有很强的趋光性。

（二）其他叶蝉类（表 4-2-20）

**表 4-2-20 其他叶蝉类害虫**

| 害虫种类 | 发生情况 |
| --- | --- |
| 小绿叶蝉 | 危害桃花、梅花、樱花、红叶李、苹果等花木。以成虫和若虫栖息于叶背，吮吸汁液危害，初期使叶片正面呈现白色小斑点，严重时全叶苍白，早期脱落。成虫绿色或黄绿色。头略呈三角形，复眼灰褐色，无单眼。中胸小盾片中央有白色斑和 1 条横凹纹。前翅绿色，半透明，后翅无色透明。雌成虫腹面草绿色，雄成虫腹面黄绿色。世代数因地而异，以成虫在杂草丛中或树皮缝内越冬。善爬善跳，喜横走。有世代重叠现象。成虫白天活动，无趋光性 |
| 柿斑叶蝉 | 危害柿树、枣、桃、李、葡萄、桑等植物。以成虫、若虫在寄主背面刺吸汁液，若虫群集在叶背面中脉附近，不活跃，被害叶片形成失绿斑点，严重时斑点密集成片，呈卷缩状，破坏叶绿素的形成。成虫淡黄白色。头冠突出呈圆锥形，有 2 个淡黄绿色纵条斑。前翅背板前缘有 2 个淡黄色斑点，后缘有同色横纹，横纹中央和两端向前突出，在前胸背板中央显现出 1 个近似山字形的斑纹。1 年发生 3 代以上。以卵在当年生枝条的皮层内越冬。卵散产在叶背面叶脉附近。世代重叠明显 |
| 葡萄二星叶蝉 | 危害地锦、葡萄、桑、桃、梨、山楂、芍药等植物。以成虫、若虫聚集在叶背食吸汁液危害，受害叶片正面发生灰白色斑点，虫口密度大时可使整片叶叶面变灰白色。成虫淡黄白色，复眼黑色，头顶有 2 个黑色圆斑。前胸背板前缘，有 3 个圆形小黑点。小盾板两侧各有 1 个三角形黑斑。翅上或有淡褐色斑纹。1 年发生 2～3 代。以成虫在寄主附近的杂草丛、落叶下、土缝、石缝等处越冬。喜荫蔽，受惊扰则蹦飞。世代重叠明显 |

观察与识别：取叶蝉类昆虫标本，观察其成虫及若虫的形态特征。

（三）叶蝉类的防治措施

（1）加强庭园绿地的管理，清除树木、花卉附近的杂草。结合修剪，剪除有产卵伤疤的枝条。

（2）设置黑光灯，诱杀成虫。

（3）在成虫、若虫危害期，喷施 10％吡虫啉可湿性粉剂 1 500 倍液、20％杀灭菊酯乳油或 2.5％功夫乳油 2 000 倍液、50％吡蚜酮可湿性粉剂 2 500～5 000 倍液、10％氟啶虫酰胺水分散粒剂 2 000 倍液、22％氟啶虫胺腈悬浮剂 5 000～6 000 倍液、5％双丙环虫酯可分散液剂 5 000 倍液、22.4％螺虫乙酯悬浮剂 3 000 倍液。

四、蜡蝉类

属同翅目、蜡蝉科。常见的有斑衣蜡蝉（*Lycorma delicatula* White）、龙眼鸡（*Fulfora*

*candelaria* Linnaeus)、柿广翅蜡蝉（*Ricania sublimbata* Jacobi）等。以斑衣蜡蝉为例说明。

（一）斑衣蜡蝉

**1. 分布与危害**　又名椿皮蜡蝉。危害臭椿、香椿、香樟、悬铃木、红叶李、紫藤、法桐、槐、榆、黄杨、珍珠梅、女贞、桂花、樱桃、美国地锦和葡萄等。成虫和若虫刺吸嫩梢及幼叶的汁液，造成叶片枯黄，嫩梢萎蔫，枝条畸形以及诱发煤污病。

**2. 识别特征**　①成虫：体长约18mm，翅展为50mm左右，灰褐色。前翅革质，基部2/3为浅褐色，上布有20多个黑点，端部1/3处为灰黑色。后翅基部为鲜红色，布有黑点，中部白色，翅端黑蓝色。②卵：圆柱形，长3mm，卵块表面有层灰褐色泥状物。③若虫：1～3龄体为黑色，4龄体背面红色，有黑、白相间斑点，有翅芽（彩图4-2-26）。

**3. 生活习性**　1年发生1代，以卵在枝干和附近建筑物上越冬。翌年4月若虫孵化，5月上中旬为若虫孵化盛期。小若虫群居在嫩枝幼叶上危害，稍有惊动便蹦跳而逃离。6月中下旬成虫出现，成虫和若虫常常数十头群集危害，此时寄主受害更加严重。成虫交配后，将卵产在避风处，卵粒排列呈块状，每块卵粒不等，卵块覆盖有黄褐色分泌物，类似黄土泥块贴在树干皮上。10月成虫逐渐死亡，留下卵块越冬。

（二）其他蜡蝉类（表4-2-21）

**表4-2-21　其他蜡蝉类害虫**

| 害虫种类 | 发生情况 |
| --- | --- |
| 龙眼鸡 | 危害龙眼、荔枝、杧果、橄榄、柚子、黄皮、番石榴等植物，以成虫、若虫均吸食寄主枝干汁液，使枝条干枯、树势衰弱。成虫：体橙黄色。前翅革质，绿色，散布多个圆或方形的黄色斑点，十分艳丽；后翅橙黄色，半透明，顶角部分黑色。最为特别的是头部额区延伸似象鼻，长度约等于胸、腹之和，向上弯曲，背面红褐色，腹面黄色，其上散布许多小白点。在广东每年发生1代，以成虫在寄主越冬。初孵若虫有群集性，若虫活泼，善跳跃，发生严重时虫口密布于枝叶丛间 |
| 柿广翅蜡蝉 | 危害柿子、山楂、酸枣、栀子、小叶青冈、山胡椒、母猪藤等植物，以成虫、若虫刺吸枝条、叶片的汁液，造成植株长势衰弱。成虫体长约7mm，翅展约22mm；全体褐色至黑褐色，前翅宽大，外缘近顶角1/3处有1黄白色三角形斑，后翅褐色，半透明。初龄若虫，体被白色蜡粉，腹末有4束蜡丝呈扇状，尾端多向上前弯而蜡丝覆于虫背。1年发生1代，以卵在枝条内越冬。成虫白天活动，善跳，飞行迅速，喜于嫩枝、顶梢及叶片上刺吸汁液 |

观察与识别：取蜡蝉类昆虫标本，观察其成虫及若虫的形态特征。

（三）蜡蝉类的防治措施

**1. 消灭卵块**　秋冬季节修剪和刮除卵块，以消灭虫源。

**2. 药剂防治**　若虫初孵期结合防治其他害虫，喷施5%氟氯氰菊酯乳油3 000倍液、50%吡蚜酮可湿性粉剂2 500～5 000倍液、10%氟啶虫酰胺水分散粒剂2 000倍液、22%氟啶虫胺腈悬浮剂5 000～6 000倍液、5%双丙环虫酯可分散液剂5 000倍液、22.4%螺虫乙酯悬浮剂3 000倍液等药剂防治。

五、粉虱类

粉虱类属同翅目、粉虱科。在园林植物上常见的有温室白粉虱（*Trialeurodes vaporariorum* Westwood）、橘刺粉虱（*Aleurocanthus spiniferus* Quaintance）、烟粉虱（*Bemisia tabaci* Gennadius）等。以温室白粉虱为例说明。

**（一）温室白粉虱**

**1. 分布与危害** 又名白粉虱，分布很广，是世界性的检疫对象。危害倒挂金钟、茉莉、兰花、凤仙花、一串红、月季、牡丹、菊花、万寿菊、五色梅、扶桑、绣球、旱金莲、一品红、大丽花等多种花卉。主要以成虫和若虫群集在寄主植物叶背，刺吸汁液危害，使叶片卷曲、褪绿发黄，甚至干枯。此外，成虫和若虫还分泌蜜露，诱发煤污病。

**2. 识别特征** ①成虫：体长 $1.0\sim1.2$ mm，体浅黄色或浅绿色，被有白色蜡粉。复眼赤红色。前、后翅上各有 1 条翅脉，前翅翅脉分叉。②卵：长 $0.2\sim0.5$ mm，长椭圆形，具柄，初时淡黄色，后变黑褐色。③若虫：体长 0.5mm，扁平椭圆形，黄绿色，体表具长短不一的蜡丝，2 根尾须稍长。④伪蛹：长 0.8mm，稍隆起，淡黄色，背面有 11 对蜡质刚毛状突起（彩图 4-2-27）。

**3. 生活习性** 1 年发生 10 余代，在温室内可终年繁殖。繁殖能力强，世代重叠现象显著，以各种虫态在温室植物上越冬。成虫喜欢选择上部嫩叶栖息、活动、取食和产卵。卵期 $6\sim8$ d，若虫期 $8\sim9$ d。成虫一般少活动，常在叶背群聚，对黄色和嫩绿色有趋性。营两性生殖，也能孤雌生殖。若虫孵化后即固定在叶背刺吸汁液。

此外，烟粉虱与温室粉虱很相似，不仔细辨别极易混淆。2 种粉虱的形态区别如表 4-2-22 所示。

**表 4-2-22 烟粉虱与温室粉虱的形态区别**

| 虫态 | 温室粉虱 | 烟粉虱 |
|---|---|---|
| 卵 | 卵色由白到黄，孵化前变为黑紫色 | 卵色由白到黄，孵化前变为褐色 |
| 若虫 | 体缘一般具蜡丝 | 体缘无蜡丝 |
| 蛹壳 | 蛹壳较厚，为蜡层包围 | 蛹壳平坦，无或极少有蜡质分泌物 |
| 成虫 | 体较大。雌虫体长 1.06mm，雄虫体长 0.99mm。虫体黄色，前翅脉分叉，左右翅合拢平坦 | 体较小。雌虫体长 0.91mm，雄虫体长 0.85mm。虫体淡黄到白色，前翅脉 1 条不分叉，左、右翅合拢呈屋脊状 |

观察与识别：取粉虱类昆虫标本，观察其成虫及若虫的形态特征。

**（二）粉虱类的防治措施**

**1. 加强植物检疫工作** 避免将虫带入塑料大棚和温室。

**2. 加强养护** 适当修枝，清除大棚和温室内外杂草，以减轻危害。

**3. 物理防治** 白粉虱成虫对黄色有强烈趋性，可用黄色诱虫板诱杀。

**4. 药剂防治** $3\sim8$ 月严重危害期，可采用 80％敌敌畏熏蒸成虫，按 $1\times10^{-3}$ mL/L 原液，兑水 $1\sim2$ 倍，每隔 $5\sim7$ d 喷 1 次，连续喷 $5\sim7$ 次，并注意密闭门窗 8h。亦可喷施 10％吡虫啉可湿性粉剂 1 500 倍液、50％吡蚜酮可湿性粉剂 $2\,500\sim5\,000$ 倍液、10％氟啶虫酰胺水分散粒剂 2 000 倍液、22％氟啶虫胺腈悬浮剂 $5\,000\sim6\,000$ 倍液、5％双丙环虫酯可分散液剂 5 000 倍液、22.4％螺虫乙酯悬浮剂 3 000 倍液、2.5％溴氰菊酯乳油或 25％扑虱灵可湿性粉剂 2 000 倍液，喷时注意药液均匀，叶背处更应周到。

**六、蝽类**

蝽类属半翅目，在园林植物上常见的有盲蝽科的绿盲蝽（*Lygus lucorum* Meyer-Dür）、黑盲蝽（*Adelphocoris suturalis* Jakovlev）、网蝽科的悬铃木方翅网蝽（*Corythucha ciliate* Say）、梨网蝽（*Stephanitis nashi* Esaki et Takeya）、杜鹃冠网蝽（*Stephanitis pyriodes* Scott）等。以悬铃木方翅网蝽为例说明。

（一）悬铃木方翅网蝽

**1. 分布与危害** 该虫原产北美，在国内属于检疫对象。近年上海、江苏、浙江、重庆、贵州、江西、山东、河南皆有该虫的报道。危害悬铃木属树种，以成虫、若虫群集于寄主叶片背面刺吸汁液取食，受害叶片正面形成许多密集的黄白色褪绿斑点，叶片初期仅叶背主脉、侧脉附近呈现黄白色花斑，后期全叶黄白色，背面满布锈褐色虫粪和分泌物，呈现锈黄色斑，抑制叶片光合作用，影响植株生长，导致树势衰弱。危害严重时，则可引起寄主植物大量叶片提早枯黄脱落，继而引起植株死亡，严重影响行道树的绿化效果与观赏价值。

**2. 识别特征** ①成虫：乳白色，长 3.2～3.7mm，头兜发达，盔状，头兜的高度较中纵脊稍高；头兜、侧背板、中纵脊和前翅表面的网肋上密生小刺，侧背板和前翅外缘的刺列十分明显；前翅近长方形，其前缘基部强烈上卷并外突；足细长，腿节不加粗；后胸臭腺孔缘小且远离侧板外缘。②卵：长 0.4mm，宽 0.2mm，乳白色，茄形，顶部有卵盖，呈圆形，褐色，中部稍拱突。③若虫：体形似成虫，颜色深，无翅，共 5 龄（彩图 4-2-28）。

**3. 生活习性** 在武汉、上海等地，1 年发生 5 代。以成虫于悬铃木树皮下、地面枯枝落叶以及树冠下地被植物上越冬。发生与气候因素密切有关，夏、秋两季的高温干旱会导致该虫的盛发；冬季的低温会使第 2 年发生的虫口密度明显降低。另外栽培环境郁闭、通风透光不良也会使得该虫危害程度加重。

（二）其他蝽类（表 4-2-23）

表 4-2-23 其他蝽类害虫

| 害虫种类 | 发生情况 |
| --- | --- |
| 梨网蝽 | 危害樱花、梅花、月季、杜鹃、海棠、桃花、苹果、梨等花木。成虫和若虫在叶背刺吸汁液，被害处有许多斑斑点点的褐色粪便和产卵时留下的蝇粪状黑点，整个受害叶片背面呈锈黄色，正面形成苍白色斑点。成虫体扁平，黑褐色。前胸背板两侧延伸成扇形，上有网状花纹。前翅略呈长方形，布满网状花纹，静止时前翅重叠，中间形成 X 形文。老熟若虫体扁平，体暗褐色，复眼发达，红色，头顶具 3 根刺突。世代数因地而异，以成虫在树皮裂缝、枯枝落叶、杂草丛中或土块缝隙中越冬。成、若虫喜群集叶主脉附近危害。成虫期 1 个月以上，产卵期也长，有世代重叠现象。全年 7～8 月份危害最严重 |
| 杜鹃冠网蝽 | 以成虫、若虫危害杜鹃叶片，吸食汁液，排泄粪便，使叶片背面呈锈黄色，叶片正面出现白色斑点。体小而扁平，黑褐色。前胸背板发达，具网状花纹，向前延伸盖住头部，向后延伸盖住小盾片，两侧伸出呈薄圆片状的侧背片。翅膜质透明，前翅布满网状花纹，两翅中间接合呈明显的 X 形状花纹。广州 1 年发生 10 代，以成虫和若虫越冬。若虫群集性强，常集于叶背主、侧脉附近吸食危害。成虫不善飞翔，多静伏于叶背吸食汁液，受惊则飞 |
| 绿盲蝽 | 以成虫、若虫群集危害木槿、石榴、海棠、菊花、桃、山茶等植物嫩叶、叶芽、花蕾。叶片被害后，出现黑斑和孔洞，严重时叶片扭曲皱缩。成虫黄绿色至浅绿色，前胸背板绿色，上有微弱的小刻点，足绿色。若虫鲜绿色，5 龄老熟若虫全体密布黑色细毛。1 年发生 4～5 代，以卵在寄主的枝干表皮伤口组织内越冬。成虫、若虫均不耐高温干燥，喜多雨潮湿环境，发生数量多，危害重 |

观察与识别：取蝽类昆虫标本，观察其成虫及若虫的形态特征。

（三）蝽类的防治措施

**1. 加强养护** 及时清除落叶和杂草，注意通风透光，创造不利于该虫的生活条件。

**2. 化学防治**　发生严重时可用 10％吡虫啉可湿性粉剂 2 000～3 000 倍液、50％吡蚜酮可湿性粉剂 2 500～5 000 倍液、10％氟啶虫酰胺水分散粒剂 2 000 倍液、22％氟啶虫胺腈悬浮剂 5 000～6 000 倍液、5％双丙环虫酯可分散液剂 5 000 倍液、22.4％螺虫乙酯悬浮剂 3 000 倍液喷雾。

**3. 保护和利用天敌**　草蛉、蜘蛛、蚂蚁等都是螨类的天敌，当天敌较多时，尽量不喷药剂，以保护天敌。

### 七、蓟马类

蓟马类属缨翅目。种类很多，在园林植物上常见的有榕蓟马（*Gynaikothrips uzeli* Zimmermann）、花蓟马（*Frankliniella intonsa* Trybom）、烟蓟马（*Thrips tabaci* Lindeman）等。以榕蓟马为例说明。

**（一）榕蓟马**

**1. 分布与危害**　又名榕母蓟马、榕管蓟马、榕树蓟马。分布于福建、台湾、广东、海南、河南、河北、山东、辽宁、吉林、黑龙江等地（北方主要在温室内）。危害榕树、无花果、杜鹃、龙船花等，以成虫、若虫吸食嫩芽、嫩叶，在叶背面形成大小不一的紫褐色斑点，进而沿中脉向叶面折叠，形成饺子状的虫瘿，叶内常有几十至上百头若虫、成虫危害，是榕树等的重要害虫之一（彩图 4-2-29）。

**2. 识别特征**　①成虫：雌成虫体长 2.6mm，雄成虫体长 2.0～2.2mm，体黑色，有光泽。触角 8 节，念珠状，翅无色透明，前翅较宽，翅缘直。雄虫腹部第 9 节侧鬃及管状体均短于雌虫。②卵：肾形，乳白色。③若虫：与成虫近似，4 龄。

**3. 生活习性**　北方 1 年发生多代，常以成虫越冬，广东和北方温室内全年发生。发育适温为 25℃，相对湿度 50％～70％，干燥的气候对发生有利。成虫、若虫均嗜食榕树叶片。成虫腹部有向上翘动的习性，多产卵于嫩叶表面。该虫常与大腿榕管蓟马混合发生。

**（二）其他蓟马类**（表 4-2-24）

**表 4-2-24　其他蓟马类害虫**

| 害虫种类 | 发生情况 |
| --- | --- |
| 花蓟马 | 危害香石竹、唐菖蒲、菊花、美人蕉、柑橘、木槿、玫瑰等花木。雌成虫赭黄色。触角 8 节，念珠状。头部短于前胸，头顶前缘仅中央略突出，各单眼内缘有橙红色月晕，单眼间鬃长，位于单眼三角形连线上。翅为缨翅，不善飞行。在我国南方 1 年约发生 11～14 代。以成虫越冬。5 月中下旬至 6 月危害严重。成虫有很强的趋花性，在香味、花冠较大的蕊心内的成虫、若虫可多达上百头。卵多产于花瓣、花丝、嫩叶表皮内 |
| 烟蓟马 | 以若虫、成虫危害兰花、菊花、扶郎花、石竹、风信子、仙客来等植物，使得茎叶的正、反两面出现失绿或黄褐色斑点斑纹，水分较多的叶组织变厚变脆，向正面翻卷或破裂。雌成虫体长 1.1mm 左右，褐黄色。若虫初龄长约 0.37mm，白色，透明，2 龄时体长 0.9mm 左右，色浅，黄色至深黄色。各地发生世代不同，一般 1 年发生 6～10 代。以成虫、若虫或蛹态潜伏在园土内或盆的周围枯枝落叶内，或其他球根、部分植株的叶鞘内越冬。成虫、若虫多在叶柄、叶脉附近危害。成虫很活跃，善飞，扩散传播很快 |

观察与识别：取蓟马类昆虫标本，观察其成虫及若虫的形态特征。

**（三）蓟马类的防治措施**

（1）清除田间及周围杂草，及时喷水、灌水、浸水。结合修剪摘除虫瘿叶、花，并立即销毁。

（2）化学防治。在大面积发生高峰前期，喷洒 10％多来宝胶悬剂 2 000 倍液、10％吡虫啉可湿性粉剂 2 000 倍液、50％吡蚜酮可湿性粉剂 2 500～5 000 倍液、10％氟啶虫酰胺水分散粒剂 2 000 倍液、22％氟啶虫胺腈悬浮剂 5 000～6 000 倍液、5％双丙环虫酯可分散液剂 5 000 倍液、22.4％螺虫乙酯悬浮剂 3 000 倍液防治效果良好。也可用番桃叶、乌桕叶或蓖麻叶兑水 5 倍煎煮，过滤后喷洒。

## 八、木虱类

木虱类属同翅目木虱科。在园林植物上常见的有梧桐木虱（*Thysanogyna limbata* Enderlein）、浙江朴盾木虱（*Celtisaspis zhejiangana* Yang et Li）、黄栌丽木虱（*Calophya rhois* Low）、合欢木虱（*Psylla pyrisuga* Forster）、樟叶木虱（*Trioza camphorae* Sasaki）等。

### （一）梧桐木虱

**1. 分布与危害**　又称为青桐木虱。分布于北京、河南、山东、陕西、江苏、浙江等地区，危害梧桐。常以成虫和若虫群集于嫩梢或枝叶，吸汁危害，尤以嫩梢和叶背居多。若虫分泌白色棉絮状蜡质物，影响树木光合作用和呼吸作用，并诱发霉菌寄生。严重时，叶片提早脱落，枝梢干枯（彩图 4-2-30）。

**2. 识别特征**　①成虫：黄绿色，体长 4mm 左右，头顶两侧陷入。触角丝状，足淡黄色，翅透明。②卵：长约 0.7mm，纺锤形。③若虫：共 3 龄，虫体扁，略呈长方形，末龄近圆筒形，茶黄色而微带绿色，体被较厚的白色蜡质层，翅芽发达，透明，淡褐色。

**3. 生活习性**　1 年发生 2 代，以卵在枝叶上越冬。翌年 4 月下旬至 5 月上旬越冬卵开始孵化，6 月上中旬羽化成虫，下旬为羽化盛期。第 2 代若虫 7 月中旬发生，8 月上中旬羽化，8 月下旬成虫开始产卵，卵散产于枝叶等处。成虫产卵前需补充营养，成虫寿命约 6 周。若虫潜居于白色棉絮状蜡丝中，行动迅速，无跳跃能力。若虫、成虫均有群聚性，往往几十头群聚在嫩梢或棉絮状白色蜡质物中。成虫羽化 1～2d 后，移至无分泌物处继续吸食汁液。喜爬行，如受惊扰，即跳跃至其他处。

### （二）浙江朴盾木虱

**1. 分布与危害**　分布于安徽、江苏、山东等地。危害朴树叶片，使得叶面形成长角状虫瘿，严重时叶面畸形，被害处焦枯，导致早期落叶，生长衰弱。

**2. 识别特征**　①成虫：体到翅端长 4.3～5.3mm，黄褐色或黑褐色，被黄色短毛。头顶横宽、粗糙，具大黑斑。复眼红褐色，单眼橙黄色。触角丝状，10 节，末节末端有刚毛 2 根。②若虫：初龄若虫淡褐色，足、触角漆黑色，翅芽初显露；5 龄若虫体长 2.4～3.2mm，黄白色或淡肉红色，复眼红棕色，单眼橙黄色，触角 10 节，翅芽卵圆形，腹部圆形，淡绿色或黄绿色（彩图 4-2-31）。

**3. 生活习性**　1 年发生 1～2 代，在山东 1 年发生 2 代。以卵在芽片内越冬。翌年 4 月上旬，气温上升，朴树初展嫩叶时，卵开始孵化，若虫在嫩叶背面固定危害，并逐渐形成椭圆形白色蜡壳，其长径 4～8mm，短径 3～5mm。4 月下旬在叶面形成长角状虫瘿，瘿角长 4～8mm，被害严重者一叶有瘿角 30 多个。瘿角反面白色圆形蜡壳明显，此时若虫已近老熟，于 5 月中旬前后成虫大量羽化，成虫由蜡壳边缘爬出，停息叶上，一受惊动即可飞起。成虫交尾后，产卵于芽片内越冬。

### （三）其他木虱类（表 4-2-25）

**表 4-2-25　其他木虱类害虫**

| 害虫种类 | 发生情况 |
| --- | --- |
| 合欢木虱 | 以成虫、若虫在合欢、梨树等植物的嫩梢、叶片背面刺吸汁液，危害严重时造成枝梢扭曲畸形、叶片黄化。虫口密度高时叶片布满蜡丝，白色丝状常飘落树下，污染环境。受其危害，植株叶片易脱落，嫩叶易折断。越冬型成虫体形较大，长约 5mm，深褐色。夏型成虫体形较小，体长 4.0～4.5mm，体绿色至黄绿色。若虫初孵时呈椭圆形，淡黄色，复眼红色，3 龄以后翅芽显著增大，体呈扁圆形，体背褐色，其中有红、绿斑纹相间。1 年发生 3～4 代，以成虫在树皮裂缝、树洞和落叶下越冬。开春后合欢叶芽开始萌动时，越冬成虫即开始活动，5 月上旬至 6 月上旬为危害高峰期 |
| 黄栌丽木虱 | 以成虫、若虫刺吸黄栌叶片、嫩枝汁液，严重时早造成叶片卷曲畸形。冬型成虫体长约 2mm，褐色稍具黄斑。夏型体长约 1.9mm，除胸背橘黄色、腿节背面具褐斑外，均鲜黄色，美丽。若虫复眼赭红色，胸、腹有淡色斑，腹黄色。北京地区 1 年发生 2 代，以成虫在落叶内、杂草丛中、土块下越冬。翌年黄栌发芽时成虫出蛰活动，交尾产卵。成虫产卵于叶背绒毛中、叶缘卷曲处或嫩梢上，若虫多聚集于新梢或叶片危害 |
| 樟叶木虱 | 以若虫刺吸樟树叶片汁液，受害后叶片出现黄绿色椭圆形小突起，后渐形成紫红色虫瘿，导致提早落叶。成虫体黄色或橙黄色。触角丝状，复眼大而突出，半球形，黑色。若虫椭圆形，初孵为黄绿色，老熟时为灰黑色。体周围有白色蜡质分泌物。华东地区 1 年发生 1 代，少数 2 代，以若虫在被害叶背处越冬。翌年 4 月成虫羽化，羽化后的成虫多群集在嫩梢或嫩叶上产卵。2 代若虫孵化期分别发生在 4 月中下旬、6 月上旬 |

观察与识别：取木虱类昆虫标本，观察其成虫及若虫的形态特征。

### （四）木虱类的防治措施

（1）苗木调运时加强检查，禁止带虫材料外运。结合修剪，剪除带卵枝条。

（2）若虫发生盛期（叶背出现白色絮状物时）喷施机油乳剂 30～40 倍液，25％扑虱灵可湿性粉剂或 40％速扑杀乳油或 1％杀虫素 2 000 倍液、50％吡蚜酮可湿性粉剂 2 500～5 000倍液、10％氟啶虫酰胺水分散粒剂 2 000 倍液、22％氟啶虫胺腈悬浮剂 5 000～6 000倍液、5％双丙环虫酯可分散液剂 5 000 倍液、22.4％螺虫乙酯悬浮剂 3 000 倍液。

（3）保护天敌，如赤星瓢虫、黄条瓢虫、草蛉等，对梧桐木虱的卵和若虫都能捕食。

### 九、螨类

螨类属于蛛形纲、蜱螨目，俗称红蜘蛛。在园林植物上常见的有朱砂叶螨（*Tetranychus cinnabarinus* Boisduval）、山楂叶螨（*T. viennensis* Zacher）、二点叶螨（*T. urticae* Koch）、杨树瘿螨（*Eriophyes dispar*）等。

### （一）朱砂叶螨

**1. 分布与危害**　又名棉红蜘蛛。分布广泛，是世界性的害螨，也是许多花卉的主要害螨。危害香石竹、菊花、凤仙花、茉莉、月季、桂花、一串红、鸡冠花、蜀葵、木槿、木芙蓉、万寿菊、天竺葵、鸢尾、山梅花等花木。被害叶片初呈黄白色小斑点，后逐渐扩展到全叶，严重时大量结网，造成叶片卷曲，枯黄脱落（彩图 4-2-32）。

**2. 识别特征**　①雌成螨：体长 0.5～0.6mm，一般呈红色、锈红色。螨体两侧常有长条形纵行块状深褐色斑纹，斑纹从头、胸部开始一直延伸到腹部后端，有时分隔成前后 2 块。②雄成螨：略呈菱形，淡黄色，体长 0.3～0.4mm，末端瘦削。③卵：圆球形，长

0.13mm，淡红色至粉红色。④幼螨：近圆形，淡红色，足 3 对。⑤若螨：略呈椭圆形，体色较深，体侧透露出较明显的块状斑纹，足 4 对。

**3. 生活习性** 世代数因地而异。1 年发生 12～20 代。主要以受精雌成螨在土块缝隙、树皮裂缝及枯叶等处越冬。越冬时一般几个或几百个群集在一起。翌年春季温度回升时开始繁殖危害。在高温的 7～8 月发生重。10 月中下旬开始越冬。高温干燥利于其发生。如遇降水，特别是暴雨，可冲刷螨体，降低虫口数量。

**（二）杨树瘿螨**

**1. 分布与危害** 瘿螨引起，在我国杨树主要分布区，如河北、北京、陕西、甘肃、河南、山东、四川等地均有该害虫的报道。主要危害毛白杨，也危害青杨、山杨等，从苗木到大树均可受害。受害芽抽出后，整个新枝和全部叶片卷曲，并很快脱落，影响植株的生长发育。叶片受害，表现为皱缩变形，肿胀增厚，卷曲成团，有时微带紫色，状似鸡冠。春季冬芽萌发时即表现症状，随着树叶的生长，叶不断增多，增大，远望树冠像悬挂着的一个个小绒球。5～6 月皱叶逐渐干枯，遇风逐渐脱落（彩图 4-2-33）。

**2. 识别特征** 该瘿螨有 4 足，成螨很小，在显微镜下观察，其体长 127～142$\mu m$，宽 28～32$\mu m$。为圆锥形，黄褐色，体壁上密布环纹，近头部有 4 对软足，腹部细长，尾部两侧各生 1 根细长的刚毛。幼螨色浅，体较小，有不明显的环纹。卵直径 40～50$\mu m$，椭圆形，透明状。

**3. 生活习性** 螨虫在杨树冬芽鳞片间越冬，多集中在枝条的第 5～8 个芽内，害螨随苗木调运作远距离传播。5 月中旬，可见到大量新生四足螨出现，肉眼可见病叶上似一层土黄色的粉状物，后逐渐迁移到新形成的冬芽内越夏越冬。风有可能作为传播媒介。不同类型的毛白杨单株受害程度则不同，发芽较迟、枝条细长或弯曲的毛白杨类型受害重。雄株受害普遍，雌株很少受害。近期发现在皱叶病组织中，伴随有类菌原体（MLO）存在，认为此病与类菌原体有关。

**（三）其他螨类**（表 4-2-26）

表 4-2-26 其他螨类害虫

| 害虫种类 | 发生情况 |
| --- | --- |
| 山楂叶螨 | 危害樱花、海棠、桃、榆叶梅、锦葵等花木。群集在叶片背面主脉两侧吐丝结网，并多在网下栖息、产卵和危害。受害叶片常先从叶背近叶柄的主脉两侧出现黄白色至灰白色小斑点，继而叶片变成苍灰色，严重时则出现大型枯斑，叶片迅速枯焦并早期脱落。雌成螨椭圆形，体长 0.5mm，有冬型、夏型之分：冬型体色鲜红，夏型体色暗红。雄成螨体长 0.4mm，浅黄绿色至橙黄色，末端渐削。以受精雌成螨在枝干树皮裂缝、粗皮下或干基土壤缝隙等处越冬。6～7 月危害最重。进入雨季后种群密度下降，8～9 月出现第 2 次危害高峰，10 月底以后进入越冬状态 |
| 二点叶螨 | 危害黄葛树、槐、木槿、梅花、梨、桃、月季、蔷薇、桂花、石榴、红花羊蹄甲、茉莉、玫瑰、迎春和枸杞等 100 多种花木。刺吸危害嫩梢、幼叶及花，叶片出现褪绿黄点，后成为黄褐斑，造成提早落叶。雌成螨体长约 0.6mm，椭圆形，淡黄色或黄绿色，体两侧各 1 个暗褐色斑块。雄成螨长约 0.4mm，略呈菱形，黄色。以受精雌成螨在土缝、皮缝等处越冬。7～8 月份高温干旱少雨时，繁殖迅速，危害猖獗，易成灾，有些敏感花木稍受危害，其后就出现大量落叶 |

观察与识别：取螨类害虫标本，观察其成螨及若螨的形态特征。

**（四）螨类的防治措施**

**1. 加强栽培管理，搞好圃地卫生** 及时清除园地杂草和残枝虫叶，减少虫源；改善园地生态环境，增加植被，为天敌创造栖息生活繁殖场所。保持圃地和温室通风凉爽，避免干旱及温度过高。夏季园地要适时浇水喷雾，尽量避免干旱或高温使害螨生存繁殖。初发生危害期，可喷清水冲洗。

**2. 越冬期防治** 叶螨越冬的虫口基数直接关系到翌年的虫口密度，因而必须做好有关防治工作，以杜绝虫源。对木本植物，刮除粗皮、翘皮，结合修剪，剪除病、虫枝条，越冬量大时可喷3～5波美度石硫合剂，杀灭在枝干上越冬的成螨。亦可树干束草，诱集越冬雌螨，翌处春季收集烧毁。

**3. 药剂防治** 发现螨在较多叶片危害时，应及早喷药。防治早期危害，是控制后期猖獗的关键。可喷施1.8%阿维菌素乳油3 000～5 000倍液、5%尼索朗乳油或15%哒螨灵乳油1 500倍液、50%阿波罗悬浮剂5 000倍液、34%螺螨酯浮剂4 000倍液、25%阿维·螺螨酯浮剂5 000倍液、40%联肼·螺螨酯浮剂3 000倍液、21%四螨·唑螨酯悬浮剂2 000倍液、20%阿维·四螨嗪悬浮剂2 000倍液、25%阿维·乙螨唑悬浮剂10 000倍液。喷药时，要求做到细微、均匀、周到，要喷及植株的中、下部及叶背等处，每隔10～15d喷1次，连续喷2～3次，有较好效果。

**4. 生物防治** 叶螨天敌种类很多，注意保护瓢虫、草蛉、小花蝽、植绥螨等天敌。

**【任务考核标准】** 见表4-2-27。

**表4-2-27 吸汁害虫综合防治任务考核参考标准**

| 序号 | 考核项目 | 考核内容 | 考核标准 | 考核方法 | 标准分值 |
|---|---|---|---|---|---|
| 1 | 基本素质 | 学习工作态度 | 态度端正，主动认真，全勤，否则将酌情扣分 | 单人考核 | 5 |
| | | 团队协作 | 服从安排，与小组其他成员配合好，否则将酌情扣分 | 单人考核 | 5 |
| 2 | 专业技能 | 吸汁害虫的形态与危害状识别 | 能够准确描述所发生害虫的危害状与虫态识别要点。所述与实际不符的酌情扣分 | 单人考核 | 20 |
| | | 吸汁害虫发生情况调查 | 基本能够描述出害虫发生的种类与发生状况。所述与实际不符的酌情扣分 | 以小组为单位考核 | 20 |
| | | 吸汁害虫综合防治方案的制订与实施 | 综合防治方案与实际相吻合，符合绿色无公害的原则，可操作性强。否则将酌情扣分 | 单人制订综合防治方案 | 25 |
| 3 | 职业素质 | 方法能力 | 独立分析和解决问题的能力强，能主动、准确地表达自己的想法 | 单人考核 | 5 |
| | | 工作过程 | 工作过程规范，有完整的工作任务记录，字迹工整 | 单人考核 | 10 |
| | | 自测训练与总结 | 及时准确完成自测训练，总结报告结果正确，电子文本规范，体会深刻，上交及时 | 单人考核 | 10 |
| 4 | | | 合计 | | 100 |

**【相关知识】**

**吸汁类害虫综合防治要点**

**（一）加强植物检疫**

刺吸类害虫虫体小，固着寄生，隐蔽性强，扩大分布危害的可能性较小，主要靠苗木的运输传播，一旦到了新的地区，就很难彻底消灭，所以加强植物检疫，控制传播是做好刺吸类害虫预防工作的关键。

（二）园林技术措施防治

**1. 避免混植有共同害虫的植物**　每种害虫对树木、花草都有一定的选择性和转移性，因而在进行花坛（或苗圃）苗木定植时，要考虑到寄主植物与害虫的食性，尽量避免相同食料及相同寄主范围的园林植物混栽或间作。如黑松、油松、马尾松等混栽将导致日本松干蚧严重发生；云杉与红松、冷杉混栽时，会分别诱发红松球蚜与冷杉异球蚜等，这些都是应该注意的。

**2. 定植地点、密度合理**　苗木定植时，各类乔灌木的定植地点以及定植密度一定要合理。不可随意背离设计方案，更改栽植地点或加大、减小密度栽植。否则，往往会使得园林植物生长发育不良，容易引起介壳虫等害虫的发生。

**3. 合理修剪**　合理修剪、整枝不仅可以增强树势、花叶并茂，还可以减少害虫危害。如对介壳虫、粉虱等害虫，则通过修剪、整枝达到通风透光的目的，从而抑制此类害虫的危害。

**4. 清除病虫残体**　秋冬季节及时清除园圃中的残体，包括刮除枝干翘皮与病疤、清除草坪的枯草层等，并将其进行深埋或烧毁，消灭以此越冬的叶螨、网蝽等害虫。

**5. 中耕除草**　杂草不仅与园林植物争肥、争水、争空间、争光照，而且是许多害虫的中间寄主，如蒿类是绿盲蝽等害虫的基本宿主，禾本科杂草易引发叶蝉的危害，紫花地丁、夏枯草、苦菜等杂草是棉蚜的越冬寄主。因而铲除杂草对于抑制园林植物吸汁类害虫具有十分重要的意义。

**6. 人工除治**　如用湿抹布去除幼树叶片或枝干上的蚜、蚧、粉虱，对虫体柔软的绵蚧、绒蚧在危害期用人工刮除或用布麻纸抹除等。

（三）机械物理防治

**1. 纱网阻隔**　对于温室保护地内栽培的花卉植物，可采用40～60目的纱网覆罩，不仅可以隔绝蚜虫、叶蝉、粉虱、蓟马等害虫的危害，还能有效地减轻病毒病的侵染。

**2. 植物诱杀**　利用害虫对某些植物有特殊的嗜食习性，人为种植或采集此种植物诱集捕杀害虫的方法。如种植一串红、灯笼花等叶背多毛植物，可诱杀温室白粉虱。

**3. 潜所诱杀**　利用某些害虫越冬、或白天隐蔽的习性，人为设置类似环境来诱杀害虫的方法称为潜所诱杀。如草履蚧7月下旬下树产卵，可在树干基部堆放石砾等，引诱雌虫产卵。

**4. 色板诱杀**　将黄色黏胶板设置于花卉栽培区域，可诱黏到大量有翅蚜、白粉虱等害虫，其中以在温室保护地内使用时效果更好。另外，利用蓝色黏胶板可诱黏蓟马。

**5. 灯光诱杀**　有些刺吸害虫的成虫如叶蝉等害虫具有趋光性，可以利用灯光进行诱杀成虫，从而达到减轻害虫危害的目的。

（四）生物防治

**1. 保护和利用好天敌资源**　以各类食蚜蝇、瓢虫、草蛉为主的天敌，对绝大部分刺吸类害虫都能起到一定控制作用，今后可通过加大蜜源植物的栽培量以及减少广谱性化学农药的使用量等措施加以解决。

**2. 人工释放商品性天敌昆虫**　随着生物防治措施的逐渐普及，人工释放孟氏隐唇瓢虫防治蚜虫、释放跳小蜂防治蚧虫、释放花蝽防治蓟马等成功的案例，已越来越多。

**3. 微生物治虫**　利用白僵菌、绿僵菌、虫霉菌等病原微生物，防治蚜虫、叶蝉、椿象、螨类等害虫的措施，也越来越广泛。

**4. 生物化学农药**　常见的种类有：烟碱、苦参碱、川楝素、阿维菌素、多杀霉素、浏阳霉素、华光霉素、螨速克等。

（五）化学防治

使用化学农药防治吸汁类害虫时，尽量选择高效、低毒、低残留、无污染的药剂。常见的杀虫剂有：敌敌畏、速扑杀、扑虱灵、吡虫啉、啶虫脒、吡蚜酮、噻虫嗪、茚虫威、氟虫腈、氟啶虫酰胺、氟啶虫胺腈、双丙环虫酯、螺虫乙酯、氟吡呋喃酮等；杀螨剂有：噻螨酮、哒螨酮、四螨嗪、苯丁锡、溴螨酯、吡螨胺、螺螨酯等。

# 工作任务 4.2.3　园林植物蛀干害虫的综合防治

【任务目标】

掌握常见园林蛀干害虫的危害状、识别特征、生活习性，制订有效的综合治理方案，并组织实施。

【任务内容】

（1）根据工作任务，采取课堂、实验（训）室以及校内外实训基地（包括园林绿地、花圃、苗圃、草坪等）现场相结合的形式，通过查阅资料与网上搜集，获得相关园林植物蛀干害虫的基本知识。

（2）利用各种条件，对园林植物蛀干害虫的类别与发生情况进行观察、识别。

（3）根据当地主要蛀干害虫发生特点，拟订出综合防治方案并付诸实施。

（4）对任务进行详细记载，并上交 1 份总结报告。

【教学资源】

（1）材料与器具：天牛类、吉丁虫类、小蠹虫类、木蠹蛾类、透翅蛾类、象甲类、辉蛾类等常见园林蛀干害虫的新鲜标本、干制或浸渍标本，危害状及生活史标本；体视显微镜、放大镜、镊子、泡沫塑料板、喷雾器、相关肥料与农药品种等。

（2）参考资料：当地气象资料、有关园林蛀干害虫的历史资料、园林绿地养护技术方案、害虫种类与分布情况、各类教学参考书、多媒体教学课件、害虫彩色图谱（纸质或电子版）、检索表、各相关网站相关资料等。

（3）教学场所：教室、实验（训）室以及园林蛀干害虫危害较重的校内外实训基地。

（4）师资配备：每 20 名学生配备 1 名指导教师。

【操作要点】

（1）蛀干害虫危害状观察：分次选取蛀干害虫危害严重的校内外实训基地，仔细观察蛀干害虫的危害状，包括蛀孔的位置与形状、木屑状的虫粪、透翅蛾幼虫形成的虫瘿等，同时采集害虫危害状标本，拍摄图片。

（2）蛀干害虫现场识别：在进行害虫危害状观察的同时，先根据现场发生各类害虫的特殊形态与习性天牛成虫的长触角、沟眶象的假死性、蠹虫的小型个体、吉丁虫幼虫的白色扁平个体、木蠹蛾成虫的粗壮及幼虫的红色圆筒状体形等进行简要识别，然后在教师的指导下，查对资料图片，借助手持放大镜等简易手段，初步鉴定各类害虫的种类和虫态，同时采集虫体标本，拍摄图片。

（3）蛀干害虫发生、危害情况调查：根据现场害虫的危害情况，调查害虫的虫口密度和危害情况，确定当地蛀干害虫的优势种类，并拍摄相关资料图片。

（4）室内鉴定：将现场采集和初步鉴定的各类害虫不同虫态的标本带至实验（训）室，利用体视显微镜，参照相关资料和生活史标本，进一步鉴定，达到准确鉴定的目的。

（5）发生规律的了解：针对当地危害严重的优势种类害虫，查阅相关资料，了解其在当地的发生规律。

（6）防治方案的制订与实施：根据优势种类在当地的发生规律，制订综合防治方案，并提出当前的应急防治措施，组织实施，做好防治效果调查。

【注意事项】

（1）实训前要做好资料与器具的准备，如园林害虫彩色图谱、数码相机、手持放大镜、修枝剪、手锯、镊子、喷雾器、笔记本等。

（2）蛀干害虫危害状调查时，应与害虫形态结合进行，因为许多同类害虫的危害状近似，如蛀孔、虫瘿、木屑状虫粪等，若未见到具体的害虫，很难判断具体的种类。

（3）蛀干害虫在绿地现场或实验（训）室内进行形态识别时，应结合彩色图谱进行，尤其要注意幼虫不同种类（如天牛幼虫）的形态差异；对于疑难害虫，应该积极查阅资料，并结合图片、多媒体等开展小组讨论，达成共识。

（4）不同种类蛀干害虫的种群密度的调查方法有很大的差异，应该严格按照调查要求，准确选取样方和样树，调查时要做到认真、仔细。

（5）制订蛀干害虫的综合防治方案时，内容应该全面，重视各种防治方法的综合运用。所选用的防治方法既要体现新颖性，又要结合生产实际，体现实用性。

【内容与操作步骤】

园林植物枝干害虫主要包括鞘翅目的天牛、小蠹虫、吉丁虫、象甲，鳞翅目的木蠹蛾、透翅蛾、螟蛾，膜翅目的树蜂、茎蜂等。蛀干害虫的特点是：

（1）生活隐蔽。除成虫期营裸露生活外，其他各虫态均在韧皮部、木质部营隐蔽生活。害虫危害初期不易被发现，一旦出现明显被害征兆，则已失去防治有利时机。

（2）虫口稳定。枝干害虫大多生活在植物组织内部，受环境条件影响小，天敌少，虫口密度相对稳定。

（3）危害严重。枝干害虫蛀食韧皮部、木质部等，影响输导系统传递养分、水分，导致树势衰弱或死亡，一旦受侵害后，植株很难恢复生机。

蛀干害虫的发生与园林植物的养护管理有着密切的关系。适地适树，加强养护管理，合理修剪，适时灌水与施肥，促使植物健康生长，是预防蛀干害虫大发生的根本途径。

一、天牛类

天牛是园林植物的蛀干害虫，属鞘翅目、天牛科，身体多为长型，大小变化很大，触角丝状，常超过体长，复眼肾形，包围于触角基部。幼虫圆筒形，粗肥稍扁，体软多肉，白色或淡黄色，头小，胸部大，胸足极小或无。以幼虫钻蛀植物枝干，轻则树势衰弱影响观赏价值，重则损枝折干，甚至枯死。主要种类有星天牛（*Anoplophora chinensis* Forseter）、光肩星天牛（*A. glabripennis* Motseh）、桑天牛（*Apriona gormari* Hope）、锈色粒肩天牛（*Apriona swainsoni* Hope）、双条杉天牛（*Semanotus bifascitus* Motsch）、双斑锦天牛（*Acalolepla sublusca* Thomsun）、桃红颈天牛（*Aromia bungii* Faldertmann）、松褐天牛（*Monochamus alternatus* Hope）、薄翅天牛（*Megopis sinina* White）、云斑天牛（*Batocera horsfeldi* Hope）等。

**（一）星天牛**

**1. 分布与危害**　又名白星天牛、柑橘星天牛。分布很广，几乎遍及全国。食性杂，危害杨、柳、榆、刺槐、悬铃木、乌桕、相思树、柑橘、樱花、海棠等。以成虫啃食枝干嫩皮，以幼虫钻蛀枝干，破坏输导组织，影响正常生长及观赏价值，严重时被害树易风折枯死。

**2. 识别特征**　①成虫：体长 20～41mm，体黑色有光泽。前胸背板两侧有尖锐粗大的刺突。每鞘翅上有大小不规则的白斑约 20 个，鞘翅基部有黑色颗粒（彩图 4-2-34）。②卵：长 5～6mm，长椭圆形，黄白色。③幼虫：老熟幼虫体长 38～60mm，乳白色至淡黄色，头部褐色，前胸背板黄褐色，有凸字形斑，凸字形斑上有 2 个飞鸟形纹，足略退化。④蛹：纺锤形，长 30～38mm，黄褐色，裸蛹。

**3. 生活习性**　南方 1 年发生 1 代，北方 2～3 年发生 1 代，以幼虫在被害枝干内越冬，翌年 3 月以后开始活动。成虫 5～7 月羽化飞出，6 月中旬为盛期，成虫咬食枝条嫩皮补充营养。产卵时先咬 1 个 T 形或"八"字形刻槽。卵多产于树干基部和主侧枝下部，以树干基部向上 10cm 以内为多。每一刻槽产一粒，产卵后分泌一种胶状物质封口，每雌虫可产卵 23～32 粒。卵期 9～15d，初孵幼虫先取食表皮，1～2 个月以后蛀入木质部，11 月初开始越冬。

光肩星天牛与星天牛相似，但其成虫前翅基部无颗粒状突起。

**（二）桑天牛**

**1. 分布与危害**　又名粒肩天牛，我国各地均有发生，在江苏、浙江地区，普遍危害。以幼虫蛀食枝干，轻则影响树体发育，重则全株枯死。主要危害桑、杨、柳、榆、枫杨、油桐、山核桃、柑橘、枇杷、苹果、梨、枣、海棠、樱花、无花果等园林树木和果树。成虫啃食嫩枝皮层，造成枝枯叶黄，幼虫蛀食枝干木质部，降低工艺价值，严重受害时常整枝、整株枯死。

**2. 识别特征**　①成虫：体长 26～51mm，体宽 18～16mm。体和鞘翅都为黑色，密被黄褐色绒毛，一般背面呈青棕色，腹面棕黄色，深浅不一。前胸背板有横行皱纹，两侧中央各有 1 个刺状突起。鞘翅基部密布黑色光亮的瘤状颗粒（彩图 4-2-35）。②卵：扁平，长 5～7mm，长椭圆形。③幼虫：体长 60mm 左右，圆筒形，乳白色。第 1 胸节发达，背板后半部密生棕色颗粒小点，背板中央有 3 对尖叶状凹皱纹。④蛹：体长 50mm，纺锤形，淡黄色。

**3. 生活习性**　南方每年发生 1 代，在北方 2 或 3 年发生 1 代，以未成熟幼虫在树干孔道中越冬，2～3 年发生 1 代时，幼虫期长达 2 年，翌年 6 月初化蛹，下旬羽化，7 月上中旬开始产卵，下旬孵化。在广东、台湾 1 年发生 1 代的地区，越冬幼虫 5 月上旬化蛹，下旬羽化，6 月上旬产卵，中旬孵化。

成虫于 6～7 月羽化后，一般晚间活动有假死性，喜吃新枝树皮、嫩叶及嫩芽。被害伤痕边缘残留绒毛状纤维物，伤痕呈不规则条块状。卵多产在直径 10～30mm 粗的一年生枝条上。先咬破树皮和木质部，成 U 形伤口，然后产入卵粒。1 头雌虫约产卵 100 粒。卵经 2 周左右孵化，初孵幼虫即蛀入木质部，逐渐侵入内部，向下蛀食成直的孔道，每隔一定距离向外有一排粪孔。幼虫化蛹时，头向上方，以木屑填塞蛀道上、下两端。蛹经 20d 左右羽化，蛀圆形孔外出。

（三）锈色粒肩天牛

**1. 分布与危害**　分布山东、河南、福建、广西、四川、贵州、云南、江苏、湖北、浙江等地。危害国槐、龙爪槐、蝴蝶槐、金枝槐、柳树、云实、黄檀等植物。成虫啃食枝梢嫩皮补充营养，可造成新梢枯死，幼虫在木质部向上做纵直虫道，大龄幼虫常取食蛀入孔周围的边材部分，形成不规则的横向扁平虫道，破坏树木输导组织，轻者树势衰弱，重者造成表皮与木质部分离，诱导腐生生物二次寄生，使表皮成片腐烂脱落，致使树木 3～5 年内整枝或整株枯死。

**2. 识别特征**　①成虫：体长 28～39mm，黑褐色，全身密被锈色短绒毛；前胸背板有不规则的粗皱突起。鞘翅基部 1/4 部分弥补褐色光滑小颗粒，翅表面散布许多不规则的白色细毛斑和排列不规则的细刻点（彩图 4-2-36）。②卵：长椭圆形，长 2.0～2.2mm，黄白色。③幼虫：老熟幼虫扁圆筒形，黄白色；触角 3 节；前胸背板黄褐色，略呈长方形，背板中部有 1 个倒"八"字形凹陷纹，其上密布棕色粒状突起，前方有 1 对略向前弯的黄褐色横斑，其两侧各有 1 个长形纵斑。④蛹：纺锤形，长 35～42mm，黄褐色，翅端部达到第 2 腹节，触角端部达到胸部。

**3. 生活习性**　山东 2 年发生 1 代，以幼虫越冬。翌年 4 月上旬幼虫开始取食，5 月化蛹。6 月上旬成虫出现，6 月中下旬为成虫出现高峰期。成虫出孔后，爬上树冠取食新梢的嫩皮进行补充营养，受到振动极易落地，不善飞翔，有群居性。夜晚到树干或大枝上产卵。产卵前雌虫在树干上爬行，寻找适宜树皮裂缝，咬平缝隙底部后分泌胶状物，再将卵于槽内用分泌物覆盖。每头雌虫可产卵 43～133 粒，成虫寿命 65～80d。幼虫孵化后，先取食嫩组织，然后蛀入木质部，从树皮缝隙排出粪屑，开始时粪屑粉末状，随幼虫增长粪屑逐渐变为细丝状。老熟幼虫在虫道内用细木屑堵塞两端化蛹。

（四）其他天牛类（表 4-2-28）

表 4-2-28　其他天牛类害虫

| 害虫种类 | 发生情况 |
| --- | --- |
| 光肩星天牛 | 危害杨、柳、榆、槭、刺槐等园林树种，对糖槭危害最烈。成虫体黑色，体长 22～35mm，前胸两侧各有 1 个较尖锐的刺状突起。鞘翅基部光滑，翅面上有白色绒毛斑纹 20 个左右。老熟幼虫体长约 50mm，浅黄色，前胸大而长，背板后端色较深，呈"凸"字形。1～2 年发生 1 代，以幼虫在蛀道内越冬。3 月下旬开始活动取食，有排泄物排出。成虫白天活动，取食被害植物的嫩枝皮，产卵前咬 1 个椭圆形刻槽。成虫趋光性弱、飞翔力弱，敏感性不强，容易被捕捉 |
| 双条杉天牛 | 危害侧柏、桧柏、龙柏以及罗汉松、杉木等。该虫多危害衰弱树和管理养护粗放的柏树，是柏树上的一种毁灭性蛀干害虫。成虫前胸背板有 5 个突起点，鞘翅黑褐色，有 2 条棕黄色横带。幼虫扁粗，体乳白色，头部黄褐色，前胸背板上有 1 个"小"字形凹陷及 4 块黄褐色斑纹。1 年发生 1 代，以成虫在树干蛹室内越冬。成虫将卵产于树皮裂缝或伤疤处。3 月下旬初孵幼虫蛀入树皮后，先食韧皮部，随后危害木质部表面，并蛀成弯曲不规则的坑道，坑道内堆满黄白色粪屑，且虫道相通，树干表皮易剥落。树皮被环形蛀食后，上部枝干死亡，树叶枯黄。以 5 月中下旬幼虫危害最严重 |

（续）

| 害虫种类 | 发生情况 |
|---|---|
| 双斑锦天牛 | 危害大叶黄杨、冬青、卫矛、狭叶十大功劳等。成虫栗褐色，头和前胸密被棕褐色绒毛。鞘翅密被淡灰色绒毛，每个鞘翅基部有1个圆形或近方形黑褐色斑，在翅中部有1个较宽的棕褐色斜斑，翅面上有稀疏小刻点。幼虫浅黄白色。头部褐色，前胸背板有1个黄色近方形斑纹。1年发生1代，以幼虫在树木的根部越冬。翌年2月幼虫开始活动，2月下旬至3月上旬为危害盛期。4月上旬在蛀道内化蛹，5月中旬为羽化盛期。卵产在离地面20cm以下粗枝杆上，产卵槽近长方形。初孵幼虫先取食卵槽周围皮层，经1次蜕皮进入木质部危害 |
| 桃红颈天牛 | 危害桃、梅花、樱桃、杏、梨、苹果、海棠和樱花等。成虫体黑色发亮。前胸棕红色，密布横皱，两侧有刺突1个，鞘翅面光滑。幼虫乳白色，前胸最宽，背板前缘和两侧有4个黄斑块，体侧密生黄棕色细毛，体背有皱褶。该虫2年（少数地区3年）发生1代，以幼虫在树干蛀道内越冬。翌年3～4月幼虫开始活动。成虫产卵于树皮裂缝中，以近地面35cm以内树干产卵最多。受害严重的树干中空，树势衰弱，以致枯死。桃红颈天牛有一种奇特的臭味，管氏肿腿蜂可寄生桃红颈天牛的幼虫 |
| 松褐天牛 | 又名松天牛、松墨天牛。危害松树、云杉、桧、栎等。以幼虫危害生长衰弱的树木与新伐倒木，成虫是松材线虫的重要传播媒介。成虫体长为23mm，赤褐色或橙黄色，前胸背板有2条较宽的橙黄色纵纹，与3条黑色绒纹相间，每鞘翅有5条纵纹。老熟幼虫体长为40mm左右，乳白色，扁圆筒形，前胸背板褐色，中央有波浪状横纹。1年发生1代，以老熟幼虫在蛀道中越冬。3～4月幼虫活动危害，成虫5月活动，有弱趋光性 |
| 薄翅天牛 | 危害杨、柳、榆、悬铃木、桑和白蜡等。成虫体长为45mm，体赤褐色或暗褐色，鞘翅薄如皮革，翅面上有明显的纵脊4～6条。老熟幼虫体长为65mm，乳白色，前胸背板淡黄色，中央有1条纵线，两边有凹陷线纹1对。2年发生1代，以幼虫在蛀道内越冬。5月化蛹，6～8月为成虫期，产卵于树木腐朽处，孵化后的幼虫先在腐朽处危害，随后蛀入木质部，秋后在蛀道内越冬 |
| 云斑天牛 | 又名多斑白条天牛，以幼虫钻蛀杨、柳、乌桕、榆、桑、白蜡、大叶女贞、悬铃木、柑橘、枇杷等近50种行道及庭院树。成虫体长为50mm，黑褐色，密布灰白色和灰褐色绒毛。鞘翅面上有白色和灰黄色绒毛组成的不规则云片斑。老熟幼虫体长为75mm，乳白色，体肥多皱，前胸背板略呈方形，浅棕色，有褐色颗粒。2年发生1代，以幼虫和成虫在寄主坑道内越冬。翌年4～5月出现成虫。幼虫危害后受害处变黑，树皮破裂，有树胶流出，并有虫粪和木屑排出 |

观察与识别：取天牛类昆虫标本，观察其成虫及幼虫的形态特征。

（五）天牛类的防治措施

**1. 加强检疫** 天牛类害虫大部分时间生活在树干里，易被人携带传播，所以在苗木、繁殖材料等调运时，要加强检疫、检查。双条杉天牛、黄斑星天牛、锈色粒肩天牛、松褐天牛为检疫对象，应严格检疫。对其他天牛也要检查有无产卵槽、排粪孔、羽化孔、虫道和活虫，一经发现，立即处理。

**2. 适地适树** 采取以预防为主的综合治理措施。对在天牛发生严重的绿化地，应针对天牛取食树种种类，选择抗性树种，避免其严重危害；加强管理，增强树势；除古树名木外，伐除受害严重虫源树，合理修剪，及时清除园内枯立木、风折木等。

**3. 人工防治**

（1）利用成虫飞翔力不强和具有假死性的特点，人工捕杀成虫。

（2）寻找产卵刻槽，可用锤击、手剥等方法消灭其中的卵。

（3）用铁丝钩杀幼虫。特别是当年新孵化后不久的小幼虫，此法更易操作。

**4. 饵木诱杀** 对公园及其他风景区古树名木上的天牛，可采用饵木诱杀，并及时修补树洞，干基涂白等，以减少虫口密度，保证其观赏价值。

**5. 保护利用天敌** 如人工招引啄木鸟，利用天牛肿腿蜂、啮小蜂等。

**6. 药剂防治**　在成虫羽化外出期间，喷洒 8％绿色威雷微胶囊水悬剂 300～400 倍液；在幼虫危害期，先用镊子或嫁接刀将有新鲜虫粪排出的排粪孔清理干净，然后塞入磷化铝片剂毒签或用注射器注射 80％敌敌畏，并用黏泥堵死其他排粪孔；或采用新型高压注射器，向树干内注射果树宝；或在树干上钻孔眼，插入天牛一插灵（有效成分为甲维盐与啶虫脒）；或在树木周边土壤表面挖环状沟，浇灌根除蛀（有效成分为 25％噻虫嗪水分散粒剂）。

## 二、吉丁虫类

吉丁虫属鞘翅目、吉丁甲科，种类很多，成虫生活于木本植物上，产卵于树皮缝内。幼虫大多数在树皮下，枝干或根内钻蛀，蛀道大多宽而扁，有的生活在草本植物的茎中，少数潜叶或形成虫瘿。危害园林树木的几丁虫，主要有合欢吉丁（*Chrysochroa fulminans*）、白蜡窄吉丁虫（*Agrilus planipennis* Fairmaire）、六星吉丁虫（*Chysobothris Sccedanea* Saundas）等。以合欢吉丁虫为例说明。

### （一）合欢吉丁虫

**1. 分布与危害**　该虫主要危害合欢树，是华北地区合欢树的主要蛀干害虫之一。以幼虫蛀食树皮和木质部边材部分，在树皮下蛀成不规则的虫道（彩图 4-2-37），破坏树木输导组织，排泄物不排出树外，被害处常有流胶，严重时造成树木枯死。

**2. 识别特征**　①成虫：体长 4mm 左右，头顶平直，体铜绿色，金属光泽。②幼虫：老熟时体长 5mm 左右，体乳白色，头部小，黑褐色。胸部发达，尤其前胸背板宽大，中央有"八"字形褐色纹，腹部较细，体似铁钉状。

**3. 生活习性**　1 年发生 1 代，以幼虫在树干蛀道内越冬。翌年 5 月下旬幼虫老熟，在蛀道内化蛹。6 月上旬（合欢树花蕾期）成虫开始羽化外出。成虫常在树干上爬行，并到树冠上咬食叶片，以补充营养。交尾 1～2d 后将卵产在树干上，每处产卵 1 粒，卵期约 10d 左右。幼虫孵化后潜入树皮下，在韧皮部和木质部边材串食危害，其树表被害处症状不明显，揭开树皮后，可见大量木屑和虫粪。由于该虫的危害，使树木的疏导组织被破坏，造成干枝死亡，树叶枯黄脱落，9 月间被害处大量流出黑褐色胶体。11 月随着气温下降幼虫在蛀道内越冬。

### （二）其他吉丁虫类（表 4-2-29）

表 4-2-29　其他吉丁虫类

| 害虫种类 | 发生情况 |
| --- | --- |
| 白蜡窄吉丁虫 | 危害花曲柳、水曲柳、白蜡等树木，幼虫取食造成树木疏导组织的破坏，造成树木死亡。成虫体背面为蓝绿色，腹面浅黄绿色。幼虫乳白色，头小，褐色，缩于前胸内，前胸较大，中后胸较窄；体扁平，带状，分节明显。1 年发生 1 代，以老熟幼虫在树干木质部表层内越冬，少数在皮层内越冬。初孵幼虫在韧皮部表层取食，6 月下旬开始钻蛀到韧皮部和木质部的形成层危害，形成不规则封闭的主动，严重破坏了树木疏导组织，常常造成树木死亡。9 月老熟幼虫侵入到木质部表层越冬 |
| 六星吉丁虫 | 危害梅花、樱花、桃花、海棠、五角枫等花木。以幼虫蛀食皮层及木质部，严重时，可造成整株枯死。成虫蓝黑色，有光泽。腹面中间亮绿色，两边古铜。前胸背板前狭后宽，近梯形。两鞘翅上各有 3 个稍下陷的青色小圆斑，常排成整齐的 1 列。老熟幼虫体扁平，黄褐色。前胸背板特大，较扁平，有圆形硬褐斑，中央有 V 形花纹。其余各节圆球形，链珠状，从头至尾逐节变细。1 年发生 1 代，以老熟幼虫在木质部内作蛹室越冬。翌年 3 月份开始陆续化蛹，发生很不整齐。成虫出洞时间早的在 5 月份，6 月份为出洞高峰期。白天栖息于枝叶间，可取食叶片成缺刻，有坠地假死的习性。 |

观察与识别：取吉丁虫类昆虫标本，观察其成虫及幼虫的形态特征。

**（三）吉丁虫类的防治措施**

**1. 加强检疫**　在绿化美化时，对于调运苗木要加强检疫，发现虫株及时处理。

**2. 树干涂白**　5月在树干上涂白，防止产卵。

**3. 药剂防治**　成虫外出期喷洒8％绿色威雷微胶囊水悬剂300～400倍液、10％吡虫啉1 000倍液毒杀成虫，幼虫初孵期用40％氧化乐果50倍液，或25％阿克泰3 000倍液涂刷枝干，毒杀幼虫和卵。

### 三、小蠹虫类

小蠹虫属鞘翅目、小蠹科，为小型甲虫。体近圆形，颜色较暗，触角锤状，鞘翅上纵列刻点。幼虫白色，略弯曲，无足，具棕黄色头部。多数种类寄生于树皮下，有的侵入木质部，种类不同，钻蛀坑道的形状也不同，是园林植物的重要害虫。主要种类有日本双齿长蠹（*Sinosylon japonicus* Lesne）、柏肤小蠹（*Phloeosinus aubei* Perris）、松六齿小蠹（*Ips acuminatus* Gyll）等。以日本双齿长蠹为例说明。

**（一）日本双齿长蠹**

**1. 分布与危害**　日本双齿长蠹又名二齿茎长蠹、双棘长蠹等。我国华北、西北、华中等地均有发生。危害国槐、刺槐、竹、紫藤、紫荆、紫薇、合欢、栾树、小叶白蜡、盐肤木等。成虫与幼虫喜欢蛀食生长势弱、发芽迟缓及新移栽树的花木枝干，造成枯枝或风折枝，严重破坏树形，影响生长和观赏。被害初期外观无明显被害状，等发现被害时，已为时过晚（彩图4-2-38）。

**2. 识别特征**　①成虫：体长6mm左右，体黑褐色，筒形。前胸背板发达，似帽状，可盖着头部。鞘翅密布粗刻点，后缘急剧向下倾斜，斜面有2个刺状突起。②卵：椭圆形，白色半透明。③幼虫：老熟时体长为4mm左右，乳白色，略弯曲，蛴螬形，足3对。④蛹：初期白色，渐变黄色，离蛹。

**3. 生活习性**　1年发生1代，以成虫在枝干韧皮部越冬。翌年3月下旬开始在越冬坑道内危害，4月下旬成虫飞出交配，将卵产在枝干韧皮部坑道内。产卵百粒不等，卵期5d左右，卵孵化时期很不整齐。5～6月为幼虫危害期。5月下旬至6月上旬化蛹，蛹期6d左右。6月上旬始见成虫。成虫在原虫道串食危害，于6月下旬至8月上旬成虫外出活动，8月中下旬又进入蛀道内危害。10月下旬至11月上旬成虫迁移到1～3cm粗的新枝条内，横向环形蛀食，然后在虫道内越冬。由于该虫危害，养分和水分的输导被切断，秋末冬初大风来临，被害新梢从环形蛀道处被风刮断，严重影响花木翌年的正常生长。

**（二）其他小蠹类**（表4-2-30）

表4-2-30　其他小蠹类害虫

| 害虫种类 | 发生情况 |
| --- | --- |
| 柏肤小蠹 | 危害侧柏、桧柏、柳杉等。成虫蛀食枝梢，常将枝梢蛀空，遇风即折断，发生严重时，常见树下有成堆的被咬折断的枝梢。幼虫蛀食边材，繁殖期主要危害枝、干韧皮部，造成枯枝或树木死亡。成虫赤褐色或黑褐色，无光泽。头部小，藏于前胸下。前胸背板阔大于长，体密布刻点及灰色细毛。鞘翅上各有9条纵纹，鞘翅斜面具凹面，雄虫鞘翅斜面有栉齿状突起。在山东泰安1年发生1代，以成虫在柏树枝梢越冬。4月中旬初孵幼虫出现，主要在韧皮部构筑坑道危害 |

（续）

| 害虫种类 | 发生情况 |
| --- | --- |
| 松六齿小蠹 | 以幼虫钻蛀危害红松、油松、樟子松、落叶松、华山松、高山松、云杉等。成虫短圆柱形，赤褐色至黑褐色，有光泽，全体被有黄色长绒毛。额中部有 2 个小瘤，前胸背板前半部有瘤突，后半部有刻点。鞘翅面上有成行的下凹刻点沟，刻点大而圆。鞘翅末端形成倾斜的凹面，每侧有齿 3 个。1 年发生 1 代，以成虫在寄主蛀道内越冬。5～8 月为越冬成虫危害与产卵期，由于活动和产卵期甚长，所以生活史很不整齐。入侵寄主有 2 次高峰，第 1 次在 6 月上旬，第 2 次在 7 月中旬，9 月越冬 |

观察与识别：取小蠹虫类昆虫标本，观察其成虫及幼虫的形态特征。

（三）小蠹虫类的防治措施

**1. 加强检疫**　对于调运的苗木加强检疫，发现虫株及时处理。

**2. 园林技术防治**　加强抚育管理，适时、合理修枝、间伐，改善园内卫生状况，增强树势，提高树木本身的抗虫能力。疏除被害枝干，及时运出园外，并对害虫危害的植株进行剥皮处理，减少虫源。

**3. 诱杀成虫**　根据小蠹虫的发生特点，可在成虫羽化前或早春设置饵木，以带枝饵木引诱成虫潜入，并经常检查饵木内的小蠹虫的发育情况并及时处理。

**4. 化学防治**　在成虫羽化盛期或越冬成虫出蛰盛期，喷洒 8% 绿色威雷微胶囊水悬剂 300～400 倍液、2.5% 溴氰菊酯乳油 2 000 倍液。

四、木蠹蛾类

木蠹蛾类属鳞翅目、木蠹蛾总科。以幼虫蛀害树干和枝梢，是园林植物的重要害虫。常见的种类有芳香木蠹蛾东方亚种（*Cossus orientalis* Gaede）、小线角木蠹蛾（*Holcocerus insulsris* Staudiger）、咖啡木蠹蛾（*Zeuzera coffeae* Nietner）等。以芳香木蠹蛾东方亚种为例说明。

（一）芳香木蠹蛾东方亚种

**1. 分布与危害**　分布于东北、华北、西北、华东、华中、西南。寄主有柳、杨、榆、桦、白蜡、槐树、丁香、核桃、山荆子等。幼虫蛀入枝干和根际的木质部，蛀成不规则坑道，使树势衰弱，严重时能造成技干、甚至整株树枯死。

**2. 识别特征**　①成虫：灰褐色，体长 24～37mm。雌虫头部前方淡黄色，雄虫色稍暗。触角栉齿状，紫色。胸腹部粗壮，灰褐色。前翅散布许多黑褐色横纹。②卵：灰褐色，椭圆形，长 1.1～1.3mm。③幼虫：老熟时体长 56～70mm，背部为淡紫红色，侧面稍谈，前胸背板有较大的"凸"字形黑斑（彩图 4-2-39）。④蛹：体长 38～45mm，褐色，稍向腹面弯曲。

**3. 生活习性**　辽宁、北京 2 年发生 1 代，以幼虫在树干内越冬，第 2 年老熟后离开树干入土越冬。第 3 年 5 月间化蛹，6 月出现成虫。成虫寿命 4～10d，有趋光性。卵产于离地 1.0～1.5m 的主干裂缝，多成堆、成块或成行排列。幼虫孵化后，常群集 10 余头至数十头在树干粗枝上或根际爬行，寻找被害孔、伤口和树皮裂缝等处相继蛀入，先取食韧皮部和边材。树龄越大被害越重。

## （二）其他木蠹蛾类（表 4-23-31）

**表 4-2-31　其他木蠹蛾类害虫**

| 害虫种类 | 发生情况 |
| --- | --- |
| 小线角木蠹蛾 | 以幼虫蛀食白蜡、国槐、龙爪槐、银杏、榆、樱桃、樱花、元宝枫、丁香、海棠等花木枝干的木质部，常常几十至几百头群集在蛀道内危害，造成千疮百孔，与天牛危害状有明显不同。成虫体灰褐色，触角线状，翅面上密布黑色短线纹，前翅中室至前缘为深褐色。老熟幼虫体背鲜红色，腹部节间乳黄色，前胸背板黄褐色，其上有斜 B 形黑褐色斑。该虫 2 年发生 1 代，以幼虫在枝干蛀道内越冬。翌年 3 月越冬幼虫活动危害。幼虫化蛹时间极不整齐，5 月下旬至 8 月上旬为化蛹期。6～9 月为成虫发生期，成虫有趋光性，昼伏夜出 |
| 咖啡木蠹蛾 | 危害咖啡、茶树、油梨、番石榴、石榴、梨、苹果、桃、枣、荔枝、龙眼、柑橘、棉、杨、木槿、月季、白兰花、山茶、樱花、紫荆等。以幼虫钻蛀茎枝内取食危害，致使枝叶枯萎，甚至全株枯死。成虫体灰白色。雄蛾端部线形。胸背面有 3 对青蓝色斑。腹部白色，有黑色横纹。前翅白色，半透明，布满大小不等的青蓝色斑点；后翅外缘有青蓝色斑点；后翅外缘有青蓝色斑 8 个。老熟幼虫头部黑褐色，体紫红色或深红色，尾部淡黄色。各节有很多粒状小突起，上有白毛 1 根。1 年发生 1～2 代。以幼虫在被害部越冬。翌年春季转蛀新茎。7 月上旬至 8 月上旬是幼虫危害期。幼虫蛀入茎内向上钻，外面可见排粪孔。有转株危害习性 |

观察与识别：取木蠹蛾类昆虫标本，观察其成虫及幼虫的形态特征。

## （三）木蠹蛾类的防治措施

（1）加强管理，增强树势，防止机械损伤，疏除受害严重的枝干，及时剪除被害枝梢，以减少虫源。秋季人工捕捉地下越冬幼虫，刮除树皮缝处的卵块。

（2）掌握成虫羽化期，诱杀成虫。用新型高压黑光灯或性信息素诱捕器诱杀成虫，1 个诱捕器 1 夜最多可诱到 250 多头成虫。

（3）幼虫初蛀入韧皮部或边材表层期间，用 40％氧化乐果乳剂柴油液（1∶9），或 10％溴氰虫酰胺可分散油悬浮剂 1 500～2 000 倍液涂虫孔。

（4）对已蛀入枝、干深处的幼虫，可用棉球蘸 40％氧化乐果乳油 50 倍液，或 50％敌敌畏乳油 10 倍液注入虫孔内。并于蛀孔外涂以湿泥，可起到良好的杀虫效果。

（5）保护和利用天敌。木蠹蛾天敌有 10 余种，对此虫的危害与蔓延有一定的自然控制力。如姬蜂、寄生蝇、蜥蜴、燕、啄木鸟、白僵菌和病原线虫等。

### 五、透翅蛾类

透翅蛾属鳞翅目、透翅蛾科，全世界已知 100 种以上，我国有 10 余种，其显著特征是成虫前翅无鳞片而透明，形似胡蜂，白天活动。以幼虫蛀食茎干、枝条，形成肿瘤，危害园林树木严重的有葡萄透翅蛾（*Parathrene regalis* Butler）、白杨透翅蛾（*Paranthrene tabaniformis* Rottenburg）、苹果透翅蛾（*Conopia hector* Butler）等。以葡萄透翅蛾为例说明。

### （一）葡萄透翅蛾

**1. 分布与危害**　分布于辽宁、河北、山东、陕西、四川、湖北、江苏、浙江上海等地。以幼虫危害葡萄、野葡萄 1～2 年生枝蔓及嫩梢，造成嫩梢枯萎，枝蔓被害部肿大，叶黄、果实易脱落，被害枝蔓易折断枯死。

**2. 识别特征**　①成虫：体长 18～20mm，翅展 30～36mm，全体黑色。头部颜面白色，尖顶，下唇须的前半部、颈部，以及后胸的两侧均黄色。前翅底部红褐色，前缘及翅脉黑色，后翅膜质透明；腹部有3条黄色横带，形似1头深蓝黑色的胡蜂。②卵：椭圆形，略扁平，红褐色。③幼虫：老熟时体长38mm，全体呈圆筒形，头部红褐色，口器黑色；胴部淡黄色，老熟时带紫色，前胸背板上有倒八字形纹。胸足淡褐色，爪黑色。全体疏生细毛（彩图4-2-40）。

**3. 生活习性** 1年发生1代，以幼虫在葡萄枝条内越冬。翌年5月上旬越冬幼虫在被害枝条内侧先咬1个圆形羽化孔，然后作茧化蛹，6月上旬成虫开始羽化。成虫行动敏捷，飞翔力强，有趋光性，雌、雄性比1∶1，雌雄成虫均只交配1次，交配后，经1~2d后即产卵；卵散产在新梢上；幼虫孵化多从叶柄基部钻入新梢内危害，也有在叶柄内串食的，最后均转入粗枝内危害，幼虫有转移危害习性；9~10月在枝条内进行越冬；被害枝条的蛀孔附近常堆有褐色虫粪，被害部逐渐肿大而成瘤状，叶片变黄，长势衰弱。

（二）其他透翅蛾类（表4-2-32）

表4-2-32 其他透翅蛾类害虫

| 害虫种类 | 发生情况 |
| --- | --- |
| 白杨透翅蛾 | 以幼虫钻蛀树干和顶芽，抑制顶芽生长，形成秃梢，蛀入树干后，被害组织增生形成瘤状虫瘿。成虫体青黑色，形似胡蜂。头顶有1束黄褐色毛簇，其余密布黄白色鳞片。前翅窄长，覆盖赭色鳞片，后翅全部透明。腹部青黑色，上有5条橙色环带。1年发生1代，以幼虫在被害枝干内越冬。卵多产于1~2年生幼树叶柄基部有绒毛的枝干上。幼虫孵化后危害嫩芽，使嫩芽枯萎脱落；危害侧枝或主干时，钻入木质部与韧皮部之间，围绕枝干，钻蛀虫道 |
| 苹果透翅蛾 | 危害苹果、梨、桃、杏和樱桃等。幼虫在树干枝杈等处蛀入皮层下，食害韧皮部，有的可深达木质部，呈现不规则的虫道。成虫体长蓝黑色，有光泽，头后缘环生黄色短毛。腹部第4节、第5节背面后缘各有1条黄色横带，腹部末端具毛丛。雄身毛丛呈扇状，边缘黄色。幼虫头黄褐色，胸腹部乳白色中线淡红色。1年发生1代，以3~4龄幼虫在树皮下的虫道中越冬。翌年4月天气转暖，越冬幼虫开始活动，继续蛀食危害。产卵部位大多选在树干或大枝的粗皮、裂缝、伤疤等处 |

*观察与识别：取透翅类昆虫标本，观察其成虫及幼虫的形态特征。*

（三）透翅蛾类的防治措施

（1）消灭越冬幼虫。可结合修剪将受害严重且藏有幼虫的枝蔓剪除、烧掉。6~7月份经常检查嫩梢，发现有虫粪、肿胀或枯萎的枝条及时剪除。如果被害枝条较多，不宜全部剪除时，可用铁丝从蛀孔处刺入，杀死初龄幼虫。

（2）可从蛀孔处蛀入80％敌敌畏乳油20~30倍液或用棉球蘸敌敌畏药液塞入孔口内杀死幼虫。

（3）可在成虫羽化盛期，喷2.5％溴氰菊酯乳油3 000倍液，以杀死成虫。

六、象甲类

象甲类属于鞘翅目、象甲科，亦称为象鼻虫，是重要的园林植物钻蛀类害虫。成虫和幼虫均能危害。取食植物的根、茎、叶、果实和种子。成虫多产卵于植物组织内，幼虫钻蛀危害，少数可以产生虫瘿或潜叶危害。常见的有沟眶象（*Eucryptorrhynchus chinensis* Olivier）、臭椿沟眶象（*E. brandti* Harold）、长足大竹象（*Cyrtotrachelus buqueti* Guer）等。以沟眶象为例说明。

（一）沟眶象

**1. 分布与危害** 在东北、华北、华东等地均有分布。主要危害臭椿、千头椿等，尤其是刚移栽的臭椿以及行道树、片林等受害较重。以幼虫蛀食木质部，造成树木生长势衰弱以至幼树死亡，树干或树枝上常出现灰白色的流胶。

**2. 识别特征** ①成虫：体长 13.5～18mm，胸部背面，前翅基部及端部首 1/3 处密被白色鳞片，并杂有红黄色鳞片，前翅基部外侧特别向外突出，中部花纹似龟纹，鞘翅上刻点粗（彩图 4-2-41）。②幼虫和蛹：乳白色，圆形，体长 30mm。

**3. 生活习性** 沟眶象 1 年发生 1 代，以幼虫和成虫在根部或树干周围 2～20cm 深的土层中越冬。以幼虫越冬的，次年 5 月化蛹，7 月为羽化盛期；以成虫在土中越冬的，4 月下旬开始活动。5 月上中旬为第 1 次成虫盛发期，7 月底至 8 月中旬为第 2 次盛发期。成虫有假死性，产卵前取食嫩梢、叶片补充营养，危害 1 个月左右，便开始产卵，卵期 8d 左右。初孵化幼虫先咬食皮层，稍长大后即钻入木质部危害，老熟后在坑道内化蛹，蛹期 12d 左右。

（二）其他象甲类（表 4-2-33）

表 4-2-33 其他象甲类害虫

| 害虫种类 | 发生情况 |
| --- | --- |
| 臭椿沟眶象 | 主要蛀食危害臭椿和千头椿。初孵幼虫先危害皮层，导致被害处薄薄的树皮下面形成 1 小块凹陷，稍大后钻入木质部内危害。成虫体黑色。额布窄，中间无凹窝；头部布有小刻点；前胸背板和鞘翅上密布粗大刻点；前胸前窄后宽。前胸背板、鞘翅肩部及端部布有白色鳞片形成的大斑，稀疏掺杂红黄色鳞片。幼虫头部黄褐色，胸、腹部乳白色，每节背面两侧多皱纹。1 年发生 2 代，以幼虫或成虫在树干内或土内越冬。4 月中下旬幼虫开始危害，4 月中旬至 5 月中旬为越冬代幼虫的危害盛期。7 月下旬至 8 月中下旬为当年孵化的幼虫危害盛期。虫态重叠，很不整齐 |
| 长足大竹象 | 成虫在笋外啄食补充营养，被害的竹笋长成畸形竹或断头折梢的废竹；幼虫在笋内取食，被害笋多数不能成为成品竹。成虫体橙黄色或黑褐色。头半球形，黑色，喙自头部前方伸出，触角膝状，前胸背板圆形隆起。鞘翅黄色或黑褐色，外缘圆，臀角有尖刺 1 个，鞘翅上有 9 条纵沟。幼虫老熟时头黄褐色，体浅黄色，前胸背板上有 1 个黄色斑，斑上有八字形黑褐色斑纹，体多皱褶。1 年发生 1 代，以成虫在土中的蛹室内越冬。翌年 6 月中旬成虫出土，8 月中下旬为出土盛期。有假死性。幼虫危害期在 6 月下旬至 10 月中旬 |

观察与识别：取象甲类昆虫标本，观察其成虫及幼虫的形态特征。

（三）象甲类的防治措施

（1）加强检疫，严禁调入、调出带虫苗木，防止其传播蔓延。

（2）及时清除枯死枝、干，剪除被害枝条，拔除并烧毁带幼虫的竹笋。

（3）人工捕捉成虫，利用成虫的假死性，人工振落扑杀。

（4）保护和利用啄木鸟和蟾蜍等天敌。

（5）药剂防治。成虫外出期喷洒 8％绿色威雷微胶囊水悬剂 300～400 倍液，或 2.5％溴氰菊酯乳油 2 000～2 500 倍液、50％辛硫磷乳油 1 000 倍液；成虫期用灭幼脲油胶悬剂超低量喷雾防治成虫，使成虫不育，卵不孵化；幼虫期向树体内注射 40％氧化乐果乳油 10 倍液，可杀死幼虫。

**七、辉蛾类**

在园林作物上危害的主要是蔗扁蛾（*Opogona sacchari* Bojer），是世界性害虫，其危害性很大，在北京危害严重的温室中，每年巴西木因此虫淘汰率达 50% 以上，已成为温室花卉生产中的主要虫害之一。

（一）蔗扁蛾

**1. 分布与危害**　蔗扁蛾属鳞翅目、辉蛾科，又称为香蕉蛾，原产非洲。1987 年随巴西木进入广州，后再我国逐渐蔓延。危害巴西木、发财树、一品红、鹅掌柴、变叶木、苏铁、福禄桐、鱼尾葵、甘蔗、香蕉、竹子等，其寄主植物达 23 科 56 种。该虫以幼虫在木柱皮层内上、下蛀食，轻时木柱茎干会出现虫道，并有少量虫粪排出；重时表皮内的肉质部分全部被吃完，其间充满粪屑，并分布有多处咬破表皮的通气孔，最后使枝叶逐渐萎蔫、枯黄，观赏效果较差，并造成整株枯死。钻入枝干皮层内串皮危害，待发现时，花木已接近死亡（彩图 4-2-42）。

**2. 识别特征**　①成虫：体长为 9mm，翅展为 24mm，体黄褐色。前翅深棕色，中室端部和后缘各有 1 个黑色斑点，后缘有毛束，停栖时毛束翘起，如鸡冠状。②卵：淡黄色，卵圆形，长 0.5～0.7mm。③幼虫：老熟时体长为 30mm 左右，乳白色，有透明感，头红棕色，各节背板具毛片 4 个，矩形。④蛹：棕色，触角、翅芽、后足相互紧贴与蛹体分离（图 4-2-1）。

**3. 生活习性**　该虫在华南地区 1 年发生 5～6 代，以幼虫在土中越冬。翌年春季幼虫爬至花木上在皮层迁回蛀食危害，偶尔也危害木质部，少数幼虫从伤口蛀入髓部，造成空心。幼

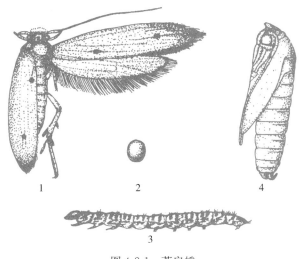

图 4-2-1　蔗扁蛾
1. 成虫　2. 卵　3. 幼虫　4. 蛹

虫共 7 龄，幼虫期约 1 个月。幼虫危害期在 6～9 月，8 月为高峰期。老熟幼虫夏季多在植株上部危害，秋后多在土中结茧化蛹，蛹期约 15d。成虫羽化前蛹体顶破丝茧和树表皮，蛹体一半外露。成虫爬行迅速，可短距离跳跃，有补充营养习性，产卵呈块状，卵期约 4d。初孵幼虫可吐丝下垂，借风扩散，钻蛀皮层内危害，以 3 年以上巴西木木桩受害最严重。

观察与识别：取辉蛾类昆虫标本，观察其成虫及幼虫的形态特征。

（二）辉蛾类的防治措施

**1. 加强检疫**　加强巴西木等观赏植物的调运检疫，防止向其他地区和其他作物扩散。

**2. 人工防治**　经常检查茎干，方法是：用手按压表皮，如不坚实而有松软感觉，说明可能已发生了虫害，应及时防治。可细心剥掉受害部分的表皮，将混有蛹态的虫粪清理干净，把幼虫一一杀死。

**3. 栽植前处理**　引种巴西木时，先用 20% 速灭杀丁乳油 2 500 倍液浸泡树桩 5min 后晾干再行种植。栽植树桩前，再先用红或黑色的石蜡均匀涂封锯口，可以显著减少桩柱的受害率，若在封蜡后再涂一遍杀虫剂，则保护效果更好。

**4. 药剂防治** 利用幼虫在土中越冬习性，用50％辛硫磷乳剂1 000倍液灌根防治。15d防治1次，连续防治2～3次，可控制其危害。也可用80％的敌敌畏500倍液喷洒茎干，然后用塑膜包裹密封茎干5h，进一步杀死不同虫态的蔗扁蛾。

【任务考核标准】 见表4-2-34。

表 4-2-34 蛀干害虫综合防治任务考核参考标准

| 序号 | 考核项目 | 考核内容 | 考核标准 | 考核方法 | 标准分值 |
|---|---|---|---|---|---|
| 1 | 基本素质 | 学习工作态度 | 态度端正，主动认真，全勤，否则将酌情扣分 | 单人考核 | 5 |
| | | 团队协作 | 服从安排，与小组其他成员配合好，否则将酌情扣分 | 单人考核 | 5 |
| 2 | 专业技能 | 蛀干害虫的形态与危害状识别 | 能够准确描述所发生害虫的危害状与虫态识别要点。所述与实际不符的酌情扣分 | 单人考核 | 20 |
| | | 蛀干害虫发生情况调查 | 基本能够描述出害虫发生的种类与发生状况。所述与实际不符的酌情扣分 | 以小组为单位考核 | 20 |
| | | 蛀干害虫综合防治方案的制订与实施 | 综合防治方案与实际相吻合，符合绿色无公害的原则，可操作性强。否则将酌情扣分 | 单人制订综合防治方案 | 25 |
| 3 | 职业素质 | 方法能力 | 独立分析和解决问题的能力强，能主动、准确地表达自己的想法 | 单人考核 | 5 |
| | | 工作过程 | 工作过程规范，有完整的工作任务记录，字迹工整 | 单人考核 | 10 |
| | | 自测训练与总结 | 及时准确完成自测训练，总结报告结果正确，电子文本规范，体会深刻，上交及时 | 单人考核 | 10 |
| 4 | 合计 | | | | 100 |

【相关知识】

**蛀干害虫综合防治要点**

多数蛀干害虫为"次期性害虫"，主要危害长势衰弱或濒临死亡的树木，以幼虫钻蛀树干，是园林树木的"心腹之患"。综合防治园林植物枝干害虫，应做到以下几点：

（一）加强检疫

严格执行检疫制度，对有可能携带危险性蛀干害虫的调运苗木、种条、幼树、原木、木材实行检疫。检验是否有松褐天牛、杨干象等检疫性枝干害虫的卵、入侵孔、羽化孔、虫瘿、虫道和活虫体等，并按检疫法规进行处理。绿化栽种时严格把关，不栽带虫苗木。

（二）园林技术措施防治

（1）选择适合于当地气候、土壤条件的适宜树种进行绿化，并选用抗虫树种和抗性品系（如毛白杨、白蜡、刺槐、臭椿等），同时注意多种树木混栽，合理布局。

（2）避免混植有共同害虫的植物。每种害虫对树木、花草都有一定的选择性和转移性，因而在进行花坛（或苗圃）苗木定植时，要考虑到寄主植物与害虫的食性，尽量避免相同食料的园林植物混栽或间作。如在杨树栽植区不能栽种桑、构、栎及小叶朴，因为严重危害毛白杨的桑天牛成虫，只有在取食桑、构、栎、小叶朴后才能产卵；再如柑橘类与榆树混栽，会导致星天牛、橘褐天牛泛滥成灾。

（3）加强栽培管理，增强树势，从而减轻该类害虫的危害。在光肩星天牛产卵期间及时施肥浇水，促使树木旺盛生长，也可使刻槽内的卵和初孵幼虫大量死亡。定时清除树干上的萌生枝叶，保持树干光滑，改善林地通风透光状况，阻止成虫产卵。

（4）栽植诱饵树种。栽植一定数量的天牛嗜食树种作为诱虫饵木，以减轻对主栽树种的危害，但切记必须及时清除饵木上的天牛。如可以栽植羽叶槭、糖槭引诱光肩星天牛，栽植桑树引诱桑天牛，栽植核桃、白蜡及蔷薇科树种引诱云斑白条天牛。

（5）注意清除林地周围的被害木并及时销毁。由冬季修枝改为夏季修枝，以提高干皮温度，降低相对湿度，改变卵的孵化条件，提高初孵幼虫的自然死亡率。

（三）保护和利用天敌

（1）啄木鸟对天牛类等蛀干害虫的危害具有明显的控制作用。可按照 $15\sim20hm^2$ 林地设 4～5 段人工巢招引啄木鸟定居，巢木间距约 100m，每年秋季清扫维修 1 次。在天牛幼虫期释放管氏肿腿蜂，林内放蜂量与天牛幼虫数量比为 3∶1，对双条杉天牛、青杨楔天牛等小型天牛及大型天牛的小幼虫有良好的控制效果。花绒坚甲在我国天牛发生区几乎均有分布，可寄生星天牛属、松墨天牛、云斑天牛等大型天牛的幼虫和蛹，自然寄生率达40％～80％，具有比其他天敌更多的成虫存活期及搜寻寄主产卵的能力，是控制该类天牛的有效天敌。

（2）在光肩天牛幼虫生长期，气温在20℃以上时，可使用麦秆蘸取少许菌粉（白僵菌）与西维因的混合粉剂插入虫孔，或用每毫升含有 $1.6\times10^8$ 个孢子菌液喷侵入孔外，亦可利用线虫防治光肩星天牛、桃红颈天牛等，其效果达 70％以上。

（四）人工物理防治

（1）组织人工捕杀成虫。成虫产卵盛期锤击产卵刻槽或刮除卵块，杀死其中的卵或小幼虫。在天牛幼虫尚未蛀入木质部或仅在木质部表层危害，或蛀道不深时，用钢丝钩杀幼虫。或利用成虫的假死性，人工振动树木，捡拾落地假死的成虫。

（2）在树干 2m 以下涂白或缠草绳，防止双条杉天牛、云斑天牛成虫产卵。涂白剂的配方为生石灰 10kg＋硫黄粉 1kg＋食盐 0.5kg＋水 40kg。

（3）饵木诱杀。许多蛀干害虫，如天牛、小蠹虫等喜欢在新伐倒的寄主木段上产卵繁殖，因而可在这些害虫的繁殖期，人为地放置一些木段，供其产卵，待卵全部孵化后进行剥皮处理，消灭其中的害虫。如在山东泰山岱庙内，用设置的柏树木段法可引诱大量双条杉天牛产卵，据调查，每米木段上可诱虫 100 余头。

（五）化学防治

（1）对于新定植的大苗，可选用 40％氧化乐果 800 倍液、50％杀螟松乳油 200～300 倍液、20％灭蛀磷乳油 200～400 倍液在成虫产卵期及幼虫孵化期向树干喷洒，每周 1 次，连续喷 3～4 次。3～4 月双条杉天牛成虫出孔期，喷施 20％康福多可溶剂 6 000 倍液，或 25％阿克泰水分散颗粒剂 4 000 倍液封杀成虫和卵，加入 0.2％平平加（化工商品）或有机硅渗透剂提高防治效果。尤其对新移植的柏树要进行药剂封干，避免害虫借树木缓复之机侵入。

（2）在天牛成虫羽化始盛期前（一般在 7 月中下旬），喷洒绿色威雷防治天牛成虫。具体方法是：用8％绿色威雷（有效成分氯氰菊酯）微胶囊剂300～400倍液进行树干、大侧枝常规喷雾，以树皮微湿为宜，待天牛成虫爬出后，踩破胶囊接触药液而中毒。

（3）幼虫活动期间用40％氧化乐果乳油、蛀虫灵Ⅱ号、80％敌畏乳油5～10倍液由排粪孔注入；或用新型高压注射器向干内注射内吸性药剂氧化乐果，并用黄泥堵孔；或在树干上钻孔眼，插入天牛一插灵（有效成分为甲维盐与啶虫脒）；或在树木周边土壤表面挖环状沟，浇灌根除蛀（有效成分为25％噻虫嗪水分散粒剂）。

（4）寻找到蛀虫孔道后，用1/4磷化铝片剂塞入蛀孔或插入磷化铝毒签，然后用黄泥堵孔密封，均可取得较好的防效。

## 工作任务 4.2.4　园林植物地下害虫的综合防治

【任务目标】

掌握常见园林地下害虫的危害状、识别特征、生活习性，制订有效的综合治理方案，并组织实施。

【任务内容】

（1）根据工作任务，采取课堂、实验（训）室以及校内外实训基地（包括园林绿地、花圃、苗圃、草坪等）现场相结合的形式，通过查阅资料与网上搜集，获得相关园林植物地下害虫的基本知识。

（2）利用各种条件，对园林植物地下害虫的类别与发生情况进行观察、识别。

（3）根据当地主要地下害虫发生特点，拟订出综合防治方案并付诸实施。

（4）对任务进行详细记载，并上交1份总结报告。

【教学资源】

（1）材料与器具：蝼蛄类、蛴螬类、金针虫类、蟋蟀类、地老虎类、种蝇类、白蚁类等常见园林地下害虫的新鲜标本、干制或浸渍标本，危害状及生活史标本；体视显微镜、放大镜、镊子、泡沫塑料板、喷雾器、相关肥料与农药品种等。

（2）参考资料：当地气象资料、有关园林地下害虫的历史资料、园林绿地养护技术方案、害虫种类与分布情况、各类教学参考书、多媒体教学课件、害虫彩色图谱（纸质或电子版）、检索表、各相关网站相关资料等。

（3）教学场所：教室、实验（训）室以及园林地下害虫危害较重的校内外实训基地。

（4）师资配备：每20名学生配备1名指导教师。

【操作要点】

（1）地下害虫危害状观察：分次选取地下害虫危害严重的校内外实训基地，仔细观察地下害虫的危害状，包括虚土隧道、地上部枯萎、根系受损等，同时采集危害状标本，拍摄图片。

（2）地下害虫现场识别：在进行害虫危害状观察的同时，先根据现场发生各类害虫的特殊形态与习性，如蝼蛄的开掘足、蛴螬弯曲肥胖的体形、金针虫幼虫的细长金黄色体形、金龟子的昼伏夜出习性及趋光性、蝇类幼虫的趋粪肥习性、白蚁的社会性等进行简要识别，然后在教师的指导下，查对资料图片，借助手持放大镜等简易手段，初步鉴定各类害虫的种类和虫态。同时采集虫体标本，拍摄图片。

（3）地下害虫发生、危害情况调查：根据现场害虫的危害情况，调查害虫的虫口密度和危害情况，确定当地地下害虫的优势种类，并拍摄相关资料图片。

（4）室内鉴定：将现场采集和初步鉴定的各类害虫不同虫态的标本带至实验（训）室，利用体视显微镜，参照相关资料和生活史标本，进一步鉴定，达到准确鉴定的目的。

（5）发生规律的了解：针对当地危害严重的优势种类害虫，查阅相关资料，了解其在当地的发生规律。

（6）防治方案的制订与实施：根据优势种类在当地的发生规律，制订综合防治方案，并提出当前的应急防治措施，组织实施，做好防治效果调查。

【注意事项】

（1）实训前要做好资料与器具的准备，如园林害虫彩色图谱、数码相机、手持放大镜、修枝剪、手锯、镊子、喷雾器、笔记本等。

（2）地下害虫危害状调查时，应与害虫形态结合进行，因为许多同类害虫的危害状近似，如缺刻、木屑状虫粪等，若未见到具体的害虫，很难判断具体的种类。

（3）地下害虫在绿地现场或实验（训）室内进行形态识别时，应结合彩色图谱进行，尤其要注意幼虫不同种类（如蛴螬）的形态差异。对于疑难害虫，应该积极查阅资料，并结合图片、多媒体等开展小组讨论，达成共识。

（4）不同种类地下害虫的种群密度的调查方法有很大的差异，应该严格按照调查要求，准确选取样方和样树，调查时要做到认真、仔细。

（5）制订地下害虫的综合防治方案时，内容应该全面，重视各种防治方法的综合运用。所选用的防治方法既要体现新颖性，又要结合生产实际，体现实用性。

【内容与操作步骤】

地下害虫又称为根部害虫，在苗圃和一二年生的园林植物中，常常危害幼苗、幼树根部或近地面部分，种类很多。常见的有直翅目的蝼蛄、蟋蟀，鳞翅目的地老虎，鞘翅目的蛴螬（金龟子幼虫），等翅目的白蚁等。

## 一、蝼蛄类

蝼蛄属直翅目、蝼蛄科，俗称土狗、地狗、拉拉蛄等。常见的有东方蝼蛄（*Gryllotalpa orientalis* Burmeister）、单刺蝼蛄（*G. unispina* Saussure）2种。

（一）东方蝼蛄与单刺蝼蛄

**1. 分布与危害**　东方蝼蛄分布几乎遍及全国，但以南方为多。单刺蝼蛄分布于北方。蝼蛄食性很杂，主要以成虫、若虫危害植物幼苗的根部和靠近地面的幼茎。同时成虫、若虫常在表土层活动，钻筑坑道，造成播种苗根土分离，干枯死亡，清晨在苗圃床面上可见大量不规则隧道，虚土隆起（彩图 4-2-43）。近几年来，危害草坪也较严重。

**2. 识别特征**　单刺蝼蛄与东方蝼蛄形态比较见表 4-2-35，彩图 4-2-44。

表 4-2-35　单刺蝼蛄与东方蝼蛄形态比较

| 虫态 | 特征 | 单刺蝼蛄 | 东方蝼蛄 |
|---|---|---|---|
| 成虫 | 体长 | 39～45mm | 29～31mm |
| | 腹部 | 近圆筒形 | 近纺锤形 |
| | 后足 | 胫节背侧内缘有棘 1 个或消失 | 有棘 3～4 个 |

（续）

| 虫态 | 特征 | 单刺蝼蛄 | 东方蝼蛄 |
|------|------|----------|----------|
| 若虫 | 后足<br>体色<br>腹部 | 5～6龄以上同成虫<br>黄褐<br>近圆筒形 | 2～3龄以上同成虫<br>灰黑<br>近纺锤形 |
| 卵 | — | 卵色较浅，卵化前呈暗灰色 | 卵色较深，孵化前呈暗褐色或暗紫色 |

**3. 生活习性**　东方蝼蛄在南方1年发生1代，在北方2年发生1代，以成虫或6龄若虫越冬。翌年3月下旬开始上升至土表活动，4～5月为活动危害盛期，5月中旬开始产卵，5月下旬至6月上旬为产卵盛期。产卵前先在腐殖质较多或未腐熟的厩肥土下筑土室产卵其中，每雌虫可产卵60～80粒。5～7d孵化，6月中旬为孵化盛期，10月下旬以后开始越冬。东方蝼蛄昼伏夜出，具有趋光性，往往在灯下能诱到大量蝼蛄，还有趋湿性和趋厩肥习性，喜在潮湿和较黏的土中产卵。此外，对香甜食物嗜食。

单刺蝼蛄3年发生1代，若虫达13龄，于11月上旬以成虫及若虫越冬。翌年，越冬成虫3～4月开始活动，6月上旬开始产卵，6月下旬至7月中旬为产卵盛期，8月为产卵末期。卵多产在轻盐碱地，而黏土、壤土及重盐碱地较少。

蝼蛄活动与土壤温、湿度关系很大，土温16～20℃，含水量在22%～27%为最适宜，所以春、秋两季较活跃，雨后或灌溉后危害较重。土中大量施未腐熟的厩肥、堆肥，易导致蝼蛄发生。

观察与识别：取蝼蛄类昆虫标本，观察其成虫及若虫的形态特征。

（二）蝼蛄类的防治措施

（1）施用厩肥、堆肥等有机肥料要充分腐熟，可减少蝼蛄的产卵。

（2）灯光诱杀成虫。在闷热天气、雨前的夜晚灯光诱杀非常有效，一般在19时至22时进行。

（3）鲜马粪或鲜草诱杀。在苗床的步道上每隔20m挖1个小土坑，将马粪、鲜草放入坑内，清晨捕杀，或施药毒杀。

（4）毒饵诱杀。用80%敌敌畏乳油或50%辛硫磷乳油0.5kg拌入50kg煮至半熟或炒香的饵料（麦麸、米糠等）中作毒饵，傍晚均匀撒于苗床上。但要注意防止畜、禽误食。

（5）药剂毒杀。在受害植株根际或苗床浇灌50%辛硫磷乳油1000倍液或撒施1.5%辛硫磷颗粒剂每公顷60～90kg。

二、蛴螬类

蛴螬是金龟甲幼虫的统称，属于鞘翅目、金龟甲科，种类很多，成虫主要啃食各种植物叶片形成孔洞缺刻或秃枝。幼虫危害多种植物的根茎及球茎。腐食性的种类则以腐烂有机物为食。在园林植物上危害较重的有：小青花金龟（*Oxycetonia jucunda* Fald）、铜绿丽金龟（*Anomala corpulenta* Motch）、无斑弧丽金龟（*Popillia mutans* Newman）、中华弧丽金龟（*Popillia quadriguttata* Fabricus）、白斑花金龟（*Liocola brevitarsis* Lewis）等。

（一）小青花金龟

**1. 分布与危害**　又名小青花潜。分布于东北、华北、中南和陕西、四川、云南、广州、台湾等地。主要寄主植物有马尾松、云南松、榆、槐、杨、柳、苹果、柑橘、玫瑰、葡萄、月季、梅花、梨、美人蕉、大丽花、海棠、鸡冠花、桃等。主要以成虫危害多种植物的花蕾和花，严重危害时，常群集在花序上，将花瓣、雄蕊和雌蕊吃光。

**2. 识别特征** ①成虫：体长 12～17mm，宽 7～8mm。头部长，黑色。胸、腹部的腹面密生许多深黄色短毛。前胸背板和鞘翅均为暗绿色或铜色，并密生许多黄褐色毛，无光泽。翅鞘上具有对称的黄白斑纹（彩图 4-2-45）。②卵：近椭圆形，白色。③幼虫：老熟时体长 32～36mm，头部较小，褐色，胴部乳白色，各体节多皱褶，密生绒毛。④蛹：长 14mm，为裸蛹，乳黄色，后端为橙黄色。

**3. 生活习性** 1 年发生 1 代，以成虫或幼虫在土中越冬。4～5 月份成虫出土活动，成虫白天活动，主要取食花蕊和花瓣，尤其在晴天无风或气温较高的 10 时至 14 时，成虫取食飞翔最烈，同时也是交尾盛期。如遇风雨天气，则栖息在花中，不大活动，日落后飞回土中潜伏，产卵。成虫喜欢在腐殖质多的土壤中和枯枝落叶层下产卵。6～7 月始见幼虫，8 月底绝迹。

**（二）铜绿丽金龟**

**1. 分布与危害** 分布广。危害杨、柳、榆、松、杉、栎、油桐、油茶、乌桕、板栗、核桃、柏、枫杨等多种林木和果树，尤其对小树幼林危害严重，被害叶呈孔洞缺刻状或被食光。

**2. 识别特征** ①成虫：体长 15～18mm，宽 8～10mm，背面铜绿色，有光泽。头部较大，深铜绿色，前胸背板为闪光绿色，密布刻点，两侧边缘有黄边，鞘翅为黄铜绿色，有光泽（彩图 4-2-46）。②卵：白色，初产时为长椭圆形，以后逐渐膨大至近球形。③幼虫：中型，体长 30mm 左右，头部暗黄色，近圆形。④蛹：椭圆形，长约 18mm，略扁，土黄色。

**3. 生活习性** 1 年发生 1 代，以 3 龄幼虫在土中越冬。翌年 5 月开始化蛹，成虫一般在 6～7 月出现。5～6 月份雨量充沛时，成虫羽化出土较早，盛发期提前。成虫昼伏夜出，闷热无雨的夜晚活动最盛。成虫有假死性和趋光性，食性杂，食量大，被害叶呈孔洞缺刻状。卵散产，多产于 5～6cm 深土壤中。幼虫主要危害林木及果树的根系。1～2 龄幼虫多出现在 7～8 月份，食量较小，9 月份后大部分变为 3 龄，食量猛增，11 月份进入越冬状态。越冬后又继续危害到 5 月。幼虫一般在清晨和黄昏由深处爬到表层，咬食苗木近地面的基部、主根和侧根。

**（三）其他金龟甲类**（表 4-2-36）

表 4-2-36 其他金龟甲类害虫

| 害虫种类 | 发生情况 |
|---|---|
| 无斑弧丽金龟 | 危害月季、紫薇、紫荆等植物。成虫群集危害花、嫩叶，致受害花畸形或死亡，幼虫危害植物的根系，常常造成地上部枯萎。成虫体深蓝色带紫，有绿色闪光，第 1～5 腹节两侧具白色毛斑，臀板外露，无白色毛斑。幼虫弯曲呈 C 形，头黄褐色，体多皱褶。华北地区 1 年发生 1 代，以 2 龄幼虫在土深 24～35cm 处越冬。翌年春季土温回升后，越冬幼虫向上移动，危害草根。成虫羽化后喜食寄主幼芽嫩叶、花蕾和花冠，造成花朵凋谢，落花落果。成虫为日出型，以上午和傍晚最为活跃，夜间潜伏。7～8 月成虫产卵于土壤中 |

（续）

| 害虫种类 | 发生情况 |
|---|---|
| 中华弧丽金龟 | 危害金叶女贞、紫藤、月季等植物。成虫食叶成不规则缺刻或孔洞，严重的仅残留叶脉，有时食害花或果实；幼虫危害地下组织。成虫体长椭圆形，体色一般深铜绿色，有光泽。鞘翅浅褐色或草黄色，四缘常呈深褐色，足同于体色或黑褐。幼虫体白色，头部橙黄或褐色，上颚发达；体呈圆筒形，腹部末节向腹面弯曲，呈 C 形，具发达的胸足，体的各节有皱褶，腹部后端粗大。1 年发生 1 代，多以 3 龄幼虫在 30～80cm 土层内越冬。翌年春季 4 月上移至表土层危害，6 月老熟幼虫开始化蛹，成虫于 6 月中下旬至 8 月下旬羽化，7 月是危害盛期 |
| 白斑花金龟 | 危害樱花、月季、木槿、海棠、碧桃、杏、金针菜等花木。主要以成虫咬食寄主的花、花蕾和果实。成虫古铜色带有绿紫色金属光泽。中胸后侧片发达，顶端外露在前胸背板与翅鞘之间。前胸背板有斑点状斑纹，翅鞘表面有云片状由灰白色鳞片组成的斑纹。幼虫头较小，褐色，胴部粗胖，黄白色或乳白色。1 年发生 1 代，以中龄或近老熟幼虫在土中越冬。成虫每年 6～9 月出现，7 月初至 8 月中旬为发生危害盛期。成虫将卵产在腐草堆下、腐殖质多的土壤中、鸡粪里，幼虫一般不危害寄主的根部 |

观察与识别：取金龟甲类昆虫标本，观察其成虫及幼虫的形态特征。

### （四）金龟甲类的防治措施

**1. 消灭成虫**

（1）金龟子一般都有假死性，可于早晚气温不太高时振落捕杀。

（2）夜出性金龟子大多数都有趋光性，可设黑光灯诱杀。

（3）利用性激素诱捕金龟，如苹毛丽金龟、小云斑鳃金龟等效果均较明显，有待于进一步研究应用。

（4）成虫发生盛期（应避开花期）可喷洒 40.7％乐斯本乳油 1 000～2 000 倍液。

**2. 除治蛴螬**

（1）加强苗圃管理，圃地勿用未腐熟的有机肥或将杀虫剂与堆肥混合施用冬季翻耕，将越冬虫体翻至土表冻死。

（2）可用 50％辛硫磷颗粒剂 30～37.5kg/hm² 处理土壤。

（3）苗木出土后，发现蛴螬危害根部，可用 50％辛硫磷 1 000～1 500 倍液灌注苗木根际。灌注效果与药量多少关系很大，如药液被表土吸收而达不到蛴螬活动处，效果就差。

（4）土壤含水量过大或被水久淹，蛴螬数量会下降，可于 11 月前后冬灌，或于 5 月上中旬生长期间适时浇灌大水，均可减轻危害。

### 三、金针虫类

金针虫是叩头甲幼虫的统称，属于鞘翅目、叩头甲科，种类较多。金针虫幼虫危害刚发芽的种子和幼苗的根部，造成缺苗断垄，成虫食叶呈缺刻状。常见的种类有沟金针虫（*Pleonomus canaliculatus*）与细胸金针虫（*Agriotes fuscicollis*）。

#### （一）沟金针虫与细胸金针虫

**1. 分布与危害** 金针虫又名铁丝虫、黄夹子虫，属鞘翅目、叩头甲科。金针虫是叩头甲类幼虫的统称，有多种，常在苗圃中咬食苗木的嫩茎、嫩根或种子。幼苗受害后逐渐枯死。危害园林植物最常见有沟金针虫（彩图 4-2-47）和细胸金针虫 2 种。

**2. 识别特征** 金针虫身体细长，圆柱形，略扁，皮肤光滑坚韧，头和末节特别坚硬，颜色多数是黄色或黄褐色。

**3. 生活习性** 生活在土壤中，取食植物的根、块茎和播种在地里的种子。它们在土壤中的活动显然比蛴螬要灵活得多。1年中也随气温的变化，在土壤中作垂直迁移，所以危害主要在春、秋两季。

观察与识别：取金针虫类昆虫标本，观察其成虫及幼虫的形态特征。

（二）金针虫类防治措施

**1. 食物诱杀** 利用金针虫喜食甘薯、马铃薯、萝卜等习性，在发生较多的地方，每隔一段挖1个小坑，将上述食物切成细丝放入坑中，上面覆盖草屑，可以大量诱集，然后每天或隔天检查捕杀。

**2. 翻耕土地** 结合翻耕，检出成虫或幼虫。

**3. 药物防治** 用50％辛硫磷乳油1 000倍液喷浇苗间及根际附近的土壤。

**4. 毒饵诱杀** 用豆饼碎渣、麦麸等16份，拌和90％晶体敌百虫1份，制成毒饵，具体用量为15～25kg/hm²。

**四、蟋蟀类**

蟋蟀类属于直翅目、蟋蟀科。以大蟋蟀（*Brachytrypes portentosus*）较为常见。

（一）大蟋蟀

**1. 分布与危害** 分布于广东、广西、云南、福建和台湾等地。成虫和若虫均危害，在它生活的地区，几乎所有园林植物均可被害。主要危害木麻黄、油茶、桉、人面子、台湾相思、大叶相思等多种幼苗，是重要的苗圃害虫。

**2. 识别特征** ①成虫：体长 40～50mm，黄褐或暗褐色。头较前胸宽。触角丝状，长度比体稍长。前胸背板中央有1条纵线，其两侧各有1个颜色较浅的楔形斑块。足粗短，后足腿节强大，胫节具2列4～5个刺状突起。②若虫：外形与成虫相似，体色较浅，随虫龄的增长而体色逐渐转深（图4-2-2）。

**3. 生活习性** 1年发生1代，以3～5龄若虫在洞内越冬。翌年3～4月开始活动，5～7月羽化，6～7月间成虫盛发，且开始产卵，9月为产卵盛期，同时若虫开始出现。成虫在10月间开始陆续死亡。10～11月若虫亦常出土危害，12月初若虫开始越冬。此

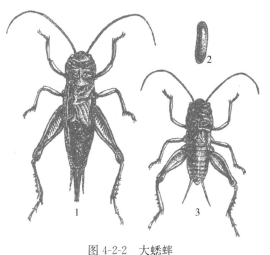

图 4-2-2 大蟋蟀
1. 成虫 2. 卵 3. 若虫

虫多发生于沙壤土、沙土、植被稀疏或裸露、阳光充足的休闲地、荒芜地或全垦林地、沿海等地，潮湿壤土或黏土很少发生。

观察与识别：取蟋蟀类昆虫标本，观察其成虫及幼虫的形态特征。

（二）蟋蟀类的防治措施

（1）毒饵诱杀。用敌敌畏、辛硫磷等拌炒过的米糠、麦麸或炒后捣碎的花生壳，或切碎的蔬菜叶，施于其洞口附近，或直接放在苗圃的株行间，诱杀成虫或若虫。用毒饵诱杀，最

好在播种前或者苗木出土前进行，效果较好。

（2）白天寻找大蟋蟀洞穴，拨开洞口封土，滴入数滴煤油，然后灌入水，或用80％敌敌畏乳油1 000倍液、1％阿维菌素乳油2 000～3 000倍液灌入洞内，使其爬出或死于洞中。

### 五、地老虎类

地老虎类属鳞翅目、夜蛾科。其中以小地老虎（*Agrotis ypsilon* Rottemberg）分布最广，危害最严重。以小地老虎为例说明。

#### （一）小地老虎

**1. 分布与危害**　分布比较普遍，其严重危害地区为长江流域、东南沿海各省，在北方分布在地势低洼、地下水位较高的地区。小地老虎食性很杂，幼虫危害寄主的幼苗，从地面截断植株或咬食未出土幼苗，亦能咬食植物生长点，严重影响植株的正常生长。

**2. 识别特征**　①成虫：体长18～24mm，前翅暗褐色，肾状纹外有1个尖长楔形斑，亚缘线上也有2个尖端向里的楔形斑；后翅灰白色，翅脉及边缘黑褐色，缘毛灰白色。②卵：0.50～0.55mm，半圆球形。③幼虫：体长37～50mm，灰褐色，各节背板上有2对毛片；臀板黄褐色，有深色纵线2条。④蛹：长约20mm，赤褐色，有光泽，末端有刺2个（图4-2-3）。

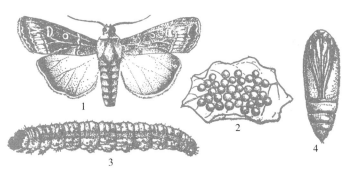

图 4-2-3　小地老虎
1. 成虫　2. 卵　3. 幼虫　4. 蛹

**3. 生活习性**　小地老虎在全国各地1年发生2～7代。关于小地老虎越冬虫态问题，至今尚未完全了解清楚，一般认为以蛹或老熟幼虫越冬。小地老虎发生期依地区及年度不同而异，1年中常以第1代幼虫在春季发生数量最多，造成危害最重。

小地老虎成虫对黑光灯有强烈趋性，对糖、醋、蜜、酒等香、甜物质特别嗜好，故可设置糖醋液诱杀。成虫补充营养后3～4d交配产卵，卵散产于杂草或土块上。白天潜伏于杂草或幼苗根部附近的表土干、湿层之间，夜出咬断苗茎，尤以黎明前露水未干时更烈，把咬断的幼苗嫩茎拖入土穴内供食。当苗木木质化后，则改食嫩芽和叶片，也可把茎干端部咬断。如遇食料不足则迁移扩散危害，老熟后在土表5～6cm深处做土室化蛹。

对小地老虎发生影响的主要是土壤湿度，以15％～20％土壤含水量最为适宜，故在长江流域因雨量充沛，常年土壤湿度大而发生严重。沙土地、重黏土地发生少，沙壤土、壤土、黏壤土发生多。圃地周围杂草多亦有利其发生。

*观察与识别：取地老虎类昆虫标本，观察其成虫及幼虫的形态特征。*

#### （二）地老虎类的防治措施

（1）及时清除苗床及圃地杂草，减少虫源。

（2）诱杀成虫。①在春季成虫羽化盛期，用糖醋液诱杀成虫。糖醋液配制比为糖6份、醋3份、白酒1份、水10份加适量敌敌畏，盛于盆中，于近黄昏时放于苗圃地中。②用黑光灯诱杀成虫。

（3）在播种前或幼苗出土前，用幼嫩多汁的新鲜杂草 70 份与 25％西维因可湿性粉剂 1 份配制成毒饵，于傍晚撒于地面，诱杀 3 龄以上幼虫。

（4）人工捕杀。清晨巡视苗圃，发现断苗时，刨土捕杀幼虫。

（5）药杀幼虫。幼虫危害期，喷洒 75％辛硫磷乳油 1 000 倍液；也可用 50％辛硫磷乳油 1 000 倍液喷浇苗间及根际附近的土壤。

## 六、种蝇类

种蝇又称为根蛆、地蛆，是指危害农林植物地下部分的花蝇科昆虫。常见的有种蝇（*Hylemyia platura* Meigen）、葱蝇（*Dalia antigua* Meigen）、萝卜蝇（*Dalia floralis* Meigen）。以种蝇为例说明。

（一）种蝇

**1. 分布危害**　种蝇分布于全国各地。以幼虫危害月季、蔷薇、玫瑰、杜鹃以及多种草本花卉的种子、幼根及嫩茎，轻者缺苗断垄，重者毁种重播。此外，盆花也常受到该虫的危害，造成植株枯萎，影响观赏价值，也有碍卫生。

**2. 识别特征**　①成虫：体长 4～6mm，头部银灰色，体暗褐色，胸部背板有 3 条明显的黑色纵纹。翅透明。腹部背面有 1 条纵纹，各腹节间均有 1 条黑色横纹，全身有黑色刚毛。②幼虫：老熟时体长 7～10mm，蛆状腹末有 7 对肉质突起（图 4-2-4）。

**3. 生活习性**　1 年发生 2～4 代。以蛹在土中越冬。翌年春季越冬幼虫开始活动取食，翌年 4 月羽化，成虫白天活动，有趋粪肥习性。卵多产在土壤中。初孵幼虫危害种子或幼根、嫩茎，以 4～5 月危害最严重，老熟后在土壤中化蛹。

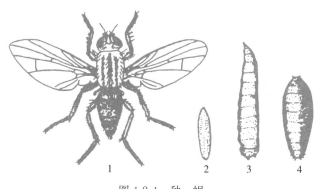

图 4-2-4　种　蝇
1. 成虫　2. 卵　3. 幼虫　4. 蛹

观察与识别：取种蝇类昆虫标本，观察其成虫及幼虫的形态特征。

（二）种蝇类的防治措施

（1）深施充分腐熟的有机肥，及时清除受害植株，集中处理。

（2）成虫发生期，用糖醋液诱杀。

（3）药剂防治。喷施 5％锐劲特胶悬剂 2 500 倍液、10％虫螨腈悬浮剂 1 500 倍液防治成虫；幼虫可用 90％晶体敌百虫 1 000 倍液，或 50％辛硫磷乳油 1 500 倍液灌根。

## 七、白蚁类

白蚁属等翅目昆虫，分土栖、木栖和土木栖三大类。主要分布在长江以南及西南各省。在南方，危害苗圃苗木的白蚁主要是黑翅土白蚁等。以黑翅土白蚁（*Odontotermes formosa-*

*nus* shiroki）为例来说明。

（一）黑翅土白蚁

**1. 分布与危害** 黑翅土白蚁广布于华南、华中和华东地区。黑翅土白蚁营巢于土中，取食苗木的根、茎、并在树木上修筑泥被，啃食树皮，亦能从伤口侵入木质部危害。苗木被害后生长不良或整株枯死。

**2. 识别特征** 黑翅土白蚁为社会性多型态昆虫，每个蚁巢内有蚁王、蚁后、工蚁、兵蚁和生殖蚁等。其中生殖蚁即由有翅型发育而成（图 4-2-5）。

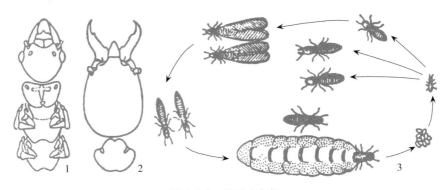

图 4-2-5 黑翅土白蚁
1. 有翅成虫头部、胸部 2. 兵蚁头部 3. 生活史示意

**3. 生活习性** 黑翅土白蚁栖于生有杂草的地下，有翅成虫于 3 月初出现于蚁巢内，4～6 月在靠近蚁巢附近的地面出现成群的分群孔。经过分飞和脱翅的成虫，雌雄配对钻入地下建新巢，成为新巢的蚁王和蚁后。工蚁数量是全巢最多的，巢内的一切主要工作，如筑巢、修路、抚育幼蚁、寻找食物等，皆由工蚁负担。兵蚁保卫蚁巢，每遇外敌即以强大的上颚进攻，并能分泌一种黄褐色液体。黑翅土白蚁的取食活动有明显的季节性。有翅蚁有分飞时有强烈的趋光性。

*观察与识别：取白蚁类昆虫标本，观察其成虫及幼虫的形态特征。*

（二）白蚁类的防治措施

（1）加强栽培管理措施，促进苗木生长。

（2）播种时用 50％氯丹乳剂 400 倍液浸种，或用 0.3～0.4kg 氯丹乳剂兑水 1 000kg 淋浇于圃地上，可驱杀白蚁。苗木生长期受害，可用 75％辛硫磷 800～1 000 倍液淋根保苗。

（3）挖巢灭蚁。根据泥被、蚁路、地形、分群孔等特征寻找蚁巢；另外，在 6～8 月寻找鸡枞菌，凡是地面上有鸡枞菌的地方，地下常有蚁巢，据此，可以判断蚁巢位置，挖巢灭蚁。

（4）在白蚁分飞期，用灯光诱杀。

（5）食饵诱杀。在白蚁发生时，于被害处附近，挖 1 个深 30cm、长 40cm、宽 20cm 的诱集坑。然后把桉树皮、甘蔗渣、松木片等捆成小束，埋入坑内作诱饵，其上洒以稀薄的红糖水或米汤，上面再覆 1 层草。过一段时间检查，如发现有白蚁诱来，可向坑内喷灭蚁灵，使蚁带药回巢，大量杀死白蚁。

（6）药剂防治。将 80％氟硅菊酯乳油稀释 10 000 倍喷雾；或将 5％乳油稀释 50～100 倍液进行土壤或木材表面处理，可有效地驱除白蚁。

【任务考核标准】 见表 4-2-37。

表 4-2-37 地下害虫综合防治任务考核参考标准

| 序号 | 考核项目 | 考核内容 | 考核标准 | 考核方法 | 标准分值 |
|---|---|---|---|---|---|
| 1 | 基本素质 | 学习工作态度 | 态度端正，主动认真，全勤，否则将酌情扣分 | 单人考核 | 5 |
| | | 团队协作 | 服从安排，与小组其他成员配合好，否则将酌情扣分 | 单人考核 | 5 |
| 2 | 专业技能 | 地下害虫的形态与危害状识别 | 能够准确描述所发生害虫的危害状与虫态识别要点，所述与实际不符的酌情扣分 | 单人考核 | 20 |
| | | 地下害虫发生情况调查 | 基本能够描述出害虫发生的种类与发生状况，所述与实际不符的酌情扣分 | 以小组为单位考核 | 20 |
| | | 地下害虫综合防治方案的制订与实施 | 综合防治方案与实际相吻合，符合绿色无公害的原则，可操作性强。否则将酌情扣分 | 单人制订综合防治方案 | 25 |
| 3 | 职业素质 | 方法能力 | 独立分析和解决问题的能力强，能主动、准确地表达自己的想法 | 单人考核 | 5 |
| | | 工作过程 | 工作过程规范，有完整的工作任务记录，字迹工整 | 单人考核 | 10 |
| | | 自测训练与总结 | 及时准确完成自测训练，总结报告结果正确，电子文本规范，体会深刻，上交及时 | 单人考核 | 10 |
| 4 | | | 合计 | | 100 |

【相关知识】

地下害虫综合防治要点

地下害虫种类多，食性杂，发生期长，尤以春、秋季节危害重，且隐蔽性强，多在地下或地面活动危害，是较难防治的一类害虫。因此，防治上应贯彻预防为主，综合治理的植保方针，根据虫情，因时因地制宜，协调采取各项措施，将地下害虫控制在经济允许水平以下，最大限度地减少危害。

（一）栽培管理措施防治

**1. 轮作倒茬** 有条件的地方可实行水旱轮作，可有效避免或减轻地下害虫的危害。

**2. 深耕细耙** 秋季深耕细耙，经机械杀伤及风冻、天敌取食等作用，有效减少土壤中各种地下害虫的越冬虫口基数。春耕耙耢，可消灭地表的地老虎卵粒、土中的油葫芦卵以及上升至表土层的蛴螬、蝼蛄、金针虫等，从而减轻危害。

**3. 合理施肥** 施用充分腐熟的有机肥，能有效抑制蝼蛄、金龟甲等产卵；碳酸氢铵、腐殖酸铵、氨水、氨化磷酸钙等化肥深施，既提高肥效，又能因腐蚀、熏蒸作用杀伤一部分种蝇、蛴螬等地下害虫。

**4. 适时灌水** 适时进行春灌和秋灌，可以恶化地下害虫生活环境，起到淹杀、抑制活动、推迟出土或迫使下潜，减轻危害的作用。

**5. 清除杂草** 早春铲除地边、路旁、沟坎的杂草寄主，可消灭减少多种地下害虫。

### （二）人工除杀

春、秋翻耕时人工拣除蛴螬、金针虫等地下害虫；春雨后查找隧道，挖窝，毁卵，灭蝼蛄。4～6月傍晚摇树捉杀金龟甲；结合中耕除草捕捉象甲；清晨在被害株周围逐株检查，人工捕捉蛴螬、地老虎；也可于傍晚放置新鲜泡桐叶诱集小地老虎高龄幼虫，次日清晨捕杀之；蝼蛄多的地块可挖 $30cm \times 30cm \times 20cm$ 的土坑若干，内放新鲜湿润马粪并盖草，每日清晨捕杀。

### （三）物理防治

在植物生长季节，利用黑光灯、高压电网黑光灯及频振式杀虫灯等诱杀地老虎成虫、金龟甲、叩头甲、东方蝼蛄及蟋蟀等害虫，可有效减少田间虫口密度。

### （四）生物防治

利用昆虫病原线虫制剂——绿草宝或新线虫 DD-136 制剂，用量为 $22.2 \times 10^{10}$ 头/$hm^2$；或用卵孢白僵菌处理土壤，用量为每毫升含有 $10^7 \sim 10^8$ 个孢子；或用金龟子芽孢杆菌，防治蛴螬，均有良好防效。

利用大黑臀钩土蜂防治蛴螬及金龟甲，利用颗粒体病毒防治黄地老虎等技术也应大力推广。

### （五）药剂防治

**1. 土壤处理** 结合播前整地，进行土壤药剂处理。选用50％辛硫磷乳油 $4.5kg/hm^2$，加水750kg均匀喷洒地面，然后整地播种；也可选用5％辛硫磷颗粒剂 $37.5kg/hm^2$，拌 $300\sim375kg$ 细沙或煤渣撒施。

**2. 药剂拌种** 选用种子质量0.1％～0.2％的50％辛硫磷或40％乐果乳油等药剂，加种子质量10％的水稀释，均匀喷拌于种子上，堆闷6～12h，待药液吸干后播种，可防金针虫、蛴螬、地蛆、象甲等危害种芽。选用的药剂和剂量应进行拌种发芽试验，防止降低发芽率及发生药害。

**3. 毒饵诱杀** 50％辛硫磷乳油 $0.3\sim0.75kg/hm^2$ 加适量水，拌入 $30\sim75kg$ 碾碎炒香的油渣或米糠、麸皮等饵料中制成毒饵，于无风闷热的夜晚撒放在已出苗的田块或苗床上，对蝼蛄、蟋蟀及大地老虎幼虫有良好诱杀效果。对小地老虎还可以用50％敌敌畏乳油 $15kg/hm^2$ 加水75kg，喷拌 $3\,000kg$ 干沙，于傍晚撒在苗根附近。也可选用90％晶体敌百虫 $0.75\sim1.5kg/hm^2$ 加适量水，喷拌 $22.5\sim37.5kg$ 事先煮半熟晾凉的秕谷制成毒谷，播种时拌入种子中可防止蝼蛄危害种子和幼苗。

**4. 糖醋液诱杀** 地老虎、种蝇成虫均对糖醋液有较强趋性，可用其进行诱杀。诱液配方：糖、醋、酒、水按 $3:4:1:2$ 的比例混匀，加入总量1％的敌百虫或吡虫啉。

**5. 药液浇根** 苗期蛴螬、地老虎、金针虫、种蝇危害较重时，可进行药液浇根，用不带喷头的喷壶或拿掉喷片的喷雾器向植株根际喷药液。可选用50％辛硫磷乳油 $1\,000$ 倍液，或80％敌百虫可溶性粉剂 $600\sim800$ 倍液，或80％敌敌畏乳油 $1\,500$ 倍液。

**6. 毒草诱杀** 将新鲜莴苣叶、苜蓿、小白菜、刺菜、旋花等切碎，用90％晶体敌百虫 $500\sim800$ 倍液喷拌后制成毒饵，按 $10\sim15kg/hm^2$ 用量，于傍晚分成小堆置放田间，可毒杀小地老虎大龄幼虫及蟋蟀等。

**7. 喷药防治** 地老虎幼虫3龄前、金龟甲盛发期、种蝇成虫及初孵幼虫期、蟋蟀成若虫盛期、象甲成虫危害期可喷洒药剂进行防治。可选用80％敌百虫可溶性粉剂或50％辛硫磷乳油，也可选用40％乐果乳油1 500倍液、20％灭扫利乳油2 000倍液加水喷雾。

【关键词】

食叶类害虫、吸汁类害虫、蛀干害虫、地下害虫、分布与危害、识别特征、生活习性、防治措施

【项目小结】

本项目主要讲解与实训食叶类害虫、吸汁类害虫、蛀干害虫、根部害虫的分布与危害、识别特征、生活习性以及防治措施。

食叶类害虫主要包括袋蛾类、刺蛾类、尺蛾类、灯蛾类、毒蛾类、叶甲类等，其共同特征是用咀嚼式口器将将叶片咬成缺刻、空洞，严重时将叶片吃光，不仅大大降低观赏价值，而且还严重影响花木的长势。如美国白蛾、大袋蛾等害虫，在危害严重时，几乎将所危害的植物叶片全部吃光，甚至吃掉第2次发生的新叶，造成花木枝条坏死或整株死亡。

吸汁类害虫是园林植物上发生最频繁、危害最严重的一类害虫，其重要种类蚜、螨、蚧、粉虱、木虱、叶蝉等害虫，用刺吸式（锉吸式）口器吸收植物的汁液，不仅造成植物叶片黄化、畸形，而且诱发煤污病，传播病毒病。吸汁类害虫因个体小，发生初期被害状不明显，易被人们忽视。

枝干类害虫包括天牛、吉丁虫、透翅蛾、木蠹蛾、蠹虫、象甲等种类，因其主要在枝干内部取食，危害场所隐蔽，防治效果往往不太理想，有些种类如锈色粒肩天牛，已对山东等地的国槐构成了严重的威胁。

地下害虫包括蛴螬、地老虎、蝼蛄、金针虫、种蝇等，在地下危害植物的根系，导致地上部缺苗断垄，是园林苗圃、花圃及草坪的重要害虫，稍有不慎，就会造成苗木及草坪的大面积死亡。

园林植物害虫的防治主要抓"四期、五措施"，即抓住贯穿于"卵期、幼虫期、蛹期、成虫期"四个时期的五大类综合治理措施，即"植物检疫、园林技术措施防治、物理防治、生物防治、化学防治"措施，因地因时制宜，统筹协调。在药剂选择方面，多选用高效、低毒、低残留、无污染的药剂，对症下药，有的放矢，走综合治理与生态控制之路。

【练习思考】

一、填空题

1. 椰棕扁叶甲成、幼虫均群栖潜藏于_____内，受害部位呈现_____现象，喜欢危害_____年生的棕榈科植物。

2. 黄刺蛾前翅基半部黄色，端半部褐色，有2条暗褐色斜线，在翅尖上汇合于一点，呈_____形。

3. 舞毒蛾属于_____目、_____科，以_____在_____越冬。

4. 国槐尺蛾1年发生_____代，以_____在_____越冬。幼虫有_____习性，_____龄为暴食期。

5. 温室白粉虱成虫对_____色和_____色有强烈趋性，但忌避_____色。

6. 蚜虫常引起枝叶变色、皱缩，还大量分泌_____，影响植物正常的_____

作用,并诱发_____病的发生,有些种类还是_____和_____的重要传播媒介。

7. 介壳虫进行化学防治的有利时机是_____。

8. 梨冠网蝽又名_____,华北 1 年发生_____代,华中、华南 1 年发生_____代。

9. 缨翅目害虫通称_____,口器为_____。

10. 朱砂叶螨又名_____,北方主要以_____越冬,南方以_____越冬。

11. 金龟子幼虫俗称_____,吉丁虫幼虫俗称_____,尺蛾幼虫俗称_____。

12. 蛀干害虫主要以_____危害植物的茎干,同时形成_____,影响植株的_____输送。蛀干害虫往往随_____、_____、_____等途径蔓延,必须严格执行检疫制度。

13. 松突圆蚧属于_____目、_____科,主要寄生于_____危害,1989 年广东省从日本引进了_____,有效地控制该虫的发生。

二、选择题

1. 以下属于食叶害虫的是(    )。
    A. 竹织叶野螟        B. 介壳虫        C. 黄褐天幕毛虫        D. 霜天蛾

2. 舞毒蛾是危害园林植物的重要害虫之一,其食性为(    )。
    A. 单食性        B. 寡食性        C. 多食性        D. 腐食性

3. 有利于螨类发生的气候条件是(    )。
    A. 春季高温干旱少雨                B. 春季雨量充沛
    C. 夏季高温                        D. 夏季多雨

4. 以下属于吸汁害虫的是(    )。
    A. 月季长管蚜        B. 梨冠网蝽        C. 花蓟马        D. 蔷薇三节叶蜂

5. 吸汁害虫的危害状包括(    )。
    A. 缺刻和孔洞        B. 叶片皱缩        C. 形成虫瘿        D. 植株萎蔫

6. 幼虫体背有哑铃形紫褐色斑的害虫是(    )。
    A. 丽绿刺蛾        B. 黄刺蛾        C. 扁刺蛾        D. 桑褐刺蛾

7. 下列害虫中,蛀干害虫是(    )、食叶害虫是(    )、刺吸害虫是(    )。
    A. 蛴螬        B. 白杨透翅蛾        C. 棉卷叶野螟        D. 小绿叶蝉

8. 幼虫体背有哑铃形紫褐色斑的害虫是(    )。
    A. 桑褐刺蛾        B. 扁刺蛾        C. 黄刺蛾        D. 丽绿刺蛾

9. 以成虫越冬的是(    ),以蛹越冬是的(    ),以幼虫越冬的是(    ),以卵越冬的是(    )。
    A. 绿盲蝽        B. 小绿叶蝉        C. 玉带凤蝶        D. 棉古毒蛾

10. 大蟋蟀在广东地区 1 年发生(    )代。
    A. 1        B. 2        C. 3        D. 4

11. 护囊光滑,灰白色,织结紧密的是(    )。
    A. 茶袋蛾        B. 桉袋蛾        C. 白囊袋蛾        D. 大袋蛾

12. 月季叶蜂的腹足(    )对。

A. 3 B. 4 C. 5 D. 6

13. 属于检疫性害虫的是( )。

A. 白兰台湾蚜 B. 松材线虫病 C. 美国白蛾 D. 星天牛

三、问答题

1. 园林植物叶部害虫、吸汁害虫的危害特点是什么？

2. 本地区常见的园林植物叶部害虫、吸汁害虫有哪些？其生活习性怎样？

3. 结合实验实习或现场教学识别本地区常见的园林植物叶部害虫和吸汁害虫。

4. 如何开展园林植物叶部害虫的综合治理工作？结合实际进行操作。

5. 吸汁类害虫有哪些共同特性？

6. 如何防治蚜虫？应注意哪些问题？

7. 防治介壳虫有哪些关键措施？

7. 危害园林植物的螨类主要有哪些种类？怎样防治？

8. 天牛类害虫有哪些？如何防治？

9. 本地区经常发生的金龟子是哪几种？根据其生活习性及发生规律制订防治方案。

10. 根部害虫的发生特点是什么？

11. 如何配制毒饵诱杀蝼蛄和地老虎？

12. 针对本校园园林植物害虫发生现状，谈谈如何组织防治？

13. 结合实验、实习，识别本地区常见的园林植物害虫种类。

【信息链接】

**一、柴油乳剂防治介壳虫效果好**

介壳虫是园林植物上的一类重要害虫，因其体表覆盖一层蜡质介壳，因而一般农药往往难以奏效，被称为园林植物"癌症"。本教材主编从1991年起，采用自配的柴油乳剂防治花木介壳虫效果良好。具体做法是：在10月份，将含油60%的柴油乳剂母液稀释成3%的药液进行喷洒，对于危害樱花的桑白蚧以及危害大叶黄杨的卫矛矢尖蚧等效果良好，但对危害紫薇的紫薇绒蚧效果较差。在草本植物上易出现药害，应慎重使用。

**二、管氏肿腿蜂防治双条杉天牛效果好**

近年来，双条杉天牛在山东半岛地区危害龙柏、蜀桧等柏类植物上危害逐年加重，有的区域已泛滥成灾，采用常规措施，效果较差。从2001年起，山东青岛、潍坊、青州等地相继引进管氏肿腿蜂控制双条杉天牛，有良好的效果。该法简单、方便、有效，且绿色环保、无公害，值得大力推广。

**三、阻隔法防治草履蚧**

在草履蚧若虫上树前，可采用薄膜、药带阻隔法进行防治。通常用薄膜、药带宽度在15cm左右，环绕树干，在其下方涂药环（通常为废机油2份、黄油5份、2.5%敌杀死0.01份混合液）

**四、音乐灭虫法**

昆虫学家为了消灭蝼蛄，试验了一种声诱法。用灵敏的录音机，先将雄蝼蛄唱的情歌一首首的录下来，然后需要时在晚间于田野中大音量进行播放，在这雄壮多情的歌声感召下，雌虫成群结队地奔向录音机，然后予以消灭，使植物得到了保护。

## 【案例分析】

### 案例一　杜梨瘿螨的识别与防治

2007 年夏天，承德避暑山庄果园及其附近不少杜梨树叶上长有许多小疙瘩，园区工作人员担心会影响那里的苹果、梨树、桃树等多种果树的生长和产量，是给果树全面打药还是搁置不理，众说纷纭；果园领导决定找河北旅游职业学院的老师看看帮着拿个主意。河北旅游职业学院的有关专家随后进行了现场考察，查看了杜梨树上的虫叶，并查看了各类果树叶片，仅在杜梨树上发现此类危害状，初步判断为一种螨虫危害所致。专家建议经镜检和饲养观察后再采取行动。结果，经镜检观察，确定为杜梨瘿螨；经采用苹果、梨、葡萄、桃、李、山楂等多种果树枝叶活体饲养后发现，该瘿螨仅在杜梨树上能形成虫瘿，在苹果、杏、山楂、葡萄、桃、上可吸取植物汁液短暂存活，不能形成虫瘿，不能造成危害。为此，专家给出了适当的防治方案，杜梨瘿螨问题没再困扰避暑山庄果园。

原因分析及防治对策：①该瘿螨属于首次发现的一种树木害虫，但其寄主范围极其狭窄，仅有杜梨一种寄主，对其他果树不能寄生，更不能危害，因此无需在果园全面施药防治，以规避不必要的费用支出，也可防止盲目滥施农药对山庄山地生态环境的污染。②调查发现杜梨瘿螨有自然天敌圆果大赤螨、尾腺盲走螨等，对该瘿螨的种群消长有一定的抑制作用。因此一般可通过自然控制因素控制其危害，仅在虫口基数大、夏季相对干旱少雨利于其发生危害的条件下，可采用树干注射或涂干包扎阿维菌素 EC 等高效安全的生物源内吸性杀螨剂以控制其危害。

### 案例二　美国白蛾疫情的诊断与处理

2006 年秋河北省兴隆县和宽城县，发现疑似美国白蛾疫情，当地泡桐和臭椿树受害严重，且有部分美国白蛾扩散至相邻白菜等蔬菜田危害。2006 年 9 月，承德市植保植检站、河北旅游职业学院及兴隆县农业局有关专家共赴兴隆县八挂岭乡现场，在实地调查分析后进行了防治技术指导，使疫情很快得到了控制。

原因分析及防治对策：①通过实地危害状观察及对采回饲育并完成生活史的该虫检查鉴定后确定该虫就是我国的双料检疫对象美国白蛾。②实地检查及室内饲育观察均证明该虫不仅危害泡桐、臭椿等多种林木，也可危害白菜和黄瓜；因此防治美国白蛾不仅要彻底清查处理疫情发生地的相关林木，也一定不能忽略对林地周围菜地上此虫的检查及清理，以求干净彻底的歼灭之，防止其死灰复燃。

### 案例三　错把"叶螨"当"病害"

1995 年秋天，本教材主编在位于潍坊城郊的一个菊花生产基地带学生实习时，曾遇到花农拿着正面有淡黄色小点的菊花叶片，问是哪种病害，为何防治效果一直不好，怎样防治。本教材主编问其采取过何种措施。花农说是用过甲基托布津与多菌灵等多种杀菌药物，但无效果。本教材主编仔细观察"病"叶，后在叶片背面发现了叶螨，于是让花农采用杀螨药物处理后不久，"病害"便得到了控制。

原因分析及防治对策：①该叶螨虫体较小，且虫体颜色又为黄绿色，与菊花叶背的颜色相似，花农年纪又近 60 岁，眼神不佳，故误将叶螨当成了病害。②由于不是菌类感染所致，因而采用杀菌药物也就无效了。

### 案例四 错将"柏大蚜"当作"龙柏叶枯病"

龙柏叶枯病是山东等地近几年发生在龙柏绿篱上的一种常见病害，危害较重，主要发生时间为3月份，龙柏萌芽后该病便基本不再危害。2012年4月底，本教材主编接到潍坊市高新区城建局一技术人员的电话，说是"龙柏叶枯病"的控制效果不理想，龙柏绿篱仍成片死亡。本教材主编感到困惑，因为"龙柏叶枯病"的主要危害时间段早已结束，是否会是其他原因。于是带着疑问赶到了现场，经详细观察后发现，龙柏绿篱死亡不是病害引起，而是位于顶梢下端危害的柏大蚜所致。

原因分析及防治对策：①该柏大蚜位于顶梢下端，上部有枝叶覆盖，且其虫体颜色与龙柏枝条表皮颜色近似，故若无专业基础或不仔细观察，则很难发现。②错将"虫"当作了"病"，采取的应对措施也南辕北辙，结果就不难想象了。

# 项目三 园林植物病害综合防治技术

【学习目的】通过对园林植物主要真菌病害、细菌与植原体病害、病毒病害、线虫病害、生理性病害等的分布与危害、诊断要点、发病规律等内容的学习，能够制订适合当地特点的综合治理方案。

【知识目标】掌握园林植物常见病害的诊断要点、综合防治措施，熟悉其发病规律，了解当地病害的种类、分布及危害。

【能力目标】能够利用病害的症状特点及病原形态识别来诊断病害种类，同时根据病害的发病规律制订切实可行的综合治理方案。

## 工作任务4.3.1 园林植物真菌病害的综合防治

【任务目标】

掌握常见园林真菌病害的危害特征、诊断要点、发病规律，制订有效的综合治理方案，并组织实施。

【任务内容】

（1）根据工作任务，采取课堂、实训室以及校内外实训基地（包括园林绿地、花圃、苗圃、草坪等）现场相结合的形式，通过查阅资料与网上搜集，获得相关园林植物真菌病害的基本知识。

（2）利用各种条件，对园林植物真菌病害的类别与发生情况进行观察、识别。

（3）根据当地主要真菌病害发生特点，拟订出综合防治方案并付诸实施。

（4）对任务进行详细记载，并上交1份总结报告。

【教学资源】

（1）材料与器具：白粉病类、锈病类、叶斑病类、灰霉病类、霜霉病（疫病）类、枯萎病类、枝干腐烂（溃疡）病类、根部病害类、叶畸形类、煤污病类等常见园林真菌病害的新鲜标本、干制或浸渍标本；显微镜、放大镜、镊子、挑针、盖玻片、载玻片、擦镜纸、吸水纸、刀片、滴瓶、纱布、搪瓷盘、相关肥料与农药品种等。

（2）参考资料：当地气象资料、有关园林真菌病害的历史资料、园林绿地养护技术方案、病害种类与分布情况、各类教学参考书、多媒体教学课件、园林植物病害彩色图谱（纸质或电子版）、检索表、各相关网站相关资料等。

（3）教学场所：教室、实验（训）室以及园林植物真菌病害危害较重的校内外实训基地。

（4）师资配备：每20名学生配备1名指导教师。

**【操作要点】**

（1）真菌病害症状观察：分次选取真菌病害危害严重的校内外实训基地，仔细观察真菌病害的典型症状，包括叶斑、叶枯、腐烂、萎蔫、粉状物、霉状物、粒点状物、锈状物等，同时采集标本，拍摄图片。

（2）真菌病害发生、危害情况调查：根据现场病害的危害情况，确定当地真菌病害的主要类型，并拍摄相关图片。对于疑难病害，应该积极查阅资料，并结合图片、多媒体等开展小组讨论，达成共识。

（3）室内鉴定：将现场采集和初步鉴定的病害标本带至实训室，利用显微镜，参照相关资料，进一步鉴定，达到准确鉴定的目的。

（4）发病规律的了解：针对当地危害严重的主要病害类型，查阅相关资料，了解其在当地的发病规律。

（5）防治方案的制订与实施：根据病害主要类型在当地的发病规律，制订综合防治方案，并提出当前的应急防治措施，组织实施，做好防治效果调查。

**【内容与操作步骤】**

园林植物真菌病害是最常见、种类最多的一类病害，主要包括白粉病、锈病、叶斑病、灰霉病、霜霉病、疫病、枯萎病、腐烂病、溃疡病、根部病害、煤污病等。其症状类型为黑斑、褐斑、锈斑、霉斑、白粉、畸形、疮痂、枝枯、溃疡、菌核、腐烂、枯萎、肿瘤、白绢丝等。所发病害的病原大部分属于半知菌亚门、子囊菌亚门、担子菌亚门，少部分属于鞭毛菌亚门、接合菌亚门。大都采用孢子繁殖，侵入寄主的途径有直接表皮侵入、自然孔口、伤口等。通常所用的杀菌剂如甲基托布津、苯醚甲环唑等大都是用以防治真菌病害的。

## 一、白粉病类

白粉病是园林植物上发生极为普遍的一类病害。一般多发生在寄主生长的中后期，可侵害叶片、嫩枝、花、花柄和新梢。在叶片上初为褪绿斑，继而长出白色菌丝层，并产生白粉状分生孢子，在生长季节进行再侵染。重者可抑制寄主植物生长，叶片不平整，以致卷曲，萎蔫苍白。现已报道的白粉病种类有155种。白粉病可降低园林植物的观赏价值，严重者可导致枝叶干枯，甚至可造成全株死亡。

病原物的气流传播——以黄栌白粉病为例

（一）凤仙花白粉病

**1. 分布与危害**　此病在我国北京、天津、上海、河北、河南、山东、吉林、四川、江苏、安徽、浙江、福建、广东等省市均有发生。除危害凤仙花外，还可以侵染玫瑰、蔷薇、木芙蓉、大丽花、向日葵等多种观赏植物。

**2. 症状识别**　主要出现在叶片和嫩梢上，始发时病斑较小、白色、较淡，主要发生在叶片的正面，背面很少有；之后白色粉层逐渐增厚、病斑扩大，覆盖局部甚至整个叶片或植株，影响光合作用。初秋，白色粉层中部变淡黄褐色，并形成黄色小圆点，后逐渐变深而呈黑褐色。叶面出现零星的不定形白色霉斑，随着霉斑的增多和向四周扩展相互连合成片，最终导致整个叶面布满白色至灰白色的粉状薄霉层，仿佛叶面被撒上一薄层面粉。在发生霉斑的叶背面，可见到初呈黄色后变为黄褐色至褐色的枯斑，发病早且严重的叶片，扭曲畸形枯黄（彩图4-3-1）。

**3. 病原识别** 有性阶段为子囊菌亚门、单丝壳属（*Sphaerotheca balsamina* Wallr.），无性阶段为半知菌亚门、粉孢菌属（*Oidium balsamii* Mont.）侵染所致。

**4. 发病规律** 病菌以闭囊壳越冬，分生孢子借风、雨传播。高温高湿、通风透光不良、偏施氮肥时发病重。

**（二）月季白粉病**

**1. 分布与危害** 月季白粉病是世界性病害，全国各地都有发生。设施栽培的情况下发生严重，造成落叶、花蕾畸形，严重影响切花月季的产量与品质。

**2. 症状识别** 该病除在月季上普遍发生外，还可寄生蔷薇、玫瑰等。主要危害新叶和嫩梢，也危害叶柄、花柄、花托、花萼等。被害部位表面长出一层白色粉状物（即分生孢子），同时枝梢弯曲，叶片皱缩畸形或卷曲，上、下两面布满白色粉层，渐渐加厚，呈薄毡状。发病叶片加厚，为紫绿色，逐渐干枯死亡。老叶较抗病。发病严重时叶片萎缩干枯，花少而小，严重影响植株生长、开花和观赏。花蕾受害后被满白粉层，逐渐萎缩干枯。受害轻的花蕾开出的花朵畸形。幼芽受害不能适时展开，比正常的芽展开晚且生长迟缓（彩图4-3-2）。

**3. 病原识别** 病原为蔷薇单囊壳菌（*Sphaerotheca pannosa* Wallr. Lev.），属子囊菌亚门、单丝壳属。月季上只有无性阶段，无性阶段为粉孢属（*Oidium*）（图4-3-1）。

**4. 发病规律** 病菌主要以菌丝在寄主植物的病枝、病芽及病落叶上越冬。闭囊壳也可以越冬，一般较少。翌年春季病菌随病芽萌发产生分生孢子，可进行多次再侵染。病菌生长适温为18~25℃。分生孢子借风力大量传播、侵染，在适宜条件下只需几天的潜育期。1年当中5~6月及9~10月发病严重。温室栽培时可周

图4-3-1 月季白粉病
1. 症状 2. 分生孢子梗及分生孢子

年发病。该病在干燥、郁蔽处发生严重，温室栽培较露天栽培发生严重。月季品种间抗病性有差异，墨红、白牡丹、十姐妹等品种易感病，而粉红色重瓣种粉团蔷薇则较抗病。偏施氮肥、栽植过密、光照不足、通风不良等都会加重该病的发生。灌溉方式与灌溉时间也影响发病，滴灌及白天浇灌的情况下能抑制病害的发生。

**（三）紫薇白粉病**

**1. 分布与危害** 全国各地紫薇栽培地区普遍发生。发病紫薇叶片布满白粉，干枯、提早落叶，影响树势和观赏效果。

**2. 症状识别** 该病主要危害紫薇的叶片，嫩叶比老叶易感病，嫩梢和花蕾也能受害。叶片展开即可受到侵染，发病初期叶片上出现白色小粉斑，后扩大为圆形并连接成片，有时

白粉覆盖整个叶片。叶片扭曲变形，枯黄脱落。发病后期白粉层上出现由白变黄，最后变为黑色的小粒点——闭囊壳（彩图 4-3-3）。

**3. 病原识别**　病原为南方小钩丝壳菌（*Uncinuliella australiana* McAlp. Zheng et Chen），属子囊菌亚门，小钩丝壳属。

**4. 发病规律**　病菌以菌丝体在病芽或以闭囊壳在病落叶上越冬，分生孢子由气流传播，生长季节多次再侵染。该病害主要发生在春、秋两季，其中以秋季发病较为严重。

（四）其他白粉病（表 4-3-1）

表 4-3-1　其他白粉病

| 病害种类 | 发 生 概 况 |
|---|---|
| 瓜叶菊白粉病 | 主要危害叶片，也危害花蕾、花、叶柄、嫩茎等。发病初期，叶片上产生小的白色粉霉状圆斑，后期整张叶片布满白粉，造成叶片扭曲、卷缩、枯萎。苗期发病较重。发病后期病斑表面可产生黑色小粒点——闭囊壳。病菌以闭囊壳或菌丝在病叶及其他病残体上越冬。翌年气温回升时，病菌借气流和浇水传播。湿度大、通风不良时易引起该病大发生。成株在 3～4 月为发病高峰，幼苗 11 月为发病高峰 |
| 黄栌白粉病 | 主要危害叶片，也危害嫩枝。叶片被害后，初期在叶面上出现白色粉点，后逐渐扩大为近圆形白色粉霉斑，严重时霉斑相连成片，叶正面布满白粉，后变为黑褐色的颗粒状子实体（闭囊壳）。秋季叶片焦枯，影响观赏红叶。病菌以闭囊壳在落叶上或附着在枝干上越冬，也有以菌丝在枝条上越冬。病菌借风、雨传播。7～8 月为发病盛期。多雨、郁蔽、通风及透光较差时，病害发生严重 |
| 丁香白粉病 | 主要危害叶片，初期叶面产生零星粉状圆斑，后扩大成片，后期变为灰白色。病菌以菌丝体和闭囊壳在落叶上越冬，翌春产生分生孢子，随气流传播。一般 6 月中旬开始发病，延续到 10 月。病害多发生在树丛下部或背阴处的叶片上，由下部叶片向上部叶片蔓延。树丛过密，通风透光不良时，发病严重 |
| 大叶黄杨白粉病 | 危害嫩叶、嫩梢，病斑多分布于叶片正面。初期叶面散生白色小斑，后扩大愈合，病斑渐褪绿、变黄，最后变为黑褐色坏死。病菌以菌丝体在植株病组织内或产生灰色膜状菌层越冬。翌年春季，分生孢子借风、雨传播，春、夏、秋季都可发病，多雨高湿季节利于发病。高温季节发病轻，秋凉多雨季发病重。庇荫处及新梢发病重 |
| 早熟禾白粉病 | 为草坪草上的常见病害。主要危害叶片，也危害叶鞘、茎秆。发病初期，叶片产生褪绿斑点，以正面较多，后扩大为近圆形的绒絮状霉斑，初为白色，后变为灰白色、灰褐色，严重时病斑连片，组织枯黄。病菌以菌丝体和闭囊壳在病株或病残体上越冬。翌年春季，产生分生孢子或子囊孢子，随气流传播。气温在 5℃ 以下或 25℃ 以上时不发病，凉爽、潮湿及阴天时有利于发病。草层过密、互相遮阳、通风不良、偏施氮肥、干旱少雨时有利于发病。老叶较新叶发病重 |

观察与识别：取月季白粉病、黄栌白粉病等病害的盒装标本、玻片标本、新鲜标本，观察识别白粉病类的典型症状及病原形态特征。

（五）白粉病类的防治措施

（1）消灭越冬病菌，秋冬季节结合修剪，剪除病弱枝。彻底清除枯枝落叶，并集中烧毁，减少初侵染来源。

（2）休眠期喷洒 3～5 波美度的石硫合剂，消灭病芽中的越冬菌丝或病部的闭囊壳。

（3）加强栽培管理，改善环境条件。栽植密度、盆花摆放密度不要过大；温室栽培时，要注意通风透光。增施磷、钾肥，氮肥要适量。灌水最好在晴天的上午进行。灌水方式最好采用滴灌或喷灌，不要漫灌。

（4）化学防治。发病初期喷施 30% 吡唑醚菌酯悬浮剂 1 000～2 000 倍液、50% 啶酰菌胺水分散粒剂 1 500～2 000 倍液、32.5％苯甲·嘧菌酯悬浮剂 1 500～2 000 倍液、60％唑醚·代森联水分散粒剂 1 000～2 000 倍液、25％敌力脱乳油 2 500～5 000 倍液、40％福星乳油 8 000～10 000 倍液、45％特克多悬浮液 300～800 倍液、15％绿帝可湿性粉剂 500～700 倍液。温室内可用 10％粉锈宁烟雾剂熏蒸。

（5）生物制剂。近年来生物农药发展较快，BO-10（150～200 倍液）、抗霉菌素 120 对白粉病也有良好的防效。

（6）种植抗病品种。选用抗病品种是防治白粉病的重要措施之一。

二、锈病类

锈病是由担子菌亚门、冬孢菌纲、锈菌目的真菌所引起，主要危害园林植物的叶片，引起叶枯及早期早落，严重影响生长与观赏。该类病害因在病部产生大量锈状物而得名。锈病多发生于温暖湿润的春、秋季，灌溉方式不适宜，叶面凝结雾、露以及多风雨的条件下，最有利于发生和流行。常见的锈病有海棠-桧柏锈病、玫瑰锈病等。

（一）海棠-桧柏锈病

**1. 分布与危害** 我国北京、上海、江苏、安徽、云南、浙江等地都有发生。该病影响海棠、桧柏生长和观赏效果。

**2. 症状识别** 春、夏季主要危害贴梗海棠、木瓜海棠、山楂、苹果、梨等。叶面最初出现黄绿色小点，逐渐扩大呈橙黄色或橙红色有光泽的圆形油状病斑，直径 6～7mm，边缘有黄绿色晕圈，其上产生橙黄色小粒点，后变为黑色，即性孢子器。发病后期，病组织肥厚，略向叶背隆起，其上长出许多黄白色毛状物，即病菌锈孢子器（俗称羊胡子），最后病斑枯死（彩图 4-3-4）。

转主寄主为桧柏，秋、冬季病菌危害桧柏针叶或小枝，被害部位出现浅黄色斑点，后隆起呈灰褐色豆状的小瘤，初期表面光滑，后膨大，表面粗糙，呈棕褐色，直径 0.5～1.0cm，翌年春季 3～4 月遇雨破裂，膨为橙黄色花朵状（或木耳状）。受害严重的桧柏小枝上病瘿成串（彩图 4-3-5），造成柏叶枯黄，小枝干枯，甚至整株死亡。在海棠、苹果与桧柏混栽的公园、绿地等处发病严重。

**3. 病原识别** 病原为山田胶锈菌（*Gymnosporangium yamadai* Miyabe）、梨胶锈病（*G. haraeanum* Syd.），属担子菌亚门、胶锈菌属。该锈菌无夏孢子阶段。我国以梨胶锈菌为主，山田胶锈菌仅在个别省发现。二者均为转主寄生菌（图 4-3-2）。

**4. 发病规律** 病菌以菌丝体在桧柏等针叶树枝条上越冬，可存活多年。翌年春季 3～4 月

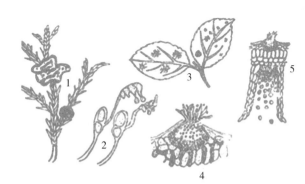

图 4-3-2 海棠-桧柏锈病
1. 菌瘿 2. 冬孢子萌发 3. 海棠叶症状 4. 性孢子器 5. 锈孢子器

份遇雨时，冬孢子萌发产生担孢子，担孢子主要借风传播到海棠上，担孢子萌发后直接侵入寄主表皮并蔓延，约 10d 后便在叶正面产生性孢子器，3 周后形成锈孢子器。8～9

月锈孢子成熟后随风传播到桧柏上，侵入嫩梢越冬。此病的发生与雨水关系密切。2种寄主混栽较近、有病菌大量存在，3～4月份雨水较多，是病害大发生的主要条件。概括来说，该病原菌的性孢子和锈孢子阶段危害贴梗海棠，冬孢子阶段发生在桧柏、龙柏、铺地柏和翠柏等转主寄主上，这2种锈菌在形态上极相似。性孢子器发生于叶面表皮下，近圆形或扁烧瓶形，成熟时突破表皮，孔口外露，并伸出许多授精丝。锈子器生于叶部病斑背面或叶柄病斑上，细圆筒形。病菌以菌丝在桧柏等病组织内越冬。

**（二）玫瑰锈病**

**1. 分布与危害**　为世界性病害，全国各地都有发生。是影响玫瑰生产的重要病害。

**2. 症状识别**　玫瑰的地上部分均可受害，主要危害叶和芽。春天新芽上布满鲜黄色的粉状物；叶背出现稍隆起黄色斑点状的锈孢子器；成熟后散出橘红色粉末。随着病情发展，叶背面出现黄色粉堆——夏孢子堆和夏孢子；秋末叶背出现黑褐色粉状物，即冬孢子堆和冬孢子。受害叶片早期脱落，影响生长和开花（图4-3-3）。

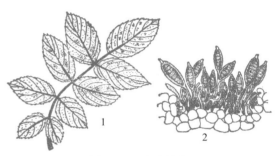

图 4-3-3　玫瑰锈病
1. 症状　2. 冬孢子堆

**3. 病原识别**　危害玫瑰的病菌种类很多，国内主要有3个种，属担子菌亚门、冬孢菌纲、锈菌目、多孢锈属（*Phrangmidium*）。即玫瑰多胞锈菌（*Phrangmidium rosae-rugprugosae* Kasai）、短尖多胞锈菌（*Phrnagmidium mucronatum* Pers. Schlecht.）和蔷薇多胞锈菌（*P. rosae-multiforae* Diet.）。

**4. 发病规律**　病菌以菌丝体在芽内和以冬孢子在发病部位及枯枝落叶上越冬。玫瑰锈病为单主寄生。翌年玫瑰新芽萌发时，冬孢子萌发产生担孢子，侵入植株幼嫩组织，4月下旬出现明显的病芽，在嫩芽、幼叶上呈现出橙黄色粉状物，即锈孢子。5月间玫瑰花含苞待放时开始在叶背出现夏孢子，借风、雨、虫等传播，进行第1次再侵染。条件适宜时叶背不断产生大量夏孢子，进行多次再侵染，造成病害流行。发病适温在15～26℃，6月、7月和9月发病最为严重。温暖、多雨、空气湿度大为病害流行的主要因素。

**（三）其他锈病**（表4-3-2）

表 4-3-2　其他锈病

| 病害种类 | 发 生 概 况 |
| --- | --- |
| 香石竹锈病 | 主要危害叶片，初期病斑呈点状亮绿色，扩展后形成粉状棕褐色的孢子堆。后期引起叶片向上卷曲，植株生长停滞、矮化。春季萌发后，产生担子或担孢子。担孢子侵染大戟属植物，在叶片上形成性孢子器和锈孢子腔。锈孢子侵染香石竹幼嫩部位及叶片 |
| 萱草锈病 | 危害花、叶、茎，初发生时产生疱状斑点，严重时整个叶片被孢子堆覆盖，叶片变黄，枯死。病菌以菌丝体或孢子在萱草上越冬。翌年在植株上形成大量夏孢子，经风、雨传播。植株密、通风差、地势低、氮肥多、高温高湿时发病重 |
| 美人蕉锈病 | 病叶初期出现黄色水渍状圆形小斑，后期小圆斑增大，并有橙黄色至褐色的疱状突起，表皮破裂，散出橘黄色粉状物（夏孢子堆），秋后病斑上产生褐色粉状物（冬孢子堆），受害严重的叶面布满病斑，病叶黄化干枯。该病在广州地区一般4月份便有发生，除炎热干燥的天气病害较轻外，10～12月份气候凉爽时，病害仍很严重 |

（续）

| 病害种类 | 发生概况 |
|---|---|
| 芍药锈病 | 该病为转主寄生病害，转主寄主为樟子松。病菌以菌丝在松属植物的感病枝干韧皮部组织中越冬。翌年春季产生锈孢子，经风传播，侵入芍药（牡丹），后产生夏孢子，以后反复侵染。5月上旬开始发病，6~7月份危害最重 |
| 菊花白色锈病 | 主要危害切花菊叶片，初期在叶片正面出现淡黄色斑点，相应叶背面出现疱状突起，由白色变为淡褐色至黄褐色，表皮下即为病菌的冬孢子堆。严重时，叶上病斑很多，引起叶片上卷，植株生长逐渐衰弱，甚至枯死白色锈病病菌在植株芽内越冬，翌年春季侵染新长出的幼苗。温暖多雨有利于发病，菊花品种间抗病性有差异。菊花白色锈病为低温型，冬孢子在温度12~20℃内适于萌发，超过24℃冬孢子很少萌发，多数菊花栽培地在夏季可以自然消灭，但在可越夏地区则可蔓延成灾。该病的发生与切花菊的品种之间关系密切 |
| 草坪草锈病 | 该病主要发生在结缕草的叶片上，发病严重时也侵染草茎。发病初期叶片上、下表皮均可出现疱状小点，逐渐扩展形成圆形或长条状的黄褐色病斑——夏孢子堆，稍隆起。发病严重时叶片变黄、卷曲、干枯，草坪景观被破坏。病菌以菌丝体或夏孢子在病株上越冬。北京地区的细叶结缕草5~6月份叶片上出现褪绿色病斑，发病缓慢，9~10月份发病严重，草叶枯黄，9月底10月初产生冬孢子堆。光照不足、土壤板结、土质贫瘠、偏施氮肥的草坪发病重。病残体多的草坪发病重 |
| 毛白杨锈病 | 该病危害植株的芽、叶、叶柄及幼枝等，造成叶片皱缩、加厚、反卷、表面密布黄色粉堆（夏孢子堆）。病菌以菌丝体在冬芽和枝梢的溃疡斑内越冬。春季，受侵冬芽开放时，形成大量夏孢子堆，成为当年侵染的主要来源。北京地区，4月上旬病芽开始出现，5~6月为发病高峰，7~8月病害平缓，8月下旬以后又形成第2个高峰期 |
| 柳树锈病 | 危害各种柳树，叶片上产生近圆形黄色斑点。夏孢子堆橙黄色，扁平粉状。冬孢子堆暗褐色，稍突起。该病菌转主寄生，转主寄主为落叶松。以夏孢子为初侵染源 |

观察与识别：取海棠-桧柏锈病、玫瑰锈病等病害的盒装标本、玻片标本、新鲜标本，观察识别锈病类的典型症状及病原形态特征。

（四）锈病类的防治措施

（1）在园林设计及定植时，避免海棠、苹果、梨等与桧柏、龙柏混栽。

（2）清除侵染来源。结合园圃清理及修剪，及时将病枝芽、病叶等集中烧毁，以减少病原。加强管理，降低湿度，注意通风透光，增施磷、钾肥，提高植株的抗病能力。

（3）3~4月冬孢子角胶化前在桧柏上喷洒1：2：100的石灰倍量式波尔多液，或50%硫悬浮液400倍液抑制冬孢子堆遇雨膨裂产生担孢子。

（4）药剂防治。发病初期可喷洒12.5%烯唑醇可湿性粉剂3 000~4 000倍液、10%世高水分散粒剂稀释3 000~4 000倍液、40%福星乳油3 000~4 000倍液、30%吡唑醚菌酯悬浮剂1 000~2 000倍液、50%啶酰菌胺水分散粒剂1 500~2 000倍液、32.5%苯甲·嘧菌酯悬浮剂1 500~2 000倍液、60%唑醚·代森联水分散粒剂1 000~2 000倍液喷雾防治。

三、叶斑病类

叶斑病是叶片组织受局部侵染，导致出现各种形状斑点病的总称。但叶斑病并非只是在叶片上发生，有些病害则既在叶片上发生，也在枝干、花和果实上发生。叶斑病的类型很多，可因病斑的色泽、形状、大小、质地、有无轮纹等不同，分为黑斑病、褐斑病、圆斑病、角斑病、斑枯病、轮斑病、炭疽病等。叶斑上往往着生有各种粒点或霉层。叶斑病聚集发生时，可引起叶枯、落叶或穿孔，以及枯枝或花腐，严重降低园林植物的观赏价值，有些叶斑病还会给园林植物造成较大的经济损失。该病为高温高湿病害，即温度高、湿度大的情况下，发病重。常见的病害有：菊花褐斑病、月季黑斑病、杜鹃角斑病、大叶黄杨褐斑病、兰花炭疽病等。

（一）菊花褐斑病

**1. 分布与危害**　又称为菊花黑斑病、斑枯病。北京、黑龙江、大连、深圳、成都等地都有发生。发生严重时，叶片枯黄，全株萎蔫，叶片枯萎、脱落，影响菊花的产量和观赏性。

**2. 症状识别**　发病初期病叶出现淡黄色褪绿斑，病斑近圆形，逐渐扩大，变紫褐色或黑褐色。发病后期，病斑近圆形或不规则形，直径可达 12mm，病斑中间部分浅灰色，边缘黑褐色，其上散生细小黑点，为病菌的分生孢子器。一般发病从下部开始，向上发展，严重时全叶变黄干枯（彩图 4-3-6、图 4-3-4）。

**3. 病原识别**　病原菌为半知菌亚门、壳针孢属菊壳针孢菌（*Septoria chrysanthemella* Sacc.）。

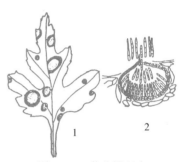

图 4-3-4　菊花褐斑病
1. 症状图　2. 分生孢子器

**4. 发病规律**　病原菌以菌丝体和分生孢子器在病残体上越冬。分生孢子器翌年吸水产生大量分生孢子借风、雨传播。温度在 24～28℃，雨水较多，种植过密条件下，该病发生比较严重。

（二）月季黑斑病

**1. 分布与危害**　月季黑斑病为世界性病害，我国各地均有发生。是月季最主要的病害。该病除危害月季外，还危害蔷薇、黄刺玫、山玫瑰、金樱子、白玉棠等近百种蔷薇属植物及其杂交种。常在夏秋季造成黄叶、枯叶、落叶，影响月季的开花和生长。

**2. 症状识别**　主要危害月季的叶片，也危害叶柄和嫩梢。感病初期叶片上出现褐色小点，以后逐渐扩大为圆形或近圆形的斑点，直径 8～10mm，边缘呈不规则的放射状，病部周围组织变黄。病斑上生有黑色小点，即病菌的分生孢子盘。严重时病斑连片，甚至整株叶片全部脱落，成为光杆。嫩枝上的病斑为长椭圆形、暗紫红色、稍下陷（彩图 4-3-7）。

**3. 病原识别**　该病由半知菌亚门、放线菌属、蔷薇放线孢菌［*Actinonema rosae*（Lib.）Fr］和半知菌亚门盘二孢属、蔷薇盘二孢菌（*Marssonina rosae* Sutton）侵染引起（图 4-3-5）。

病原物的雨水反溅传播——以月季黑斑病为例

**4. 发病规律**　病菌以菌丝和分生孢子盘在病残体上越冬。露地栽培，病菌以菌丝体在芽鳞、叶痕或枯枝落叶上越冬。温室栽培以分生孢子或菌丝体在病部越冬。分生孢子也是初侵染来源之一。分生孢子借风雨、飞溅水滴传播危害，

图 4-3-5　月季黑斑病
1. 症状　2. 分生孢子盘　3. 分生孢子

因而多雨、多雾、多露时易于发病。据试验，叶上有滞留水分时，孢子 6h内即可萌芽侵入。萌发侵入的适宜温度为 20～25℃，pH 为 7～8，潜育期 10～11d，老叶潜育期略长，为 13d。病害多从下部叶片开始侵染。气温 24℃，相对湿度 98%，多雨天气有利于发病。在长江流域一带，5～6 月和 8～9 月出现 2 次发病高峰期。在北方一般 8～9 月发病最重。

病菌可多次重复侵染，整个生长季节均可发病。植株衰弱时容易感病。雨水是病害流行的主要条件。低洼积水、通风不良、光照不足、肥水不当、卫生状况不佳等都利于发病。月季不同品种间，其抗病性也有差异，一般浅色黄花品种易感病。

（三）杜鹃角斑病

**1. 分布与危害** 又称为杜鹃叶斑病、褐斑病，在我国杜鹃花栽培地区都有发生，危害杜鹃花属植物。发病严重时，可造成大量落叶。

**2. 症状识别** 主要侵染叶片，发病初期，叶片上出现红褐色小斑点，逐渐扩大成圆形或不规则的多角形病斑，黑褐色，直径1～5mm。后期病斑中央组织变为灰白色，严重时病斑相连成片（彩图4-3-8），导致叶片枯黄、早落。湿度大时，叶斑正面生出许多褐色的小霉点，即病菌的分生孢子和分生孢子梗。

**3. 病原识别** 病原为杜鹃尾孢菌（*Cercospora rhododendri* Guba.），属半知菌亚门、尾孢属（图4-3-6）。

**4. 发病规律** 病菌以菌丝体在病叶及病残体上越冬。翌年春天，当气温适宜时形成分生孢子，借风、雨等传播，孢子遇到水滴便产生芽管，直接侵入叶片组织，或自伤口处侵入。高温多雨季节发病重。雨雾多、露水重有利于孢子的扩散和侵染，因而发病重。温室中栽培的杜鹃可常年发病。土壤黏重、通风透光性差、植株缺铁黄化时，有利于病害的发生。

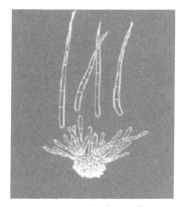

图4-3-6 杜鹃尾孢菌

（四）大叶黄杨褐斑病

**1. 分布与危害** 南方各地普遍发生，北京也有发生报道。引起大叶黄杨早期落叶，生长不良，甚至提前死亡。

**2. 症状识别** 病斑多从叶尖、叶缘处开始发生，初期为黄色或淡绿色小点，后扩展成直径5～10mm近圆形褐色斑，病斑周缘有较宽的褐色隆起，并有一黄色晕圈，病斑中央黄褐色或灰褐色，病斑有轮纹。病斑上密布黑色绒毛状小点，即病原菌的子座组织。后期几个病斑可连接成片，严重时叶片发黄脱落，植株死亡（彩图4-3-9）。

**3. 病原识别** 病原菌为坏损尾孢菌（*Cercospora destructiva* Rav.），属真菌，半知菌亚门、尾孢属。

**4. 发病规律** 病菌以菌丝体或子座组织在病叶及其他病残组织中越冬。翌年春季形成分生孢子进行初侵染。分生孢子由风雨传播。潜育期20～30d，5月中下旬开始发病，6～7月为侵染盛期，8～9月为发病盛期，并引起大量落叶。管理粗放、多雨、排水不畅、通风透光不良发病重，夏季炎热干旱、肥水不足、树势生长不良也会加重病害发生。

（五）兰花炭疽病

**1. 分布与危害** 在兰花生产地区普遍发生。兰花炭疽病是兰花上发生普遍而又发生严重的病害。主要危害春兰、蕙兰、建兰、墨兰、寒兰以及大花蕙兰、宽叶兰等兰科植物。

**2. 症状识别** 在兰花上主要危害叶片。叶片上的病斑以叶缘和叶尖较为普遍，少数发生在基部。病斑半圆形、长圆形、梭形或不规则形，有深褐色不规则线纹数圈，病斑中央灰褐色至灰白色，边缘黑褐色。后期病斑上散生有黑色小点，为病菌的分生孢子盘，病斑多发生于上中部叶片。病斑的大小、形状因兰花品种不同而有差异（彩图4-3-10）。

**3. 病原识别** 病原为兰花炭疽菌（*Colletotrichum gloeosporioides* Penz.），属半知菌亚门、炭疽菌属。

**4. 发病规律** 病菌以菌丝体及分生孢子盘在病株残体或土壤中越冬。翌年气温回升，兰花展开新叶时，分生孢子进行初侵染。病菌借风、雨、昆虫传播，进行多次再侵染。一般自伤口侵入，在嫩叶上可以直接侵入，潜育期2~3周。适宜病菌生长的温度为22~28℃，空气相对湿度95%以上，土壤pH5.5~6.0。雨水多、放置过密时发病重。每年3~11月均可发病，雨季发病重，老叶4~8月发病，新叶8~11月发病。品种不同，抗病性有所差异，墨兰及建兰中的铁梗素较抗病，春兰、寒兰不抗病，蕙兰适中。

（六）其他叶斑病（表4-3-3）

表4-3-3 其他叶斑病

| 病害种类 | 发 生 概 况 |
| --- | --- |
| 芍药红斑病 | 发病后叶片出现不规则性病斑，病斑大小在5~15mm，紫红色或暗紫色，潮湿条件下叶片背面可产生暗绿色霉层，并可产生浅褐色轮纹。发生严重时，叶片焦枯破碎，如火烧一般。病菌以菌丝体在病叶、病枝条、果壳等病残株上越冬。病菌自伤口侵入或直接从表皮侵入。潜育期6d左右。分生孢子借风、雨传播，侵染新叶、嫩梢等部位。再侵染次数很少，初侵染决定病害流行的程度。春季雨水早，雨量大，气候潮湿发病较重 |
| 香石竹叶斑病 | 多从下部老叶开始发病。发病叶片初期出现淡绿色圆形水渍状病斑，逐渐扩大成直径可达3~5mm，近圆形或长条形大病斑，后期病斑中央灰白，边缘紫色或褐色。茎上发病多在茎节或枝条分权处，病斑可环绕茎或枝条一周，造成上部枝叶枯死。花苞受害，可使花不能正常开放，并造成裂苞。病原菌主要以菌丝和分生孢子在病株和土壤中的病残株上越冬。分生孢子借气流和雨水传播。从伤口和气孔侵入。温度在21℃左右、多雨、连作、老叶多等条件易于发病 |
| 松落针病 | 多发生在1~2年生的松针上。受害初期为黄色小斑点，逐渐发展成黄色段斑，颜色加深，后期变成红褐色。晚秋针叶变黄脱落。晚秋病叶上可产生细小黑点（病菌的分生孢子器）。病原菌有性阶段为子囊菌亚门、松针散斑壳菌。无性阶段为半知菌亚门，半壳孢菌。该病菌以菌丝体在落叶或树枝病叶上越冬。子囊孢子借风、雨传播，该病菌没有再次侵染。高湿环境有利于发生 |
| 樱花褐斑穿孔病 | 受害初期出现紫褐色针状小斑点，逐渐发展为近圆形病斑，病斑外缘红褐色，中央灰白色，边缘清晰并生有轮纹。病斑直径2~5mm。发病后期病斑两面可产生灰褐色霉状物，为病菌的分生孢子器。病原菌半知菌亚门，尾孢属，核果尾孢菌。多以菌丝体在病组织中越冬。翌年春季产生分生孢子借风、雨传播。自气孔侵入发病 |
| 圆柏叶枯病 | 当年新发针叶及嫩梢发病重。发病针叶由绿变黄，最后变为枯黄色，引起针叶早落。发病严重时，树冠满布枯黄病枝叶，当年不易脱落，翌年春天掉落。病原属半知菌亚门，交链孢属，细交链孢霉。病原菌以菌丝体在病残枝条上越冬，分生孢子借气流传播，自伤口侵入。小雨有利于分生孢子的产生和侵入，小树发病较重 |
| 丁香褐斑病 | 主要危害叶片，病斑为不规则形，多角形或近圆形，病斑直径5~10mm。病斑褐色，后期病斑中央组织变成灰褐色。病斑背面可生灰褐色煤层，即病菌的分生孢子和分生孢子梗。病斑边缘深褐色。发病严重时病斑相互连接成大斑。病原菌属半知菌亚门、丝孢菌纲、尾孢属、丁香尾孢菌。病菌以子座或菌丝体在病叶上越冬，分生孢子借风雨传播。由伤口或直接侵入。秋季多雨潮湿时发病较重 |
| 紫荆角斑病 | 主要危害叶片，造成叶枯脱落。叶斑呈多角形，初期针点大小，后变为多角形，颜色为褐色或黑色，后期密生黑色小霉点，潮湿时，小粒点上生灰白色霉状物。病菌以子座或菌丝体在病落叶上越冬。翌年春季，当条件适合时，产生分生孢子由风雨传播，引起感染。雨水多的年份，发病较重 |
| 罗汉松叶枯病 | 多发生于枝梢嫩叶，初期叶片发红，病斑呈不规则形，由叶尖向叶基蔓延，造成叶片先端段状坏死。病斑后期为淡褐色。随着病害的发展，后期叶片病部的正反面均产生小黑点。病菌以分生孢子盘和菌丝体在病叶或病落叶上越冬。翌年春季，当气温上升到15℃左右时，菌丝开始生长蔓延，产生分生孢子。孢子借风、雨传播，从伤口侵入 |

（续）

| 病害种类 | 发生概况 |
|---|---|
| 散尾葵叶斑病 | 主要危害叶片，初期产生黄褐色小斑点，不规则，周围有水渍状绿色晕圈，病斑扩展相互连接成不规则形斑块。叶间叶缘发病较多，严重时叶片枯焦，干枯卷缩，似火烧状。病斑中部暗色或灰白色，边缘色深。后期，病部形成黑色小斑点。病菌以菌丝体或分生孢子盘在病叶上越冬。分生孢子借风、雨传播。密度大，病害发生严重。高温、多雨有利于发病。病菌主要从气孔与伤口侵入 |
| 蒲葵黑点病 | 主要危害叶片，初期为黄色小斑点，扩大后病斑变为圆形或长圆形，黑褐色，边缘明显，外围有黄色圈，病斑生黑色粒点，大多中部开裂。病菌以子座或菌丝体在病叶上越冬。在广州，全年皆可发病。在温暖、多雨以及栽植过密、通风不良的情况下，发病严重 |
| 南天竹叶斑病 | 为盆栽与地栽南天竹的常见病害，引起早期落叶。多从叶尖、叶缘发生，初为褐色小点，后逐渐扩大为半圆形或梭状病斑，褐色至深褐色，略呈放射状。后期在病部簇生灰绿色至深绿色煤污状的粉状物。病菌以菌丝或分生孢子盘在病叶上越冬。翌年春季，产生分生孢子，借风、雨传播 |
| 白兰黑斑病 | 主要危害叶片，造成叶片枯死、脱落。初期在叶缘或叶面产生淡紫色小斑，后逐渐扩展为圆形或不规则形大斑。病斑边缘黑褐色，有轮纹，中间灰白，斑上密生很多青褐色绒毛状的粉堆。病菌以菌丝体在病落叶上越冬。翌年春季产生分生孢子，随风、雨传播扩散。主要从伤口及自然孔口侵入，高温、高湿有利于病害发生 |
| 牡丹炭疽病 | 危害牡丹、芍药。病害严重时常使病茎扭曲畸形，幼茎受侵染后则迅速枯萎死亡。茎、叶、花和芽鳞均可受害。叶片被害，初期病斑小，圆形，中央灰白边缘红褐，后期穿孔。茎部被侵染后，病斑多呈条状溃疡，病茎常弯曲，幼茎受害则迅速枯萎，花瓣上为粉红色小斑，导致畸形花。病菌以菌丝体在病叶、病茎上越冬。翌年生长期，环境条件适宜，越冬菌丝便产生分生孢子盘和分生孢子。分生孢子借雨水传播。一般高温多雨的年份，病害发生较普遍，通常于8～9月份雨水多时发病严重 |
| 君子兰炭疽病 | 成株及幼株均可受害，多发生在外层叶基部，最初为水渍状，逐渐凹陷。发病初期，叶片产生淡褐色小斑，随着病情发展，病斑逐渐扩大呈圆形或椭圆形，病部具有轮纹，后期产生许多黑色小点，在潮湿条件下涌出粉红色黏稠物，即病菌的分生孢子。病菌以菌丝在寄主残体或土壤中越冬，翌年4月初老叶开始发病，5～6月22～28℃时发展迅速，高温高湿的多雨季节发病严重。分生孢子靠气流、风雨、浇水等传播，多从伤口处侵入。植株在偏施氮肥，缺乏磷、钾肥时发病重 |
| 茉莉炭疽病 | 主要危害叶片，有时也危害嫩梢，叶片初为褪绿小斑点，后扩大为浅褐色，圆形或近圆形病斑，直径2～10mm，病斑中央灰白色，边缘褐色，稍隆起。后期病斑上轮生稀疏的黑色小粒点。病菌以菌丝体和分生孢子在病叶上越冬。通过风、雨传播，自伤口侵入，一般夏、秋季病害较重 |
| 含笑炭疽病 | 该病常引起含笑早期落叶，枝梢枯死。初期叶片上出现针尖大小的斑点，周围有黄色晕环，后逐渐扩展为圆形或不规则形病斑，深褐色至灰白色，有轮纹状斑，边缘黑褐色，稍隆起。病斑中央散生或轮生黑褐色小点。病菌以菌丝或分生孢子在病株和病落叶上越冬。翌年5～6月份气温升高时产生分生孢子，由风、雨或气流传播，高温多雨季节发病重 |

观察与识别：取月季黑斑病、兰花炭疽病等病害的盒装标本、玻片标本、新鲜标本，观察识别叶斑病类的典型症状及病原形态特征。

**（七）叶斑病类防治措施**

**1. 加强栽培管理** 合理施肥，肥水宜充足；夏季干旱时，要及时浇灌；在排水良好的土壤上建造苗圃；种植密度要适宜，以便通风透光，降低叶面湿度；及时清除田间杂草。

**2. 清除侵染来源** 随时清扫落叶，摘去病叶，以减少侵染来源。冬季对重病株进行重度修剪，清除发病枝干上的越冬病菌。休眠期喷施3～5波美度石硫合剂。

**3. 药剂防治** 注意发病初期及时用药。可选用下列药剂：70%甲基托布津可湿性粉剂1 000倍液、10%世高水分散粒剂6 000～8 000倍液、40%福星乳油4 000～6 000倍液、70%代森锰锌可湿性粉剂800～1 000倍液、12%速保利可湿性粉剂800～1 000倍液、75%百菌清可湿性粉剂 600 倍液、10％多抗霉素可湿性粉剂 1 000～2 000 倍液、60％防霉宝超微粉剂 600 倍液、70％代森联悬浮剂 800～1 000 倍液、30％吡唑醚菌酯悬浮剂 1 000～2 000 倍液、32.5％苯甲·嘧菌酯悬浮剂 1 500～2 000 倍液、60％唑醚·代森联水分散粒剂 1 000～2 000 倍液，10～15d 喷施 1 次，连续喷施 3～4 次。

**4. 选用抗病品种**

### 四、灰霉病类

灰霉病是园林植物最常见的病害。各类花卉都可被灰霉病菌侵染。自然界大量存在着这类病原物，其中有许多种类寄主范围十分广泛，但寄生能力较弱，只有在寄主生长不良、受到其他病虫危害、冻伤、创伤、植株幼嫩多汁，抗性较差时，才会引起发病，导致植物体各个部位发生水渍状褐色腐烂。灰霉病在低温、潮湿、光照较弱的环境中易发生，因而是冬季日光温室中的常见病害。病害主要表现为花腐、叶腐、果腐，但也能引起猝倒、茎部溃疡以及块茎、球茎、鳞茎和根的腐烂，受害组织上产生大量灰黑色霉层，因而称之为灰霉病。灰霉病在发病后期常有青霉菌（*Pcnicillium* spp.）和链格孢菌（*Aternaria* spp.）混生，导致病害的加重。

**（一）非洲菊灰霉病**

**1. 分布与危害** 又称为非洲菊枯萎病，是非洲菊生产上的重要病害。主要危害花瓣，造成腐烂，影响生长，降低观赏价值。

**2. 症状识别** 危害花梗、花蕾及根颈部。花梗上初呈褐色小斑点，后病斑扩大环绕花梗，使花梗枯萎；受害花蕾初呈水渍状褐色斑，后病斑迅速扩大导致花蕾呈腐烂状。湿度高时在病组织上有灰色霉层（彩图 4-3-11）。根颈部染病后向侧面及下部扩展，引起严重的根颈腐烂。染病株地上部叶柄处出现凹陷深色长形病斑，致叶枯萎变成灰黄色，严重时植株死亡。

**3. 病原识别** 病原菌无性阶段为灰葡萄孢菌（*Botrytis cinerea* Pers. et Fr.），属半知菌亚门、葡萄孢属。有性阶段为子囊菌的富氏葡萄孢盘菌［*Botryotinia fuckeliana*（de Bary）Whezel.］。

**4. 发病规律** 病菌以菌核在土壤中或菌丝体在病残体中越冬。高湿、多雨有利于病害的发生；设施栽培中周年都可发病，温室栽培此病发生较露地重。

**（二）橡皮树灰霉病**

**1. 分布与危害** 该病是北方保护地及南方春季常见病害。主要危害幼芽及叶片，造成腐烂，影响生长，降低观赏价值。

**2. 症状识别** 在新叶未展开呈红色时就感染枯死，老叶上出现同心环褐色斑，后大片腐烂而脱落。环境潮湿时，发病部位长出灰黑色霉层（彩图 4-3-12）。病害往往使印度橡皮树出现顶枯、多头现象。

**3. 病原识别** 病原菌无性阶段为灰葡萄孢菌（*Botrytis cinerea* Pers. et Fr.），属半知菌亚门、葡萄孢属。有性阶段为子囊菌的富氏葡萄孢盘菌［*Botryotinia fuckeliana*（de Bary）Whezel.］。

**4. 发病规律** 病菌在病残体或土壤中越冬。保护地内昼夜温差较大，低温潮湿，栽培密度大时，灰霉病容易发生。浇水过多、过急或经常淋湿叶面时易发病。新梢感病腐烂后去除不及时，叶片也容易感病。

### （三）其他灰霉病（表 4-3-4）

**表 4-3-4　其他灰霉病**

| 病害种类 | 发　生　概　况 |
|---|---|
| 香石竹灰霉病 | 主要引起香石竹花瓣、花蕾腐烂枯死，有时引起茎叶腐烂。发病初期花瓣边缘出现淡褐色水渍状斑点，后褐色斑逐渐扩大，产生灰色霉层，天气潮湿时呈软腐状。病花干枯后，可长时间残留。花蕾发病后，发软腐烂，整朵花不能开放。病菌以菌核越冬，温度高易发病，保护地内发病重，组培苗较扦插苗抗病，黄花品种较红花品种抗病 |
| 唐菖蒲灰霉病 | 危害叶、花及球根，叶、花发病初期产生针头大小、水浸状斑点，不久成为淡褐色，周围带赤色或褐色的斑点，后期在病斑上能产生灰色的霉。球根发病，开始时形成水浸状病斑，后形成周围不清楚的赤褐色至暗赤色病斑，或形成周围边缘稍突起，中心略下凹的圆形病斑。不久病菌侵入球根内部，产生软腐，表面病斑也扩大，病、健部界限不清楚。末期在病斑上产生灰霉，并形成黑色不整齐的菌核 |
| 绣球灰霉病 | 主要危害花、花蕾和嫩茎。在花及花蕾上初为水渍状不规则小斑，稍下陷，后变褐腐败，病蕾枯萎后垂挂于病组织之上或附近。在温暖潮湿的环境下，病部产生大量灰色霉层。病菌以分生孢子、菌丝体在病残体及发病部位越冬。多自伤口侵入，也可由气孔或表皮直接侵入。分生孢子借风雨传播。一般在 3～5 月，温室栽培时易发生灰霉病；寒冷、多雨天气易诱发灰霉病的发生；缺钙、多氮时也加重此病的发生 |
| 牡丹灰霉病 | 可危害牡丹幼苗、叶片、茎、花芽，引起腐烂坏死。幼苗受害时，茎基呈水渍状褐色腐烂，幼苗倒伏，病部产生灰色霉层。花芽受害时变黑或花瓣枯萎，腐烂变褐。叶片、叶柄受害后，病斑圆形，紫褐色或褐色，有不规则轮纹。茎受害时易倒伏。病菌以菌核在病残体和根内越冬。翌年春季菌核萌发，产生孢子进行侵染。阴雨连绵、多雾、植株幼嫩时发病重 |
| 月季灰霉病 | 发病初期在叶缘和叶尖上有水渍状小斑，稍下陷。在花蕾上发生时，病蕾枯萎变褐色，枯萎。花受害时则部分花瓣变褐色，皱缩、腐败。在温暖潮湿的环境下，病部产生大量灰色霉层。病菌以菌丝体或菌核在病株或土壤中越冬。次年产生分生孢子借风、雨传播。高温、多雨天气易诱发灰霉病发生。栽植过密、通风透光不良、氮肥过多植株生长柔弱时，均易发病 |

观察与识别：取非洲菊灰霉病、橡皮树灰霉病等病害的盒装标本、玻片标本、新鲜标本，观察识别灰霉病类的典型症状及病原形态特征。

### （四）灰霉病类的防治措施

（1）加强栽培管理，改善通风透光条件，温室内要适当降低湿度，最好使用换气扇或暖风机，减少伤口。合理施肥，增施钙肥，控制氮肥用量。及时清除病株销毁，减少侵染来源。

（2）生长季节喷施下列杀菌剂：45％特克多悬浮液 300～800 倍液、45％噻菌灵可湿性粉剂 4 000 倍液、10％多抗霉素可湿性粉剂 1 000～2 000 倍液、50％啶酰菌胺水分散粒剂 1 500～2 000 倍液、30％吡唑醚菌酯悬浮剂 1 000～2 000 倍液、32.5％苯甲·嘧菌酯悬浮剂 1 500～2 000 倍液、60％唑醚·代森联水分散粒剂 1 000～2 000 倍液。

（3）该病在温室内发生时，因环境湿度较大，常规喷雾法往往不理想，采用烟雾剂防治效果好。可用熏灵Ⅱ号（有效成分为百菌清及速克灵）进行熏烟防治，具体用量为 0.2～0.3g/m³，每隔 5～10d 熏烟 1 次。烟剂点燃后，吹灭明火。在较小容积内熏烟，勿超过上述剂量，以免发生药害。

### 五、霜霉病（疫病）类

该病典型的症状特点是叶片正面上产生褐色多角形或不规则形的坏死斑，叶背相应部位产生灰白色或其他颜色疏松的霜霉状物，病原物为低等的鞭毛菌，低温潮湿的情况下发病重。

### （一）葡萄霜霉病

**1. 分布与危害**　葡萄霜霉病是一种世界性病害，主要危害葡萄，发病严重时可使葡萄提早落叶，甚至枯死。

**2. 症状识别**　主要危害叶片，发病初期，叶片正面出现水渍状小斑点，随病斑扩大，渐形成黄褐色或红褐色多角形病斑。环境潮湿时叶片背面对应部位生出现白色霉层。病斑较多时，病叶变黄脱落。嫩梢偶尔发病，出现油渍状斑，潮湿时嫩梢上生霜霉层，病梢扭曲变形（彩图 4-3-13）。

**3. 病原识别**　鞭毛菌亚门，单轴霉属，葡萄生单轴霉［*Plasmopara viticola*（Berk. et Curtis）Berl. et de Toni.］。

**4. 发病规律**　病菌以卵孢子和菌丝体在病落叶或土中越冬。翌年春季温度适宜时，卵孢子萌发产生孢子囊，再由卵孢子囊产生游动孢子，随雨水飞溅传播，经气孔侵染叶片。冷凉、多雨、多雾露、潮湿的天气有利于该病的发生。不同地区、不同年份的发病时期有差异。降水早而频繁、雨量大的年份和草荒重、枝叶过密、排水不良的种植区发病严重。

### （二）百合疫病

**1. 分布与危害**　分布于各百合栽培区，上海等地发生较重。

**2. 症状识别**　主要危害叶片和茎。叶片发病产生油渍状小斑，逐渐扩大成灰绿色至淡褐色病斑，潮湿时病部产生稀疏白色绵状菌丝。严重时叶和茎软腐。病茎被害处出现水渍状，褐色皱纹状条纹斑，曲折下垂，扩大后腐败，潮湿时腐败部位产生白色霉层（图 4-3-7）。

图 4-3-7　百合疫病
1. 症状　2. 孢子囊

**3. 病原识别**　病菌为寄生疫霉（*Phytophthora parasitica* Dastur），属鞭毛菌亚门，疫霉属。

**4. 发病规律**　病菌以卵孢子在土壤中越冬；降水多、排水不良时发病严重；栽培介质不同，发病率也有差异；培养土经消毒后，植株发病率最低。

### （三）其他霜霉（疫病）病（表 4-3-5）

**表 4-3-5　其他霜霉（疫病）病**

| 病害种类 | 发 生 概 况 |
| --- | --- |
| 紫罗兰霜霉病 | 受害叶片产生多角形病斑，发病初期叶片正面产生淡绿色斑块，后期变为黄褐色至褐色，潮湿条件下叶片背面长出稀疏灰白色的霜霉层。病菌也侵染幼嫩的茎和叶，使植株矮化变形。病菌以卵孢子越冬越夏，以孢子囊蔓延侵染。植株下层叶片发病较多。栽植过密，通风透光不良，或阴雨、潮湿天气发病重 |
| 虞美人霜霉病 | 苗期发病可致苗枯；成株期发病可危害叶片、茎及花，在植株下部老叶的正面产生淡褐色斑，叶背有白色、浅灰色至紫灰色霜霉层。严重时叶片变褐干枯。病菌蔓延危害茎和花，使茎扭曲变形、花不能开。在茎基部发病时可致植株死亡。病菌以卵孢子越冬、越夏，以游动孢子蔓延传播，栽植过密、通风不良、多湿、氮肥过多时易发病 |

（续）

| 病害种类 | 发 生 概 况 |
|---|---|
| 月季霜霉病 | 危害植株所有地上部分，叶片最易受害，常形成紫红色至暗褐色不规则形病斑，边缘色较深。花梗、花萼或枝干上受害后形成紫色至黑色大小不一的病斑，感病枝条常枯死。发病后期，病部出现灰白色霜霉层，常铺满整个叶片。病菌以卵孢子和菌丝在患病组织或落叶中越冬越夏。翌年春季，条件适宜时萌发产生孢子囊，随风传播。游动孢子产生后自气孔侵入进行初侵染和再侵染。湿度大有利于病害的发生与流行。露地栽培时该病主要发生在多雨季节，温室栽培时主要发生在春、秋季 |
| 蝴蝶兰疫病 | 分布于各栽培区，是蝴蝶兰的严重病害之一，受害植株常枯死。植株各部位均可发病，以叶及根茎处发病较多。初为水浸状褐色小斑点，后扩大形成腐烂大型病斑。病斑黑褐色，周缘略黄。有时病斑腐烂处着生白色霉层。末期呈黑褐色纸状干枯。病菌的游动孢子囊自根的先端及根茎处或叶片侵入，借雨水和流水传播。湿度高，易发病 |

观察与识别：取葡萄霜霉病、百合疫病等病害的盒装标本、玻片标本、新鲜标本，观察识别霜霉病类的典型症状及病原形态特征。

**（四）霜霉病类（疫病）的防治措施**

**1. 加强栽培管理**　及时清除病枝及枯落叶。采用科学浇水方法，避免大水漫灌。温室栽培应注意通风透气，控制温度、湿度。露地种植的月季也应注意阳光充足，通风透气。

**2. 药剂防治**　可选用以下药剂：1∶0.5∶240 的波尔多液、75％百菌清可湿性粉剂 800 倍液、50％克菌丹可湿性粉剂 500 倍液、58％瑞毒霉锰锌可湿性粉剂 400～500 倍液、69％安克锰锌可湿性粉剂 800 倍液、40％疫霉灵可湿性粉剂 250 倍液、木霉菌（灭菌灵）可湿性粉剂 200～300 倍液、70％氟醚菌酰胺水分散粒剂 3 000～4 000 倍液、70％代森联悬浮剂 800～1 000 倍液、30％吡唑醚菌酯悬浮剂 1 000～2 000 倍液、32.5％苯甲·嘧菌酯悬浮剂 1 500～2 000 倍液、60％唑醚·代森联水分散粒剂 1 000～2 000 倍液。

## 六、枯、黄萎病

### （一）香石竹枯萎病

**1. 分布与危害**　栽培区均有发生。我国上海、天津、广州、杭州等地均有发生。危害香石竹、石竹、美国石竹等多种石竹属植物。

**2. 症状识别**　植株一般先从下部叶片及枝条发病，引起变色、萎蔫等。并迅速向上蔓延，叶片褪色，最后变为稻草色，植株枯萎，有时植株一侧发病，而另一侧则正常生长。幼株感病后迅速死亡。纵切病茎，可看到维管束中有暗褐色条纹，从横断面可见到明显的暗褐色环纹，根部侵染后迅速向茎部蔓延，植株最终枯萎死亡。植株在生长发育的任何时期都可发病（图 4-3-8）。

**3. 病原识别**　半知菌亚门，镰刀菌属，香石竹尖镰孢（*Fusarium oxysporum* Schlecht f. sp. dianthi Snyd. et Hans）。

**4. 发病规律**　病原菌在病株残体上或土中越冬。翌年春季根、茎等病处在潮湿条件下产生子实体及分生孢

图 4-3-8　香石竹枯萎病

子，孢子借风雨、灌溉水的飞溅等传播，通过根、茎侵入植株。病菌还可借带病插条进行传播、蔓延。高温多湿有利于此病发生。栽培过程中，偏酸性土壤以及偏施氮肥的情况下，均有利于病菌的侵染和生长。广州地区4～6月为发病期。

### （二）合欢枯萎病

**1. 分布与危害** 合欢枯萎病又名干枯病。北京、河北、南京、济南等地的苗圃、绿地、公园、庭院均有发生。该病是一种毁灭性病害，严重时，造成树木枯萎死亡。

**2. 症状** 幼苗发病，植株生长衰弱，叶片变黄，以后少数叶片开始枯萎，最后遍及全株，此时根及茎基部已软腐，植株枯死。大树得病，地上部分萎蔫，病叶枯后脱落，枝条逐渐枯死，严重时全株枯死。在树枝、干横截面上可出现一整圈变色环。该病一般先从枝条基部的叶片变黄。夏末秋初，感病树干或枝的皮孔肿胀破裂，其中产生分生孢子座及大量粉色粉末状分生孢子，由枝、干伤口侵入。病斑一般呈梭形，黑褐色，下陷。发病初期病皮含水多，呈沫状流出，后期变干。病菌分生孢子座突破皮缝，出现成堆的粉色分生孢子堆。病株边材可明显看到病部变褐色（彩图4-3-14）。

**3. 病原** 半知菌亚门，镰刀菌属，为尖镰孢菌合欢专化型（*Fusarium oxysporum* f. sp. perniciosu）。

**4. 发病规律** 此病为系统侵染性病害。病菌随病株或病残体在土壤中越冬。翌年春季分生孢子，从寄主根部伤口直接侵入，也可从枝干皮层伤口侵入。从根部侵入的病菌在根部导管向上蔓延至枝干、枝条导管，造成枝枯。从枝干伤口侵入的病菌，最初树皮呈水渍状坏死，后干枯下陷。发病重时，造成黄叶、枯叶，根皮、树皮腐烂，以致全株死亡。高温、高湿有利病菌的繁殖和侵染，暴雨有利病害的扩散，干旱缺水也促使病害发生。干旱季节幼苗长势弱的5～7d即可死株，长势好的表现局部枯枝，死亡速度较慢。

### （三）其他枯、黄萎病（表4-3-6）

表4-3-6　其他枯、黄萎病

| 病害种类 | 发 生 概 况 |
| --- | --- |
| 翠菊枯萎病 | 枯萎病是翠菊上发生普遍而严重的一种病害。植株从苗期至开花期均可发生，发病后植株迅速枯萎死亡。苗期受侵染，1周内可发病，植株出现倒头，全部叶片变黄萎缩，根系常发生程度不同的腐烂。感病植株，下部叶片最先出现淡黄绿色，随即枯萎，逐渐向上发展，全株枯萎死亡。茎基部常出现褐色长条斑，剖开茎基可见维管束变褐色。有时植株仅一侧表现症状，但维管束变褐色。湿度大时，茎基部产生大量浅红色粉霉状物，此为病菌的无性繁殖体。此病在夏季高温地区表现枯萎严重，而夏季低温区则表现茎腐。病菌以菌丝体和厚垣孢子在土壤或病株残体中越冬。病菌可存活土中数年。幼苗出土后10～20d最易感病。随着木质化程度增加，病害明显减少。病菌通过土壤和灌溉水传播。在高温、多雨季节发病严重，此病常与大水漫灌、施肥不当、连作以及地下害虫的发生有关 |
| 黄栌黄萎病 | 黄栌黄萎病又称为黄栌枯萎病，是一种毁灭性病害，在黄栌生产区普遍发生，严重威胁着深秋黄栌红叶景观。危害树种主要包括：黄栌、合欢、刺槐、海棠等，其中黄栌最易感病。叶片萎蔫，一种是叶片从边缘向内逐渐变黄，叶脉仍保持绿色，部分或大部叶片脱落。还有一种是初期叶片不失绿，叶片失水萎蔫，自叶缘向内干缩、卷曲，后期才变焦枯。根、枝的横切面边材部可见褐色条纹，剥皮后可见褐色坏死线。该病菌在土壤中的植物残体上至少可存活2年。从黄栌根部直接侵入或通过伤口侵入。土壤中病菌愈多，发病愈严重。土壤含水量少时病害严重 |

观察与识别：取香石竹枯萎病、合欢枯萎病等病害的盒装标本、玻片标本、新鲜标本，

观察识别枯萎病类的典型症状及病原形态特征。

### （四）枯黄萎病类的防治措施

（1）拔除病株销毁，减少病菌在土中的积累。

（2）在苗圃实行 3 年以上轮作。

（3）土壤处理，用福尔马林 100 倍液浇灌，36kg/m²，然后用薄膜盖住 1～2 周，揭开 3d 以后再用。也可种植前用 50％绿亨一号、克菌丹、多菌灵 500～1 000 倍液、30％吡唑醚菌酯悬浮剂 1 000～2 000 倍液、50％啶酰菌胺水分散粒剂 1 500～2 000 倍液、32.5％苯甲·嘧菌酯悬浮剂 1 500～2 000 倍液、60％唑醚·代森联水分散粒剂 1 000～2 000 倍液浇灌，每隔 10d 灌 1 次，连灌 2～3 次。

## 七、枝干溃疡、腐烂病类

### （一）杨树溃疡病

**1. 分布与危害**　分布于北京、河北、辽宁、吉林、黑龙江、山东、河南、江苏、陕西、甘肃等地。主要危害杨、柳的枝干，能造成大苗及新造的杨树林大量枯死。发病率达 80％以上。

**2. 症状识别**　此病有溃疡型和枝枯型 2 种症状。

（1）溃疡型：3 月中下旬感病植株的干部出现褐色病斑，圆形或椭圆形，大小在 1cm，质地松软，手压有褐色臭水流出。有时出现水泡，泡内有略带腥味的黏液。5～6 月份水泡自行破裂，流出黏液，随后病斑下陷，很快发展成长椭圆形或长条形斑，病斑无明显边缘。4 月上中旬，病斑上散生许多小黑点，即病菌的分生孢子器，并突破表皮。当病斑包围树干时，上部即枯死。5 月下旬病斑停止发展，在周围形成隆起的愈伤组织，此时中央裂开，形成典型的溃疡症状。11 月初在老病斑处出现粗黑点，即病菌的子座及子囊壳（彩图 4-3-15）。

（2）枯梢型：在当年定植的幼树主干上先出现不明显的小斑，呈红褐色，2～3 月后病斑迅速包围主干，致使上部梢头枯死。有时在感病植株的冬芽附近出现成段发黑的斑块，剥开树皮可见里面已腐烂，引起梢枯。随后在枯死部位出现小黑点。这种类型发生普遍，危害性也大。

**3. 病原识别**　为子囊菌亚门茶藨子葡萄座腔菌 ［*Botryosphaeria ribis*（Tode）Gross-senb. et Dugg.］，无性世代为半知菌亚门群生小穴壳菌（*Dothiorella gregaria* Sacc.）。

**4. 发病规律**　病菌以菌丝在寄主体内越冬，翌年春季气温 10℃以上时开始活动。南京地区病害于 3 月下旬开始发病，4 月中旬至 5 月上旬为发病高峰，病害发生轻重与气象因子、立地条件和造林技术等密切相关。春旱、春寒、西北风次数多则病害发生重；沙丘地比平沙地发病重，苗木生长不良，病害发生也重；苗木假植时间越长，发病越重；根系受伤越多，病害越重。

### （二）柳树溃疡病

**1. 分布与危害**　柳树溃疡病又名水泡型溃疡病，属于枝干病害的一种，是近年来新发现的一种病害，严重时会造成大片幼林枯死。

**2. 症状识别**　树干的中下部首先感病，受害部树皮长出水泡状褐色圆斑，用手压会有褐色臭水流出，后病斑呈深褐色凹陷，病部上散生许多小黑点，为病菌的分生孢子器，后病斑周围隆起，形成愈伤组织，中间裂开，呈溃疡症状。老病斑处出现粗黑点，为子座及子囊腔。还可表现为枯梢型，初期枝干先出现红褐色小斑，病斑迅速包围主干，使上部稍头枯死（彩图 4-3-16）。

**3. 病原识别** 为子囊菌亚门茶藨子葡萄座腔菌，无性世代为半知菌亚门群生小穴壳菌。

**4. 发病规律** 病菌以菌丝在寄主体内越冬，3 月下旬气温回升病菌开始发病，4 月中旬至 5 月上旬为发病盛期，5 月中旬至 6 月初气温升至 26℃基本停止发病，8 月下旬当气温降低时病害会再次出现，10 月份病害又有发展。该病可侵染树干、根茎和大树枝条，但主要危害树干的中部和下部。病菌潜伏于寄主体内，使病部出现溃疡状。天气干旱时，寄主会表现出症状。皮膨胀度大于 80%时不易感染溃疡病，小于 75%时易感染溃疡病，且发病严重。病害发生与树木生长势关系密切。植株长势弱易感染病害，新造幼林以及干旱瘠薄、水分供应不足的林地容易发病。在起苗、运输、栽植等生产过程中，苗木伤口多有利于病害发生。新植树木，管理不当时，容易发生该病。

（三）其他枝干溃疡、腐烂病类（表 4-3-7）

表 4-3-7　其他枝干溃疡、腐烂病类

| 病害种类 | 发　生　概　况 |
| --- | --- |
| 杨树腐烂病 | 初发病时主干或大枝出现不规则水肿块斑，淡褐色，病部皮层变软、水渍，易剥离和具酒糟味，后病部失水干缩和开裂，皮层纤维分离，木质部浅层褐色，后期病部出现针头状黑色小突起（分生孢子器），遇雨后挤出橘黄色卷丝（孢子角）枝、干枯死，进而全株死亡。病菌以菌丝、分生孢子器和子囊壳在病组织内越冬。翌年春天，孢子借风、雨、昆虫等媒介传播，自伤口或死亡组织侵入寄主。引起杨树烂皮病的病原菌都是弱寄生菌，只危害树势衰弱的树木。立地条件不良或栽培管理不善，削弱了树木的生长势，有利于病害的发生。土壤瘠薄，低洼积水，春季干旱，夏季日灼，冬季冻害等容易引发此病；行道树、新种植的幼树、移植多次或假植过久的苗木、强度修剪的树木容易发病 |
| 四季秋海棠茎腐病 | 四季秋海棠茎腐病是家庭盆栽常见的病害，南北各省均有发生，重者整株倒伏死亡。该病主要危害茎部，也可侵染叶片。发病初期，感病植株近地面茎基产生暗色水渍状斑点，随后逐渐扩大形成不规则形大斑，后期病部呈棕褐色软腐，并皱缩下陷，病部绕茎一周，植株即可倒伏死亡。叶片受害产生暗绿色水渍状圆斑。感病叶柄呈褐色腐烂。环境潮湿时，病斑处可见白色丝状物。病斑干枯后，其上出现黑褐色粒状物，即病菌的菌核。病菌以菌丝体及菌核在病残体或土壤内越冬。环境适宜时菌核萌发形成菌丝体侵染危害。阴雨天气、浇水过多、盆土积水、植株有伤口时，病害发生较重。防治措施参照唐菖蒲干腐病 |
| 银杏茎腐病 | 发病初期幼苗基部变褐，叶片失去正常绿色，并向下垂，但不脱落。后期感病部位迅速向上扩展，以至全株枯死。病苗基部皮层出现皱缩，皮层组织腐烂呈海绵状或粉末状，色灰白，并夹有许多细小黑色的菌核。此病病菌也能侵入幼苗木质部，因而褐色中空的髓部有时也见小菌核产生。此后病斑逐渐扩展到根，使根皮层腐烂。茎腐病菌通常在土壤中营腐生生活，属于弱寄生真菌。在适宜条件下自苗木伤口处侵入。因此，病害发生与寄主和立地环境条件有关。苗木受害的根本原因是由于地表温度过高，苗木基部受高温灼伤后造成病菌侵入。苗木木质化程度越低，此病的发病率越高。在苗床低洼积水时，发病率也明显增加。银杏扦插苗，在 6～8 月份当苗床高温达 30℃以上时，插后 10～15d 即开始发病，严重时大面积接穗发黑死亡。试验证明，颉颃性放线菌能有效地抑制该病病菌的蔓延扩散。防治措施参照唐菖蒲干腐病 |
| 月季枝枯病 | 病害主要发生在枝干和嫩茎部，发病部位出现苍白、黄色或红色的小点，后扩大为椭圆形至不规则形病斑，中央浅褐色或灰白色，边缘清晰呈紫色，后期病斑下陷，表皮纵向开裂，病斑上着生许多黑色小颗粒，即病菌的分生孢子器。发病严重时，病斑常可环绕茎部一周，引起病部以上部分变褐枯死。病菌以菌丝和分生孢子器在枝条的病组织内越冬，翌年春天，在潮湿条件下，分生孢子器内的分生孢子大量涌出，借风雨和浇灌水滴的飞溅传播，成为初侵染来源。病菌通过休眠芽或伤口侵入寄主。修剪、嫁接以及枝条摩擦、昆虫危害等均能造成该病的发生。防治措施参照唐菖蒲干腐病 |

观察与识别：取柳树溃疡病、杨树腐烂病等病害的盒装标本、玻片标本、新鲜标本，观察识别溃疡、腐烂病类的典型症状及病原形态特征。

（四）枝干溃疡、腐烂病类的防治措施

（1）加强出圃苗木检查，严禁带病苗木出圃，对插条进行消毒处理；重病苗木要烧毁，以免传播。加强栽培管理，提高抗病力。如随起苗随栽植，避免假植时间过长。避免伤根和干部皮层损伤，定植后及时浇水等。

（2）选育抗病品种。日本白杨、沙兰杨、毛白杨、新疆杨等较抗病，小叶杨、小美旱杨等易感病。

（3）药剂防治。树干发病时可喷用50％代森铵或50％多菌灵可湿性粉剂200倍液、80％"402"抗菌素200倍液喷雾；或用2波美度的石硫合剂涂抹病斑。茎、枝梢发病时可喷洒70％百菌清可湿性粉剂600～800倍液、65％代森锌可湿性粉剂与50％苯来特可湿性粉剂混合液（1∶1）1 000倍液、50％啶酰菌胺水分散粒剂1 500～2 000倍液、30％吡唑醚菌酯悬浮剂1000～2000倍液、32.5％苯甲·嘧菌酯悬浮剂1 500～2 000倍液、60％唑醚·代森联水分散粒剂1 000～2 000倍液。

## 八、根部病害类

### （一）幼苗猝倒病和立枯病

**1. 分布与危害**　幼苗猝倒和立枯病是世界性病害。也是园林植物最常见的病害之一。各种草本花卉和园林树木的苗期都可发生幼苗猝倒和立枯病，严重时发病可达50％～90％。经常造成园林苗木的大量死亡。

**2. 症状识别**　幼苗猝倒和立枯病不同时期发病表现不同的症状类型，主要有3种情况：

（1）苗木种子播种后，由于受到病菌的侵染或不良条件的影响，种子或种芽在土中腐烂，不能出苗。

（2）幼苗出土后，幼苗未木质化之前，由于病菌的侵染，幼苗茎基部出现水渍状病斑，病部褐色腐烂、缢缩，后期病苗在子叶为凋萎之前，倒伏死亡。这种症状类型称为猝倒型。

（3）幼苗苗茎木质化后，根部或根茎部被病菌侵染，发病部位腐烂，幼苗逐渐枯死，但幼苗不倒伏，直立枯死。这种症状类型称为立枯型（图4-3-9）。

**3. 病原识别**　引起幼苗猝倒和立枯病的原因有2个方面：

（1）由于非侵染性病原引起的，如土壤积水或过度干旱，地表温度过高或过低，土壤中施用生粪或施用农药浓度过高等。

（2）由于一些真菌侵染所引起。主要有鞭毛菌亚门的腐霉菌（*Pythium* spp.），具体有德巴利腐霉（*Pythium debaryanum*）和瓜果腐霉（*Pythium aphanidermatum*）。半知菌亚门的丝核菌（*Rhizoctonia* spp.）、镰刀菌（*Fusarium* spp.）。

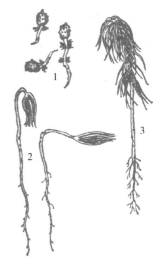

图4-3-9　苗木猝倒病
1. 种芽腐烂型　2. 猝倒型　3. 立枯型

**4. 发病规律** 幼苗猝倒和立枯病病菌都可在土壤中营腐生生活，可长期在土壤中生存。各种病菌分别以卵孢子、厚垣孢子和菌核在土壤中越冬，土壤带菌是最重要的病菌来源。病菌可通过雨水、灌溉水和粪土进行传播。育苗床连年连作，出苗后连续阴雨天气，光照不足，种子质量差，播种过晚，施用未充分腐熟的有机肥，这些原因会加重幼苗猝倒和立枯病的发生。

**5. 防治措施** 幼苗猝倒和立枯病的防治应采取以农业栽培措施防治为主，配合以化学防治的综合防治措施。

（1）苗床用药剂进行处理，做好土壤消毒。

（2）加强苗床管理。选用地势较高，排水较好，光照较强的地块做育苗床。推广营养钵育苗。精选种子，适时育苗。

（3）发病初期及时喷洒杀菌剂控制病害流行，可选用的药剂有：70%乙磷铝锰锌可湿性粉剂800～1 000倍液、70%达霜宁可湿性粉剂700～800 倍液、60%杀毒霜净可湿性粉剂800～1 000倍液、70%艾菌托可湿性粉剂1 000～1 200倍液、58%诺毒霉可湿性粉剂600～800 倍液、50%啶酰菌胺水分散粒剂1 500～2 000 倍液、30%吡唑醚菌酯悬浮剂1 000～2 000倍液、32.5%苯甲·嘧菌酯悬浮剂1 500～2 000倍液、60%唑醚·代森联水分散粒剂1 000～2 000 倍液。

**（二）白绢病**

**1. 分布与危害** 白绢病多发生在南方各省。该病可侵染200多种花卉和木本植物。植物受害后可整株死亡。

**2. 症状** 发病多在根、茎交界处，受害部位出现水渍状褐色病斑，并产生白色菌丝束，后期在根部产生白色至黄褐色油菜籽大小的菌核。受害植株叶片变黄、萎蔫，最后全株枯死（彩图4-3-17）。

**3. 病原** 为真菌齐整小核菌（*Sclerotium rolfsii* Sacc.），属半知菌亚门、丝孢纲、无孢目、小菌核属。

**4. 发病规律** 病菌以菌丝或菌核在病残体、杂草或土壤内越冬。菌核可在土壤内存活4～5 年。病菌由水流、病土、病苗传播。病菌由植物茎基部或根茎部的伤口或表皮直接侵入体内引起发病。高温高湿条件有利于该病发生。

**5. 防治措施**

（1）盆栽花卉进行土壤消毒。发现病株立即拔除，并及时用苯来特、萎锈灵等药剂处理土壤。

（2）发病初期喷洒25%敌力脱乳油3 000倍液、10%世高水分散颗粒剂1 000倍液、12.5%烯唑醇可湿性粉剂2 500～3 000倍液。

**九、其他真菌类**

**（一）杜鹃饼病**

**1. 分布与危害** 我国杜鹃栽培地区都有发生。又称为杜鹃叶肿病、杜鹃瘿瘤病。危害杜鹃花芽、嫩叶、新梢，降低观赏性。

**2. 症状** 杜鹃饼病主要危害叶片和新梢。叶片发病，叶的边缘或全叶肿大肥厚，呈瘤状菌瘿，犹如饼干状，故称为饼病。病斑部位近圆形，病部颜色逐渐由淡黄、淡红、变为黄褐色。潮湿条件下，病部表面可长出白色粉状霉层，此即病菌的子实层。病斑后期变黑褐色。嫩梢发病形成肉质叶丛或肉瘤，影响抽梢（图4-3-10）。

**3. 病原**　病原菌为担子菌亚门、外担子属（*Exobasidium*）。我国杜鹃饼病的病原菌有很多种类，但都属于担子菌亚门、层菌纲、外担菌目、外担子属。

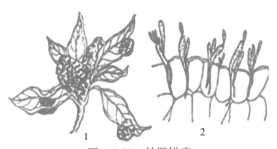

图 4-3-10　杜鹃饼病
1. 症状　2. 病菌的担子与担孢子

**4. 发病规律**　病原菌以菌丝体在病残体上越冬。担孢子靠气流传播。当温度上升到10℃以上，相对湿度达80％以上时，病菌即可产生担孢子。种植密度高，通风不良，湿度大，偏施氮肥发病重。

**5. 防治方法**

（1）发病初期摘除病叶。

（2）杜鹃抽梢期喷洒25％敌力脱乳油3 000倍液，12.5％力克菌可湿性粉剂2 500倍液。

## （二）花木煤污病

**1. 分布与危害**　煤污病又称为煤烟病，在山茶、米兰、扶桑、木本夜来香、白兰花、五色梅、绣球、牡丹、蔷薇、夹竹桃、木槿、桂花、木兰、含笑、紫薇、苏铁、金橘、橡皮树等花木上发生普遍。影响植物的光合作用，降低观赏价值和经济价值，甚至引起死亡。

**2. 症状识别**　其症状是在叶面、枝梢上形成黑色小霉斑，后扩大连片，使整个叶面、嫩梢上布满黑霉层。由于煤污病菌种类很多，同一植物上可染上多种病菌，其症状上也略有差异。呈黑色霉层或黑色煤粉层是该病的重要特征。煤污病的主要危害是抑制了植物的光合作用，削弱植物的生长势。另外，由于观赏植物的叶面布满黑色的煤粉层，严重地破坏了植物的观赏性（图4-3-11）。

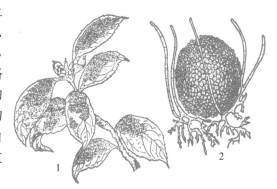

图 4-3-11　山茶煤污病
1. 症状　2. 闭囊壳

**3. 病原**　病原为多种附生菌和寄生菌。常见的有性态是小煤炱菌（*Meliola* sp.）和煤炱菌（*Capnodium* sp.）；常见的无性态是散播烟霉（*Fumago vagans*）和枝孢霉（*Cladosporium* sp.）。小煤炱菌属子囊菌亚门、小煤炱菌属。小煤炱菌为高等植物上的专性寄生菌。菌丝体生于植物体表面，黑色，有附着枝，并以吸器伸入到寄主表皮细胞内吸取营养。煤炱菌属子囊菌亚门、煤炱菌属。该菌主要依靠蚜虫、介壳虫的分泌物生活。

**4. 发病规律**　煤污病病菌以菌丝体、分生孢子、子囊孢子在病部及带病的落叶上越冬，翌年孢子由风、雨、昆虫等传播。寄生到蚜虫、介壳虫等昆虫的分泌物及排泄物上或植物自身分泌物上或寄生在寄主上发育。高温多湿、通风不良、蚜虫、介壳虫等分泌蜜露害虫发生多，均加重发病。露地栽培的花木，其发病盛期为春、秋季节；温室栽培的花木，可周年发生。

**5. 防治措施**

（1）喷洒杀虫剂防治蚜虫、介壳虫等害虫，减少其排泄物或蜜露，从而达到防病的目的。

（2）在植物休眠季节喷洒3～5波美度的石硫合剂，杀死越冬的菌源，从而减轻病害的发生。

（3）对寄主植物进行适度修剪，温室要通风透光良好，以便降低湿度，减轻病害的发生。

**【任务考核标准】**　　见表4-3-8。

表4-3-8　真菌病害综合防治任务考核参考标准

| 序号 | 考核项目 | 考核内容 | 考核标准 | 考核方法 | 标准分值 |
|---|---|---|---|---|---|
| 1 | 基本素质 | 学习工作态度 | 态度端正，主动认真，全勤，否则将酌情扣分 | 单人考核 | 5 |
| | | 团队协作 | 服从安排，与小组其他成员配合好，否则将酌情扣分 | 单人考核 | 5 |
| 2 | 专业技能 | 真菌病害的症状与病原形态识别 | 能够准确描述所发生病害的症状与病原识别要点。所述内容与实际不符的酌情扣分 | 单人考核 | 20 |
| | | 真菌病害发生情况调查 | 基本能够描述出病害发生的种类与发生状况。所述内容与实际不符的酌情扣分 | 以小组为单位考核 | 20 |
| | | 真菌病害综合防治方案的制订与实施 | 综合防治方案与实际相吻合，符合绿色无公害的原则，可操作性强。否则将酌情扣分 | 单人制订综合防治方案 | 25 |
| 3 | 职业素质 | 方法能力 | 独立分析和解决问题的能力强，能主动、准确地表达自己的想法 | 单人考核 | 5 |
| | | 工作过程 | 工作过程规范，有完整的工作任务记录，字迹工整 | 单人考核 | 10 |
| | | 自测训练与总结 | 及时准确完成自测训练，总结报告结果正确，电子文本规范，体会深刻，上交及时 | 单人考核 | 10 |
| 4 | | | 合计 | | 100 |

**【相关知识】**

**真菌性病害综合防治要点**

**（一）加强检疫**

检疫是病害防治的第一环节，不论从哪里引进种苗，都应通过有关部门检疫，这样可有效地防止危险性的病害随种苗传播和蔓延，带病苗木要立即销毁。

**（二）园林技术措施防治**

**1. 选育抗病种类与品种**　　培育抗病品种是预防病害的重要环节，不同花木品种对于病害的受害程度并不一致。目前已培育出菊花、香石竹、金鱼草等抗锈病的新品种，抗紫菀萎蔫病的翠菊品种，抗黑斑病的杨树品种等。我国园林植物资源丰富，为抗病品种的选育提供了大量的种质，因而培育抗性品种前景广阔。

不同园林植物的种类与品种，往往在抗病方面有一定的差异。针对当地发生的主要病害类型，选用抗病的园林植物种类与品种是防治病害最经济有效的一种方法。如细叶结缕草容易感染锈病，而其姊妹草种——沟叶结缕草（马尼拉）则抗锈病能力强，选用马尼拉草的意义已不言而喻。利用切花菊不同品种间对白锈病的抗性差异，选择免疫或抗病品种进行栽培，如北京黄、巨山白对白锈病表现为抗病，而秀芳黄、秀芳白则表现为感病。

**2. 繁育健壮种苗** 有许多病害是依靠种子、苗木及其他无性繁殖材料来传播的，因而培育无病的健壮种苗，即可有效地控制该类病害的发生。如菊花、香石竹等进行扦插育苗时，对基质及时消毒或更换新鲜基质，则可显著提高育苗的成活率。

**3. 避免混植病害转主寄生植物** 设计建园时，为了保证景观的美化效果，常采取多种植物搭配种植。往往会忽视病害之间的相互传染，人为地造成某些病害的发生和流行。如海棠与柏属树种、牡丹（或芍药）与松属树种近距离栽植易造成海棠锈病及牡丹（或芍药）锈病的大发生；垂柳与紫堇混栽，松与栎、栗混栽，云杉与杜鹃、杜香混栽，云杉与稠李混栽，能分别诱发垂柳锈病、油松栎柱锈病、云杉叶锈病、云杉稠李球果锈病。在园林布景时，植物的配置不仅要考虑美化效果，还应考虑病害的危害问题。

**4. 清除病残体** 秋、冬季节及时清除园圃中的病害残体，包括刮除枝干翘皮与病疤、清除草坪的枯草层等，并将其进行深埋或烧毁，消灭越冬的病菌。生长季节要及时摘除有病枝叶，清除因病害或其他原因致死的植株。园林养护过程中还应避免人为传染，如在切花、摘心、除草时要防止工具和人手对病菌的传带。温室中带有病菌的土壤、盆钵在未处理前不可继续使用。

**5. 加强肥水管理** 浇水方式、浇水量、浇水时间等都影响着病害的发生。喷灌和洒水等方式往往容易引起叶部病害的发生，最好采用沟灌、滴灌或沿盆钵边缘注浇。注意氮、磷、钾肥的比例，尽量增施磷、钾肥，避免氮肥过量，提高植物的抗病性。

**6. 改善环境条件** 改善环境条件主要是指调节栽培地的温度和湿度，尤其是温室栽培植物，要经常通风换气、降低湿度，以减轻灰霉病、霜霉病等病害的发生。定植密度、盆花摆放密度要适宜，以利通风透光。冬季温室温度要适宜，不可忽冷忽热。否则，各种真菌病害容易发生。

**7. 合理轮作** 连作往往会加重园林植物病害的发生，如温室中香石竹多年连作时，会加重镰刀菌枯萎病的发生，实行轮作可以减轻病害。轮作时间视具体病害而定，鸡冠花褐斑病实行 2 年以上轮作即有效。轮作植物须为非寄主植物。

**8. 土表覆膜或盖草** 许多叶部病害的病原物是在病残体上越冬的，花木栽培地早春覆膜或盖草（稻草、麦秸草等）可大幅度地减少叶部病害的发生。其原因是：膜或干草对病原物的传播起到了机械阻隔作用，而且覆膜后土壤温度、湿度提高，加速了病残体的腐烂，减少了侵染来源。

（三）物理防治

**1. 种苗的热处理** 带有病菌的苗木可用 35～40℃的热风处理 1～4 周，也可用 40～50℃的温水浸泡 10min 至 3h，如唐菖蒲球茎在 55℃水中浸泡 30min，可以防治镰刀菌干腐病。

**2. 土壤的热处理** 现代温室土壤热处理是使用热蒸汽（90～100℃）处理 30min 可大幅度降低香石竹镰刀菌枯萎病、菊花枯萎病的发生程度。在发达国家，蒸汽热处理已成为常规管理。

利用太阳能热处理土壤也是有效的措施，7～8 月份将土壤摊平，南北向做垄。浇水并覆盖塑料薄膜（25μm 厚为宜），在覆盖期间要保证有 10～15d 的晴天，耕作层温度可高达 60～70℃，能基本上杀死土壤中的病原物。温室大棚中的土壤也可照此法处理，当夏季花木被搬出温室后，将门窗全部关闭并在土壤表面覆膜，能较彻底地消灭温室中的病虫害。

### （四）生物防治

**1. 以菌治病**　某些微生物在生长发育过程中能分泌一些抗菌物质，抑制其他微生物的生长，这种现象称为颉颃作用。利用有颉颃作用的微生物来防治真菌病害，有些已获得成功。如真菌杀菌剂，其有效成分为具有活性的真菌菌体，对于多种植物病原真菌具有较强的颉颃作用，可以防治霜霉病、灰霉病、叶霉病、根腐病、猝倒病、立枯病、白绢病、菌核病、枯萎病、白粉病、疫病等。常见的商品型品种有特立克（木霉菌）、重茬敌等。

**2. 以抗生素治病**　利用多抗霉素、武夷菌素、阿米西达、中生霉素等抗生素防治多种真菌病害。

### （五）化学防治

科学用药、及时防治是真菌病害防治的主要措施之一。常用防治真菌性病害药剂有：波尔多液、石硫合剂、可杀得、代森锰锌、百菌清、甲霜灵、杀毒矾、扑海因、速克灵、特克多、世高、敌力脱、烯唑醇、福星、恶霉灵、多菌灵、甲基托布津、嘧霉胺、嘧菌酯、醚菌酯、吡唑醚菌酯、啶酰菌胺、代森联、氟醚菌酰胺、苯甲·嘧菌酯、唑醚·代森联、精甲·咯菌腈等。

## 工作任务 4.3.2　园林植物细菌与植原体病害的综合防治

【任务目标】

掌握常见园林细菌与植原体病害的危害特征、诊断要点、发病规律，制订有效的综合治理方案，并组织实施。

【任务内容】

（1）根据工作任务，采取课堂、实训室以及校内外实训基地（包括园林绿地、花圃、苗圃、草坪等）现场相结合的形式，通过查阅资料与网上搜集，获得相关园林植物细菌与植原体病害的基本知识。

（2）利用各种条件，对园林植物细菌与植原体病害的类别与发生情况进行观察、识别。

（3）根据当地主要细菌与植原体病害发生特点，拟订出综合防治方案并付诸实施。

（4）对任务进行详细记载，并上交 1 份总结报告。

【教学资源】

（1）材料与器具：根癌病类、软腐病类、植原体病害类等常见园林细菌与植原体病害的新鲜标本、干制或浸渍标本；显微镜、放大镜、镊子、挑针、盖玻片、载玻片、滴瓶、擦镜纸、吸水纸、刀片、纱布、搪瓷盘、相关肥料与农药品种等。

（2）参考资料：当地气象资料、有关园林细菌与植原体病害的历史资料、园林绿地养护技术方案、病害种类与分布情况、各类教学参考书、多媒体教学课件、园林植物病害彩色图谱（纸质或电子版）、检索表、各相关网站相关资料等。

（3）教学场所：教室、实验（训）室以及园林植物细菌与植原体病害危害较重的校内外实训基地。

（4）师资配备：每 20 名学生配备 1 名指导教师。

【操作要点】

（1）细菌与植原体病害症状观察：分次选取细菌与植原体病害危害严重的校内外实训基地，仔细观察细菌与植原体病害的典型症状，包括根癌、软腐、黄化、丛枝等，同时采集标本，拍摄图片。

（2）细菌与植原体病害发生、危害情况调查：根据现场病害的危害情况，确定当地细菌与植原体病害的主要类型，并拍摄相关图片。对于疑难病害，应该积极查阅资料，并结合图片、多媒体等开展小组讨论，达成共识。

（3）室内鉴定：将现场采集和初步鉴定的病害标本带至实训室，利用显微镜，参照相关资料，进一步鉴定，达到准确鉴定的目的。

（4）发病规律的了解：针对当地危害严重的主要病害类型，查阅相关资料，了解其在当地的发病规律。

（5）防治方案的制订与实施：根据病害主要类型在当地的发病规律，制订综合防治方案，并提出当前的应急防治措施，组织实施，做好防治效果调查。

【注意事项】

（1）实训前要做好资料与器具的准备，如园林植物病害彩色图谱、数码相机、手持放大镜、修枝剪、手锯、镊子、喷雾器、笔记本等。

（2）细菌与植原体病害症状调查时，应抓住典型的症状特点，同时注意与症状相似的病害尤其是生理性病害的区分，如细菌性软腐与真菌性腐烂易混淆，植原体引起的黄化症与缺素症近似等。

（3）病害标本的采集要力求全面，尽量采集到不同发病时期的标本，这样有利于病害的鉴定。病害标本的制作根据需要进行，一般叶类、花类制成蜡叶标本，枝干、根部制成浸渍标本等。

（4）病情指数的调查能够全面反映病害的发生危害情况，样本的数量要适中，过多过少皆不科学，从而确保调查结果的准确性。

（5）制订细菌与植原体病害的综合防治方案时，内容应该全面，重视各种防治方法的综合运用。所选用的防治方法既要体现新颖性，又要结合生产实际，体现实用性。

【内容与操作步骤】

园林植物细菌性病害主要包括细菌性软腐病、细菌性叶斑病、根癌病等。其症状类型有叶斑叶枯、枯萎、腐烂、畸形瘤肿等。植物病原细菌属于单细胞原核生物，杆状，革兰氏染色大都为阴性，裂殖。侵入寄主的途径有自然孔口（包括气孔、皮孔、水孔等）、伤口，不能直接表皮侵入。防治细菌病害通常采用的药剂为链霉素等。

植原体病害主要包括丛枝病、黄化病等，该类病原是介于细菌与病毒之间的一类特殊的微生物，无细胞壁，形状不固定。传播的途径主要为嫁接及介体生物。防治该类病害通常采用的药剂为四环素。

一、根癌病类

紫叶李、月季及樱花等，很易受根癌病（又名根瘤病）的危害，感染此病的花木，影响根系的发育，常造成营养缺乏，呈现衰弱状态，最后枯死。

（一）樱花根癌病

**1. 分布与危害** 在我国上海、南京、杭州、济南、郑州、武汉、成都等都有分布。本病是一种世界性病害，日本十分普遍。

樱花根癌病

**2. 症状识别** 病害发生于根颈部位，也发生在侧根上。初期病部肿大并发育成瘤，瘤体最初为乳白色，有弹性，后变硬变大，褐色或黑褐色，表面粗糙龟裂。肿瘤可以是生长部位的茎和根的粗度的 2 倍至多倍，有时可大到拳头状，须根极少。严重时地上部生长缓慢，树势衰弱，叶片黄化、早落，甚至全株枯死（彩图 4-3-18）。

**3. 病原识别** 病原为细菌，根癌土壤杆菌 [*Agrobacterium tumefaciens* (E. F. Smith & Townsend) Conn.]。

**4. 发病规律** 病菌存活在土壤中或寄主瘤状物表面，随病组织残体在土壤中可存活 1 年以上。灌溉水、雨水、采条嫁接、作业农具及地下害虫均可传播病原细菌。带病种苗和种条调运可远距离传播。病菌是通过各种伤口侵入植株，通常土壤潮湿、积水、有机质丰富时发病严重，碱性大、湿度大的沙壤土易发病。连作利于发病。不同品种的樱花抗病性有明显差异。

（二）杨树根癌病

**1. 分布与危害** 国内分布广，危害较重。主要危害苗木和幼树，新移栽的苗木更易发生，轻则影响生长，重则造成大面积的树木枯死。

**2. 症状识别** 幼树和新栽的苗木感病后，生长缓慢植株矮小，严重时叶片枯黄，早落直至死亡。苗木和幼树发病部位多见于主干基部和侧根上。发病初期出现近圆形小瘤，呈浅黄色或白色。当癌瘤老化时，表皮细胞脱落，瘤体表面粗糙龟裂、颜色变黄，苗木随着年龄的增长有时基部或侧根部的癌瘤拱出地面，树干上也会出现大小不一的一群瘤体（彩图 4-3-19）。

**3. 病原识别** 该病由细菌引起，为根癌土壤杆菌，又名根癌脓杆菌。

**4. 发病规律** 根癌病菌主要存活于癌瘤的表层和土壤中，存活期为 1 年以上。若 2 年得不到侵染机会，细菌就失去致病力和生活力。病菌靠灌溉水、雨水、地下害虫等传播，远距离传播靠病苗和种条。病原细菌从伤口入侵，经数周或 1 年以上可出现症状。沙壤土偏碱且湿度大利于发病，连作苗圃发病重。苗木根部伤口多利于发病。毛白杨、加杨、大青杨均可受害，以毛白杨的幼树受害最重，病株率可达 5%～10%。

（三）其他根癌病类（表 4-3-9）

表 4-3-9　其他根癌病类

| 病害种类 | 发生概况 |
| --- | --- |
| 月季根癌病 | 发生在根颈处，也可发生在主根、侧根以及地上部的主干和侧枝上。发病初期病部膨大呈球形或球形的瘤状物。幼瘤为白色，质地柔软，表面光滑。以后，瘤渐增大，质地变硬，褐色或黑褐色，表面粗糙、龟裂。由于根系受到破坏，发病轻的造成植株生长缓慢、叶色不正，重则引起全株死亡。病原细菌可在病瘤内或土壤中病株残体上生活 1 年以上，若 2 年得不到侵染机会，细菌就会失去致病力和生活力。病原细菌传播主要靠灌溉水和雨水、采条、耕作农具、地下害虫等传播。远距离传播靠病苗和种条的运输。病原细菌从伤口入侵，经数周或 1 年以上就可出现症状。偏碱性、湿度大的沙壤土发病率较高。连作有利于病害的发生，苗木根部伤口多发病重 |

（续）

| 病害种类 | 发生概况 |
|---|---|
| 青桐根癌病 | 主要发生在根颈处，也可发生在根部及地上部。病初期出现近圆形的小瘤状物，以后逐渐增大、变硬，表面粗糙、龟裂、颜色由浅变为深褐色或黑褐色，瘤内部木质化。瘤大小不等，大的似拳头大小或更大，数目几个到十几个不等。由于根系受到破坏，故造成病株生长缓慢，重者全株死亡。病原细菌存活于病组织中和土壤中（存活多年）。病原随病苗、病株向外传带。雨水、灌溉水及地下害虫、线虫等媒介传播扩散。主要通过伤口（嫁接伤、机械伤、虫伤、冻伤等）侵入寄生植物，也可以通过自然孔口（气孔、皮孔）。细菌侵入植株后，可在坡层的薄壁细胞间隙中不断繁殖，并分泌刺激性物质，使邻近细胞加快分裂、增生，形成癌瘤症。细菌进入植株后，可潜伏存活（潜伏侵染），待条件合适时发病 |

观察与识别：取樱花根癌病、月季根癌病等病害的盒装标本、玻片标本、新鲜标本，观察识别根癌病类的典型症状及病原形态特征。

**（四）根癌病类的防治措施**

**1. 加强检疫检查**　首先不从疫区购苗，同时对怀疑有病的苗木可用 $500\sim2\,000\,mg/kg$ 的链霉素液浸泡 30min、抗根癌剂（K84）生物农药 30 倍浸根 5min 后栽植。

**2. 土壤消毒**　花木定植前 $7\sim10d$，按每 $667m^2$ 施消石灰 100kg 计，将消石灰施入栽植穴中与土拌匀，使土壤呈微碱性，用以防病。病株周围的土壤可按 $50\sim100\,g/m^2$ 的用量，撒入硫黄粉消毒。

**3. 加强栽培管理**　避免各种伤口或减少伤口与土壤接触的机会，一是防治地下害虫，因为地下害虫造成的伤口容易增加根癌病菌侵入的机会，二是改劈接为芽接。将嫁接用具可用 0.5％高锰酸钾消毒。不要在地势低洼处、渍水处栽植花木。病区严格实施 2 年以上的轮作。

**4. 发病植株的救治**　发病轻的植株，可用 $300\sim400$ 倍的抗菌剂"402"浇灌，也可切除瘤体后用 12％中生菌素可湿性粉剂 $500\sim800$ 倍液或 5％的硫酸亚铁涂抹伤口；对重病株要及时拔除，并进行严格的土壤消毒。

**二、软腐病类**

**（一）兰花细菌性软腐病**

**1. 分布与危害**　该病分布较广，是世界性兰花病害，以危害蝴蝶兰、卡特兰、石斛兰、文心兰、齿舌兰、万带兰、兜兰等洋兰最重。高温多雨季节常使得该病爆发，危害严重。

**2. 症状识别**　发病初期，在叶面上（特别是幼叶基部）先出现浓绿色水渍状小斑点，逐渐变为褐色或近黑色。以后不断发展到覆盖整叶，进而危害茎部及其他叶片。被危害组织柔软有臭味，外部仅有 1 层透明的表层组织，轻轻一压就有腐臭的组织溢出（彩图 4-3-20）。

**3. 病原识别**　菊欧文氏菌（*Erwinia chrysanthemi* Burkholder Mcfadden Dimock）、胡萝卜软腐欧文氏菌胡萝卜软腐亚种（*Erwinia carotovora* subsp. *carotovora*）。

**4. 发病规律**　病菌在兰株的病组织中越冬，借水流传播，主要由伤口感染。多发生在夏、秋高温高湿季节。连续阴雨达 15d 以上，气温偏低（$25\sim30℃$），通风不良或台风暴雨侵袭后，极易发生和流行。对生长势差和脆弱的植株，如遇暴雨可损伤新叶，造成细菌的侵染。另外水肥管理不当，盆土太湿，或施氮过多也易发病。该病从感病到植株死亡，往往仅几天时间。其防治困难，危害极大。

## （二）其他细菌性软腐病类（表 4-3-10）

### 表 4-3-10　其他细菌性软腐病类

| 病害种类 | 发生概况 |
| --- | --- |
| 仙客来细菌性软腐病 | 叶片发生不均匀黄化，接着整个植株瘫倒，多数叶柄呈水肿状，其中部分水肿叶柄变黑，叶片反面基部有油污状的水渍斑沿着叶脉发生。受害起始点在表土附近，初期症状为近地表处的叶柄花和花梗水渍状，向上、下组织蔓延，侵入叶柄、花梗和球茎，引起叶柄、花梗迅速萎蔫和塌陷，容易脱离球茎，进而变褐色软腐，导致整株萎蔫枯死。剖开病部，可见维管束变褐或变黑，球茎内部腐败，产生发白的糊状液，有恶臭味。病菌随病残体在土壤中越冬，翌年，借雨水、灌溉水和昆虫传播，由伤口侵入。阴雨天或浇水未干时整理叶片或虫害多发时发病严重。高温、积水有利病害发展。每年 6～9 月份为发病高峰，温室中盆栽植株全年都可发病 |
| 鸢尾细菌性软腐病 | 病害发生在球根类鸢尾时，病株根颈部位发生水渍状软腐，球根糊状腐败，发生恶臭，随着地下部分病害发展，地上新叶前端发黄，不久外侧叶片也发黄，地上部分容易拔起，全株枯黄；其他类别的鸢尾发病时，从地下茎扩展到叶和根茎，叶片开始水渍状软腐，污白色到暗绿色立枯，地上部分植株容易拔起，根颈软腐，有恶臭。种植前球根发病时，像冻伤水渍状斑点，下部变茶褐色、恶臭，具污白色黏液，发病轻的球根种植后，叶先端水渍状褐色病斑，展叶停止，不久全叶变黄枯死，整个球根腐烂。病菌在土壤和残茬上越冬，在土壤中可存活几个月，在土壤中的病株残体内可长年存活。病菌靠水流、昆虫及病、健叶接触或操作工具等传播，从虫伤口、分株伤口、移植时损伤及其他伤口侵入。尤其是鸢尾钻心虫的幼虫在幼叶上造成的伤口，或分根移栽造成的伤口，都为细菌的侵入打开了方便之门；病害借雨水、灌溉水和昆虫传播，自然条件下 6～9 月病害发生。当温度高、湿度大，尤以湿度大时发病严重，尤其是土壤潮湿时发病多；种植过密、绿荫覆盖度大的地方球茎易发病；连作地发病严重。德国鸢尾、奥地利鸢尾发病普遍 |

观察与识别：取蝴蝶兰细菌性软腐病等病害的盒装标本、玻片标本、新鲜标本，观察识别软腐病类的典型症状及病原形态特征。

### （三）软腐病类的防治措施

（1）发现病株，及时拔除；长途运输时，保持花卉箱内干燥，防止产生新鲜伤口。装运的容器要留通气口，有利于排风散热。

（2）加强栽培管理。在夏、秋多雨的季节浇水时，应选在早上 9 时之前，栽培基质不能长期积水，同时避免叶片表面长期湿润；增施钾肥，要施用充分腐熟的肥料，高温多湿时要注意通风降温；加强通风，光照较强时，注意不要灼伤叶片，同时要及时防治介壳虫等害虫，防止造成伤口。

（3）消毒：为了提早预防软腐病的发生，应当从定植苗时开始，首先是对栽花用的盆土进行消毒灭菌，可用高压锅直接灭菌，也可在 30℃以上的晴天露天暴晒 1～2 周，利用阳光紫外线杀灭细菌。药物对土壤和种球消毒，可用 1∶80 福尔马林液消毒。同时加强手工和器具消毒，避免交叉传染。

（4）发病初期可用 12％中生菌素可湿性粉剂 1 000 倍液喷雾或灌根进行防治；发病较严重、根基部有部分腐烂时，可剥去病部，将剩余根茎浸泡在 12％中生菌素可湿性粉剂 300～500 倍液液内 3h，再栽种于素沙土内，不久即可长出新根，发出新芽，这时再重新在换过的消毒培养土内栽植。

### 三、植原体病害

### （一）泡桐丛枝病

**1. 分布与危害**　泡桐丛枝病又名泡桐扫帚病，分布极广，一旦染病，在全株各个部位均可表现出受害症状。染病的幼苗、幼树常于当年枯死，大树感病后，常引起树势衰退，材积生长量大幅度下降，甚至死亡。

**2. 症状识别**　常见的丛枝病有以下 2 种类型。

（1）丛枝型。发病开始时，个别枝条上大量萌发腋芽和不定芽，抽生很多的小枝，小枝上又抽生小枝，抽生的小枝细弱，节间变短，叶序混乱，病叶黄化，至秋季簇生成团，呈扫帚状，冬季小枝不脱落，发病的当年或第 2 年小枝枯死，若大部分枝条枯死会引起全株枯死。

（2）花变枝叶型。花瓣变成小叶状，花蕊形成小枝，小枝腋芽继续抽生形成丛枝，花萼明显变薄，色淡无毛，花托分裂，花蕾变形，有越冬开花现象（彩图 4-3-21）。

**3. 病原识别**　泡桐丛枝病是由一种比病毒大的微生物——植原体（MLO）引起的。该病主要通过茎、根、病苗、嫁接传播。在自然情况下，也可由烟草盲蝽、茶翅蝽在取食过程中传播。

**4. 发病规律**　植原体大量存在于韧皮部输导组织的筛管内。病原菌主要通过筛板孔而侵染全株。秋季随树液流向根部，春季又随树液流向树体上部。烟草盲蝽和茶翅蝽是传播泡桐丛枝病害的介体昆虫。带病的种根和苗木的调运是病害远程传播的重要途径。泡桐的种子带病率极低或基本不带病，故用种子繁殖的实生苗及其幼树发病率很低，而用平茬苗繁殖的泡桐发病率则显著增高。在相对湿度大、降水量多的地区，一般发病较轻。一般白花泡桐、川桐和台湾泡桐较抗病，兰考泡桐、楸叶泡桐易感病。

**（二）枣疯病**

**1. 分布与危害**　枣疯病是我国枣树的严重病害之一。一旦发病，翌年就很少结果。病树又称为公枣树，发病 3～4 年后即可整株死亡，对生产威胁极大。我国各枣区均有发生，但以四川、广西、云南、重庆等地发病最重。

**2. 症状**　幼苗和大树均可受侵染发病。病树主要表现为丛枝、花叶和花变叶 3 种特异性的症状。

（1）丛枝：病株的根部和枝条上的不定芽或腋芽大量萌发并长成丛状的分蘖苗或短疯枝，枝多枝小、叶片变小，秋季不落（彩图 4-3-22）。

（2）花叶：新梢顶端叶片出现黄、绿相间的斑驳，明脉，叶缘卷曲，叶面凹凸不平、变脆。果顶锥形。

（3）花变叶：病树花器变成营养器官，花梗和雌蕊延长变成小枝，萼片、花瓣、雄蕊都变成小叶。病树树势迅速衰弱，根部腐烂，3～5 年就可整株死亡。

**3. 病原**　植原体（mycoplasma-like organism，MLO）是介于病毒和细菌之间的多形态质粒，无细胞壁。易受外界环境条件的影响，形状多样，大多为椭圆形至不规则形。

**4. 发病规律**　该病主要通过各种嫁接（如芽接、皮接、枝接、根接）、分根传染。在2～4 月，把当年生病枝的芽或枝接在苗木的 1 年生健壮枝上，被嫁接的枝当年就能表现症状。病原物侵入后，首先运转到根部，经增殖后再由根部向上运行，引起地上部发病。从嫁接到新生芽上出现症状（即潜育期）最短 25d，最长可达 1 年。一般苗木比大树发病快。在自然界中，除嫁接和分根传染之外，也能通过橙带拟菱纹叶蝉、中华拟菱纹叶蝉、红闪小叶蝉、凹缘菱纹叶蝉等昆虫传病。

### （三）其他植原体病害（表 4-3-11）

表 4-3-11　其他植原体病害

| 病害种类 | 发生概况 |
| --- | --- |
| 夹竹桃丛枝病 | 发病开始多发生在个别枝条上，表现腋芽和不定芽大量萌发，丛生许多细弱小枝，主梢生长停滞，小枝节间缩短，叶片变小，有不明显的花叶状。感病小枝又可抽出小枝，新抽小枝基部肿大，呈淡红色、常簇生成团，小枝愈来愈细弱，叶片也愈来愈小，外观似鸟巢，形成典型的丛枝症状。受害小枝大多直立，枝干有瘤状物。皮层腐烂条状脱落，成溃疡状，最后整株枯死。植原体存在于韧皮部薄壁细胞内。带病的枝条扦插，嫁接都可传病。此病多发生在 5 年以上的大树，1～5 年生的幼树一般不发病或受害轻微。有些公园、行道树发病率几达 100%，死亡率 60% 以上。病害严重程度与品种的花色有关，红花夹竹桃感病最重，白花夹竹桃感病较轻，黄花夹竹桃抗病 |
| 翠菊黄化病 | 病株最初沿幼叶叶脉开始黄化，不久全叶呈淡黄色，病叶狭窄，叶柄细长，叶芽增多，形成丛枝。病株矮小萎缩，病枝上的花瓣不同程度褪色。受害植株不死掉，但能继续传染邻近植株。植原体主要在多年生寄主存活，如雏菊、天人菊、大车前和春白菊等，主要通过叶蝉、菟丝子和嫁接传播。种子和土壤不能传播。介体叶蝉取食病株获毒后，再取食健康植株时，就传播了病害 |

观察与识别：取泡桐丛枝病、枣疯病等病害的盒装标本、玻片标本、新鲜标本，观察识别植原体类病害的典型症状及病原形态特征。

### （四）植原体病害的防治措施

（1）加强检疫，防治危险性病害的传播。

（2）栽植抗病品种或选用培育无毒苗、实生苗。

（3）及时剪除病枝，挖除病株，可以减轻病害的发生。清除病原物越冬寄主是防治翠菊黄化病的重要手段。在病枝基部进行环状剥皮，宽度为所剥部分支条直径的 1/3 左右，以阻止植原体在树体内运行。

（4）防治刺吸式口器昆虫（如蜡、叶蝉等），可喷洒 50% 吡蚜酮可湿性粉剂 2 500～5 000 倍液，22.4% 螺虫乙酯悬浮剂 3 000 倍液，可减少病害传染。

（5）喷药防治。植原体引起的丛枝病可用四环素、土霉素、金霉素、氯霉素 4 000 倍液喷雾。

【任务考核标准】　见表 4-3-12。

表 4-3-12　细菌与植原体病害综合防治任务考核参考标准

| 序号 | 考核项目 | 考核内容 | 考核标准 | 考核方法 | 标准分值 |
| --- | --- | --- | --- | --- | --- |
| 1 | 基本素质 | 学习工作态度 | 态度端正，主动认真，全勤，否则将酌情扣分 | 单人考核 | 5 |
| | | 团队协作 | 服从安排，与小组其他成员配合好，否则将酌情扣分 | 单人考核 | 5 |
| 2 | 专业技能 | 细菌与植原体病害的症状识别 | 能够准确描述所发生病害的症状识别要点。所述与实际不符的酌情扣分 | 单人考核 | 20 |
| | | 细菌与植原体病害发生情况调查 | 基本能够描述出病害发生的种类与发生状况。所述与实际不符的酌情扣分 | 以小组为单位考核 | 20 |
| | | 细菌与植原体病害综合防治方案的制订与实施 | 综合防治方案与实际相吻合，符合绿色无公害的原则，可操作性强。否则将酌情扣分 | 单人制订综合防治方案 | 25 |

（续）

| 序号 | 考核项目 | 考核内容 | 考核标准 | 考核方法 | 标准分值 |
|------|----------|----------|----------|----------|----------|
| 3 | 职业素质 | 方法能力 | 独立分析和解决问题的能力强，能主动、准确地表达自己的想法 | 单人考核 | 5 |
| | | 工作过程 | 工作过程规范，有完整的工作任务记录，字迹工整 | 单人考核 | 10 |
| | | 自测训练与总结 | 及时准确完成自测训练，总结报告结果正确，电子文本规范，体会深刻，上交及时 | 单人考核 | 10 |
| 4 | 合计 | | | | 100 |

【相关知识】

**细菌与植原体类病害综合防治要点**

（一）加强检疫

加强检疫检查，严格控制疫区，防止危险性的原核生物病害传入传出。

（二）园林技术措施防治

**1. 选用抗病品种**　选用抗病品种是预防病害的重要一环，如不同的兰花品种抗软腐病的程度不同，不同的花木品种抗植原体病害的能力也有差异。

**2. 采用无病种子、种苗或茎尖脱毒苗**（如植原体病害）

**3. 及时清除病残组织**　注意苗圃、庭园及花坛、绿地的卫生，及时剪除病枝，挖除病株，可以减轻病害的发生。

**4. 做好土壤、种苗与器具的消毒**　如对于栽花用的盆土进行消毒灭菌，可用高压锅直接灭菌，也可在 30℃ 以上的晴天露天暴晒 1～2 周，利用阳光紫外线杀灭细菌，或采用 1∶80 的福尔马林液消毒；对怀疑有病的苗木可用 500～2 000mg/kg 的链霉素液浸泡 30min 或 1% 的硫酸铜液浸泡 5min，清水冲洗后栽植；对病株周围的土壤可按 50～100g/m² 的用量，撒入硫黄粉消毒；同时加强手工和器具消毒，避免交叉传染。

**5. 加强栽培管理**　栽培基质不能长期积水，避免叶片表面长期湿润；增施钾肥，要施用充分腐熟的肥料，高温多湿时要注意通风降温；加强通风，光照较强时，注意不要灼伤叶片，同时要及时防治蚜虫、介壳虫等害虫，防止造成伤口。

**6. 消灭传毒昆虫**　许多刺吸式口器昆虫（如蟓、叶蝉等）可传播原核生物病害，可通过喷洒吡虫啉、扑虱灵、速扑杀等药剂杀虫，减少病害传染。

（三）物理防治

**1. 温汤浸种**　先将种子用冷水浸润，再放于 50℃ 温水中浸 20min，捞出后用冷水降温在催芽播种。

**2. 高温干热消毒**　干燥种子 60℃ 干热灭菌 6h。

**3. 太阳能土壤消毒**　利用太阳能消毒无污染、无农药残留，适用于温室大棚。时间一般选择在 7～8 月份高温季节大棚或陆地闲置期进行。

具体方法是：将基肥施入地，耕翻后起垄，垄宽 60～70cm，高 30cm 左右，在垄上覆盖厚度为 0.5mm 的聚乙烯薄膜，薄膜铺平拉紧，四周用土压实，浇透水。大棚温室要将门窗关闭封严。露地应再起垄搭盖一层薄膜，四周也应用细土压实。消毒期间，根据情况 6～7d 灌水 1 次，保持土壤含水量达田间最大持水量的 60% 以上，封闭 20～30d。采用此方法，可使土壤 0～20cm 土层温度达到 50℃以上，达到土壤彻底消毒的目的。

### （四）生物防治

**1. 以菌治病** 利用微生物间的颉颃作用，利用有益的真菌、细菌菌体或其产生的抗生素防治细菌病害。常见的商品型品种有放射土壤杆菌（*Agrobacterium radiobacter* biotype Ⅱ），对植物根癌病有较好的防效。

**2. 以抗生素治病** 对原核生物病害有效的抗生素类药剂有：中生菌素、四环素、金霉素、地霉素等。

### （五）化学防治

防治原核生物病害常用的药剂分为有机铜与无机铜两大类。

**1. 有机铜杀菌剂** 噻菌铜（龙克菌）、络氨铜、松脂酸铜（绿菌灵、绿乳铜、铜帅）、琥珀酸铜（DT）、王菌铜（金莱克）、喹啉铜（海正千菌、必绿）、噻森铜等；

**2. 无机铜杀菌剂** 氢氧化铜（可杀得 101、可杀得 2000、冠菌清、冠菌铜、瑞扑 2000等）、氧化亚铜（铜大师、靠山等）、碱式硫酸铜（波尔多液等）、氧氯化铜（王铜等）。

## 工作任务 4.3.3　园林植物病毒病害的综合防治

**【任务目标】**

掌握常见园林病毒病害的危害特征、诊断要点、发病规律，制订有效的综合治理方案，并组织实施。

**【任务内容】**

（1）根据工作任务，采取课堂、实训室以及校内外实训基地（包括园林绿地、花圃、苗圃、草坪等）现场相结合的形式，通过查阅资料与网上搜集，获得相关园林植物病毒病害的基本知识。

（2）利用各种条件，对园林植物病毒病害的类别与发生情况进行观察、识别。

（3）根据当地主要病毒病害发生特点，拟订出综合防治方案并付诸实施。

（4）对任务进行详细记载，并上交 1 份总结报告。

**【教学资源】**

（1）材料与器具：常见园林植物病毒病害的新鲜标本、干制或浸渍标本；显微镜、放大镜、镊子、挑针、盖玻片、载玻片、擦镜纸、吸水纸、刀片、蒸馏水、滴瓶、纱布、搪瓷盘、相关肥料与农药品种等。

（2）参考资料：当地气象资料、有关园林病毒病害的历史资料、园林绿地养护技术方案、病害种类与分布情况、各类教学参考书、多媒体教学课件、园林植物病害彩色图谱（纸质或电子版）、检索表、各相关网站相关资料等。

（3）教学场所：教室、实验（训）室以及园林植物病毒病害危害较重的校内外实训基地。

（4）师资配备：每 20 名学生配备 1 名指导教师。

**【操作要点】**

（1）病毒病害症状观察：分次选取病毒病害危害严重的校内外实训基地，仔细观察病毒病害的典型症状，包括花叶、斑驳、碎色、皱缩、卷曲等，同时采集标本，拍摄图片。

（2）病毒病害发生、危害情况调查：根据现场病害的危害情况，确定当地病毒病害的主要类型，并拍摄相关图片。对于疑难病害，应该积极查阅资料，并结合图片、多媒体等开展小组讨论，达成共识。

（3）室内鉴定：将现场采集和初步鉴定的病害标本带至实训室，利用显微镜，参照相关资料，进一步鉴定，达到准确鉴定的目的。

（4）发病规律的了解：针对当地危害严重的主要病害类型，查阅相关资料，了解其在当地的发病规律。

（5）防治方案的制订与实施：根据病害主要类型在当地的发病规律，制订综合防治方案，并提出当前的应急防治措施，组织实施，做好防治效果调查。

【注意事项】

（1）实训前要做好资料与器具的准备，如园林植物病害彩色图谱、数码相机、手持放大镜、修枝剪、手锯、镊子、喷雾器、笔记本等。

（2）病毒病害症状调查时，应抓住典型的特点，同时注意与症状相似病害，尤其是生理性病害的区分，如花叶病与正常的斑叶品种易混淆，皱缩卷曲与螨虫危害状相类似等。

（3）病害标本的采集要力求全面，尽量采集到不同发病时期的标本，这样有利于病害的鉴定。病害标本的制作根据需要进行，一般叶类、花类制成蜡叶标本，果实类制成浸渍标本。

（4）病情指数的调查能够全面反映病害的发生危害情况，样本的数量要适中，过多或过少皆不科学，确保调查结果的准确性。

（5）制订病毒病害的综合防治方案时，内容应该全面，重视各种防治方法的综合运用。所选用的防治方法既要体现新颖性，又要结合生产实际，体现实用性。

【内容与操作步骤】

病毒病在园林植物上发生普遍，有些种类害很严重。引起发病的病原比细菌小，没有细胞结构，属于分子生物，只有在电子显微镜下才能观察到，其形状有杆状、丝状、球状等。病毒病典型的症状为：花叶斑驳、褪绿黄化、条斑、环斑、皱缩、卷叶、蕨叶、丛生、矮化等。病毒病没有病征，因而易与生理病害相混淆，但前者多分散呈点状分布，后者较集中呈片状发生。

病毒没有主动侵入寄主的能力，只能从机械的或传播介体所造成的伤口侵入（产生微伤而又不使细胞死亡）；多数病毒在自然条件下借介体传播，主要是蚜虫、叶蝉及其他昆虫；其次是土壤中的线虫和真菌。另外，植物种子、花粉以及无性繁殖材料（包括块根、块茎、鳞茎、压条、接穗、根蘖、插条等）也是传播病毒病的常见途径。该类病原只能在活的寄主体内生活，受害的园林植物全身带毒。

随着科技的不断发展，人们又发现了比病毒更小的类病毒。

（一）美人蕉花叶病

**1. 分布与危害**　美人蕉花叶病分布十分广泛。欧洲、美洲、亚洲等许多温带国家都有记载。我国上海、北京、杭州、成都、武汉、哈尔滨、沈阳、福州、珠海、厦门等地区均有该病发生。病毒病是美人蕉上的主要病害。被该病害侵害的美人蕉植株矮化，花少、花小；叶片着色不匀，撕裂破碎，降低观赏性。

**2. 症状识别**　该病侵染美人蕉的叶片及花器。发病初期，叶片上出现褪绿色小斑点，或呈花叶状，或有黄绿色和深绿色相间的条纹（彩图 4-3-23），条纹逐渐变为褐色坏死，叶片沿着坏死部位撕裂，叶片破碎不堪。某些品种上出现花瓣杂色斑点和条纹，呈碎锦状。发病严重时心叶畸形、内卷呈喇叭筒状，花穗抽不出或很短小，其上花少、花小；植株显著矮化。

**3. 病原识别**　黄瓜花叶病毒（cucumber mosaic virus）是美人蕉花叶病的病原。病毒粒体为 20 面体，直径 28～30nm，钝化温度为 70℃，稀释终点为 $10^{-4}$，体外存活期为 3～6d。另外，我国有关部门还从花叶病病株内分离出美人蕉矮化类病毒（canna dwarf viriod），初步鉴定为黄化类型症状的病原物。

**4. 发病规律**　黄瓜花叶病毒在有病的块茎内越冬。该病毒可以由汁液传播，也可以由棉蚜、桃蚜、玉米蚜、马铃薯长管蚜、百合新瘤额蚜等作非持久性传播，由病块茎作远距离传播。黄瓜花叶病毒寄主范围很广，能侵染 40～50 种花卉（如唐菖蒲花叶病）。美人蕉品种对花叶病的抗性差异显著。大花美人蕉、粉叶美人蕉、普通美人蕉均为感病品种；红花美人蕉抗病，其中的"大总统"品种对花叶病是免疫的。蚜虫虫口密度大，寄主植物种植密度大，枝叶相互摩擦发病均重。美人蕉与百合等毒源植物为邻，杂草、野生寄主多，均加重病害的发生。挖掘块茎的工具不消毒，也容易造成有病块茎对健康块茎的感染。

**5. 防治措施**

（1）淘汰有毒的块茎。秋天挖掘块茎时，把地上部分有花叶病症状的块茎弃去。

（2）生长季节发现病株应立即拔除销毁，清除田间杂草等野生寄主植物。

（3）防治传毒蚜虫，可以定期地喷洒 10% 的吡虫啉可湿性粉剂 1 500 倍液、3% 啶虫脒乳油 1 500～2 000 倍液等。

（4）用美人蕉布景时，不要把美人蕉和其他寄主植物混合配置，如唐菖蒲、百合等。

（二）百日草花叶病

**1. 分布与危害**　全国各地均有发生。该病常常引起植株矮小、退化，降低观赏性。

**2. 症状识别**　发病初期，感病叶片上呈轻微的斑驳状，以后成为深浅绿斑驳症，叶片皱缩卷曲。新叶上症状更为明显（彩图 4-3-24）。

**3. 病原识别**　引起百日草花叶病的病毒主要是黄瓜花叶病毒（CMV）。另外，苜蓿花叶病毒（AMV）、烟草花叶病毒（TMV）等。

**4. 发病规律**　该病可以由多种蚜虫传播，黄瓜花叶病毒的寄主范围很广，而且百日草生长季节又是蚜虫活动期，蚜虫与病害的发生有很大的相关性。

**5. 防治措施**

（1）及时拔除病株，以减少侵染源。

（2）加强田间管理，在保持水肥充足的同时，也要注意田间的卫生管理，及时清除杂草。

（3）生长季节，采用 22.4% 螺虫乙酯悬浮剂 3 000 倍液、3% 啶虫脒乳油 1 500～2 000 倍液，喷杀媒介昆虫——蚜虫。

（4）发病初期，用 7.5% 的克毒灵水剂 800 倍液、病毒 A 可湿性粉剂 500 倍液、3.85% 的病毒必克可湿性粉剂 700 倍液，喷洒防治。

（三）牡丹花叶病

**1. 分布与危害**　牡丹花叶病在世界各地种植区都有发生，在局部地区危害比较严重。

**2. 症状识别**　由于病原种类较多，所以表现症状比较复杂。牡丹环斑病毒（PRV）危害后在叶片上呈现深绿和浅绿相间的同心轮纹斑，病斑呈圆形，同时也产生小的坏死斑，发病植株较健株矮化。烟草脆裂病毒（TRV）危害后也产生大小不等的环斑或轮斑，有时则呈不规则形。而牡丹曲叶病毒（PLCV）则引起植株明显矮化，下部枝条细弱扭曲，叶片黄化卷曲（彩图 4-3-25）。

**3. 病原识别** 引起牡丹花叶病的病原主要有 3 种，分别是牡丹环斑病毒（PRV）、烟草脆裂病毒（TRV）、牡丹曲叶病毒（PLCV）。

**4. 发病规律** 牡丹环斑病毒（PRV）粒体球状，难以汁液摩擦传播，主要由蚜虫传播。烟草脆裂病毒（TRV）粒体为杆状，能以汁液摩擦接种，另外线虫、菟丝子和牡丹种子都能传播病毒。牡丹曲叶病毒（PLCV）主要由嫁接传染。总之生产中用病株分株繁殖，或嫁接及蚜虫均可以传播病毒。上述病毒寄主植物范围广，牡丹环斑病毒（PRV）、牡丹曲叶病毒（PLCV）危害芍药、牡丹；烟草脆裂病毒（TRV）除危害芍药、牡丹外，还危害风信子、水仙、郁金香等花卉。

**5. 防治措施**

（1）严禁引进使用带病毒的苗木，发现病株即拔除烧毁。田间发现病株，应及时清除，清理周围杂草。

（2）生长季节及时防治蚜虫、叶蝉、螨类、蚧类、蝽类等刺吸式口器昆虫。

（3）名贵品种苗木病株可置于 36～38℃ 的温度下，21～28d 脱毒。

（4）连片侵染发病时，用 0.5% 抗毒剂 1 号 600 倍液、2% 宁南霉素 200～300 倍液、4% 博联生物菌素 200～300 倍液、植物病毒疫苗 600 倍液喷雾。

**（四）山茶花叶病**

**1. 分布与危害** 该病分布广泛，可危害包括山茶、茶树、茶梅、金花茶、油茶类等在内的所有山茶类观赏花木。

**2. 症状识别** 早期在叶片上出现的斑驳颜色较浅，呈褪绿色或灰白色。以后叶片出现深黄色斑驳或彩色斑，斑块色彩鲜艳。斑驳的形状、大小不等，病斑的边缘极其明显。花瓣上有时也出现斑点或为大理石斑纹状。由病毒引起的叶黄斑与一些山茶品种由于遗传变异所产生的黄色斑纹各有不同的特点，后者是非传染性的，这种黄色斑纹在全株所有叶片上都可以出现，而且不会扩展变大，不影响植株生长势。山茶植株感染病毒后，常导致受害叶片变薄，叶绿素锐减，植株生长势衰弱（彩图 4-3-26）。

**3. 病原识别** 该病由山茶花叶黄斑病毒（CYMLV）等引起。

**4. 发病规律** 病毒主要通过嫁接传播。不同的山茶品种对病毒病的抗性不同，有些山茶品种发病率高达 36%。该病春季开始发生，主要通过嫁接传播，苗木调运可长途传播。在杂草丛生，刺吸性害虫如蚜虫、叶蝉、蓟马等危害严重的地块发病比较突出。

**5. 防治措施**

（1）选用健壮植株作繁殖母本进行压条、嫁接或扦插。

（2）施用适量铁素能减轻花叶病症状的发生，在江淮地区栽培山茶等花木，可考虑定期喷洒 0.3% 的硫酸亚铁溶液。

（3）生长季节，用 22.4% 螺虫乙酯悬浮剂 3 000 倍液，喷杀媒介昆虫——蚜虫。

（4）发病初期，用 7.5% 的克毒灵水剂 800 倍液、或病毒 A 可湿性粉剂 500 倍液、或 3.85% 的病毒必克可湿性粉剂 700 倍液、或黄叶速绿植物病毒复合液 500 倍液，喷洒山茶植株树冠。

**（五）月季花叶病**

**1. 分布与危害** 分布于月季生长区，危害不重。

**2. 症状** 其症状表现因月季品种不同而异。月季花叶病毒以小的失绿斑点为其特征，有时呈现多角形纹饰。病斑周围的叶面常多少有些畸形。有些症状呈环形、不定形的波状斑纹，以及栎叶型的褪绿斑，对生长势一般无影响，或有轻微影响到严重的矮化。有的表现为花叶；有些在叶尖或中部，或近叶基部出现 1 条淡黄色单峰曲线状褪绿带，或呈系统环斑、栎叶状褪绿斑；有些表现黄脉、叶畸形及植株矮化（彩图 4-3-27）。

**3. 病原** 引起月季花叶病的病毒目前我国已知有 3 种，即月季花叶病毒、苹果花叶病毒及南芥菜花叶病毒。月季花叶病毒（RMV）：病毒质料结构球状，约 25nm。致死温度为54℃，稀释终点 1：125，体外存活期 6h（室温）。

**4. 发病规律** 月季花叶病毒通过汁液传播，嫁接和蚜虫也传毒，月季花叶病毒在寄主活组织内越冬，通过病芽、病接穗和有病砧木传播，在芽接和嫁接时传染发病。夏季强光和干旱有利于显症和扩展，也常出现隐症或轻度花叶症。

**5. 防治措施**

（1）避免用感病月季作为繁殖材料。

（2）发现病株立即拔除和烧毁。

（3）生长季节防治传毒媒介，如蚜虫、木虱等。

（4）发病初期喷洒生物制剂好普（20％氨基寡糖水剂）500～800 倍液，每 5～7d 喷 1次，连续喷 3 次。

**（六）鸢尾花叶病**

**1. 分布与危害** 世界各地均有发生，国内种植的鸢尾很多来自荷兰，普遍发生花叶病，除影响种球生长外，危害性并不严重。

**2. 症状** 典型受害的叶、花产生褪色（黄色）杂斑和条纹，有的品种在灰绿色叶上出现蓝绿色斑块，受害严重时，可使花和鳞茎产量减少。有些鸢尾感染病毒后症状并不严重；但西班牙鸢尾发生较为普遍，而且会产生严重的褪绿症状，花瓣呈脱色现象，重者甚至花蕾不能开放。德国鸢尾感病后尽管植株矮化、花小，但不十分严重。球根鸢尾受害后，则产生严重花叶，甚至芽鞘地下白色部分也具有明显浅紫色病斑或浅黄色条纹（彩图 4-3-28）。

**3. 病原** 引起鸢尾花叶病的病原是鸢尾花叶病毒（IMV），病毒线条状，大小为（750～760）nm×12nm。致死温度 65～70℃，体外保毒期 3～4d（20℃）或 16～32d（2℃）。

**4. 发病规律** 汁液能传毒。很多蚜虫如豆卫矛蚜、棉蚜、桃蚜、马铃薯蚜等是传毒介体。鸢尾花叶病毒除危害很多鸢尾科植物，如德国鸢尾、矮鸢尾、网状鸢尾，还能危害唐菖蒲以及其他一些野生植物。

**5. 防治措施**

（1）感病植株的球根拔除并烧毁，减少侵染源。

（2）栽培健康的种球，选用耐病或抗病毒的品种也能取得良好效果。

（3）在生长季节，及时防除蚜虫，可选用 22.4％螺虫乙酯悬浮剂 3 000 倍液、50％抗蚜威可湿性粉剂 2 000 倍液进行喷雾防治。

观察与识别：取月季花叶病、山茶花叶病等病害的盒装标本、玻片标本、新鲜标本，观察识别病毒病类的典型症状及病原形态特征。

【任务考核标准】　见表 4-3-13。

表 4-3-13　病毒病害综合防治任务考核参考标准

| 序号 | 考核项目 | 考核内容 | 考核标准 | 考核方法 | 标准分值 |
|------|----------|----------|----------|----------|----------|
| 1 | 基本素质 | 学习工作态度 | 态度端正，主动认真，全勤，否则将酌情扣分 | 单人考核 | 5 |
| | | 团队协作 | 服从安排，与小组其他成员配合好，否则将酌情扣分 | 单人考核 | 5 |
| 2 | 专业技能 | 病毒病害的症状识别 | 能够准确描述所发生病害的症状识别要点。所述与实际不符的酌情扣分 | 单人考核 | 20 |
| | | 病毒病害发生情况调查 | 基本能够描述出病害发生的种类与发生状况。所述与实际不符的酌情扣分 | 以小组为单位考核 | 20 |
| | | 病毒病害综合防治方案的制订与实施 | 综合防治方案与实际相吻合，符合绿色无公害的原则，可操作性强。否则将酌情扣分 | 单人制订综合防治方案 | 25 |
| 3 | 职业素质 | 方法能力 | 独立分析和解决问题的能力强，能主动、准确地表达自己的想法 | 单人考核 | 5 |
| | | 工作过程 | 工作过程规范，有完整的工作任务记录，字迹工整 | 单人考核 | 10 |
| | | 自测训练与总结 | 及时准确完成自测训练，总结报告结果正确，电子文本规范，体会深刻，上交及时 | 单人考核 | 10 |
| 4 | | | 合计 | | 100 |

【相关知识】

## 病毒病害综合防治要点

（一）加强检疫

把好出圃关，严禁有病苗木和幼树出圃和调运，禁止栽种有病植株。

（二）园林技术措施防治

**1. 铲除病原**　发现病株及时拔除，并立即烧毁，以防扩大蔓延。

**2. 无病株采种（芽）**　园林植物的许多病害是通过种苗传播的，如仙客来病毒病等是由种子传播的，只有从健康母株上采种（芽），才能得到无病种苗，可从源头上杜绝病害的发生。

**3. 组培脱毒育苗**　园林植物中病毒病发生普遍而严重，许多种苗都带有病毒，利用组培技术进行脱毒处理，对于防治病毒病十分有效。如脱毒香石竹苗、脱毒兰花苗等应用已非常成功。

**4. 选用无病或抗病品种**　选用抗病品种是预防病毒病的重要一环，不同花木品种对于病虫害的受害程度并不一致，如选用抗月季花叶病的植株或砧木，可减轻病害的发生。

**5. 消灭传播源**　消灭野生寄主植物以及有害生物介体，如杂草苋色藜是香石竹病毒病的中间寄主，菟丝子、蚜虫等有害生物可以传播病毒病，因而应及时清除，减少传播。

**6. 加强养护管理** 有些病毒病可通过摘心、采花等农事操作而引起汁液传播。因此，注意操作传毒，以减轻病害发生。在花卉的整枝、摘心、剪切等日常管理中，要注意工具、手的消毒。另外，合理浇水，配方施肥，促进花木健壮生长，增强抗病力。

（三）物理防治

一般种子可用 50～55℃温汤液浸 10～15min，无性繁殖材料在高温条件下搁置一定时间，均有一定的治疗效果。

（四）生物防治

常见的方式为生物杀病毒剂，即弱病毒疫苗。弱病毒接种到寄主植物体上后，只对寄主造成较轻的危害或没有危害性，但由于它的寄生，使得寄主植物产生了抗体，可以阻止同种致病力强的病毒侵入。其防病机理类似于人的接种免疫。常见的商品型品种有：弱毒疫苗 $N_{14}$（主要为抗烟草花叶病毒 TMV）、卫星核酸生防制剂 $S_{52}$（主要为抗黄瓜花叶病毒 CMV）等。

（五）药剂防治

发病初期，喷施 3.95％病毒必克可溶性粉剂、2％菌克毒克（宁南霉素）水剂 200 倍液、0.5％抗毒剂 1 号水剂 600 倍液、4％博联生物菌素 200～300 倍液、20％病毒 A 可溶性粉剂 500 倍液、1.5％植病灵乳油1 000倍液防治，每隔 7d 喷 1 次，连续喷 3～4 次，可有效地抑制病害扩展。

# 工作任务 4.3.4　园林植物线虫病害的综合防治

【任务目标】

掌握常见园林线虫病害的危害特征、诊断要点、发病规律，制订有效的综合治理方案，并组织实施。

【任务内容】

（1）根据工作任务，采取课堂、实训室以及校内外实训基地（包括园林绿地、花圃、苗圃、草坪等）现场相结合的形式，通过查阅资料与网上搜集，获得相关园林植物线虫病害的基本知识。

（2）利用各种条件，对园林植物线虫病害的类别与发生情况进行观察、识别。

（3）根据当地主要线虫病害发生特点，拟订出综合防治方案并付诸实施。

（4）对任务进行详细记载，并上交 1 份总结报告。

【教学资源】

（1）材料与器具：常见园林线虫病害的新鲜标本、干制或浸渍标本；显微镜、放大镜、镊子、挑针、盖玻片、载玻片、擦镜纸、吸水纸、刀片、蒸馏水、滴瓶、纱布、搪瓷盘、相关肥料与农药品种等。

（2）参考资料：当地气象资料、有关园林线虫病害的历史资料、园林绿地养护技术方案、病害种类与分布情况、各类教学参考书、多媒体教学课件、园林植物病害彩色图谱（纸质或电子版）、检索表、各相关网站相关资料等。

（3）教学场所：教室、实验（训）室以及园林植物线虫病害危害较重的校内外实训基地。

（4）师资配备：每20名学生配备1名指导教师。

【操作要点】

（1）线虫病害症状观察：分次选取线虫病害危害严重的校内外实训基地，仔细观察线虫病害的典型症状，包括根结、叶枯、枯萎等，同时采集标本，拍摄图片。

（2）线虫病害发生、危害情况调查：根据现场病害的危害情况，确定当地线虫病害的主要类型，并拍摄相关图片。对于疑难病害，应该积极查阅资料，并结合图片、多媒体等开展小组讨论，达成共识。

（3）室内鉴定：将现场采集和初步鉴定的病害标本带至实训室，利用体视显微镜等仪器，参照相关资料，进一步鉴定，达到准确鉴定的目的。

（4）发病规律的了解：针对当地危害严重的主要病害类型，查阅相关资料，了解其在当地的发病规律。

（5）防治方案的制订与实施：根据病害主要类型在当地的发病规律，制订综合防治方案，并提出当前的应急防治措施，组织实施，做好防治效果调查。

【注意事项】

（1）实训前要做好资料与器具的准备，如园林植物病害彩色图谱、数码相机、手持放大镜、修枝剪、手锯、镊子、喷雾器、笔记本等。

（2）线虫病害症状调查时，应抓住典型的特点，同时注意与症状相似病害的区分，如线虫病根结与根瘤菌易混淆等。

（3）病害标本的采集要力求全面，尽量采集到不同发病时期的标本，且既有病状，也有病征，这样有利于病害的鉴定。病害标本的制作根据需要进行，一般叶类、花类制成蜡叶标本，枝干与根部类制成浸渍标本。

（4）病情指数的调查能够全面反映病害的发生危害情况，样本的数量要适中，过多或过少皆不科学，从而确保调查结果的准确性。

（5）制订线虫病害的综合防治方案时，内容应该全面，重视各种防治方法的综合运用。所选用的防治方法既要体现新颖性，又要结合生产实际，体现实用性。

【内容与操作步骤】

园林植物线虫病的病原属于动物界、线形动物门，与一般常见的真菌、细菌病害的病原生物（微生物）有很大的差异，却与园林植物害虫亲缘关系接近。线虫为低等小动物，体形细长如线状，其繁殖方式为雌、雄交尾产卵。由于线虫能够蠕动，因而可以主动传播，但通常情况下还是通过土壤、流水、人、畜活动、农具以及植物的种子与无性繁殖材料等方式传播。其表现症状为：根结、叶斑叶枯、植株矮小、生长衰弱等。

（一）仙客来根结线虫病

**1. 分布与危害**　仙客来根结线虫病在我国发生普遍，使植株生长受阻，严重时，全株枯死。

**2. 症状识别**　该线虫侵害仙客来球茎及根系的侧根和支根，在球茎上形成大的瘤状物，直径可达1～2cm。侧根和支根上的瘤较小，一般单生。根瘤初为淡黄色，表皮光滑，以后变为褐色，表皮粗糙。若切开根瘤，则在剖面上可见有发亮的白色点粒，此为梨形的雌虫体。严重者根结呈串珠状，须根减少，地上部分植株矮小，生长势衰弱，叶色发黄，树枝枯死，以致整株死亡。症状有时与生理病害相混淆。根结线虫除直接危害植物外，还使植株易受真菌及细菌的危害（图4-3-12）。

**3. 病原识别** 根结线虫属南方根结线虫［*Meloi-dogyne incognita*（Kofoid&White）Chitwood］、花生根结线虫［*M.arenaria*（Neal）Chitwood］、北方根结线虫（*M.hapla* Chitwood）、爪哇根结线虫［*M.javania*（Treub.）Chitwood］。在我国，仙客来上以南方根结线虫和花生根结线虫2种病原发生普遍。

**4. 发病规律** 病土和病残体是最主要的侵染来源。病土内越冬的2龄幼虫，可直接侵入寄主的幼根，刺激寄主中柱组织，引起巨型细胞的形成，并在其上取食，于是受害的根肿大而成虫瘿（根结）。但也可以卵越冬，翌年环境适宜时，卵孵化为幼虫，入侵寄主。幼虫经4个龄期发育为成虫，随即交配产卵，孵化后

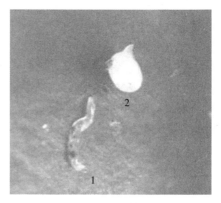

图4-3-12 根结线虫
1. 雄虫 2. 雌虫

的幼虫又再侵染。在适宜条件下（适温20～25℃）线虫完成1代仅需17d左右，长者1～2个月，1年可发生3～5代。温度较高，多湿通气的沙壤土发病较重。线虫可通过水流、病肥、病种苗及农事作业等方式传播。该线虫随病残体在土中可存活2年。

**5. 防治措施**

（1）加强植物检疫，防止根结线虫扩展、蔓延。

（2）在有根结线虫发生的圃地，应避免连作感病寄主，应与松、杉、柏等不感病的树种轮作2～3年。圃地深翻或浸水2个月可减轻病情。

（3）生物防治：淡紫拟青霉是病原线虫卵的寄生真菌，按每667m²面积用2亿活孢子/克淡紫拟青霉粉剂2.5～3kg，与适量细土混均，穴施后移栽苗木，对根结线虫有一定的防治效果。

（4）药剂处理土壤：采用10％噻唑颗粒剂（福气多）30kg/hm²，或0.5％阿维菌素颗粒剂45kg/hm²，或5％丁硫克百威颗粒剂90kg/hm²，与20kg细干土充分拌匀，将药土均匀撒于土表，用机械或铁耙将药剂与畦面20cm表土层充分拌匀，当天定植苗木。除上述全面土壤混合施药外，也可沟施或穴施，按1m²面积用1.8％阿维菌素乳油1mL，对水3L喷施于定植沟后移栽。35％威百亩水剂（线克）对水沟施，播种（定植）前20d，先在畦面上开沟，沟深20cm，沟间相距20cm，按照60～90kg/hm²用药量对水6 000L稀释后，均匀浇施于沟内，随即覆土踏实、覆膜熏蒸，15d后撤掉地膜、耕翻放气，再播种或移栽。

（5）盆土药剂处理：将5％克线磷按土壤质量的0.1％，与土壤充分混匀，进行消毒；也可将5％克线磷或10％丙线磷施入花盆中。该药可在植物生长季节使用，不会产生药害。

（6）盆土物理处理：炒土或蒸土40min，注意加温勿超过80℃，以免土壤变劣；或在夏季高温季节进行太阳暴晒，在水泥地上将土壤摊成薄层，白天暴晒，晚上收集后用塑料膜覆盖，反复暴晒2周，其间要防水浸，避免污染。

**（二）瓜子黄杨根结线虫病**

**1. 分布与危害** 分布于瓜子黄杨的生长区域。近年来有逐渐加重之势。

**2. 症状**　根部：主根、侧根上形成大小不等的根结，即虫瘿，感病根比健康根短，侧根和根毛少（彩图4-3-29）。地上部分：生长衰弱，新叶边缘皱缩，黄化，提早脱落，严重时当年死亡。

**3. 病原**　为线虫纲，根结线虫属（*Meloidonyge*）的一些种。常见的种类有：北方根结线虫、南方根结线虫、爪哇根结线虫、花生根结线虫。

**4. 发病规律**　以卵或2龄幼虫在土壤中；或未成熟的雌虫在寄主内越冬。靠种苗、农具、肥料、水流以及线虫本身的移动传播。一般沙性土壤发病重。

**5. 防治措施**

（1）用3％氯唑磷颗粒剂，或用10％克线丹颗粒剂，每667m² 用5～7kg，进行撒施或沟穴埋施，可防治各种线虫。

（2）用10％克线磷颗粒剂，每667m² 用3～5kg，在生长期均可进行沟施，穴施，撒施，也可把药直接溶入水中，再添加适量"新高脂膜"、尿素少量一同浇灌，其效果更佳。

**（三）菊花叶枯线虫病**

**1. 分布与危害**　广泛分布于全世界，在我国河北、上海、河南、安徽、江西、江苏、广东、广西、浙江、湖南、四川、云南、福建等地均有发生。主要危害菊花叶片，还危害翠菊、大丽菊、牡丹、百日草、马鞭草等花卉植物。

**2. 症状识别**　主要危害叶片，也能侵染花芽和花。菊叶受害后，叶色变淡，并有淡黄色至黄褐色斑，或为叶脉限制而形成其他形状的坏死斑纹，最后叶片卷缩、凋萎，并沿茎干下垂。菊花受害严重时，花不发育，即使开花，也长得细小畸形；花芽、花蕾干枯或退化，植株外形萎缩（图4-3-13）。

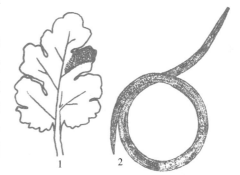

图4-3-13　菊花叶枯线虫病
1. 症状　2. 病原线虫雌虫

**3. 病原识别**　病原为里泽马斯博滑刃线虫 [*Aphelenchoides ritzemabosi* (Schwartz) Steiner]，俗称菊花叶线虫。

**4. 发病规律**　菊花叶枯线虫具有寄生多种野生植物的能力，能长期生活在菊花残留清株的地上部分，甚至在极小的残叶上，还可在土壤中存活6～7个月。整个发育周期在被害组织内完成。只要温度适宜，全年都可繁殖，在足够的湿度和22～25℃适温范围内，整个发育阶段都有很大的活动性。如在天气潮湿、植株叶面有水滴时则更加活跃。一般通过水滴、灌溉水和被害的叶、花、茎、扦插条以及土壤等传播，从叶面气孔钻入组织内危害。在广州，该病每年10～11月较为严重。

**5. 防治措施**

（1）加强检疫，不让病菌及其繁殖材料传入无病区。繁殖菊花应选用无病健康的插条，工作时不使用与病原体、病土接触过的未经消毒的工具。

（2）摘除病叶、病芽、病花和花蕾集中销毁。种过有病植株的土壤和花盆可用福尔马林熏蒸，或用加热处理法消毒。病土不可随处抛弃。已消毒过的盆、土，最好不要栽培易感病的花卉。

（3）生物防治：淡紫拟青霉是病原线虫卵的寄生真菌，按每 667m² 面积用 2 亿活孢子/克淡紫拟青霉粉剂 2.5～3kg，与适量细土混均，穴施后移栽苗木，对根结线虫有一定的防治效果。

（4）药剂处理土壤：采用 10％噻唑颗粒剂（福气多）30kg/hm²，或 0.5％阿维菌素颗粒剂 45kg/hm²，或 5％丁硫克百威颗粒剂 90kg/hm²，与 20kg 细干土充分拌匀，将药土均匀撒于土表，用机械或铁耙将药剂与畦面 20cm 表土层充分拌匀，当天定植苗木。除上述全面土壤混合施药外，也可沟施或穴施，按 1m² 面积用 1.8％阿维菌素乳油 1mL，对水 3L 喷施于定植沟后移栽。35％威百亩水剂（线克）对水沟施，播种（定植）前 20d，先在畦面上开沟，沟深 20cm，沟间相距 20cm，按照 60～90kg/hm² 用药量对水 6 000L 稀释后，均匀浇施于沟内，随即覆土踏实、覆膜熏蒸，15d 后撤掉地膜、耕翻放气，再播种或移栽。

**（四）松材线虫病**

**1. 分布与危害**　松材线虫病原产北美洲，广泛分布于日本、美国、加拿大、德国、韩国和墨西哥等国。在日本除北海道外，几乎遍及全国，是日本危害极大的一种森林病害。1982 年在我国江苏南京中山陵首次发现，以后相继在江苏、安徽、湖北、湖南、广东和浙江等地迅速蔓延成灾，几乎毁灭了在香港广泛分布的马尾松林。是松树的一种极其严重的毁灭性病害，被称为松树的"癌症"。

**2. 症状**　此病显著的特征是，被侵染的松树针叶失绿，并逐渐黄萎枯死，变红褐色，最终全株枯萎死亡。但针叶长时间不脱落，有时直至翌年夏季才脱落。从针叶开始变色至全株死亡约 30d。外部症状的表现，首先是树脂分泌减少至完全停止分泌，蒸腾作用下降，继而边材水分迅速降低。病树大多在 9 月至 10 月上中旬死亡。

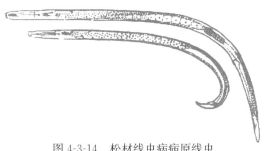

图 4-3-14　松材线虫病病原线虫

**3. 病原**　本病是由线虫纲、垫刃目、滑刃科、伞滑刃属的松材线虫〔*Bursaphelenchus xylophilus*（Stenier et Buhrer）〕引起。两性成虫体细长。雌成虫体长 960～1 310μm，雄成虫体长 910～1 190μm。口针细长，中食道卵圆形，食道线细长，叶状，盖于肠背面。雌虫卵巢 1 个，前伸。阴门开口于虫体中后部 3/4 处，覆似阴门盖。后子宫囊长 190μm。尾部亚圆锥形，末端钝圆，少数有微小的尾尖突。雄虫交合刺大，弓状，成对，喙突显著，交合刺远端膨大如盘。尾部向腹面弯曲，尾端为小的卵形交合伞包围。幼虫似成虫，3 龄幼虫体长 713μm（图 4-3-14）。

**4. 发病规律**　松材线虫近距离传播主要靠媒介主要是松褐天牛（*Monochamus alternatus* Hope）（图 4-3-15），每头天牛成虫体上平均带有上万条线虫。每年 5～7 月，当松褐天牛的成虫飞往松树梢上取食，进行补充营养和产卵时，线虫即从天牛咬食的树皮伤口处侵入树体内，在树脂管内开始增殖，并向其他部位扩散，连续以 4～6d 发生 1 代的速度大量繁殖。8～9 月高温季节，被侵染的松树开始出现症状，并迅速枯死。秋后天牛幼虫侵入松树木质部，并在蛹室内越冬。此时，线虫也停止繁殖，直至翌年春季，3 龄幼虫大量聚集在天牛的蛹室和蛹道周围越冬。翌年 5 月天牛羽化飞出，虫体上潜伏的线虫被携带到健康的松树上侵入危害。松材线虫还可随采伐的病树原木及其制品，远距离传播到无病区，这些带有线虫的病树木材，往往是最初的侵染源。

高温低湿有利于病害的发生。接种实验证明，在 15℃ 以下不表现症状，30℃ 以下发病，并迅速死亡。干燥缺水促进松树枯萎，加速死亡。在自然界以气候温暖、海拔较低及干燥缺水的地区发病严重。

松树品种间的抗病性有较明显的差异。日本黑松、赤松、琉球松、华山松、云南松等高度感病。黄山松、樟子松、粤松和乔松比较抗病。高度抗病的有火炬松、北美短叶松、马尾松等。

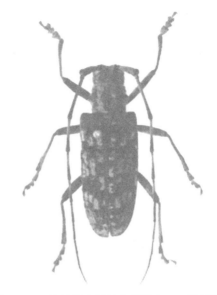

图 4-3-15　松材线虫病的传播媒介——松褐天牛

松材线虫病的发生与流行有 5 个因素组成，松树、线虫、天牛、温度、湿度，只有 5 者共存才能形成病害，并流行危害。从松材线虫病的发生发展规律 5 个组成因素中，它的发生与否和寄主植物、病原线虫、媒介昆虫、环境条件是否同时存在有密切关系，而且繁殖速度快，发病时间短。因此，在松材线虫病的防治技术策略上，主要针对松褐天牛，抓住媒介昆虫这个因素，重点放在"杀天牛"上。

**5. 防治措施**

（1）加强检疫。松材线虫病是国内外重大危险性检疫对象，人工伐除病死树，防止疫区木材携带该种或天牛扩散传播。严禁将疫区内的病死木材外运和输入无病区。这些线虫都可能随种苗、块根、块茎、球茎、鳞茎作远距离传播，在引种时要注意检查，防止线虫的传播。同时重视从健康的母株上采取繁殖材料，引种时还可进一步进行热水处理，把带病的用于繁殖的部位浸泡在热水中（水温 50℃ 时，浸泡 10min；水温 55℃ 时，浸泡 5min），可杀死线虫，而不伤寄主。

（2）清除传播媒介松褐天牛。5 月在天牛羽化始期和盛期，各喷 1 次 0.5% 杀螟松乳剂（每株用药 2～3kg），秋季（10 月以前）当天牛幼虫尚未蛀入木质部以前，喷 1% 的杀螟松乳剂或油剂可杀死树皮下的天牛幼虫。也可袋装熏蒸杀灭松褐天牛，或利用天敌管氏肿腿蜂（*Scleroderma guani*）防治天牛。

（3）熏蒸处理。松材线虫病，应对原木及板材进行化学或物理方法处理，用溴甲烷 40～60g/m³ 或硫酰氟熏蒸，或放入水中浸泡 100d，杀虫效果可达 80%。

（4）药剂防治。对庭院、公园、风景区及行道树等散生树种，古树名木，可用丰索磷、灭线磷等内吸杀线虫剂进行根埋，或注射树干。

*观察与识别：取仙客来根结线虫病、瓜子黄杨根结线虫病等病害的盒装标本、玻片标本、新鲜标本，观察识别线虫病类的典型症状及病原形态特征。*

**【任务考核标准】** 见表 4-3-14。

表 4-3-14 线虫病害综合防治任务考核参考标准

| 序号 | 考核项目 | 考核内容 | 考核标准 | 考核方法 | 标准分值 |
|---|---|---|---|---|---|
| 1 | 基本素质 | 学习工作态度 | 态度端正，主动认真，全勤，否则将酌情扣分 | 单人考核 | 5 |
| | | 团队协作 | 服从安排，与小组其他成员配合好，否则将酌情扣分 | 单人考核 | 5 |
| 2 | 专业技能 | 线虫病害的危害状与病原形态识别 | 能够准确描述所发生病害的症状与病原识别要点。所述与实际不符的酌情扣分 | 单人考核 | 20 |
| | | 线虫病害发生情况调查 | 基本能够描述出病害发生的种类与发生状况。所述与实际不符的酌情扣分 | 以小组为单位考核 | 20 |
| | | 线虫病害综合防治方案的制订与实施 | 综合防治方案与实际相吻合，符合绿色无公害的原则，可操作性强。否则将酌情扣分 | 单人制订综合防治方案 | 25 |
| 3 | 职业素质 | 方法能力 | 独立分析和解决问题的能力强，能主动、准确地表达自己的想法 | 单人考核 | 5 |
| | | 工作过程 | 工作过程规范，有完整的工作任务记录，字迹工整 | 单人考核 | 10 |
| | | 自测训练与总结 | 及时准确完成自测训练，总结报告结果正确，电子文本规范，体会深刻，上交及时 | 单人考核 | 10 |
| 4 | | | 合计 | | 100 |

【相关知识】

## 线虫病害综合防治要点

### （一）加强检疫

通过检疫措施，防止线虫病害扩展、蔓延。如松材线虫病是国内外重大危险性检疫对象，人工伐除病死树，防止疫区木材携带该种或天牛扩散传播。严禁将疫区内的病死木材及其外运和输入无病区。这些线虫都可能随种苗、块根、块茎、球茎、鳞茎作远距离传播，在引种时要注意检查，防止线虫的传播。

### （二）园林技术措施防治

**1. 无病株采取繁殖材料** 从健康的母株上采取繁殖材料，引种时还可进一步进行热水处理，把带病的用于繁殖的部位浸泡在热水中（水温 50℃时，浸泡 10min；水温 55℃时，浸泡 5min），可杀死线虫，而不伤寄主。

**2. 及时清除病残组织** 摘除病叶、病芽、病花和花蕾，清除已枯死的花卉和苗圃内外的杂草、杂树，并集中烧毁。

**3. 轮作** 如防治根结线虫可以辣椒、大葱、大蒜、韭菜以及禾本科牧草、草坪、小麦、大麦、玉米等农作物轮作。

**4. 种植诱虫植物或颉颃植物消灭线虫** 在种植花木前，首先种植生长迅速的速生植物，如菠菜、小白菜等 1~2 个月，线虫大量侵染后还没有产卵前连根拔除，可以大量清除线虫；种植线虫非繁殖寄主植物或者颉颃植物，如石刁柏、猪屎豆等，由于植物根部分泌物还有毒素，会使线虫侵染后不能发育为成虫或不能存活；种植万寿菊、孔雀草、蓖麻能杀死土壤中线虫，降低土中线虫数量。

**5. 加强肥水管理** 采用地下清洁水灌溉，改善排水设施，杜绝外来污染水流入花场苗圃；淹水杀线虫，土壤在夏季淹水 1～3 周，或冬季淹水 3～5 周均可防治线虫病；增施有机肥或土壤改良剂，既可以促进有益微生物的繁殖，控制线虫数量，又保证了苗木健壮，增加抗病力。也可施用无机肥的液态氮或碳酸氢铵，会起到同样的作用。

**6. 应用栽培架** 采取离地及硬底化种植方式，可有效预防线虫和其他病虫害的传播与发生。

（三）物理防治

**1. 温水处理苗木** 苗木插穗和球茎等繁殖材料，用 40～50℃ 的热水浸泡，能够杀死大量线虫，如仙客来球茎用 45℃ 热水浸泡 30min 可以杀死其根结线虫，百合鳞茎在 44℃ 热水中浸泡 60min 可以杀死其叶芽线虫，菊花嫩枝在 55℃ 热水浸泡 5min 即可杀死叶芽线虫，等等。

**2. 日晒** 土壤和基质在夏季晴天时，翻耕连晒 1 周，可杀死大量线虫。

**3. 土施石灰氮（$CaCN_2$）杀线虫** 具体做法：用稻草或秸秆 9 000kg/hm$^2$ 切成 4～6cm 小段，每 667m$^2$ 加石灰氮 100kg，掺匀后翻耕入 20cm 的土层中，在灌满水，覆盖薄膜 20d，即可有效杀灭线虫。

（四）生物防治

土壤中线虫的天敌主要是真菌，其次是细菌、捕食型线虫、昆虫及螨类等。真菌有捕食性和寄生性 2 类，对控制线虫数量有较大作用。全部弹尾目昆虫的若虫和成虫都能捕食线虫各虫态及线虫卵。

目前常见的商品型品种为线虫清（淡紫拟青霉，一种真菌制剂），菌丝能侵入线虫体内及卵内进行繁殖，破坏线虫的生理活动而致死亡。该药剂能防治胞囊线虫、根结线虫等多种寄生线虫。

（五）化学防治

**1. 种苗消毒** 如 40％ 的克线磷 100 倍泥浆涂根，50％ 辛硫磷 50 倍液浸泡花卉球茎、鳞茎，福尔马林 200 倍液浸泡球茎 3h 以上等措施，都可以防治各种线虫。

**2. 培养介质消毒** 在上盆前 20d 把培养介质放进蒸煮锅中加水完全淹没，然后蒸煮致水干，取出施 35％ 威百亩水剂 50 倍液，覆盖黑薄膜进行熏蒸。培养介质使用前揭开黑薄膜，透气 7～10d，方可使用。

**3. 对成品花卉消毒** 每隔 30d 用 3％ 米乐尔颗粒剂（克线磷）防治 1 次，药量每平方米施用 6～9g，品字形穴施。

**4. 地面覆盖黑薄膜消毒** 种植前可每 667m$^2$ 施用 35％ 线克水剂 3～4kg 进行地面消毒，然后覆盖黑薄膜 3～5 个月，防治效果较明显。

# 工作任务 4.3.5 园林植物其他侵染性病害的综合防治

【任务目标】

掌握常见园林其他侵染性病害的危害特征、诊断要点、发病规律，制订有效的综合治理方案，并组织实施。

【任务内容】

（1）根据工作任务，采取课堂、实训室以及校内外实训基地（包括园林绿地、花圃、苗圃、草坪等）现场相结合的形式，通过查阅资料与网上搜集，获得相关园林植物其他侵染性病害的基本知识。

（2）利用各种条件，对园林植物其他侵染性病害的类别与发生情况进行观察、识别。

（3）根据当地主要其他侵染性病害发生特点，拟订出综合防治方案并付诸实施。

（4）对任务进行详细记载，并上交1份总结报告。

【教学资源】

（1）材料与器具：常见园林其他侵染性病害的新鲜标本、干制或浸渍标本；显微镜、放大镜、镊子、挑针、盖玻片、载玻片、擦镜纸、吸水纸、刀片、滴瓶、纱布、搪瓷盘、相关肥料与农药品种等。

（2）参考资料：当地气象资料、有关园林其他侵染性病害的历史资料、园林绿地养护技术方案、病害种类与分布情况、各类教学参考书、多媒体教学课件、园林植物病害彩色图谱（纸质或电子版）、检索表、各相关网站相关资料等。

（3）教学场所：教室、实验（训）室以及园林植物其他侵染性病害危害较重的校内外实训基地。

（4）师资配备：每20名学生配备1名指导教师。

【操作要点】

（1）其他侵染性病害症状观察：分次选取其他侵染性病害危害严重的校内外实训基地，仔细观察其他侵染性病害的典型症状，同时采集标本，拍摄图片。

（2）其他侵染性病害发生、危害情况调查：根据现场病害的危害情况，确定当地其他侵染性病害的主要类型，并拍摄相关图片。对于疑难病害，应该积极查阅资料，并结合图片、多媒体等开展小组讨论，达成共识。

（3）室内鉴定：将现场采集和初步鉴定的病害标本带至实训室，利用体视显微镜等仪器，参照相关资料，进一步鉴定，达到准确鉴定的目的。

（4）发病规律的了解：针对当地危害严重的主要病害类型，查阅相关资料，了解其在当地的发病规律。

（5）防治方案的制订与实施：根据病害主要类型在当地的发病规律，制订综合防治方案，并提出当前的应急防治措施，组织实施，做好防治效果调查。

【注意事项】

（1）实训前要做好资料与器具的准备，如园林植物病害彩色图谱、数码相机、手持放大镜、修枝剪、手锯、镊子、喷雾器、笔记本等。

（2）其他侵染性病害症状调查时，应抓住典型的特点，同时注意与症状相似病害的区分。

（3）病害标本的采集要力求全面，尽量采集到不同发病时期的标本，且既有病状，也有病征，这样有利于病害的鉴定。病害标本的制作根据需要进行，一般叶类、花类制成蜡叶标本，枝干与根部类制成浸渍标本。

（4）病情指数的调查能够全面反映病害的发生危害情况，样本的数量要适中，过多或过少皆不科学，从而确保调查结果的准确性。

（5）制订其他侵染性病害的综合防治方案时，内容应该全面，重视各种防治方法的综合运用。所选用的防治方法既要体现新颖性，又要结合生产实际，体现实用性。

【内容与操作步骤】

## 一、藻斑病

**1. 分布与危害**　主要发生在我国长江以南地区。寄主主要有山茶、白兰花、玉兰、桂花、含笑、柑橘等。藻斑病主要影响植物的光合作用，使植株生长不良。

**2. 症状识别**　主要侵害叶片和嫩枝。发病初期，叶片上出现针头大小的灰白色、灰绿色、黄褐色的圆斑，后扩大成圆形或不规则形的隆起斑，病斑边缘为放射状或羽毛状，病斑上有纤维状细纹和绒毛。藻斑的颜色因寄主不同而异，在含笑上为暗绿色，在山茶上为橘黄色（图 4-3-16）。

**3. 病原识别**　为头孢藻（*Cephaleuros virescsns* Kunze.）和寄生藻（*C. parasitus* Karst.）。

**4. 发病规律**　头孢藻以线网状营养体在寄主组织内越冬。孢子囊及游动孢子在潮湿条件下产生，由风、雨传播。高温高湿有利于游动

图 4-3-16　山茶藻斑病
1. 症状　2. 孢囊梗、孢子囊及游动孢子

孢子的产生、传播、萌发和侵入。一般来说，栽植密度及盆花摆放密度过大、通风透光不良、土壤贫瘠、淹水、天气闷热、潮湿均能加重病害的发生。

**5. 防治措施**

（1）加强栽培管理，合理施肥，及时修剪、清除病叶，避免过度荫蔽，力求通风透光，提高植株抗病性。

（2）药剂防治。发病初期，喷施 1：0.5：（160～200）的波尔多液或 30％绿得保悬浮剂 400 倍液或 12％绿乳铜乳油 600 倍液。每隔 10～15d 喷 1 次，共喷 2～3 次。山茶开花后，可喷洒 1～2 波美度石硫合剂，以防藻斑病蔓延。

## 二、寄生性种子植物

### （一）菟丝子

**1. 分布与危害**　菟丝子主要危害植物的幼树和幼苗。全国各地都有分布。常寄生在多种园林植物上轻则使花木生长不良，影响观赏效果，重则花木和幼树可被缠绕致死。一、二年生花卉及宿根花卉中的一串红、金鱼草、荷兰菊、菊花等在天津、呼和浩特、乌鲁木齐、济南等地受害严重，扶桑、榆叶梅、玫瑰、珍珠梅、紫丁香等花灌木在个别城市受害亦严重。我国广西南部有 12 科 22 种树木被菟丝子寄生，其中台湾相思树、千年桐、木麻黄、小叶女贞、八面果及红花羊蹄甲等 16 个树种受害严重，受害率一般达 30％。20 世纪 70 年代中期，新疆玛纳斯平原林场的榆树幼林受害率达 80％以上，致使榆树大片死亡，而不得不毁林改种其他作物。

**2. 症状识别**　菟丝子为寄生种子植物，以茎缠绕在寄生植物的茎部，并以吸器伸入寄生植物茎或枝干内与其导管和筛管相连，吸取全部养分，因而导致被害花木发育不良，生长受阻碍。通常表现为生长矮小和黄化，甚至植株枯萎死亡（图4-3-17）。

**3. 病原识别**　菟丝子又名无根藤、金丝藤。观赏植物中常见的有4种。

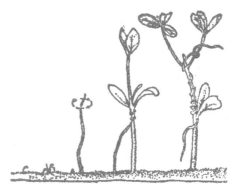

图4-3-17　菟丝子在苗木上寄生情况

（1）中国菟丝子（*Cuscuta chinensis* Zam）：茎纤细，丝状，橙黄色。花淡黄色，聚头状花序。花萼杯状，白色，稍长于花萼，短5裂。蒴果卵圆形，淡黄色，表面略粗糙。主要危害一串红、翠菊、两色金色菊、菊花、长春花及地肤、美女樱等多种草本花卉。有时也危害扶桑等木本花卉（彩图4-3-30）。

（2）日本菟丝子（*Cuscuta japonica* Choisy）：茎粗壮，分枝多，黄白色，并有突起的紫斑。花萼碗状，有瘤状紫色斑点。花冠管状，白色，5裂。蒴果卵圆形。种子微绿色至微红色，表面光滑。日本菟丝子主要寄生于木本植物，常危害六月雪、珊瑚树、虎杖、杜鹃、山茶、木槿、紫丁花、榆叶梅及垂柳、白杨、银杏、法国冬青、榆树等多种花灌木和绿化树种，至少能寄生32科71种植物。

（3）田意菟丝子（*C. campesfris* Juncker）：茎丝状，有分枝，淡黄色，光滑。花序球形。花萼碗状，黄色，背部有小的瘤状突起。花冠坛状，白色，深5裂。蒴果近球形。种子椭圆形褐色。主要危害一串红、金鱼草、翠菊、鸡冠花、荷兰菊等一二年生草花和宿根花卉。

（4）单柱菟丝子（*C. monogyue* Vahl.）：茎较粗，分枝众多，略带红色，并有紫色的瘤状突起。穗状花序。花萼半圆形，花冠坛状，紫红色。蒴果卵圆形或球形。种子圆形，暗棕色。表面光滑。多寄生于榆叶梅、玫瑰、珍珠梅、紫丁香和忍冬、榆树等花木，也危害菊科、藜科、豆科等一些草本植物。

**4. 发病规律**　菟丝子以成熟的种子落入土中，或混在草本花卉的种子中，休眠过冬。翌年夏初开始萌发，成为侵染源。有的地区寄生在花灌木和树木上的日本菟丝子，种子可随蒴果挂在树上过冬，翌年春季才逐渐脱落。种子萌发时种胚根伸入土中，根端呈圆棒状，不分枝，表面有许多短细的红毛，似一般植物的根毛，另一端胚芽顶出土面，形成丝状的幼茎，生长很快，每天伸长1～2cm。在与寄主建立寄生关系之前不分枝。茎伸长后尖端3～4cm的一段带有显著的绿色，具有明显的趋光性。迅速伸长的幼茎在空中来回旋转，当碰到寄主植物时便缠绕到茎上，在与寄主接触处形成吸根。吸根伸入寄主维管束中，吸取养料和水分。茎继续伸长，茎尖与寄主接触处再次形成吸根。茎不断分枝伸长缠绕寄主，并向四周迅速蔓延扩展危害。当幼茎与寄主建立关系后，下面的茎逐渐湿腐或干枯萎缩与土壤分离。

菟丝子的结实力强，每棵能产生种子2 500～3 000粒。种子生活力强，寿命可保持数年之久。在未经腐熟的肥料中仍有萌发力，故肥料也是侵染来源之一。种子成熟后也可随风吹到远处。

菟丝子带有腋芽的断茎可发育成新的植株。将菟丝子带腋芽的断茎接种在沙田柚幼枝上，8d 后断茎、幼芽平均生长约 245cm，半月后寄主存活率达 42.5%，这说明在生长季节中菟丝子的断茎可起到传播作用。

在我国南方，寄生在木本花卉上的菟丝子，在冬季，只要它的吸根未冻死，翌年春天气候转暖后，缠绕寄主引起危害。

（二）桑寄生、槲寄生

**1. 分布与危害**　桑寄生多分布于热带地区。尤以广西、云南等南方诸省（区）为常见。主要寄生在花灌木和乔木树种上，引起树势衰弱，并造成经济损失。广西百色地区被寄生的油桐和油茶曾减产达 1/4 以上。昆明地区板栗树受害株率在个别果园达 100%。在园林植物中，桑寄生植物常危害山茶、石榴、木兰、蔷薇、榆、山毛榉及杨柳科等植物。

**2. 症状识别**　桑寄生科植物为常绿小灌木。其寄生在受害花灌木和树木干上的植株非常明显，尤以冬季在寄生落叶后极为显著。由于寄生物夺走了部分无机盐和水分，并对寄生物产生毒害作用，因而导致受害花木叶片变小，提早落叶，抽芽晚，不开花或延迟开花，果实易落或不结果。花木树干受害处最初略为肿大，以后逐渐形成瘤状，木质部纹理也受到破坏，严重时全株枯死（图 4-3-18）。

**3. 病原识别**　园林植物上主要有桑寄生属（*Loranthus*）和槲寄生属（*Viscum*）的植物。

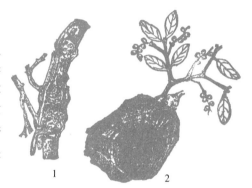

图 4-3-18　桑寄生害
1. 被害枫树枝条　2. 被害山杏横断面

（1）桑寄生属植物在我国有 30 多种。花两性，子房一室，花被大，瓣状，有叶、茎、花、果和寄生根，不少种类有根出条。我国常见的为桑寄生和樟寄生 2 种。

①桑寄生［*Loranthus parasiticus*（L.）Merr］：丛生灌木。小枝粗而短，根出条甚至发达。皮孔多而清晰。嫩枝梢上有黄褐色星状短绒毛。叶椭圆形，对生，幼叶具毛，成长叶无毛，全缘，具短柄。花两性，子房一室，花冠筒状，花淡色。果球棒状。

②樟寄生（*Loranthus yadoriki* S. et Z.）：与前者不同之处是于嫩梢 15cm 内有棕色星状毛，叶背面也有星状短毛。果椭圆形。

（2）槲寄生属植物我国有 10 多种，叶对生，常退化成鳞片状。花极小，单性异株。单生或丛生于叶腋内或生于枝节上，雄花被管，坚实雌花被套与子房合生；花药阔，无柄，多孔开裂，子房下位，一室，柱头无柄或近无柄，大，垫付状。果肉质，果皮有胶黏质。本属常见的种如下：

①槲寄生（*Viscum burm* L.）：枝圆筒形，为整齐二权分枝，黄绿色，叶近于无柄，长椭圆形，先端钝。花带黄色，顶生，无柄。雄花 3～5 朵成簇状，雌花 1～3 朵。浆果球形，白色，半透明（图 4-3-19）。

②无叶枫寄生（*Viscum articulaum* Burm.）：小枝扁平，青绿色，主枝圆筒形，黄绿色，整齐二权分枝，节间有明显的纵条纹，无根出条，无叶。细小花呈放射状对称。果椭圆形。

**4. 发病规律** 桑寄生科植物为多年生常绿小灌木。以植物在寄主枝干上越冬，每年产生大量的种子，传播危害。种子主要由鸟类传播，因其浆果成熟期多在其他植物的休眠期，鸟类觅食困难，斑鸠、麻雀、乌鸦等便觅食此种浆果。由于浆果的内果皮外有一层味苦涩而吸水性很强的黏性物质（内含槲寄生素），具有保护种子的作用，因此，种子即使被鸟类觅食，经过消化道后既不能被消化也不丧失生活力。种子自鸟嘴吐出或随粪便排出后

图 4-3-19　槲寄生

落在树枝上，靠外皮上的黏性物质黏附在树皮上。吸水萌发时必须有合适的温度和光照，如果光照太弱，种子则不能萌发。种子萌发后在胚根尖端与树皮接触处形成吸盘，并分泌消解素，自伤口或无伤体表以初生吸根钻入寄生枝条皮层达木质部。种子自萌发到钻入皮层仅在十几天内完成，进入寄生体内的初生吸根又分出垂直的次生根，与寄生的导管相连，从中吸收水分和无机盐。与此同时胚芽发育长出茎、叶。如有根出条则沿着寄生枝条延伸。每隔一定距离便形成吸根，钻入寄生皮层定植，并形成新的植株。因此桑寄生根出条愈发达，危害性愈大。

（三）寄生性种子植物的防除

　　桑寄生科植物具有鲜艳而又带黏性的果实，鸟类食后，种子随鸟类的粪便或黏附而传播，因而鸟类活动频繁的村头、水边、灌丛等处的树受害较重。唯一有效的方法是连续砍除被害枝条。因为寄生植物的吸根深入寄主体内，如果仅仅砍除寄生植物，寄生根还会重新萌发。冬季寄生植物的果实尚未成熟，寄主植物又多已落叶，使寄生植物更加明显，是进行防治的好时机。由于桑寄生科植物危害减轻，且防治方法简单，因而这里重点介绍菟丝子的防治方法。

　　（1）加强对菟丝子的检疫，其种源可能是来自商品种苗地中，在购买种苗时必须到苗圃地上去实地踏看，以免将检疫对象带入。另一个常见发生地，往往是在老的苗圃地，历年都种植菊花的地域中，在购买盆花或苗木时也应注意防止菟丝子的带入。

　　（2）减少侵染来源。种子一是容易落入土中，二是容易混杂在寄主植物的种子中。因此，冬季深翻，使种子深埋土中不易萌发而达地面死亡。播种寄主植物时，注意剔除寄生性种子植物的种子。

　　（3）人工清除。可以利用它和寄主建立了寄生关系之后根茎逐渐向上枯萎死亡，依靠寄主营寄生生活的习性，采用人工连叶带柄全部拔除的方法，清除菟丝子的营养体和吸器，拔除的叶、叶柄和菟丝子的残茎，可以置于水泥地上晒干，以防再次寄生。如果是在菊花或月季等苗木中，也必须清除枝叶上所有的缠绕茎及吸器。拔除未发芽的种子，3月下旬发现少数菟丝子发芽，即行拔毁，连同未发芽的种子一起拾除。秋季开花未结子前，摘除所有菟丝子花朵，杜绝翌年再发生。

（4）对一些珍贵的苗木，不宜采用杀头去顶的方式去处理，在春末、夏初检查栽培植物，及时在种子成熟前清除寄生物。可以用鲁保1号真菌孢子喷洒到菟丝子茎上，使孢子在菟丝子体内寄生，最后由真菌杀死菟丝子。

（5）对那些每年都要反复发生，而且有大量菟丝子休眠种子的地块，可以改种狗牙根，利用植物间的生化他感效应来控制菟丝子的危害。

（6）对那些空白地或高大木本植物地（无地被植物），可在菟丝子种子萌发季节（温度在15～40℃），在萌芽的初期使用除草剂，将其喷杀在寄主关系建立以前。

*观察与识别：取山茶藻斑病、菟丝子、桑寄生、槲寄生等病害的盒装标本、玻片标本、新鲜标本，观察识别该类病害的典型症状及病原形态特征。*

【任务考核标准】　见表4-3-15。

表4-3-15　其他侵染性病害综合防治任务考核参考标准

| 序号 | 考核项目 | 考核内容 | 考核标准 | 考核方法 | 标准分值 |
|---|---|---|---|---|---|
| 1 | 基本素质 | 学习工作态度 | 态度端正，主动认真，全勤，否则将酌情扣分 | 单人考核 | 5 |
| | | 团队协作 | 服从安排，与小组其他成员配合好，否则将酌情扣分 | 单人考核 | 5 |
| 2 | 专业技能 | 其他侵染性病害的危害状与病原形态识别 | 能够准确描述所发生病害的症状与病原识别要点。所述与实际不符的酌情扣分 | 单人考核 | 20 |
| | | 其他侵染性病害发生情况调查 | 基本能够描述出病害发生的种类与发生状况。所述与实际不符的酌情扣分 | 以小组为单位考核 | 20 |
| | | 其他侵染性病害综合防治方案的制订与实施 | 综合防治方案与实际相吻合，符合绿色无公害的原则，可操作性强。否则将酌情扣分 | 单人制订综合防治方案 | 25 |
| 3 | 职业素质 | 方法能力 | 独立分析和解决问题的能力强，能主动、准确地表达自己的想法 | 单人考核 | 5 |
| | | 工作过程 | 工作过程规范，有完整的工作任务记录，字迹工整 | 单人考核 | 10 |
| | | 自测训练与总结 | 及时准确完成自测训练，总结报告结果正确，电子文本规范，体会深刻，上交及时 | 单人考核 | 10 |
| 4 | 合计 | | | | 100 |

# 工作任务 4.3.6　园林植物生理性病害的综合防治

【任务目标】

掌握常见园林生理性病害的危害特征、诊断要点、发病规律，制订有效的综合治理方案，并组织实施。

【任务内容】

（1）根据工作任务，采取课堂、实训室以及校内外实训基地（包括园林绿地、花圃、苗圃、草坪等）现场相结合的形式，通过查阅资料与网上搜集，获得相关园林植物生理性病害的基本知识。

（2）利用各种条件，对园林植物生理性病害的类别与发生情况进行观察、识别。

（3）根据当地主要生理性病害发生特点，拟订出综合防治方案并付诸实施。

（4）对任务进行详细记载，并上交1份总结报告。

【教学资源】

（1）材料与器具：缺素症、药害、冻害、冷害、日灼、光照不足、干旱、水涝、意外伤害、有害物质中毒等常见园林生理性病害的新鲜标本、干制或浸渍标本；显微镜、放大镜、镊子、挑针、盖玻片、载玻片、擦镜纸、吸水纸、刀片、滴瓶、纱布、搪瓷盘、相关肥料与农药品种等。

（2）参考资料：当地气象资料、有关园林生理性病害的历史资料、园林绿地养护技术方案、病害种类与分布情况、各类教学参考书、多媒体教学课件、园林植物病害彩色图谱（纸质或电子版）、检索表、各相关网站相关资料等。

（3）教学场所：教室、实验（训）室以及园林植物生理性病害危害较重的校内外实训基地。

（4）师资配备：每20名学生配备1名指导教师。

【操作要点】

（1）生理性病害症状观察：分次选取生理性病害危害严重的校内外实训基地，仔细观察生理性病害的典型症状，包括黄化、坏死斑、焦枯、干尖干边、萎蔫、烂根、皱缩、卷曲、畸形等，同时采集标本，拍摄图片。

（2）生理性病害发生、危害情况调查：根据现场病害的危害情况，确定当地生理性病害的常见类型，并拍摄相关图片。对于疑难病害，应该积极查阅资料，并结合图片、多媒体等开展小组讨论，达成共识。

（3）室内鉴定：将现场采集和初步鉴定的病害标本带至实训室，利用显微镜等仪器，参照相关资料，进一步鉴定，达到准确鉴定的目的。

（4）发病规律的了解：针对当地危害严重的主要病害类型，查阅相关资料，了解其在当地的发病规律。

（5）防治方案的制订与实施：根据病害主要类型在当地的发病规律，制订综合防治方案，并提出当前的应急防治措施，组织实施，做好防治效果调查。

【注意事项】

（1）实训前要做好资料与器具的准备，如园林植物病害彩色图谱、数码相机、手持放大镜、修枝剪、手锯、镊子、喷雾器、笔记本等。

（2）生理性病害症状调查时，应抓住典型的特点，同时注意与其症状相似病害，如缺素症与病毒病易混淆，药害斑与叶斑病特征相似、皱缩症状与病毒病类似等。

（3）病害标本的采集要力求全面，尽量采集到不同发病时期的标本，这样有利于病害的鉴定。病害标本的制作根据需要进行，一般叶类、花类制成蜡叶标本，果实类制成浸渍标本。

（4）病情指数的调查能够全面反映病害的发生危害情况，样本的数量要适中，过多或过少皆不科学，从而确保调查结果的准确性。

（5）制订生理性病害的综合防治方案时，内容应该全面，重视各种防治方法的综合运用。所选用的防治方法既要体现新颖性，又要结合生产实际，体现实用性。

【内容与操作步骤】

**（一）园林植物缺铁性黄化病**

**1. 分布与危害**　分布于河北、山东、河南、安徽、江西、江苏、浙江、湖北、湖南、四川、云南、贵州、广西等地。杜鹃、山茶、茶梅、白兰、含笑、米兰、栀子、棕榈类、茉莉、秋海棠类、金花茶、金橘、罗汉松、佛手、红掌、竹类、君子兰、广玉兰、石楠等植物都可发生此病。

**2. 症状识别**　首先在小枝顶端嫩叶褪绿，从叶缘向中心发展，叶肉变为黄色或浅黄色，但叶脉仍呈绿色，扩展后全叶发黄，进而变白，成为白叶。严重时叶片边缘变褐坏死，顶部叶片干枯脱落，植株逐年衰弱，最后死亡（彩图 4-3-31）。

**3. 病原识别**　生理性病害，因缺乏铁元素所致。

**4. 发病规律**　园林植物缺铁，主要有以下几个原因：一是土壤 pH 偏高，在这种碱性土里游离的二价铁离子易被氧化成三价铁离子而不能被根系吸收利用；二是管理不当，偏施化学氮肥造成微量元素比例失调，会引起土壤板结通透性不良，影响根系对铁的吸收。尤其在土壤长久干旱时，表层土壤含盐量增加，也会影响根系对铁的吸收；三是园林立地条件差，导致根系发育不良，在建植时树穴挖得过浅，土层板结度太高，也使铁的吸收受到影响。

**5. 防治措施**

（1）选择排水良好、疏松、肥沃的酸性土栽植，多施腐熟的有机肥。

（2）加强栽培管理。在偏碱性土壤栽植易发生黄化症状的植物时，最好是对土壤进行调酸处理，将园土调至中性或微酸性，改变局部土壤酸碱度。在干旱发生时，及时灌水。

（3）发病初期，可用 $0.1\%\sim0.2\%$ 硫酸亚铁溶液喷洒叶片，或浇灌 $0.2\%$ 硫酸亚铁溶液，或土壤中施入铁的螯合物水溶液，通常直径 20cm 的花盆可用 0.2g。药剂治疗黄化病，应在病害初期进行，否则效果较差。叶片转绿时，即可停止用药。

**（二）花木药害**

**1. 分布与危害**　各地均可发生，可危害多种花草树木。

**2. 症状识别**　有急性药害和慢性药害之分，急性药害指的是用药几天或几小时内，叶片很快出现斑点、失绿、黄化，果实变褐，表面出现药斑（彩图 4-3-32）；重则出现大量落叶、落果，甚至全株萎蔫死亡；根系发育不良或形成黑根、鸡爪根等。慢性药害是指用药后，药害现象出现相对缓慢，如植株矮化、生长发育受阻、开花结果延迟等。

**3. 病原识别**　生理性病害，使用农药不当所致。

**4. 发病规律**　园林植物发生药害，主要有以下几种情况：

（1）药剂种类选择不当。如波尔多液含铜离子浓度较高，多用于木本植物，草本花卉由于组织幼嫩，易产生药害。石硫合剂防治白粉病效果颇佳，但由于其具有腐蚀性及强碱性，用于瓜叶菊等草本花卉时易产生药害。

（2）部分花卉对某些农药品种过敏。有些花卉性质特殊，即使在正常使用情况下，也易产生药害。如碧桃、寿桃、樱花等对敌敌畏敏感，桃、梅类对乐果敏感，桃、李类对波尔多液敏感等。

（3）在花卉敏感期用药。各种花卉的开花期是对农药最敏感的时期之一，用药宜慎重。

（4）高温、雾重及相对湿度较高时易产生药害。温度高时，植物吸收药剂及蒸腾较快，使药剂很快在叶尖、叶缘集中过多而产生药害；雾重、湿度大时，药滴分布不均匀也易出现药害。

（5）浓度高、用量大。为克服病虫害之抗性等原因而随意加大浓度及用量，易产生药害。

**5. 防治措施**　为防止园林植物出现药害，除针对上述原因采取相应措施预防发生外，对于已经出现药害的植株，可采用下列方法处理。

（1）根据用药方式如根施或叶喷的不同，分别采用清水冲根或叶面淋洗的办法，去除残留毒物。

（2）加强肥水管理，使之尽快恢复健康，消除或减轻药害造成的影响。

**（三）花木霜冻害**

**1. 分布与危害**　全国各地都可发生，以北方多见，如河北、山东、山西、宁夏、甘肃、内蒙古、辽宁、吉林、黑龙江等地经常发生，霜冻常使得花木叶片皱缩、卷曲，严重时植株死亡。

**2. 症状识别**　霜冻可使叶缘、叶片、嫩梢被冻死、焦枯；花木没有展开的嫩叶叶缘被冻伤，待叶生长后，叶片呈皱缩状不能展开，形成皱叶，这种皱叶，不同于病毒引起的一些花木的皱叶病，后者虽为皱叶但叶缘完整，而霜冻引起的皱叶叶缘不完整；秋季徒长没有木质化的花木可被整株冻死。

**3. 病原识别**　生理性病害，低温引起。

**4. 发病规律**　霜冻是指温度下降到一定临界值时，花木在生长期受到冻害的现象，霜冻常伴随寒流而发生。可发生在春、秋两季。春季霜冻（彩图4-3-33）来得越晚、秋季早霜冻来得越早，温度越低，持续时间越长，对花木的伤害越大。地势高低与受害轻重亦有一定关系，一般"春冻梁，秋冻洼"。

**5. 防治措施**

（1）注意天气预报，大片花木栽培区在可能发生霜冻的前夕，在其上风头堆放柴草放烟，使烟雾笼罩花木区，可减轻灾害。

（2）在霜冻到来之前，将可移动的花木搬到安全区存放。

（3）发展设施花卉业，减少天气变化对花木的影响。

（4）受霜冻后加强水肥管理，尽快恢复长势。

**（四）冬、春露地花木冻害**

**1. 分布与危害**　主要发生在我国北方地区，不仅使叶片、顶梢受害，严重时花木死亡。

**2. 症状识别**

（1）叶片边缘焦枯（彩图4-3-34）。

（2）嫩梢枯焦。

（3）老枝梢干枯，枝杈皮层下陷或开裂，内部由褐变黑，组织死亡，严重时大枝条也会出现死亡。

（4）地上部（地下部根系尚活，翌年会萌发大量蘖芽）或整株树死亡。

（5）枝条外观看起来似无变化，但发芽迟、叶片瘦小或畸形，生长不正常。

（6）生长在地下的根系受冻后不易被发现，但春季会出现萌芽晚或不整齐现象，或在苗木放叶后再度出现干缩现象，挖出根系可见到外皮层变褐色，皮层与木质部易分离甚至脱落。

**3. 病原识别**　生理性病害，低温引起。

**4. 发病规律**　冻害的发生主要有以下几种情况：

（1）当年冬季或早春遇有低温天气。

（2）当年冬、春季节天气虽不太冷，但因防寒措施不当或未采取防寒措施，引起不太耐寒的树种如桂花、红叶石楠等受害。

（3）停止生长比较晚、发育不成熟的嫩枝，极易受冻害而干枯死亡。

（4）新移栽苗木，尤其秋季种植，根系尚不发达的苗木。

**5. 防治措施**

（1）浇封冻水和返青水：在土壤封冻前浇1次透水。土壤中含有较多的水分后，由于水的热容量大，严冬表层地温不至于下降过低、过快，开春后表层地温升温也缓慢。浇返青水一般在早春进行，由于早春昼夜温差大，及时浇返青水，可使地表昼夜温差相对减小，避免春寒危害苗木植物根系。

（2）覆土防寒：把越冬的苗木（如葡萄、月季等）在整个冬季埋入土壤中，使苗木及土壤保持一定的温度，不仅不受气温剧烈变化和其他外界不良因素的影响，还可以减少苗木水分蒸腾和土壤水分的蒸发，保持苗木冬季体内水分平衡，有效地防止冻害和苗木生理干旱而造成死亡。苗木覆土时间应在苗木已停止生长时，土壤结冻前3～5d，气温稳定在0℃左右时进行。

（3）覆草防寒：入冬前在苗床地铺草，常用的材料为切短的作物秸秆，如稻草、麦秸、青草、枯草等，厚度以不露苗梢为宜。春天时腐烂入泥后，铺草还是可供苗木吸收利用的肥料。虽然覆草防寒不如覆土防寒保温保湿效果好，但在土质黏重不宜覆土防寒的苗圃，多采用覆草防寒法。

（4）覆膜防寒：冬季寒流到来之前，在苗床地覆盖一层塑料薄膜，或用竹片及铁筋支撑成形，在上面盖上薄膜制作成小拱棚，四周用土压实，不仅能够防止苗木地表层根系受冻，具有良好的保温效果，还具有良好的保墒效果，对干冻年份的防寒防冻作用更加明显。

（5）包草或绑缚草绳：入冬前后将新植树木或不耐寒的苗木主干用稻草（或草绳、麻袋片等）等缠绕或包裹起来，高度可在1.5～2m，外缠塑料膜则效果更佳。对于小灌木类，应先清除枯枝、老叶，再用草绳将散开的枝条捆拢，然后围6～8cm厚的稻草并扎紧。

（6）设置风障：对栽植数量较多而又紧密的小株苗木，可在其北面设高1.8～2m的风障防寒。对株高2m以上，耐寒力较差的苗木，可在东、西、北3面设柱，柱外围席，以御西北风。

（7）喷施植物生长调节剂：对绿叶苗木越冬前喷施抗寒型喷施宝、抗逆增产剂、那氏778诱导剂、广增素802、沼液肥等，能加强越冬苗木的新陈代谢，有效增强苗木抗冻能力以减轻冻害。

（8）涂白防寒：冬季到来前要将一些生长较大的苗木主干及主枝用石灰浆（加入少量食盐更好）涂白，将太阳光反射掉，可以降低枝干昼夜温差，减轻苗木冻害。

（五）保护地花卉冷害

**1. 分布与危害**  主要发生在北方地区的保护地内。

**2. 症状识别**

（1）嫩梢新叶颜色发生改变：①发黄。在寒冷的季节，由于温度过低，有些要求越冬温度较高的花卉叶片，也会因受寒害而变黄，甚至脱落，如蝴蝶兰（彩图 4-3-35）、富贵竹、红掌、吊兰类、西瓜皮椒草等。②泛白。叶面出现白斑，如变叶木、吊兰、朱顶红、花叶吊竹梅等，遇到较低的温度，新梢嫩叶会失去原有的光泽，出现泛白失绿等不正常变化。③发紫。有些观赏植物，在遇到低温的情况下，出现叶尖或叶缘发紫变褐的现象，如绣球、金钱树、墨兰等。

（2）新梢嫩叶如被开水烫过：一些叶片、新梢或茎干含水量较高的观赏植物，包括一些多肉植物，如斑马万年青、富贵竹、露兜树、非洲茉莉、扶桑、丽格海棠、海芋、芦荟、长寿花、棕竹、金钱树等，不仅在短时间内全部死亡，而且干皮开裂剥落。

**3. 病原识别**  生理性病害，低温引起。

**4. 发病规律**  冷害的发生主要有以下 2 种情况：

（1）保护地栽培时遇到寒潮或持续阴雨低温天气，未采取保温措施或保温措施不力。

（2）所栽植的花卉要求较高的越冬温度，如绿巨人、斑马万年青、红掌等。

**5. 防治措施**

（1）加覆盖物：晚上应在大棚内套小棚并加盖草帘。夜间在大棚四周加围草苫或玉米秸，可增温 1～2℃。在原来的草苫上面再加一层薄苫，可使棚温提高 2～3℃。在原来的草苫上覆盖一层薄膜，不仅可以挡风，还能防止雨雪打湿草苫，从而减少因水分蒸发而引起的热量散失。对于地栽的花卉还可以进行地膜覆盖，覆盖后可提高土温 1℃以上。

（2）周围熏烟：寒流到来之前，在大棚周围点火熏烟，可防止大棚周围的热量向高空辐射，减少热量散失。

（3）清扫棚膜：把棚膜上面的灰尘、污物和积雪及时清除干净，可以增加光照，提高棚温。

（4）覆地膜或小拱棚：大棚内属高垄栽培的，可在高垄上覆盖一层地膜，一般可提高地温 2～3℃；平畦栽培的，可架设小拱棚提高地温。

（5）挖防寒沟：在大棚外侧南面挖沟，填入马粪、杂草、秸秆等保温材料，可防止地温向外散失，提高大棚南部的地温。

（6）双膜覆盖：在无滴膜下方再搭一层薄膜，由于两层膜间隔有空气，可明显提高棚内温度。

（7）水池保温：在大棚中央每隔几米挖一贮水池，池底铺塑料薄膜，然后灌满清水，再在池子上部盖上一层透明薄膜（以防池内水分蒸发而增大棚内的空气湿度）。由于水的比热大，中午可以吸收热量（高温时），晚上则可以将热量释放出来。

（8）适时揭苫：在温度条件许可时，尽量早揭晚盖，促进花卉进行光合作用。深冬季节，晴天一般在早晨阳光洒满整个棚面时揭草苫，这时棚内气温一般不低于 18℃。多云或阴天时光照较弱，也应适时揭开草苫，使散射光射入，一方面可提高温度，另一方面由于散射光中具有较多的蓝紫光，有利于光合作用。切忌长时间不揭草苫，造成棚内阴冷、气温大幅下降。

（9）增施肥料：在棚内施入马粪、碎草等酿热物，以提高地温。有机肥分解可释放热量，适量增施有机肥和磷、钾肥，不仅可以改善土壤团粒结构，提高土温，为花卉提供养分，而且还能增强花卉抗冻能力。

（10）挂反光幕：在大棚北侧悬挂聚酯镀铝膜，可以增加棚内光照，提高棚温 2～3℃。

（11）暖气增温：遇到极冷天气，可在棚内增设火炉或开通暖气，但使用炉火加温时要注意防止花卉煤气中毒，应安装烟囱将煤气输出棚外，注意不要在棚内点燃柴草增温，因为柴草燃烧时放出的烟雾对花卉危害极大。

（12）撒草木灰：草木灰呈灰黑色，具有较强的吸热能力，均匀撒于大棚地面后，一般可提高地温 1～2℃。

（13）喷抗冻素：在降温之前，用抗冷冻素 400～700 倍液喷洒植株的茎部和叶片，能起到防寒抗冻的作用。

**（六）光照不适症**

**1. 分布与危害**　广布于我国各地，光照不适包括光照过强与光照不足两个方面，光照过强常常与高温作用在一起，造成日灼症。日灼伤症常常会使得盆栽或露地栽植的园林花卉植物叶片产生褪绿黄斑、褐色干枯，枝条表皮坏死，影响生长，降低观赏价值。此现象也发生于园林苗圃，导致刚出土的实生或扦插幼苗组织坏死。光照不足时常引起花木枝叶徒长，生长发育不正常。

**2. 症状识别**

（1）光照过强：

①叶片日灼伤：使得不耐强光的蝴蝶兰、龟背竹、绿巨人、非洲茉莉、鹅掌柴、常春藤、君子兰、杜鹃、菊花、白鹤芋等出现叶面发黄、变白，甚至产生褐色坏死斑，常常与高温混合作用造成日灼症（彩图 4-3-36）。

②光照度变化剧烈，使得本来喜强光的植物叶片也出现日灼等现象，如银杏、苏铁、麦冬等。

③枝条日灼伤：常使得枝干，尤其是主干西向一侧树皮泛白鼓起，外皮灼伤处韧皮部与木质部剥离，开裂后向四周萎缩坏死，逐渐露出内侧的木质部，日晒雨淋后，木质部会逐渐溃烂。

（2）光照不足：使得枝叶徒长，如苏铁发新芽时，若光照太弱，会导致叶片徒长成凤凰尾状（彩图 4-3-37）。

**3. 病原识别**　栽培养护过程中由于光照过强（常常与高温结合在一起）、光照不足，或因光照变化剧烈，引起植物生长不良而致病。

**4. 发病规律**　该症状在北方地区主要发生在一些原产南方且不耐强光照的观叶植物上，南方地区及北方日光温室内则往往会由于强光与高温共同作用，引起日灼症。高温多雨季节，遇因久雨骤晴天气，或由光照较弱的室内环境突然移于室外强光下，也会出现上述症状。另外，一些生长在较密苗圃内的花木（如广玉兰、鹅掌楸等），由于长时间干皮得不到强光照射，将其移植于园林绿地或道路两侧，一旦该处夏季温度过高，且有明显太阳西晒，则极易造成西向一侧干皮被灼伤，尤其是一些运输或抬运过程中稍有损伤的树木，干皮西向一侧被灼伤得更为严重，被害部位往往容易发生溃疡病。

**5. 防治措施**

（1）加强光照管理：园林花卉植物的种类、品种及所处的生长期不同，对光照度的要求不同，因而在养护管理过程中应根据其对光照的需求情况，进行精细化管理。喜强光的花卉，要注意摆放在光照充足处；耐阴植物，夏、秋季节应注意遮阳；摆放花木的环境，光照不能变化太剧烈，应循序渐进。

（2）降低环境温度：在盛夏高温时节，在放置盆花的场地及苗圃喷水，为花卉、苗木创造凉爽湿润的小环境，从而减轻或避免因高温强光的复合作用而对花木造成的伤害。注意：洒水时，切不可在炎热的中午或向已经开始萎蔫的植物浇冷水，否则容易加速其萎蔫或死亡。另外，加强通风、合理修剪、降低栽植密度也是降温良策。

（3）加强栽培管理：及时灌水或排水，加强通风，注意氮、磷、钾元素的平衡，促进植株健壮生长，以提高抗性。另外，对于已出现日灼伤的植株，应及时剪去被害枝叶，并将其移于荫棚下，喷洒低浓度的植物生长调节剂，以使得植株尽快恢复生机，避免侵染性病害的发生。

（4）保护树干：可通过树干涂白、绑草把等方式保护树干，不被灼伤。同时，对于轻度灼伤的植株，可将坏死的部分刮去，用100mg/L生根粉药液拌成黄土泥糊，涂于被害部位，用塑料薄膜包好，可有效促进灼伤处恢复健康。

（七）水分不均症

**1. 分布与危害**　广布于我国南北方，水分不均常常会使得盆栽、地栽的园林植物生长发育不正常，影响生长，降低观赏价值。

**2. 症状识别**

（1）干旱：因水分过少，导致植株出现萎蔫、叶黄、干尖、干边、干梢（彩图4-3-38）、叶片脱落、植株枯萎等现象。

（2）水涝：水分过多导致植株出现枯萎、烂根等现象。

**3. 病原识别**　遇有天气干旱、浇水过少，或植株根系不发达、吸水能力差，或地势低洼积水或浇水过多，引起植物生长不良而致病。

**4. 发病规律**　干旱情况的出现，多是由于天气长期干旱，未及时浇水；或栽培管理不够精细，导致植株缺水；或由于植株刚刚移植不久，树冠大，蒸腾蒸发水分多，而根系又欠发达，吸水能力较弱所致。水涝情况的出现，则是由于遇到雨季，地势低洼积水；或管理不够精细，浇水过多所致。

**5. 防治措施**

（1）出现水分失调现象时，要根据实际情况，适时适量灌水，注意及时排水。地栽时，浇灌时尽量采用滴灌或沟灌，避免喷淋和大水漫灌。盆栽时，要根据栽培基质的不同，调节好浇水次数与浇水量。树皮、木炭等疏松基质浇水宜勤；一般盆土则浇水宜少。

（2）对于刚移植不久，树冠大而根系又欠发达的植株，则采取搭建遮阳网、表面洒水、喷洒蒸腾抑制剂以及灌施生根剂等方式解决。

（八）有害物质中毒症

**1. 分布与危害**　该病是指除使用农药不当外的有害物质中毒情况，包括土壤及空气中的各类有害物质，包括肥水、废气（二氧化硫、二氧化氮、三氧化硫、氯化氢和氟化物等）、废渣、化雪盐以及意外事故的泄漏物等。分布广泛，发生情况复杂。

**2. 症状识别**　急性中毒引起叶片组织变白（彩图4-3-39）、变黄、变褐，叶缘、叶尖枯死，严重时叶片脱落，甚至使植物死亡（彩图4-3-40）；慢性中毒则引起植株生长受阻，影响开花结果等。

**3. 病原识别**　指土壤、空气等周围环境中影响园林植物正常生长的各类有害物质。

**4. 发病规律**　病害的发生往往与周围环境，尤其是意外情况有关，症状复杂，不易判断。必须结合前期养护管理过程中的特殊情况，并加以综合分析才能诊断。

**5. 防治措施**

（1）保护环境，治理污染，避免有害物质的泄露，防止意外情况的发生。

（2）污染治理相对不理想之处，根据污染物的类别不同，选择栽植抗性强、耐污染，且吸收有害物质的树种，如臭椿、红叶臭椿、柳杉、夹竹桃等树种，不仅抗二氧化硫的能力强，而且能过有效地吸收 $SO_2$，减轻环境的污染。

（3）加强肥水管理，尽快使得植株恢复长势。

（4）改进清雪、化雪方法，最好用机械或物理清雪、化雪方法，不要采用洒盐水法，以减免对环境的污染。可撒施绿邦等环保型化雪剂，不会伤害花木和污染环境。

观察与识别：取栀子缺铁性黄化病、日灼症、冻害、涝害、药害等生理性病害的盒装标本、玻片标本、新鲜标本，观察识别该类病害的典型症状。

【任务考核标准】　　见表 4-3-16。

表 4-3-16　生理性病害综合防治任务考核参考标准

| 序号 | 考核项目 | 考核内容 | 考核标准 | 考核方法 | 标准分值 |
|---|---|---|---|---|---|
| 1 | 基本素质 | 学习工作态度 | 态度端正，主动认真，全勤，否则将酌情扣分 | 单人考核 | 5 |
|  |  | 团队协作 | 服从安排，与小组其他成员配合好，否则将酌情扣分 | 单人考核 | 5 |
| 2 | 专业技能 | 生理性病害的症状识别 | 能够准确描述所发生病害的症状识别要点，所述与实际不符的酌情扣分 | 单人考核 | 20 |
|  |  | 生理性病害发生情况调查 | 基本能够描述出病害发生的种类与发生状况，所述与实际不符的酌情扣分 | 以小组为单位考核 | 20 |
|  |  | 生理性病害综合防治方案的制订与实施 | 综合防治方案与实际相吻合，符合绿色无公害的原则，可操作性强。否则将酌情扣分 | 单人制订综合防治方案 | 25 |
| 3 | 职业素质 | 方法能力 | 独立分析和解决问题的能力强，能主动、准确地表达自己的想法 | 单人考核 | 5 |
|  |  | 工作过程 | 工作过程规范，有完整的工作任务记录，字迹工整 | 单人考核 | 10 |
|  |  | 自测训练与总结 | 及时准确完成自测训练，总结报告结果正确，电子文本规范，体会深刻，上交及时 | 单人考核 | 10 |
| 4 | 合计 | | | | 100 |

【相关知识】

生理性病害综合防治要点

生理性病害又称为非侵染性病害，是由环境条件不能满足园林植物的生长要求所造成，引发原因多，症状复杂，综合防治是控制该类病害的关键。

防治该类病害从基本原理上讲，是创造一个供给园林植物正常生长的适生环境，也就是要在温度、湿度、光照、水分、养分、酸碱度、通风等要素上满足园林植物的需求。所采取的对策可从自然环境与人为养护 2 个方面进行考虑。

一、从适应自然环境角度考虑

该对策的核心技术便是适地适树，具体讲就是说使园林植物的生长特性与栽植点的环境条件相适应，使得园林植物健康生长，而达到控制生理性病害的目的。具体地说，就是要根据光照度的强弱选栽阳性或阴性树种，根据地势和地下水位的高低，选栽抗旱或抗涝树种；根据土壤酸碱度和污染源的不同选栽不同的抗性树种；根据周围建筑群的高度和朝向，选栽不同功能和要求的树种；根据土层的厚薄选栽乔、灌、花、草，根据风力的大小选栽深根或浅根性树种等。如果违背了植物的生理生态特性，轻者栽植的植物发育不良而出现生理性病害，重则会大量死亡须重新栽植。

如近几年北方地区盲目露地栽植原产南方的桂花、石楠、香樟及棕榈类植物，大都导致干叶、死枝甚至死树，其原因就是冬季低温所致，山东、河北等地栽植的白桦出现叶片黄化、干边现象，则是由夏季高温引起；再如玉兰、牡丹等怕涝的树种种植在地下水位较高或地势低洼积水的地方，容易叶黄、烂根；白皮松、黑松、油松等阳性树种栽种在光照不足的地方，树木未老先衰，出现"烧膛"现象（内膛枝干枯）。这就要求在栽植设计时，要根据立地条件选择适宜的树种、品种，即根据树种品种的特性选择适宜的环境。

二、从加强养护管理角度考虑

当今所栽植的园林植物，尤其是有些盆花种类，往往引种于世界各地。该类植物在长期历史进化过程中，形成了一个固有的与原产地环境条件相吻合的生理需求，如蝴蝶兰原产热带雨林，性喜高温、高湿、半荫，我国北方地区栽植蝴蝶兰时，往往会出现冬季黄叶（低温引起）、夏季日灼（强光所致）现象。要保证其正常生长，除前面所讲述的适地适树原则之外，人为地加强养护管理，调节好周围环境的温度、湿度、光照等栽培因子，创造一个与其原产地相类似的生长环境，至关重要。

园林植物在栽培管理过程中所采取的许多措施，如改良土壤、保护地栽培、搭遮阳网、树干缠草绳或塑料膜、喷水喷雾、浇施黑矾水等都是围绕着上述举措进行的。此领域的内涵相当丰富，有待于今后在绿地养护与花木生产中不断探索、完善。

生理性病害综合防治的核心技术是，要么"植物适合环境"，要么"环境适合植物"，全面领会"造园三步曲"（即设计、施工、养护）的内在实质，多角度、多层次、多环节地解决问题，达到人、生物及自然和谐的理想状态。

【关键词】

真菌性病害、细菌病害、植原体病害、病毒病害、线虫病害、藻斑病、寄生性种子植物、生理性病害、分布与危害、症状、病原、发病规律、防治措施

【项目小结】

本项目主要讲解与实训真菌性病害、细菌病害、植原体病害、病毒病害、线虫病害、寄生性种子植物以及生理性病害的症状、病原、发病规律以及防治措施。

真菌病害是园林植物上的最主要的一类病害，包括叶斑病、白粉病、锈病、灰霉病、霜霉病、疫病、溃疡病、立枯病等，主要危害叶片，也危害茎干及根部，可占整个园林植物病

害的 80%，其中叶斑病占真菌病害的 50%。真菌性病害主要以孢子的形式通过气流、雨水、灌溉水等方式传播，侵入植物体的途径主要有气孔、皮孔、水孔、伤口以及直接表皮侵入等形式。

细菌病害的病原主要为杆菌，革兰氏染色大都为阴性反应，主要引起根癌、软腐、叶斑叶枯等症状，其中以根癌病最为常见，如樱花根癌病等。细菌性病害主要以菌体的形式通过风、雨传播，侵入植物体的途径主要有气孔、皮孔、水孔、伤口等。

植原体病害的病原为介于细菌与病毒间的微生物，无细胞壁，形状不固定，可通过嫁接、叶蝉等介体昆虫传播，常见的病害有枣疯病、泡桐丛枝病等。

病毒病害主要引起花叶、斑驳等症状，因其病原较小，在寄主的细胞内专性寄生，一般性药剂往往对其难以奏效。病毒病害常通过刺吸害虫、嫁接以及植株间摩擦等方式传播。

线虫病害的病原为低等小动物，主要引起根结、叶枯以及鳞茎腐烂等症状，有的种类如松材线虫病，已在国内多个省份蔓延，号称松树"癌症"，较难防治。

其他病害如藻类、瘿螨、寄生性种子植物等引起的病害，尽管种类少，但由于病原种类及发生规律特殊，往往很难进行控制。

生理性病害的引发原因主要是因温度、水分、光照、肥料等外界环境条件失调所致，防治该类病害，主要是通过调节外界环境条件，加强栽培管理等方式解决，一般不需要用药。

园林植物病害的防治主要抓"三环节、五措施"，即抓住贯穿于"铲除传播源、切断传播途径、保护易感病植物"三个环节的五大类综合治理措施，即"植物检疫、园林技术、物理防治、生物防治、化学防治"措施，因地因时制宜，统筹协调。在药剂选择方面，多选用高效、低毒、低残留、无污染的药剂，对症下药，有的放矢，走综合治理与生态控制之路。

【练习思考】

一、填空题

1. 园林植物叶部病害的主要症状类型有_____、_____、_____和_____等。

2. 灰霉病的病症明显，在潮湿情况下病部会形成显著的_____。_____是最重要的病原菌，它属_____亚门、_____属。

3. 叶斑病是_____的一类病害的总称。依病斑形状或颜色叶斑病又可分为_____、_____、_____、_____和_____等种类。这类病害的后期往往在_____上产生各种小颗粒或霉层。

4. 藻斑病的病原是_____和_____。孢子囊及游动孢子在_____条件下产生，由_____传播。

5. 香石竹病毒病是世界性病害，在各栽培区均有发生，其是由_____病毒引起的病害。

6. 炭疽病是由_____属真菌引起，其主要症状特点是子实体呈轮状排列，在潮湿情况下病部有_____出现。

7. 叶畸形病主要是由子囊菌亚门的_____和担子菌亚门的_____引起的。

8. 引起唐菖蒲花叶病的病毒主要有两种，即_____和_____。两种病毒由_____和汁液传播，自_____侵入。_____的调运是远距离传播的媒介。

9. 月季白粉病的病原是_____亚门的_____菌。病原菌以_____在

_____中越冬。冬季温暖地区露地栽培_____发病。

10. 用作修剪、嫁接、切花等的园林工具及人手在园林作业前必须用_____或_____进行消毒，以防止病毒病通过园林操作传播蔓延。

11. 仙人掌类茎腐病的病原有_____、_____和_____三种。

12. 杨树溃疡病有_____和_____两种症状表现。

13. 唐菖蒲干腐病主要危害球茎，球茎受害后有三种症状类型，即_____、_____和_____。

14. 翠菊黄化病的病原是_____，主要通过_____、_____和_____传播。

15. 菟丝子为_____寄生种子植物，它以_____伸入寄主茎干内与其_____和_____连接，吸取全部养分。常见种类有_____、_____、_____和_____。

二、选择题

1. 以下病害由病毒引起的是（　　　　）。
　　A. 桃缩叶病　　　　B. 菊花矮化病　　　　C. 杜鹃饼病　　　　D. 藻斑病

2. 以下锈病中单主寄生的有（　　　　）。
　　A. 玫瑰锈病　　　　B. 毛白杨锈病　　　　C. 海棠锈病　　　　D. 竹叶锈病

3. 以下病害由担子菌引起的有（　　　　）。
　　A. 山茶煤污病　　　B. 月季白粉病　　　　C. 桃缩叶病　　　　D. 杜鹃饼病

4. 郁金香碎色病的病原为（　　　　）。
　　A. 真菌　　　　　　B. 细菌　　　　　　　C. 病毒　　　　　　D. 植原体

5. 毛白杨锈病的病原主要是（　　　　）。
　　A. 马格栅锈菌　　　B. 杨栅锈菌　　　　　C. 落叶松杨栅锈菌　　D. 圆疤夏孢锈菌

6. 引起园林植物丛枝症状的病原物可能是（　　　　）。
　　A. 病毒　　　　　　B. 植原体　　　　　　C. 细菌　　　　　　D. 真菌

7. 杨树溃疡的防治方法有（　　　　）。
　　A. 适地适树　　　　B. 培育壮苗　　　　　C. 防治媒介昆虫　　D. 加强抚育管理

8. 下列属于枝干病害的有（　　　　）。
　　A. 文竹枝枯病　　　B. 翠菊枯萎病　　　　C. 蝴蝶兰疫病　　　D. 泡桐丛枝病

9. 杨树烂皮病的病原为（　　　　）。
　　A. 炭疽菌　　　　　B. 黑腐皮壳菌　　　　C. 丝核菌　　　　　D. 镰孢菌

10. 柑橘溃疡病通过（　　　　）等方式进行传播。
　　A. 嫁接　　　　　　B. 风雨　　　　　　　C. 昆虫　　　　　　D. 枝叶接触

三、问答题

1. 园林植物叶部病害的危害特点是什么？

2. 炭疽病类的典型症状是什么？锈病类的防治措施有哪些？

3. 本地区常见的园林植物叶部病害有哪些？其典型症状及发病规律怎样？

4. 如何开展园林植物叶部病害的综合治理工作？结合实际进行操作。

5. 简述月季枝枯病的症状特点。

6. 简述杨树烂皮病和杨树溃疡病的区别。

7. 怎样防治棕榈干腐病？

8. 本地区常见的园林植物枝干病害有哪些？各有何诊断特征？

9. 枝干病害的发生特点与其他病害类型有什么不同？

10. 简述苗木立枯病的症状、病原及防治方法。

11. 针对本校园园林植物病害发生现状，谈谈如何组织防治。

【信息链接】

## 一、外来生物入侵对生态的影响

（1）竞争、占据本地物种生态位，使本地物种失去生存空间。

（2）与当地物种竞争食物或直接杀死当地物种，影响本地物种生存。

（3）分泌释放化学物质，抑制其他物种生长。某些外来生物如豚草可释放酚酸类、聚乙炔、倍半萜内酯及甾醇等化感物质，对禾本科、菊科等一年生草本植物有明显的抑制、排斥作用。薇甘菊也可分泌化感物质影响其他植物生长。

（4）通过形成大面积单优群落，降低物种多样性，使依赖于当地物种多样性生存的其他物种没有适宜的栖息环境。厦门鼓浪屿的猫爪藤攀爬绿化树木，在树冠上形成大片单优群落，影响树木光合作用导致死亡。

（5）过量利用本地土壤水分，不利于水土保持。巨尾桉引自澳大利亚，在海南岛的很多林场都有种植，在一些地方，由于它大量吸收水分，对水土保持十分不利，造成土壤干燥。在一块土地上连续种植，就会使得土壤肥力越来越低，甚至形成荒芜之地。因此引进巨尾桉同样要因地制宜，根据需要，有目的地控制性引进。

（6）破坏景观的自然性和完整性。明朝末期引入的美洲产仙人掌属 4 个种分别在华南沿海地区和西南干热河谷地段形成优势群落。在那里原有的天然植被景观已很难见到。有的入侵种，特别是藤本植物，如厦门的猫爪藤，可以完全破坏发育良好、层次丰富的森林景观。

（7）影响遗传多样性。随着生境片段化，残存的次生植被常被入侵种分割、包围和渗透，使本土生物种群进一步破碎化，造成一些植被的近亲繁殖和遗传飘变。

## 二、花卉"吃醋"有利于生长健康

在花卉种植中，食醋有着不可低估的作用，对生长不良的花卉，有起死回生的妙用。它含有糖分、葡萄糖、乳酸、醋酸等有益物质，且食醋溶液可抑制光呼吸过程中乙醇酸氧化酶的生物活性，提高净光合率 $10\%\sim20\%$，加强光合作用，提高叶绿素含量，增强花卉的抗病能力，所以适量喷洒食醋溶液，可使花卉长势旺，花多，色艳。这里介绍几种用法。

（1）治疗黄化病。许多花卉如山茶、杜鹃以及观叶植物，往往因缺乏铁元素、盆土 pH 过高、管理不当等而引起叶子发黄，这时可用 10g 食醋加清水 3kg，于 10 时前、16 时后喷洒植物叶面。每 10d 喷 1 次，连续喷 4~5 次便可使其由黄变绿。

（2）促进植株生长。用 300 倍食醋溶液，在山茶孕蕾前喷洒全株，每 15d 喷 1 次，可使山茶叶片增大 0.2~0.4cm，使花量增加 8%，分枝增加 20%。用 150~2 000 倍的食醋溶液浇灌花木，可克服因盆土 pH 偏碱性引起的生理病害。

（3）增强抗病性。如月季白粉病、杜鹃黑斑病、玫瑰烟煤病、牡丹烟煤病等，一经发现，用 150 倍食醋液喷洒 3 次，便可得到有效控制。对花卉霜霉病、叶斑病等，喷洒食醋也有一定的治疗作用。

不过，对花卉喷洒食醋应该注意以下 3 点：

(1) 必须选用良好食用醋，切忌用化学工业用醋及变质的食醋。

(2) 浓度必须严格掌握，不得随意加大。

(3) 使用时间一般要在早晨和傍晚喷洒，切记不要在酷热的阳光下喷施。

【案例分析】

### 案例一　误诊菊花白锈病

1997 年秋，山东潍坊地区的潍坊芳源花卉有限公司、寿光万芳花卉有限公司等企业从马来西亚引进 70 万株切花菊种苗，在日光温室内定植不久，切花菊叶背便产生小变色斑，并渐隆起呈灰白色的脓疱状物，随着叶斑的增多，叶片卷曲，似"蟾蜍"状。因其症状特点很像瘿螨的危害状，因而各花卉公司都采用克螨特、速螨酮等杀螨剂防治，结果收效甚微。后潍坊芳源花卉有限公司有关领导将标本带到潍坊职业学院，经相关专业教师显微镜检，发现了大量典型的锈菌孢子。从此，"蟾蜍"病真相大白，采取相应措施后，终于使该病得到了控制。

原因分析：

(1) 该病属于检疫对象，在潍坊首次出现，缺乏对该病的正确认识。

(2) 未按"症状观察——显微镜检"等病害诊断的一般程序进行。对于不太熟悉的病害，仅凭肉眼诊断，往往会失误。

### 案例二　月季细菌性根癌病的识别

2009 年 5 月，在山西省太原市晋祠博物馆种植的成片的月季出现生长不良：叶片发黄，生长纤弱，症状特征与缺素症相吻合。技术员采取了相应措施，但结果很不理想。6 月开始出现病死植株。其后他们邀请专家实地考察，结果发现是月季细菌性根癌病。挖出的病根表皮粗糙，组织木栓化，有许多大大小小的黄白到黑褐色的肿瘤，症状十分明显。

原因分析：

(1) 该病在太原首次出现，缺乏对该病的正确认识。

(2) 未按"症状观察——显微镜检"等病害诊断的一般程序进行。对于不太熟悉的病害，仅凭肉眼诊断，往往会产生失误。

### 案例三　古柏"生病"了

位于山西省太原市南郊的晋祠公园，古树参天，述说着它悠久的历史。2006 年的夏天，千年古柏出现了针叶灰暗、泛黄、"萎靡不振"的现象，公园领导特别重视，根据以往的管理经验，认为是由于营养跟不上而导致古柏生病，马上进行了施肥、灌水、输营养液等措施。但 1 个月后，古柏依旧毫无起色。领导特地请来专家会诊。专家从树上取下一小段树枝，在一张白纸上轻轻一抖，一种红色的叶螨掉在纸上，到处乱爬……

原来是螨类惹的祸！

原因分析：

(1) 古树名木一旦长势衰弱，多数与营养有关。

(2) 病害诊断未按"症状观察——显微镜检"等病害诊断的一般程序进行。好多病害的病因可能是多方面的，仅凭肉眼诊断，往往会因经验主义而导致误诊。

**案例四　误将"合欢枯萎病"当作"腐烂病"**

2013年5月中旬，本教材主编接到潍坊电视台记者电话，其《为农服务》栏目接到寿光花农的求助电话。该花农遇到了一难以防治的合欢树病害。于是本教材主编便与记者一同驱车来到了合欢树发病现场。经询问花农得知该病危害已有2～3年的时间，死树严重，几乎用遍了所有的药物，包括防治腐烂病的福美肿、甲基托布津、多菌灵等，并且采用叶片喷药、树干抹药等措施，但收效甚微。本教材主编经现场仔细诊断，发现该病是典型的合欢枯萎病，并给出了控制该病的理想药方：恶霉灵与甲基托布津混合兑水灌根。

原因分析：

（1）花农凭经验主义，误将合欢枯萎病当成了当地常见的杨树、苹果树腐烂病，药不对症。

（2）在病害误诊的前提下，用药方法也出现失误，正确的用药方式是灌根，而不是喷药、抹药。

# 参 考 文 献

彩万志，庞雄飞，花保祯，等.2011.普通昆虫学［M］.北京：中国农业大学出版社.

蔡平，祝树德.2003.园林植物昆虫学［M］.北京：中国农业出版社.

陈捷，刘志诚.2009.花卉病虫害防治原色生态图谱［M］.北京：中国农业出版社.

陈岭伟.2002.园林病虫害防治［M］.北京：高等教育出版社.

陈青，梁晓，伍春玲.2019.常用绿色杀虫剂科学使用手册［M］.北京：化学工业出版社.

陈申宽.2015.植物检疫［M］.北京：中国农业出版社.

陈啸寅，马成云.2008.植物保护［M］.2版.北京：中国农业出版社.

陈秀虹，伍建榕，杜宇.园林植物病害诊断与养护［M］.北京：中国建筑工业出版社.

陈玉兰.2008.植物检疫在国际贸易中的作用和地位［J］.商场现代化（10）：6-8.

陈玉琴，汪霞.2012.花卉病虫害防治［M］.杭州：浙江大学出版社.

成卓敏.2008.新编植物医生手册［M］.北京：化学工业出版社.

程亚樵，丁世民.2011.园林植物病虫害防治［M］.2版.北京：中国农业大学出版社.

程亚樵.2013.园艺植物病虫害防治［M］.北京：中国农业出版社.

丁梦然，夏希纳.2001.园林花卉病虫害防治彩色图谱［M］.北京：中国农业出版社.

丁梦然.2004.园林苗圃植物病虫害无公害防治［M］.北京：中国农业出版社.

段半锁，李占龙.2004.可持续园林发展与害虫防治［J］.园林科技信息（1）：25-27.

费显伟.2010.园艺植物病虫害防治［M］.2版.北京：高等教育出版社.

胡春玲.2008.园林害虫防治中存在的问题及可持续控制对策［J］.甘肃农业科技（6）：46-48.

胡琼波.2015.植物保护案例分析教程［M］.北京：中国农业出版社.

胡志凤，张淑梅.2018.植物保护技术［M］.2版.北京：中国农业大学出版社.

黄宏英，程亚樵.2006.园艺植物保护概论［M］.北京：中国林业出版社.

黄少彬.2006.园林植物病虫害防治［M］.北京：高等教育出版社.

嵇保中，刘曙雯，张凯.2011.昆虫学基础与常见种类识别［M］.北京：科学出版社.

纪明山.2019.新编农药科学使用技术［M］.北京：化学工业出版社.

江世宏.2007.园林植物病虫害防治［M］.重庆：重庆大学出版社.

康克功.2013.园艺植物保护技术［M］.重庆：重庆大学出版社.

孔宝华，蔡红，陈海如，等.2003.花卉病毒病及防治［M］.北京：中国农业出版社.

雷朝亮，荣秀兰.2003.普通昆虫学［M］.北京：中国农业出版社.

李怀方，刘凤权，郭小密.2002.园艺植物病理学［M］.北京：中国农业大学出版社.

李建华.2010.植物病害防治措施［J］.现代农业科技（22）：177-178.

李清西，钱学聪.2002.植物保护［M］.北京：中国农业出版社.

李庆孝，何传据.2006.生物农药使用指南［M］.北京：中国农业出版社.

李新.2016.拟除虫菊酯类杀虫剂研发及市场概况［J］.农药，55（9）：625-630.

刘启宏.2009.城市园林生态系统害虫的持续控制和治理对策［J］.甘肃科技（20）：158-160.

刘仲健，罗焕亮，张景宁.1999.植原体病理学［M］.北京：中国林业出版社.

卢希平.2004.园林植物病虫害防治［M］.上海：上海交通大学出版社.

吕佳乐，王恩东，徐学农.2017.天敌产业化是全链条的系统工程［J］.植物保护，43（3）：1-7.

马安民，崔维．2017．园林植物杀虫剂应用技术［M］．郑州：河南科学技术出版社．

马成云，张淑梅，窦瑞木．2011．植物保护［M］．北京：中国农业大学出版社．

马成云．2009．作物病虫害防治［M］．北京：高等教育出版社．

潘文博，周普国．2019．中国农药发展报告（2017）［M］．北京：中国农业出版社．

彭志源．2005．中国农药大典［M］．广州：中国科技文化出版社．

商鸿生，王凤葵．1996．草坪病虫害及其防治［M］．北京：中国农业出版社．

上海市农业技术推广服务中心．2009．农药安全使用手册［M］．上海：上海科学出版社．

邵振润，闫晓静．2014．杀菌剂科学使用指南［M］．北京：中国农业科学技术出版社．

邵振润，张帅，高希武．2014．杀虫剂科学使用指南［M］．2版．北京：中国农业出版社．

首都绿化委员会办公室．2000．草坪病虫害［M］．北京：中国林业出版社．

宋建英．2005．园林植物病虫害防治［M］．北京：中国林业出版社．

孙娟．2009．浅析当前阿维菌素存在的问题与对策［J］．中国农药（7）：15-20．

邰连春．2007．作物病虫害防治［M］．北京：中国农业大学出版社．

陶振国．2004．园林植物保护［M］．北京：中国劳动社会保障部出版社．

王丽平，曹洪青，杨树明．2006．园林植物保护［M］．北京：化学工业出版社．

王运兵，吕印谱．2004．无公害农药实用手册［M］．郑州：河南科学技术出版社．

吴军平，廖思平，罗洪．2010．浅析森林植物及其产品产地检疫［J］．林业科技情报（3）：36-38．

夏世钧．2008．农药毒理学［M］．北京：化学工业出版社．

徐秉良，曹克强．2017．植物病理学［M］．2版．北京：中国林业出版社．

徐公天，庞建军，戴秋惠．2003．园林绿色植保技术［M］．北京：中国农业出版社．

徐公天，杨志华．2007．中国园林害虫［M］．北京：中国林业出版社．

徐公天．2003．园林植物病虫害防治原色图谱［M］．北京：中国农业出版社．

徐学农，王恩东．2008．国外昆虫天敌商品化生产技术及应用［J］．中国生物防治（1）：75-79．

徐映明．2005．农药问答［M］．4版．北京：化学工业出版社．

徐志华，张少飞，乔建国，等．2004．城市绿地病虫害诊治图说［M］．北京：中国林业出版社．

徐志华．2006．园林花卉病虫生态图谱［M］．北京：中国林业出版社．

杨子琪，曹华国．2002．园林植物病虫害防治图鉴［M］．北京：中国林业出版社．

张宝棣．2002．园林花木病虫害诊断与防治原色图谱［M］．北京：金盾出版社．

张纯胄．2007．害虫对色彩的趋性及其应用技术发展［J］．温州农业科技（2）：1-2．

张红燕，石明杰．2009．园艺作物病虫害防治［M］．北京：中国农业大学出版社．

张连生．2007．北方园林植物病虫害防治手册［M］．北京：中国林业出版社．

张随榜．2010．园林植物保护［M］．2版．北京：中国农业出版社．

张巍巍，李元胜．2011．中国昆虫生态大图鉴［M］．重庆：重庆大学出版社．

张巍巍．2014．昆虫家谱［M］．重庆：重庆大学出版社．

张中社，江世宏．2010．园林植物病虫害防治［M］．2版．北京：高等教育出版社．

赵桂芝．1997．百种新农药使用方法［M］．北京：中国农业出版社．

赵美琦，孙明，王慧敏．1999．草坪病害［M］．北京：中国林业出版社．

赵善欢．2003．植物化学保护［M］．北京：中国农业出版社．

郑加强，周宏平，徐幼林．2006．农药精准实用技术［M］．北京：科学出版社．

郑进，孙丹萍．2003．园林植物病虫害防治［M］．北京：中国科学技术出版社．

周启发．2010．中国物理防治虫害有突破［J］．农药市场信息（4）：36-37．

朱天辉．2016．园林植物病理学［M］．2版．北京：中国农业出版社．

图书在版编目（CIP）数据

园林植物病虫害防治 / 丁世民，李寿冰主编 . —2
版 . —北京：中国农业出版社，2019.10（2024.6重印）
"十二五"职业教育国家规划教材　经全国职业教育
教材审定委员会审定　高等职业教育农业农村部"十三五"
规划教材
ISBN 978-7-109-26185-3

Ⅰ. ①园…　Ⅱ. ①丁… ②李…　Ⅲ. ①园林植物－病
虫害防治－高等职业教育－教材　Ⅳ. ①S436.8

中国版本图书馆 CIP 数据核字（2019）第 242753 号

中国农业出版社出版

地址：北京市朝阳区麦子店街 18 号楼
邮编：100125
责任编辑：王　斌
版式设计：杜　然　　责任校对：刘飔雨
印刷：中农印务有限公司
版次：2014 年 10 月第 1 版　2019 年 10 月第 2 版
印次：2024 年 6 月第 2 版北京第 6 次印刷
发行：新华书店北京发行所
开本：787mm×1092mm　1/16
印张：21.75　　插页：4
字数：520 千字
定价：63.00 元